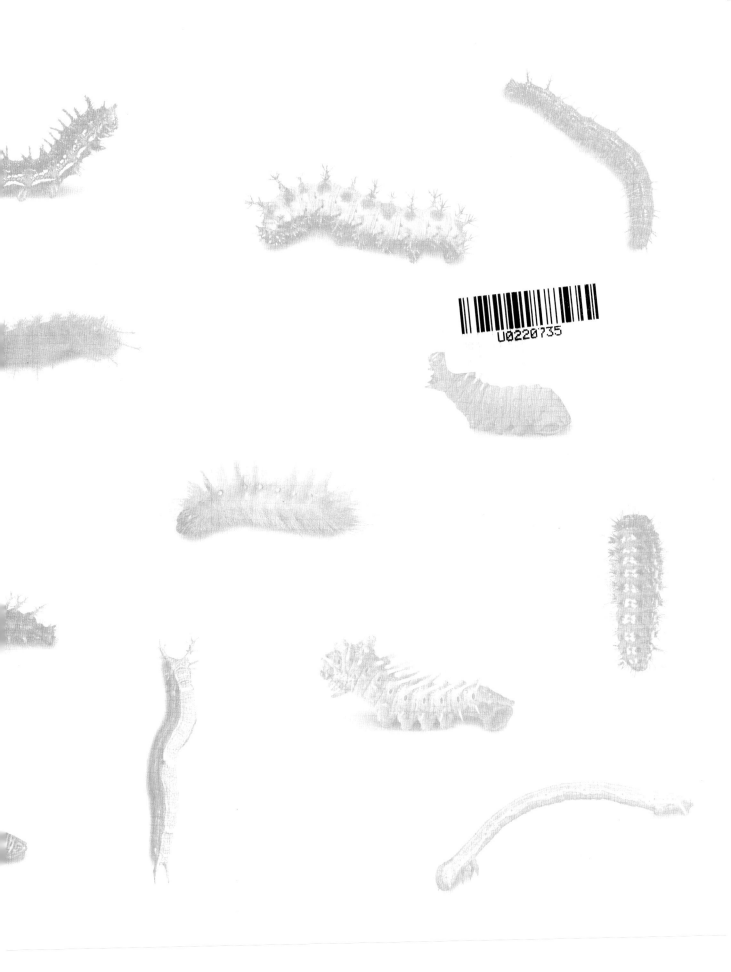

U0220735

内容简介

蝴蝶与蛾类是自然界中最美丽且被研究得最多的生物之一。毛虫是蛾类幼虫和蝴蝶幼虫的统称，它们复杂的形态、有趣的习性和奇特的行为令人着迷，值得大家去欣赏和密切观察。

《毛虫博物馆》是一部科学性与艺术性、学术性与普及性、工具性与收藏性完美结合的毛虫高级科普读物，详细介绍了全世界最具代表性的600种毛虫及其近似种。展示了它们在体型、颜色和适应性方面的多样性。

每种毛虫都配有其成熟时的两种高清原色彩图，一种图片与物种真实尺寸相同，显示出物种的多样性；另一种为重点部位特写图片，突出体表的细微结构。此外，每种毛虫均配有相应的成虫蝴蝶或蛾子的黑白图片，并详细标注了尺寸和基本信息。全书共1800余幅插图，不但真实再现了各种毛虫的大小和形状，而且也展示了它们的地理分布。

每种毛虫都附有信息表，简要总结了该物种的关键信息：所在科名、地理分布、栖息地、寄主植物、特色之处、保护现状。作者还介绍了毛虫采集、收藏和鉴定的基本方法，以及栖息环境、卵和茧的形态、大小尺寸、习性食性、生命周期、显著属性、行为模式、变化多端的伪装术和防御策略等。特别需要指出的是，本书为毛虫的分类，提出了重要依据。

本书内容丰富，知识准确，插图精美，语言通俗易懂，既可作为专业读者的案头参考书，也可作为收藏爱好者的必备工具书，还可作为广大青少年读者的高级科普读物。

世界顶尖毛虫专家联手巨献

600幅地理分布图，再现全世界最具代表性的600种毛虫及其近似种

详解栖息环境、大小尺寸、习性食性、发育过程，以及采集、收藏和鉴定方法

1800余幅高清插图，真实再现各种毛虫美丽的艺术形态

科学性与艺术性、学术性与普及性、工具性与收藏性完美结合

＞→8◇ 本书主编 ◇8←＜

戴维·G.詹姆斯（DAVID G. JAMES），美国华盛顿州立大学昆虫学副教授。曾在澳大利亚新南威尔士农业局从事生物防治害虫工作，发表论文近180篇，涉及昆虫学的各个领域，特别是对太平洋西北部蝴蝶的幼期具有精深研究。

＞→8◇ 本书编委 ◇8←＜

戴维·阿尔博（DAVID ALBAUGH），美国科普教育家，长期从事蝴蝶和蛾子的地方种群保护、饲养和放归野外工作。

鲍勃·坎马拉塔（BOB CAMMARATA），自由职业摄影家和博物学家。几十年来，他痴迷于研究鳞翅目的行为多样性和摄影技术，摄影作品多次获奖。

罗斯·菲尔德（ROSS FIELD），伯克利加州大学昆虫学博士，主攻害虫管理和生物防治专业。曾担任维多利亚博物馆的自然科学部主任。

哈罗德·格林尼（HAROLD GREENEY），博物学家，曾获得过生物学、昆虫学和鸟类学方面的学位。他在厄瓜多尔的安第斯山脉建立了亚纳亚库生物学工作站，研究安第斯的毛虫及其寄生物。发表了250多篇科学论文，曾荣获亚力山大与帕梅拉·斯科奇奖（Alexander & Pamela Skutch Award）。

约翰·霍斯特曼（JOHN HORSTMAN），一位生活在中国云南的澳大利亚昆虫学家和摄影家。他在itchydogimages和SINOBUG这样的社交媒体平台投放了大量异乎寻常的视频。这些视频展现了大量奇特多样未鉴定出种类的刺蛾科幼虫的生活。

萨莉·摩根（SALLY MORGAN），自然作家和摄影师。曾在英国剑桥大学学习生命科学。她游遍世界各地，写了250多本书，涵盖自然历史和环境科学的各个领域。她还在英格兰萨默塞特郡自己的有机农场里，饲养了大量鳞翅目物种。

托尼·皮塔韦（TONY A. R. PITTAWAY），昆虫学家。伦敦帝国理工学院昆虫学系博士。他长期在中东从事研究工作，撰写或共同撰写了3部书和大量的科学论文，涉及蝴蝶、天蛾和蜻蜓。他是古北区蚕蛾科和天蛾科网站的维护人，以及英国"国际农业与生物科学中心"（CABI）数据库的建立者。

詹姆斯·A.斯科特（JAMES A. SCOTT），美国伯克利加州大学昆虫学博士，研究方向为蝴蝶行为学。他出版了多本关于蝴蝶的书籍，包括《北美洲的蝴蝶：自然历史及野外指南》。他收集了落基山脉蝴蝶的几千种寄主植物，以及40000多条蝴蝶访花记录。他还收藏了数千张关于卵、幼虫、蛹和成虫的照片。

安德烈·索洛科夫（ANDREI SOURAKOV），美国佛罗里达大学博士。就职于佛罗里达自然历史博物馆的麦奎尔鳞翅目与生物多样性中心，这里是世界上最大的鳞翅目标本馆之一。单独或合作发表100多篇关于蝴蝶和蛾子分类学与生物学方面的科学和科普文章。

马丁·汤森（MARTIN TOWNSEND），英国昆虫学家和无脊椎动物学家。合著有《大不列颠和爱尔兰蛾类野外指南》《大不列颠和爱尔兰蛾类简明指南》和《不列颠与爱尔兰的蛾类》等书。发表了100多篇文章和研究报告。

柯比·沃尔夫（KIRBY WOLFE），美国加州洛杉矶自然历史博物馆及佛罗里达自然历史博物馆的麦奎尔鳞翅目与生物多样性中心副研究员。他在30多年的时间里拍摄了大量蛾类及其幼期的照片，撰写或共同撰写了大量关于昆虫行为和发育的书籍和文章。

＞→8◇ 译者简介 ◇8←＜

武春生，北京林业大学教授，中国昆虫学会理事兼副秘书长，《中国动物志》编辑委员会委员，中国昆虫学会蝴蝶分会理事，中国野生动物保护协会科学委员会委员，国家动物博物馆昆虫分馆专职馆员。目前从事鳞翅目昆虫的系统学研究。已在美国、德国、波兰、日本、韩国等国外学术期刊和国内核心期刊发表论文140余篇，出版著作6部，参编著作和研究生教材20余部。主编《中国科技博览》杂志的"昆虫博物馆"栏目。

北京市科学技术委员会
科普专项资助

THE BOOK OF CATERPILLARS

毛虫博物馆

博物文库

总策划： 周雁翎

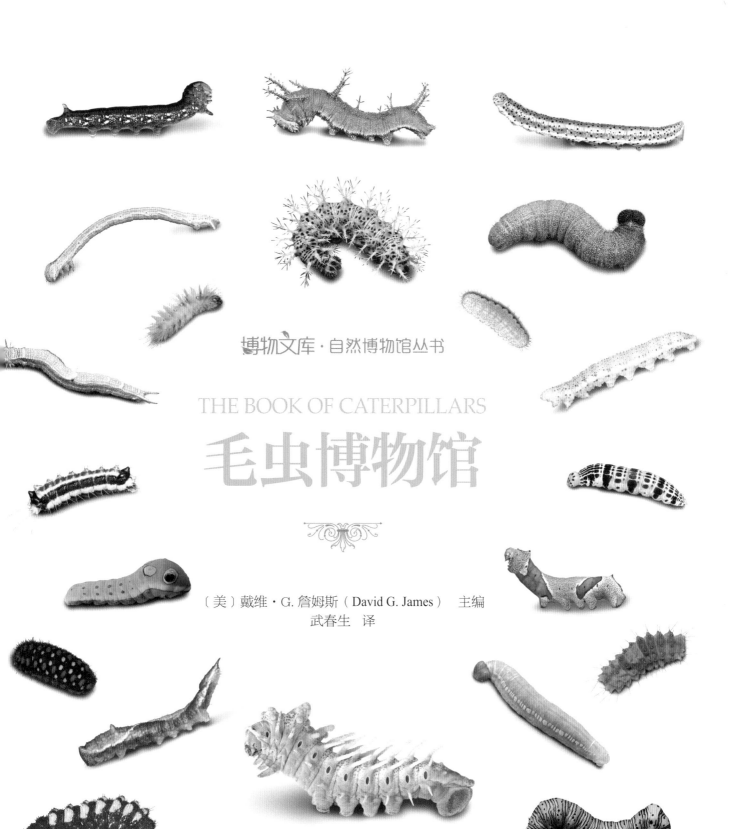

博物文库·自然博物馆丛书

THE BOOK OF CATERPILLARS

毛虫博物馆

〔美〕戴维·G. 詹姆斯（David G. James） 主编

武春生 译

北京大学出版社
PEKING UNIVERSITY PRESS

著作权合同登记号 图字：01–2017–8011

图书在版编目（CIP）数据

毛虫博物馆 /（美）戴维·G.詹姆斯著；武春生译 . — 北京：北京大学出版社，2021.11
（博物文库·自然博物馆丛书）
ISBN 978–7–301–32640–4

Ⅰ.①毛…　Ⅱ.①戴…②武…　Ⅲ.①蝶蛾科—普及读物　Ⅳ.① Q969.42–49

中国版本图书馆 CIP 数据核字 (2021) 第 214519 号

书　　　名	毛虫博物馆
	MAOCHONG BOWUGUAN
著作责任者	〔美〕戴维·G.詹姆斯（David G. James）著
	武春生 译
丛 书 主 持	唐知涵
责 任 编 辑	李淑方　刘清愔
标 准 书 号	ISBN 978–7–301–32640–4
出 版 发 行	北京大学出版社
地　　　址	北京市海淀区成府路 205 号　100871
网　　　址	http://www.pup.cn　　新浪微博：@北京大学出版社
微信公众号	通识书苑（微信号：sartspku）
电 子 信 箱	zyl@pup.pku.edu.cn
电　　　话	邮购部 010–62752015　发行部 010–62750672　编辑部 010–62750539
印 刷 者	北京华联印刷有限公司
经 销 者	新华书店
	889 毫米 ×1092 毫米　16 开本　41.25 印张　450 千字
	2021 年 11 月第 1 版　2021 年 11 月第 1 次印刷
定　　　价	680.00 元

目 录

Contents

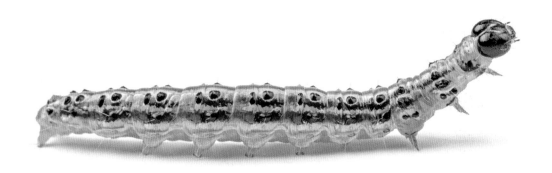

概　述

　　毛虫（蛾类与蝴蝶的未成熟阶段）种类繁多且才能卓越，它们超凡的
生存技能使鳞翅目成为最成功的昆虫类群之一。鳞翅目是地球上仅次于甲
虫的第二大目，已经鉴定和描述的种类至少有 16 万种，尚未描述的种类成
千上万。鳞翅目的分布范围非常广泛，除南极外，在世界各地都有分布，
从荒山秃岭到热带雨林，从废墟到丝毛织物都有分布。毛虫的生态学意义
也巨大。作为幼虫，它们是庞大的植食者群体，是寄生性蝇类和蜂类的寄
主，以及鸟类、两栖动物和哺乳动物潜在的食物源。作为成虫，它们是重
要的传粉者。

　　幼虫经过生长、化蛹及魔幻般的变态① —— 神奇地蜕变为蝴蝶或蛾子，
不同幼虫在颜色、体态、斑纹及体型方面的千变万化是它们抵御天敌猎食
的主要方法。一些毛虫的颜色与其栖息地环境融为一体，难以区分；一些
则有显著的颜色和斑纹，用于警示捕食者，表示自己难以下咽，甚至是有
毒的。有些种类具有蜇刺，一些能够模仿哺乳动物的模样。许多凤蝶的高
龄幼虫能够翻出臭丫腺，并使胸部鼓凸呈特大的三角形，配合其上的大黑
眼斑，展现出毒蛇样的威吓姿态，借以自卫。

　　然而，所有的毛虫都有基本的身体结构：头部大；胸部小，有 6 只
足；腹部相当大，分 10 节，内有大量内脏用于消化和吸收食物。大多数种
类毛虫中，腹部有一半的体节上都生有一对粗壮的肉质腹足，以便幼虫行
动。幼虫依靠身体两侧的微小开口 —— 气门呼吸。毛虫生命过程的大部分

---

① 变态，即从卵发育到成虫的过程中所经过的一系列内部构造和外部形态的阶段性变化。——译者注

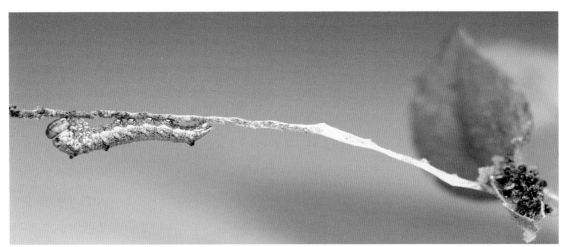

时间都在取食，它们用剪刀状的上颚咬断和磨碎食物。随着身体长大，幼虫需要蜕去旧的外皮，其外形也常会发生改变。大多数幼虫的发育需要经过 5 龄，每一龄都会蜕去其旧壳。从卵中孵化到成熟，它们的身体重量将增加 1000 倍。

　　鳞翅目的所有发育过程都发生在幼虫阶段，其历时短则只需要十几天，但如果遇到极端高温或严寒，则历时可以延长至数年，北极草毒蛾 *Gynaephora groenlandica* 能延长到 7 年之久。当毛虫化蛹时，所有必要的细胞都需要在变态过程中重新组合，才能转化为蛾子或蝴蝶，转化后的成虫的寿命通常要短许多。

物种选取标准

　　虽然鳞翅目昆虫的种类如此繁多，但仍有许多种类相对未知且没有描述，特别是幼虫期。超过 70 个科 55000 种的"小鳞翅类"是一些非常小的蛾子，其幼虫微小，几乎没有被研究过或被拍摄过照片。因此，本书着重

端部： 在中国云南普洱市拍摄的一种枯叶蛾科的毛虫，像苔藓一样隐蔽在树皮上。许多鳞翅目幼虫都有超强的融入其栖息地环境的能力。

上部： 加利福尼亚悌蛱蝶 *Adelpha californica* 幼虫在早期利用其排泄物建造堡垒，以防御捕食者。

选择大蛾类和蝴蝶的幼虫，它们深受科学家和摄影家的青睐。这里描述了600 种毛虫各自在体型、颜色和适应性方面巨大的多样性：其个体从长达150 mm 的天蛾科和大蚕蛾科幼虫，例如魔鬼大蚕蛾 *Citheronia regalis*，到10 mm 微小的毛虫，例如袋谷蛾 *Tinea pellionella*，既有体表布满枝刺的种类，也有多毛、具条纹及各种斑纹和装饰图案的种类，分布在有鳞翅目昆虫生存的每一个大陆。它们中的一些具有异常的适应能力或生活在极端的生境中；一些则是科学研究的对象，或具有文化意义，或具有经济重要性。

本书如何编排

本书以文字和图片的形式描述 600 种毛虫的生活史与生态学，分为"蝴蝶幼虫"和"蛾类幼虫"两个部分。这并非是按照严格的分类学划分，仅反映通常的实践：所有蝴蝶种类一般都被认为是凤蝶总科 Papilionoidea 的成员，而种类众多的蛾子则都属于其他鳞翅目昆虫。

每一种毛虫都以其成熟时的真实大小展示给读者，并配上其成虫（蛾子或蝴蝶）的轮廓图。有些种类还有重点部位的放大图，以突出其细微的结构。所有毛虫的图像都是活体拍摄的，它们不能被针插为标本来拍摄照片，因为它们在死亡后会迅速褪色，不像蝴蝶和蛾子能保持体色。每一种毛虫的分布范围都标示在一幅地图上。物种的标题可能是其英文俗名[①]，同时附上其拉丁学名（属名＋种名），当没有英文俗名时，仅用拉丁学名。在标题之下列出"作者权"，包括首次描述该物种的作者姓氏及其发表的年代，圆括号表示该物种在首次发表后的属名已发生了变化，而方括号表示其作者或发表年代不确定。

每种上方的信息表中简要总结了该物种的关键信息，包括其隶属的科名、地理分布范围、栖息地、寄主植物或食物种类、一项显著的属性（特色之处）及其保护现状。每一种都与《国际自然保护联盟（International Union for the Conservation of Nature，IUCN）濒危物种红色名录》（简称"IUCN 红色名录"）进行核对，但仅有相对很少的几种鳞翅目昆虫被评估过，许多种类都被列为"未评估"，这些评估经常都是由地方专家依据本地区或本国的信息做出的评价。少数易危种类也被收录在《濒危野生动植物物种国际贸易公约》（*Convention on International Trade in Endangered Species of Wild Fauna and Flora*，CITES）的附录中，这就意味着其标本是被国际限制流通的对象。

---

① 中文版同时包括中文名称和英文俗名。——译者注

普及工作

　　任何人都能研究鳞翅目昆虫，寻找和饲养毛虫应该和养育蝌蚪一样，成为童年生活的一部分。观察这些昆虫的发育与变态能够使人欢欣鼓舞。目前，由于昆虫栖息地的破坏、农业生产、杀虫剂的使用以及气候变化等，许多地方的物种数量都在下降。在美国、欧洲和澳大利亚，饲养毛虫的课堂教学已经普及，这极大地激发了学生对鳞翅目昆虫的兴趣，意识到其生存受到威胁；需要进一步研究鳞翅目昆虫，以便更好地制定保护措施。

　　只有极少的毛虫种类能够对人类产生真正的危害。尽管它们因取食农作物而被冠以"害虫"的骂名，但其成虫阶段的蝴蝶和蛾子作为传粉者的价值远远超过了其产生的危害。鳞翅目的成虫和幼虫还以它们各自惊人的形式发挥着重要作用。它们的栖息地非常广泛，它们对栖息地内环境的变化很敏感，所以科学家可以将它们作为环境质量的重要指示者进行持续观察。毛虫是鳞翅目昆虫的子孙、植物的调节者及许多生物的食物，如果缺了它们，生态系统将会崩溃。

上图：丽毒蛾 Calliteara pudibunda 的幼虫具有像花一样鲜艳夺目的黄色毛簇，而黯淡无光的成虫则相形见绌。这些毛簇是幼虫的自卫器官，能警告捕食者。这些毛簇既能刺痛对方又容易折断，使捕食者对毛虫难以下咽。

什么是毛虫？

无论是身体多毛、生刺、具脊隆，还是光滑，世界上的毛虫都具有一个共同的特点，就像艾瑞·卡尔（Eric Carle）在儿童经典中说的那样："好饿的毛毛虫"。它们被经典地描述为"吃的机器"，当它们发育成熟时，其体重可以增加到初龄幼虫的 1000 倍。它们是蝴蝶和蛾子的幼虫发育阶段，其目标只有一个，那就是吃饱、长大，变为成虫。一只蝴蝶或蛾子的寿命有时只能维持到完成生殖，而幼虫期则可能持续数天、数星期、数月、二到三年，对一些在冬天或酷夏休眠的种类来说，幼虫期甚至更长。

毛虫的身体结构

蝴蝶和蛾子的幼虫都是毛虫。通常可以从触角的结构及其停歇的姿态将蝴蝶与蛾子区分开来，但没有任何一个简单的身体特征能够将蝴蝶的幼虫和蛾子的幼虫区分开来。虽然数 10 万种毛虫的颜色和形态千变万化，但所有毛虫都有相同的基本特征，即拥有标准的昆虫头部、胸部和腹部。头部大，胸部（头部与腹部之间的部位）小，整个身体长而呈管状。

头部

头盖是一个强度骨化的头部硬壳，额呈三角形，其外侧有 1 对狭长的骨片，呈"人"字形，这个特征可以将毛虫与所有其他类群的昆虫幼虫区分开来。大多数毛虫的头部都很显著，但有些科，例如灰蝶科 Lycaenidae 的幼虫，其头部可能缩入胸部内。头部有 6 个侧单眼，用于识别明暗，并使幼虫产生空间感。在口器两侧各有1根短的触角。口器由1对上颚组成，被前面的上唇和下面的下唇所包围。上颚用来切割植物，上颚还经常生有小而尖的齿状突起。头部的下方中央有1个吐丝器，是一种由唾液腺变化而成的分泌结构，幼虫通过它进行吐丝活动。幼虫吐丝的用途多种多样，有时为了缀叶，有时为了制作天幕丝网，有的在化蛹时用丝悬挂或捆绑蝶蛹，有的则用丝结茧。

胸部、腹部和足

胸部小，有肌肉组织，由3节组成，每一节各生1对分节的真足（胸足）。腹部包含10节，是毛虫身体中最大的一部分，食物在此被消化、吸收，废弃被排泄。腹部除最后两节外，每一腹节都有1对气门（呼吸孔）。腹足与胸足的差别十分明显，腹足为肉质而呈圆筒状，其基部生钩，称为"趾钩"。大多数毛虫有5对腹足，其中4对腹足分别着生在第三到第六腹节上，第五对位于第九和第十腹节的结合体上，也称臀足。然而，尺蛾科 Geometridae 的幼虫仅有两对腹足，一对位于第六腹节上，另一对位于第十腹节上。这使得尺蛾幼虫形成独特的步行方式，因而被称

上图：毛虫的头部是它的控制中心，包括重要的感觉和取食器官。这是乌桕巨大蚕蛾 *Attacus atlas* 幼虫的头部。

下图：所有毛虫的身体都分为头部、胸部和腹部3个部分，以家蚕蛾 *Bombyx mori* 为例。胸足分节，而肉质的腹足内缺少肌肉组织。大多数毛虫都有腹足。

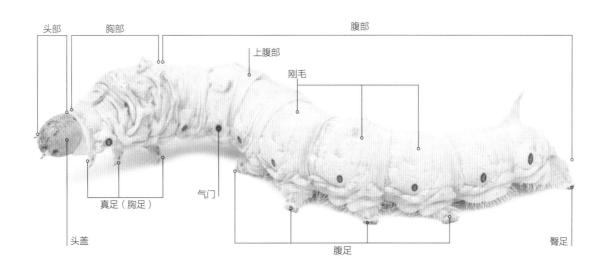

头部　胸部　腹部

上腹部

刚毛

头盖

真足（胸足）

气门

腹足

臀足

12

端部图: 从背面看，花冠刺蛾 *Isa textula* 幼虫像其他刺蛾科的毛虫一样具有蛞蝓状的步态。它的体型特别扁平，生有蜇刺和毛。

上图: 花冠刺蛾幼虫的腹面，垂直的"肌肉"可以使幼虫前后运动，吸盘利用从唾腺分泌出来的丝质润滑液来帮助幼虫行走。

为"尺蠖"或"造桥虫"。刺蛾科 Limacodidae 幼虫被称为"蛞蝓毛虫"，其腹足特化为吸盘，能够分泌液化的丝质润滑剂来帮助它们沿途滑行。

刚毛、刺和盾

毛虫的身体被有毛状结构，称为刚毛，起保护作用，是感觉器官，或者能分泌物质；例如，粉蝶科 Pieridae 一些种类的幼虫在早期阶段其刚毛能够产生小液滴，这些液滴似乎可以帮助它们侦查捕食者和寄生者。毛虫体表还有肉质的丝状突、硬瘤、枝刺、胸盾等，全都具有初步的防御功能。

毛虫的鉴别特征

其他昆虫也有类似的幼虫期发育阶段，但毛虫通常可以通过下列特征与其他昆虫的幼虫区分开来：头部有"人"字形的骨片；身体有较丰富的斑纹（蛴螬常常十分暗）；腹部有腹足，大多数其他昆虫的幼虫有胸足，但没有腹足，或者完全没有足。叶蜂（膜翅目 Hymenoptera 昆虫，蜜蜂和其他蜂类也都属于膜翅目）的幼虫与毛虫十分相似，但叶蜂幼虫头部只有 1 个单眼（不是 6 个），其腹部有 6～8 对腹足（不是 5 对或更少）。

分布与多样性

毛虫生境范围极广，从种荚到厨房的食品柜，从炎热的沙漠到高山，甚至北极圈之内都有分布。对不同环境的适应使其外形和生存策略极其多样化。超过半数的种类是几乎没有被研究过的"小鳞翅类"，它们经常呈淡色而又无显著特征；微小蛾子的幼虫呈蠕虫状，其中许多种类在枝条、果实、种子及其他食物内隐蔽取食。

相反，大蛾类和蝴蝶的幼虫常常色彩鲜艳，具有鬃、刺、肉突等明显的特征，而无意隐藏它们自己。靓丽的色彩，也就是所谓的"警戒色"，经常是对潜在捕食者的一种"警告"，表示自身非常难吃。多毛或多刺的毛虫对鸟类这样的捕食者也是难以取食的；身体上的刺如果能够分泌毒液则又为毛虫的安全添加一层屏障。

　　毛虫的头部在颜色、斑纹和形状方面也表现出惊人的多样性。为了抵御天敌，它们有些模拟脊椎动物的"脸"，包括犄角、伪眼、鼻子和嘴巴。一些则在尾部形成一个"假头"来保护其头部，假如一只鸟来捕食它们，至少有一半的概率要扑空。然而，也有许多种类具有隐蔽色，将自身融入周边的环境中。有一些种类甚至可以根据其取食的寄主植物部位的颜色来改变它们自己的体色，例如，某些灰蝶的幼虫，取食叶片时身体为绿色，取食花芽和花瓣时身体则变为红色、黄色或橙色。

下图：像大蚕蛾科的许多种类的幼虫一样，劳拉刺大蚕蛾 *Automeris larra* 的幼虫在充分长大后，体型大而吓人。其身体上艳丽的枝刺也具有蜇刺功能。

从卵到蛹期

像所有的卵一样，蝴蝶和蛾子的卵是脆弱的，同样受到捕食者的青睐。从卵中刚孵化出的幼虫运动相对缓慢，也容易受到伤害。为了在复杂的发育阶段存活下来，最后到达成虫阶段，它们必须使出浑身解数来战胜各种挑战。

产卵与孵化

利用视觉和嗅觉，雌性蝴蝶和蛾子经常会仔细选择其寄主植物的一个部位或在寄主植物附近的地点产卵，在这里卵能够安全孵化，但也有一些蛾子会随机地将卵产在多种寄主植物的某一种上。不同种昆虫的卵大小与形状各异。有的可能一次产一枚卵，有的可能一次产一堆相互粘连在一起的卵。有时一堆卵的数量可能多达 1000 粒。鳞翅目昆虫的卵产在叶子的正面或背面，也可产在芽或花中，包在枝条的周围，或者产在地上、岩石上

下左图： 透过该枚成熟卵的半透明卵壳，单尾虎纹凤蝶 *Papilio rutulus* 发育中的幼虫清晰可见，数小时后将孵化。

下右图： 一些种类的卵被集中产下，例如凯丽蛱蝶 *Nymphalis californica*，这个卵块大约有 250 粒卵，从中孵化出的幼虫在其生命的大部分时间里将群居生活。

或其他非寄主植物上。由于它们非常小，且常具有隐蔽色，有时类似植物组织、真菌、碎石瓦砾，甚至鸟粪，所以鳞翅目昆虫的卵很少会被漫不经心的观察者看到。

卵的发育通常很迅速，根据气温的高低不同，2～10 天即可孵化。当然，如果遇到恶劣的天气条件，比如极端的严寒和酷暑，它们也会延迟孵化。这种停止发育的状态称为"滞育"。只有当寄主植物重新出现时，它们才能孵化。

幼虫阶段

毛虫用上颚在卵壳上咬出一个口子孵化出来，依据种类不同，它们可能在爬出卵壳的过程中吃掉整个卵壳，也可能留下卵壳，壳上面有一个暴露的外出孔。新孵化出的幼虫立即开始取食，并保护自己的安全。它可能会移动到植物上一个较安全的部位，并吐丝缀叶盖住自己；对于群集的种类来说，它们共同织一个很大的丝网幕来罩住自身。刚孵化的幼虫称为一龄幼虫，它们通常会快速取食，经常只要几天的功夫体型就能翻倍。一旦幼虫的"皮肤"（体壁）绷紧，下一龄较大而无弹性的头壳就会膨大伸展，幼虫随即脱掉它的第一张皮（也称为蜕）。在蜕皮前，幼虫为了躲避捕食者会找一个隐蔽的场所，结一个丝垫将自己的臀足吊起来，保持静止 12～48 小时。

上图: 相邻龄期的幼虫在外形及身体大小方面可能会有很大的差异。这只贝氏强大蚕蛾 Arsenura batesii 已经完成蜕皮，身后留下了令人惊叹而又多触须的四龄的蜕，变成形似枝条的五龄幼虫（最后一龄）。

蜕皮仅需要几分钟的时间即可完成。随着幼虫稍向前方的移动，体壁从头部末端开始沿身体向后方裂开。在大多数种类中，下一龄的幼虫会吃掉旧的体壁，不久即开始取食。刚完成蜕皮的幼虫经常会暂时出现较淡的体色，2～12 小时后即恢复正常的颜色。一些种类有 4～6 龄，但大多数有 5 龄，蜕皮 4 次。然而，那些滞育多次的幼虫则可能有 7～9 龄。

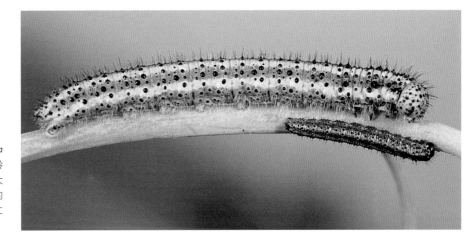

右图: 狼云粉蝶 *Pontia protodice* 的幼虫。二龄的身体微小,五龄则大很多,说明这类幼虫的生长是多么地快。从二龄到五龄只需 9 天。

取食与生长

毛虫活着的目的似乎就是尽可能地多吃食物,以便长大和成熟。最短只需要 10 天的时间,就能完成从孵化到化蛹的发育过程,但有些多次休眠的种类能够存活 2～3 年,有一种生活在北极的毛虫要花 7 年的时间来完成幼虫的发育。后一个龄期的体长大约是前一龄期的两倍。幼虫期取食总量的 60%～80% 是被最后一龄幼虫消耗掉的。然而,体型大小是相对的,例如,最大的大蚕蛾末龄幼虫和天蛾末龄幼虫可能达到 150 mm 长,而"小蛾类"的末龄幼虫可能仅有 5 mm 长。

不同物种的生长速率各不相同,同一个物种在不同季节的生长速率会有差异。毛虫对食物的喜好程度也会影响发育的速率。有些种类仅取食叶芽,有些取食嫩叶,还有些取食成熟的叶片、花蕾、花、种子,有的取食树枝和树干。叶芽、花和种子比叶片和枝干营养丰富(通常含有较多的植物蛋白),所以取食这些食物的毛虫生长发育更快,但这些植物器官的生长期较短。像野草和常绿针叶这样的植物营养较差,但分布很广而数量极为丰富,所以取食这些食物的毛虫生长缓慢,但几乎没有竞争对手。

如何应对极端环境

像其他昆虫一样,毛虫是冷血动物,需要依赖环境条件来达到理想的身体发育温度。对于大多数种类来说,适于毛虫身体发育的温度范围是 15～30℃。当气温维持在 5℃ 以下,且其间有低于 0℃ 的时候,阳光照射时长有限、太阳高度角较低时,许多毛虫就不能发育。为了度过漫长而又寒冷的冬天,毛虫不得不改变其生理代谢,进入休眠或滞育状态。在夏末或秋季，一些毛虫就开始寻找庇护场所准备越冬，卷叶、种子荚、石块下面或其他隐蔽处都可能成为它们的越冬场所，只要能躲避外来干扰即可。在这里，它们进行着低速率的代谢，并产生根本性的生物化学变化，包括合成一种"抗冻物质"，以避免受到极端严寒的伤害。炎热地区，例如干旱的地中海或沙漠，气温常常达到 38～45℃，那里的植物也很稀少，生活在这里的毛虫面临类似的挑战，也进入夏眠状态，所以幼虫会延迟化蛹，直到秋季条件更适合生存和繁殖时成虫才羽化出来。

如果刺激信号预示着不利条件的来临，则毛虫可能再次进入滞育状态，并可能重复多次。在滞育结束后，堇蛱蝶属 *Euphydryas* 的幼虫于冬末或早春取食刚长出的新鲜的寄主植物，但要是湿度不够而影响了生长，幼虫就进入休眠状态，潜伏生存 2～3 年，每年度过短暂的发育时期。生活在高海拔地区的种类，例如豹宝蛱蝶 *Boloria chariclea* 的幼虫，依赖积雪融化的短暂间隙及时取食，以便能够赶在仲夏时期完成发育，成虫进行正常的飞行活动。在晚春时节，解除滞育的幼虫通过测量白天的时长来估算是否能够及时完成其发育。如果不能，它们会再次进入越冬状态，以低龄幼虫而不是高龄幼虫越冬。气候、海拔和寄主植物都能影响它们一年中发生的世代数。

准备化蛹

当接近成熟需要化蛹时，老熟幼虫经常会改变身体颜色，大多数身体会有一定程度的"收缩"，一些则会进入漫游状态，这些"漫游者"寻找远离寄主植物的场所准备化蛹。有些钻入地下，有些隐藏起来，还有一些结一个保护性的茧，或者通过改变身体颜色或破坏虫体的轮廓将自己隐蔽在环境中。这种高度的隐蔽性，以及前蛹期幼虫寻找隐蔽化蛹场所的能力，意味着蝴蝶和蛾子在特别容易受到伤害的蛹期阶段很少能被看见。

17

下图：普通双眼蝶 *Cercyonis pegala* 的幼虫正在准备化蛹，它倒挂呈"J"字形。这样能够很好地隐藏起来，但也容易受到伤害。根据气温的不同，前蛹期可能持续 12～48 小时。

18

神奇的变态过程

也许鳞翅目昆虫最著名的属性就是它们的变态能力 —— 完全改变了幼虫和成虫的身体结构和外貌，仿佛它们是两个完全不同的物种。"不完全变态"发育的昆虫没有蛹期；从卵孵化出的幼虫就表现出未成熟成虫的外貌。完全变态发育的昆虫，包括甲虫、蝇类、蜂类，被认为是高度进化的昆虫。化石记录表明，变态始于 3 亿年以前，并认为变态有进化上的优势，因为它们在形态和生境上的分化能够保障成虫和幼虫不会为了相同的资源而产生竞争。

下图： 化蛹过程。雪苔蛾属 *Cyana* 的幼虫织一个网篮将自己包裹于其中。这个篮子是幼虫用自己的体毛编制的，分两个阶段完成：先构筑一个基部和一个上半盖，后者疏松地与篮子的长下边相绞合。最后这两部分完全连为一体，将发育中的蛹包在其中。

产生变化

化蛹就是一个物种从活跃的"取食机器"（毛虫）到静止不动的非取食阶段（蛹）的转变过程，最终蛹将蜕变成蝴蝶或蛾子。术语"金蛹（蝶蛹）"通常用于描述体壁坚硬的蝴蝶蛹，而许多蛾子吐丝结"茧"将自

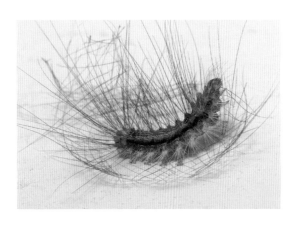

已包裹于其中。化蛹方式有五类：①伏在地面；②在茧内或叶片隐蔽处；③在地下做一个土室；④身体的末端钩住丝垫倒挂（悬蛹）；⑤末端挂住丝垫后身体又翻转向上，中部用丝带缠在枝条上（带蛹）。地面化蛹在蛾类中较为常见，但在蝶类中很罕见。弄蝶通常在缀叶或草丛中化蛹；悬蛹为蛱蝶科蝴蝶所独享；带蛹则出现在凤蝶科、粉蝶科和灰蝶科的蝴蝶中。一些蛾类幼虫用叶片、嫩枝或小枝条结茧，另外许多种类则隐藏在枯枝落叶中或不同深度的土层中。少数种类将自身的保护性物质共同织入茧中，例如咀嚼过的树皮和它们自己的蜇毛。还有一些种类通过添加细枝或植物碎片来伪装它们的茧。

　　当化蛹场所选好时，丝垫、隐藏物或茧也已经准备好，前蛹期的幼虫身体有些收缩，静等最后一次蜕皮的发生。然后，外壳开始软化、开裂、脱离已形成的成虫，最后成虫离开蛹壳。在大多数种类中，蛹最后的颜色会与其周围的环境相匹配。即使像君主斑蝶 Danaus plexippus 这样的种类，

上图：达摩凤蝶 *Papilio demoleus* 从最后状态的蛹到能飞行的成虫的明显转变过程。蛹内的细胞已经重新组合为成虫的外形，但仍然包裹在金蛹内。随着蛹壳逐渐变得更加透明，成熟中的成虫用足将自己解脱出来。然后，它悬挂在蛹壳或附近的物体上，随着新翅膀的干燥和变硬，它开始伸展其喙以便用于从花中吸食花蜜。大约需要 1 个小时的时间，它才能进行第一次飞行活动。

上图从左到右： 老熟幼虫从蜕皮变蛹，这个过程只需要几分钟就能完成。二尾纹凤蝶 *Papilio multicaudata* 的幼虫体壁完整地保留在左图中。但在中图中，体壁已经退到身体的下部。在右图中，体壁已经脱离，新鲜的蛹也已从软变硬。

其幼虫在所有时期都具鲜艳的色彩，以警告捕食者其体内含毒，但在蛹期则不示警，其绿色的蛹与周围的绿叶保持一致。如果受到干扰，蛹偶尔也会蠕动；但它们通常都不炫耀，保持隐蔽或伪装状态，以避免在这个危险阶段受到捕猎。

形成悬蛹的幼虫呈现特有的"J"字形。在 12～48 小时后，幼虫的体壁从头向尾裂开，露出的不再是幼虫的另一个体壁，而是新鲜而柔软的蛹体壁，通常呈绿色、黄色或橙色。随着身体的不断蠕动，幼虫的体壁从身体上脱落，露出柔软的新蛹。一旦体壁的最后一节硬化，蛹的臀棘就寻找前蛹期幼虫已经准备好的丝垫，并钩在上面。对于悬蛹而言，这是一种标准的姿势；如果臀棘没有接触到丝垫并用小钩钩住它，那么这个柔软的蛹就会跌落，很可能夭折。在身体挂好后，较多的蠕动通常会导致体壁的剥离，蛹最终停止运动，逐渐硬化，并呈现与周边环境融为一体的颜色。

转化过程

转化过程中，蛹的内部会发生激烈的变化。激素引起酶的释放，酶将幼虫的结构分解为一种"汤"，其中包含微小的盘状细胞，这些细胞在幼虫阶段已经存在但其发育受到了抑制，此时它们将发育为成虫的器官。一些种类的变态过程迅速发生，仅需 5～7 天的时间。另外，处于休眠或滞育状态的越夏蛹和越冬蛹，有时需要2～3年的时间。在一只蝴蝶或蛾子羽化前的几天，蛹会变暗，表明已经发育到成熟阶段。在蛹期的最后一天，蛹壳会越来越透明，翅首先出现斑纹和颜色，然后身体的其他部分也显现出来。在这个"蜕裂"阶段，羽化的数小时之前，受性信息素吸引，在那些将变为雌性成虫的蛹旁边，就会出现先期羽化的雄性成虫守株待兔。的确，在袖蝶属 Heliconius 的许多种类中，雄蝶因不仅能够与新羽化的雌蝶交配，还能够与蜕裂中的蛹交配，因而小有名气。

在许多种类的蝴蝶中，成虫羽化发生在早晨，经常是黎明后不久，或许这有利于成功羽化、干燥羽化后的翅膀和准备飞行。夜间飞行的蛾类则经常在黄昏时羽化。蝴蝶或蛾子的羽化开始时，利用足将覆盖在其足、触角和喙上的蛹壳蹬掉。为了软化最坚韧的茧，例如，燕舟蛾属 Furcula 的种类利用丝和咀嚼过的树皮制作的茧，成虫会首先喷出一种酸性溶解液。一旦足可以自由活动了，成虫就会蹬开并爬出蛹壳，露出身体的其他部位，直到完全脱离蛹壳。对于悬蛹和带蛹来说，它们借助重力来完成羽化，然后，它们通常悬挂在蛹壳上或附近的物体上。当成虫从地面上的蛹羽化出来，它们需要爬行一小会儿寻找合适的支撑场所。一旦选好场所，成虫就开始充分展翅，并将喙卷曲的两部分组合在一起形成一根长管，用于吸食花蜜，这个容易受到伤害的时期大约持续5～15分钟。翅柔弱无力的状态还需要持续1小时左右，时间长短因周围的气温高低而异，然后，神奇的转化过程结束，成虫展翅飞翔。

下图：落叶线蛱蝶 Li-menitis lorquini 刚羽化的一只蝴蝶，悬挂在蛹壳的下方，其翅上美丽的斑纹仍然被折叠在里面，直到它开始第一次飞行才会展露出来。它是北美洲蛱蝶科的一种蝴蝶，通常在4～10月进行飞行，具体飞行时间随地区不同而异。

右图： 粉红缘豆粉蝶 *Colias interior* 的低龄幼虫对其寄主植物越橘属 *Vaccinium* 的取食危害是严重的。这种方式的取食会留下叶柄和叶脉，被称为"雕叶"。

贪婪的取食者

　　一只毛虫的原始目的就是取食。它取食的多少和质量决定了它的生长速率和健康水平，以及成虫的大小和生殖的成功与否。在幼虫的最后一龄，它的取食量增加到前一龄的 4 倍，用于储存水分、脂肪和蛋白质，并将这些物质通过蛹期带到成虫期。对于那些成虫期不再取食的蝴蝶或蛾类来说，其剩余的寿命很短暂，这是储存其生存必需品的最后机会。

取食与消化

　　毛虫利用锯齿状的上颚来咀嚼叶片或其他食物，上颚左右运动，在上颚下方的一对感觉器官能够品尝食物的味道，同时将食物推到口中，并在此与唾液混合。从这里，食物进入消化系统（基本上就是一根长管子）—— 毛虫的消化道。咀嚼过的食物在进入消化道最大的部分（中肠）之前，被存储在嗉囊（一个囊状的器官）中。食物在中肠内被消化和吸收。不能消化的食物聚集在后肠和结肠中形成硬的小颗粒，这些硬的小颗粒就是从肛门排出体外的粪便。大多数毛虫都不饮水，而是直接从食物中吸收水分；草纹枯叶蛾（饮水蛾）*Euthrix potatoria* 的幼虫则因能饮用小水滴而闻名。

食物源与取食策略

　　毛虫通常取食植物，消化吸收其叶、芽、枝、花或种子的全部或特殊部分。一些种类食性单一，可在一种寄主植物上完成发育，一些则取食不同的植物种类。当寄主植物包含有毒化学物质时，毛虫也能吸收其营养成分，甚至利用这些毒素来防御捕食者。毛虫还能克服植物造成的物理障碍，例如绒毛、黏性或有毒的乳液。例如，君主斑蝶 *Danaus plexippus* 的幼虫会咬断马利筋的叶脉以阻止乳液流到叶面上。

蚂蚁、蚜虫或蚧虫可为一些肉食性的毛虫提供膳食，例如，拟蛾大灰蝶 *Liphyra brassolis* 的幼虫进入绿树蚁 *Oecophylla smaragdina* 的巢内疯狂地吞食这种蚂蚁的幼虫。一些毛虫取食动物的粪便；一些则取食真菌、贝壳、羽毛或纤维（这些都是袋谷蛾 *Tinea pellionella* 喜好的食物来源，现在这种谷蛾已经成为一种世界性的害虫）。

难吃或自卫能力强的毛虫群集取食，且不隐藏自己，取食后的场面常常凌乱不堪，留下大面积的被残害的叶子。美味的毛虫通常隐藏其取食的证据，它们吃掉整个叶片或取食完一半的叶片后就脱离植物。一些毛虫在植物内部取食，例如，草黄实夜蛾 *Heliothis subflexus* 的幼虫躲藏在酸浆果实呈灯笼状的果壳内取食。

23

下图：北美麻蛱蝶 *Aglais milberti* 的幼虫群集在滴荨麻 *Urtica dioica* 上取食整个叶片和小的植株。幼虫大量织网来支撑自身并防止捕食者的捕猎。

饥饿的害虫

尽管一只典型的毛虫会大量取食，但对于一株长势良好的植物造成的影响甚微，大多可忽略不计。然而，当一只大型的天蛾幼虫取食小型的草本植物时，则可能毁灭许多植株。一个苹果园很容易受到苹果蠹蛾 *Cydia pomonella* 的危害，一个卷心菜园则很容易遭到甘蓝粉夜蛾 *Trichoplusia ni* 的危害。森林天幕毛虫 *Malacosoma disstria* 爆发时能够吃光数千公顷树木的叶子。有大量的蛾类幼虫成为经济害虫，但蝴蝶幼虫成为经济害虫的种类却很少，菜粉蝶 *Pieris rapae* 也许是分布最广的一种蝴蝶害虫了。

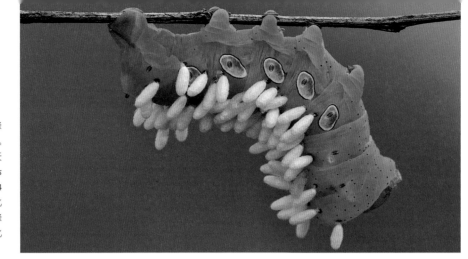

24

毛虫如何自卫

一只雌性蛾子或蝴蝶产的每 100 粒卵中仅有很少，或许仅有 1～5 粒能够生存到成虫阶段。生物的天敌和非生物（大多是气候）因素的共同作用使卵、幼虫和蛹的个体数量剧烈减少，导致每一个物种都进行着永远进化的"军备竞赛"。这使每一只新的幼虫都要寻求更好的自卫策略来抗衡捕食者已经改进了的反策略。所有毛虫种类实际应用的自卫方式多种多样，但个体的战术则会在其发育过程中发生重要变化。

毛虫的天敌范围从鸟和哺乳动物到其他昆虫，例如螳螂、甲虫、草蛉和蜘蛛。寄生蝇和寄生蜂将卵产于毛虫的体内，取食毛虫以完成生长发育，它们可能是对毛虫最大的威胁，有时会将整个毛虫种群完全毁灭。

隐藏与躲避

各种各样的战术帮助物种逃避非寄生性的猎食。相对较小的毛虫，例如一些灰蝶，钻入寄主植物内部把自己隐藏起来。其他一些利用寄主植物制作一个庇护所；有些弄蝶的幼虫吐丝捆绑几片叶子形成一个自己的"巢"，或者将叶折下，吐丝将叶捆绑建成自己的"营地"。

夜间活动的幼虫能够避开白天活动的天敌，例如鸟类和较大的捕食性昆虫的捕食。许多毛虫白天隐藏在其寄主植物的基部休息，这是最难被发现的隐蔽方式之一。隐藏色对白天取食的毛虫来说是非常有效的保护方式。许多食叶的毛虫为绿色，与周围的绿叶融为一体；而取食花的毛虫则会根据花的颜色匹配上红、黄或白色的斑纹，或者与取食的植物其他部位的颜色融为一体。食草的毛虫通常为绿色，具有淡色的条纹，而许多尺蛾科的毛虫则酷似枝条。拟态合尺蛾 *Synchlora aerata* 的幼虫则采取进一步的伪装方式，用花瓣和其他植物碎片伪装自己的身体。

有些种类具有较暴露的斑纹，经常是白色或黄色，这样可以破坏其背景色，模糊自己身体的轮廓。姿势也能改变一只毛虫的外表。例如，加利福尼亚悌蛱蝶 *Adelpha californica* 的中龄幼虫在休息时呈尼斯湖水怪状的姿势，使自己淹没在其寄主植物的橡树叶之中。还有一些模拟鸟粪，例如许多凤蝶科的种类，其低龄幼虫体表呈黑色或暗褐色，具有 1 个白色的"马鞍"斑。

用粪便自卫

减少指示性气味是更进一步的保护措施。毛虫的大多数无脊椎动物类天敌都靠气味来找到其猎捕的对象。一个重要的资源就是毛虫的粪便。一些弄蝶和粉蝶的幼虫用其臀栉将粪便抛撒到其体长 40 倍距离以外的地方。

然而，一些毛虫，包括织网的种类，不能及时处理掉其粪便，随后必然污染其巢穴。结果是，这些种类粪便中的气味会在一定程度上被吸收或消化掉。加利福尼亚悌蛱蝶的小幼虫围着叶片的中脉取食，然后吐丝将这些粪便小粒和中脉缠结为一体，形成一个安全的"港湾"。像黄肱蛱蝶 *Colobura dirce* 和新月带蛱蝶 *Athyma selenophora* 这样的种类，其毛虫构造粪便链和障碍以阻止蚂蚁等天敌的入侵。

威胁、恐吓术及化学防御

当隐藏失败时，一些毛虫会突然活动试图吓退攻击者，例如猛然移动头部和左右摆动身体的前部，当大量长有体刺的毛虫共同突然活动时，这种战术最有效，例如黄缘蛱蝶 *Nymphalis antiopa* 的中龄幼虫。加利福尼亚悌蛱蝶的末龄幼虫会剧烈晃动、暴露和移动其上颚，仿佛要撕咬攻击者。一些凤蝶科和天蛾科的老熟幼虫在胸部有眼状斑，当受到威胁时胸部会扩大，经常拟态一条小蛇。与此相似，有些幼虫的头盖及许多弄蝶蛹的头部都有类似脊椎动物脸的斑纹，用以恐吓潜在的攻击者。其他蛱蝶的幼虫在身体一端或两端同时具有长角，当捕食者靠近时，这些长角就会摆出一种恐吓对方的姿势。

上图： 塔式蓑蛾 *Pagodiella hekmeyeri* 像其他蓑蛾一样，其幼虫终生生活在一个移动的家里，这个家（蓑囊）由丝、叶及其他碎片构筑，并随虫体的成长而扩大。这种庇护所由物种生境内的可用物质构筑，并随毛虫的发育而扩大，可有效地躲避捕食者。

许多毛虫的体刺会变软，食入口中满嘴被刺扎的感觉只有很少的捕食者能够忍受。体刺组合其他一些战术，例如摇晃、挥动上颚、蜷曲、坠落等，都可能发生威慑作用，使寄生蜂难以降落在毛虫身体上无法将蜂卵产入其中。

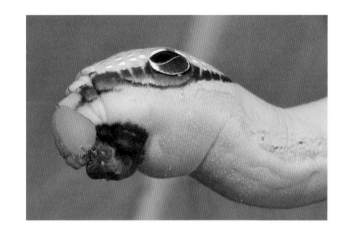

端部图： 当受到威胁时，一些种类的老熟幼虫，例如波天蛾 *Eupanacra mydon*，膨胀其身体的前面几节，隐藏胸足，扩大眼斑，摆出一条小蛇的外形。

上图： 成对的角、刺、伪眼、一个鼻子和黑色的上颚，在加利福尼亚悌蛱蝶的五龄幼虫头部组合成一张恐吓的脸。

很多科的许多种类的毛虫都有化学防御的机制，它们利用来自寄主植物的有毒化学产物或者化学初产物产生有毒的化合物。最著名的例子就是君主斑蝶 *Danaus plexippus* 了，它的幼虫积累了来自寄主植物马利筋的剧毒化合物。对脊椎动物的捕食者来说，这些植物毒素使君主斑蝶的幼虫、蛹和成虫都不可食。君主斑蝶的幼虫身体上醒目的黄、黑、白色条纹能够让鸟类迅速辨识出，表明其不可食。结果是，具有类似斑纹的毛虫也将幸免被捕食。

大多数粉蝶科蝴蝶的一龄幼虫都会在其背毛的末端携带小油滴，这些小油滴内含有驱避蚂蚁和其他捕食者的化学成分。凤蝶幼虫具有一种独特的化学防御机制，它具有一个可翻缩的肉质而又分叉的腺体，称为臭丫腺或臭角，位于头部后方的一个裂缝里，颜色为黄、橙或红色。当受到威胁时，毛虫向前翻出此腺，它类似一条蛇的舌头，分泌散发气味并闪闪发光的物质，以期吓退捕食者。许多来自其他科的蝴蝶和蛾子的毛虫具有一个类似的肉质的翻缩"颈"腺，位于头下第一腹节前缘的腹面。这些器官（称为腺瘤）也分泌可以驱避蚂蚁等捕食者的化学成分。

数量上的安全性

群集性（成群的幼虫一起取食和休息）是减少单一个体被攻击的一种行为战术；这种战术经常被应用在低龄幼虫中，此时其他的防御方式还没有发育好。群集的幼虫可能会构筑丝网、支撑物和平台来保持群体不散。

有些毛虫，例如凯丽蛱蝶 *Nymphalis californica*，其不太重要的尾端强烈地模仿关键性的头部，企图使捕食者产生混淆。这个种的低龄幼虫集体取食和休息，在群体中明显的双"头"可以显著地减少被捕食者攻击其真正头部的风险。

蚂蚁保镖

有些毛虫，特别是灰蝶科蝴蝶的幼虫，具备一种特别的自卫策略，就是招募蚂蚁保镖来驱逐寄生物和其他捕食者。虽然蚂蚁是大多数其他蝴蝶幼虫的重要天敌，但灰蝶幼虫能够产生许多种蚂蚁都喜欢取食的物质 —— 含糖丰富的蜜露，大部分灰蝶幼虫有功能性的"蜜露腺"，产生糖和氨基酸供蚂蚁食用。蚂蚁的存在及其活动集聚起大量的毛虫，可以有效地阻止寄生物和捕食者对毛虫的攻击。一只顽固的捕食者，如一只蜘蛛或一只寄生蜂，终将被蚂蚁战胜和抛弃。

27

上图：金带美凤蝶 *Papilio demolion* 的末龄幼虫群集在一起，这可以加强它们在寄主植物叶片上的伪装，但如果失败了，受刺激而翻出的、散发气味的蛇舌状臭丫腺能够恐吓捕食者。

毛虫与人类社会

蝴蝶在文学和艺术中被赞美，蛾子也偶尔会被赋予邪恶的外表，但其幼虫的属性则更珍稀，在普及文化中起着独特和根本不同的作用。有些种类的毛虫仍然是最著名的破坏性害虫，但毛虫也有重要的用途，例如，延续了几个世纪的优质蚕丝的生产者，以及越来越多地作为营养品。

普及文化中的毛虫

当今许多孩子和他们的父母都熟悉艾瑞·卡尔创作的《好饿的毛毛虫》，这个同名角色不断地取食，其食量之大令人难以想象，最终化蛹并羽化为一只光荣的蝴蝶。早期的著名角色是一只吸水烟筒的毛虫，出现在刘易斯·卡罗尔（Lewis Carroll）的《爱丽丝梦游奇境记》里，首次由维多利亚艺术家约翰·坦尼尔（John Tenniel）描绘；这只昆虫后来出现在迪士尼1951年的动画片《爱丽丝梦游奇境记》中；然后，以CGI形式，由阿伦·理克曼（Alan Rickman）配音，2010年出现在蒂姆·伯顿（Tim Burton）导演的同名电影中。在一首来自1952年的音乐片"汉斯·克里斯琴·安德森"（Hans Christian Andersen）的歌曲中，丹尼·凯（Danny Kaye）的"尺蠖"具有奇特的伸屈步态，被称为"丈量花朵"；而苏格兰歌手多诺万（Donovan）唱得则有些不准确——"毛虫蜕去了外皮，里面发现一只蝴蝶"，这是他1967年风行一时的作品《有

下图： 引人瞩目的《爱丽丝梦游奇境记》里的那只毛虫。画家约翰·坦尼尔绘制的黑白图，这是一幅美丽的超现实昆虫图像，在大多数文献中尚没有出现过，一旦看见，将令人终生难忘。

左图：一种"好的"害虫，仙人掌斑螟首次引入澳大利亚用于防治入侵的仙人掌，后来被利用在其他类似的地区，包括南非和加勒比海。现在，这种斑螟在美国迅速扩散，据说已经威胁到仙人掌工业及以仙人掌为食的动物的生存。

一座山》里的歌词。

在北美洲，伊莎带灯蛾 *Pyrrharctia isabella* 的毛虫有时被认为具有预报天气的能力。幼虫两端为黑色，两端之间为铜金色，而两端黑带的宽度似乎每年都有所不同，较宽阔的黑带据说预示着将要迎来一个较为严寒的冬天。据有些人说，雷克曼灯蛾 *Platyprepia virginalis* 幼虫的种群数量大小能够预测美国总统的选举结果。当这种毛虫的数量在加利福尼亚州随处可见时，民主党将赢得总统选举，当其数量稀少时则共和党会夺得总统宝座。尽管有许多质疑，但雷克曼灯蛾精确地预测了特朗普赢得 2016 年的美国总统大选。

身为害虫的毛虫

当一个花园主、林场主或农场主提到"毛虫"时，他们的反应很可能是负面的。对于一种广泛传播的害虫来说，只要有少量饥饿的毛虫就能够对人类产生巨大的影响，因为它们会疯狂地吃掉我们的农作物、储藏物、森林中的树木及花园中的植物。袋谷蛾 *Tinea pellionella* 因在储藏物上大量咬洞而臭名昭著。世界各地每年都要耗资数百万美元购买杀虫剂来防治鳞翅目害虫。

但大多数种类对我们种植和抚育的东西没有任何危害，有些种类还会被我们用来杀死不需要的植物。例如，仙人掌斑螟 *Cactoblastis cactorum* 于 1925 年首次从南美洲引入澳大利亚，因为这种斑螟的毛虫能够防治入侵的仙人掌 *Opuntia* spp.，此项工作取得了巨大的成功。

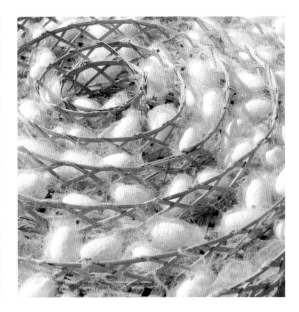

上左： 收集到的数千个白色的茧，经过处理能够得到珍贵的蚕丝。这些茧由家蚕蛾的唾腺吐一根连续不断的长丝构成，蛹被包裹其中，羽化时茧会被破开一个口。

上右： 在纺丝之前，需要将茧煮沸以去掉蚕用来将丝粘在一起的胶，使茧变软。在传统的工艺中，茧中的蛹都会死亡。在新的（虽然更昂贵）工艺中，可以让蚕蛾羽化后再利用其茧来生产蚕丝。

为丝绸生产提供原料的毛虫

养蚕业是以饲养家蚕蛾 *Bombyx mori* 来产丝的养殖业，在中国已经有5000多年的历史，在欧洲大约始于公元550年，蚕卵首次被传教士偷带到君士坦丁堡。丝绸最初沿丝绸之路传播，它将东方和西方连接起来。丝绸是几个世纪以来最奢侈的纺织品——美丽而实用，轻柔而结实，在炎热的天气里穿着十分凉爽，且具有绝佳的印染属性。

在产丝过程的开始阶段，幼虫被用桑叶饲养，一龄一龄地发育到吐丝结茧。每个茧由一根连续不断的长达1200 m的细丝构成，丝由丝心蛋白组成，用一种叫作"丝胶蛋白"的胶液粘在一起。为了软化其中的胶，茧被用热空气、蒸汽或开水处理，然后，几个茧被同步细心地抽取成单一的一股原丝。需要2500个蚕茧才能生产约450 g的蚕丝。有益的"野"丝也已经从柞蚕 *Antheraea pernyi* 和苏花蚕蛾 *Antherina suraka* 获得。

蚕丝的一个更为深奥的用途是失传的艺术——蛛网画的绘制，它始于16世纪。复杂精细的创作过程涉及收集毛虫或蜘蛛的丝，将丝铺设在一个框架上，然后用一个细尖的丘鹬羽毛刷着色。这种织网的透明效果使得图画能产生缥缈的光辉。蒂罗尔州的阿尔卑斯人更喜爱稠李巢蛾 *Yponomeuta evonymellus* 幼虫织的网，这种织网的弹性和张力更强。我们可以在英格兰的切斯特大教堂里欣赏到一幅精美的蒂罗尔蛛网画，它是由弗吉·玛丽（Virgin Mary）在200年前创作的。

作为人类食物的毛虫

世界各地把毛虫作为美食已有几千年的历史。今天，估计约有 20 亿的人群将包括毛虫在内的昆虫作为他们膳食的一部分。从澳大利亚人喜爱的胚木蠹蛾 *Endoxyla leucomochla* 的幼虫，到墨西哥人好吃的油炸绿毛虫，至少有 67 种鳞翅目昆虫被作为食品消费。在亚洲，竹野螟 *Omphisa fuscidentalis* 的幼虫是一种流行的油炸菜肴，其幼虫目前已经被商业饲养，这有助于保护野生种群。在南非，约 40 种毛虫被采集作为食品消费。常规消费的种类包括香松豆大蚕蛾 *Gonimbrasia belina* 的幼虫，它是许多人的蛋白质的一个重要来源。鳞翅目幼虫的蛋白质含量在 14%～68% 不等，相比较而言，其含量超过生牛肉（19%～26%）或生鱼肉（16%～28%）；香松豆大蚕蛾的蛋白质含量特别丰富。

因为毛虫营养丰富，能够提供人体所需的脂肪、蛋白质、维生素、矿物质和纤维，联合国积极倡导将可食昆虫作为战胜世界饥饿的一种食物来源。开发毛虫比饲养家畜作为食物对环境更和谐，因为毛虫从其饲料到可供人类食用的肉类的转化效率是饲养动物的 3 倍左右。毛虫释放的温室气体很少，排放的氨气少于牛或猪，占用的饲养场地和需要的水量十分有限。毛虫能够集中饲养，饲养场地既可以是一个温室的规模，也可以是一个工厂的规模，还能为发达国家和发展中国家的人们提供就业机会。

31

左图： 深度油炸的竹野螟幼虫，在泰国及其他东南亚国家是一种流行的营养小吃。当竹野螟的幼虫在竹子上滞育时被大量采收，且产量也在逐步增长。

研究与保护

毛虫很容易被快速饲养，是价廉物美的研究材料，可使科学家们在生物学、遗传学、植物化学，甚至气候变化的影响等方面取得重大发现。这些昆虫是适应能力的模型，它们与其生境的相互作用为研究生物如何适应环境变化提供了生动的示例。

毛虫与气候变化

1995 年，一项长期的研究与外展项目在哥斯达黎加开始实施，该项目由地球观察研究所（the Earthwatch Institute）资助，并扩展到了厄瓜多尔、巴西、亚利桑那州、路易斯安那州及内华达州的毛虫监测中心，用于调查气候变化如何影响植物化学，以及植物、食草动物与寄生物之间的相互作用。来自此项调查的数据说明，气候变暖能够打破毛虫与寄生物之间生命周期的同步性，例如，毛虫化蛹提前，在寄生物攻击之前幼虫已经完成了发育并进入蛹期。结果是，更多的毛虫存活下来，导致虫口数量爆发，消耗更多的植物材料，而寄生物的数量下降。这种情况是否为一种永久性的趋势，或者寄生物是否能够最终"赶上"毛虫的生活周期，仍然还不清楚。

一些美国的蝴蝶种类，例如尘弄蝶 *Atalopedes campestris*，已经因适应气候变暖的条件而扩大了它们的地理分布范围。过去严格限制在加利福尼亚州及其他南方各州的尘弄蝶，现在在俄勒冈州也很常见，并向北扩展到华盛顿州。相反，高山特有种，例如阿宝蛱蝶 *Boloria astarte*，其分布范围从北美洲的西北部到西伯利亚的东北部，有可能被排挤出"凉爽的空间"而面临灭绝的境地。

鳞翅目昆虫的保护

　　世界各地栖息地的丧失是对鳞翅目昆虫的主要威胁，一些种类的种群数量正在急剧下降。问题的根源在于城市的发展、农业的扩大和森林的砍伐，这些活动毁灭了蝴蝶与蛾子的生存空间，使它们失去了产卵，幼虫取食、发育和化蛹，以及成虫羽化与生殖所需要的场所。根据英国蝴蝶保护组织的报告，欧洲约有10%的蝴蝶种类面临灭绝的危险。在英国，特别是南部，蛾子的数量在过去50多年的时间里已经下降了40%。大家非常熟悉的北美蝴蝶——君主斑蝶的数量在最近20年已经萎缩了80%~90%。

　　相应的保护组织已经开展工作，努力拯救受威胁的蝴蝶种类，例如，澳大利亚重点致力于里士满鸟翼凤蝶（Ornithoptera richmondia）种群数量的恢复工作。美国已经建立了15000多个站点，其中也种植含蜜源植物和君主斑蝶幼虫所喜爱的寄主植物。欧洲、美国和新西兰的一些农场主正在合作组建一个自然保护小组，减少杀虫剂的使用量也是有益的，可以使他们土地范围内鳞翅目昆虫的数量进一步增加。

　　在美国俄勒冈州和华盛顿州，以监狱为基地的保护中心试图通过饲养幼虫来恢复艾地堇蛱蝶 *Euphydryas editha taylori* 的种群数量。在华盛顿州的监狱里，每年都有成千上万的君主斑蝶幼虫被饲养，它们的成虫羽化后在释放之前被进行标记，以便跟踪统计其迁移线路和目的地。一名监狱的囚犯在报告中说："观察一只毛虫将自己转化为蝴蝶，使我相信我也能变好。"这也说明，甚至在不可思议的地方，鳞翅目变态的奇迹还是精神鼓舞的源泉。

33

左图： 在蝴蝶园中，种植不同种类蝴蝶喜好的开花植物，以及它们繁殖需要的寄主植物是保护的一种趋势，这可以获得良好势头，最大限度地遏制甚至逆转当前种群下降的趋势。

毛虫博物馆

The Caterpillars

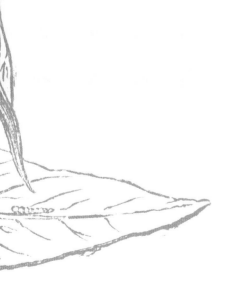

蝴蝶幼虫

Butterfly caterpillars

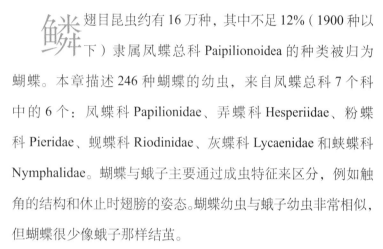

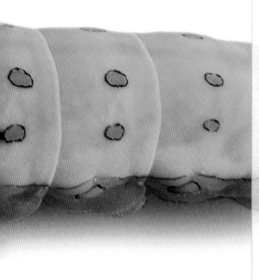

鳞翅目昆虫约有 16 万种，其中不足 12%（1900 种以下）隶属凤蝶总科 Paipilionoidea 的种类被归为蝴蝶。本章描述 246 种蝴蝶的幼虫，来自凤蝶总科 7 个科中的 6 个：凤蝶科 Papilionidae、弄蝶科 Hesperiidae、粉蝶科 Pieridae、蚬蝶科 Riodinidae、灰蝶科 Lycaenidae 和蛱蝶科 Nymphalidae。蝴蝶与蛾子主要通过成虫特征来区分，例如触角的结构和休止时翅膀的姿态。蝴蝶幼虫与蛾子幼虫非常相似，但蝴蝶很少像蛾子那样结茧。

凤蝶科的所有种类在前胸节都有一个分叉的器官（臭丫腺），当幼虫受到威胁时能够翻出，并散发出难闻的气味。弄蝶科的大多数幼虫具有大的头部，许多种类会做一个叶苞并躲在其中。粉蝶科的种类，包括著名的取食十字花科蔬菜的菜粉蝶，其蛹在第一腹节有明显的角状突起，上有丝垫。南美洲及北美洲南部地区本地蚬蝶科 Riodinidae 的幼虫与灰蝶科 Lycaenidae 的幼虫相似，但没有灰蝶幼虫用来吸引和抚慰蚂蚁的"蜜腺"。然而，蛱蝶科是蝴蝶中最大的一个科，包括 12 个亚科 6000 多种，其幼虫形态千变万化。

科名	凤蝶科 Papilionidae
地理分布	欧洲东部到中东，亚美尼亚到土库曼斯坦
栖息地	岩石山坡、橄榄林、葡萄园
寄主植物	马兜铃属 *Aristolochia* spp.
特色之处	颜色鲜艳，隐藏在叶苞内
保护现状	近危

成虫翅展
2⅛~2⅜ in (54~60 mm)

幼虫长度
最长达 1⅞ in (48 mm)

帅绢蝶
Archon apollinus
Fase Apollo
(Herbst, 1789)

　　帅绢蝶的雌蝶将绿色的球形卵产在叶子的背面，小幼虫于 4 月和 5 月孵化。幼虫最初群集生活在叶网中，但随着成长，它们开始分开，单独隐蔽生活在叶苞内，这种习性在欧洲的其他凤蝶中还没有发现。幼虫成熟后爬到地面，在地表下结一个疏松的茧化蛹。它们以蛹越冬，在翌年春季羽化。成虫在 3~4 月活动，一年发生 1 代。

　　帅绢蝶是一个地理变异明显的物种，分为 5 个亚种。成虫随年龄增长，翅膀会失去部分鳞片，留下透明的区域，特别是前翅；一些陈旧标本的前翅可能完全透明。本种受到除草剂（清除本种的寄主植物）的威胁，在集约化管理较少的土库曼斯坦，生存状况较好。

实际大小的幼虫

帅绢蝶　幼虫的外形类似一支雪茄烟，黑褐色的身体覆盖着黑色的短毛。身体背面中央有 2 列红斑和 1 列成对的白斑，但白斑在有些个体中会消失；身体侧面也有 1 列红斑。

科名	凤蝶科 Papilionidae
地理分布	美国，向南到达中美洲
栖息地	森林和草地
寄主植物	马兜铃属 *Aristolochia* spp.
特色之处	不可食，身体的颜色可随气温的改变而变化
保护现状	没有评估，但常见

箭纹贝凤蝶
Battus philenor
Pipevine Swallowtail
(Linnaeus, 1771)

成虫翅展
2¾～5 in (70～130 mm)

幼虫长度
2～2¾ in (50～70 mm)

39

　　箭纹贝凤蝶的雌蝶集中产卵，一窝卵大约包含20粒，因此小幼虫孵化后群集取食。这样幼虫可以集体抵抗植物的防御，例如植物表面的绒毛。较高龄期的毛虫独自生活，取食叶肉、叶柄和种子。幼虫能够消耗掉其寄主植物叶子总量的一半左右，会明显增加植物的死亡率，并降低种子的产量。毛虫能将寄主植物叶子中的马兜铃酸转化为化学防御成分，这些成分将携带到蛹、成虫及卵内。因此，所有生命阶段的箭纹贝凤蝶对捕食者来说都是不可食的，甚至寄生物也无法对其攻击。

　　本种的毛虫有多种色型。红色的毛虫出现在气温高于30℃的时候，在得克萨斯州其数量随日气温的升高而增加。毛虫通过爬到非寄主的植物上来调节身体的温度，以避免接收过多的热量。成虫外形非常不同、但近缘的旧大陆的凤蝶中，存在与本种非常相似的毛虫，它们也以马兜铃属的植物为食。

实际大小的幼虫

箭纹贝凤蝶　幼虫每一节都有细长的肉质突起，其中胸部的突起最长，前胸的突起尤其长。身体背面有成对的橙红色斑。幼虫为黑色或者烟红色：黑色是正常情况；红色型出现在得克萨斯州西部及亚利桑那州，那里的气温最高。佛罗里达州幼虫的突起比加利福尼亚州幼虫的突起长，这两个种群被认为是不同的亚种。

科名	凤蝶科 Papilionidae
地理分布	帝汶岛、新几内亚东南部、澳大利亚北部及东北部
栖息地	开阔的森林和稀树的草原林
寄主植物	马兜铃属 *Aristolochia* spp. 和拟马兜铃属 *Pararistolochia* spp.
特色之处	不可食，受到干扰时会释放出甜的气味
保护现状	没有评估，但在热带和亚热带的沿海地区常见

成虫翅展

2¾ in (70 mm)

幼虫长度

1⁹⁄₁₆~1¹¹⁄₁₆ in (40~43 mm)

40

透翅凤蝶
Cressida cressida
Clearwing Swallowtail
(Fabricius, 1775)

透翅凤蝶 幼虫的颜色可变，通常为红褐色的底色，具有白色或乳白色的斑纹。第三、第四和第七腹节常有断裂的白色横带，各胸节和腹节的背侧面和侧面都有短而圆的瘤突。前胸有1个黄色的臭丫腺，头部为褐黑色。

透翅凤蝶的卵为黄色，具有突出的橙色的竖斑列。从卵中孵化出来的幼虫随即开始取食。当它们取食马兜铃的小叶种类时，经常会将整个植株的叶片吃光，然后爬到地面再寻找新的植株取食。取食有毒的寄主植物后，毛虫对捕食者也毒不可食，并将这种毒性携带到成虫阶段。当受到干扰时，毛虫伸出臭丫腺释放一种甜的气味来警告捕食者。通常一棵植株上仅有1只毛虫，因为雌蝶会避免在已经有卵或者毛虫的植株上产卵。

成熟的幼虫通常离开寄主植物，到草上或附近的树干上化蛹。蛹利用臀棘钩住丝垫，翻转身体，在身体中部用1根丝带将自己捆在树枝上。成虫在低空缓慢飞行，但遇到干扰也会迅速飞离。一年发生数代，在湿润的季节数量会更多，因为这个季节的食物质量好而多，气温也更高。透翅凤蝶是透翅凤蝶属 *Cressida* 唯一的一种。

实际大小的幼虫

科名	凤蝶科 Papilionidae
地理分布	美国东部地区
栖息地	通常在湿润的林地里，但在开阔地区的花上也能见到
寄主植物	泡泡属 Asimina spp.
特色之处	受到来自寄主植物的化学成分的保护
保护现状	没有评估，但常见

马赛阔凤蝶
Eurytides marcellus
Zebra Swallowtail
(Cramer, 1777)

成虫翅展
2½~4¹⁄₁₆ in (64~104 mm)

幼虫长度
1¾~2⅛ in (45~55 mm)

41

马赛阔凤蝶的幼虫在春季和秋季孵化，孵化后在寄主植物叶子的背面取食。像大多数其他凤蝶幼虫一样，本种幼虫有臭丫腺，当幼虫受到干扰时会将其翻出来。这些器官看起来像犄角，能释放出刺激性的气味，这种气味由来自幼虫吸收的寄主植物的成分——异丁酸和2-甲基丁酰酸发出。这种气味能有效地驱避蚂蚁和蜘蛛。低龄幼虫受到干扰时也可能从寄主植物上坠落。

成熟的幼虫通常在寄主植物叶子的背面化蛹。当日照时间变短时，有些蛹进入滞育状态。在佛罗里达州，一年发生2代：春季的一代比秋季的一代体型小而颜色浅，秋季一代还具有较长的尾突和较宽的黑条纹。马赛阔凤蝶是热带笋凤蝶类群中唯一的一个温带物种。马赛阔凤蝶的近缘种发生在加勒比海及南美洲。最新的分类研究认为，马赛阔凤蝶应该归入指凤蝶属 *Protographium* 中。

马赛阔凤蝶 幼虫身体底色为绿色，尽管其颜色可能有相当大的变异，但在身体的两个体节之间经常有黄、黑和白色的窄带。有1条多种颜色的宽带将胸部和腹部分开，头部为米黄色，分叉的黄色臭丫腺位于头部的后方，只有当幼虫受到干扰或威胁时才会翻出来。

实际大小的幼虫

科名	凤蝶科 Papilionidae
地理分布	印度东北部、中国南方、日本、韩国及东南亚的大部分地区
栖息地	低海拔的热带与亚热带雨林、寄主植物丰富的城市绿化区
寄主植物	樟树 *Cinnamomum camphora* 及樟属 *Cinnamomum* spp. 的其他种类、山胡椒属 *Lindera* spp. 和新木姜子属 *Neolitsea* spp.
特色之处	呈峰型，成虫中等大小，有蓝绿色的条带
保护现状	没有评估，但常见且广泛分布

42

成虫翅展

3⅛ in (80 mm)

幼虫长度

1¹¹⁄₁₆ in (43 mm)

青凤蝶
Graphium sarpedon
Common Bluebottle
(Linnaeus, 1758)

青凤蝶的卵和低龄幼虫常见于低海拔的幼树和寄主植物新长出的叶上。在不取食的时候，所有龄期的幼虫都沿树叶正面的中脉休息。幼虫的发育历期随气温的不同可持续 2～5 星期不等的时间。幼虫通常行动非常迟缓，会选择在寄主植物的附近化蛹。蛹为浅绿色，呈楔形，利用臀棘和丝垫固定自己。

引人瞩目的成虫为黑色，翅膀中央具有 1 条从后翅后缘伸展到前翅尖端的半透明的蓝绿色条带。它们经常集聚在泥潭里或尿液浸过的土壤上。成虫飞行敏捷，常见于自然保留地、城市公园及用樟树进行绿化的地区。青凤蝶有 8 个姐妹种，过去被认为是亚种，它们的分布范围从印度到澳大利亚，外形和生物学习性都很相似。

实际大小的幼虫

青凤蝶 幼虫从头部向腹部末端逐渐变细，底色为绿色，在第三对胸部刺突之间有 1 条明显的黄色横带连接。刺突为白色，基部有黑色和黄色的环。胸部还有 2 对较短的刺突，臀节也有 1 对刺突。前胸节有 1 个浅黄色半透明的臭丫腺。

科名	凤蝶科 Papilionidae
地理分布	欧洲，穿过中亚到中国、朝鲜和日本
栖息地	林地、果园、牧场边缘、干草地、公园和花园
寄主植物	灌木，包括黑刺李 *Prunus spinosa* 及李属 *Prunus* spp. 的其他种类、山楂属 *Crataegus* spp. 苹果属 *Malus* spp. 和花楸属 *Sorbus* spp.
特色之处	巧妙伪装，能够织一个丝蔓
保护现状	没有评估，但被认为在其分布范围的一些地区受到了威胁

成虫翅展
2¹¹⁄₁₆~3½ in (69~90 mm)

幼虫长度
2 in (50 mm)

旖凤蝶
Iphiclides podalirius
Scarce Swallowtail
(Linnaeus, 1758)

43

旖凤蝶的雌蝶将浅色而呈球形的卵单独产在寄主植物叶子的背面。幼虫从卵中孵化出来，进行固定的独自生活，并在叶片上吐丝结一个丝垫，在其上休息。当幼虫在寄主植物上移动取食时，它们会在身后留下一个丝蔓，以便沿此线路返回其休息的地点。蛹为黄绿色或褐色：早春出现的幼虫为黄绿色，在寄主植物上化蛹；晚秋出现的幼虫为褐色，在枯枝落叶中化蛹，并在此越冬。这被称为季节多型现象。

成虫在5~10月飞行，一年发生3代。尽管旖凤蝶是一个常见种，其分布范围广泛且种群数量通常丰富，但在有些地区，由于其栖息地受到破坏，特别是其喜爱的黑刺李篱笆减少，旖凤蝶的种群数量正在逐步下降。

旖凤蝶 幼虫身体表面点缀着小斑。有1条黄色背线，在气门下方还有1条黄色的侧线。沿侧面有1列向后伸的黄色的短斜线。身体覆盖着许多突出的小暗斑，每个小斑上生有1根刚毛。

实际大小的幼虫

科名	凤蝶科 Papilionidae
地理分布	新几内亚及其周边的岛屿，最远到达澳大利亚东北部
栖息地	寄主植物丰富的雨林中的空旷地
寄主植物	马兜铃属 *Aristolochia* spp.
特色之处	贪吃，对捕食者有毒
保护现状	没有评估，但广泛分布。鸟翼凤蝶属 *Ornithoptera* 的所有种类都是被禁止进行国际贸易的物种

成虫翅展
4⅞~6 in (125~150 mm)

幼虫长度
2⁹⁄₁₆~2¾ in (65~70 mm)

44

绿鸟翼凤蝶
Ornithoptera priamus
New Guinea Birdwing
(Linnaeus, 1758)

绿鸟翼凤蝶　毛虫身体底色为暗褐色，光滑而具光泽，使干燥的体壁看似湿润。其身体也覆盖着明显而看似尖锐（但实际柔软）的从暗褐色到黑色等不同颜色的刺突，这使它看起来难以下咽，有助于防止捕食者猎食。第四腹节有1块马鞍状的白斑。第五腹节的刺突整体为橙色，末端为黑色，是身体上最大的刺突。

尽管绿鸟翼凤蝶是世界上最大的蝴蝶之一，但它的幼虫可能比想象得要小。这是因为成虫的身体相对于其翅膀来说就很小，它的两只翅膀巨大，特别是雌蝶的翅膀。低龄幼虫少量群集取食，但随着身体的成长，需要更多的食物，它们只好冒险单独觅食。因为其寄主植物马兜铃有毒，绿鸟翼凤蝶的幼虫、蛹和成虫对捕食者来说都是毒不可食的。

较高龄的幼虫能够吃光马兜铃植株上的所有叶子，有时如果没有其他可食的食物，它们会自相残杀，取食同胞。当受到干扰时，毛虫会从头部后方翻出臭丫腺：一个类似于蛇的分叉舌头的器官。臭丫腺会释放出一种难闻的气味以驱避捕食者。蛹不仅能够模拟一片枯叶，有时还能模仿寄主植物的花朵。

实际大小的幼虫

科名	凤蝶科 Papilionidae
地理分布	澳大利亚东部
栖息地	低地和高地的亚热带雨林
寄主植物	原脉拟马兜铃 *Pararistolochia praevenosa* 和鸟翼拟马兜铃 *Pararistolochia laheyana*
特色之处	数量不再下降，得益于寄主植物的恢复
保护现状	没有评估；2002 年澳大利亚的一个环境评估报告认为，本种在其分布范围的南部没有风险，但在北部的某些地区需要警惕

里士满鸟翼凤蝶
Ornithoptera richmondia
Richmond Birdwing
(Gray, [1853])

成虫翅展
4⅛~4½ in (105~115 mm)

幼虫长度
2⁵⁄₁₆~2¼ in (58~70 mm)

里士满鸟翼凤蝶的幼虫孵化后会吃掉它的卵壳，然后才取食柔软的叶子，但它们也会吃掉尚未孵化的卵。幼虫通常有 5 龄，但叶子中的营养不足时就会有 6 龄。幼虫的各个龄期都有臭丫腺，在幼虫受到威胁时会将其翻出并释放出难闻的气味，这被认为可以驱避捕食者。由于不同纬度和季节降水量，一年可以发生 1~3 代，毛虫的发育历期为 22~46 天。

成熟的毛虫离开寄主植物到附近的叶子上化蛹，以蛹越冬。南美杂草——丽马兜铃 *Aristolochia elegans* 的存在与传播对里士满鸟翼凤蝶的生存产生严重的威胁，因为里士满鸟翼凤蝶的成虫会将卵产在丽马兜铃的叶子上，而此叶子对毛虫有毒。里士满鸟翼凤蝶在其分布地 65% 的范围内曾一度消失，直到大约 1997 年，在那些被认为稳定的地区，本种数量仍在迅速下降。经过相关团体的共同商订，一个重新引进寄主植物的项目得到实施，里士满鸟翼凤蝶的种群数量正在逐步恢复。

里士满鸟翼凤蝶 毛虫身体底色为暗黑褐色或浅褐灰色，每一体节有 1 根长的背侧刺突和 1 根短的腹侧刺突，长、短刺突在身体上各组成 1 纵列。刺突中部为橙褐色，末端为黑色，第四节的长刺突中部有 1 个浅橙黄色的大斑，且经常扩大到基部。头部为暗褐色，具有 1 个黄色的"领带"及 1 个黄色的臭丫腺。

实际大小的幼虫

科名	凤蝶科 Papilionidae
地理分布	澳大利亚北部、东部和南部，新几内亚
栖息地	柑橘园、江河流域、开阔而湿润的低山森林和桉树林
寄主植物	栽培和野生的柑橘属 *Cirus* spp. 植物
特色之处	白天取食，是柑橘的一种次要害虫
保护现状	没有评估，但常见

成虫翅展
4~4¼ in (100~110 mm)

幼虫长度
2⅛~2⁹⁄₁₆ in (55~65 mm)

果园美凤蝶
Papilio aegeus
Orchard Swallowtail
Donovan, 1805

果园美凤蝶的雌蝶将单个卵产在柑橘的嫩芽上，几天后幼虫从卵中孵化出来。尽管幼虫伪装得很好，隐藏在周围的柑橘叶中，但它们仍然频繁地被寄生蜂和寄生蝇寄生。为了驱避捕食者，毛虫会翻出它们分叉的鲜红色的臭丫腺，释放出一种柑橘的气味。毛虫白天取食，夜间在叶片的正面休息。在温暖的天气里，从卵孵化到化蛹的发育历期需要24～27天，随着日照时间的变短，幼虫会加速发育并进入蛹期休眠。

在澳大利亚的南部地区，果园美凤蝶以蛹越冬，但在北部地区终年都能活动。在新南威尔士、维多利亚及澳大利亚南部的内陆灌溉地区，果园美凤蝶是柑橘幼树的一种次要害虫，它也会取食家庭花园里幼小的柑橘树叶子。该种毛虫对成熟的柑橘树几乎不会造成任何危害。果园美凤蝶在澳大利亚北部的热带地区分化为许多的亚种。

果园美凤蝶 毛虫身体底色为绿色，沿身体背面有成对的刺突。侧面和背面有斜带和斑点，但个体之间有变异。胸部腹侧面有1片褐色的区域，向斜后方扩展并转向上方，在第一腹节形成1根条带。身体的腹面及腹足为白色，头部为黑色。

实际大小的幼虫

科名	凤蝶科 Papilionidae
地理分布	澳大利亚东部
栖息地	开阔的桉树林及郊区的花园
寄主植物	主要为柑橘属 *Cirus* spp. 植物，但也取食芸香科其他属的植物
特色之处	会对柑橘树造成较小的危害
保护现状	没有评估，但常见

成虫翅展
2⅜~2¹³⁄₁₆ in (67~72 mm)

幼虫长度
1½ in (38 mm)

47

优雅凤蝶
Papilio anactus
Dainty Swallowtail
Macleay, 1826

优雅凤蝶的雌蝶将单个卵产在柑橘幼叶的边缘和嫩芽上。几天后，幼虫从卵中孵化，并吃掉卵壳。幼虫在白天暴露取食，在低龄阶段把自己伪装成"鸟粪"的样子。幼虫的所有龄期都有1个肉质的臭丫腺，当受到潜在的威胁时就翻出臭丫腺。臭丫腺产生一种具有柑橘气味的分泌物。在其分布范围的北部，优雅凤蝶可以终年活动。

本种毛虫在寄主植物的枝条上化蛹，但通常会远离已经取食过的地方。在南部，成熟的幼虫于秋季化蛹，并以蛹越冬，直到翌年春季才羽化。优雅凤蝶已经向北扩散到种植柑橘的城市花园里。雄蝶在开阔地区离地面1.8 m左右的高度飞行，也会在山顶出现。

优雅凤蝶　毛虫身体底色为蓝黑色，具有许多蓝白色的小斑点；背中部和侧面各有1列黄色的大斑，腹侧面有1条断续的纵线。每一体节的亚背面都有1根黑色的短刺突。头部为黑色，前胸有1个裂缝，内藏1个橙色而分叉的臭丫腺。

实际大小的幼虫

科名	凤蝶科 Papilionidae
地理分布	从墨西哥南部到阿根廷，包括加勒比海，在佛罗里达南部有一个小的种群
栖息地	开阔的地区及次生林
寄主植物	花椒属 *Zanthoxylum* spp. 和柑橘属 *Cirus* spp. 植物
特色之处	低龄幼虫模拟"鸟粪"
保护现状	没有评估，但在局部地区常见

成虫翅展
5¼~5½ in (134~140 mm)

幼虫长度
3~4 in (76~100 mm)

48

安凤蝶
Papilio androgeus
Androgeus Swallowtail
Cramer, [1775]

安凤蝶 毛虫身体底色主要为褐色，具有特殊的蓝灰色的条纹。胸部有奶油色的长形斑，并向前扩展到褐色的头部。第一到第四腹节的背面有 1 块奶油色而呈马鞍形的斑。腹足及最后 3 个腹节也有白色的斑纹。当受到威胁时，幼虫从胸部翻出分叉的橙色的长臭丫腺，释放出难闻的气味，并摆出一条蛇的姿态。

安凤蝶将绿色的卵单个产在寄主植物叶片的末端，幼虫从卵中孵化出来，初龄幼虫为橙褐色而具光泽。安凤蝶的幼虫具有典型的鸟粪状外形，褐色的底色上有特殊的蓝色条纹，裸露在叶片正面取食。幼虫在 1 个月之内就能发育到成熟阶段，不取食时的大部分时间都在枝条上休息，能够很好地隐蔽。当发育完成后，幼虫在枝条上化蛹。在分布范围的部分地区以蛹越冬，成虫在春季飞行。

安凤蝶直到 1976 年才在佛罗里达州被发现，但它们是强健的飞行者，可能早已经从加勒比海飞入佛罗里达州了。然而，佛罗里达州的种群在形态上与南美洲的种群相似。首次发现其幼虫取食柑橘，因此它们可能是随携带有幼虫或卵的柑橘的进口而输入的。幼虫曾被认为是柑橘树的一种害虫，但其危害程度远小于芷凤蝶亚属 *Heraclides* 的近缘种，例如美洲大芷凤蝶 *Papilio cresphontes* 和达摩凤蝶 *Papilio demoleus*。

实际大小的幼虫

科名	凤蝶科 Papilionidae
地理分布	佛罗里达州、巴哈马、伊斯帕尼奥拉岛、古巴
栖息地	热带产硬木的地区
寄主植物	炬香木 *Amyris elemifera*，也能以野花椒 *Zanthoxylum fagara* 为食
特色之处	幼虫受到干扰时翻出其分叉的白色臭丫腺
保护现状	没有评估，但在美国被列入联邦受威胁的种类名录（阿里斯凤蝶蓬赛亚种 *Papilio aristodemus ponceanus*）中，在分布范围的其他地区不常见

阿里斯凤蝶
Papilio aristodemus
Schaus' Swallowtail
Esper, 1794

成虫翅展
3⅜~5 in (86~130 mm)

幼虫长度
2⅜~3⅛ in (60~80 mm)

49

阿里斯凤蝶的低龄幼虫像凤蝶属的其他种类一样，外形类似鸟类或蜥蜴的粪便，暗色的体表从头到尾散布有白色的尿酸斑。因此，伪装好的小幼虫暴露在叶子的正面休息，就像在树叶上的一坨鸟粪。当幼虫长大，不再像鸟粪时，它们就夜间取食，白天在树枝上休息。在接近成熟时，幼虫体表中部会出现一些白色的带纹，这也许可以模糊幼虫身体的轮廓，减少被捕食者发现的机会。

像其他凤蝶幼虫一样，阿里斯凤蝶的幼虫有 1 个臭丫腺，用于防御。研究结果已经说明，由臭丫腺分泌的化学成分（脂族酸、脂、单萜烃和倍半萜）对工蚁具有强烈的驱避效果，对其他捕食者可能也有很好的阻止作用。因为杀蚊药剂的喷洒、栖息地的丧失和红火蚁的入侵，阿里斯凤蝶在美国的分布范围迅速减小，分布仅限于佛罗里达州的一些岛屿上。一个人工繁殖的项目已经在佛罗里达大学实施了许多年，这有助于保障阿里斯凤蝶的长期生存。

阿里斯凤蝶 不像芷凤蝶亚属 *Heraclides* 近缘种的幼虫，本种幼虫身体中部缺乏完整的马鞍形斑，只有 1 块圆形的白斑，也几乎没有更多的色彩，仅有一些蓝色的小圆点。当然，它具有本属幼虫的典型特征：体表底色为褐黑色，第一胸节和最后两个腹节具有扩大的白斑。侧面有 1 条宽度不规则的黄色的纵纹伸展到整个胸部及前 6 个腹节。分叉的臭丫腺为白色。

实际大小的幼虫

科名	凤蝶科 Papilionidae
地理分布	阿拉伯半岛、穿过南亚到中国、东南亚、巴布亚新几内亚和澳大利亚；最近已经入侵到土耳其、多米尼加共和国、里科港、牙买加和古巴
栖息地	多样化，包括无树草平原、森林、河床及花园，可达海拔 2100 m 的高度
寄主植物	柑橘属 Cirus spp. 和鳞豆属 Cullen spp. 植物
特色之处	取食柑橘，是一种偶发性的害虫
保护现状	没有评估，但在其广泛的分布范围内都很常见

成虫翅展
2¹³⁄₁₆ in (72 mm)

幼虫长度
1⅝ in (42 mm)

50

达摩凤蝶
Papilio demoleus
Lime Swallowtail
Linnaeus, 1758

　　达摩凤蝶的低龄幼虫的外形似鸟粪，通常会被捕食者忽略掉。高龄幼虫身体底色大多为绿色，隐藏在其寄主植物上，直到最后一次蜕皮，它们一边取食一边寻找隐蔽场所。从卵到成虫的发育历期需要 26～59 天。在较冷的气候条件下，达摩凤蝶以蛹越冬，使越冬代的历期延迟到几个月之久。在澳大利亚，它被称为"格子凤蝶"（Chequered Swallowtail），幼虫以鳞豆属为食，如果将幼虫放到柑橘树上，它也能完成发育。

　　达摩凤蝶在过去 10 年左右的时间里已经扩大了分布范围，这是由于它强大的飞行能力及农业和城市化发展的结果。它也已经在葡萄牙被发现（2012 年，一只成虫），并继续扩大范围，正成为世界上分布范围最广的一种蝴蝶。从中东到印度，达摩凤蝶的幼虫已经成为柑橘苗圃内的一种害虫，它们也将对其他地区的柑橘生产造成潜在的威胁。

实际大小的幼虫

达摩凤蝶　幼虫呈圆筒形，从头部向腹部末端逐渐变细；身体底色为浅绿色，侧面有 1 列、亚背面有 2 列粉红色的斑点，斑的边缘为褐色；腹侧面有 1 条白色的纵线，头部后方有 1 对肉质的短刺突。第四与第五腹节有 1 条黑带。1 个橙红色的臭丫腺能从前胸节翻出来。

科名	凤蝶科 Papilionidae
地理分布	印度南部和斯里兰卡、印度东北部到中国南部、日本南部、韩国、东南亚（马来半岛、印度尼西亚和菲律宾）
栖息地	开阔的森林
寄主植物	芸香科的植物，包括柑橘属 *Cirus* spp.、吴茱萸属 *Euodia* spp.、金桔属 *Fortunella* spp.、飞龙掌血属 *Toddalia* spp. 和花椒属 *Zanthoxylum* spp.
特色之处	发育成一个蛇头的样子
保护现状	没有评估，但常见

玉斑美凤蝶
Papilio helenus
Red Helen

Linnaeus, 1758

成虫翅展
4～4⅝ in (100～120 mm)

幼虫长度
2～2⅛ in (50～55 mm)

51

从体型很小的二龄长大到四龄，玉斑美凤蝶的幼虫形状都像一坨鸟粪，借以伪装自己来达到不被捕食的目的。到了最后一龄（五龄），幼虫的颜色和斑纹都发生了戏剧性的变化，就像凤蝶属的许多种类一样，它们采用了典型的蛇头状的拟态。当受到潜在的威胁时，幼虫从头部后方翻出一个红色而分叉的肉质突起——臭丫腺，能起到相当大的惊吓作用，还会释放出难闻的气味。在不取食的时候，幼虫暴露在寄主植物的树枝和小枝条上休息，因为它们身体的颜色与周边的树叶一致，所以不易被捕食者发现。

幼虫期持续 26～30 天。蛹表面为绿色（当它们位于新鲜的枝条和叶子上时）或褐色（当它们位于树干或枯死的枝条上时），极度向外弯曲，被单股的丝带固定住。蛹期持续 14～22 天。玉斑美凤蝶的成虫为大型的蝴蝶，后翅的尾突为黑色而具白斑，常在森林中徘徊或穿飞，吸食花蜜或在泥潭吸水。在其热带的分布区，玉斑美凤蝶可以终年发育。

玉斑美凤蝶 幼虫身体底色为深绿色，有 1 条斑驳的褐色横带将胸部和腹部分隔开来；腹部中央有 2 条褐色和白色相间的斜带，在背面相连接。腹部腹面为白色，头部和胸部腹面为暗褐色。中胸有 1 对具有完整瞳孔的眼斑，由 1 条绿色的眼镜状的斑纹左右相连。

实际大小的幼虫

科名	凤蝶科 Papilionidae
地理分布	南美洲，从巴西东部穿过巴拉圭和乌拉圭到达阿根廷
栖息地	干燥而多刺的灌丛
寄主植物	假叶小檗 *Berberis ruscifolia*
特色之处	引人瞩目，具有明显的绿色和褐色斑纹
保护现状	没有评估，但在局部地区稀少

成虫翅展
2⅜~3½ in（60~90 mm）

幼虫长度
1¼~2⅛ in（45~55 mm）

海黄豹凤蝶
Papilio hellanichus
Papilio Hellanichus
Hewitson, 1868

海黄豹凤蝶的高龄幼虫独自生活在假叶小檗灌木林上。其有效的隐藏色将它们融入周边的环境中，使捕食者很难发现它们。海黄豹凤蝶是凤蝶科中唯一的以假叶小檗为食的凤蝶，因此，其分布范围仅限于其寄主植物生活的干燥的灌木林区。一年发生2代，但在湿润的年份，许多成虫不能成功地从蛹中羽化出来，因此很难见到飞行的蝴蝶。

海黄豹凤蝶是凤蝶科中许多因后翅有尾突而被称为"燕尾凤蝶"（swallowtails）的种类之一，它也容易受到人类的干扰，因此仅分布在偏远的地区。人工饲养有助于海黄豹凤蝶种群数量的恢复，但已被证明很难饲养，主要原因是其寄主植物离开原来的栖息地后不能很好地生长，而毛虫又不愿意取食其他植物。

海黄豹凤蝶 幼虫有明显的斑纹。体表底色通常为绿色，但腹面、胸足和腹足为褐色。胸部有1个大型的眼斑，有1条褐色和奶油色的斜带穿过胸部到达腹部，腹部侧面还有1个褐色的环纹。

实际大小的幼虫

科名	凤蝶科 Papilionidae
地理分布	科西嘉、萨迪尼亚
栖息地	具有生长缓慢的树木和灌木的草坡，海拔可达 1500 m
寄主植物	伞形科，包括科西嘉芸香 *Ruta corsica*、巨阿魏 *Ferula communis* 和潘妮前胡 *Peucedanum paniculatum*
特色之处	具有醒目的绿色与黑色的斑纹，以及橙色的臭丫腺
保护现状	无危，种群数量在逐步增加

科西嘉凤蝶
Papilio hospiton
Corsican Swallowtail
Gené, 1839

成虫翅展
2¹³⁄₁₆~3 in (72~76 mm)

幼虫长度
1⁹⁄₁₆ in (40 mm)

53

科西嘉凤蝶将卵单个产于寄主植物叶上，幼虫从卵中孵化出来。它们取食叶片，以蛹在地面的岩石上、树干或树枝上越冬。每年发生 1 代，也可能部分发生第二代。在科西嘉成虫出现于 7 月，而在萨迪尼亚，成虫则于 5 月初开始飞行。雄蝶具有领地行为，它们在那里等候雌蝶的光临。

科西嘉凤蝶是科西嘉和萨迪尼亚这两个岛屿的特有种，它们在那里得到了各种措施的保护。例如，它被《濒危野生动植物物种国际贸易公约》（CITES）列入附录 I，这使得本种的采集和贸易不合法。本种的生存受到了当地农民焚烧其寄主植物带来的威胁，但近年来对栖息地的保护和管理措施，例如控制焚烧过度生长的灌木和扩大其栖息地，已经使本种的种群数量明显增加。本种的幼虫容易与金凤蝶 *Papilio machaon* 的幼虫相混淆。

科西嘉凤蝶 幼虫的身体大部分为绿色，沿背面具有黑色带及蓝色、橙色和黄色的斑纹。侧面有 1 条由橙色和白色斑纹组成的纵线。1 个大型的橙色的臭丫腺位于头部的后方。足为蓝色。

实际大小的幼虫

科名	凤蝶科 Papilionidae
地理分布	北美洲西部，从不列颠哥伦比亚到亚利桑那州
栖息地	山顶、岩石坡、峡谷、河岸、道路两旁
寄主植物	沙漠欧芹属 *Lomatium* spp.
特色之处	在生命周期短的寄主植物上快速地生长
保护现状	没有评估，但常见

成虫翅展
2⅜~2⁹⁄₁₆ in (60~65 mm)

幼虫长度
1⁹⁄₁₆~2 in (40~50 mm)

54

短尾金凤蝶
Papilio indra
Indra Swallowtail

Reakirt, 1866

短尾金凤蝶将卵单个产在沙漠欧芹上，卵期大约持续一星期。幼虫于春末从卵中孵化出来，一龄幼虫吃掉卵壳，迅速生长发育，依据气温高低不同，幼虫持续20~30天即可化蛹。幼虫最主要的生长发育期是最后一龄，其个体的大小成倍增长。幼虫有两种色型：嵌带型和黑色型。嵌带型幼虫暴露在外休息，而黑色型幼虫则隐藏在叶片中休息。在有些个体中，身体上的宽带可以作为真的或假的不可食性的指标。[①]

幼虫的迅速发育至关重要，因为它的寄主植物在春末夏初会迅速衰老。幼虫通常有5龄，但有时因天气干热而只有4龄。以蛹越夏和越冬，这个阶段持续11~12个月。雄蝶比雌蝶更容易被看见，因为雌蝶喜欢在其寄主植物生长的岩石山坡上活动。

短尾金凤蝶 幼虫身体底色为黑色，每一体节上具有1条白色到粉色的宽带，或者完全没有浅色带。体表光滑，每一体节具有白色、黄色或粉色的大斑。头部为黄色，前方具有2条黑色而呈倒"V"字形的宽带。

实际大小的幼虫

① 黑色无宽带的个体隐藏起来，说明是无毒可被捕食的；有宽带的个体暴露在外，说明是有毒不可被捕食的。——译者注

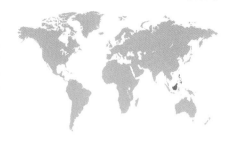

科名	凤蝶科 Papilionidae
地理分布	婆罗洲、菲律宾
栖息地	热带雨林中的空旷地区
寄主植物	柑橘属 *Citrus* spp.
特色之处	体型大，低龄阶段形似鸟粪
保护现状	没有评估

成虫翅展
4½~4⅞ in (115~125 mm)

幼虫长度
Up to 2⅜ in (60 mm)

南亚碧凤蝶
Papilio lowii
Great Yellow Mormon

Druce, 1873

　　南亚碧凤蝶将奶黄色的球形卵单个产在寄主植物叶片的背面，卵的表面粗糙，幼虫从卵中孵化出来。新孵化的幼虫首先吃掉卵壳，然后取食叶子。低龄的幼虫形似鸟粪，可以完美地伪装自己。老熟的幼虫具有 2 个明显的眼斑，外形看起来与低龄幼虫完全不同。当幼虫完成发育时，它吐丝将自己悬挂在树枝上，化为一个绿色的蛹。一年发生数代。

　　成虫在森林的低空飞行取食和产卵。其外形多变，与美凤蝶 *Papilio memnon* 非常相似，都有多变的斑纹；在有些分类系统中，南亚碧凤蝶被认为是美凤蝶的一个亚种。容易混淆的是，南亚碧凤蝶的英文俗名有时也为"亚洲凤蝶"（Asian Swallowtail），与柑橘凤蝶 *Papilio xuthus* 的英文俗名相同。

南亚碧凤蝶　幼虫体表绝大部分为绿色，腹部有褐色而围白边的斜带；胸部有 2 个眼斑，有 1 条褐色的横带将两个眼斑连接起来。第一腹节有第二条横带，从上往下看时，该横带呈盾形。头部和身体的腹面为褐色。

实际大小的幼虫

科名	凤蝶科 Papilionidae
地理分布	北美洲、欧亚大陆及非洲北部
栖息地	山坡、空旷地、峡谷、沼泽、灌木平原
寄主植物	伞形科的种类，包括茴香 *Foeniculum vulgare* 和狭叶青蒿 *Artemisia dracunculus*
特色之处	魅力十足，具有许多亚种和变型
保护现状	没有评估，但有些亚种可能受到了威胁

成虫翅展
4~4¼ in (100~110 mm)

幼虫长度
1⁹⁄₁₆~2 in (40~50 mm)

56

金凤蝶
Papilio machaon
Old World Swallowtail
Linnaeus, 1758

金凤蝶 幼虫身体光滑，身体底色由白绿色逐渐变为绿色，体节间有黑色的横带，每一体节上有黑色和黄色交替排列的斑纹，横向形成带纹。绿色的头部具有4条明显的黑色线纹，有时有大斑。腹足为绿色，各具有1个黑斑。

金凤蝶的幼虫主要取食寄主植物的叶子，以隐蔽自身作为防御，低龄幼虫形似"鸟粪"，高龄幼虫则与其寄主植物融为一体。据报道，鸟类拒绝捕食金凤蝶的一些亚种，因为金凤蝶令其难以下咽，这是金凤蝶幼虫的另一种防御方式。金凤蝶的幼虫经常被茧蜂寄生。它们的发育迅速，从孵化到化蛹仅需要3星期时间。在夏末化蛹的个体将进入越冬状态。

依据纬度和海拔高度的不同，一年最多可以发生3代，蛹期可能保持休眠状态2年或2年以上。成虫在蓟、百日菊、福禄考和金光菊上吸食花蜜。英格兰的金凤蝶 *Papilio machaon britannicus* 是在某些诺福克沼泽里特有的一个著名的亚种；俄勒冈州的金凤蝶 *Papilio machaon oregonius* 是该州的州昆虫。瑞典植物学家卡尔·林奈（Carl Linnaeus，1707—1778）以特洛伊战争中的希腊内科医生马雄（Machaon）的名字来命名金凤蝶。

实际大小的幼虫

科名	凤蝶科 Papilionidae
地理分布	北美洲西部，从不列颠哥伦比亚到危地马拉
栖息地	沼泽底部、道路两旁、河岸、灌木平原、公园及花园
寄主植物	李属 *Prunus* spp.、白蜡树属 *Fraxinus* spp. 和唐棣属 *Amelanchier* spp.
特色之处	成虫为北美洲少见的几种最大的蝴蝶之一
保护现状	没有评估，但在分布区常见

成虫翅展
4⅝～5 in（120～130 mm）

幼虫长度
2～2⅜ in（50～60 mm）

二尾虎纹凤蝶
Papilio multicaudata
Two-Tailed Tiger Swallowtail
W. Г. Kirby, 1884

57

二尾虎纹凤蝶的幼虫将大型的卵单个产在寄主植物叶子正面，幼虫从卵中孵化出来。一龄幼虫首先吃掉卵壳，然后取食叶片端部。二龄幼虫在叶子正面吐丝织一个丝巢，在不取食时返回到巢中休息。较大一些的幼虫织一个类似的丝巢，但向上方凸起；幼虫不取食这些结"巢"的叶子。高龄幼虫吃掉大部分的叶子或整个叶片，有时在叶子的背面休息。

幼虫通过伪装来保护自己，同时也能从橙色而分叉的臭丫腺释放出防御性的化学成分来防御。幼虫的发育迅速，从孵化到化蛹大约持续33天。有4～5龄，环境条件可以决定龄期的数量。化蛹场所位于寄主植物基部的树干或枝条上，以蛹越冬。依据海拔和纬度的不同，一年发生1～3代。

二尾虎纹凤蝶 幼虫身体底色为鲜绿色，在第三、四及第七到十节上各有2～6个蓝色的小斑。在第三节和第四节之间有1条前缘镶白边的黑色横带。第三节背面有复杂的伪眼斑，主要为黄色，围有窄的黑边，中心有1个蓝色的斑点。

实际大小的幼虫

科名	凤蝶科 Papilionidae
地理分布	印度、东南亚（中国南方、印度尼西亚）
栖息地	开阔的森林
寄主植物	芸香科的植物，包括亚洲飞龙掌血 *Toddalia asiatica*、棟叶吴茱萸 *Euodia meliifolia*、臭花椒 *Zanthoxylum rhetsa* 和柑橘属 *Cirus* spp.
特色之处	具有恐吓的眼斑，展示了凤蝶幼虫经典的拟态风采
保护现状	没有评估，但在分布区内常见

成虫翅展
4~4⅞ in (100~125 mm)

幼虫长度
2 in (50 mm)

58

宽带美凤蝶
Papilio nephelus
Yellow Helen
Boisduval, 1836

宽带美凤蝶的低龄幼虫呈鸟粪状，模拟泥土的颜色并具有光泽，甚至表现出黏稠的模样。五龄和最后一龄幼虫则展现出完全不同的形象，眼斑和膨大的胸部成功地伪装成一个恐吓状的蛇头，而毛虫真正的头部则安全地隐藏在其胸部下方。幼虫所有的龄期都有 1 个可翻缩的臭丫腺，当受到惊吓时释放出难闻气味以驱避潜在的威胁。蛹为绿色而呈角状，很容易被误认为是叶片。

宽带美凤蝶（不同的亚种可能有不同的英文俗名）隶属于凤蝶属中的玉斑 *helenus* 种组，成虫通常是以黑色为主色的大型蝴蝶，后翅有长的尾突和大的白斑。像凤蝶属 *Papilio* 的其他种类那样，宽带美凤蝶具有特殊的保护性适应，例如隐蔽性（幼虫和蛹的颜色）、化学防御（臭丫腺，其分泌物随龄期和身体大小的不同而变化）和拟态（鸟粪状和眼斑及其摆出的姿态）。在其整个生命周期里，宽带美凤蝶会受到类型不同、大小各异的捕食者（包括从蚂蚁到鸟类）的攻击，而这些累加的保护措施可以有效地躲避捕食者的猎捕。

实际大小的幼虫

宽带美凤蝶 幼虫体表呈斑驳的绿色。在醒目的胸盾上有 2 个具瞳孔状的眼斑，它们被 1 条绿带连接起来。在胸部后缘有 1 条类似的横带，上面有明亮而呈波状的斑纹。腹部每侧有 2 列大理石样的短斜带，但仅前面（靠近头部）的 1 对在背面相接形成 1 条明显的 "V" 字形带。后面（靠近尾部）的 1 对向上延伸并逐渐变细，但不在背面连接。

科名	凤蝶科 Papilionidae
地理分布	北美洲东部和中部，南到秘鲁
栖息地	开阔的林地、草原和沙漠
寄主植物	数种植物，包括胡萝卜属 *Daucus* spp.、欧芹属 *Petroselinum* spp.、莳萝 *Anethum graveolens*、欧防风 *Pastinaca sativa*，在亚利桑那州取食蒙大拿金雀儿 *Thamnosma montana*
特色之处	臭丫腺模仿蛇的分叉，用于驱避捕食者
保护现状	没有评估，但常见

珀凤蝶
Papilio polyxenes
Black Swallowtail
Fabricius, 1775

成虫翅展
3⅛~4¼ in (80~110 mm)

幼虫长度
2 in (50 mm)

59

在美国的家庭花园中，人们常会见到珀凤蝶幼虫那熟悉的身影。低龄幼虫体表为黑色，有奶油色的马鞍形斑，形似一坨鸟粪。随着逐步成长，它发育出 1 个橙色的臭丫腺（凤蝶幼虫特有的一种器官），当受到干扰时，臭丫腺从头部后方翻出，释放出散发难闻气味的化学物质，用于驱避蚂蚁之类的捕食者。臭丫腺模仿蛇的分叉舌头，能够恐吓鸟类，当鸟类咬到毛虫难吃的体壁时，也会将毛虫吐掉。

当越冬的蛹附着在光滑有叶的地方时呈绿色，而附着在粗糙的枝条或树皮上时则呈褐色。当成虫羽化后，它们喜欢在山顶飞行和交配。一年发生数代。在北美洲西南部的索诺兰沙漠和莫哈韦沙漠，雄蝶和雌蝶绝大部分为黄色；在别的地区，雌蝶通常失去最初的黄色带，拟态箭纹贝凤蝶 *Battus philenor*，后者的成虫对鸟类有毒。

珀凤蝶 较高龄幼虫身体底色为浅到暗的绿色，具有黑色的横带，带内嵌有黄色（有时为橙色）的斑点，整体斑纹拟态君主斑蝶 *Danaus plexippus* 和女王斑蝶 *Danaus gilippus* 的有毒幼虫。

实际大小的幼虫

科名	凤蝶科 Papilionidae
地理分布	美国，从新英格兰地区到佛罗里达州，西到得克萨斯州和科罗拉多州
栖息地	沼泽地区、公园、花园、草地和森林边缘
寄主植物	美国山胡椒 *Lindera benzoin* 和白檫木 *Sassafras albidum*
特色之处	拟态别种毛虫
保护现状	没有评估，但在其分布区的周围可能稀少

成虫翅展
3~4 in (76~100 mm)

幼虫长度
2⅛ in (55 mm)

银月豹凤蝶
Papilio troilus
Spicebush Swallowtail

Linnaeus, 1758

银月豹凤蝶的雌蝶将卵产在寄主植物的叶上，幼虫孵化后整个幼虫期都在寄主植物的叶片中度过。低龄幼虫模拟鸟粪，其颜色从绿色到褐色变化。从第三腹节到第八腹节偶尔有白色的马鞍形斑。当幼虫不取食的时候，它卷一片叶子将自己包裹于其中，以躲避捕食者的猎捕。到四龄时，幼虫体表变为酸橙绿色，外形变为蛇状，看起来惟妙惟肖。大型的眼斑和可伸缩的"分叉舌"（臭丫腺）共同完成这种伪装的姿态。

幼虫在一个丝套内化蛹，悬挂在寄主植物下层叶的背面。蛹为绿色或者褐色，随周围叶子颜色的季节变化而变化。成虫也高度拟态箭纹贝凤蝶 *Battus philenor* 来躲避捕食者，二者有相似的斑纹，同域分布，但箭纹贝凤蝶具有恶臭。

实际大小的幼虫

银月豹凤蝶 幼虫最容易识别的特征是：老熟幼虫身体上部为酸橙绿色，下部为暗棕色，两者之间有1条黄色的分界线。胸部背面有4个眼斑。前面2个大的眼斑，上有黑色的眼斑，且有白色的亮点。1列蓝色的小斑沿腹部垂直排列在各体节上。

科名	凤蝶科 Papilionidae
地理分布	澳大利亚东北部（昆士兰和北部地区）、新几内亚及所罗门群岛
栖息地	雨林和潮湿的高地
寄主植物	蜜茱萸属 *Melicope* spp. 和柑橘属 *Citrus* spp.
特色之处	巧妙伪装，转变为引人瞩目的蓝色成虫
保护现状	没有评估，但在其分布区相当常见

英雄翠凤蝶（天堂凤蝶）

Papilio ulysses

Ulysses Swallowtail

Linnaeus, 1758

成虫翅展	4~4¼ in（100~110 mm）
幼虫长度	2⅜~2⁹⁄₁₆ in（60~65 mm）

61

英雄翠凤蝶将卵单个，或偶尔 2~3 粒为一组地产在寄主植物的嫩叶或成熟叶子的背面。幼虫孵化后喜欢取食嫩叶，经常能够在被砍掉的树干或树枝重新长出的嫩叶上发现它们。它们单独取食，每一植株上通常只有一只毛虫。当不取食的时候，本种毛虫在附着于叶片正面的丝垫上休息。毛虫仅取食周边的树叶。

英雄翠凤蝶的天敌，包括捕食者、寄生物和疾病，控制着其种群数量。在化蛹之前，幼虫最容易受到寄生蜂的寄生。飞行中的成虫耀眼夺目，翅正面在阳光的照射下闪烁着一系列蓝色的亮光。终年都能发育，但在湿润的季节最丰富。

英雄翠凤蝶 幼虫身体底色为暗绿色，逐渐变为浅绿色，在亚背面及背侧面有一系列蓝色的小斑。第一腹节背面有 1 条白色的宽横带，其中嵌有许多微小的绿色斑点。其余每一腹节背面各有 2 个大小不一的白斑。头部为浅绿色。

实际大小的幼虫

科名	凤蝶科 Papilionidae
地理分布	缅甸北部、蒙古北部、俄罗斯远东地区、中国、朝鲜、日本、小笠原岛、关岛和夏威夷
栖息地	林地、城市和郊区、柑橘园
寄主植物	芸香科，例如黄柏 *Phellodendron amurense*、枸桔 *Poncirus trifoliata*、花椒属 *Zanthoxylum* spp. 和栽培的柑橘属 *Citrus* spp
特色之处	在日本曾被当作神来崇拜
保护现状	没有评估，但常见

成虫翅展
1¼~4 in (45~100 mm)

幼虫长度
2~2⅜ in (50~60 mm)

62

柑橘凤蝶
Papilio xuthus
Asian Swallowtail
Linnaeus, 1767

柑橘凤蝶　幼虫身体底色为绿色，第二胸节有眼斑，在背面胸部与腹部之间有1条宽带将它们隔开。体表还有数条暗绿色，有时是绿色和白色的横带。有1条白色的纵纹沿腹足贯穿腹部，白纹镶较粗的黑边。头部为绿色，当幼虫受到干扰时从头部后方翻出1对长的黄色臭丫腺。

像凤蝶属 *Papilio* 的许多种类一样，柑橘凤蝶的低龄幼虫形似一坨鸟粪，高龄幼虫像一条蛇。低龄幼虫在叶子正面取食（"鸟粪"都被拉在叶子的正面），由于保幼激素（Juvenile Hormones, JHs）的调控，高龄幼虫体表颜色变为绿色，形态呈蛇状，有时隆起膨大的胸部。幼虫会使柑橘树落叶。到了秋冬季节，柑橘凤蝶以蛹越冬，春季羽化的成虫要比夏季羽化的成虫小很多。

柑橘凤蝶是被研究得最为深入的蝴蝶之一，特别是在日本，研究人员做了很多实验来研究柑橘凤蝶的习性和颜色变化，近期的研究则更多地涉及幼虫。最近关于花纹颜色的遗传学研究发现，在幼虫各龄期间调节体表颜色变化的基因涉及7个。柑橘凤蝶也是古代的一种著名蝴蝶；8世纪的《日本编年史》记载，其为一种取食柑橘的绿色毛虫（现在被鉴定为柑橘凤蝶），曾经被当作神来崇拜。

实际大小的幼虫

科名	凤蝶科 Papilionidae
地理分布	欧洲，穿过小亚细亚到蒙古、俄罗斯远东地区及中国西北地区
栖息地	亚高山草原和干燥的灌木山坡，大多在海拔 750 ～ 2000 m 的地区
寄主植物	景天属 Sedum spp.
特色之处	黑色和橙色，模拟大型的马陆
保护现状	易危

成虫翅展
2¼~3⅜ in (70~85 mm)

幼虫长度
最长达 2 in (50 mm)

阿波罗绢蝶
Parnassius apollo
Apollo
(Linnaeus, 1758)

63

阿波罗绢蝶的雌蝶在寄主植物上产下 150 粒以上的卵，既可以单个地产，也可以少量成群地产下。以卵越冬，第二年春季幼虫孵化，初龄幼虫体表完全为黑色，因此难于产生斑纹。随着幼虫的成长，体表逐渐出现橙色的斑点，外形模拟居住在相同栖息地中的马陆。毛虫和马陆都能产生散发恶臭的液体，用来驱避捕食者，这是缪氏拟态的一个范例。缪氏拟态是德国博物学家弗里茨·缪勒（Fritz Müller，1821—1897）在 19 世纪首次描述的一种现象。

老熟幼虫在地面结一个疏松的茧化蛹。一年发生 1 代，成虫在 4~9 月出现。因其外形美丽而长期受到采集者的青睐。过度的采集，加上疾病及其栖息地的丧失，据评估现在阿波罗绢蝶已经处于易危等级。保护者希望加强阿波罗绢蝶的保护措施，例如实施人工饲养和栖息地保护，并且将本种列入 CITES 的附录 Ⅱ 中，严格限制标本的贸易。

阿波罗绢蝶 幼虫身体底色为天鹅绒般的黑色，侧面有 1 列成对排列的橙红色斑，每对斑都是一大一小。头部和身体覆盖有黑色的短毛。

实际大小的幼虫

科名	凤蝶科 Papilionidae
地理分布	北美洲西部，从阿拉斯加到新墨西哥
栖息地	山区，海拔可达最高的北极高山
寄主植物	景天属 Sedum spp.
特色之处	有警戒色，当受到干扰时能够释放出恶臭的气味
保护现状	没有评估，但在分布区内常见

64

成虫翅展
2⅜~2⁹⁄₁₆ in（60~65 mm）

幼虫长度
1³⁄₁₆ in（30 mm）

田鼠绢蝶
Parnassius smintheus
Mountain Parnassian
Doubleday, [1847]

田鼠绢蝶的雌蝶将卵单个产在寄主植物及其周围。以卵越冬，幼虫在第二年春末孵化，取食卵壳。幼虫独自生活，白天暴露在阳光下取暖，但在夜间取食，从叶端开始取食。幼虫不结巢。在山区景天 *Sedum* 树林里搜寻，可以很容易发现田鼠绢蝶的幼虫。当受到干扰时，幼虫会猛烈摆动，坠落地面寻找躲避场所，黄色的臭丫腺可以释放出具有恶臭气味的化学物质。其身体的警戒色也表明它们可能有毒。

幼虫发育缓慢，需要 10~12 星期。幼虫有 5 个龄期，在地面的枯枝落叶中结一个疏松的茧化蛹。成虫通常为白色，具有一些红色的斑和暗色的花纹，依据纬度和海拔高度的不同，成虫出现在 5 月末到 9 月初。在北美洲和欧亚大陆，绢蝶属 *Parnassius* 的其他种类的栖息地都限定在山区。

田鼠绢蝶　幼虫身体乌黑发亮，具有刚毛和 4 列鲜明的金黄色斑，这些斑会随着幼虫的成熟逐渐扩大。每节侧面有 2 个斑（但第一到第三节各只有 1 个斑），其中靠前缘的较大，靠后缘的较小。

实际大小的幼虫

科名	凤蝶科 Papilionidae
地理分布	巴尔干半岛诸国、中东
栖息地	干燥的草地和草原，在受干扰的地区可以分布到海拔 1000 m 的山区
寄主植物	马兜铃属 Aristolochia spp.
特色之处	明显多刺，具有黑色、白色和红色的斑纹
保护现状	没有评估

花锯凤蝶
Zerynthia cerisy
Eastern Festoon
(Godart, [1824])

成虫翅展
2¹⁄₁₆~ 2⁷⁄₁₆ in (52~62 mm)

幼虫长度
1³⁄₁₆~1⅜ in (30~35 mm)

　　花锯凤蝶将奶黄色的卵单独或少量成群地产在寄主植物叶子的背面，通常在庇荫处。幼虫取食叶片，在植物基部或石头缝中化蛹，并结一个丝网来保护自己。花锯凤蝶以蛹越冬。

　　一年发生 1 代，成虫于 3～7 月出现，在高海拔地区则出现更晚。在其分布范围的一些地区，其种群数量正在下降，通常是由于农业的扩张和除草剂的施用导致的栖息地丧失。在地中海群岛（包括克里特岛）存在许多的亚种。克里特岛的花锯凤蝶的翅具有很少的红色，后翅没有尾突，足以独立为一个亚种，甚至成为一个独立的物种 —— 克里特锯凤蝶 *Zerynthia cretica*。

花锯凤蝶　幼虫色彩丰富而多枝刺。身体底色为黑色，具有贯穿整个身体的白色线纹，由此生出橙红色的瘤突，每个瘤突上具有许多短的刺突。头部为褐色。

实际大小的幼虫

科名	弄蝶科 Hesperiidae
地理分布	从墨西哥南部穿过中美洲及加勒比海的大部分地区；南美洲，阿根廷南部到北部
栖息地	低山湿润的森林、森林边缘及邻近的次生林、人类居住附近的花园
寄主植物	各种栽培及野生的柑橘树 *Citrus* spp. 与花椒属 *Zanthoxylum* 近缘的一些种类
特色之处	经常能在花园里看到正在取食柑橘树的满身条纹的毛虫
保护现状	没有评估，但不可能成为受威胁的种类

成虫翅展
2~2⅜ in (50~60 mm)

幼虫长度
1⁵⁄₁₆~1½ in (33~38 mm)

钩翅弄蝶
Achlyodes busirus
Giant Sicklewing
(Cramer, 1779)

66

像其他弄蝶一样，钩翅弄蝶的幼虫用叶片制作一个居所，利用臀栉奋力地将粪便从肛门抛出，使粪便远离其居所。初期的居所是用从叶子边缘咬下的一块三角形的碎片制作而成，当幼虫长大一些后，它们利用相邻的两片叶子叠在一起形成一个袋状的居所。刚孵化的幼虫不离开其居所，而是在居所内部取食叶子的叶肉，留下叶子完整的背表皮形成一些小"窗"。幼虫在其最后一龄的居所内化蛹，在暗褐色的蛹上覆盖着一层细小的白色蜡粉。

本种的拉丁学名是以布西里斯国王（King Busiris）的名字命名的，他是希腊和埃及神话故事中的人物，据说是被逃出国王地牢不久的赫拉克勒斯（Heracles）杀死的。成虫飞行迅速，着陆非常机警，两对翅平铺在地面上，吸食土壤中的矿物质成分。

实际大小的幼虫

钩翅弄蝶 幼虫身体底色为深绛紫色，大部分体节上有白色和黄色的横条纹。头部略呈心形，有很强皱褶。头部的近前端为暗褐色，直达黑色的唇基及其下方附近。

科名	弄蝶科 Hesperiidae
地理分布	从墨西哥西部和得克萨斯州最南端到厄瓜多尔，也许最南可以到达玻利维亚
栖息地	森林边缘、林中空地、低山和山脚的次生林、湿润和半湿润的森林
寄主植物	柑橘属 Citrus spp. 与花椒属 Zanthoxylum spp.
特色之处	在居所内隐居，成虫是极其敏捷的飞行者
保护现状	没有评估，但不被认为会受到威胁

成虫翅展
2⅛~2⁹⁄₁₆ in (55~65 mm)

幼虫长度
1⅞~2⅛ in (48~55 mm)

暗白钩翅弄蝶
Achlyodes pallida
Pale Sicklewing
(R. Felder, 1869)

67

暗白钩翅弄蝶将乳白色的球形卵单独产在嫩叶的背面，幼虫从卵中孵化出来。在栽培的柑橘树及其附近的花园中，我们经常能够发现暗白钩翅弄蝶各龄期的幼虫，其略呈方形的居所很容易被识别。居所是利用从叶子边缘咬下的小碎片制作的，幼虫在居所中取食上面叶子的叶肉。较大的幼虫则粘连两片相邻的叶子形成一个浅袋状的居所，幼虫通常在其中化蛹。

当受到威胁或者其居所被撬开时，较高龄的幼虫会抬起头部，试图利用其强有力的上颚撕咬来犯的入侵者。这种分布广泛的常见弄蝶，其成虫飞行十分迅速而机警。它们频繁地飞行于湿润的沙地、腐烂的尸体上，以及粪便和花丛之间，甚至停留在晾晒的衣物上。暗白钩翅弄蝶和钩翅弄蝶 *Achlyodes busirus* 是钩翅弄蝶属 *Achlyodes* 仅有的两个物种，以前包含在本属的其他物种最近都已经被移入伊弄蝶属 *Eantis* 中。

实际大小的幼虫

暗白钩翅弄蝶 幼虫的头部为红褐色，呈心形，基部呈浅黑色，密布细小的颗粒状突起，像戴了一副面具。身体底色为暗蓝灰色到绿灰色，侧面有一系列黄色的短方斑，在气门上方形成 1 条贯穿身体的线纹。身体前方和后方都染有亮黄色。

科名	弄蝶科 Hesperiidae
地理分布	美国西南部、墨西哥
栖息地	干旱的山区
寄主植物	龙舌兰属 *Agave* spp.
特色之处	世界最大的弄蝶之一
保护现状	没有评估，但在分布范围的大部分地区常见

成虫翅展
2~2⅜ in (50~61 mm)

幼虫长度
1¾ in (45 mm)

亚利桑那硕弄蝶
Agathymus aryxna
Arizona Giant-Skipper
(Dyar, 1905)

68

亚利桑那硕弄蝶的幼虫只生活在厚的植物叶子中，例如，分布在加利福尼亚州东南部、亚利桑那州和墨西哥的渥太龙舌兰 *Agave utahensis* 叶子。雌蝶在植物的端部产卵，产在这里的卵通常会落到叶片的基部。刚孵化的幼虫会爬到叶子的顶端蛀入叶内，并在蛀道内休眠。在休眠结束后，幼虫又回到叶基部，并咬出蛀道在其中生活。成虫于8月和9月爬出蛀道的天窗，伸展翅膀，飞行求偶，交配并产卵。

一种更大的墨西哥弄蝶 —— 美大弄蝶 *Aegiale hesperiaris* 也以龙舌兰为食。龙舌兰被用来制作龙舌兰酒，例如梅斯卡尔酒。作为一种营销手段，有时我们能看到这些毛虫漂浮在烈酒瓶的软木塞下。这些幼虫也会被烤熟，然后装入桶中作为一种零食被售卖。

实际大小的幼虫

亚利桑那硕弄蝶　幼虫身体底色为奶褐绿色或蓝白色，颈部和尾部为黑色。体表光滑，具有很细的短毛，有些个体有绿色的亮斑。头部光滑，为褐色或淡橙色，无斑纹。

科名	弄蝶科 Hesperiidae
地理分布	得克萨斯州偶见；墨西哥，南到哥斯达黎加和巴拿马，东到大安的列斯群岛；南美洲，南到玻利维亚和巴西南部
栖息地	海拔低于 1000 m 的大部分热带地区
寄主植物	蝶形花科 Fabaceae，特别是刺桐属 Erythrina spp.
特色之处	是投掷粪便的高手，也是建造居所的能工巧匠
保护现状	没有评估，但常见，不会成为受威胁的种类

成虫翅展
2⅛~2⁹⁄₁₆ in (55~65 mm)

幼虫长度
1½~1¾ in (38~44 mm)

霜影蓝闪弄蝶
Astraptes alardus
Frosted Flasher
(Stoll, 1790)

69

霜影蓝闪弄蝶分布广泛，在有刺桐属 *Erythrina* 植物生存的任何地方都能发现其幼虫。其居所外形呈山峰状，似金字塔，沿叶子的一条窄边建造在叶子的正面，很容易被识别，甚至在远处也能看见。当幼虫发育到四龄或五龄的时候，它们在两片叶子之间建造一个袋状的居所，并在其中化蛹。幼虫是投掷粪便的高手，老熟幼虫能够将粪便抛出 1 m 以外的距离。

雄蝶栖息在阳光下取暖，等候雌蝶的来临。在不寻找产卵场所或守卫栖息地的时候，成虫倾向于在大叶子下面的叶片上休息，四翅抱拢在一起。霜影蓝闪弄蝶的分布范围可能正随着其寄主植物刺桐的扩大种植而扩大。刺桐通常被大量地种植在农业区和居住区，这有助于霜影蓝闪弄蝶的入侵。

霜影蓝闪弄蝶 幼虫外形似蚯蚓，球形的头部为褐色，上有 2 个显眼的鲜黄色的"眼斑"。颈部和前胸盾明显骨化，为深红色，与绿色的身体形成鲜明的对比，身体覆盖有细小的黄色刺突。臀足的颜色与前胸节相似。

实际大小的幼虫

科名	弄蝶科 Hesperiidae
地理分布	美国南部到巴西，偶尔向北扩散
栖息地	牧场、大草原、花园、草坪、公园及道路两旁
寄主植物	草本植物，包括早熟禾属 *Poa* spp.、羊茅属 *Festuca* spp. 和狗牙草 *Cynodon dactylon*
特色之处	取食草坪，常见，现在正随着气候变暖向北扩散
保护现状	没有评估，但常见

成虫翅展
1³⁄₁₆~1⅜ in (30~35 mm)

幼虫长度
1⅛~1³⁄₁₆ in (28~30 mm)

70

尘弄蝶
Atalopedes campestris
Sachem
(Boisduval, 1852)

尘弄蝶的幼虫吐丝将草的叶片连在一起建造居所，随着幼虫成长，其居所的结构会越来越复杂，每一龄的幼虫都会有所不同。一龄仅吐出少量几股丝建成一个模糊的"巢"，而化蛹前的五龄幼虫则编织不整洁但很结实的丝质的管状居所。幼虫在地面结一个丝质的茧化蛹，茧上覆盖有其腹部末端腺体产生的毛状物质。防御主要依靠隐藏，但一些小型的捕食者，例如花蝽科 Anthocoridae 的种类，能够找到其居所的入口并捕猎毛虫。一年发生 2~3 代，后一个世代的种群数量会比前一个世代的数量更丰富。

尘弄蝶原是一个亚热带的物种，但由于气候变暖，它已经大幅向北扩散进入了北美洲。冬季没有明显的滞育阶段，幼虫能够在很低的气温下生存。成虫像其他弄蝶一样，因飞行敏捷而闻名，经常能在后花园的观赏花，包括万寿菊、紫菀和醉鱼草上看到其身影。

尘弄蝶 幼虫身体底色为橄榄褐色或橄榄灰色，密布细小的黑色斑点和刚毛。每一体节后方有 5 条横褶，背面中央有 1 条明显的暗褐色条纹。头部和颈部为亮黑色，颈部前缘镶白边。

实际大小的幼虫

科名	弄蝶科 Hesperiidae
地理分布	美国西南部、墨西哥北部
栖息地	干旱的峡谷和干河床
寄主植物	垂穗草希斯变种 *Bouteloua curtipendula* var. *caespitosa*
特色之处	在一种本地的草上建造巢管
保护现状	没有评估，明显无危，但在其分布区的周围相当稀少

成虫翅展
1¼~1⅝ in (32~42 mm)

幼虫长度
1³⁄₁₆ in (30 mm)

71

棕灰墨弄蝶
Atrytonopsis vierecki
Viereck's Skipper
(Skinner, 1902)

　　棕灰墨弄蝶的幼虫生活在巢管中，巢管是其头部靠下部位的吐丝器吐丝将叶片连在一起建造的。本种毛虫仅取食垂穗草 *Bouteloua curtipendula* 的希斯变种 *caespitosa*，因为这个变种有更多的叶子，其较大的叶片簇能够为其筑巢提供更多的材料。幼虫在夏末成熟，然后在草簇基部由丝和叶组成的巢管中越冬。越冬幼虫于第二年春季化蛹，成虫在化蛹1~2星期后于5月份羽化。

　　赤眼蜂科 Trichogrammatidae 昆虫的身体微小，翅展仅有1 mm，成虫在棕灰墨弄蝶的许多卵中都各产1粒蜂卵。赤眼蜂的幼虫将棕灰墨弄蝶的卵吃空，然后羽化出一只新的赤眼蜂成虫。这类寄生蜂攻击大多数蝴蝶和蛾子的卵。在美国西南部和墨西哥的沙漠生活着墨弄蝶属 *Atrytonopsis* 的十几个物种，它们的幼虫都以大型杂草为食。

棕灰墨弄蝶　幼虫身体底色为深红色，但在它们取食绿色的草后就变成了蓝绿色，端部有1条较暗的心形带。颈部为黑色，狭窄，尾部为深红色。头部为深红色，头部靠前的位置有1个明显而呈圣诞树形状的黑斑，这有别于众多其他取食杂草的弄蝶种类。

实际大小的幼虫

科名	弄蝶科 Hesperiidae
地理分布	印度、中国、东南亚、菲律宾、印度尼西亚、巴布亚新几内亚、澳大利亚和斐济
栖息地	落叶与常绿的热带森林周边的开阔地区
寄主植物	榄仁树属 *Terminalia* spp.、水黄皮属 *Pongamia* spp.、翅实藤属 *Rhyssopterys* spp. 和风车子属 *Combretum* spp.
特色之处	可使寄主植物的叶子掉光，成虫被迫迁徙到别处产卵
保护现状	没有评估，但分布广泛而常见

成虫翅展
1⅞~2¹⁄₁₆ in (48~52 mm)

幼虫长度
1¾ in (45 mm)

72

尖翅弄蝶
Badamia exclamationis
Brown Awl
(Fabricius, 1775)

尖翅弄蝶也叫褐翅弄蝶，其幼虫吐丝将嫩叶的边缘连接在一起形成一个开放的居所。幼虫白天和夜间都会到居所外面去取食。幼虫生长迅速，排出湿润而黏稠的粪便。快要化蛹时，特别是在植物的叶子已经被幼虫取食而脱落掉的时候，幼虫可以向下爬到靠近地面处，利用一片叶子建造一个管状的虫室。虫室的内壁密布丝线，蛹利用臀棘和丝垫附着在丝囊上。一年可以发生数代。

这种昆虫的种群数量可能很大，幼虫会使寄主植物的叶片脱光，迫使成虫迁徙。迁徙可以扩大物种的分布范围，但在具有新鲜食物的地区，也可以再发生一次迁徙。成虫飞行迅速，并能发出声响。

实际大小的幼虫

尖翅弄蝶 幼虫体形呈圆筒形，身体底色可变，从黄色到紫黑混有黄色。身体背面中央有 1 条宽的黑线；每节都有黑色的横线。头部为黄色，有 2 条黑色的横带及许多微小的黑色斑点。腹足为浅白色，有黑色的环纹。

科名	弄蝶科 Hesperiidae
地理分布	墨西哥的热带地区到法属圭亚那，向南沿安第斯山脉到哥伦比亚，或许至少到厄瓜多尔的北部
栖息地	湿润山地的森林边缘及次生林区
寄主植物	牛膝属 *Achyranthes* spp.
特色之处	低龄时建造一个明显且呈井盖状的居所
保护现状	没有评估，但不被认为受威胁

成虫翅展
1⅛~1⁵⁄₁₆ in (28~34 mm)

幼虫长度
1⅛~1¼ in (28~32 mm)

缘杂弄蝶
Bolla giselus
Bolla Giselus
(Mabille, 1883)

73

缘杂弄蝶通常将微小的褐色卵单独产在寄主植物嫩叶的背面，幼虫从卵中孵化出来。在吃掉大部分的卵壳后，幼虫从叶子中部咬下一块略呈椭圆形的碎片，将它叠盖在叶子的上表面或下表面。低龄幼虫在这个居所内休息，并利用臀栉将粪便远远地抛离居所。对居所周边所造成的损害是明显的，因为低龄幼虫仅取食叶子的一面，叶片留下许多明显的透明窗状孔。

较高龄期的幼虫倾向于将两片完整的叶子粘合在一起，当不取食的时候就在这个囊袋中休息。在居所的内壁大量吐丝可以使居所强烈地向外凸出，给幼虫更大的活动空间。幼虫在最后一龄的居所内化蛹。成虫飞行快捷，在道路两旁许多常见的花上吸食花蜜，且频繁地停下来，平展双翅，在阳光下取暖。

缘杂弄蝶 幼虫的斑纹简单，身体底色为黄绿色，点缀有微小的淡黄色斑点，身体的大多数体节上散布着稀疏的浅色的短刚毛。侧面有 1 条细的黄色的气门线。鳞茎状的头部为暗褐色，略呈心形，覆盖有与身体上类似的浅色小刚毛，但比身体上的刚毛更短一些。

实际大小的幼虫

科名	弄蝶科 Hesperiidae
地理分布	印度东北部、中国南部到东南亚（马来半岛、菲律宾、印度尼西亚）
栖息地	森林、公园和花园
寄主植物	亮鹅掌柴 *Schefflera lurida* 与鹅掌柴 *Schefflera octophylla*、翼他刺通草 *Trevesia sundaica*、细叶酸藤子 *Embelia garciniaefolia* 和风吹楠属 *Horsfieldia* spp.
特色之处	与成虫在颜色与斑纹上异常相似
保护现状	没有评估，但除寄主植物丰富的地区外，其他分布区不常见

成虫翅展
1¾~2 in (45~50 mm)

幼虫长度
2~2⅛ in (50~55 mm)

74

白伞弄蝶
Burara gomata
Pale Green Awlet
(Moore, 1865)

　　白伞弄蝶的低龄幼虫用丝将自己咬下的一块叶片叠盖在一片叶子上建成一个居所。幼虫爬出居所取食附近的叶子。到高龄阶段，幼虫将一整片叶子对折形成居所，最终在其中化蛹。蛹为白色，具有黑色和黄色的斑纹，并利用一个丝垫将其尾端固定在叶上。卵被集中地产在一起，因此群集的幼虫会将寄主植物的整个树枝上的叶子吃光，仅留下化蛹用的叶子居所。

　　白伞弄蝶的幼虫和成虫在颜色布局与斑纹上很相似，这样的例子比较少见。醒目的成虫（腹部和翅为鲜艳的橙色，具有黑色和白色的条纹）通常在早晨或傍晚飞行，它们在花上吸蜜、在泥潭吸水，或者在叶子的背面休息。由于白伞弄蝶的一些寄主植物被用来制作篱笆，因此可以在城市公园或花园中观察到其完整的生命周期。

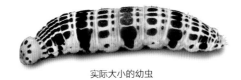

实际大小的幼虫

白伞弄蝶　幼虫有明显的黑色、黄色和白色的斑点及醒目斑纹。头壳为橙色，生有 2 排各 4 个黑斑——"蜘蛛眼"。胸部背面有 3 条黑色的纵线纹。最后一龄幼虫外形呈圆筒形，腹部的粗细（身体周长）几乎是头部的两倍。

科名	弄蝶科 Hesperiidae
地理分布	南美洲的北部（苏里南和圭亚那），向南穿过阿马佐尼亚到达秘鲁和玻利维亚
栖息地	主要为低地和山脚的森林，可达海拔 800 m 的高度
寄主植物	林下幼树的未知种类
特色之处	将粪便抛离居所的最佳投掷手
保护现状	没有评估

昌弄蝶
Cabirus procas
Cabirus Procas
(Cramer, 1777)

成虫翅展
1⅜~1⁹⁄₁₆ in (35~40 mm)

幼虫长度
1¹¹⁄₁₆~1⅞ in (43~48 mm)

昌弄蝶的幼虫在其寄主植物上建造一个奇妙而复杂的居所，当不取食时在其中休息。幼虫从叶子边缘咬下一块略呈方形的碎片，将它叠盖在一片叶子的上面构建居所。在居所内部中央的上下内壁吐丝结一层密集的丝壁，使居所向外凸出。当受到威胁时，幼虫常常会迅速用头部顶住居所的顶盖。

在居所休息期间，幼虫会定期地将腹部从顶盖下方伸出，熟练地将其粪便抛离其居所。较大的幼虫能够将粪便抛出 1 m 以外的距离。相对于其他弄蝶来说，昌弄蝶成虫的飞行能力较弱，通常展开翅膀停歇在叶子的背面。虽然两性成虫有明显的颜色差异，但它们都模拟白天飞行的蛾子。

昌弄蝶 幼虫有几乎完全透明的体壁，后面几节有 1 条很弱的黄色印迹。这种透明体壁暴露出从气门向外辐射的白色的小气管系统，也使整个肠道的颜色随其内部消化食物颜色的不同而异。头部为暗橙色，明显呈心形。

实际大小的幼虫

科名	弄蝶科 Hesperiidae
地理分布	美国南部，穿过加勒比海的大部分地区和中美洲，南到阿根廷
栖息地	栖息地广泛，经常在受人类干扰和耕作的地区，生活在湿润和半湿润及季节变化明显的地区
寄主植物	竹芋科 Marantaceae，大多数为观赏植物，美人蕉属 Canna spp.、肖竹芋属 Calathea spp.、竹芋属 Maranta spp. 和铊竹芋属 Thallia spp.
特色之处	常见，在种群数量大的时候可对观赏植物造成严重危害
保护现状	没有评估，但不可能受到威胁

成虫翅展
2~2⅛ in (50~55 mm)

幼虫长度
1½~1¾ in (38~45 mm)

巴西弄蝶
Calpodes ethlius
Brazilian Skipper
(Stoll, 1782)

76

实际大小的幼虫

巴西弄蝶将卵单个或 2~6 粒成群地产下，从中孵化出的幼虫会被微小的寄生蜂大量寄生。低龄幼虫将叶子边缘的一小部分卷折成一个简单的居所，为了便于卷折叶子，它们经常在卷叶的每个末端咬出一个缺口。从居所的一端取食通常会留下一个三角形的叶瓣，被叠盖在叶子的顶部或底部。幼虫在最后一龄的居所内化蛹。

在观赏的美人蕉属植物上很容易发现巴西弄蝶的卵、幼虫和蛹，当其爆发时能够对美人蕉造成相当大的危害，随后 1~2 代的种群数量就会大幅减少。巴西弄蝶可能比记载的更常见，因为它有黄昏活动的习性，经常在天黑时飞行。其分布范围还在明显地扩大，最近发现已经定居在加拉帕戈斯群岛。

巴西弄蝶 幼虫的头部为亮驼褐色或橙褐色，略呈三角形。单眼上有大小不同的椭圆形的黑斑，使它们看起来像复眼。身体底色为暗绿色而呈半透明，体壁的上表皮透明，很容易在上表皮之下看到从每个气门辐射出的气管网络。

科名	弄蝶科 Hesperiidae
地理分布	非洲北部；欧洲南部、中部和东部，到高加索和亚美尼亚
栖息地	刺柏－橡树林，陡坡和干燥的山坡
寄主植物	直水苏 *Stachys recta* 和污毒马草 *Sideritis scordioides*
特色之处	多毛，以发育中的种子为食
保护现状	没有评估，但在欧洲被列入近危等级

大理石卡弄蝶
Carcharodus lavatherae
Marbled Skipper
(Esper, 1783)

成虫翅展
1⅛～1⁵⁄₁₆ in (28～34 mm)

幼虫长度
最长达 ¾ in (20 mm)

77

大理石卡弄蝶的雌蝶将卵单独产在寄主植物正在枯萎的花穗上，幼虫从卵中孵化出来，以发育中的种子为食。幼虫通过枯萎的花来发现食物，并在花萼周围吐丝结一个疏松的网。大约在三龄的时候，以幼虫越冬，于翌年春末完成发育，幼虫爬到地面，通常在枯枝落叶中化蛹。

通常一年发生 1 代，但也偶尔有报道，在意大利和希腊北部一年发生 2 代。像本属的大多数种类一样，大理石卡弄蝶成虫的颜色鲜艳，随地区和海拔高度（200～1600 m）的不同，其飞行时间也可能在 5～8 月中的某一时期。据报道，一些地区的种群数量正在减少，主要原因是其栖息地的丧失。大理石卡弄蝶的寄主植物的分布范围狭窄，寄主植物的消失会导致该弄蝶种群的碎片化分布。

实际大小的幼虫

大理石卡弄蝶 幼虫的身体底色为暗褐色，由于分布有众多白色的小斑点，而使其外表呈斑驳状。身体覆盖有白色的细长毛，其两侧各有 1 条黄褐色的条纹。头部为褐色。

科名	弄蝶科 Hesperiidae
地理分布	北美洲的大部分地区、欧亚大陆的北部，包括日本
栖息地	森林的开窗地、山地草原、溪流两岸及湿润的低地
寄主植物	草本植物，包括紫拂子茅 *Calamagrostis purpurascens*、雀麦属 *Bromus* spp. 和虉草 *Phalaris arundinaceae*
特色之处	夜间取食，筑一个管状的巢
保护现状	没有评估，但在其分布范围的部分地区易危

成虫翅展
¾~1 in (20~25 mm)

幼虫长度
1~1⅛ in (25~28 mm)

78

银弄蝶
Carterocephalus palaemon
Arctic Skipper
(Pallas, 1771)

　　在北美洲，银弄蝶的雌蝶于早春将卵单个产在草上，几天之后就孵化出幼虫。从一龄到五龄的发育时间大约为6星期，五龄幼虫取食缓慢，3星期后在卷折的草巢中进入休眠状态。越冬完成后，幼虫离开巢在草片的附近化蛹。自我保护方式包括隐藏、夜间取食和抛远粪便，最后一种方式可以防止捕食者通过粪便的气味发现其自身。成虫在花上吸食花蜜，大约能够存活3星期的时间。

　　低龄幼虫将草片的边缘连在一起形成一个中空的、一端开放的管状巢，并用丝将叶巢缠牢。取食的幼虫经常咬断叶片，使剩余的叶片端部（51~76 mm）脱落。银弄蝶在欧洲和亚洲的生活史各不相同。该种的种群数量最近几十年已经下降，由于栖息地受到干扰以及气候的变化，本种已处于易危状态。银弄蝶在英国被称为"格子弄蝶"（Chequered Skipper），自1976年以来已经消失。

实际大小的幼虫

银弄蝶　幼虫身体底色为绿色，具有鲜绿色和模糊的白色条纹。身体侧面有1条粗的白色纵纹，其两侧镶绿边。头部为亮栗棕色，中央被1条凹槽垂直分为两部分。

科名	弄蝶科 Hesperiidae
地理分布	印度尼西亚、巴布亚新几内亚，散布在澳大利亚
栖息地	雨林和城市花园
寄主植物	棕榈科 Arecaceae 的许多种类
特色之处	观赏用的棕榈树的次要害虫
保护现状	没有评估，但常见

成虫翅展
1⁷⁄₁₆~1⅝ in (37~41 mm)

幼虫长度
1⁹⁄₁₆~2 in (40~50 mm)

棕榈金斑弄蝶
Cephrenes augiades
Orange Palm-Dart
(C. Felder, 1860)

79

棕榈金斑弄蝶的幼虫筑两种类型的居所：管状居所（将叶羽卷曲形成一个管状的居所）和扁平居所（将两片叶子叠盖在一起，并用丝将它捆牢，形成的居所）。幼虫于夜间在叶羽的边缘取食。随着幼虫的成长，它会构建更大的新居所。当幼虫数量很多时，棕榈的复叶会受到相对大的损害。一年能发生数代，在较冷的月份，幼虫的发育会变缓，有可能会增加一个龄期，即六龄。

幼虫通常在最后一龄的居所内化蛹，但有时也会离开棕榈树到基部的枯枝落叶中去化蛹。蛹为浅褐色而呈圆筒形，其表面会覆盖一些白色的蜡粉。近年来，由于棕榈树被作为绿化观赏植物不断扩大栽培范围，棕榈金斑弄蝶也随之逐步扩大其分布范围。

实际大小的幼虫

棕榈金斑弄蝶 幼虫外形呈圆筒形，身体底色为透明的淡蓝绿色，有 1 条暗色的背中线。头部为乳白色，具有褐色的侧带和中带，但在不同个体中会有差异。身体后面几节有明显的刚毛。

科名	弄蝶科 Hesperiidae
地理分布	哥伦比亚的安第斯山脉，厄瓜多尔和秘鲁，也许还有玻利维亚的北部
栖息地	山坡、森林开窗及朱丝贵竹属竹子丰富的其他地区
寄主植物	朱丝贵竹属 *Chusquea* spp.
特色之处	难以形容，频繁地被寄生蝇寄生
保护现状	没有评估，但不被认为受到威胁

成虫翅展
2⅛~2⁹⁄₁₆ in（55~65 mm）

幼虫长度
1⅛~1⁵⁄₁₆ in（28~34 mm）

80

卡雕弄蝶
Dion carmenta
Dion Carmenta
(Hewitson, 1870)

卡雕弄蝶的雌蝶仅用3~4秒的停留时间就能将1粒白色的球形卵产在寄主植物叶子的背面。刚孵化的幼虫头部为黑色，体表为朴素的浅白色，随着其发育成长，胸部逐渐出现淡红色调，但在其个体发育期身体的颜色没有其他变化。幼虫在所有龄期都会建一个居所在其中生活，并利用臀栉将粪便奋力地抛离居所。

幼虫将寄主植物的几片叶子吐丝粘连成一个管状的居所，并在其中化蛹。从产卵到成虫羽化需要128~147天。经常能够在森林的边缘及林中空地里看见成虫在各种花上吸食花蜜。成虫在其寄主植物的上空快速飞行，接触到叶片后短暂停留并产卵，其他时间都会保持迅速而漂浮不定的飞行状态。

实际大小的幼虫

卡雕弄蝶 幼虫身体底色为浅白色，暗绿色的肠道有时贯穿整个腹部中央。较高龄的幼虫变为垩白色。前胸盾明显，为亮黑色并扩展到气门区。胸部的前两节常有1条淡红色的影带。头部呈球形，亮黑色。

科名	弄蝶科 Hesperiidae
地理分布	墨西哥南部和大安的列斯群岛，南到巴拉圭和阿根廷北部
栖息地	湿润和半湿润的采伐地、森林的边缘和河岸
寄主植物	柑橘属 Citrus spp. 和花椒属 Zanthoxylum spp.
特色之处	在广泛栽培的柑橘园中很常见
保护现状	没有评估

南方钩翅弄蝶
Eantis thraso
Southern Sicklewing
(Hübner, [1807])

成虫翅展
1½~1⅞ in (38~48 mm)

幼虫长度
1½~1¾ in (38~44 mm)

81

南方钩翅弄蝶通常将卵单个产在嫩叶的背面，但有时也会产在两个叶芽之间；雌蝶在叶子的上方短暂停留，弯曲腹部寻找合适的产卵地点。像以芸香科植物为食的大多数弄蝶一样，或许是为了避免成熟叶片产生的有毒化学成分，南方钩翅弄蝶的幼虫主要取食寄主植物的嫩芽。当受到惊扰时，幼虫经常会抬起其后部，偶尔也会喷吐，并试图撕咬入侵者。

所有龄期的幼虫都会用寄主植物的叶子构建一个居所休息，并借助臀栉将粪便抛到离居所很远之外，这个距离通常是幼虫体长的很多倍。低龄幼虫从叶子边缘咬下一小块碎片作为居所的"盖"，叠盖在叶子的背面。较高龄的幼虫通常用丝将两片叶子粘合叠加在一起。蛹被许多丝固定在居所的腹面。成虫飞行敏捷，通常在其幼虫的寄主植物的花上吸食花蜜。

实际大小的幼虫

南方钩翅弄蝶 幼虫身体底色为酸橙绿色；头部大而呈心形，为黄绿色或象牙色。唯一明显的斑纹是位于气门线上方的不规则的橙黄色纵纹，几乎贯穿整个身体。黑色的上颚与浅色的头部形成鲜明的对比，上颚部分地被亮白色的唇基盖住。

科名	弄蝶科 Hesperiidae
地理分布	萨尔瓦多、尼加拉瓜、秘鲁南部及巴西的亚马逊
栖息地	道路两旁、砍伐地、湿润和半湿润的森林空地及安第斯山脉山脚的森林
寄主植物	早熟禾科 Poaceae 的各种草本植物
特色之处	构建一个简单而隐蔽性良好的草片居所
保护现状	没有评估，但不被认为受到威胁

成虫翅展
1⅜~1¾ in (35~45 mm)

幼虫长度
1⅛~1⁷⁄₁₆ in (28~36 mm)

82

蓝斑井弄蝶
Enosis uza
Blue-Spotted Skipper
(Hewitson, 1877)

实际大小的幼虫

蓝斑井弄蝶通常将浅白色的球形卵单个产在寄主植物叶子的背面，幼虫从卵中孵化出来，幼虫用寄主植物的叶子构建一个简单的居所，每一龄都会新建一个适合自己身材的居所。低龄幼虫将叶子的边缘卷曲成一个管子，较高龄的幼虫可将整个叶子卷曲成一个管子，使它明显不同于周边的草片。借助臀栉的力量，粪便被抛出居所之外。化蛹很可能发生在最后一龄幼虫的居所内。

在适合的栖息地，毛虫可能数量很多，但由于其居所隐蔽得十分巧妙，没有经验的人很难发现它们。成虫飞行敏捷，在阳光明媚的日子里，它们经常停歇在叶子正面或岩石上晒太阳，在潮湿的沙地吸水或者在开阔栖息地的各种花上吸蜜。蓝斑井弄蝶及本属的其他成员被称为"草弄蝶"（grass skippers），这也反映出它们的栖息地及其隶属的科的名称。

蓝斑井弄蝶　幼虫的体壁从前到后几乎完全透明。由气门向外辐射的白色气管网与暗绿色的肠道形成鲜明的对比。头部为黑色，略呈三角形。

科名	弄蝶科 Hesperiidae
地理分布	加拿大南部、美国的大部分地区
栖息地	开阔而多花的低到中等海拔的地区，包括公园、花园和水道
寄主植物	百脉根属 *Lotus* spp.、洋槐属 *Robinia* spp. 和野鳞甘草 *Glycyrrhiza lepidota*
特色之处	头部能抖动，能将粪便抛远
保护现状	没有评估，但常见

成虫翅展
2~2⅛ in (50~55 mm)

幼虫长度
1⅜~1⁹⁄₁₆ in (35~40 mm)

银斑饴弄蝶
Epargyreus clarus
Silver-Spotted Skipper
(Cramer, 1775)

银斑饴弄蝶将卵单个产在寄主植物叶端部，通常每株植物上只产 1 粒卵，幼虫从卵中孵化出来。首先，一龄幼虫分两次从叶端部各咬下一小块叶片，两次都从同一侧与中脉垂直的方向咬下。然后，将它们叠盖在叶子的上面，并用丝粘连成一个居所。当幼虫长大后，较高龄期的幼虫吐丝将 2~3 片叶子缀在一起构建它的居所。毛虫大部分时间都在居所中度过，仅取食的时候才离开。

蛹利用 3 条丝带将自己水平地挂在居所的顶部。幼虫有 5 龄，以蛹越冬。保护方式包括隐藏、夜间取食、抛离粪便，以及利用第一节腹面的一个红色的大腺体（也许能够释放驱避性的化学物质），当受到惊扰时头部会抖动。能将粪便抛离居所的距离大约是其身体长度的 40 倍以上，这被认为可以将捕食者"失去嗅觉线索"。①

实际大小的幼虫

银斑饴弄蝶 幼虫身体底色为绿金色，具有横向排列的橄榄绿色斑点和条纹。每一节都有 1 条黑色的横短带和一些断续的黑线。黑色的头部具有鲜橙色的伪眼斑。第一节为橙红色，背面有 1 条黑色的颈部。

---

① 粪便的气味是捕食者找到毛虫的线索。——译者注

科名	弄蝶科 Hesperiidae
地理分布	北美洲西部，从不列颠哥伦比亚省到下加利福尼亚州
栖息地	开阔的橡树林
寄主植物	栎属 *Quercus* spp.
特色之处	缀橡树的叶子将自己隐蔽起来，成虫春天飞行
保护现状	没有评估，但常见

成虫翅展
1³⁄₁₆~1¾ in (40~44 mm)

幼虫长度
1~1⅛ in (25~28 mm)

84

橡树珠弄蝶
Erynnis propertius
Propertius Duskywing
(Scudder & Burgess, 1870)

橡树珠弄蝶将卵单个产在橡树嫩叶的两面，有时也产在叶芽中，7~8 天后幼虫从卵的顶部孵化出来。刚孵化出的幼虫平行地咬下两片碎叶，叠盖在树叶上，吐丝粘牢构建一个居所。幼虫主要在夜晚外出取食，周边的叶子往往被吃得只剩叶脉，白天回居所休息。预蛹期的幼虫在居所结一个丝茧，在其中越冬。翌年春季幼虫化蛹，2~3 星期后成虫羽化。

幼虫依靠隐蔽来保护自己，但有些捕食者，例如花蝽科 Anthocoridaede 的昆虫能够进入毛虫的居所。橡树珠弄蝶通常一年发生 1 代，成虫在早春羽化，但有时会有一部分个体完成第二代发育。雄蝶经常集聚在泥浆上吸水；在鲜花怒放的春季，两性成虫都在各种花朵上吸食花蜜。

实际大小的幼虫

橡树珠弄蝶 幼虫身体底色为白绿色，背侧面有明显的白色条纹和白色斑点。头部为橙色，或者有不明显的褐色与淡红色斑纹，或者在有些个体中有粗而明显的斑纹。头部斑纹的这种变异为本种弄蝶所特有。

科名	弄蝶科 Hesperiidae
地理分布	澳大利亚东北部及东部
栖息地	热带与亚热带雨林
寄主植物	南榄桂属 *Wilkiea* spp. 和宽叶榕檫 *Steganthera laxiflora*
特色之处	取食粗糙的叶子
保护现状	没有评估，但根据澳大利亚 2002 年的环境报告，在分布区的北部没有风险，在分布区的南部有低风险

缳弄蝶
Euschemon rafflesia
Regent Skipper
(W. S. Macleay, 1826)

成虫翅展
2⅛~2⅜ in (54~61 mm)

幼虫长度
1¾ in (45 mm)

85

缳弄蝶的幼虫吐丝将两片树叶粘连成一个居所。叶片保持扁平，一片叶子叠盖在另一片之上。幼虫到居所外觅食，通常仅在黄昏后一个短暂的时间内取食，也有少量毛虫会在凌晨取食。幼虫需要数月的时间来完成发育，一年只发生 1 代，在北部地区可能发生 2 代，成虫在湿润季节或湿润季节刚过的时候数量较多。

幼虫在最后一龄的居所内化蛹，蛹背面朝下水平地卧在居所内，通过中胸的丝垫和尾部的臀棘来固定自己。成虫在下午晚些时候到黄昏之间进行活动。缳弄蝶是缳弄蝶属唯一的成员，其成虫翅的连锁器与许多蛾类相同，后翅基部有一根硬鬃刺（翅缰）连在前翅背面的一个钩（翅缰钩）中，可平横飞行，它也是弄蝶科中唯一有翅缰的一种弄蝶。

实际大小的幼虫

缳弄蝶 幼虫身体底色为绿灰色，具有腹侧纹和侧纹及 2 条白色的背侧纹，两条白纹之间为黑色，黑色又被一些白线所分割。腹部第七到第十节还有黄色的背侧斑。前胸和中胸为黄色，后者背侧面有 1 对肉质的短瘤突。头部为黑色，具有明显的白斑。

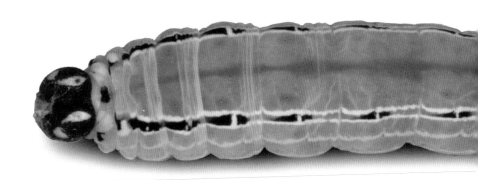

科名	弄蝶科 Hesperiidae
地理分布	委内瑞拉的安第斯山脉、哥伦比亚、厄瓜多尔、秘鲁和玻利维亚
栖息地	湿润的安第斯云雾林，特别是竹子丰富的地区
寄主植物	朱丝贵竹属 *Chusquea* spp.
特色之处	抛掷粪便的能力非常弱
保护现状	没有评估，但不可能受到威胁

成虫翅展
1⁷⁄₁₆~1½ in (36~38 mm)

幼虫长度
1¹⁄₁₆~1³⁄₁₆ in (27~30 mm)

珐弄蝶
Falga jeconia
Falga Jeconia
(Butler, 1870)

实际大小的幼虫

像其他弄蝶幼虫一样，珐弄蝶的幼虫利用寄主植物的叶子建造一个帐篷状的居所，并在其中生活。幼虫利用其臀栉将粪便抛离其居所，这既是为了保持居所良好的环境卫生，也可能是为了躲避捕食者的嗅觉侦查。对珐弄蝶生活史的详细研究发现，尽管其幼虫抛掷粪便的能力非常弱，但这些粪便几乎全部都被投到山上的溪流中了。这种迷人的现象似乎可以说明，珐弄蝶已经成功地将山上的溪流作为它们天然的排污通道。

珐弄蝶属 *Falga* 中的其他 3 种的生活史完全不为人所知，其黄色和黑色的成虫在标本馆中通常也很少见。的确，甚至在成千上万的幼虫聚焦的地方，成虫也十分罕见，对该情况出现的原因还知之甚少。

珐弄蝶 幼虫的头部为乳白色或象牙白，红褐色的口器和浅黑色的单眼与之形成鲜明的对比。头部侧面有时染有红褐色。体表经常会呈现淡绿色，这是由于消化道中的植物材料透过透明的体壁呈现出来的结果，否则，体表为淡白色或黄白色。整个身体松散地覆盖有淡金色的短刚毛。

科名	弄蝶科 Hesperiidae
地理分布	欧洲南部（葡萄牙、西班牙、意大利、希腊和保加利亚）、非洲北部、土耳其、中东和南亚，东到印度
栖息地	干热的地区，包括沙漠，但也有季节河床、沿海地区和沙丘
寄主植物	草本植物，包括獐茅属 *Aeluropus* spp. 和黍属 *Panicum* spp.
特色之处	分布于干旱地带，生活在干草上
保护现状	没有评估，但通常不常见

暗古弄蝶
Gegenes nostrodamus
Dingy Swift
(Fabricius, 1793)

成虫翅展
1³⁄₁₆~1¼ in (30~32 mm)

幼虫长度
¹¹⁄₁₆~⅞ in (18~22 mm)

87

暗古弄蝶的雌蝶将卵单个产在寄主植物的草上，大约 10 天后幼虫孵化。幼虫吐丝将草片粘连在一起形成一个管状的居所，在其中取食和休息，这可以躲避大多数捕食者。依据气温的不同，幼虫的发育需要 3~6 星期的时间，在居所内化蛹。5~10 月可以发生 2~3 代，以幼虫越冬。在其分布区的最南端，世代可以终年发生。

暗古弄蝶的成虫飞行敏捷，很容易观察不到，但幸运的是，它们有返回同一地点停歇的习性，因此有耐心的观察者最终会等到它们。由于暗古弄蝶的成虫不太显著，一些个体很容易被忽略，因此其地理分布范围可能比目前知道的要大。古弄蝶属 *Gegenes* 已知 4 种，其中暗古弄蝶是第一个被描述的物种。

实际大小的幼虫

暗古弄蝶 幼虫身体底色为浅绿色而具有不明显的较暗条纹。侧下方有 1 条浅色纹；头部有粉橙色和白色的条纹。后部有白色的短丝状突起。

科名	弄蝶科 Hesperiidae
地理分布	美国西部，落基山脉西部，从华盛顿州到墨西哥北部
栖息地	河岸、道路两旁和干旱的峡谷
寄主植物	欧锦葵 *Malva sylvestris*、小花锦葵 *Malva parviflora* 和蜀葵 *Althaea rosea*
特色之处	筑巢并在夜间取食的绿色毛虫
保护现状	没有评估，但通常常见

88

成虫翅展
1¾~2 in (45~50 mm)

幼虫长度
1~1⅛ in (25~28 mm)

北方白翅弄蝶
Heliopetes ericetorum
Northern White Skipper
(Boisduval, 1852)

北方白翅弄蝶在夏季将卵单个产在寄主植物端部叶子的背面。从产卵到化蛹的发育大约需要 7 星期，蛹期即使在温暖的条件下也要持续 4 星期。低龄幼虫隐藏在锦葵的幼嫩的端叶丛中，吐丝将叶子边缘粘连在一起形成一个小叶巢。低龄期的幼虫只取食整片叶子的一半，形成"方格窗"，随着幼虫的发育成熟，窗孔则变成了圆洞。幼虫筑的叶巢会随着幼虫的成长而变大，在最后一龄的叶巢中化蛹。

幼虫取食活动绝大部分在夜间进行，将粪便抛离自己以迷惑天敌。然而，却常见花蝽科 Anthocoridae 昆虫捕食它们。成虫体型相对较大，飞行敏捷，在春季和秋季可能发生季节性的迁飞。经常可以看见雄蝶在泥潭吸水，而雌蝶则频繁地出现在花上吸蜜。

北方白翅弄蝶 幼虫体表为浅蓝绿色与淡黄色混杂。有众多的白色斑点，许多浅色的刚毛明显可见，呈现出毛茸茸的外表。黑色的头部密布刚毛，形成一种灰白色的外貌。颈部为白色，具有褐色的小斑点。

实际大小的幼虫

科名	弄蝶科 Hesperiidae
地理分布	北美洲的西部，从不列颠哥伦比亚和艾伯塔向南到新墨西哥州
栖息地	从平原到山地草原
寄主植物	草本植物，包括雀麦属 *Bromus* spp.、黑麦草属 *Lolium* spp. 和须芒草属 *Andropogon* spp.
特色之处	毛虫在前蛹期休眠以避免成虫受到极端高温的伤害
保护现状	没有评估，但在大多数地区常见

成虫翅展
1~1³⁄₁₆ in (25~30 mm)

幼虫长度
1³⁄₁₆~1¼ in (30~32 mm)

西方橙翅弄蝶
Hesperia colorado
Western Branded Skipper
(Scudder, 1874)

89

西方橙翅弄蝶将卵单个产在寄主草基部靠近地面的地方。卵通常保持休眠并进入越冬状态，但也有一些卵孵化出一龄幼虫，用少量的丝带保护着它们越冬。幼虫在春季发育，于初夏时节达到最后一龄，在化蛹前停止取食，保持4~6星期的休眠状态。最后一龄幼虫的休眠似乎是为了避免成虫羽化后遇到炎热的气候条件。成虫于夏末到初秋羽化。

西方橙翅弄蝶的幼虫有5~6龄，生活在不整洁而呈管状的草巢中，草巢是用丝粘连草片形成的。幼虫在最后一龄的草巢中结一个丝茧化蛹。茧的表面覆盖着丰富的毛状物质，它们是由幼虫腹部腹面的腺体分泌的，似乎具有防潮的功能。幼虫的御敌措施主要是隐藏自己，但花蝽科 Anthocoridae 的昆虫经常能够入侵到其草巢内猎食幼虫。

西方橙翅弄蝶 幼虫身体底色为橄榄褐色到灰橙色，在浅褐色的头部有淡的斑纹和条纹。每一节的后半部有5条横脊纹。第一节的背面有1条黑色的颈部，其前缘衬白边。

实际大小的幼虫

科名	弄蝶科 Hesperiidae
地理分布	加拿大南部、美国北部、欧亚大陆和非洲北部
栖息地	山地草原和草地
寄主植物	羊茅 *Festuca ovina*
特色之处	发育缓慢，筑一个草巢
保护现状	没有评估，但在一些地区易危

成虫翅展
1～1³⁄₁₆ in (25～30 mm)

幼虫长度
1³⁄₁₆～1¼ in (30～32 mm)

90

普通弄蝶
Hesperia comma
Common Branded Skipper
(Linnaeus, 1758)

普通弄蝶将卵单个产在草上或附近的地面上。幼虫于春季从越冬的卵中孵化出来，幼虫吃掉卵壳的顶部，离开剩余的卵壳，然后在草片的边缘取食。在北美洲，从一龄发育到六龄仅需要4星期的时间，六龄幼虫在夏天进入休眠状态，持续约两个半月。这种休眠机理是为了避免成虫在炎热的条件下羽化出来，因此在较凉爽的北部地区幼虫就不会发生夏天休眠的现象，例如在英国，该蝶被称为"银斑弄蝶"（Silver-spotted Skipper）。

幼虫的整个发育阶段都会吐丝将叶片粘连成在其中生活的巢，其巢的结构也会随虫龄的增加而更加复杂。粪便通常被储存在居所内，而不像其他弄蝶幼虫那样将粪便抛离居所。幼虫在最后一龄的巢内结一个丝茧化蛹，茧的表面覆盖着由幼虫腹部腹面的腺体分泌的毛状物质。

实际大小的幼虫

普通弄蝶 幼虫身体底色为暗棕色而具红紫色调，有1条不明显的暗色的背中线。头部为暗褐黑色，有2条浅橙色的纵纹，其基部相连形成倒"V"字形。第一节的背面有黑色的颈部，其前缘镶白边。

科名	弄蝶科 Hesperiidae
地理分布	北美洲西部，从不列颠哥伦比亚到新墨西哥
栖息地	鼠尾草地、峡谷和干旱的草地
寄主植物	雀麦属 Bromus spp.、早熟禾属 Poa spp. 和针茅属 Stipa spp.
特色之处	在炎热的夏天休眠
保护现状	没有评估，但通常常见

朱巴弄蝶
Hesperia juba
Juba Skipper
(Scudder, 1874)

成虫翅展
1⅜~1⁷⁄₁₆ in (35~37 mm)

幼虫长度
1³⁄₁₆~1¼ in (30~32 mm)

91

朱巴弄蝶的雌蝶将卵单个产在枯草的花序上或草的基部，有时产在土壤上或其他物体上。幼虫通常在产卵10天后孵化出来，但在晚秋产的卵则进入越冬状态。有些一龄和二龄幼虫也会进入越冬状态。第一代幼虫的发育在早春完成，于4~5月变为成虫。第二代幼虫迅速发育到五龄，然后停止取食，在丝草居所内进行夏季休眠，于8月末到9月变为成虫。

幼虫的防御主要依靠隐藏自己，但花蝽科 Anthocoridae 昆虫经常能进入叶巢内捕猎幼虫。幼虫在最后一龄的巢内结一个丝茧化蛹，茧的表面装饰有毛状的防潮层。每到春季和秋季，经常可以看见朱巴弄蝶的成虫在各种盛开的花上吸食花蜜，而雄蝶有时会在潮湿的土壤中吸水。

实际大小的幼虫

朱巴弄蝶 幼虫身体底色为暗的橙棕色，散布有微小的黑色刚毛，每一节的后半部有6条明显的横褶。粗糙的头部为黑色，有2条浅色的平行纵纹，其基部相连形成倒"V"字形。第一节的背面有黑色的颈部，其前缘镶白边。

科名	弄蝶科 Hesperiidae
地理分布	澳大利亚东部
栖息地	溪谷和沼泽，其寄主植物作为下层植被而密集地生长在这些地方
寄主植物	克拉黑莎草 *Gahnia clarkei*
特色之处	群集生活，每一窝草丛上经常有数个群体
保护现状	没有评估，但在适合的生境中常见

92

成虫翅展
1¼~1⁷⁄₁₆ in (32~36 mm)

幼虫长度
1⁹⁄₁₆ in (39 mm)

圆斑莎草弄蝶
Hesperilla picta
Painted Sedge-Skipper
(Leach, 1814)

圆斑莎草弄蝶的幼虫建一个疏松而呈圆筒状的居所，它是用莎草近端部的嫩叶沿垂直方向搭建成的。幼虫白天在居所内休息，夜晚外出到叶子的末端取食，以小幼虫越冬。幼虫在最后一龄的居所内化蛹，这时的居所通常建在植株的高处且靠近草主干的地方，居所的上端有一个开口。蛹与幼虫一样竖直排列，头部向上。一年不超过 2 代。

莎草弄蝶属 *Hesperilla* 包括 13 种，全部都是澳大利亚的特有种，它们的幼虫都以莎草为食。成虫的色彩艳丽，飞行敏捷，经常在花上吸蜜，但在阳光普照的时候也会停歇在莎草上，展开部分翅膀取暖。它们通常停留在幼虫寄主植物的生长区，那里的莎草高大而密集，形成大片开阔的草林。

实际大小的幼虫

圆斑莎草弄蝶 幼虫体色为黄绿色，具有 1 条暗灰色的背中线、1 条白色的亚背线、1 条白色的背侧线和一些不明显的白横线。后面的体节呈粉红色。头部为浅棕色，中部有 1 条淡红褐色而呈 "V" 字形的窄纵带。

科名	弄蝶科 Hesperiidae
地理分布	美国东南部，西到亚利桑那州，向南穿过墨西哥和中美洲到哥伦比亚和委内瑞拉
栖息地	森林边缘及林中空地
寄主植物	各种草本植物，包括奥古钝叶草 *Stenotaphrum secundatum*、阿龙蔗茅 *Erianthus alopecuroides*、玉蜀黍 *Zea mays*、婆稗 *Echinochloa povietianum* 和高粱属 *Sorghum* spp.
特色之处	善于隐蔽，躲藏在卷曲的草叶中
保护现状	没有评估，但常见

成虫翅展
1¼~1¾ in (32~45 mm)

幼虫长度
1⁹⁄₁₆~2 in (40~50 mm)

影弄蝶
Lerema accius
Clouded Skipper
(J. E. Smith, 1797)

93

影弄蝶将卵单个产在寄主植物上，刚孵化的幼虫将卵壳吃掉。幼虫是谷类及其他一些经济草本作物的次要害虫。幼虫在叶子的侧面咬出 1 条沟槽，这时叶子就会自动卷曲，然后幼虫吐丝将叶子的边缘粘连在一起，形成一个管状的居所。成熟的幼虫吐 6~7 条丝带将整片叶子系成一个管状巢。白天幼虫躲在居所内，有时在管状巢的末端取食。夜间幼虫冒险外出，可能吃掉自己的巢及其他叶子。如果取食使自己的巢受到太大的损害，毛虫会建一个新的巢。

在幼虫爬行时，其头部会左右摆动，并吐出一些丝，借以帮助自己在光滑的叶子表面爬行。幼虫将其粪便抛出一定的距离外，寄生蜂和其他捕食者因此而迷失方向，无法再依靠毛虫粪便的气味找到它们。影弄蝶原本可能是一个热带的物种，但其北界随着气候的变化逐渐向北移动。成虫在夏季向北飞行。

实际大小的幼虫

影弄蝶 幼虫身体底色为浅绿色，覆盖着闪光的微毛及一层霜状的胶质。有 1 条较暗的背线和亚背线，气门的颜色较浅显。头部表面呈颗粒状，底色为白色，具有 1 条红褐色的中纹和 4 对纵纹（2 对在额部，2 对在侧面）。

科名	弄蝶科 Hesperiidae
地理分布	澳大利亚东部
栖息地	潮湿沿海的欧石楠灌丛，沙壤土
寄主植物	澳洲鸢尾属 *Patersonia* spp.
特色之处	身体表面覆盖着白色的蜡粉层
保护现状	没有评估，但可能在局部地区常见

成虫翅展
1¼ in (32 mm)

幼虫长度
1 in (25 mm)

东方鸢尾弄蝶
Mesodina halyzia
Eastern Iris-Skipper
(Hewitson, 1868)

94

实际大小的幼虫

东方鸢尾弄蝶将卵单个产在寄主植物上，幼虫从卵中孵化出来。幼虫吐丝将3片或3片以上的寄主植物叶子精心地建造成一个圆筒形的居所。叶子被沿竖直方向拢在一起，并用密集的丝捆牢，这个过程可能需要几天时间。随着幼虫的成长，它们会建造更大的居所。白天幼虫在居所内休息，头朝下；黄昏时从居所底部的开口爬出来，在周边取食叶子。叶子上特有的"V"字形缺口是东方鸢尾弄蝶幼虫存在的标志。本种在分布区的南方一年只发生1代，但在北方地区则一年2代。

每一株植物上通常只有1只毛虫。幼虫在最后一龄的居所内化蛹，蛹的头部朝下，用臀棘钩住丝带而悬挂在居所内。成虫在各种植物上访花吸蜜，但通常在幼虫的寄主植物的周围活动。鸢尾弄蝶属 *Mesodina* 包括5种，都是澳大利亚的特有种，且都以澳洲鸢尾属的植物为食。

东方鸢尾弄蝶 幼虫身体底色为淡绿色，浓密地覆盖着一层白色的蜡粉。头部为黑色，覆盖着白色的蜡粉及许多白色的长毛。

科名	弄蝶科 Hesperiidae
地理分布	分散在澳大利亚的南部地区
栖息地	低地雨林、以欧石楠为下层植被的开阔的桉树林
寄主植物	鳞籽莎属 *Lepidosperma* spp.
特色之处	用许多的叶子搭建成一个管状的居所
保护现状	没有评估，但在局部地区分布，一般不常见

三斑猫弄蝶
Motasingha trimaculata
Large Brown Skipper
(Tepper, 1882)

成虫翅展
1⅜ in (35 mm)

幼虫长度
1¾ in (44 mm)

95

三斑猫弄蝶将卵单个产在寄主植物上。幼虫在春末和夏初孵化，沿竖直方向搭建一个居所，它由 20 片以上的鳞籽莎叶片用丝粘连编织而成。居所的顶端有开口，白天幼虫在居所内休息，夜间外出到叶子的末端取食。随着幼虫长大，每一龄都会搭建新的居所。在幼小的植株上，居所建在靠近地面的地方，但在较大的鳞籽莎上，居所则建在植株的中部。一年只发生 1 代。

三斑猫弄蝶以幼虫越冬，在冬末到中春之间完成幼虫发育，然后在最后一龄幼虫的居所内化蛹，头部朝上。成虫在春季和夏季的温暖月份里活动，雄蝶具有强烈的领地行为，并将领地作为其交配场所。本种所属的整个亚科的弄蝶种类都是澳大利亚的特有种。猫弄蝶属 *Motasingha* 包括 2 种，两者共同占据澳大利亚的南部或西部地区。

实际大小的幼虫

三斑猫弄蝶 幼虫体表呈半透明，底色为黄绿色或橄榄绿色，腹部有 1 条暗绿色的背中线。前胸板和臀板为红褐色，后者有褐色的斑点及数根白色的后缘刚毛。粗糙的头部和口器为黑色。

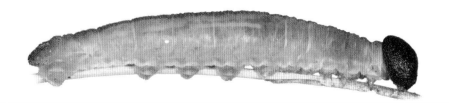

科名	弄蝶科 Hesperiidae
地理分布	非洲北部及欧洲的南部和东部
栖息地	干热的草原和沙石草地，地中海的马基群落和加里格群落的灌木林，可达海拔 1600 m 的高度
寄主植物	糙苏属 Phlomis spp.
特色之处	停歇在叶片居所内以躲避极端高温
保护现状	没有评估，但由于栖息地的丧失而导致其数量下降

成虫翅展
⅞~1¹⁄₃₂ in (22~26 mm)

幼虫长度
⁹⁄₁₆~¾ in (15~20 mm)

灰点弄蝶
Muschampia proto
Large Grizzled Skipper
(Ochsenheimer, 1816)

96

实际大小的幼虫

灰点弄蝶的雌蝶将卵产在寄主植物的基部，有时也会产在附近的石头上。以卵越冬，这个习性在弄蝶科中并不多见。幼虫在翌年春季孵化和取食，在寄主植物的嫩枝末端附近筑一个叶－丝交织的居所。尽管有一些个体在初夏季节化蛹，但为了躲避一年中最炎热的几个月，许多成熟幼虫会吐丝结一个保护性的茧，躲在其中并延迟化蛹，茧结在寄主植物离地面较短距离的叶片之间。这种策略被称为前蛹期休眠。

这样会导致成虫的羽化在 4~10 月不定期进行。最早羽化的成虫经常是在炎热的夏季里活动的唯一的一种弄蝶。一年发生 1 代。灰点弄蝶也被称为"聪明弄蝶"（Sage Skipper），传统农业的消失和土地管理方式的改变导致其生活的干燥生境的丧失，灰点弄蝶的数量正在下降。

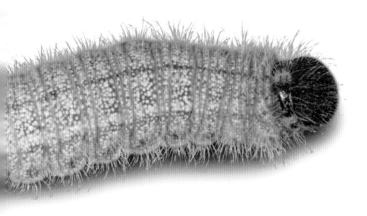

灰点弄蝶 幼虫的头部为褐色，身体底色为斑驳的白色。头部和身体都覆盖有白色的短刚毛。有 1 条暗色的背线。

科名	弄蝶科 Hesperiidae
地理分布	澳大利亚东部
栖息地	雨林和位于沿海与山地附近的开阔的桉树林
寄主植物	来自8科的20多种植物，常见的有杨叶瓶木 *Brachychiton populneus* 和锯叶金合欢 *Callicoma serratifolia*
特色之处	低龄时可以休眠数月之久
保护现状	没有评估，但在其分布范围的大部分地区常见

波翅弄蝶
Netrocoryne repanda
Bronze Flat
Felder & Felder, [1867]

成虫翅展
1⁹⁄₁₆~1⅝ in (39~41 mm)

幼虫长度
1¼ in (32 mm)

97

波翅弄蝶通常将卵单个产在新长出的较大的叶片的正面。刚孵化出的幼虫在叶子的正面建一个居所，它首先在叶子边缘的上端向下咬出一块圆盘状的碎叶片，再用丝将这个碎叶固定牢靠。幼虫可能在这个居所内休眠数月之久。幼虫在春季的夜晚开始取食叶子。较大的幼虫用数片叶子编织成一个圆筒形的居所，居所的上端有一个明显的出口。

幼虫在最后一龄的居所内化蛹。制作居所的叶子会枯死，但叶柄的基部已经被丝系在枝条上了，可以防止蛹所处的居所从树上坠落。在分布区南部较凉爽的地区一年只发生1代，但每世代的历期是可变的，即使是在较温暖的地区也是如此。成虫飞行敏捷，常在阳光灿烂的时候展开翅膀，在叶子上停歇取暖。

实际大小的幼虫

波翅弄蝶 幼虫身体底色为蓝灰色，侧面的纵带宽阔，颜色有黄色、黑色和灰色；背中线为黑色，两侧镶白边。前胸及第七至第九腹节为黄色，具有黑色的背斑和侧斑。头部表面粗糙，为黑色。

科名	弄蝶科 Hesperiidae
地理分布	安第斯山脉，包括委内瑞拉、哥伦比亚、厄瓜多尔、秘鲁和玻利维亚
栖息地	安第斯山脉的云雾林及其周边的次生林
寄主植物	悬钩子属 Rubus spp.
特色之处	迟钝，建筑一个迷人的居所
保护现状	没有评估，但可能受到了威胁

98

成虫翅展
1½~1⅝ in (38~41 mm)

幼虫长度
1~1³⁄₁₆ in (25~30 mm)

血点瑙弄蝶
Noctuana haematospila
Red-Studded Skipper
(Felder & Felder, 1867)

血点瑙弄蝶所有龄期的幼虫都用其寄主植物的叶子建一个居所，除外出取食之外，幼虫一天的大部分时间都躲藏在居所内。一龄幼虫首先从叶子的边缘咬下一块略呈圆形或椭圆形的碎叶片，然后将这个叶片叠盖在叶子的正面，像一个井盖，再吐丝将它牢牢地粘连在叶面上。较高龄的幼虫从叶子边缘咬下一块略呈梯形的碎叶片，然后吐丝将这块碎片牢固地粘连在叶子的正面。

血点瑙弄蝶的成虫外形华丽，经常被印在图册里，在其广阔的分布范围内十分常见。刚孵化的幼虫的头壳在硬化之前呈淡乳白色或象牙白色，这个时期它们安全地躲在叶片居所内。各龄期的幼虫都会将其粪便奋力地从肛门抛出去，据说高龄期的幼虫能够将粪便抛出 1 m 以上的距离。从产卵到成虫羽化的生命周期大约持续 135 天。

血点瑙弄蝶 幼虫的头部略呈心形，头部颜色为黑色到深褐色而具光泽，生有浅色的短刚毛，这些刚毛只有在解剖镜下才能看清。身体底色为暗橙褐色或橙绿色，散布有浅色的微小斑点。前胸盾呈黑色而具光泽，略呈长方形，发育良好。腹部侧面有 1 条细的橙色的气门线，贯穿在大部分体节上。

实际大小的幼虫

科名	弄蝶科 Hesperiidae
地理分布	北美洲的西部，从不列颠哥伦比亚到下加利福尼亚州，东到科罗拉多州
栖息地	大多数的草地，包括森林的道路两旁、草原、围场和灌木大平原，可达海拔 2500 m 的高度
寄主植物	草本植物，包括狗牙草 Cynodon dactylon、野燕麦 Avena fatua 和刺伪鹅观草 Pseudoroegneria spicta
特色之处	夜间取食，生活在隐蔽的草片巢内
保护现状	没有评估，但通常在整个分布区内常见

成虫翅展
1～1³⁄₁₆ in (25～30 mm)

幼虫长度
¾～1 in (20～25 mm)

99

森林赭弄蝶
Ochlodes sylvanoides
Woodland Skipper
(Boisduval, 1852)

森林赭弄蝶将卵单个产在枯草叶的背面，幼虫于 7～10 天后孵化。刚孵化的幼虫吃掉卵壳，不再进一步取食，而是吐丝将草的叶片的边缘粘连成居所，并在其中越冬。到了春季，幼虫经过 5 星期的时间发育到最后一龄，此后还需要再继续发育 1 个月的时间。取食阶段的幼虫将草叶的边缘粘连成一个管状的居所，并奋力地将粪便抛离居所，以迷惑捕食者。幼虫在夜间离开居所内部到端部和两侧取食。

成熟的幼虫新建一个含有大量绒毛状物质的草巢，在其中化蛹。在这个巢中，蛹的腹面朝上，利用丝带和臀棘将自己固定在巢的端部。成虫的数量可能很多，有时能够看到数百只的森林赭弄蝶成虫在金菀木属 *Eri-cameria* spp.、橡胶草属 *Chrysothamnus* spp. 和矢车菊属 *Centaurea* spp. 的花上吸食晚季的花蜜。

森林赭弄蝶 幼虫身体底色为橄榄绿色到栗棕色，具有 1 条暗色的背纹。侧面有 1 条或 2 条橄榄褐色的条纹，其两侧镶白边。身体上覆盖着众多微小的黑色刚毛。头部背面呈双叉形，为橙褐色（有时为白色），有黑色的斑纹。

实际大小的幼虫

科名	弄蝶科 Hesperiidae
地理分布	澳大利亚东南部，包括塔斯马尼亚
栖息地	通常为开阔的森林，位于海拔 1000—1600 m 的山地，但在塔斯马尼亚则接近海平面
寄主植物	显苔草 Carex appressa，偶尔也会取食苔草属 Carex 的其他种类
特色之处	在叶巢内越冬，有时位于雪层下方
保护现状	没有评估，在大陆局部地区常见，但在塔斯马尼亚为易危种

成虫翅展
1~1¾₆ in (25~30 mm)

幼虫长度
1³₆ in (30 mm)

100

金块弄蝶
Oreisplanus munionga
Alpine Sedge-Skipper
(Olliff, 1890)

实际大小的幼虫

金块弄蝶将卵单个产在寄主植物叶子背面，幼虫从卵中孵化出来。刚孵化的幼虫吐丝将几片叶子的顶端粘连在一起，形成一个圆筒状的居所，在居所的顶部留有开口。幼虫每增加 1 龄都会重建一个新的居所。幼虫在秋季到第二年初夏之间的时间里缓慢地生长，这个时期的气候寒冷，寄主植物可能还被冰雪覆盖。夜晚幼虫在居所上方的叶子上取食，白天则在居所中休息。初夏幼虫在最后一龄的居所内化蛹，这时的居所通常位于草丛的下部。一年只发生 1 代。

金块弄蝶的幼虫受到寄生蜂的严重侵害。一种大型的橙色姬蜂从许多金块弄蝶的蛹中羽化出来。[①]金块弄蝶的成虫在其寄主植物密集地区的周围飞行和觅食。梯弄蝶亚科 Trapezitinae 的所有种类都是澳洲区的特有种。金块弄蝶属 *Oreisplanas* 包括 2 种，均分布在温带地区。

金块弄蝶 幼虫身体底色为绿褐色，具有 1 条暗色的背中线及白色的亚背线和侧线。腹部末端有少量浅色的毛。头部为褐色，中部有 1 条 "V" 字形的纵带，其边缘镶褐色的窄带，还有 1 条黑色的侧背带。

---

① 寄生蜂将卵产在鳞翅目的幼虫体内，在毛虫的体内发育，到鳞翅目的蛹期时才羽化出来。——译者注

科名	弄蝶科 Hesperiidae
地理分布	穿过非洲、中东、希腊（罗德岛和科斯），向西南到土耳其，进入印度
栖息地	潮湿的森林及其边缘、湿地、公园，偶尔包括草地
寄主植物	圆白茅 *Imperata arundinacea*、皱稃草 *Ehrharta erecta* 和黍 *Panicum miliaceum*
特色之处	绿色，生活在叶子做成的管状居所内
保护现状	没有评估

谷弄蝶
Pelopidas thrax
Millet Skipper
(Hübner, [1821])

成虫翅展
1%₁₆ in (40 mm)

幼虫长度
1⅜~1%₁₆ (35~40 mm)

　　谷弄蝶的雌蝶将球形的卵单个产在叶子上，幼虫从卵中孵化出来。每一只低龄幼虫利用单片叶子来构建其居所，吐丝将叶子的边缘卷折并粘连成管状。幼虫在叶子的一边取食，在吃完后会做一个新的卷筒。随着幼虫的成长，它们会用几片叶子来构建其管状的居所。幼虫经过 6 个龄期的发育，然后在居所内化蛹。

　　谷弄蝶在其分布范围的部分地区一年有 2 代。第一代成虫出现在 6~7 月，第二代成虫则出现在 9~10 月，但在热带非洲［该蝶在这里被称为"白标弄蝶"（White-branded Swift）］一年可以多次见到成虫在飞行。成虫在花朵和泥潭周围快速飞行，具有攻击性的雄蝶表现出领地行为。谷弄蝶是著名的迁飞昆虫。谷弄蝶属 *Pelopidas* 已知有 10 种，大多分布在非洲和南亚。

实际大小的幼虫

谷弄蝶　幼虫的头部大部分为绿色，具有 1 条褐色的带。胸部为黄绿色，腹部有数条黄色带、1 条暗色的背纹和几条浅色的侧带。许多微小的斑点使虫体呈现出斑驳的外表。

科名	弄蝶科 Hesperiidae
地理分布	加拿大南部、美国和墨西哥
栖息地	水道、公园、灌木大平原、荒废地及农地边缘
寄主植物	藜 *Chenopodium album*、俄罗斯猪毛菜 *Salsola kali* 和苋属 *Amaranthus* spp.
特色之处	在常见的园林杂草上取食和筑巢
保护现状	没有评估，但通常常见

102

成虫翅展
1～1³⁄₁₆ in (25～30 mm)

幼虫长度
¾～1 in (20～25 mm)

碎斑滴弄蝶
Pholisora catullus
Common Sootywing
(Fabricius, 1793)

碎斑滴弄蝶的雌蝶通常将卵单个产在中等大小的老叶子的正面，卵被巧妙地伪装起来。5～6 天后，幼虫从卵中孵化出来，仅需 22 天的时间就能化蛹，每一龄大约历时 4 天。幼虫在寄主植物新长出的上端筑巢休息，它首先将一片叶子的两个部位向内咬断，然后将两者之间藕断丝连的部分疏松地叠盖在叶子上方，并吐丝将其边缘粘牢。较高龄的幼虫将整片叶子沿中脉向内卷折，吐丝将其边缘粘牢。

夜间幼虫离开居所到叶子的边缘取食，而在巢穴的附近取食叶子会冒很大的风险。较高龄的幼虫将粪便抛离，以躲避捕食者的追踪。以最后一龄幼虫越冬，第二年春季化蛹。在本种分布范围的北部地区，一年发生 2 代，成虫于 4～9 月出现。在南部地区，碎斑滴弄蝶可以终年连续不断地取食与飞行。

碎斑滴弄蝶 幼虫身体底色为中度到深度的绿色，前部较黄而具有众多白色的斑点。头部和身体上的刚毛短而丰富，呈现出毛茸茸的外表。有 1 条不明显的暗色背中线。头部和颈部为黑色，颈部的前缘为白色。

实际大小的幼虫

科名	弄蝶科 Hesperiidae
地理分布	落基山脉南部、向南到墨西哥的西部
栖息地	山谷底部
寄主植物	干草，例如鸭茅属 *Dactylis* spp. 和早熟禾属 *Poa* spp.
特色之处	在草中筑一个丝质的管状巢
保护现状	没有评估，但在其分布范围的大部分地区常见

成虫翅展
1¼~1¹¹⁄₁₆ in (32~43 mm)

幼虫长度
1³⁄₁₆ in (30 mm)

黑边袍弄蝶
Poanes taxiles
Taxiles Skipper
(W. H. Edwards, 1881)

103

黑边袍弄蝶的幼虫可以取食几十种干草中的任意一种，这类草的植株高而表皮坚硬，叶片宽阔，大部分生长在山谷的底部，被农民制成干草。幼虫在一片宽叶端部的两侧边缘吐丝，通过收缩丝线将叶子卷曲起来。当叶片被卷成一个管时，幼虫再吐丝将其编织成一个管状的叶巢，不取食的时候就在巢内休息。幼虫发育到一半时就停歇在巢内越冬，翌年春季继续发育，然后在另外一个丝质的叶巢内化蛹。

像其他食草的弄蝶一样（眼蝶亚科 Satyrinae 也是如此），黑边袍弄蝶幼虫的上颚没有齿（像剪刀片）来切割粗糙的草叶；其他上颚有齿的种类则可以用上颚来锯断草叶。一年发生 1 代，成虫于初夏出现。成虫因飞行急促而得名，[①]它们是贪婪的访花者，常见于沙漠峡谷底部潮湿的绿洲中。世界已知的弄蝶科的种类超过 3500 种。

黑边袍弄蝶 幼虫身体底色为棕绿色到红棕褐色，具有数百个微小的淡红色的斑点，有时有弱的纵纹；头部为橙棕色，狭窄的颈部为黑色。背线通常是最明显的 1 条纵线，头部有明显的短茸毛。端部几节通常比其他体节更偏棕色。

实际大小的幼虫

---

① 英文名称为 Skipper。——译者注

科名	弄蝶科 Hesperiidae
地理分布	美国西部（华盛顿州、俄勒冈州和加利福尼亚州）
栖息地	沿海的大草原、松树平原、林中空地及健康的草原
寄主植物	草本植物，包括爱达荷羊茅 *Festuca idahoensis*、红羊茅 *Festuca rubra* 和加利福尼亚扁芒草 *Danthonia californica*
特色之处	筑巢且在夜间取食
保护现状	没有评估，但在美国的受威胁种类评估中被认为具有潜在的威胁，但在其占据的生境内安全

成虫翅展
¾~1 in (20~25 mm)

幼虫长度
1³⁄₁₆~1 in (21~25 mm)

104

橙斑玻弄蝶
Polites mardon
Mardon Skipper
(W. H. Edwards, 1881)

橙斑玻弄蝶将卵单个产在草基部，幼虫从卵中孵化出来。幼虫发育迅速，从孵化到化蛹仅需要5~6星期的时间。低龄幼虫从侧面取食叶片的一部分，而高龄幼虫则从幼嫩的叶片顶部取食叶片，使得大量叶片脱落到地面上。竖直排列的居所由丝将叶片粘连形成，其内部不整洁，幼虫于夜晚离开居所到外面取食。粪便被储存在居所内，可能是为了避免被捕食者发现。前蛹期的幼虫通常在靠近地面的部位构建一个水平放置的居所，作为最后一个，也是最牢固的一个巢，然后在其中化蛹。以幼虫或者蛹越冬。

橙斑玻弄蝶曾被认为是受威胁的种类，但随后发现它在其生境内是安全的。成虫在靠近地面的低空飞行，吸食蒲公英属 *Taraxacum*、野豌豆属 *Vicia* 和紫菀属 *Aster* 等植物的花蜜。一年只发生1代，飞行时间为2~4星期。

实际大小的幼虫

橙斑玻弄蝶 幼虫身体底色为暗褐色到灰黑色，有少量的白色斑点及1条黑色的背中线。每一节的后部有3条横褶。头部为黑色，有平行而又明显的白棕黄色的条纹，还有较小的侧条纹。第一节的颈部为黑色，其前缘镶白边。

科名	弄蝶科 Hesperiidae
地理分布	北美洲、欧洲北部和亚洲北部
栖息地	高山、树线以上的山顶、斜坡，也有潮湿的草原
寄主植物	委陵菜属 *Potentilla* spp. 和草莓属 *Fragaria* spp.
特色之处	生活在山顶，需要 2 年的时间来完成发育
保护现状	没有评估，但绝对不会大量发生

灰白花弄蝶
Pyrgus centaureae
Alpine Grizzled Skipper
(Rambur, [1842])

成虫翅展
1~1³/₁₆ in (25~30 mm)

幼虫长度
⅞~1 in (23~25 mm)

105

灰白花弄蝶的雌蝶将卵单个产在寄主植物叶子的背面，9~10 天后幼虫从中孵化出来。一龄幼虫在卵的顶端咬开一个洞，由此爬出卵壳，但并不取食剩余的卵壳。幼虫筑一个折叠的叶巢在其中生活，除了外出到附近的叶子上取食（大多在夜晚），其余时间总是返回居所内休息。幼虫将粪便抛离居所，可能有助于转移捕食者的视线，但花蝽科 Anthocoridae 的捕食者似乎不受此花招的蒙蔽，能够有效地捕捉到许多毛虫。

在一些地区，灰白花弄蝶完成幼虫发育可能需要 2 年的时间。在采集回来饲养的过程中，从二龄到五龄大约需要 6 星期的时间，而五龄生长缓慢，大约 1 个月后化蛹。以成熟的幼虫或蛹越冬。在高海拔地区，每年一代的成虫于 6~7 月飞行。

实际大小的幼虫

灰白花弄蝶 幼虫身体底色为橙棕色，有 2 条模糊的暗色的背线。第一体节上的颈部为棕色；臀节和气门为橙色。头部颜色从暗褐色到黑色变化，密被浅色刚毛。

科名	弄蝶科 Hesperiidae
地理分布	欧洲，从英格兰南部和中部，东到土耳其和俄罗斯；蒙古、中国东北部和日本
栖息地	白垩草地、具有林中空地和小路的开阔森林、路堑和路堤、废矿区
寄主植物	蔷薇科 Rosaceae，包括龙牙草属 *Agrimonia* spp.、羽衣草属 *Alchemilla* spp. 和委陵菜属 *Potentilla* spp.
特色之处	淡绿色，在叶子居所内取食和休息
保护现状	没有评估，但在其分布范围的一些地区实验种群下降

成虫翅展
1~1⅛ in (25~28 mm)

幼虫长度
¹¹⁄₁₆ in (18 mm)

106

锦葵花弄蝶
Pyrgus malvae
Grizzled Skipper
(Linnaeus, 1758)

锦葵花弄蝶将半球形的卵单个产在寄主植物叶子的背面，幼虫从卵中孵化出来。低龄幼虫在叶子表面吐丝结一个薄的丝网，在其中休息和取食。较高龄幼虫的大部分时间生活在一片用丝粘牢的卷折的叶子中。幼虫的生长相对较慢，大约2个月后发育到最后一龄。幼虫在靠近寄主植物基部的地方结一个疏松的茧化蛹。以蛹越冬，成虫在翌年春季羽化。

一年发生1代，成虫于5~6月出现，但在条件适合年份的夏末可能发生第二代。总之，锦葵花弄蝶的种群数量呈下降趋势，大多数是由于农业的增强及传统管理技术（例如矮林作业和家畜放牧）的缺乏造成的，这会导致寄主植物的丧失。

锦葵花弄蝶 幼虫身体底色为淡绿色，背面和侧面有草黄色的纵带和几条黄绿色的条纹。众多微小的黄色斑点使虫体呈现出斑驳的外表。头部为黑色。头部和身体均覆盖有白色的短毛。

实际大小的幼虫

科名	弄蝶科 Hesperiidae
地理分布	安第斯山脉，包括哥伦比亚、厄瓜多尔、秘鲁和玻利维亚
栖息地	中等海拔的潮湿的云雾林、森林边缘和更新林
寄主植物	维藤黄属 Vismia spp.
特色之处	具有白的刚毛，但经常被维藤黄属 Vismia 的汁液染成橙色
保护现状	没有评估，但不会受到威胁

肩纹红臀弄蝶
Pyrrhopyge papius
Shoulder-Streaked Firetip
Hopffer, 1874

成虫翅展
2~2³⁄₁₆ in (50~56 mm)

幼虫长度
1⅞~2⅛ in (48~54 mm)

肩纹红臀弄蝶的幼虫具有显著的带纹，在不取食的时候躲藏在舟形的叶片居所内。低龄幼虫从叶片中心仔细地咬出一个"人"形的环，然后取食这块孤立的叶片组织，这样可以避免其上颚被寄主植物的黏稠而呈鲜橙色的乳液粘合住。幼虫孵化后的生长发育相当缓慢，需要 110 天的时间才能化蛹，其生长速率可能是受到了消化过程中某些化合物——来自寄主植物的化学防御成分的抑制。

红臀弄蝶属 *Pyrrhopyge* 已知约 40 种，其成虫的身体肥大而翅膀较小，但飞行速度却极快，常常可以看见它们急速飞过，并能够听到其翅膀振动而发出的嗡嗡声。成虫停落在地上吸食粪便、腐烂的果实及尿浸的土壤，很少访花。在那些已经描述了幼虫的种类中，所有的幼虫都建一个居所，并将它们的粪便抛离到居所外。

肩纹红臀弄蝶 幼虫身体底色为暗栗色到深红色，腹节之间有鲜橙色、黄橙色或黄色的细条纹。虫体覆盖有长的丝毛，特别是胸部和头部，这些毛的基部为深红色，端部为白色。幼虫的头部粗糙，具有明显的竖脊纹。

实际大小的幼虫

科名	弄蝶科 Hesperiidae
地理分布	美国西南部，南到墨西哥北部
栖息地	低山开阔的松树林
寄主植物	大丛生长的草本植物，例如针茅属 Stipa spp. 和垂穗草 Bouteloua curtipendula
特色之处	呈半透明状
保护现状	没有评估，但在其分布范围内明显安全

成虫翅展
1~1³⁄₁₆ in (25~30 mm)

幼虫长度
1³⁄₁₆ in (30 mm)

108

瓷弄蝶
Stinga morrisoni
Morrison's Skipper
(W. H. Edwards, 1878)

瓷弄蝶的幼虫生活在许多种类的大草丛上，这些草丛能够保护幼虫免受捕食者的伤害。每只幼虫吐丝将几片草叶粘连编织成一个巢在其中生活，这样可以使半透明而又奇特的自身不被注意到。随着幼虫的不断成长和成熟，竖直排列的巢也越筑越大。成熟的幼虫在巢内越冬，于第二年春季化蛹。一年发生1代，但在得克萨斯州西部一年有2代。

成虫于5月份羽化，雄蝶在山头附近飞舞，等待雌蝶，伺机交配。两性的成虫都访花和吸蜜。成虫每只后翅的背面都有1个箭头状的银斑，所以也有另一个英文俗名，叫作"箭头弄蝶"（Arrowhead Skipper）。瓷弄蝶属 Stinga 只有一种，但其他数百种弄蝶的幼虫也以草本植物为食。

实际大小的幼虫

瓷弄蝶 幼虫身体底色为暗绿棕色，有1个很窄的黑色的颈部，身体呈半透明状，可以透出某些内脏器官。有些幼虫个体的身体上也会有1条模糊的暗色的背线。双叉状的头部为纯黑色，在有些个体中则从橙色到棕色不等，有几条较浅的竖条纹。

科名	弄蝶科 Hesperiidae
地理分布	帝汶岛、新几内亚、澳大利亚北部和东部
栖息地	低地开阔的森林及白千层树林
寄主植物	白茅 Imperata cylindrica 和大黍 Panicum maximum
特色之处	利用一片卷曲的叶子构建居所
保护现状	没有评估，但在北部地区常见

成虫翅展
⅞ in (22 mm)

幼虫长度
1 in (25 mm)

隼弄蝶
Suniana lascivia
Dingy Grass-Dart
(Rosenstock, 1885)

隼弄蝶的幼虫卷曲一片叶子的边缘并用丝粘连成自己的居所。这个居所位于叶子的端部，幼虫于夜晚从居所的底部出来在叶子的基部取食。这种取食方式的最终结果是居所及其上部的叶子向下垂吊，但由于叶子的中脉没有被吃掉，所以居所不会坠落到地上。吃完居所的叶片后，幼虫移到另一片叶子上构建一个新的居所。

幼虫在最后一龄的居所内，或者另外在寄主植物的基部新建的两端都用丝堵死的居所内化蛹。在其分布范围的南部一年只发生1代，但本种在热带地区则终年可以生长发育，一年可以完成好几代。隼弄蝶属 *Suniana* 包括3种，全部生活在帝汶岛、新几内亚及澳洲区。

实际大小的幼虫

隼弄蝶 幼虫身体底色为淡绿色，具有1条暗色的背中线。其臀节为圆形而具短毛。头部为浅棕色，有1条淡红色的侧带，包围在位于近中部的长纵斑的外侧。

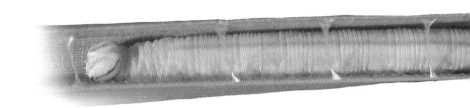

科名	弄蝶科 Hesperiidae
地理分布	从尼加拉瓜南部穿过哥伦比亚和亚马逊河流域到巴西南部
栖息地	湿润和半湿润的森林及林缘地区,通常在海拔 800 m 以下
寄主植物	因加属 *Inga* spp
特色之处	构建的居所与众不同,呈三角形,上面有孔
保护现状	没有评估,但不被认为受到威胁

成虫翅展
1³⁄₁₆~1⁹⁄₁₆ (30~40 mm)

幼虫长度
1⁹⁄₁₆~2 in (40~50 mm)

110

安电弄蝶
Telemiades antiope
Plötz's Telemiades
(Plötz, 1882)

安电弄蝶通常将卵单个产在寄主植物的嫩叶上,几乎总是在下层林木的小实生苗上。幼虫孵化后构建一个独特而漂亮的居所,从远处就很容易识别出来。低龄幼虫从叶子边缘咬下一块长三角形的小碎片,将它叠盖在叶子的端部,然后躲在下面休息。完成的居所几乎一成不变地建造在叶子的端部,略呈三角形,在发育的过程中,幼虫会在居所的叶子表面造成复杂的蛀道和孔洞。

成熟的幼虫体表呈现出柔和的蓝色、橙色和灰色,在最后一龄幼虫的居所内化蛹。蛹为红褐色而具光泽。成虫的飞行速度非常快,当它们全速飞行时人的肉眼几乎看不见,只有它们停下来时才能看到,它们会展开翅膀停歇在叶子的背面。电弄蝶属 *Telemiades* 包含 17 种,具有大量的亚种,全部分布在中美洲和南美洲。

安电弄蝶 幼虫身体较长,前端和后端逐渐变细,使身体的整体形象略呈梯形。体表颜色分层,上部为灰绿色到暗灰色不等,具有青绿色的明亮部分及淡白色的影斑;侧面为鲜橙色,具有白色和淡黄色的明亮部分。头部为浅灰色,靠近顶部有两个暗灰色的大斑,像 1 对复眼。

实际大小的幼虫

科名	弄蝶科 Hesperiidae
地理分布	委内瑞拉的安第斯山脉，南到秘鲁
栖息地	较高的亚热带云雾林的边缘地区和较低的温带云雾林的边缘地区
寄主植物	亚马逊藤属 Stigmaphyllon spp
特色之处	用寄主植物的叶子构建一个别致的三角形的居所
保护现状	没有评估，但不被认为受到威胁

成虫翅展
1⁷⁄₁₆~1¹¹⁄₁₆ in (37~43 mm)

幼虫长度
1⁹⁄₁₆~1¾ in (40~45 mm)

双色弄蝶
Theagenes albiplaga
Mercurial Skipper
(Felder & Felder, [1867])

　　双色弄蝶的幼虫像弄蝶科的其他种类一样，用丝及其寄主植物的叶子筑一个居所，并在其中生活。低龄幼虫从叶子边缘咬出一个细长条碎片，将其卷盖在叶子的正面之上形成一个居所。随着幼虫的成长，因旧的居所较小不能容纳长大的虫体，必须建一个新的居所，每一个新居所都比其前一个旧居所更短且更像三角形。最后一龄幼虫通常将邻近的叶子叠盖起来，并将其边缘用丝粘连在一起，然后在这个几乎完全封闭的居所的壁上咬出众多小孔。

　　双色弄蝶是南美洲最具特色且分布广泛的种类之一，其成虫飞行迅速，在近地面飘忽不定地嗡嗡而过，并周期性地停歇在泥潭或潮湿的沙地上吸水。到目前为止，还没有关于双色弄蝶的生活史及其幼虫迷人的筑巢行为的详细研究报道。

实际大小的幼虫

双色弄蝶　幼虫体表的斑纹简单，底色为绿色到黄绿色，具有淡黄色的小斑点，身体的大部分体节上疏松地覆盖着微小的浅色刚毛。头部略呈心形，斑纹较粗大，为橙色和暗褐色，密布不规则的隆起和沟纹。

科名	弄蝶科 Hesperiidae
地理分布	北美洲
栖息地	开阔的森林和灌木林区
寄主植物	豆科植物，例如香豌豆属 *Lathyrus* spp.、野豌豆属 *Vicia* spp.、山蚂蝗属 *Desmodium* spp.、胡枝子属 *Lespedeza* spp.、车轴草属 *Trifolium* spp. 和百脉根 *Lotus corniculatus*
特色之处	与弄蝶科中的许多其他种类相似
保护现状	没有评估，但在北美洲常见

成虫翅展
1¼~1⅞ in (32~47 mm)

幼虫长度
1⅜ in (35 mm)

112

北方云翅弄蝶
Thorybes pylades
Northern Cloudywing
(Scudder, 1870)

北方云翅弄蝶　幼虫体色多变，身体底色从浅黄的棕褐色到饱满的红褐色不定，具微小的黑色和白色斑点。有 2 条明亮的背侧线，还可能有 1 条暗色的背线。头部和颈部为黑色，密布很短的刚毛。

北方云翅弄蝶的幼虫在很多豆科植物上都能找到，特别是在香豌豆属和野豌豆属植物上。幼虫吐丝将一片或多片寄主植物的叶子粘连在一起形成一个巢。幼虫具有狭窄的颈部，而这是弄蝶科大多数种类具体的特征，它使幼虫的头部能够在叶巢内自如地吐丝。幼虫冒险外出取食，但大部分时间在巢内休息。幼虫的尾部有一个臀栉，用来将粪便抛离居所，以避免污染其巢穴。

成熟的幼虫在枯叶的丝巢内越冬，并在其中化蛹。在其分布范围的南部地区，成虫于 3～9 月飞行，一年可能发生 2 代；而在北部地区成虫于 5～7 月出现，一年只有 1 代。雄蝶在靠近地面的灌丛间隙等候雌蝶前来交配。北方云翅弄蝶是北美洲最常见的弄蝶之一。

实际大小的幼虫

科名	弄蝶科 Hesperiidae
地理分布	加拿大南部、美国北部、欧洲（包括英国南部和斯堪的纳维亚南部）、非洲北部、中亚、东亚
栖息地	干草场、草原、牧场及长草的荒地
寄主植物	草本植物，包括虉草 *Phalaris arundinaceae*、梯牧草 *Phleum pretense* 和鸭茅 *Dactylis glomerata*
特色之处	夜晚取食，白天在草巢内休息
保护现状	没有评估，但在大多数地区常见或丰富

成虫翅展
¼～1 in (20～25 mm)

幼虫长度
¹¹⁄₁₆～⅞ in (18～22 mm)

无斑豹弄蝶
Thymelicus lineola
European Skipperling
(Ochsenheimer, 1808)

113

无斑豹弄蝶在英国被称为"埃塞克斯弄蝶"（Essex Skippers），其雌蝶成串地产卵，每一串可达 20 粒，一个接一个地排列，但相互并不接触，它们被仔细地用胶粘在一片叶子内凹的那一面。以卵越冬，第二年春季孵化。幼虫咬出一个开口爬出卵壳，不取食剩余的卵壳。幼虫在寄主植物叶子上端的 1/3 处筑巢，将单片草用丝卷成管并系牢，形成居所。幼虫于夜晚取食，白天在巢内休息。

幼虫孵化后的发育时间大约需要 7 星期，成虫在化蛹约 1 星期后羽化。在加拿大和美国的一些地区，无斑豹弄蝶已经成为干草场和牧场的重要害虫。也有人担心，它们在美国西部正在取代一些本地的弄蝶。

无斑豹弄蝶 幼虫身体底色为蓝绿色，身体上覆盖有众多暗色的斑，每个斑上生有 1 根微小的暗色刚毛。身体各节侧面强烈皱褶，前部和后部有小斑。淡白色头壳被凹槽分为两半，且具有暗色的竖条纹。

实际大小的幼虫

科名	弄蝶科 Hesperiidae
地理分布	澳大利亚东部
栖息地	潮湿的沿海和亚沿海森林，可达海拔 1400 m 的高度
寄主植物	多须草属 *Lomandra* spp.
特色之处	于城市景观中常见
保护现状	没有评估，但在局部地区常见

114

成虫翅展
1⅜~1¹³⁄₁₆ in (42~46 mm)

幼虫长度
1⁷⁄₁₆~1⁹⁄₁₆ in (36~40 mm)

梯弄蝶
Trapezites symmomus
Splendid Ochre
Hübner, 1823

梯弄蝶将很少的卵产在寄主植物的绿叶上，通常也产在枯叶、花或种荚上。幼虫孵化后吐丝连接几片新叶，构建其最初的居所。后续龄期的幼虫将一片或多片枯叶或绿叶卷成一个圆筒形的管，通常于夜晚从管的端部出去取食。如观察到叶子顶端被咬出的特别且呈"V"字形的缺口，经常能够暗示在草丛下部的居所中存在着一只梯弄蝶的幼虫。

幼虫通常在最后一龄的居所内或者在草丛下的枯叶中化蛹。在澳大利亚东南部的较凉爽地区一年发生1代，但在较温暖的地区则一年发生2代。梯弄蝶属 *Trapezites* 包括18种，全都是澳洲区的特有种，梯弄蝶亚科 Trapezitinae 的所有种类也都是澳洲区系的特有种。梯弄蝶的幼虫是本属中体型最大的一种。

梯弄蝶 幼虫体形呈圆筒形，身体底色为粉棕色，无毛，有1条较暗的背中线及较模糊的亚背纵线。头部的表面粗糙而顶部有缺，为红棕色，有1条倒"V"字形的黄色带。

实际大小的幼虫

科名	弄蝶科 Hesperiidae
地理分布	阿根廷中部
栖息地	森林边缘、草原、城市中杂草丛生的地区
寄主植物	蝶形花科 Fabaceae 植物，包括弗吉尼亚距瓣豆 *Centrosema virginia-num*、越南葛藤 *Pueraria montana*、山蚂蟥属 *Desmodium* spp.、莱豆属 *Phaseolus* spp. 和野两型豆 *Amphicarpaea bracteata*[①]
特色之处	在其叶巢内休息和化蛹
保护现状	没有评估，但常见

成虫翅展
1¾~2⅜ in (45~60 mm)

幼虫长度
1⁹⁄₁₆~2 in (40~50 mm)

长尾弄蝶
Urbanus proteus
Long-Tailed Skipper
(Linnaeus, 1758)

115

长尾弄蝶的小幼虫是豆类作物及包括紫藤 *Wisteria* 在内的观赏植物的常见害虫。它能够大量地取食叶子，总量超过 2 m²，且大部分（至少 90%）是被最后两龄的幼虫吃掉的。幼虫也卷叶形成居所，并在其中休息；幼虫成熟后，吐丝固定居所并在其中化蛹。这样的居所能够防止它们被捕食者发现，但不能愚弄其寄生性天敌，例如巴茧蜂 *Bassus*、掌姬小蜂 *Palmisticus* 和金寄蝇 *Chrysotachina*，这些天敌大多数依靠毛虫留下的气味来寻猎它们。

长尾弄蝶经常与长尾弄蝶属 *Urbanus* 的其他种类共同发生，成虫在美国东南部与剑长尾弄蝶 *Urbanus dorantes* 一起飞舞，它们的幼虫取食同样的寄主植物；在哥斯达黎加或者阿根廷北部，可以在一个小范围内发现 10 种以上长尾弄蝶属的种类。该属的成虫之间难以区分，但幼虫之间有明显的区别特征，例如头部的斑点或身体上的条纹。

长尾弄蝶 幼虫身体底色为黄绿色而具有黑色斑点，背面有 1 条暗色的背中线，背侧面有橙黄色的侧带（1 对，每侧各 1 条）。头部可能是黑色，或者为黑色而具红色的斑纹，但大部分是暗红色而具有黑色的大斑，该黑斑位于额中部并直达单眼的附近。腹足为橙红色，而身体的腹面则呈半透明的绿色。

实际大小的幼虫

---

① 原文为 *Amphicarpa*，经过核实，应该是 *Amphicarpaea*。——译者注

科名	弄蝶科 Hesperiidae
地理分布	安第斯山脉，包括委内瑞拉、哥伦比亚、厄瓜多尔、秘鲁和玻利维亚
栖息地	安第斯山脉的温带及较高的热带森林的边缘和道路两旁
寄主植物	草本植物，包括三蒺藜草 Cenchrus tristachyus 和雀稗属 Paspalum spp.
特色之处	构建一个巧妙伪装的管状居所
保护现状	没有评估，但不可能受到威胁

成虫翅展
1½～1¾ in (38～45 mm)

幼虫长度
1～1³⁄₁₆ in (25～30 mm)

116

银铂弄蝶
Vettius coryna
Silver-Plated Skipper
(Hewitson, 1866)

实际大小的幼虫

银铂弄蝶 幼虫的头部为绿白色而呈半透明，侧面有黑色带从单眼附近向背面合拢。有 2 条白色带向前伸达黑色带。唇基为亮白色或黄白色，与黑色的上颚形成鲜明对比。身体长，体表具有简单的斑纹，底色为宝绿色到浅黄色，有 4 条浅粉白色的狭窄的纵带。

银铂弄蝶的幼虫建一个居所，并在其中休息。幼虫首先在寄主植物的一片叶子的两侧相向咬出两个缺口，这两个缺口在叶子的中脉处几乎相接；然后吐丝将叶子的两侧边缘向中部拉紧粘连在一起形成一个浅的袋或窄的管；最后在叶子中脉的基部咬出一个很小的切口，使形成居所的叶子向下转呈竖直的位置。较高龄的幼虫在前胸腹面有一个可翻缩的浅紫红色的"颈"腺体。当受到惊扰时，幼虫会将背部抬高到臀足之上，同时将头部向背面翻转，伸出腺体。

铂弄蝶属 *Vettius* 已知 22 种，成虫全都是色彩艳丽的蝴蝶。银铂弄蝶的雄蝶整天守卫着其低空的领地，用闪烁的银光驱赶任何飞入其领地的外来者，即使外来者的体型比它大数倍也不惧怕。雌蝶在阳光灿烂的日子里寻找适合的产卵场所，短暂地降落在窄叶草片的正面，弯曲其腹部将卵单个产在叶子的背面，偶尔也会停歇取暖。

科名	粉蝶科 Pieridae
地理分布	北美洲西部，从加拿大西北部到墨西哥
栖息地	河岸及开阔的生境、草原、山顶、山坡、峡谷和灌木大平原
寄主植物	南芥属 *Arabis* spp.、山芥属 *Barbarea* spp.[①]和大蒜芥 *Sisymbrium altissimum*
特色之处	进行隐蔽的生活，成虫春季飞舞，光彩夺目
保护现状	没有评估，但在其分布范围内安全

成虫翅展
1³⁄₁₆~1³⁄₈ in (30~35 mm)

幼虫长度
¾~1 in (20~25 mm)

117

捷襟粉蝶
Anthocharis sara
Sara Orangetip

Lucas, 1852

捷襟粉蝶的雌蝶将卵单个地产下，通常在每一植株上只产 1 粒卵，卵大约 4 天后孵化。幼虫的发育迅速，从孵化到化蛹仅需要 16~20 天的时间。幼虫首选花、芽和种荚取食，然后移动到叶子和茎上，它们从上往下系统地取食寄主植物，最后取食基部的大叶子。幼虫经常在种荚或茎上休息，其纤细而呈绿色的身体与狭长的绿色植物完美地融为一体。

幼虫经过 5 个龄期的发育之后进入蛹期，以蛹越夏和越冬，因此蛹期长达 10~11 个月。大约有 10% 的蛹需要经过 2~3 年的时间才能羽化为成虫。捷襟粉蝶的成虫是狂热的访花昆虫，它们在春季的开花植物上觅食花蜜，例如福禄考属 *Phlox*、芥末和琴颈草属植物。襟粉蝶属 *Anthocharis* 的其他一些近缘种发生在北美洲的其他地区及欧洲，其成虫全部于早春羽化。

实际大小的幼虫

捷襟粉蝶 幼虫的背面为亮绿色，腹面为暗绿色。侧面有 1 条显著的白色条纹，从尾部直达头部。身体密布短的刚毛和微小的黑色斑点，头部为绿色。

① 原文为 *Barbera*，经过译者核实，应该为 *Barbarea*。——译者注

科名	粉蝶科 Pieridae
地理分布	欧洲、北美洲、亚洲的温带地区、韩国和日本
栖息地	矮灌草地、道路两旁、草原和森林边缘
寄主植物	刺叶樱 *Prunus spinosus*、稠李 *Prunus padus*、山楂属 *Crataegus* spp. 和苹果 *Malus pumila*
特色之处	群集生活，受到惊扰会坠落到地上
保护现状	没有评估，但通常常见

成虫翅展
2～2¾ in (50～70 mm)

幼虫长度
1⁹⁄₁₆～2 in (40～50 mm)

绢粉蝶
Aporia crataegi
Black-Veined White
(Linnaeus, 1758)

绢粉蝶的雌蝶一次将 50～200 粒黄色而呈纺锤形的卵集中产在寄主植物叶子的正面，幼虫于 7 月份从卵中孵化。低龄幼虫取食一段时间后，于 9 月份以二龄或三龄的幼虫越冬。在低龄时期，幼虫群集生活和取食，但随着龄期的增长，幼虫会逐渐分散活动，到最后一龄时则单独生活。成熟的幼虫在嫩枝或枝条上化蛹，蛹以臀棘和丝垫竖直悬挂在枝条上。

成虫在各种植物的花上吸蜜，而雄蝶则经常集聚在尿浸的土壤中或者动物的粪便上。一年只有 1 代，成虫于 5～8 月出现，喜好较干燥的生境。绢粉蝶属 *Aporia* 已知 30 多种，大多数局限在东南亚地区。绢粉蝶曾经分布在英格兰的南部，但在 1920 年代已经绝灭。

实际大小的幼虫

绢粉蝶 幼虫身体底色为黑色，背面有橙褐色的斑纹。腹面的颜色为淡白色，每侧只有 1 条黑色的条纹。身体上覆盖着白色或棕黄色的长刚毛。头部和臀节为黑色。

科名	粉蝶科 Pieridae
地理分布	澳大利亚的大部分地区、巴布亚新几内亚、所罗门群岛、斐济和印度尼西亚（爪哇、西巴布亚）
栖息地	生长有寄主植物的热带、亚热带和温带地区，包括澳大利亚中部的干旱带
寄主植物	山柑属 *Capparis* spp. 和安寻山柑 *Apophyllum anomalum*
特色之处	能使植物失去叶子，包括有经济价值的柑类作物
保护现状	没有评估，但常见

爪哇贝粉蝶

Belenois java

Caper White

(Linnaeus, 1768)

成虫翅展

2⅛ in (55 mm)

幼虫长度

1⁵⁄₁₆ in (34 mm)

119

爪哇贝粉蝶的幼虫从上百粒的卵块中孵化出来，群集在寄主植物的叶上取食，仅留下叶子的中脉。幼虫完成发育大约需要 3 星期的时间。尽管许多幼虫因疾病和寄生蝇的寄生而死亡，但一个季节下来，一棵大树的所有叶子都会被幼虫吃光，从一棵树上能够羽化出数百只蝴蝶。周边的其他树可能保持良好，不被侵害。幼虫可能成为柑类经济作物的次要害虫。

成熟的幼虫在寄主植物的叶子和茎干上化蛹，但也可能离开已经落光叶子的植物而到别处化蛹。蛹利用臀棘的钩钩住丝垫，并用身体中部的 1 条丝带将自己附着在植物上。成虫在晚春进行特别的迁飞，经常在几天的时间里飞行数百英里。贝粉蝶属 *Belenois* 是一个大属，主要分布在热带非洲和亚洲西南部，仅有本种发生在东南亚和澳大利亚。

爪哇贝粉蝶 幼虫身体底色为棕色或橄榄绿色，呈圆筒形，头部和身体上有众多突起的小黄斑点，每个黄斑上生有 1 根白色的缨毛。头部为黑色，有 1 个倒 "V" 字形的白色斑纹。

实际大小的幼虫

科名	粉蝶科 Pieridae
地理分布	非洲、印度、斯里兰卡、缅甸及中国南部
栖息地	山地草原、草地、花园和公园
寄主植物	决明属 *Cassia* spp. 和番泻树属 *Senna* spp.
特色之处	能完美隐蔽，能够远距离迁移
保护现状	没有评估

成虫翅展
2⅛~2⅝ in (54~66 mm)

幼虫长度
最长达 1¾ in (45 mm)

碎斑迁粉蝶
Catopsilia florella
African Migrant
(Fabricius, 1775)

　　碎斑迁粉蝶的雌蝶将色浅而呈长形的卵单个竖垂直地产在寄主植物的花芽和嫩梢上，使它看上去就像站在那里一样。幼虫孵化后开始取食花芽，其绿色的体表颜色将它们完美地隐藏起来。较高龄的幼虫则取食叶子，经常将植物的叶子吃光。成熟的幼虫在茎干或叶片上化蛹。像幼虫一样，蛹也呈绿色，沿侧面有 1 条黄色的纵线，就像一片叶子的中脉一样。

　　成虫的飞行能力很强，一年四季都能发现它们的踪影，它们可以远距离地迁飞，故名"迁粉蝶"。那些在南部非洲出生的成虫从夏季到秋季一直向西北方向迁飞。据报道，这些迁飞群体于 11 月从坦桑尼亚向北飞行，然后于 3 月向东，最后于 5 月返回南部。

实际大小的幼虫

碎斑迁粉蝶　幼虫身体底色为绿色，有微小的黑色疣突，上面生有刚毛。身体两侧各有 1 条明显的黑色与淡黄色的条纹。头部为绿色，有微小的黑色斑点。

科名	粉蝶科 Pieridae
地理分布	印度、东南亚、中国南部、澳大利亚的北部与东部
栖息地	主要为亚热带和热带的各种生境；成虫经常迁飞到较凉爽的温带地区
寄主植物	番泻树属 Senna spp. 和决明属 Cassia spp.
特色之处	分布广泛，鲜艳但隐蔽巧妙
保护现状	没有评估，但在一些地区常见

迁粉蝶
Catopsilia pyranthe
Mottled Emigrant
(Linnaeus, 1758)

成虫翅展
2¹⁄₁₆ in (53 mm)

幼虫长度
1⁷⁄₁₆ in (37 mm)

121

迁粉蝶的幼虫暴露在寄主植物的叶子上取食，通常位于嫩叶或者长出不久的叶子的正面，在温暖的条件下完成发育仅需要4星期的时间。生长发育可以终年持续进行，但在许多地区经常为季节性的生长发育。在其寄主植物被作为行道树的城市道路和园林绿化树栽培的花园里，常能发现迁粉蝶的幼虫。成熟的幼虫在寄主植物的叶子或者树干上化蛹。

在澳大利亚，因其成虫会迁飞，所以迁粉蝶也被称为"白色迁粉蝶"（White Migrant）。由于季节条件的不同，会产生浅色型和暗色型两种形态。迁粉蝶属 *Catopsilia* 包括6种，分布范围从非洲经过东南亚到达澳大利亚。已知迁粉蝶属所有的种类都能迁飞，但如果迁飞到寄主植物缺乏的地区，则幼虫不能存活。迁飞活动通常只能持续数星期的时间。

实际大小的幼虫

迁粉蝶 幼虫身体底色为绿色，身体呈圆筒形，身体侧面有1条黄色的纵线，其上缘有突起的小黑斑。身体的整个背面、侧面和头部都覆盖有较小的黑色斑点。

科名	粉蝶科 Pieridae
地理分布	北美洲，包括墨西哥
栖息地	山地草原、苜蓿地、花园、公园和牧场
寄主植物	豆科植物，包括苜蓿 *Medicago sativa*、车轴草属 *Trifolium* spp.、野豌豆属 *Vicia* spp.、百脉根 *Lotus corniculatus* 和羽扇豆属 *Lupinus* spp.
特色之处	在苜蓿地里数量可达数百万只
保护现状	没有评估，但常见

成虫翅展
1¾~2 in (45~50 mm)

幼虫长度
1⅜~1⁹⁄₁₆ in (35~40 mm)

122

优豆粉蝶
Colias eurytheme
Orange Sulphur

Boisduval, 1852

实际大小的幼虫

优豆粉蝶 幼虫身体底色为暗绿色，具有 1 条粗的白色的气门线，其中镶嵌有红色的斑纹或条纹。体表有大量微小的黑色斑点和浅色的短刚毛，有些个体还有 1 条模糊的暗色的背中线及 1 条黄色的背侧线。头部为亮绿色，散布有微小的黑色斑点。

优豆粉蝶的卵为白色而呈轴形，在幼虫孵化前转变为黄色，然后变为橙红色。一龄幼虫在孵化后吃掉大部分的卵壳。在低龄期，幼虫在中脉两侧的叶脉之间取食叶肉，仅剩下叶片脉落。较高龄的幼虫则从边缘或顶端取食整个叶片。从卵孵化到化蛹的发育时间大约为 2~4 星期，但有时更长，随气温和寄主植物的不同而异。幼虫能够延缓发育度过冬天，但在更偏北地区的冬季不能存活。

优豆粉蝶的幼虫高度隐蔽在其寄主植物上，但天敌（包括捕食性的蝽类、寄生蜂和鸟类）可对种群造成了很大的伤亡。疾病也是控制其种群数量的一个重要因素。豆粉蝶属 *Colias* 的所有种类在外形上都非常相似，很容易混淆。在美国西部，苜蓿面积的不断增加也使该地区优豆粉蝶的种群数量不断增长。

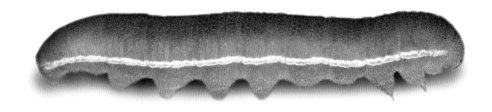

科名	粉蝶科 Pieridae
地理分布	澳大利亚的北部和东部，新几内亚的东南部
栖息地	无树大草原和白千层树林
寄主植物	无髓寄生属 *Amyema* spp.、猫寄生属 *Decaisnina* spp.、五蕊寄生属 *Dendrophthoe* spp. 和米勒寄生属 *Muellerina* spp.
特色之处	群集，有时会吃光寄主植物的叶子
保护现状	没有评估，但在热带和亚热带地区常见

成虫翅展
2⁷⁄₁₆ in (62 mm)

幼虫长度
1⁹⁄₁₆ in (40 mm)

银斑粉蝶
Delias argenthona
Scarlet Jezebel
(Fabricius, 1793)

123

银斑粉蝶将卵成群地产在槲寄生科的寄主植物的嫩叶和茎上，每群的数量不等，最多可达50粒。幼虫孵化后，首先吃掉其卵壳，然后再取食嫩叶。较高龄的幼虫则取食较老的叶子。幼虫同步发育，能将槲寄生小苗的叶子全部吃光。幼虫需要3～4星期的时间完成发育，一年有数代。

成熟的幼虫经常群集在槲寄生植物上化蛹，但有时也会单独在槲寄生或其寄主树的附近化蛹。蛹利用臀棘钩住丝垫，再用一条丝腰带将自己缠在树枝上。在其分布范围的北部地区，生长发育发生在凉爽的月份，但成虫终年可见。成虫在花上取食花蜜，特别是在槲寄生的寄主植物的花上，雄蝶经常在山头飞行。

实际大小的幼虫

银斑粉蝶 幼虫呈圆筒形，身体底色可变，从黄褐色到绿粉色，臀节为黑色。背侧面有松散的白色斑点，每个斑上都生有白色的长毛。腹侧面有较短的毛，整个身体上覆盖有许多微小的白毛。头部为黑色，具有短的白毛。

科名	粉蝶科 Pieridae
地理分布	澳大利亚东部
栖息地	北部的山地雨林及南部的沿海雨林
寄主植物	无髓寄生属 *Amyema* spp.、猫寄生属 *Decaisnina* spp. 和米勒寄生属 *Muellerina* spp.
特色之处	群集生活，来自一个种类丰富的属
保护现状	没有评估，但常见

成虫翅展
2³⁄₁₆ in (56 mm)

幼虫长度
1½ in (38 mm)

黑斑粉蝶
Delias nigrina
Black Jezebel
(Fabricius, 1775)

黑斑粉蝶的幼虫成批地孵化出来，一批可高达 90只，集体取食。一批幼虫的发育同步进行，随气温的不同，完成发育需要 3～5 星期的时间。高温会对幼虫的生存造成危害。如果受到惊扰，幼虫会吐丝下坠，随后再沿着丝返回原处取食。幼虫单独化蛹，通常在槲寄生上，偶尔也会在寄主树上。蛹的头朝上，利用丝垫和臀棘附着在植物上。

一年发生数代，成虫在冬季的几个月里更为常见，特别是在热带和亚热带地区。成虫偶尔会在秋季迁飞，已有迁离其生长地的纪录。大型艳丽的斑粉蝶属 *Delias*包含 165 种以上，起源于澳大利亚，已扩散到东南亚和印度。

黑斑粉蝶 幼虫呈圆筒形，身体底色为橄榄绿到暗褐色，背侧面有 1 列黄色的斑纹，每个黄斑上都生有白色的长毛。头部为黑色，有白色的刚毛。

实际大小的幼虫

科名	粉蝶科 Pieridae
地理分布	北美洲的西北部，从阿拉斯加到新墨西哥
栖息地	山坡、草原、峡谷、灌木干草原、沙漠侵蚀地和海滩
寄主植物	南芥属 *Arabis* spp.、播娘蒿属 *Descurainia* spp. 和大蒜芥 *Sisymbrium altissimum*
特色之处	蛹期持续 10—11 个月
保护现状	没有评估，但大荣粉蝶岛屿亚种 *Euchloe ausonides insulana* 被美国鱼类及野生动物管理局列为受关注的种类

大荣粉蝶
Euchloe ausonides
Large Marble
(Lucas, 1852)

成虫翅展
1⁹⁄₁₆~1¼ in (40~45 mm)

幼虫长度
1³⁄₁₆~1⅜ in (30~35 mm)

125

大荣粉蝶将卵单个产在十字花科寄主植物未绽放的芽上。初孵化的幼虫沿花簇使自己的身体竖直地取食芽和花，并吐丝疏松地遮盖住植物的这个部位。幼虫不筑巢。较高龄的幼虫移动到叶片和种荚上取食。每株寄主植物上通常仅有 1 只幼虫。化蛹之前，幼虫变为淡紫色，四处寻找合适的化蛹场所。

从卵中孵化，经过 5 个龄期的发育，再到化蛹，大约需要 3 星期的时间。以蛹越夏和越冬，这个时期大约需要 10~11 个月。幼虫的生存策略是依靠隐蔽和伪装。然而，十字花科植物上常见的花蝽科 Anthocoridae 昆虫可能会杀死许多本种幼虫，寄生蜂也会寄生在后期的幼虫及蛹的体内。荣粉蝶属 *Euchloe* 的其他近缘种发生在北美洲和欧洲。

大荣粉蝶 幼虫身体底色为黄色，具有紫灰色的宽纵纹。身体覆盖着黑色的大斑，每斑各生有 1 根刚毛。有 1 条粗的白色的腹侧纹，其下缘有 1 条断续的黄色线。头部为灰色而有黑色的斑点，胸足和臀足也是灰色。

实际大小的幼虫

科名	粉蝶科 Pieridae
地理分布	非洲、南亚与东南亚、澳大利亚
栖息地	花园、公园、草地、灌木林和开阔的森林
寄主植物	合欢属 *Albizia* spp.、银合欢属 *Leucaena* spp. 和番泻树属 *Senna* spp. 及蝶形花科 Fabaceae 的其他植物
特色之处	绿色，巧妙地隐藏在许多植物上
保护现状	没有评估

成虫翅展
1⁹⁄₁₆ in (40 mm)

幼虫长度
1~1³⁄₁₆ in (25~30 mm)

126

宽边黄粉蝶
Eurema hecabe
Common Grass Yellow
(Linnaeus, 1758)

宽边黄粉蝶将纺锤形的卵单个产在寄主植物叶子的正面，几天后幼虫从卵中孵化出来。刚孵化的幼虫首先吃掉卵壳，然后再到叶子上取食。低龄幼虫的身体底色为绿色，覆盖着微小的疣突。随着幼虫的发育，它们沿着叶子的中脉休息，这个行为为其提供了极佳的隐蔽保护。蛹被发现悬挂在寄主植物的茎上。

尽管宽边黄粉蝶喜欢有草的生境，但本种并不食草，它的英文名称可能源自其成虫飞行缓慢而靠近地面停留的行为方式。宽边黄粉蝶就像其英文俗名指出的那样，是一个广布种，也是一个迁移种，因为其寄主植物分布广泛而生活在许多不同的生境中。本种大约有18 个亚种。

实际大小的幼虫

宽边黄粉蝶 幼虫身体底色为绿色，具有 1 条细而呈暗色的背线及 1 条乳黄色的侧线。每节都有竖脊纹，并覆盖着微小的疣突，使身体呈现出纹理状的外表。身体覆盖着短毛。

科名	粉蝶科 Pieridae
地理分布	欧洲、非洲北部，穿过中东和亚洲北部
栖息地	各种不同的生境，包括草地、森林、公园和花园
寄主植物	欧鼠李 *Frangula alnus* 和鼠李 *Rhamnus cathartica*
特色之处	淡黄绿色，巧妙地隐藏在叶子之中
保护现状	没有评估，但分布广泛而常见

成虫翅展
2⅜~2¹⁵⁄₁₆ in（60~74 mm）

幼虫长度
1⁵⁄₁₆ in（33 mm）

钩粉蝶
Gonepteryx rhamni
Brimstone
(Linnaeus, 1758)

钩粉蝶将淡黄绿色的卵单个产在寄主植物最嫩的叶子上，10~14 天后幼虫从卵中孵化出来。小幼虫移动到叶子的正面取食。幼虫沿叶片的中脉休息，如果受到惊扰则抬起身体的前半部。它们的主要天敌是鸟类和寄生蜂。幼虫期大约持续 1 个月。当幼虫准备化蛹时，它们利用丝垫和腰带将自己附着在叶子的背面或茎上。

像幼虫一样，本种的绿色蛹也伪装巧妙，类似一片卷曲的树叶。成虫的寿命很长，它们于夏季吸食花蜜，然后一直蛰伏到早春，经常是每年春季最早见到的蝴蝶。许多人断言，钩粉蝶成虫醒目的黄色翅膀是"蝴蝶"（butterfly）英文名称的来源。

实际大小的幼虫

钩粉蝶 幼虫身体底色为绿色，具有微小的黑色斑点，其绿色的外形与寄主植物的颜色十分匹配。身体覆盖有细的短毛。本种幼虫与菜粉蝶 *Pieris rapae* 的幼虫非常相似。

科名	粉蝶科 Pieridae
地理分布	安第斯山脉的东部，从委内瑞拉到玻利维亚
栖息地	湿润的安第斯云雾林的林缘及次生林
寄主植物	碎米荠属 *Cardamine* spp.
特色之处	能完美隐蔽，几乎不会被发现
保护现状	没有评估，但不被认为受到了威胁

成虫翅展
1%⁄₁₆~1¾ in (40~44 mm)

幼虫长度
1⁵⁄₁₆~1³⁄₁₆ in (24~30 mm)

丝粉蝶
Leptophobia eleone
Silky Wanderer
(Doubleday, 1847)

丝粉蝶将鲜黄色而呈圆柱形的卵单个产在其寄主植物成熟叶子的正面，幼虫从卵中孵化出来，其行动缓慢。伪装巧妙的卵在大小与颜色上与寄主植物的种子相似，这些种子会在种荚开裂后被抛撒散落在叶子的上表面。在寄主植物的叶子上休息的幼虫也通过体表的保护色完美地从视野中消失。小幼虫在寄主植物的嫩叶顶端取食，随着幼虫的成长，它们到靠近地面的较成熟的叶子上取食。

当准备化蛹时，最后一龄幼虫在其寄主植物上漫游，有时需要爬行相当长的距离，通常在靠近地面的部位寻找枯枝落叶等隐蔽的场所化蛹。丝粉蝶成虫的飞行能力很弱，在道路两旁的各种花上吸食花蜜。

实际大小的幼虫

丝粉蝶 幼虫身体底色几乎是均匀的亮绿色，与其寄主植物的颜色完美匹配。身体松散地覆盖着浅色而柔软的短刚毛，使虫体呈现出一个毛茸茸的外表。唯一的杂色是整个背面的淡黄色的印迹，向侧面扩展到气门区，被气门上的 1 条暗绿色的窄线所分割。

科名	粉蝶科 Pieridae
地理分布	美国南部与中部、墨西哥北部
栖息地	杂草丛生与受干扰的地区、荒地、公园和花园
寄主植物	菊科 Asteraceae 植物：鬼针草属 *Bidens* spp. 和异菊属 *Dyssodia* spp.
特色之处	好斗，发育为小型的迁飞型成虫
保护现状	没有评估，但在其分布范围内常见

成虫翅展
¾~1 in (20~25 mm)

幼虫长度
⅝ in (16 mm)

娇俏粉蝶
Nathalis iole
Dainty Sulphur
Boisduval, 1836

娇俏粉蝶将卵单个产在寄主植物的嫩叶上；刚孵化出的幼虫首先吃掉卵壳。一龄幼虫的取食会导致叶子形成"窗孔"，也就是在叶脉之间产生的洞，但实际上是一层透明的"上表皮"。较高龄的幼虫从边缘取食整个叶片和花瓣。幼虫在茎上或叶子的中脉处休息，它们主要在夜间取食，不筑巢。幼虫的防御方式为伪装和恫吓行为，最后一龄的幼虫在受到惊扰时会摆动头部。幼虫也会从腹腺和刚毛中释放出化学物质，以期起到保护作用。

幼虫有 4 龄，从卵孵化到化蛹大约需要 3 星期的时间，成虫于化蛹 2 星期后羽化。娇俏粉蝶在北美洲逐年向北扩张，主要得益于寄主植物的广泛分布和幼虫的迅速发育，以及水道和道路作为传播途径。

娇俏粉蝶 幼虫身体底色为绿色，有不明显而呈蠕虫形的浅色斑纹，背中线和气门线可能为浅色、红色或深洋红色。头部后方有 1 对扩大的突起，颜色为粉红、红色或洋红色。头部、胸足和臀足为绿色，气门为白色。

实际大小的幼虫

科名	粉蝶科 Pieridae
地理分布	北美洲西部，从不列颠哥伦比亚到亚利桑那州
栖息地	低山到高山的针叶林
寄主植物	松属 Pinus spp. 及杉树，例如花旗松 Pseudotsuga menziesii 和巨冷杉 Abies grandis，以及异叶铁杉 Tsuga heterophylla
特色之处	能吃光松树的针叶
保护现状	没有评估，但常见

成虫翅展
1¾~2 in (45~50 mm)

幼虫长度
1~1³⁄₁₆ in (25~30 mm)

130

松娆粉蝶
Neophasia menapia
Pine White
(Felder & Felder, 1859)

松娆粉蝶在夏末或秋季将卵产在针叶上，让3~25粒或更多的卵呈角度地沿针叶排列；然后以卵越冬。幼虫于春季孵化，刚孵化的幼虫不取食卵壳，但会吃掉周围没有孵化的卵。低龄幼虫群集取食，通常每一针叶上有4~6只幼虫，大多数情况下幼虫的头部朝向针叶的顶端。较高龄的幼虫一般单独取食，并伪装自己。低龄的幼虫会将粪便抛远，但高龄幼虫只简单地将粪便坠落。当受到惊扰时，低龄的幼虫可以吐丝吊落，较高龄的幼虫受到威胁时则吐出食物并摇摆其头部。

从卵中孵化到化蛹大约需要2个月的发育时间。松娆粉蝶通常以较低的种群数量存在，但偶尔也会大量爆发，幼虫使森林大面积落叶，大量的成虫漫天飞舞，就像活动的暴风雪一样。

实际大小的幼虫

松娆粉蝶 幼虫身体底色为暗针叶绿色，具有众多白色的小斑点，有明显的淡黄色或淡白色的侧线（粗）和背侧线（细）。后节有2条很短的尾状突起。头部为绿色而具有淡黄色的斑点，胸足为黑色。

科名	粉蝶科 Pieridae
地理分布	委内瑞拉和哥伦比亚的安第斯山脉，南到秘鲁中部
栖息地	亚热带的高山与云雾林，森林边缘，经常沿溪流分布
寄主植物	槲寄生科 Loranthaceae 的不知名的种类
特色之处	暗色而肥胖，以很大的群体在一起取食
保护现状	没有评估，但不被认为受到威胁

成虫翅展
3¼~3⁷⁄₁₆ in (82~88 mm)

幼虫长度
2⅛~2⅜ in (55~60 mm)

131

槲粉蝶
Pereute callinice
Pereute Callinice
(Felder & Felder, 1861)

　　槲粉蝶将黄色的长型卵密集成群地产在寄主植物叶子的背面，幼虫从卵中孵化出来。幼虫群集生活，有时在四龄或五龄时开始逐日迁移，单排地向下迁移到寄主树的基部。之后常常能够发现它们于白天大群地在树干上休息，通常在赤桦木上。然而，现在还不知道它们的寄主植物 —— 槲寄生是否为专性寄生在赤桦木上。幼虫可能依赖其较暗的颜色和松散的浅色刚毛来伪装自己，其外形就像一片霉烂的枯叶。

　　槲粉蝶的成虫常常在阳光灿烂的天空中相互追逐，或者于下午在泥潭或水坑旁吸水。在休息的时候，它们将翅正面的鲜艳颜色隐藏起来，就像其幼虫一样，相当隐蔽。

槲粉蝶　幼虫相当朴素，整个身体的底色几乎是均匀的暗褐色，头部为暗褐色或淡黑色。身体松散地覆盖着柔软的淡黄色的短刚毛，刚毛的长度各不相同，但通常后部的刚毛更长一些。较高龄的幼虫身体底色为紫铜色到紫褐色不等。

实际大小的幼虫

科名	粉蝶科 Pieridae
地理分布	加拿大东南部，美国东北部、中部和南部，南到南美洲
栖息地	花园、空旷地带、受干扰的地区、河道、林中空地和海岸
寄主植物	番泻树属 *Senna* spp.、车轴草属 *Trifolium* spp. 和假含羞草属 *Chamaecrista* spp.
特色之处	会根据寄主植物的颜色来变换成黄色或绿色，借以隐藏自己
保护现状	没有评估，但常见

132

成虫翅展
2⁹⁄₁₆~3¹⁄₁₆ in (65~78 mm)

幼虫长度
1⁹⁄₁₆~1¾ in (40~45 mm)

黄菲粉蝶
Phoebis sennae
Cloudless Sulphur
(Linnaeus, 1758)

黄菲粉蝶 幼虫身体底色为绿色或黄色。绿色型有 1 条黄色的侧纹和 3 个特别的蓝色侧斑，在有些个体中则形成蓝色的横带。头部为绿色或黄色，具有突起的黑色斑点。

　　黄菲粉蝶将卵单个产在寄主植物的嫩叶或花芽上，6 天后幼虫从卵中孵化出来。幼虫取食叶肉、芽和花，但不筑巢。较低龄的幼虫不能滞育，所以在更偏北的地区，它们经常会被秋季的冰冻低温冻死。幼虫在叶柄下休息，依靠伪装来躲避天敌。如果它们主要取食叶子，那么它们的身体底色为绿色；但如果它们主要取食番泻树属的花（它们的最爱），它们的身体底色则为黄色。

　　大多数幼虫在其寄主植物上化蛹。成虫大约在化蛹 10~14 天后羽化，它们已经迁徙到美国的新英格兰和中西部许多年了，从仲夏生活到秋季。在南部地区一年发生多代，但在北部地区一年仅有 1~2 代。成虫的喙管非常长，适合吸食深管内的花蜜。

实际大小的幼虫

科名	粉蝶科 Pieridae
地理分布	欧洲、非洲北部、非洲南部和亚洲
栖息地	农场、花园、庄稼地和牧场
寄主植物	芸薹属 *Brassica* spp.，包括甘蓝、菜花和球芽甘蓝
特色之处	是蝴蝶中少有的几种农业害虫之一
保护现状	没有评估，但分布广泛而常见

成虫翅展
2½~3 in (63~76 mm)

幼虫长度
1⅜~1⁹⁄₁₆ in (35~40 mm)

欧洲粉蝶
Pieris brassicae
Large White
(Linnaeus, 1758)

133

欧洲粉蝶将卵 30～100 粒为一批不等地集中产在寄主植物叶子的背面。刚孵化的幼虫首先吃掉卵壳，然后在叶子上吐丝结一层薄的丝幕，群集在其中取食，它们仅取食叶子的表皮。随后，它们使叶片穿孔。欧洲粉蝶的幼虫取食和休息同时进行。它们倾向于沿叶子的边缘排成一列，一路向前狼吞虎咽地猛吃。较高龄的幼虫开始分散，单独取食。大约在孵化后 30 天，最后一龄幼虫会寻找适合的场所化蛹。

幼虫通常在壁架下或树干上化蛹，象牙白和灰色的蛹直立固定。有时蛹附着在寄主植物上，这时的蛹为绿色。大量的幼虫因被姬蜂寄生而不能化蛹，姬蜂将卵产在毛虫体内，并在其中取食发育，最终杀死其寄主。

欧洲粉蝶 幼虫身体底色为灰绿色，背面的颜色最暗，具有 3 条黄色的纵纹。纵纹边缘的界线模糊不清，与底色混为一体。腹面为淡绿色，腹足为褐色。整个身体上密布黑色的短斑，每个斑各生有 1 根细的刚毛。

实际大小的幼虫

科名	粉蝶科 Pieridae
地理分布	欧洲、亚洲、非洲、北美洲、澳大利亚和新西兰
栖息地	所有开阔的生境，特别是受干扰的地区、庄稼地、花园和公园
寄主植物	野生和栽培的十字花科植物（芸薹属 Brassica spp.）
特色之处	是世界蝴蝶中最具经济破坏性的害虫
保护现状	没有评估，但分布广泛而常见

成虫翅展
1¾~2 in (45~50 mm)

幼虫长度
1³⁄₁₆ in (30 mm)

134

菜粉蝶
Pieris rapae
Cabbage White
(Linnaeus, 1758)

每只菜粉蝶雌蝶一生的产卵量可高达 750 粒。菜粉蝶的幼虫将卵单个产在寄主植物叶子背面，幼虫从卵中孵化出来。幼虫发育迅速，从孵化到化蛹的时间需要 15~20 天。幼虫取食量的绝大部分（85%）是由最后一龄完成的。低龄的幼虫在叶片上取食并留下孔洞，而较高龄的幼虫则从叶子的边缘取食。幼虫有 5 个龄期，不筑巢。当气温变凉，白天的时长少于 13 小时的时候，发育中的幼虫产生滞育的蛹，以蛹越冬。

寄生蜂是菜粉蝶种群数量的重要调节者，它们寄生在菜粉蝶的幼虫和蛹中。伪装有助于保护毛虫。毛虫也能从其刚毛中分泌出小雾滴趋避蚂蚁，但也可能吸引来寄生蜂。菜粉蝶在受干扰的城市和农业环境中最常见，而在野外和其他未受干扰的地区很少见。

实际大小的幼虫

菜粉蝶 幼虫身体底色为绿色，散布有微小的黑色刚毛，有 1 条明显的黄色背中线。每一体节有 10 个白色的小突起，每个突起上各有 1 根浅色的短刚毛（内含一小滴分泌物）。每节的气门附近都有 1 条黄色的短纹。头部为绿色，有许多小的刚毛。胸足和腹足也是绿色。

科名	粉蝶科 Pieridae
地理分布	北美洲西部，从不列颠哥伦比亚到新墨西哥
栖息地	荒地、灌木平原、沙漠、峡谷和河道
寄主植物	南芥属 *Arabis* spp.、播娘蒿属 *Descurainia* spp. 和大蒜芥 *Sisymbrium altissimum*
特色之处	善于伪装，发育迅速
保护现状	没有评估，但在其分布范围内常见

贝克云粉蝶
Pontia beckerii
Becker's White
(W. H. Edwards, 1871)

成虫翅展
1¼~2 in（45~50 mm）

幼虫长度
1³⁄₁₆ in（30 mm）

135

　　贝克云粉蝶将卵单个产在其寄主植物的花和种荚上。幼虫在 3 天后孵化出来，随后吃掉卵壳的一部分。幼虫的发育迅速，从孵化到化蛹仅需要 14 天的时间。从产卵到成虫羽化的整个生命周期只有 3 星期多一点的时间。幼虫会取食其寄主植物的所有部位，尽管低龄幼虫更喜欢取食花。它们不筑巢，靠伪装生存。化蛹前的幼虫四处漫游，可能在寄主植物上，也可能离开寄主植物化蛹。

　　蛹利用丝垫将自己附着在物体上，通常在枝条上，形似一坨鸟粪。贝克云粉蝶一年发生的世代数似乎根据寄主植物的质量而定：幼虫取食高质量的寄主植物时就再产生一代，而取食质量差的寄主植物时则导致滞育蛹的产生。雄蝶具有攻击性，有时需要"战斗"来获得与新羽化的雌蝶交配的权利。

实际大小的幼虫

贝克云粉蝶 幼虫身体底色为鲜黄绿色，体节之间有明显的黄色横带。每节都有黑色的大斑，各生有 1 根白色的长刚毛，使毛虫呈现出多毛的外表。头部底色为白色和黄色，具有黑色的斑点。幼虫在化蛹前变为粉红褐色。

科名	粉蝶科 Pieridae
地理分布	北美洲西部，从阿拉斯加和不列颠哥伦比亚到加利福尼亚州和新墨西哥州
栖息地	山地和高原的开阔地区
寄主植物	十字花科，例如南芥属 *Arabis* spp.、播娘蒿属 *Descurainia* spp.、葶苈属 *Draba* spp. 和独行菜属 *Lepidium* spp.
特色之处	在高海拔地区生命周期会加速
保护状况	没有评估，但通常在其分布范围内常见

成虫翅展
1½~2¹⁄₁₆ in (38~53 mm)

幼虫长度
1⅜ in (35 mm)

136

西方云粉蝶
Pontia occidentalis
Western White
(Reakirt, 1866)

西方云粉蝶初产的卵为淡黄色，逐渐变为橙色；为了保证其后代有足够的食物，雌蝶只在没有其他蝴蝶卵的寄主植物上产卵，每株植物只产1粒卵。低龄的幼虫取食寄主植物的叶子，也消化寄主植物包含的芥末油，这使鸟类对幼虫难以下咽。在高海拔地区，幼虫为了适应其不可预见的短暂的气候条件，可能只有4个龄期，并在1星期内达到化蛹阶段。蛹利用腹部的末端和1根丝带将自己附着在枝条上，并以蛹越冬。

在高海拔地区一年只有1代，但在低海拔地区则可发生数代。西方云粉蝶的幼虫取食十几种十字花科 Cruciferae 的植物，但更喜欢取食花朵和幼果，所以不像菜粉蝶的幼虫，它不是甘蓝的害虫。云粉蝶属 *Pontia* 的几个近缘种，尤其是狼云粉蝶 *Pontia protodice*，其幼虫与西方云粉蝶的幼虫相似。

西方云粉蝶 幼虫身体底色为蓝灰色，具有鲜艳的黄色和白色的纵带，覆盖有黑色的斑点和刚毛；头部绝大部分为蓝灰色，具有1条扩大的淡黄色的条纹。有许多短的刚毛着生在突起的斑上，使幼虫呈现出一个斑驳的外表。

实际大小的幼虫

科名	粉蝶科 Pieridae
地理分布	北美洲西部，从加拿大西北部到加利福尼亚州南部
栖息地	多岩石的沙漠草原、亚高山脊、小山和峡谷
寄主植物	南芥属 *Arabis* spp.、播娘蒿属 *Descurainia* spp. 和大蒜芥 *Sisymbrium altissimum*
特色之处	具有醒目的色彩，成虫为一种生活在高海拔的沙漠中的蝴蝶
保护现状	没有评估，但在美国西部广泛分布；在加拿大较稀少

春云粉蝶
Pontia sisymbryii
Spring White
(Boisduval, 1852)

成虫翅展
1⅜~1⁹⁄₁₆ in (35~40 mm)

幼虫长度
1³⁄₁₆ in (30 mm)

137

　　春云粉蝶将卵单个产在寄主植物的花朵上，2～3天内幼虫从卵中孵化出来。初龄期的幼虫不取食其卵壳，但会吃掉附近所有的卵。它们主要狼吞虎咽地吞食叶子，但也取食花朵和种荚；一只幼虫就能吃光一株植物的全部叶子。幼虫采用与茎干、种荚或叶脉平行的体位取食和休息，不筑巢。它们在低龄期巧妙地伪装自己，但在高龄期则产生鲜艳的警戒色，明确地告诉捕食者它们难以下咽。

　　春云粉蝶的幼虫生长迅速，从孵化开始经过5个龄期的发育到化蛹大约需要20天的时间。一年仅在春季发生1代，以蛹越夏和越冬。据报道，蛹期滞育可长达4年之久。毛虫容易受到病毒和细菌的感染而患病。

实际大小的幼虫

春云粉蝶　幼虫体表具有醒目的色彩，每一节都有鲜黄、瓷白色和黑色的带。身体覆盖有细小的刚毛，黑色的头部有白色的斑点。胸足为黑色，腹足为白色。

科名	蚬蝶科 Riodinidae
地理分布	加拿大西南部、美国西部和墨西哥
栖息地	沙漠峡谷、荒原、河岸和道路两旁
寄主植物	绒荞麦属 *Eriogonum* spp.
特色之处	生长缓慢，在秋季变为色彩鲜明的成虫
保护现状	没有评估，但朗氏亚种 *Apodemia mormo langei* 处于受威胁状态

成虫翅展
1¼ in (32 mm)

幼虫长度
1¹⁄₁₆ in (27 mm)

138

摩门花蚬蝶
Apodemia mormo
Mormon Metalmark
(Felder & Felder, 1859)

实际大小的幼虫

在其分布范围的北部地区，摩门花蚬蝶的幼虫在春季和夏季发育得非常缓慢，大量的时间在休眠中度过。高龄幼虫织一个松散的丝巢，并在其中休息。幼虫于夏末化蛹，成虫于早秋羽化并飞行。卵进行胚胎发育，然后滞育并越冬。幼虫的生存似乎依赖于隐藏在避难所内，但醒目的紫色和金黄色可能是警戒色。幼虫取食许多种类的荞麦，在叶上咬出小孔。

在花蚬蝶属中大约有 15 个十分近缘的种类发生在加拿大到巴西的地区。这些种类（包括摩门花蚬蝶）的季节性表现随纬度的不同而异，纬度越低的种类出现越早，成虫飞行时期也越长。在纬度较低的地区，以低龄幼虫代替卵越冬。摩门花蚬蝶朗氏亚种 *Apodemia mormo langei* 分布在加利福尼亚州的安提俄克沙丘，因其栖息地和寄主植物的丧失而受到威胁。

摩门花蚬蝶 幼虫身体底色为紫色，背面有成对而又突起的黑色的粗斑；黑斑之间有黄色或金橙色的斑。侧面有 2 列金色的斑，斑上生有白色的长刚毛。颜色程度和斑纹因所处地理条件的不同而有变异。头部为黑色。

科名	蚬蝶科 Riodinidae
地理分布	特立尼达和亚马逊流域，南到巴西中部和秘鲁中东部
栖息地	溪流的边缘、池塘和 "U" 字形牛轭湖
寄主植物	水生的溪边芋属 Montrichardia spp.
特色之处	外表美丽，很难在其居所外看见
保护现状	没有评估，但不被认为受到威胁

须缘蚬蝶
Helicopis cupido
Spangled Cupid
(Linnaeus, 1758)

成虫翅展
$1\frac{7}{16}$~$1\frac{9}{16}$ in (36~40 mm)

幼虫长度
1~$1\frac{3}{16}$ in (25~30 mm)

139

　　须缘蚬蝶的幼虫将其寄主植物的几片新叶紧紧地卷曲成居所，在其中取食和休息。为了不让这些叶片在生长过程中散开来，幼虫用丝将叶片牢牢地捆好。成虫的反复产卵行为导致几代幼虫共同生活在这些居所内。两性的成虫通常都在高大植被的叶下休息，这些高大植被沿潟湖或缓慢流动的回水边缘生长。成虫并不频繁地飞行，通常只是盘旋，相互追逐。

　　须缘蚬蝶的幼虫最明显的特征就是在前胸盾上生有一大簇呈球状的刚毛。这种极其类似的结构是蚬蝶科独有的特征，已知这种结构在蚂蚁陪伴型和非蚂蚁陪伴型的属中出现，尽管很少的属会在全部种类中都出现。这些刚毛确切的功能尚不清楚，但它们能够储存和释放有毒的化学防御物质，同时还有助于维持与蚂蚁的共生关系。球状刚毛的内部充满了海绵状的物质，这些物质由密集的网状结构组成。

实际大小的幼虫

须缘蚬蝶　幼虫身体短粗，密集地覆盖着柔软的白色刚毛。暗淡黄色的头部通常被完全隐藏在那些皮毛状的刚毛及粉红色的球状刚毛中，后者从前胸背面伸出来。

科名	蚬蝶科 Riodinidae
地理分布	厄瓜多尔的西部
栖息地	较低海拔的温带和山脚的森林以及森林的边缘
寄主植物	茜草科 Rubiaceae 不知属种的植物
特色之处	利用伪装色将自己巧妙地隐藏在寄主植物中
保护现状	没有评估，但不被认为受到威胁

成虫翅展
1⅛~1⁵⁄₁₆ in (29~33 mm)

幼虫长度
¹¹⁄₁₆~⅞ in (18~22 mm)

雅环眼蚬蝶
Leucochimona aequatorialis
Ecuadorian Eyemark
(Seitz, 1913)

雅环眼蚬蝶将微小而呈圆盘状的卵产在新叶的生长区，幼虫从卵中孵化出来。像蚬蝶科的许多其他种类一样，本种幼虫的外形无显著特点，与其寄主植物叶子的底色十分匹配，所以当它们不活动的时候几乎不可见。由于幼虫的运动非常缓慢，即使在运动时仍然很难被发现。据目前所知，幼虫所有的龄期都具有同样的外形和习性，初龄的幼虫取食最新长出的叶子，随后龄期的幼虫逐渐向较成熟的叶子移动并取食。

雅环眼蚬蝶的成虫翩翩飞舞，常常看见它们沿森林的边缘轻快地掠过。它们频繁地停歇在叶子的正面或背面休息，通常是部分地展开翅膀，但如果停歇在叶子的背面，则偶尔也会完全展开翅膀。本种的习性还没有被正式地描述过。

实际大小的幼虫

雅环眼蚬蝶 幼虫体表基本上是一致的亮绿色，头部也是如此。背面沿节间缝有模糊的淡褐色的细横线，这是除了浅褐色的刚毛之外唯一与体表颜色不同的地方，那些短而稍弯曲的刚毛松散地覆盖在身体的大部分体节上。

科名	蚬蝶科 Riodinidae
地理分布	亚马逊的北部，从苏里南南部到巴西，西到秘鲁北部
栖息地	湿润的低地森林，喜好明亮的林中空地和森林的边缘
寄主植物	因加属 Inga spp.
特色之处	与蚂蚁结成保护联盟
保护现状	没有评估，但不被认为受到威胁

成虫翅展
1⅛~1⁵⁄₁₆ in (29~33 mm)

幼虫长度
¾~1⁵⁄₁₆ in (20~24 mm)

卡蛱蚬蝶
Nymphidium cachrus
Nymphidium Cachrus
(Fabricius, 1787)

141

　　寻找卡蛱蚬蝶的幼虫，最可靠的方法是在寄主植物的新生长部位观察蚂蚁的密集程度。大量蚂蚁的聚集说明毛虫肯定存在，因为蚂蚁是热心的陪伴者。头部后方的球状刚毛及腹部后部的可翻缩腺能够帮助毛虫召唤和安抚陪伴的蚂蚁；而蚂蚁反过来又能保护毛虫不受寄生蜂和无脊椎动物捕食者的伤害。的确，如果没有毛虫腹部的可翻缩腺提供的"蜜露"，蚂蚁本身也会捕食毛虫。

　　毛虫和保护它们的蚂蚁都食用寄主植物叶子的花外蜜腺产生的蜜露。这些蜜露是为了吸引蚂蚁，而蚂蚁又反过来保护植物的嫩梢不受植食者的伤害。因此，通过"贿赂"蚂蚁，毛虫事实上也渗透到了植物自身的保护联盟中，它允许毛虫留在植物上取食。成虫从绿色的蛹中羽化出来，有时被称为"火斑蚬蝶"（Firestreak），因为在它们白色翅膀的褐色边缘区有火橙色的润色。

卡蛱蚬蝶 幼虫身体粗壮而呈坦克状，横截面呈梯形。头部为焦褐色，体表为亮绿色而染粉红色，特别是沿侧面。最显著的特征是前胸顶端的球形特化刚毛，这些刚毛有助于保持和保护它们与蚂蚁之间的相互协作。

实际大小的幼虫

科名	蚬蝶科 Riodinidae
地理分布	亚马逊的西部，从哥伦比亚南部到玻利维亚
栖息地	湿润的亚马逊森林，特别是林窗和河边
寄主植物	羊蹄甲属 *Bauhinia* spp.
特色之处	蛞蝓状，与蚂蚁结成保护联盟
保护现状	没有评估，但不被认为受到威胁

成虫翅展
1～1⅛ in (26～29 mm)

幼虫长度
¾～⅞ in (20～23 mm)

142

原蛱蚬蝶
Protonymphidia senta
Protonymphidia Senta
(Hewitson, 1853)

实际大小的幼虫

原蛱蚬蝶将白色而扁平的小型卵单个产在寄主植物的花外蜜腺上，幼虫从卵中孵化出来。幼虫取食蜜腺的分泌物和植物组织。即使在运动速度普遍很低的毛虫世界里，原蛱蚬蝶幼虫的移动速度也可以说慢得惊人。然而，这不是偶然的，因为它们主要依赖极少运动和模仿植物的新芽来躲避天敌的侦察。此外，幼虫还几乎不断地受到一群蚂蚁的保护，因为蚂蚁得到了毛虫腹部的特化腺体分泌出的营养液滴。

幼虫化成一个褐色的蛹，成虫羽化后在没有蚂蚁的地方取食寄主植物的花外蜜腺分泌出的蜜露。研究表明，雌蝶会精心选择有蚂蚁的地方产卵。本种被认为明显属于蚬蝶科，是最近新建立的这个属中唯一的成员。

原蛱蚬蝶 幼虫身体粗壮而呈蛞蝓状。其小型的焦褐色的头部被部分地隐藏在肉质的胸部之下。身体底色为绿色而又染褐红色，特别是沿侧面，生有许多微小的浅色刚毛。

科名	灰蝶科 Lycaenidae
地理分布	加拿大、美国西部（华盛顿州到加利福尼亚州）及欧亚大陆北部
栖息地	多风的高山岩脊和碎石陡坡
寄主植物	虎耳草属 *Saxifraga* spp.、报春花属 *Primula* spp. 和蝶形花科 Fabaceae 植物
特色之处	分布于北半球，或许由于气候变暖而处于易危状态
保护现状	没有评估，但分布广泛而常见

北部灿灰蝶
Agriades glandon
Arctic Blue
(De Prunner, 1798)

成虫翅展
1~1⅛ in (25~28 mm)

幼虫长度
⅜ in (10 mm)

143

北部灿灰蝶将卵单个产在叶子的背面或者花上，幼虫孵化后取食芽和花。幼虫发育到二龄或者三龄后开始越冬。在有些地区和季节，幼虫可能越冬两次。幼虫产生大量的粪便，这可能会暴露幼虫的存在。它们主要在夜间取食，在白天隐蔽。捕食者和寄生蜂会吃掉大量的卵和低龄幼虫。

北部灿灰蝶的幼虫可以通过其深品红紫的底色加以识别，这种颜色能够完美地使它们隐藏在寄主植物红色的叶柄和茎干之中。其他灰蝶的幼虫也有底色为淡红色或淡紫色的龄期，但很少有北部灿灰蝶颜色这么深。本种的体色在其他寄主植物上可能不同，经常可以在蝶形花科寄主植物上发现其绿色的幼虫。

实际大小的幼虫

北部灿灰蝶 幼虫身体底色为暗紫红色，腹侧有 1 条鲜明的白色的线纹，背面 1 条黑色而两侧镶白边的线纹，背侧面有黑色的斜纹。身体上有众多短而暗的刚毛。头部呈黑色，但在毛虫休息时通常被隐藏起来。

科名	灰蝶科 Lycaenidae
地理分布	穿过欧洲（最北部的地区除外），从土耳其到土库曼斯坦和中国西部
栖息地	含碳酸钙的草地、石楠灌丛和开阔的森林
寄主植物	各种植物，包括牻牛儿苗属 Erodium spp.、半日花属 Helianthemum spp. 和老鹳草属 Geranium spp.
特色之处	与蚂蚁之间存在着互利互惠的关系
保护现状	没有评估，但相当常见而分布广泛

成虫翅展
⅞~1⅛ in (22~28 mm)

幼虫长度
⅜~⁹⁄₁₆ in (10~15 mm)

144

褐色爱灰蝶
Aricia agestis
Brown Argus
([Denis & Schiffermüller], 1775)

实际大小的幼虫

褐色爱灰蝶 幼虫身体底色为绿色，身体粗壮，背面和侧面各有 1 条淡红色的线纹。身体覆盖有短的白色刚毛。

　　褐色爱灰蝶的雌蝶靠近地面飞行来寻找其寄主植物产卵，将白色的卵单个产在叶子背面靠近中脉的部位。刚孵化的幼虫继续留在叶子的背面，它们取食叶肉，但不触碰上表皮，在叶子上留下一个透明窗。本种与蚂蚁之间有互利互惠的关系。幼虫在白天休息，它们用蜜露抚慰蚂蚁。蚂蚁反过来又保护幼虫免受捕食者和寄生蜂的伤害。

　　在其分布范围的大部分地区一年发生 2 代，但在更偏北的地区只有 1 代。以第二代的幼虫越冬，翌年春季在寄主植物的基部化蛹。有时蚂蚁会将蝶蛹浅埋在地下。成虫于初夏羽化（第一代），在夏末再次羽化（第二代），它们成群结队地在阳光灿烂的南坡飞舞。

科名	灰蝶科 Lycaenidae
地理分布	美国南部和西部、墨西哥，南到委内瑞拉
栖息地	沙漠平地、冲沟、道路两旁、林地和盐碱沼泽
寄主植物	藜科 Chenopodiaceae 植物，包括滨藜属 *Atriplex* spp.、猪毛菜属 *Salsola* spp.、海马齿 *Sesuvium portulacastrum* 和假海马齿 *Trianthema portulacastrum*
特色之处	世界上最小的蝴蝶幼虫之一
保护现状	没有评估，但安全，尽管在其分布广泛的部分地区可能稀少

西方褐小灰蝶
Brephidium exilis
Western Pygmy Blue
(Boisduval, 1852)

成虫翅展
$1^{1}/_{16}$ in (18 mm)

幼虫长度
$^{7}/_{16}$ in (11 mm)

145

微小的西方褐小灰蝶的幼虫身体上有众多短而粗的刚毛，使其外表像结了一层霜一样。卵在 4～5 天后孵化，刚孵化的幼虫取食叶、花和种子，经常隐藏在苞叶中。隐藏和伪装有助于保护它们自己，同时还有蚂蚁的陪伴，后者能够驱离捕食者和寄生蜂。幼虫的发育迅速，大约 3 星期后即可化蛹；成虫在 8～10 天后羽化。没有休眠阶段，在美国南部和墨西哥终年可以生长发育。

因为西方褐小灰蝶的幼虫完美地与周围的环境融为一体，所以很难在其寄主植物上发现它们，但蚂蚁同伴的存在可以提供线索。体型小的成虫在飞行中也不明显。雄蝶花费大量的时间来寻找雌蝶，后者经常继续躲藏在寄主植物当中。西方褐小灰蝶每年夏季都会向北扩散，有时能够到达加拿大的爱达荷和马尼托巴。

实际大小的幼虫

西方褐小灰蝶 幼虫身体底色为亮绿色，头部为黑色而具有光泽。身体上有 1 条模糊的白色的腹侧线，侧面有众多污白色的斑纹。背面有 2 条黄白色的线纹，组成一个"人"字形纹。也会有红色型的毛虫，其背线为断续的暗红色。

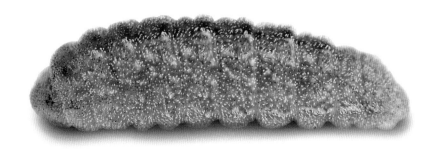

科名	灰蝶科 Lycaenidae
地理分布	南部非洲；也已经侵入欧洲的地中海地区和摩洛哥
栖息地	干燥的山坡、花园和公园
寄主植物	老鹳草属 *Geranium* spp. 和天竺葵属 *Pelargonium* spp.
特色之处	多毛，在许多国家都是一种园艺害虫
保护现状	没有评估，但其分布范围正在扩大

成虫翅展
⁹⁄₁₆~1 in (15~25 mm)

幼虫长度
½ in (13 mm)

146

老鹳草丁字灰蝶
Cacyreus marshalli
Geranium Bronze

Butler, 1897

实际大小的幼虫

老鹳草丁字灰蝶 幼虫身体底色通常为绿色，但也可能是黄色。体表覆盖着许多白色的短刚毛，有数条纵贯身体的粉红色的线纹。

老鹳草丁字灰蝶将白色而呈海胆状的卵单个产在其寄主植物靠近花芽的叶子上，幼虫从卵中孵化出来。幼虫以花芽为食，它们首先在萼片上咬出一个洞，然后向内蛀入花芽。在取食花芽的过程中，它们一直躲藏在花芽内。一旦花芽被吃光，巧妙伪装的幼虫再移动到较为成熟的叶子上取食。幼虫可选择在寄主植物上化蛹，也可以到植物下方的落叶中化蛹。蛹为浅黄褐色，表面多毛，被用丝线固定住。

老鹳草丁字灰蝶的成虫体色为铜色和白色，在温暖地区可终年出现，但在其他地区仅在夏季的几个月内飞行。本种是南部非洲的土著种，但已经入侵地中海地区，因为进口的老鹳草植物携带有本种的卵和幼虫。本种在这些地区被描述为一种园艺害虫，因为它对观赏植物造成了相当大的危害。

科名	灰蝶科 Lycaenidae
地理分布	加拿大南部、美国西部
栖息地	开阔的针叶森林
寄主植物	松属 *Pinus* spp.
特色之处	隐藏十分巧妙，生活在松树的针叶之中
保护现状	没有评估，但常见，在其分布范围内安全

西方松灰蝶
Callophrys eryphon
Western Pine Elfin
(Boisduval, 1852)

成虫翅展
1~1¹⁄₁₆ in (25~30 mm)

幼虫长度
⁹⁄₁₆ in (15 mm)

147

　　西方松灰蝶将卵单个产在寄主植物柔软的新梢顶端，并通常将卵塞进一根倾斜的针叶靠近基部的缝中。刚孵化的初龄幼虫以松枝末端新生长的针叶为食，它们从针叶表面潜入叶内取食。毛虫产生大量的黄色粪便，可能暴露它们的存在。然而，它们的体色和斑纹与寄主植物的针叶完全一致，形成高超的伪装。幼虫独自生活，不筑巢。

　　幼虫从孵化到化蛹需要 33~39 天的时间，以蛹越冬。成虫于春季羽化和飞行。雄蝶在雌蝶之前羽化，有领地行为，反复回到同一地点停歇；它们也会到潮湿的土壤和泥潭中吸水。西方松灰蝶偶尔也会发生在冷杉、云杉和落叶松上。

实际大小的幼虫

西方松灰蝶 幼虫身体底色为森林绿到暗绿色，背面和侧面有 4 条粗而鲜明的白色纵线。体表密集地覆盖着棕黄色的细刚毛；头部呈绿色。气门呈棕黄色。早期的幼虫身体底色为肉桂褐色，具有不太明显的条纹。

科名	灰蝶科 Lycaenidae
地理分布	北美洲
栖息地	悬崖峭壁、开阔的田野、森林边缘及干燥而多石的空旷地
寄主植物	刺柏属 *Juniperus* spp.、崖柏属 *Thuja* spp. 和柏木属 *Cupressus* spp.
特色之处	绿色，在化蛹前变为粉红色
保护现状	没有评估，但至少有一个亚种被认为易危

148

成虫翅展
1～1¾₆ in (25～30 mm)

幼虫长度
⁹⁄₁₆ in (15 mm)

柏松灰蝶
Callophrys gryneus
Juniper Hairstreak
(Hübner, [1819])

柏松灰蝶的幼虫非常适合取食刺柏和西洋杉的叶子，因此广泛分布在美国各地。本种毛虫利用高超的伪装技巧将自己完美地融入寄主植物中去，这明显是其生存策略的基础。从卵孵化到化蛹的发育历期依据气温的不同需要 30～50 天的时间。幼虫完全在刺柏的针叶上取食，早期的幼虫在针叶的上表面吃出一些洞，长大一些后取食针叶。幼虫独栖生活，在采集饲养中会发生同类相杀现象。

针对柏松灰蝶的大量成虫的比较形态学研究，也分析了亚种混合带的个体。然而，关于本种是否为单一物种的问题仍然争论不休。关于其未成熟期的比较生物学研究还非常少。幼虫在化蛹之前，身体底色通常会变为紫粉红色，并四处漫游。以蛹越冬。

柏松灰蝶 幼虫明亮而有光泽，暗森林绿色的底色上有鲜明对比的白色斑纹，体表密集地覆盖着亚麻色的短刚毛。腹侧面有 1 条白色的粗线，由每节的短条纹组成，这些短条纹的前部膨大。每一体节的背侧面有第二个明显的白色斑纹。头部为绿色。

实际大小的幼虫

科名	灰蝶科 Lycaenidae
地理分布	北美洲西部，从不列颠哥伦比亚到新墨西哥州
栖息地	灌木蒿大平原、开阔的山坡、峡谷和冲洗地
寄主植物	绒荞麦属 Eriogonum spp.
特色之处	伪装巧妙，微小的绿色成虫是怀俄明州的州立蝴蝶
保护现状	没有评估，但在加拿大比美国少见

成虫翅展
⅞~1 in (23~25 mm)

幼虫长度
⅝ in (16 mm)

谢里丹松灰蝶
Callophrys sheridanii
Sheridan's Hairstreak
(W. H. Edwards, 1877)

149

谢里丹松灰蝶的幼虫发育迅速，从卵中孵化后大约1个月即可化蛹。早期的幼虫在荞麦新叶的上表面取食，在叶子中部制造一些沟槽和洞，形成一个密布小黄斑点的区域。毛虫与其寄主植物完美地融为一体，它们的颜色为其提供了保护性的伪装。幼虫进行独栖生活，不筑巢或居所。蛹期历时10~11个月，以蛹越夏和越冬。

在春季，本种的雄蝶首先羽化，它们在峡谷底部的岩石或裸地上停歇，在寻找雌蝶的过程中挑战过路的昆虫。在北美洲和欧亚大陆存在着大量相似的绿色的松灰蝶种类，谢里丹松灰蝶大约有6个亚种。在较高海拔地区生活的谢里丹松灰蝶种群，其幼虫可能有鲜艳的体色和红色的斑纹，或许是由于它们取食红色的花朵。

谢里丹松灰蝶 幼虫身体底色为绿色，有众多短粗的刚毛，在气门下方有1条明显而呈黄色的腹侧线纹；背面有2条模糊的黄色线纹。从上向下看，背面表现为1列断续的淡黄色的斑点。成熟的幼虫在化蛹之前体色变为粉红色。

实际大小的幼虫

科名	灰蝶科 Lycaenidae
地理分布	北美洲西部，从加拿大南部到墨西哥
栖息地	低海拔到高海拔的针叶林空地
寄主植物	矮槲寄生属 *Arceuthobium* spp.
特色之处	以寄生在针叶树上的槲寄生为食
保护现状	没有评估，但在其分布范围的边缘可能稀少

成虫翅展
1~1¼ in (25~32 mm)

幼虫长度
¹¹⁄₁₆ in (17 mm)

150

槲松灰蝶
Callophrys spinetorum
Thicket Hairstreak
(Hewitson, 1867)

实际大小的幼虫

槲松灰蝶 幼虫身体底色为暗绿色，有 1 条更暗的绿色背线。背面的疣突扩大，大部分呈橙色，每一疣突上有 1 个红褐色的斑。每一疣突的前缘有 1 条白色的斜线；白线之后是对比明显的黑色。腹侧面有 1 列白色、黄色、橙色和暗棕色的斑；头部为暗棕色。

　　槲松灰蝶的幼虫伪装巧妙，专门以矮槲寄生为其寄主植物。幼虫发育迅速，从卵中孵化到化蛹大约需要 1 个月的时间。幼虫的行动缓慢，紧紧地攀抓在芽或果头上，只有在吃完之后才会转移到另一处取食。幼虫可以取食矮槲寄生的任何部位，但更喜欢吃端芽，它们首先吃出一个圆洞，然后蛀入内部取食。幼虫在化蛹之前变得安静，身体收缩。幼虫进行独栖生活，不筑巢。

　　成虫大部分时间在树冠上生活，只有取食花蜜时才会到地面飞行。雌蝶在初夏产卵，并将卵深插到寄主植物的缝隙中。成熟的幼虫在仲夏出现，尽管其颜色使它们难以被发现，但搜寻矮槲寄生端芽上的圆形取食孔就能找到它们。

科名	灰蝶科 Lycaenidae
地理分布	澳大利亚东部
栖息地	北部的雨林边缘和南部高大的桉树林
寄主植物	萨南洋参 *Polyscias sambucifolia* 和雅南洋参 *Polyscias elegans*
特色之处	以花芽为食
保护现状	没有评估，但在北部区域性常见，在南部地区稀少

成虫翅展
1³⁄₁₆ in (30 mm)

幼虫长度
⅝ in (16 mm)

暗坎灰蝶
Candalides consimilis
Dark Pencilled-Blue
Waterhouse, 1942

151

暗坎灰蝶将卵产在小花芽上，幼虫从卵中孵化出来。幼虫从花芽的侧面开始取食，继续在外部吃掉花粉。较高龄的幼虫取食更多的花芽，如果没有可食的嫩花芽，则会取食叶子的表面。幼虫发育迅速，在灌木基部的枯叶中化蛹。在其分布区的南部一年只发生1代，幼虫于2月化蛹，成虫在11月（春末）羽化。然而，在北部地区通常一年有2代。

幼虫巧妙地隐蔽在其寄主植物上，但可以从受害的花芽上发现它们的踪迹。不像许多灰蝶的幼虫，本种的幼虫没有蚂蚁陪伴。经常能够在山顶上发现暗坎灰蝶的雄性成虫。坎灰蝶属 *Candalides* 有29种，大多数仅分布在新几内亚大陆和澳大利亚。

实际大小的幼虫

暗坎灰蝶 幼虫体色为淡绿色或淡粉红色，所有腹节的侧面都有突起，第一到第六腹节背面有明显的突起，第八腹节背侧面有1对大的突起。胸部每节各有1对亚背突起。头部呈黄绿色，隐藏在前胸之下。

科名	灰蝶科 Lycaenidae
地理分布	澳大利亚东部、东南部及其他零散地区
栖息地	生境广泛,从沿海的荒地到干旱的荒原,以及亚高山森林
寄主植物	本地的和引进的车前属 Plantago spp. 以及唇形科 Lamiaceae、苦槛蓝科 Myoporaceae、玄参科 Scrophulariaceae 和瑞香科 Thymelaeaceae 的植物
特色之处	伪装巧妙,通常只能从寄主植物被危害的惨状发现它们
保护现状	没有评估,但在局部地区常见

成虫翅展
1~1¼ in (25~32 mm)

幼虫长度
¹¹⁄₁₆ in (17 mm)

射线坎灰蝶
Candalides heathi
Rayed Blue
(Cox, 1873)

射线坎灰蝶的幼虫暴露在叶子的背面取食,在叶子上留下不规则的上皮层斑和叶脉。较高龄的幼虫吃掉较大部分。幼虫大多在夜间取食,白天在较低处的叶子背面休息。幼虫偶尔有少量黑色的蚂蚁陪伴,但通常没有蚂蚁陪伴。幼虫在3~5星期的时间内完成发育。

幼虫在叶子的背面、叶柄上或者寄主植物基部的枯枝落叶下化蛹。蛹利用臀棘和1根丝带在身体的中部将自己固定在枯枝落叶上。在澳大利亚的南部地区一年发生1代,以休眠的蛹越冬。然而,在较温暖的北部地区,蛹的休眠能够被雨水打破,一年的大部分时间都能生长发育。蛹的休眠期可以持续20个月以上。

射线坎灰蝶 幼虫身体扁宽,边缘略呈扇形,两端呈方形。身体的底色为绿色,有1条较暗的背中线、淡黄色的"人"字形亚背线和1条淡黄色的腹侧线,身体上覆盖着众多白色的小毛。胸部和腹部第一至第六节有1条明显的背脊,由疣突组成,其顶端有暗色的短鬃毛。

实际大小的幼虫

科名	灰蝶科 Lycaenidae
地理分布	北美洲西部，从不列颠哥伦比亚开始，南部到加利福尼亚州，东南部到得克萨斯州
栖息地	从海平面到高海拔的河边灌木区
寄主植物	多种灌木，包括集蓟木 *Ceanothus greggii*、蓟木属 *Ceanothus* spp. 和山茱萸木姜子 *Cornus sericea*
特色之处	体色能够变化，以便更好地隐蔽在不同的寄主植物上
保护现状	没有评估，但在其分布范围内常见

伊可琉璃灰蝶
Celastrina echo
Echo Blue
(W. H. Edwards, 1864)

成虫翅展
1～1⅛ in (25～28 mm)

幼虫长度
⁹⁄₁₆ in (14 mm)

153

伊可琉璃灰蝶的雌蝶将卵单个产在端芽之中，并尽可能地向内推离视线，幼虫 2 天后孵化出来。初龄的幼虫在芽上咬出一个圆洞，然后挖空内部。幼虫并不完全进入芽内，而是经常将头部和颈部深插进去。它们狼吞虎咽地猛吃，并奋力将粪便抛出去，以防止粪便污染取食场所，且有助于防止捕食者通过粪便找到毛虫。小型的捕食性花蝽猎食了大量的毛虫。幼虫的发育迅速，从卵孵化到化蛹经过 4 个龄期，仅需要 12～14 天的时间。

成熟的幼虫离开寄主植物在覆盖物之下化蛹，以蛹越冬。依据栖息地纬度和海拔高度的不同，一年发生 1～3 代。幼虫的体色有明显的变异，可能是受到了寄主植物颜色的影响。琉璃灰蝶属 *Celastrina* 有大量的近缘种，分布在北美洲和欧亚大陆，伊可琉璃灰蝶是其中之一。

伊可琉璃灰蝶 幼虫身体底色为绿色，但颜色的深浅度及其附加的斑纹的颜色高度变异。每一体节通常有淡红色的背片。一些个体有 1 条粗的白色的腹侧线；而另一些个体的侧面为淡绿色，下方为淡白色，每一节有 1 个绿色的大斑。

实际大小的幼虫

科名	灰蝶科 Lycaenidae
地理分布	佛罗里达州南部、巴哈马、古巴和开曼群岛
栖息地	空旷地、寄主植物生长的灌木林
寄主植物	苏铁类，包括南美铁树 *Zamia pumila* 和苏铁树 *Cycas revoluta*
特色之处	受到来自寄主植物的生氰化合物[1]的保护
保护现状	没有评估，但由于其寄主植物的过度采伐，尽管后来又重新恢复，佛罗里达州的一个亚种已经近乎绝灭

成虫翅展
1¹¹⁄₁₆~2⅛ in (40~54 mm)

幼虫长度
1 in (25 mm)

154

蓝边美灰蝶
Eumaeus atala
Atala
(Poey, 1832)

蓝边美灰蝶将乳白色的卵成群地产在寄主植物叶子的端部，幼虫从卵中孵化出来，它们集体生活，取食后的叶片留下坚硬的表皮和叶脉。它们不久体色就变为鲜艳的颜色，并从寄主植物获得保护性的有毒化学物质——苏铁素。[2]它们保持群集生活，直到幼虫阶段快结束的时候。大部分鳞翅目的幼虫都有固定的龄数，但蓝边美灰蝶在食物匮乏时最早能在三龄结束时就化蛹，导致成虫个体变小。本种幼虫正常有5龄。

幼虫在化蛹时离开其最后一龄的取食场所，吐丝做垫来固定自己。幼虫可以大量群集化蛹。由于蛹保留了幼虫带来的有毒化学物质，当一只蛹被捕食者尝试并被吐出后，群内其他所有的蛹都得到了保护。然而，有些捕食者能够忍受有毒的化学物质，包括猎蝽科 Reduviidae、卷尾蜥蜴 *Leiocephalidae* 和古巴树蛙 *Osteopilus septentrionalis*。

实际大小的幼虫

蓝边美灰蝶 幼虫的头部、身体和腹足呈鲜红色，身体背面有 7 对鲜黄色的斑。身体覆盖短毛，像典型的灰蝶幼虫一样，头部缩入胸部内，只能从下方观察或者当幼虫伸出头部取食时才能看见。

---

① 经水解后可以释放出氢氰酸（HCN）的一类化合物。——译者注
② 苏铁素（Cycasin），别名甲基氮化甲氧糖苷，来源于苏铁植物，对人体多脏器有致癌作用及神经毒性。——译者注

科名	灰蝶科 Lycaenidae
地理分布	美国西北部（华盛顿州、俄勒冈州）
栖息地	中等到高海拔的森林和灌木平原的开阔地区
寄主植物	黄荞麦 *Eriogonum umbellatum*
特色之处	北美洲西部优灰蝶属 *Euphilotes* 的许多种类之一
保护现状	没有评估

成虫翅展
⅞~1 in（23~25 mm）

幼虫长度
⁷⁄₁₆ in（11 mm）

银优灰蝶
Euphilotes glaucon
Summit Blue
(W. H. Edwards, 1871)

155

银优灰蝶的幼虫在产卵后 5 天即孵化出来。初龄的幼虫不取食卵壳，而是开始取食寄主植物的芽、花和果实。在取食种子的时候，幼虫咬出一个小圆洞，然后用其可伸展的颈部挖空其内部。从卵中孵化到化蛹的发育大约需要 30 天的时间。幼虫进行独栖生活，不筑巢。幼虫的生存策略主要靠伪装，但也会有蚂蚁陪伴以阻止寄生蜂的攻击。

以蛹越冬，成虫于春季羽化。银优灰蝶的成虫与其寄主植物密切相关，雌蝶在花间飞舞，弯曲其腹部将卵产在新绽放的花群上，避开较成熟的花。雌蝶几乎总是将卵单个产在一朵开放的花的内部。一年发生 1 代。

实际大小的幼虫

银优灰蝶 幼虫的身体底色有变异，但通常是浅肉桂色到红色，背面和侧面各有 1 条断续而对比鲜明的黄色到红色的线纹。浅色的刚毛细小，侧面的比背面的长。幼虫的身体底色在化蛹前会加深为暗红色。

科名	灰蝶科 Lycaenidae
地理分布	非洲北部和欧洲南部
栖息地	干热的草地，可达海拔 1100 m 的高度
寄主植物	各种植物，包括矛豆属 *Dorycnium* spp.、染料木属 *Genista* spp.、百脉根属 *Lotus* spp. 和芒柄花属 *Ononis* spp.
特色之处	身体肥胖、淡绿色，有蚂蚁陪伴
保护现状	没有评估，但在其分布范围的大部分地区受到了威胁

成虫翅展
⅞~1¼ in (22~32 mm)

幼虫长度
⁹⁄₁₆~¹¹⁄₁₆ in (15~18 mm)

156

黑眼甜灰蝶
Glaucopsyche melanops
Black-Eyed Blue
(Boisduval, [1828])

黑眼甜灰蝶将卵单个产在蝶形花科 Fabaceae 植物的很多种类上，这些植物生长在干草地中。绿色的幼虫伪装巧妙，很少会被其取食的植物染色。像甜灰蝶属 *Glaucopsyche* 的其他种类一样，黑眼甜灰蝶的幼虫有蚂蚁陪伴，特别是蓬背蚁属 *Camponotus* 的蚂蚁。蚂蚁保护毛虫不受寄生蜂和捕食者的伤害，毛虫则以自己分泌的蜜露作为交换。幼虫在其寄主植物附近的地面上化蛹，以蛹越冬。

成虫体色为蓝色而有明显的黑色眼斑，因此得其英文俗名。成虫在 5~7 月之间羽化和飞行，一年发生 1 代。虽然本种的分布范围广泛，但在任何一个地方种群数量都不多。本种的草地生境被耕作，为本种的生存带来威胁，同时旅游、工业甚至能源计划也使本种栖息地丧失。

实际大小的幼虫

黑眼甜灰蝶 幼虫身体底色为淡绿色，身体肥胖而逐渐向尾部变细。整个身体的背面和侧面有暗绿色、浅绿色和白色的纵纹。身体上还覆盖有白色的短刚毛。

科名	灰蝶科 Lycaenidae
地理分布	澳大利亚，东部沿海的亚热带到温带地区
栖息地	沿海的沙石区及高大而又开阔的桉树林的下层植被
寄主植物	哈兹安匝木 *Pomaderris aspera* 和安匝木属 *Pomaderris* 的其他种类
特色之处	伪装巧妙，但仍被寄生蝇大量寄生
保护现状	没有评估，但通常不常见，尽管有的地区的数量偶然会丰富

黄斑链灰蝶
Hypochrysops byzos
Yellow-Spot Jewel
(Boisduval, 1832)

成虫翅展
1~1⅛ in (26~28 mm)

幼虫长度
^11/16 in (18 mm)

157

黄斑链灰蝶的幼虫在叶子的背面取食叶肉，留下雕刻状叶脉。幼虫由于其背面的线纹类似叶脉而很难被发现。幼虫蜷缩在叶子的背面化蛹，通常选择在没有被取食过的叶子上化蛹。一年发生1代；幼虫阶段持续10个月，在冬季的几个月内几乎不取食。

黄斑链灰蝶的翅的背面有鲜艳的红色、橙色和黑色带，带的边缘衬彩虹绿色。成虫的飞行速度快，很难看清，但会在太阳下取暖和访花吸蜜。链灰蝶属 *Hypochrysops* 至少有57种，主要生活在新几内亚和澳大利亚的热带雨林中。不像本属的大多数种类，黄斑链灰蝶的幼虫没有蚂蚁陪伴，蚂蚁能够阻止毛虫被寄生性昆虫寄生；寄蝇科的昆虫经常攻击黄斑链灰蝶的幼虫。

实际大小的幼虫

黄斑链灰蝶 幼虫身体底色为蓝绿色或黄绿色，身体扁平，头部收缩在胸部之下。有1条乳白色的背中线，背面和侧背面还有较暗的绿色和褐色的斑纹。腹部的体节之间划分明显，侧面分叶上密布浅色的缨毛。

科名	灰蝶科 Lycaenidae
地理分布	新几内亚、澳大利亚北部
栖息地	亚沿海和沿海地区，包括供伴生蚂蚁生存的红树林
寄主植物	寄主范围广泛（至少 12 个科），包括番泻树属 Senna spp.、榄仁树属 Terminalia spp.、菝葜属 Smilax spp.、决明属 Cassia spp. 及常见的红树林，例如须叶藤属 Flagellaria spp. 和角果木属 Ceriops spp.
特色之处	总是有保护性的绿树蚂蚁陪伴
保护现状	没有评估，但在局部地区常见

成虫翅展
1³/₁₆ in (30 mm)

幼虫长度
¹⁵/₁₆ in (24 mm)

黑斑旖灰蝶
Hypolycaena phorbas
Black-Spotted Flash
(Fabricius, 1793)

158

实际大小的幼虫

黑斑旖灰蝶 幼虫的体色可变，其斑纹既可以呈鲜绿色而具有绿色、橙色或淡红色的背纵带，且带的边缘衬白边，又可以呈暗红褐色而具有白色的线纹。前胸片为绿色，绿黄色的头部隐藏在它的下面。

黑斑旖灰蝶将有凹坑的白色卵产在其寄主植物叶子的背面，幼虫从卵中孵化出来。幼虫总是得到绿树蚂蚁 *Oecophylla smaragdina* 的陪伴和保护。幼虫通常在其取食植株的居所内化蛹，但偶然也会在邻近树的叠盖的叶子当中化蛹，且经常成群地化蛹。蛹利用臀棘的钩钩住丝垫，并用 1 根中丝带固定自己。蛹也受到绿树蚂蚁的陪伴。

黑斑旖灰蝶的幼虫终年可见，一年可以完成数个世代。它们通常在白天躲在叶下或叶子居所内，夜间取食寄主植物的叶、嫩梢、芽和花。在一个居所内可能会发现几只毛虫，居所通常在幼嫩的端叶中。成虫飞行迅速，在花上吸食花蜜；雄蝶具有保卫领地的行为，领地位于小枝末端的优势部位。

科名	灰蝶科 Lycaenidae
地理分布	澳大利亚东南部
栖息地	开阔的森林和温带的桉树林
寄主植物	合欢属 *Acacia* spp.
特色之处	群集生活，总是能够发出可以听到的声音
保护现状	没有评估，但在局部地区常见

成虫翅展
1¼~1⅜ in (32~35 mm)

幼虫长度
¹¹⁄₁₆ in (18 mm)

君主佳灰蝶
Jalmenus evagoras
Imperial Hairstreak
(Donovan, 1805)

159

君主佳灰蝶于秋季将卵成群地产在枝条和树皮的缝隙中，通常位于 1.83 m 以下的小枝条上，以卵越冬，幼虫第二年春季孵化。它们于白天在叶上取食，总是由众多黑色的小蚂蚁，通常是虹蚁属 *Iridomyrmex* 的蚂蚁陪伴。蚂蚁或许能保护毛虫不受寄生物和捕食者的伤害，它们同时获得从毛虫后部的腺体中分泌出的蜜露作为报答。君主佳灰蝶一年发生 2~3 代，一个群落可以在同一棵树或邻近的树上生活许多年。

幼虫经常在一个公共的网中化蛹，它们利用臀钩和 1 根中丝带将自己头朝下地悬挂起来。成熟的幼虫和蛹都能发出可以听见的声音，这个特性在与蚂蚁相关的种类当中并非不常见，至少对蛹来说是如此。一个大的幼虫群落能够吃光一棵小树的全部叶子。佳灰蝶属 *Jalmenus* 是澳大利亚的特有属，已知 11 种。

实际大小的幼虫

君主佳灰蝶 幼虫身体底色为榄绿色到黑色，有 1 条橙褐色的腹侧带，每一节的背侧面各有 1 条白色的斜线。胸部和腹部的背面和背侧面有疣突，身体上有细小的缘毛。第八腹节有 1 对可伸缩的触须状器官，能够分泌出可挥发的物质来吸引蚂蚁。

科名	灰蝶科 Lycaenidae
地理分布	整个欧洲和非洲、中亚和南亚、中国南部、东南亚、澳大利亚、新西兰和夏威夷
栖息地	草地、低地、荒地和花园
寄主植物	金雀儿属 Cytisus spp.、香豌豆属 Lathyrus spp.、苜蓿属 Medicago spp. 和蝶形花科 Fabaceae 的其他种类
特色之处	呈蛞蝓状，有同类相残的习性
保护现状	没有评估，但分布广泛，在其分布范围的大部分地区常见

成虫翅展
1⁵⁄₁₆~1⁵⁄₁₆ in (24~34 mm)

幼虫长度
⅜~½ in (10~12 mm)

160

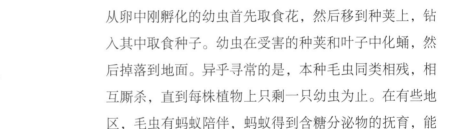

长尾亮灰蝶
Lampides boeticus
Long-Tailed Blue
(Linnaeus, 1767)

实际大小的幼虫

长尾亮灰蝶将卵单个产在寄主植物的花和花芽上。从卵中刚孵化的幼虫首先取食花，然后移到种荚上，钻入其中取食种子。幼虫在受害的种荚和叶子中化蛹，然后掉落到地面。异乎寻常的是，本种毛虫同类相残，相互厮杀，直到每株植物上只剩一只幼虫为止。在有些地区，毛虫有蚂蚁陪伴，蚂蚁得到含糖分泌物的抚育，能够在一定程度上保护毛虫不受寄生蜂和寄生蝇的伤害。

成虫于夏天飞舞，在许多地区一年有数个重叠的世代。本种在地中海南部最为常见。尽管长尾亮灰蝶的体型小，但它能够长距离地迁飞，穿过山脊和海洋，所以其分布范围很广泛，且正在稳步增大。本种的卵或者幼虫也随着其寄主观赏植物的进出口而传播。

长尾亮灰蝶 幼虫呈蛞蝓状，头部呈棕色，身体上有 1 条棕色的背线和浅棕色的侧线。幼虫有数个不同的色型，身体底色从乳白色到浅绿色和暗绿色。身体覆盖着短的刚毛。

科名	灰蝶科 Lycaenidae
地理分布	非洲、整个欧洲南部和东部、小亚细亚，远到喜马拉雅山脉
栖息地	草地、荒地、公园和花园
寄主植物	寄主范围广泛，包括山楂属 *Crataegus* spp.、草木犀属 *Melilotus* spp. 和白花丹属 *Plumbago* spp.
特色之处	身体肥胖，以花和种子为食
保护现状	没有评估

成虫翅展
¼~1⅛ in (20~29 mm)

幼虫长度
⅜ in (10 mm)

褐细灰蝶
Leptotes pirithous
Common Zebra Blue
(Linnaeus, 1767)

161

褐细灰蝶将卵产在花芽和花附近，幼虫从卵中孵化出来。它们取食花，然后取食种子。依据不同的气候条件，从幼虫发育经过蛹期再到成虫羽化的生命周期为4~8星期。成虫在2~10月之间活动，飞行迅速，一年有数个世代。以最后一代的蛹越冬。

褐细灰蝶的成虫倾向于单独或成小群活动，但也有记录称其在像紫花苜蓿作物这样的蜜源植物周围大量聚集。尽管它体型小，但其是强壮的飞行者，能够长距离迁飞，包括飞越海洋。它在整个非洲普遍发生，可以在其广泛分布的寄主植物上看见其幼虫。本种还有一个替代的英文俗名，叫作"朗氏短尾灰蝶"（Lang's Short-tailed Blue），是1938年采自英国的标本的名字。然而，本种与枯灰蝶属 *Cupido* 的"有尾灰蝶"和"短尾灰蝶"之间的亲缘关系较远。

实际大小的幼虫

褐细灰蝶 幼虫的身体底色可变，从橄榄绿色到接近白色变化。肥胖的身体向后端逐渐变细。有1条暗色的背中线，沿侧面有浅色的斜纹。身体覆盖着短毛。

科名	灰蝶科 Lycaenidae
地理分布	从印度东北部穿过东南亚到新几内亚和澳大利亚的北部
栖息地	热带的低地环境，包括红树林、雨林的河岸、开阔的森林和城市区
寄主植物	以绿树蚂蚁 Oecophylla smaragdina 的幼虫为食
特色之处	捕食性，生活在树上的绿树蚂蚁巢穴内
保护现状	没有评估，但不常见

成虫翅展
2¹³⁄₁₆~3 in (71~76 mm)

幼虫长度
1¹⁄₃₂~1³⁄₁₆ in (26~30 mm)

162

蛾蚁灰蝶
Liphyra brassolis
Moth Butterfly
Westwood, [1864]

蛾蚁灰蝶的幼虫在树上的绿树蚂蚁的巢上或其附近孵化出来。它们进入蚁巢内取食蚂蚁的幼虫；取食一个蚁巢的毛虫通常不超过 2 只。毛虫的头部能识别到蚂蚁窝，并用触角将蚂蚁的幼虫推进口器中，因此它们能够在没有受到蚂蚁成虫攻击的情况下盗食蚂蚁幼虫。低龄的毛虫可能会产生一些能够减少蚂蚁攻击的化学成分，以便小型的毛虫可以容易地捕食到蚂蚁的幼虫。较高龄的毛虫有一层由叠盖的鳞片状的刚毛丛组成的表皮，它提供一种强大而灵活的机械屏障。一只毛虫能够吃掉一个巢内所有的绿树蚂蚁幼虫。

幼虫在蚁巢中最后一龄毛虫的体壁内化蛹。羽化后，成虫受到翅膀上的白色鳞片的保护，这些鳞片能够抵抗蚂蚁上颚的攻击。在东南亚的一些地区，因为很容易接近蚂蚁的巢穴，所以蚂蚁的幼虫和蛹被采集作为人类的食物，蛾蚁灰蝶的毛虫通常也被一起吃掉了。

实际大小的幼虫

蛾蚁灰蝶 幼虫身体底色为橙棕色，呈扁平的椭圆形，边缘上卷而稍凸，中部有 3 条横沟。头部为白色，触角长。身体覆盖着微小的刚毛，在侧缘和腹面较密集。

科名	灰蝶科 Lycaenidae
地理分布	法国、荷兰、从欧洲东部进入俄罗斯和哈萨克斯坦
栖息地	湿润的草地和草原、沼泽
寄主植物	酸模属 *Rumex* spp.
特色之处	伪装巧妙，生活在湿地生境中
保护现状	近危

橙灰蝶
Lycaena dispar
Large Copper
(Haworth, 1803)

成虫翅展
1⅛~1¼ in (28~32 mm)

幼虫长度
¾ in (20 mm)

163

　　橙灰蝶的雌蝶将卵产在靠近水的寄主植物的叶上，既可以产单个，也可以小群地产下。2 星期后幼虫孵化出来，幼虫在叶子的背面取食，留下上表皮不吃。它们啃出一条小沟，低龄幼虫在其中休息。随着幼虫的成长，它们开始取食整片叶子。低龄幼虫在寄主植物的基部越冬，如果它们的栖息地在冬天被水淹没，它们能够在水下生存 2 个月之久。幼虫于翌年春季恢复取食并化蛹，用丝将黄褐色的蛹附着在寄主植物的枝条上。

　　成虫的翅膀美丽，闪铜光泽，于 6~7 月羽化和飞行。由于本种湿地生境的丧失，其分布范围已经大幅度地减少。在有些地区，最著名的就是英国，本种已经灭绝，数次重新引入的尝试都以失败而告终。

实际大小的幼虫

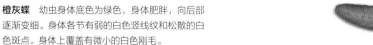

橙灰蝶　幼虫身体底色为绿色，身体肥胖，向后部逐渐变细。身体各节有弱的白色竖线纹和松散的白色斑点。身体上覆盖有微小的白色刚毛。

科名	灰蝶科 Lycaenidae
地理分布	美国西北部，从华盛顿州到加利福尼亚州，东到科罗拉多州和蒙大拿州
栖息地	山地草原和道路两旁
寄主植物	蓼属 *Polygonum* spp. 和酸模属 *Rumex* spp.
特色之处	行动缓慢而隐蔽，本种成虫飞行迅速且光彩夺目
保护现状	没有评估，但常见

成虫翅展
1~1³⁄₁₆ in (25~30 mm)

幼虫长度
¾ in (20 mm)

164

艾迪灰蝶
Lycaena editha
Edith's Copper
(Mead, 1878)

实际大小的幼虫

艾迪灰蝶以卵越冬，幼虫于第二年春末孵化出来，贪婪地取食，在 3 星期的时间内经过 4 个龄期完成发育。幼虫只取食叶子，大多数在叶子的背面啃食，结果吃出一些洞，然后在叶子边缘取食。幼虫不筑巢。绿色的幼虫依靠伪装保护自己，经常有蚂蚁陪伴，这有助于抵御捕食者和寄生物的攻击。蛹在初夏时羽化出成虫，一年发生 1 代。

艾迪灰蝶的寄主范围还不确定，蓼科 Polygonaceae 的许多其他种类可能也被利用为寄主。成虫被西洋蓍草 *Achillea millefolium* 和菊科 Asteraceae 的花朵强烈吸引。雄蝶斗志昂扬地守卫着其低处的领地。艾迪灰蝶的种群数量在局部地区丰富，其分布范围正向北扩散到加拿大。灰蝶属 *Lycaena* 在高海拔的栖息地有大量的相似种。

艾迪灰蝶 幼虫身体底色为鲜绿色，体表布满白色的小斑点。有 1 条明显的红色的背中线。体表覆盖着密集的橙褐色的短刚毛，头部呈绿色。气门呈粉橙红色，围有褐色的边。化蛹之前红色的条纹会褪色。

科名	灰蝶科 Lycaenidae
地理分布	澳大利亚的南部大陆、塔斯马尼亚
栖息地	荒野，从高山到半干旱的内陆地区
寄主植物	蝶形花科 Fabaceae 的本地种类，包括优大卫豆 *Daviesia ulicifolia* 和大卫豆属 *Daviesia* spp. 的其他种类、阿豆属 *Aotus* spp. 与博豆属 *Bossiaea* spp.
特色之处	伪装的颜色与其取食的花的颜色相匹配
保护现状	没有评估，但在局部地区常见

新光灰蝶
Neolucia agricola
Fringed Heath-Blue
(Westwood, [1851])

成虫翅展
¾ in (20 mm)

幼虫长度
½ in (12 mm)

165

新光灰蝶的雌蝶于春末或夏初产卵，以卵越冬；幼虫于第二年早春孵化出来。幼虫的孵化时间与其寄主植物的开花时间同步。早期的幼虫蛀入花蕾，在花内取食，而较高龄的幼虫则取食整朵花。成熟的幼虫很难被发现，因为它们的身体颜色会根据其取食的花的颜色匹配为红色或黄色。幼虫的发育迅速，成虫于春末羽化。一年只有 1 代。

幼虫在寄主植物的茎上化蛹。成虫靠近地面飞行，已知雄蝶在山顶上飞舞。本属只包括 3 种，全部是澳大利亚的特有种。所有这 3 种的幼虫通常都没有蚂蚁陪伴，但在澳大利亚西部已经发现新光灰蝶的幼虫偶尔会有蚂蚁相伴。

实际大小的幼虫

新光灰蝶 幼虫在侧面有弱的圆形齿突，身体底色可变，但通常呈绿色或红绿色；背面有 1 条暗红绿色的宽带，带的两侧衬白边；侧面有 1 条淡红色的带，带的下缘镶白边。幼虫的胸部和腹部有成对的短而钝的突起，侧面有众多的白色毛。

科名	灰蝶科 Lycaenidae
地理分布	澳大利亚的东部内陆
栖息地	干旱到半干旱的金合欢森林
寄主植物	灰槲寄生 *Amyema quandang*
特色之处	夜间取食，经常有小型的蚂蚁陪伴
保护现状	没有评估，但大面积的已知栖息地已经被开垦为农业用地

成虫翅展
1⁵⁄₁₆ in (34 mm)

幼虫长度
⅞ in (22 mm)

亮紫澳灰蝶
Ogyris barnardi
Bright Purple Azure
(Miskin, 1890)

亮紫澳灰蝶将卵单个产在其寄主植物灰槲寄生的叶和花芽上。幼虫从卵中孵化出来后于白天暴露在叶上取食。幼虫长大一些后则于白天躲在蛀洞内或者靠近灌丛的疏松的树皮下面，它们通常有少量黑色的小蚂蚁陪伴，在夜间出来取食。在本种分布范围的南部地区，一年只发生1代，但在北部地区则一年发生好几代。

幼虫在其躲避的场所内化蛹，利用臀钩钩住丝垫并用1根中丝带固定自己。成虫围绕寄主树快速飞行，频繁地在枯枝上休息或者在花上吸食花蜜。澳灰蝶属 *Ogyris* 是澳大利亚特有的一个较大的属，已知15种，其中许多种都有闪光的蓝色，全部种类都与蚂蚁相关联，但其中3种被认为捕食蚂蚁幼虫。

实际大小的幼虫

亮紫澳灰蝶 幼虫身体底色为淡灰绿色到粉红褐色不等，前后两端变扁而呈暗棕色。背面有浅褐色的"人"字形斑纹，臀板和前胸背板为暗棕色。体表覆盖有棕色和黑色的次生小刚毛。头部呈黄褐色，隐藏在前胸的下方。

科名	灰蝶科 Lycaenidae
地理分布	澳大利亚的东部与东南部
栖息地	密生寄主植物的桉树林
寄主植物	数种槲寄生，主要是灰槲寄生属 *Amyema* spp. 的种类
特色之处	夜间取食，总是有大型且具攻击性的糖蚂蚁陪伴
保护现状	没有评估，但在其分布范围的北部地区常见，南部地区不常见

成虫翅展
1⅞~2¹⁄₁₆ in (47~53 mm)

幼虫长度
1¼ in (32 mm)

南方澳灰蝶
Ogyris genoveva
Southern Purple Azure
(Hewitson, [1853])

167

南方澳灰蝶将卵单个产在槲寄生的寄主植物上或者疏松的树皮下。幼虫孵化后群集在树皮下，有大型的糖蚂蚁陪伴，在夜间出来取食槲寄生的叶子。较高龄的幼虫在临时的蚂蚁巢内休息，蚂蚁巢位于寄主树的空枝中，或者在树基部的岩石下或坑道中。这些巢内最多可以有 200 只毛虫，它们每天晚上外出取食槲寄生，外出距离可达 10 m 以上。

幼虫在蚂蚁巢内化蛹，仍然由蚂蚁护卫。蛹利用臀钩钩住丝垫并用 1 根中丝带固定自己。成虫在当地快速飞行，雄蝶是坚强的山头守护者。澳灰蝶属 *Ogyris* 包含 15 种，其中 14 种分布在澳大利亚和巴布亚新几内亚。全部种类都与蚂蚁相关联，但其中 3 种被认为是蚂蚁窝中的捕猎者。

实际大小的幼虫

南方澳灰蝶 幼虫身体底色为黄棕色，背面为暗紫褐色而有淡黄色的"人"字形斑纹。侧缘有圆齿突，周缘有一些短的鬃毛。头部为褐色，缩在前胸之下。第八腹节有 1 对可伸缩的器官，它负责与蚂蚁的化学通信。

科名	灰蝶科 Lycaenidae
地理分布	美国，从康涅狄格州向西到艾奥瓦州东南部、密苏里州、向南到得克萨斯州东部、海湾海岸、佛罗里达半岛，零星分布到密歇根州和威斯康星州
栖息地	森林及其边缘
寄主植物	栎属 *Quercus* spp.
特色之处	善于隐蔽，绿色，能在叶子的背面发现它们
保护现状	没有评估，但常见

成虫翅展
1¼~1⅝ in (32~41 mm)

幼虫长度
¾~1 in (20~25 mm)

168

白姆葩灰蝶
Parrhasius m-album
White M Hairstreak
(Boisduval & Leconte, 1833)

实际大小的幼虫

白姆葩灰蝶可能像其他取食橡树的灰蝶一样将卵产在大树的树枝顶端，幼虫在此孵化出来。尽管本种完整的生活史还没有被描述过，但可能像许多其他近缘的灰蝶一样，其低龄的幼虫首先取食芽和嫩叶，然后再移到较大的叶子上取食。一年发生 3 代。其中有两代的幼虫在寄主植物的叶子背面化蛹，但越冬代的幼虫可能在落叶中化蛹。化蛹前幼虫的体色变为红褐色，在叶上织丝垫，用 1 根丝带固定自己。

像其他灰蝶幼虫一样，本种幼虫区别于其他科的幼虫的特征在于每一只腹足的肉质盘（趾），其侧面有成列的趾钩，这种骨化的钩状结构有助于幼虫附着在叶子和其他物体的表面。葩灰蝶属 *Parrhasius* 是一个热带属，白姆葩灰蝶是其分布最北的代表，其他 5 种分布在墨西哥到玻利维亚。

白姆葩灰蝶　幼虫身体底色为绿色，在化蛹前变为红棕色，呈粗壮的蛞蝓形，属于灰蝶幼虫的典型体型。体表覆盖有微小的白色刚毛；头部收缩隐藏在前胸之下，只有当幼虫取食的时候才会伸出来。幼虫的腹面具有明亮的颜色，平贴在叶子表面。

科名	灰蝶科 Lycaenidae
地理分布	美国，俄勒冈州南部羚羊沙漠 31 km² 的范围
栖息地	开阔的冲积形成的火山灰 – 浮石沙漠
寄主植物	大竹荞麦 *Eriogonum spergulinum*
特色之处	分布范围最严格、体型最小、受威胁的毛虫之一
保护现状	没有评估，但被认为易危而受关注

成虫翅展
$1^{1}/_{16}$～$^{3}/_{4}$ in (18～20 mm)

幼虫长度
$^{3}/_{8}$ in (10 mm)

黎氏罗菲灰蝶
Philotiella leona
Leona's Little Blue

Hammond & Mccorkle, 2000

169

黎氏罗菲灰蝶从卵到蛹期的发育只需要 10～12 天的时间，仅取食大竹荞麦的花和花芽。幼虫具有鲜明的红色和白色，隐藏在红色和白色的寄主植物之上。成虫在 6 月中旬到 7 月下旬之间飞行，大部分幼虫在成虫飞行期结束之前化蛹。以蛹在地面上越夏和越冬，蛹可以忍受的温度范围从 −5～68℃。有时蛹期需要持续 2～3 年才能羽化。

黎氏罗菲灰蝶于 1995 年首次被发现，是一种高度特化和分布范围严格的蝴蝶，占据一种火山灰和浮石沙漠的生态环境，依靠一种类似专门化的寄主植物为生。黎氏罗菲灰蝶与分布范围较广的罗菲灰蝶 *Philotiella speciosa* 近缘，后者通常发生在加利福尼亚州和内华达州的沙漠中。

实际大小的幼虫

黎氏罗菲灰蝶 幼虫身体底色大多为白色，具有鲜艳的血色斑纹，包括 1 条间断的背中线和 2 条侧纹（每侧一条）。身体密集地覆盖着白色而微小的短刚毛。幼虫身体的腹面为红色，具有黄色的臀足和黑色的足。

科名	灰蝶科 Lycaenidae
地理分布	北美洲西部，从不列颠哥伦比亚和蒙大拿州到加利福尼亚州南部和新墨西哥州
栖息地	林中空地、灌木平原、亚高山草原和道路两旁
寄主植物	羽扇豆属 *Lupinus* spp.
特色之处	休眠期长达 9 个月
保护现状	没有评估，通常常见，但有些亚种处于受威胁或濒危状态

成虫翅展
1¾₆~1⅜ in (30~35 mm)

幼虫长度
⅜~½ in (10~12 mm)

170

益佳豆灰蝶
Plebejus icarioides
Boisduval Blue
(Boisduval, 1852)

实际大小的幼虫

益佳豆灰蝶将浅绿白色的卵产在羽扇豆上，5~7 天后幼虫从卵中孵化出来。初龄的幼虫取食 14 天后蜕皮进入二龄期。在大部分地区，二龄的幼虫于仲夏开始休眠或滞育，在寄主植物的基部休息。幼虫经过秋季和冬季的休眠，第二年春季在新长出的植物上恢复取食。它们首先取食叶子，然后专门取食花和果实。从这时开始，幼虫迅速发育到四龄和最后一龄，然后在寄主植物、碎片或石头下化蛹。经过 40 天的蛹期，美丽的蓝色成虫于 4 月初羽化出来。

本种的幼虫有蚂蚁陪伴，蚂蚁能够保护毛虫免受寄生蜂和猎蝽等天敌的伤害。反过来，毛虫分泌一种含糖的物质供蚂蚁享用。伪装、白天隐藏和蚂蚁陪伴可能是幼虫的主要防御方式。

益佳豆灰蝶 幼虫身体底色为绿色，有 1 条暗色而镶浅色边的背中线。整个身体覆盖着微小的黑色斑点。头部呈黑色，但通常隐藏起来。身体上装饰有长短不齐的浅色刚毛。

科名	灰蝶科 Lycaenidae
地理分布	欧洲，向东进入俄罗斯南部、土耳其、伊拉克和伊朗
栖息地	草坡，特别是含钙的土壤
寄主植物	马蹄野豌豆 *Hippocrepis comosa* 和野豌豆属 *Hippocrepis* spp. 的其他种、小冠花属 *Coronilla* spp.、白脉根属 *Lotus* spp. 和翼冠花属 *Securigera* spp.
特色之处	身体底色为绿色和黄色，有蚂蚁的陪伴
保护现状	没有评估

白缘眼灰蝶
Polyommatus bellargus
Adonis Blue
(Rottemburg, 1775)

成虫翅展
1³⁄₁₆~1³⁄₈ in (30~35 mm)

幼虫长度
⁹⁄₁₆~¹¹⁄₁₆ in (15~18 mm)

171

白缘眼灰蝶的雌蝶将卵单个产在其寄主植物叶子的背面，特别喜欢产在正在生长的短叶上。幼虫孵化后在白天取食；早期的幼虫取食叶子的背面，留下叶子的上表皮不吃。较成熟的幼虫暴露在叶子上休息，黄昏时爬到寄主植物的基部或旁边的土壤中。它们也在地上化蛹，通常在一个小洞中化蛹。

一年发生2代。第一代成虫于5~6月出现，第二代成虫于8~9月飞行。第二代以幼虫越冬，翌年春季恢复活动。幼虫有蚂蚁陪伴，特别是多蚁属 *Myrmicia*、拉蚁属 *Lasius* 和塔蚁属 *Tapinoma* 的蚂蚁。蚂蚁享用毛虫分泌的蜜露，反过来又保护毛虫免受寄生物和捕食者的侵害。蚂蚁甚至可能将越冬的幼虫或蛹埋在地下的一个土室里，并有通道与蚂蚁的巢相连。

实际大小的幼虫

白缘眼灰蝶 幼虫身体底色为暗绿色而呈蛞蝓状。身体背面有2条、侧面有1条断续的黄色线贯穿整个身体。体表覆盖有短的刚毛。

科名	灰蝶科 Lycaenidae
地理分布	非洲北部，越过欧洲进入俄罗斯和中东
栖息地	橡树林、公园以及一些具有橡树的植物园
寄主植物	栎属 *Quercus* spp.
特色之处	棕色且呈蛞蝓状，以橡树的嫩叶为食
保护现状	没有评估，但其分布范围的大部分地区种群数量在下降

成虫翅展
1⁵⁄₁₆~1⅛ in (24~28 mm)

幼虫长度
⁹⁄₁₆~¹¹⁄₁₆ in (15~18 mm)

172

栎艳灰蝶
Quercusia quercus
Purple Hairstreak
(Linnaeus, 1758)

实际大小的幼虫

栎艳灰蝶将卵单个产在橡树叶芽的基部，以卵在叶芽中越冬。幼虫在第二年春季孵化出来，蛀入叶芽内以躲避捕食者的视线，同时取食嫩叶。较高龄的幼虫在一簇叶子上织一个疏松的丝网，并在其中生活，于夜间取食。当幼虫成熟时，它坠落在地上化蛹。也可能有蚂蚁陪伴着蛹，并将蛹埋藏在落叶中。

一年发生1代。闪烁着彩虹光的成虫于6~8月在橡树的树冠上空飞舞，因此在林中经常看不到它们。本种依靠橡树来完成其生命周期，其种群数量已经由于橡树林的丧失而下降。本种的学名有时也被引用为 *Favonius quercus*。

栎艳灰蝶 幼虫身体底色为褐色而呈蛞蝓形，体表覆盖有短的刚毛。身体背面有一系列浅褐色的"人"字形斑纹，侧面有1条断续的浅乳黄褐色的线纹。腹部的末端形成一个假头。

科名	灰蝶科 Lycaenidae
地理分布	北美洲西部，从不列颠哥伦比亚到新墨西哥州
栖息地	橡树－松树林的空旷地、峡谷、河岸和灌木平原
寄主植物	三裂单花木 Purshia tridentata
特色之处	伪装巧妙，以叶芽和叶子为食
保护现状	没有评估，但其种群数量在大幅度地周期性波动

贝氏洒灰蝶
Satyrium behrii
Behr's Hairstreak
(W. H. Edwards, 1870)

成虫翅展
1~1⅜ in (25~35 mm)

幼虫长度
11⁄16 in (17 mm)

173

贝氏洒灰蝶将卵产在三裂单花木的茎上，其形态鲜明。卵没有被隐藏在裂缝中，而是暴露在外面越冬。第二年春季，当其寄主植物开始长出新叶的时候，幼虫孵化出来。毛虫开始仅取食三裂单花木的叶芽，借助自身可以伸缩的颈部吃空叶芽的内部组织。当幼虫半大的时候，它们开始取食叶子。幼虫的体色与寄主植物的柔绿色完全一致，为幼虫提供了完美的伪装以躲避天敌的伤害。幼虫需要经过4个龄期的发育，不筑巢。

在孵化大约24天后，成熟的幼虫离开寄主植物到覆盖物下化蛹。在化蛹2星期后成虫羽化。贝氏洒灰蝶为局部地区常见种，但其种群数量波动很大，有时许多年都很稀少。成虫喜欢取食乳草属 *Asclepias* spp.、蓟属 *Cirsium* spp. 和荞麦属 *Eriogonum* spp. 等植物的花蜜，这些植物生长在三裂单花木的附近。

实际大小的幼虫

贝氏洒灰蝶 幼虫身体底色为暗森林绿色，有明亮的白色斑纹。沿腹侧缘有明显的白色纵带，带的上下两侧镶暗绿色的细边。每一节的背侧面有1条明显的白色斜线，其下缘衬暗绿色，上缘衬亮绿色。

科名	灰蝶科 Lycaenidae
地理分布	北美洲，南到哥伦比亚和委内瑞拉
栖息地	栖息地广泛，从城区到山顶，密集的森林除外
寄主植物	寄主范围非常广泛，以蝶形花科 Fabaceae 和锦葵科 Malvaceae 的种类较多
特色之处	多才多艺的取食者，采用其寄主植物的颜色作为自己的体色
保护现状	没有评估，但除其分布范围的边缘外常见

成虫翅展
1~1⅜ in (25~35 mm)

幼虫长度
¹¹⁄₁₆ in (17 mm)

174

螯灰蝶
Strymon melinus
Gray Hairstreak
Hübner, 1818

螯灰蝶的幼虫是一种真正的广食性昆虫，它几乎可以在本地或引进的任何植物上生存。卵被产在芽、花或叶子上，3 天后幼虫孵化；27 天后幼虫化蛹。幼虫喜欢取食花，并采用其取食的花的颜色作为自己的体色。然而，如果没有花可食，它们也乐意取食叶子或植物的其他组织。有蚂蚁陪伴，这有助于毛虫避免天敌的伤害。

幼虫选择隐蔽的场所化蛹，例如卷叶内；通常以蛹越冬。一年发生多代，随纬度和海拔高度的不同而异。毛虫有时也会对经济豆类的生产造成一定的损失，但它们很少会在一个小范围内大量发生。螯灰蝶是春季最早见到而秋季最晚停止飞舞的蝴蝶之一。

实际大小的幼虫

螯灰蝶 幼虫身体底色变化很大，可以是绿色、灰色、黄褐色、橙色、橄榄色、黄色、粉红色或紫色，随其取食的寄主植物的不同而异。尽管有时有 2 条模糊的背线，但几乎没有鲜明的斑纹。体表覆盖着短而密集的浅色刚毛。

科名	灰蝶科 Lycaenidae
地理分布	非洲的部分地区、中东、巴尔干地区、伊朗和印度的大部分地区
栖息地	干燥的无树大草原
寄主植物	柳黄雀 *Paliurus spinus-christi* 和枣属 *Ziziphus* spp.
特色之处	绿色，生活在干燥且炎热的草地
保护现状	无危

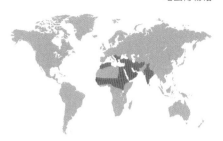

小虎藤灰蝶
Tarucus balkanicus
Little Tiger Blue
(Freyer, 1844)

成虫翅展
$^{11}/_{16} \sim ^{7}/_{8}$ in（18～22 mm）

幼虫长度
$^{3}/_{8} \sim ^{1}/_{2}$ in（10～12 mm）

175

　　小虎藤灰蝶也被称为"巴尔干的皮罗特"（Balkan Pierrot）。雌蝶将卵产在寄主植物的刺基部，偶尔也会产在叶子上。幼虫在叶子的背面啃出一条沟，在叶子的正面留下一条特有的半透明的棒状纹。本种以蛹越冬。成虫飞行迅速，雄蝶体表蓝色的比例比雌蝶的大很多，雌蝶大部分呈褐色。成虫从 4 月到夏季末期羽化和飞行，一年有一系列重叠的世代。

　　巴尔干地区位于欧洲的东南部，是小虎藤灰蝶的模式标本产地和种名命名地。本种在该地区的种群数量已经大幅下降，有的地方降幅高达 30%，但在其分布范围的其他地区，数量则保持上扬。本种有数个亚种，包括分布于印度的黑斑亚种 *Tarucus balkanicus nigra*。藤灰蝶属 *Tarucus* 包括 23 种，英文俗名统称为"蓝色的皮罗特"（blue Pierrots）。

实际大小的幼虫

小虎藤灰蝶　幼虫身体底色为绿色，有 1 条明显的橙黄色的背线贯穿整个身体。侧面有淡绿色的斑点，整个体表上覆盖着白色的短毛。

科名	灰蝶科 Lycaenidae
地理分布	印度尼西亚东南部、帝汶岛、新几内亚大陆和澳大利亚
栖息地	桉树林和开阔的森林、半干旱和干旱的灌木地
寄主植物	主要为金合欢属 *Acacia* spp.，也包括小桉树属 *Eucalyptus* spp.，偶尔也取食蝶形花科 Fabaceae、无患子科 Sapindaceae 和使君子科 Combretaceae 的种类
特色之处	取食桉树的少数几种之一
保护现状	没有评估，但在其分布范围内的北部地区常见

成虫翅展
⅞ in (22 mm)

幼虫长度
½ in (13 mm)

176

合欢小灰蝶
Theclinesthes miskini
Wattle Blue
(T. P. Lucas, 1889)

合欢小灰蝶的幼虫经常有众多的蚂蚁陪伴，这些蚂蚁来自 5 个属中的一种。蚂蚁能够保护毛虫免受捕食者和寄生物的侵害，而毛虫又反过来为蚂蚁提供营养丰富的分泌物。毛虫暴露于嫩叶上取食，有时也取食其寄主植物上肉质的虫瘿和花朵，经常生活在小树、实生苗或大树的分蘖苗上。有时在蚂蚁的巢内或地上的落叶中也能发现本种的幼虫。在较温暖的地区，毛虫完成发育需要 4 星期或更少的时间。

幼虫通常在寄主植物上化蛹，由臀钩和 1 根中丝带固定自己。本种常见于澳大利亚的中部和北部，一年四季都能生长发育。雄成虫占领山头，守卫着树叶最高点上的休息领地。小灰蝶属 *Theclinesthes* 包括 6 种，全部只分布在亚洲 – 澳大利亚地区。

实际大小的幼虫

合欢小灰蝶 幼虫的胸部明显呈驼峰状，身体底色为绿色或暗紫褐色。身体上有 1 条红褐色或绿色的宽带，经常在胸部各节及腹部第一至第六节更明显，宽带镶白边。身体有松散的缘毛。

科名	灰蝶科 Lycaenidae
地理分布	葡萄牙、西班牙、法国南部和非洲北部
栖息地	干旱的草地和草原，可达海拔 1700 m 的高度
寄主植物	蝶形花科 Fabaceae 的各种植物，包括绒毛花属 *Anthyllis* spp.、黄芪属 *Astragalus* spp.、茅脉根属 *Dorycnium* spp.、百脉根属 *Lotus* spp. 和苜蓿属 *Medicago* spp.
特色之处	橄榄绿色，有蚂蚁陪伴
保护现状	没有评估

成虫翅展
1⅛~1³⁄₁₆ in (28~30 mm)

幼虫长度
⁹⁄₁₆~¹¹⁄₁₆ in (15~18 mm)

普罗旺斯托灰蝶
Tomares ballus
Provence Hairstreak
(Fabricius, 1787)

177

普罗旺斯托灰蝶的雌蝶将浅色的小型卵隐藏在其寄主植物的一片叶下，幼虫从卵中孵化出来。早期的幼虫蛀入花芽，并在其中躲避捕食者的视线，有时还采用花的颜色来进一步伪装自己。较成熟的幼虫出现在叶上取食。不同属的蚂蚁，包括鳞蚁属 *Plagiolepis* 的蚂蚁，陪伴着毛虫，它们享用毛虫产生的含糖分泌物（蜜露），反过来又保护毛虫免受寄生物和捕食者的伤害。毛虫经常被蚂蚁搬运到蚁巢内化蛹，以褐色的蛹在蚁巢内越冬。

一年发生 1 代，成虫于 1~4 月出现。本种在法国南部和西班牙处于濒危状态，这是由于放弃了传统的牲口放牧，这项措施能够保持草坪的生长。普罗旺斯托灰蝶在非洲北部较常见。

实际大小的幼虫

普罗旺斯托灰蝶 幼虫身体底色为橄榄绿色，呈蛞蝓状。背面有 1 条暗色的纵带，侧面有一系列黄褐色的斜纹；胸部每节各有 1 个粉红色的斑。体表覆盖着白色的短毛。

科名	蛱蝶科 Nymphalidae
地理分布	喜马拉雅山脉、印度东北部、中国南部以及东南亚的大部分地区
栖息地	开阔的森林和受干扰的地区，那里有繁茂的入侵的寄主植物
寄主植物	荨麻科 Urticaceae 的植物，包括苎麻属 *Boehmeria* spp.、水麻属 *Debregeasia* spp.、楼梯草属 *Elatostema* spp.、荨麻属 *Urtica* spp.、雾水葛属 *Pouzolzia* spp.、和醉鱼草属 *Buddleja* spp.
特色之处	易饥饿，散发出难闻的气味而使捕食者难以下咽，身体多刺，群集生活
保护现状	没有评估，但在局部地区常见

成虫翅展
2⅜~2¼ in (60~70 mm)

幼虫长度
1⅜ in (35 mm)

苎麻珍蝶
Acraea issoria
Yellow Coster
(Hübner, 1819)

178

实际大小的幼虫

苎麻珍蝶 幼虫身体底色为黄褐色，其上有断续的白色线。身体的每一节都有沿白色线排列的长刺环，刺又有许多分支。每根刺的基部和枝干为橙色，其末梢为黑色。

　　苎麻珍蝶的雌蝶将数十粒卵集中产于叶子的背面，大约20天后幼虫孵化出来。幼虫群集生活，结果经常将其寄主植物的叶子吃光。像成虫一样，已知幼虫对捕食者是难以下咽和充满恶臭的，但它们在蛹期遭到寄生蝇和寄生蜂的严重寄生。蛹为白色，具有黄色和黑色的斑纹，清楚地反映出其内部的解剖学结构。幼虫在寄主植物或附近的植被上化蛹，成虫15天后羽化。根据地区的不同，一年发生2代（中国西部）到5代（中国台北）。在中国台北，以幼虫越冬。

　　苎麻珍蝶的成虫飞行缓慢，形态可变，但底色为黄褐色，有黑色的斑纹；翅上有细小而紧密的鳞片，使翅膀出现一些透明的窗斑。因为成虫不会飞远，所以其种群能够在其寄主植物的生长地集中形成"栖息处"。

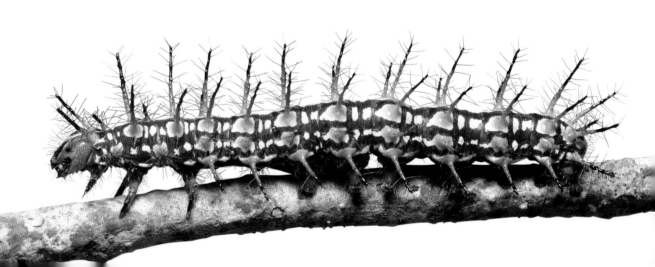

科名	蛱蝶科 Nymphalidae
地理分布	美国西部、墨西哥
栖息地	橡树林和河岸区
寄主植物	栎属 *Quercus* spp.
特色之处	有多种防御方法
保护现状	没有评估，但常见

加利福尼亚悌蛱蝶
Adelpha californica
California Sister
(Butler, 1865)

成虫翅展
3~3⅛ in (75~80 mm)

幼虫长度
1⅜~1⁹⁄₁₆ in (35~40 mm)

加利福尼亚悌蛱蝶的幼虫是防卫的大师，它们能够运用伪装、化学防御和战斗来躲避捕食者。幼虫仅取食橡树叶，在其发育过程中会变换采用多种保护策略。刚孵化的幼虫在叶子的边缘取食，沿一条叶脉或中脉形成一个堡垒。粪便被用来扩展这个堡垒，毛虫不取食时就在其中休息，也能起到一定的保护作用。中龄期的幼虫在休息时采用隐蔽的、蜿蜒曲折的姿势；而成熟的幼虫则好斗，如果受到惊扰将试图撕咬对手。

本种的成虫和幼虫对鸟类和哺乳类捕食者来说，都被认为是不可口的食物。一些其他种类的蝴蝶模拟加利福尼亚悌蛱蝶的外形以获得保护。悌蛱蝶属 *Adelpha* 包括大约 85 种蝴蝶，分布在美国西部和南部、墨西哥和南美洲。这个属的所有种类的英文俗名被统称为"姐妹蛱蝶"（sisters），因为它们翅上的白色斑纹类似一件修女的服饰。

实际大小的幼虫

加利福尼亚悌蛱蝶 幼虫身体底色为鲜绿色，具有许多微小的白色斑点和 9 对长短不一、多刺的橙色角状突起。多刺的头部呈暗紫褐色，有 1 对扩大的末端呈黑色的短刺，类似 1 对复眼。幼虫体色在化蛹前变为亮棕色。

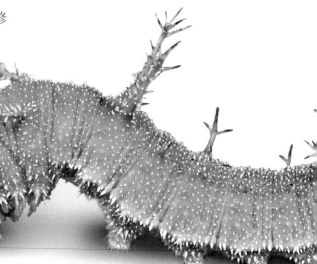

科名	蛱蝶科 Nymphalidae
地理分布	欧洲、亚洲的大部分，东到日本；最近在美国的新英格兰也发现了一个小的种群
栖息地	开阔的森林、草原、公园、花园和草地，可达海拔 2500 m 的高度
寄主植物	荨麻属 *Urtica* spp. 和葎草属 *Humulus* spp.
特色之处	墨黑色而又多刺，织一个公共的网
保护现状	没有评估，但常见

成虫翅展
2⅛~2⅜ in (55~60 mm)

幼虫长度
1⁹⁄₁₆~1¼ in (40~45 mm)

180

孔雀蛱蝶
Aglais io
Peacock
(Linnaeus, 1758)

孔雀蛱蝶将绿色的卵集中产在具刺的荨麻叶子的背面，一窝不太密集的卵块可以包含高达 400 粒的卵；幼虫从卵中孵化出来。初龄的幼虫在植物的顶端附近织一个公共的网，在其中取暖和取食，通常十分显眼。幼虫可以在白天和夜间的任何时间取食。随着幼虫的成长，它们会移动到新的植物上，并沿途建立新的公共网。网上还装饰有幼虫的蜕皮和粪便，很容易被发现。

幼虫运用多种防御策略来躲避捕食者。如果受到惊扰，一群幼虫会统一左右摆动它们的身体，这样也许能够扩大它们的战斗阵势；而当只有一只幼虫时，它可能会反刍吐出苦味的绿色液体，并将身体蜷曲成球状坠落到地上。幼虫有 5 龄，成熟的幼虫离开其寄主植物到附近的植被上化蛹。孔雀蛱蝶是一种长寿的蝴蝶，以成虫越冬，是春季最早出现的蝴蝶之一。

孔雀蛱蝶 幼虫身体底色为墨黑色，体表覆盖有众多白色的斑点。有 6 列须状的刺突，头部呈黑色而又多刺。胸足呈黑色，腹足呈橙红色。

实际大小的幼虫

科名	蛱蝶科 Nymphalidae
地理分布	北美洲，远北和远南除外
栖息地	荨麻生长的低地和山地，特别是沿水道的地区
寄主植物	荨麻属 *Urtica* spp.
特色之处	多刺，群集生活
保护现状	没有评估，但常见

成虫翅展
1%₁₆~1¼ in (40~45 mm)

幼虫长度
1~1³⁄₁₆ in (25~30 mm)

火缘麻蛱蝶
Aglais milberti
Fire-Rim Tortoiseshell
(Godart, 1819)

181

　　火缘麻蛱蝶通常将卵 20～900 粒一窝地产在荨麻端部叶子的背面，这些卵的排列不太密集，其顶端经常相互贴在一起。刚孵化的幼虫共同取食，织网吃掉叶肉而留下叶脉。二龄和三龄幼虫的织网面积扩大，为幼虫在叶子和嫩梢之间的活动提供出入口和支撑。四龄和五龄幼虫独栖，生活在用丝系紧的缀叶中。化蛹前的幼虫四处漫游，大多数离开荨麻到别处化蛹。

　　幼虫发育迅速，在卵孵化后 3 星期即可化蛹。抵御天敌的方式包括低龄期群集而高龄期隐蔽。成熟的幼虫也因身体非常多刺而获得保护。天敌包括捕食性蝽类和寄生蜂。火缘麻蛱蝶可以从低地迁移到高海拔地区以逃避炎热和干燥的气候条件。以成虫越冬，成虫的寿命可以长达 10 个月之久。

火缘麻蛱蝶 幼虫身体底色为黑色，背面密布白色的斑点，有发达的黑刺和较小的白刺。侧面在气门边缘有 2 条断续而呈波状的乳黄色线。腹足呈白色。头部呈黑色而又多刺，具有中等长度的白色刚毛。

实际大小的幼虫

科名	蛱蝶科 Nymphalidae
地理分布	从欧洲穿过亚洲到太平洋海岸；最近在美国的新英格兰也发现了一个小的种群
栖息地	多样化，从公园和花园到农场、草地和森林
寄主植物	大荨麻 Urtica dioica 和小荨麻 Urtica urens
特色之处	低龄时群集在荨麻上的丝网内生活
保护现状	没有评估

成虫翅展
1¼~2⁹⁄₁₆ in (45~65 mm)

幼虫长度
¾~⅞ in (20~22 mm)

182

荨麻蛱蝶
Aglais urticae
Small Tortoiseshell
(Linnaeus, 1758)

荨麻蛱蝶将卵产于叶子背面，幼虫从卵中孵化出来。幼虫群集生活，聚集在一个安全的丝网中。它们从网中出来取食，在阳光下取暖。随着它们从一棵植株转移到另一棵植株寻找食物，它们织出新的丝网，留下吃剩的茎、丝线和粪便。当受到惊扰时，一群幼虫会左右摆动它们的身体以驱赶潜在的捕食者。有时它们也会蜷曲身体，坠落到地面。在最后一次蜕皮后，幼虫分散生活，并独自化蛹。

通常一年发生 2 代，以第二代成虫在洞穴以及车库和工棚等建筑物中越冬。在本种分布范围的一些地区，特别是欧洲，种群数量已经显著下降。一些科学家怀疑，这与全球气候的变暖以及其寄生性天敌 —— 丽丛毛寄蝇 *Sturmia bella*[1] 的数量增加有关。

荨麻蛱蝶 幼虫的头部呈黑色；身体底色主要为黑色，体表覆盖着微小的乳白色的斑点。沿背面和侧面有断续的黄色条纹和成列的黄色与黑色的刺突。

实际大小的幼虫

---

① 原文 *Sturma*，经过核查，应该为 *Sturmia*。—— 译者注

科名	蛱蝶科 Nymphalidae
地理分布	美国南部（西达旧金山湾区，东达弗吉尼亚州）和加勒比海，向南到达阿根廷中部
栖息地	开阔的地区、受干扰的生境和有寄主植物生长的郊区
寄主植物	西番莲属 *Passiflora* spp.
特色之处	有警戒色，通过植物的生物碱类有毒物质保护自己免受捕食者的伤害
保护现状	没有评估，但常见

海湾银纹红袖蝶
Agraulis vanillae
Gulf Fritillary
(Linnaeus, 1758)

成虫翅展
2⅛~3¾ in (60~95 mm)

幼虫长度
1⅟₁₆ in (40 mm)

183

　　海湾银纹红袖蝶将黄色的卵产于寄主植物上或其附近，幼虫从卵中孵化出来，它们取食寄主植物的所有部位，有时造成寄主植物落叶。尽管幼虫通过多刺的身体和黑色与橙色的警戒色能够阻止大部分的捕食者，警示其身体内含有生物碱类毒素，但加利福尼亚大走鹃 *Geococcyx californianus* 仍然能够找到取食本种毛虫的途径。马蜂、蚂蚁、蜥蜴、猎蝽和螳螂也取食本种毛虫。许多幼虫被寄生蝇吃掉，在加利福尼亚州的秋季，寄生率可高达90%。

　　幼虫成熟后开始化蛹，蝶蛹类似一片枯叶；在佛罗里达州的北部，当其寄主植物冻结时，幼虫进入越冬状态，到第二年春季植物吐新芽时又重新开始活动。一年发生多代，在其分布范围的热带地区，不会因为休眠或滞育而中断发育。为了避免寒冷的天气和利用寄主植物分布广泛的优势，海湾银纹红袖蝶在美国东南部的海岸进行季节性的来回迁飞。

海湾银纹红袖蝶　幼虫身体底色为橙色和黑色。有些幼虫只有刺、胸足和腹足呈黑色，而其他一些幼虫则有黑色的宽纵纹，黑色有时成为身体的主要颜色。这使幼虫表现为黑色底色而具橙色的条纹，而不是橙色底色具黑色的条纹。

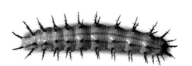

实际大小的幼虫

科名	蛱蝶科 Nymphalidae
地理分布	委内瑞拉的安第斯山脉，向南穿过玻利维亚
栖息地	亚温带到较高的亚热带森林的边缘及次生林
寄主植物	厄拉托属 *Erato* spp.
特色之处	有警戒色，对有些捕食者肯定有毒
保护现状	没有评估，但不被认为受到了威胁

成虫翅展
2⅜～2⅞ in (66～73 mm)

幼虫长度
1¹⁵⁄₁₆～1⅞ in (40～48 mm)

184

红带黑珍蝶
Altinote dicaeus
Red-Banded Altinote
(Latreille, [1817])

红带黑珍蝶 幼虫的体色分层：上部呈黑色而又具光泽，下部呈乳黄色。身体无毛，沿背面、亚背面和气门区有成列的长枝刺。头部呈黑色且具有光泽。

在其分布范围的许多地区，红带黑珍蝶的幼虫都是最常见到和最显著的鳞翅目幼虫之一。其部分原因是它们将卵50～110粒成群产在一起，卵同时孵化，并快速吃掉一棵寄主植物，马上寻找和吃掉第二棵植物。此外，幼虫有时在三龄后开始分散活动，它们爬到其兄弟姐妹很少竞争的地方去寻找食物，所以更容易看见它们在野外徘徊漫游。幼虫在爬行徘徊一阵后化蛹，经常离开寄主植物一段距离，但蛹总是悬挂在一个庇护所中，例如一片叶下或一根枝条下，甚至在房子的屋檐下。

成虫的飞行能力很弱，经常能在道路上看见它们的死尸，也常碰见它们在牛粪或者富含矿物质的沙子上觅食。红带黑珍蝶的拉丁学名常常被拼错，例如，拼作"dice"或者"diceus"，这导致了本种自原始描述发表以来，其分类被混淆了两个多世纪。

实际大小的幼虫

科名	蛱蝶科 Nymphalidae
地理分布	安第斯山脉，从委内瑞拉至少到秘鲁中部
栖息地	以朱丝贵竹属 Chusquea 为主的云雾林的滑坡周围以及森林的边缘
寄主植物	朱丝贵竹属 *Chusquea* spp.
特色之处	能够改变颜色，但尾突的颜色始终保持不变
保护现状	没有评估，但不被认为受到了威胁

成虫翅展
3¼～3⁷⁄₁₆ in (82～88 mm)

幼虫长度
2¹⁄₁₆～2¼ in (52～57 mm)

185

竹飞鸟眼蝶
Antirrhea adoptiva
Adopted Morphet
(Weymer, 1909)

竹飞鸟眼蝶将扁平而呈穹顶形的卵产在寄主植物叶子的背面，它们整齐地排成 2～7 列；幼虫从卵中孵化。初龄的幼虫松散地聚集在同一片叶子上取食，但二龄及其以后的各龄幼虫分散独自在相邻的叶片上取食，它们之间的距离随虫龄的增长而增加。幼虫频繁地受到寄生蝇和寄生蜂的攻击，但其颈部有 1 个小而可翻缩的淡粉色的腺体，也许有助于驱离天敌。在幼虫胸部的背面有 1 对银色而呈裂缝状的斑纹，是"装饰腺体"的开口。目前对该腺体的具体功能还知之甚少。

本种从产卵到成虫，整个生命周期的长短变化较大，需要 120～143 天。成虫早晚活动，于早晨和黄昏的时候寻找交配与产卵的场所。它们几乎总是在寄主植物竹子的附近飞舞，频繁地停下来取食腐烂的果实或者动物的粪便。

竹飞鸟眼蝶 幼虫有复杂的斑纹，身体底色为垩粉红色，侧面有不规则的锈红色的斑纹；有 1 条鲜黄色或淡白色的背中线，向后部变为亮蓝色。侧面有鲜橙色和黑色的斑纹。尾部有 1 对淡白色的长尾突。头部呈鲜橙色而又略呈三角形。

实际大小的幼虫

科名	蛱蝶科 Nymphalidae
地理分布	从英格兰南部和法国西部向东穿过欧洲和亚洲的温带到达中国、日本和朝鲜
栖息地	落叶阔叶林
寄主植物	柳属 Salix spp. 和杨属 Populus spp.
特色之处	隐蔽，呈蛞蝓状，有 1 对细长的尾突
保护现状	没有评估，但在一些国家易危，包括英格兰

成虫翅展
2¾~3½ in (70~90 mm)

幼虫长度
1¾~2⅛ in (45~55 mm)

186

紫闪蛱蝶
Apatura iris
Purple Emperor
(Linnaeus, 1758)

　　紫闪蛱蝶在夏末将绿色的卵单个产在其寄主植物树叶的正面，幼虫从卵中孵化出来。初龄的幼虫沿叶子中脉完美地伪装在叶子的正面，夜间取食。在发育到二龄或三龄时，毛虫在一片枯叶的正面或枝条上吐一个丝垫，在其上进入休眠状态，并在冬季体色变为褐色，将自己与其周边的环境融为一体。幼虫在第二年春季恢复取食，大量成群的绿色幼虫于 6 月化蛹。蛹悬挂于一片叶子上，伪装巧妙，2 星期后成虫羽化。

　　紫闪蛱蝶是一种偶像蝴蝶，特别是在英格兰，那些相对不知名的饲养地也经常成为游客向往的旅游点，人们伸长脖子去欣赏紫闪蛱蝶在树顶上翩翩起舞。紫闪蛱蝶一年发生 1 代，成虫于 7~8 月出现。从当年 8 月到第二年 6 月都能发现紫闪蛱蝶的幼虫。

实际大小的幼虫

紫闪蛱蝶　幼虫身体底色为鲜绿色，具有微小的黄色斑点。侧面有黄色的斜线，前端有 1 对绿色与白色的长角突，其末端呈红色。头部呈褐色和白色。

科名	蛱蝶科 Nymphalidae
地理分布	欧洲的大部分和中东，穿过中亚到达中国和日本
栖息地	湿润林地的庇荫处、森林的边缘和林中空地、绿篱
寄主植物	草本植物，包括鸭茅 *Dactylis glomerata*、早熟禾属 *Poa* spp. 和麦草 *Elytrigia repens*
特色之处	独栖，夜间出来取食
保护现状	没有评估，但在其分布范围的大部分地区常见

阿芬眼蝶
Aphantopus hyperantus
Ringlet
(Linnaeus, 1758)

成虫翅展
1⅜～2¹/₁₆ in (42～52 mm)

幼虫长度
1 in (25 mm)

187

阿芬眼蝶的雌蝶在草上飞行时将卵分散产下，幼虫孵化后进行独栖生活。它们在夜间活动，白天躲藏在草丛的基部附近，晚上外出取食嫩叶。如果受到惊扰，它们会坠落到地面以躲避捕食者。以幼虫越冬，尽管它们在温和的天气也会取食，但第二年春季才会完全恢复活动。在初夏时，成熟的幼虫移动到草株的基部化蛹。

一年发生1代。成虫的寿命大约为2星期，它们在夏天的几个月里飞舞，在草的叶片上休息，偶然也会在阴天甚至下雨天飞行。阿芬眼蝶没有受到威胁，事实上，研究已经证明其种群数量在有些地方正在增加，包括英国。

实际大小的幼虫

阿芬眼蝶 幼虫身体底色为浅红褐色，有许多微小的褐色斑点。体表覆盖着褐色的短刚毛。侧面有1条奶油色的纵线，背面有1条明显的褐色纵线，其颜色向后部变暗。头部呈暗褐色，有几条浅色的纵纹。

科名	蛱蝶科 Nymphalidae
地理分布	非洲北部、欧洲、土耳其，穿过亚洲的温带地区到达中国和日本
栖息地	具有林中空地和山脊的开阔森林、森林的边缘、欧洲蕨覆盖的山坡、亚高山草原
寄主植物	堇菜属 Viola spp.
特色之处	醒目而又多刺，在太阳光下取暖
保护现状	没有评估，但在局部地区易危

成虫翅展
2⅛~2¹¹/₁₆ in (55~69 mm)

幼虫长度
1½~1⅝ in (38~42 mm)

188

灿福豹蛱蝶
Argynnis adippe
High Brown Fritillary
([Denis & Schiffermüller], 1775)

灿福豹蛱蝶 幼虫身体底色为亮的或者暗的红褐色，背面有 1 条明显的白色纵线贯穿身体，还有一系列黑色的背斑。背面和侧面都有 1 列朝向后方的褐色的刺突。

　　灿福豹蛱蝶的雌蝶将淡粉红色的卵单个产于其寄主植物或其附近的枯叶和茎上。以卵越冬，随着幼虫在卵内的发育，卵变为灰色，在春季孵化。幼虫沿堇菜属 *Viola* 植物叶子的边缘取食。它们在白天活动，经常能够看见它们在阳光下取暖。幼虫在其寄主植物上化蛹，用一个丝垫悬挂在一根枝条下或一片叶下，外形似一片枯萎的叶子。

　　成虫于夏季出现，一年发生 1 代。在其分布范围的一些地区，包括英国，本种的种群数量已经在明显下降，主要是由于放弃了传统的森林管理，因为经过传统的森林管理后，森林有林中空地和裸露的山脊，能够让更多的光线进入林地。

实际大小的幼虫

科名	蛱蝶科 Nymphalidae
地理分布	美国北部、加拿大南部
栖息地	开阔的拟沼泽地区，其中具有凉爽的北方云杉栖息地
寄主植物	堇菜属 *Viola* spp.
特色之处	夜间活动，神秘而又多刺，难得一见
保护现状	没有评估，但不常见

成虫翅展
2⅜~2⁹⁄₁₆ in (60~65 mm)

幼虫长度
1⅜~1⁹⁄₁₆ in (35~40 mm)

189

亚特兰豹蛱蝶
Argynnis atlantis
Atlantis Fritillary
(W. H. Edwards, 1862)

　　亚特兰豹蛱蝶的雌蝶于夏末和初秋将卵单个产在接近干枯的堇菜上。幼虫孵化后立即在碎片和岩石下越冬，它们不吃不动，直到第二年春季堇菜开始生长时才恢复取食。幼虫独栖生活，不筑巢，大约经过2个月的发育后进入蛹期。它们主要在夜间取食，白天在叶下休息。高龄的幼虫腹面有1个可翻缩的"颈"腺，当受到惊扰时能够产生一种类似麝香的气味。这种气味被认为可以趋避步甲和蚂蚁等捕食者。

　　幼虫在靠近地面的部位吐丝将叶子编织成"叶幕"，在其中化蛹。成虫在6~8月出现，雄蝶先于雌蝶羽化。雄蝶在泥土和动物的粪便以及蓟与西洋蓍草的花上取食。本种与其他北方的豹蛱蝶近缘，包括喜豹蛱蝶 *Argynnis hesperis*。亚特兰豹蛱蝶绝不常见，它们不爱活动，几乎不离开其栖息地。

亚特兰豹蛱蝶　幼虫身体底色为暗褐色到黑色，有1对明显的白色的背线和一些由白线组成的斑纹，似鳄鱼皮。头部呈黑色，有褐色的斑纹。枝刺呈黑色，但亚侧面的1列为鲜橙色。

实际大小的幼虫

科名	蛱蝶科 Nymphalidae
地理分布	美国西部，从华盛顿州向南到达亚利桑那州和加利福尼亚州南部
栖息地	灌木干草原、峡谷、山坡和山地牧场
寄主植物	堇菜属 Viola spp.
特色之处	神秘而又多刺、夜间在沙漠堇菜上取食
保护现状	没有评估，但常见

190

成虫翅展
2⅜~2¾ in (60~70 mm)

幼虫长度
1⅜~1⁹⁄₁₆ in (35~40 mm)

科荣豹蛱蝶
Argynnis coronis
Coronis Fritillary
(Behr, 1864)

实际大小的幼虫

科荣豹蛱蝶在秋季将卵单个产于灌木干草原的干枯的堇菜中。幼虫孵化后不取食，而是躲藏在岩石和植物碎片下越冬。幼虫于第二年春季堇菜生长时开始取食。由于它们夜间取食，白天躲在石头下，所以很难被看见。早期的幼虫喜欢取食堇菜的花和嫩叶，然后再移到较大的叶上取食。它们有三种防御措施，即隐藏、枝刺和可翻缩的腹腺，后者能够释放出难闻的气味。

幼虫在靠近地面的部位吐丝，将几片叶子编织成一个帐篷在其中化蛹。成虫迁飞 160 km，离开炎热而又干燥的灌木干草原，到凉爽而又到处是鲜花的高海拔草地上度过夏季。成虫于初秋返回到灌木干草原上产卵。雌蝶如何找到干枯的堇菜区产卵还不清楚，但推测它们能够"闻"到寄主植物的气味。

科荣豹蛱蝶 幼虫身体底色为暗灰色到黑色，有白色的斑点和斑块，特别是在侧面。有 1 对明显的白色的背中线，背刺突呈黑色，但基部呈橙色。侧面有 1 列橙色的刺突。头部底色为黑色，极少有或没有橙色斑。

科名	蛱蝶科 Nymphalidae
地理分布	北美洲，从加拿大南部到美国中部
栖息地	中等海拔而又有稀疏森林的山区
寄主植物	堇菜属 *Viola* spp.
特色之处	多刺，生活在林地里
保护现状	没有评估，但常见

成虫翅展
2¾~3 in (70~75 mm)

幼虫长度
1¾~2 in (45~50 mm)

191

大豹蛱蝶
Argynnis cybele
Great Spangled Fritillary
(Fabricius, 1775)

大豹蛱蝶的雌蝶在夏末和初秋将卵单个产于有堇菜的林地中。幼虫孵化后不取食，而是到植物碎片、落下的枯枝、石头和岩石下休眠越冬。在第二年春季堇菜开始生长时，幼虫恢复取食。幼虫大多在夜间活动，很难看见，它们主要在晚上取食。二龄及其以后龄期的幼虫有1个可翻缩的"颈"腺，当受到惊扰时能产生一种类似麝香的气味。它可能保护毛虫免受地面爬行的天敌，例如蚂蚁和步甲的攻击。

像其他豹蛱蝶一样，大豹蛱蝶的幼虫经过6个龄期的发育，大约需要2个月的时间。本种的蛹比其他豹蛱蝶的蛹蠕动得更多，它们在靠近地面的部位用丝和叶粘成一个保护性的帐篷。成虫在6月羽化，雌蝶的寿命为1个月左右，相对不爱活动，在它们产卵之前喜欢躲在阴凉之处。

实际大小的幼虫

大豹蛱蝶 幼虫身体底色为墨黑色，头部背面呈橙色。身体上枝刺的颜色从淡橙色到鲜橙色不定，其端部呈黑色，或者背面2列呈黑色而具有鲜橙色的基部。胸足呈黑色，腹足呈褐色。

科名	蛱蝶科 Nymphalidae
地理分布	北美洲西部，从阿拉斯加和马尼托巴到达亚利桑那州和科罗拉多州
栖息地	湿润的高山和亚高山草地、水道和道路两旁
寄主植物	堇菜属 Viola spp.
特色之处	颜色可变，身体多刺，在夜间活动，与堇菜相关联
保护现状	没有评估，但常见

192

成虫翅展
1¾~2 in (44~50 mm)

幼虫长度
1³⁄₁₆~1⅜ in (30~35 mm)

摩门豹蛱蝶
Argynnis mormonia
Mormon Fritillary
(Boisduval, 1869)

摩门豹蛱蝶的雌蝶在地面上爬行，在堇菜中寻找适合的产卵场所，将单个卵产在那里。10 天后卵孵化，初龄幼虫在叶子下或岩石下寻找隐蔽的场所越冬。为了最大限度地生存，它们需要湿润的条件。第二年春季，随着堇菜的生长，幼虫开始取食。幼虫的防御措施包括身体多刺、化学保护（来自腹"颈"腺分泌的难闻气味）以及隐藏。幼虫的体色和斑纹受地理条件和海拔高度的影响。

幼虫发育到化蛹大约需要 2 个月的时间。成熟的幼虫吐丝将叶子粘在一起形成"蛹蓬"，化蛹场所靠近地面；幼虫在化蛹之前坠落到地面上，以便成功化蛹。化蛹 2~3 星期后成虫羽化，在 6~9 月飞行。成虫的扩散能力有限，雄蝶四处寻找雌蝶。两性成虫都吸食花蜜，但雄蝶还会吸食动物的粪便、泥土和腐烂的尸体。

实际大小的幼虫

摩门豹蛱蝶 幼虫身体底色一般为暗褐色到黑色，具有橙白色的枝刺和 1 条橙白色的背纹，该纹又被 1 条暗色线一分为二。侧面有浅色的斑纹。头部呈黑色，背面覆盖有褐色的斑纹，其中点缀着黑色的小点。有些色型的幼虫几乎完全呈墨黑色，具有橙色的枝刺。

科名	蛱蝶科 Nymphalidae
地理分布	美国南部与东部, 扩散到墨西哥
栖息地	森林边缘, 河岸区和原野
寄主植物	朴属 *Celtis* spp.
特色之处	伪装巧妙, 头部有角突, 腹末端有长的尾突
保护现状	没有评估, 但常见

朴星纹蛱蝶

Asterocampa celtis
Hackberry Emperor
(Boisduval & Leconte, 1835)

成虫翅展
1⁹⁄₁₆~1⅞ in (40~47 mm)

幼虫长度
1³⁄₁₆~1⅜ in (30~35 mm)

193

朴星纹蛱蝶的雌蝶将卵单个或小群地产在朴树叶子的背面, 它们选择长出新叶的树产卵。幼虫从白色或淡黄色的卵中孵化出来, 它们在叶上休息, 晚上如果你用手电在朴树上寻找, 特别容易看见它们。三龄幼虫体色于秋天转变为褐色, 在卷叶中越冬, 有时掉落到地面。第二年春季, 幼虫爬回到树上恢复取食。许多种类的昆虫捕食者都能猎食朴星纹蛱蝶的幼虫, 一些寄生蝇和寄生蜂能够消灭其幼虫和蛹。

在其分布范围的北部地区, 一年只有 1 代, 但在其他地区则一年发生 2~3 代。成虫的飞行速度非常快, 雄蝶停歇在树叶上等待雌蝶的来临, 或者坚强地守卫着它的领地。雌蝶比雄蝶的活动少, 但两性成虫都能被腐烂的果实诱饵所引诱。

朴星纹蛱蝶 幼虫身体底色为不同程度的绿色, 具有白色的斑点。有 1 对黄色的背线从头部的刺状角突的基部伸展到身体的末端, 侧面还有 1 条黄色的纵纹。腹部末端有 1 对短的尾突。

实际大小的幼虫

科名	蛱蝶科 Nymphalidae
地理分布	北美洲东部，进入墨西哥
栖息地	森林林地
寄主植物	朴属 *Celtis* spp.
特色之处	群集生活，在接近成熟时转变为独栖生活
保护现状	没有评估，但在其分布范围的大部分地区常见

成虫翅展
1⅝~2¾ in (42~70 mm)

幼虫长度
1⁹⁄₁₆ in (40 mm)

194

黄褐星纹蛱蝶
Asterocampa clyton
Tawny Emperor
Boisduval & Leconte, 1835

实际大小的幼虫

黄褐星纹蛱蝶 幼虫身体底色为亮绿色，有一些淡白色的条纹和斑纹，腹末有 2 个尖的尾突，头部有 2 个多齿的角突。朴星纹蛱蝶的幼虫与本种相似，但其头部的角突更长，即使是早期的幼虫也通常单独生活在朴树叶上。

黄褐星纹蛱蝶的雌蝶将数百粒的卵一起产在成熟的朴树叶上，幼虫孵化后共同生活和取食。长到一半大的幼虫体色在秋季转变为褐色，它们将大约 10 片叶子用丝编织在一根树枝上形成一个巢，在其中越冬。第二年春季，它们开始独栖，在一片用丝向下拉卷的叶子下面休息。绿色的蛹将其身体紧贴在一片叶子或一根枝条的下面，利用腹部末端 3 mm 范围内的微小钩，钩住叶上的丝垫，将自己固定在叶子上。

本种的幼虫与朴星纹蛱蝶 *Asterocampa celtis* 的幼虫相似，但朴星纹蛱蝶的幼虫通常比黄褐星纹蛱蝶的幼虫取食更嫩、更柔软的叶子。虽然黄褐星纹蛱蝶通常不常见或稀少，但其种群数量有时也会地方性爆发。当它们爆发时，有些树的叶子几乎会被吃光。成虫经常张开翅膀滑翔，它们更喜欢取食树汁、腐烂的果实或腐败的尸体，而非花朵。

科名	蛱蝶科 Nymphalidae
地理分布	喜马拉雅山脉、印度、中国南部及东南亚的大部分地区
栖息地	开阔的森林及其周边的次生林
寄主植物	叶下珠科 Phyllanthaceae：算盘子属 Glochidion spp. 和叶下珠属 Phyllanthus spp.；茜草科 Rubiaceae：水锦树属 Wendlandia spp.
特色之处	利用居所和粪便障碍躲避捕食者
保护现状	没有评估，但在其主要分布区常见

玄珠带蛱蝶
Athyma perius
Common Sergeant
(Linnaeus, 1758)

成虫翅展
2⅛~2⁹⁄₁₆ in (55~65 mm)

幼虫长度
1⅜~1⁹⁄₁₆ in (35~40 mm)

195

　　玄珠带蛱蝶的幼虫在早期阶段建造一个居所来躲避潜在的威胁，不取食时它们在其中休息。幼虫在叶子中脉的一侧取食叶片，用丝将粪便编织在一起形成一个障碍堵住入口，以此驱离饥饿的蚂蚁和其他捕食者。虽然成熟中的幼虫具有许多的枝刺，但这些枝刺仅仅是装饰物，没有蜇刺功能。当它们感觉到威胁时，毛虫采用一种防御的姿势，紧贴叶片隆起胸部并收缩头部，暴露其枝刺作为一种物理障碍。

　　玄珠带蛱蝶的成虫飞行缓慢，在其领地巡飞，扫清周边的障碍，经常在地面或低矮的植物上晒太阳。典型的玄珠带蛱蝶的翅正面为黑色，有白色的斑纹和条纹；翅的背面为浅棕色，有白色的斑纹，其中有黑色的亮点。本种在其主要分布范围内终年发生。

实际大小的幼虫

玄珠带蛱蝶　幼虫身体底色为绿色，身体上具有多列分支的角状突起，这些突起的主干为红色，分支为黑色，镶有白点。每一个角突的基部呈深紫色。头颅的边缘具刺，表面有许多明显的锥状突起，酷似一张脸。

科名	蛱蝶科 Nymphalidae
地理分布	亚洲的热带和亚热带地区
栖息地	有树木的地区、道路、小路和林中空地的周边
寄主植物	茜草科 Rubiaceae，包括水团花属 *Adina* spp.、玉叶金花属 *Mussaenda* spp. 和水锦树属 *Wendlandia* spp.
特色之处	低龄时利用粪便作为一种防御屏障
保护现状	没有评估，但十分常见

成虫翅展
2⅛~2⁹⁄₁₆ in (55~65 mm)

幼虫长度
1⅜ in (35 mm)

新月带蛱蝶
Athyma selenophora
Staff Sergeant
(Kollar, 1844)

　　新月带蛱蝶的幼虫在取食寄主植物的叶子时，会留下坚固的中脉。在早期阶段，幼虫在叶子的边缘用粪便建一个屏障将自己隔离起来，借此驱离蚂蚁等入侵者。随着毛虫的生长，粪便堆积成为理想的庇护场所，因为与幼虫褐色的身体十分匹配。当叶子的叶肉被耗尽时，幼虫已经太大，不能再利用有危险的居所，所以幼虫蜕皮后体色变为成熟时的绿色，在叶子的正面休息。幼虫期历时 30 天，蛹期持续 13 天。

　　新月带蛱蝶的成虫呈现为雌雄二型：雄蝶在黑色的底色上有较少但更显著的白色斑纹。由于很多东南亚的蝴蝶是在殖民时期被描述和命名的，且经常是由与军队有关的采集者和门外汉所为，其中多数为英国军人和贵族，因此这些蝴蝶的英文俗名为"中士"（sergeant），其他的名称还包括"长官"（commanders）、"公爵"（dukes）、"伯爵"（earls）、"男爵"（barons）和"东印度群岛水手"（lascars）等。

实际大小的幼虫

新月带蛱蝶 幼虫每节都有红色而又分支的角状突起。身体底色为绿色，有明确的白斑，腹部背中央有 1 块暗色的马鞍形斑。每只胸足的基部呈橙红色，生有白色的小刺。第一腹节和最后一腹节的侧面有白色斑。红色的头颅边沿有简单的刺突，面部有白色的疣突。

科名	蛱蝶科 Nymphalidae
地理分布	北美洲，从阿拉斯加和加拿大西部到达华盛顿州与蒙大拿州
栖息地	高寒的北极地区的滑坡、山脊、冻土带
寄主植物	虎耳草属 Saxifraga spp.
特色之处	生活在高寒山区，需要 2 年才能成熟
保护现状	没有评估，但在其分布范围的部分地区稀少

成虫翅展
2~2⅛ in (50~55 mm)

幼虫长度
1~1⅜ (25~35 mm)

阿神宝蛱蝶
Boloria astarte
Astarte Fritillary
(Doubleday & Hewitson, 1847)

197

阿神宝蛱蝶在仲夏时将卵单个产在其寄主植物上或其附近。一龄幼虫于 8 天后从卵中孵化出来，不取食其卵壳。在当年经过一段时间的发育，以一龄或二龄幼虫越冬。幼虫于第二年春季重新开始取食，在短暂的夏季结束时，幼虫发育到四龄或五龄。成熟的幼虫进入越冬状态，于下一年的 6 月在其寄主植物上或其附近化蛹。成虫在 7 月末到 8 月初出现。

阿神宝蛱蝶的幼虫利用伪装、隐藏和腹腺中产生的化学物质来保护自己。本种是真正的高寒地区生存的专家，通常生活在海拔 2500 m 以上的地区，气候变暖或夏季时间变长可能导致本种处于易危状态。有证据表明，如果将它们暴露在温暖的条件下，幼虫能够在一个季节内完成发育。

实际大小的幼虫

阿神宝蛱蝶 幼虫身体底色为黑色，背面具有对比鲜明的灰白色的斑纹，斑纹复杂但有规律，呈"短波纹"形和"V"字形。所有的刺和刚毛都呈黑色，其中背面 2 列的基部呈金黄色。身体侧面散布白色的斑点，气门呈黑色而围有白色的窄边。

科名	蛱蝶科 Nymphalidae
地理分布	穿过欧洲和亚洲北部到达俄罗斯远东地区
栖息地	森林的空地、边缘和小道；新近矮化的森林，其中具有空地和欧洲蕨
寄主植物	堇菜属 *Viola* spp.
特色之处	暗色且又多刺，在白天取食
保护现状	没有评估，但在其分布范围的部分地区受到威胁

198

成虫翅展
1½～1⅞ in (38～47 mm)

幼虫长度
1 in (25 mm)

珠缘宝蛱蝶
Boloria euphrosyne
Pearl-Bordered Fritillary
(Linnaeus, 1758)

实际大小的幼虫

珠缘宝蛱蝶 幼虫身体底色黯淡，几乎呈黑色。有时沿腹面有浅褐色的色调。每一节有1圈黄色的小疣突，各生1簇黑色的鬃毛。

珠缘宝蛱蝶将淡黄色的卵单个产在其寄主植物上或者周围的落叶层上，特别是欧洲蕨 *Pteridium aquilinum* 上。幼虫从卵中孵化出来，于白天活动。它们围绕在堇菜叶的基部取食，使叶片呈现出特殊的被侵害的样子，从而暴露了它们的存在。幼虫蜕皮三次，在干枯的卷叶中越冬。幼虫于第二年早春恢复取食，成熟后在落叶层中化蛹。

成虫因其后翅背面有白色珍珠状的斑纹而得名，于4～6月出现，而第二代成虫于8月可见。栖息地丧失以及传统的森林管理措施减少，使得本种的生存受到威胁。因为传统的森林管理，特别是修剪措施，能够为生长缓慢的寄主植物提供必要的阳光和空间。一旦地面的植物过度生长、过于密集，本种蝴蝶就会消失。

科名	蛱蝶科 Nymphalidae
地理分布	北美洲北部的大部分地区、亚洲和欧洲
栖息地	泥潭、沼泽和中等海拔的河岸生境
寄主植物	堇菜属 *Viola* spp.
特色之处	夜间活动，具隐蔽色彩且又多刺，与堇菜相关联
保护现状	没有评估，但在其分布范围的部分地区由于栖息地的减少而受威胁

银斑宝蛱蝶
Boloria selene
Silver-Bordered Fritillary
(Denis & Schiffermüller, 1775)

成虫翅展
1¼~2 in (45~50 mm)

幼虫长度
1~1⁵⁄₁₆ in (25~30 mm)

199

　　银斑宝蛱蝶将卵产在堇菜上，5～6天内幼虫孵化出来。幼虫在夏末进入休眠状态，以二龄至四龄的幼虫越冬。早期的幼虫在堇菜叶的背面取食，而较高龄的幼虫从叶子边缘向内吃出大洞。幼虫的生存策略包括三个方面的保护措施，即隐蔽、具刺和腹腺，后者能够产生难闻的气味来驱离捕食者。幼虫有5龄，不筑巢。从一龄到化蛹的发育大约需要30天，在化蛹10～14天后成虫羽化。

　　随地区不同，一年发生1～3代。雄成虫在堇菜附近的沼泽草地的上空盘旋飞舞，寻找雌蝶交配。雌蝶在交配后继续躲藏在植被中。鹿或牲畜的放牧对保持沼泽堇菜的生存至关重要，也是银斑宝蛱蝶健康成长的重要保障。如果不放牧，植被连续不断地增长必将导致堇菜和银斑宝蛱蝶两者同时绝灭。

实际大小的幼虫

银斑宝蛱蝶　幼虫身体底色为紫灰色，具有众多黑色的小斑和许多黄色的粗刺，刺上生有很多刚毛。前面三节呈黑色，第一节上的长角突呈黑色，基部呈黄色。头部呈黑色而具光泽，生有暗色的刚毛。

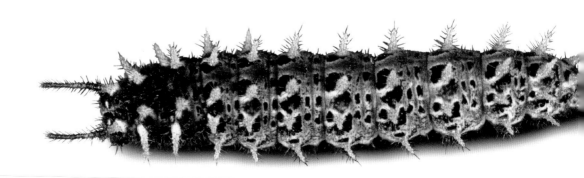

科名	蛱蝶科 Nymphalidae
地理分布	穿过欧洲和斯堪的纳维亚进入俄罗斯南部、中亚和中国北部
栖息地	湿润的山地草原，海拔 600 ~ 1800 m 靠近森林的区域
寄主植物	双蓼 *Polygonum bistorta* 和堇菜属 *Viola* spp.
特色之处	黑色且多刺，生活在高山草地中
保护现状	没有评估，但在欧洲被归入近危

成虫翅展
1½~1⅞ in (38~48 mm)

幼虫长度
1¹¹⁄₁₆~⅞ in (18~22 mm)

200

媞宝蛱蝶
Boloria titania
Titania's Fritillary
(Esper, 1793)

媞宝蛱蝶的雌蝶将卵单个产在其寄主植物或其附近的植物上。刚从卵中孵化的幼虫不取食，而是进入滞育状态，在寄主植物上越冬。独栖的幼虫在第二年春季恢复活动，并开始取食。它们在靠近寄主植物的植物上化蛹，在此持续 3 星期的时间。蛹的伪装巧妙，形似一片枯叶。

一年发生 1 代。成虫飞行迅速，于 6 月末到 8 月出现。虽然媞宝蛱蝶在较高纬度的阿尔卑斯地区仍然相当常见，但由于栖息地的丧失，特别是它喜爱的靠近森林的草地的消失，本种的种群数量正在下降。现存一些分散而又相对孤立的群落，这就是为什么本种沿山脉存在着众多亚种的原因。过去本种被归入珍蛱蝶属 *Clossiana* 中，现在的许多教科书中仍被引用为 *Clossiana titania*。

实际大小的幼虫

媞宝蛱蝶　幼虫身体底色黯淡，从褐色到黑色不定。有排列成环状的浅棕色的长疣突，各生有众多的短刺。其头部有黑色而呈触角状的长突起。

科名	蛱蝶科 Nymphalidae
地理分布	从西班牙的北部穿过欧洲中部和南部；还有俄罗斯、土库曼斯坦、蒙古、中国北部、朝鲜和日本
栖息地	森林空地和灌木林
寄主植物	蚊子草属 *Filipendula* spp. 和悬钩子属 *Rubus* spp.
特色之处	醒目，主要取食荆棘植物
保护现状	没有评估，但在有些地区越来越少

成虫翅展
1$\frac{1}{32}$~1$\frac{9}{16}$ in (26~40 mm)

幼虫长度
1$\frac{3}{8}$ in (35 mm)

201

小豹蛱蝶
Brenthis daphne
Marbled Fritillary

Bergsträsscr, 1780

　　小豹蛱蝶的雌蝶将卵单个产在其寄主植物的叶上，有时产在花上；卵呈黄褐色，为圆锥形而有脊纹。胚胎中的幼虫在卵内越冬，翌年春季孵化。孵出的幼虫开始取食，快速地完成发育，仅需要数星期的时间就能化蛹。叶片状的蛹体上有 1 条纵脊纹，悬挂在茎干和枝条的下方。

　　一年发生 1 代。整个夏季都能在温暖的林中空地和海拔 75~1750 m 的阳坡上看见成虫飞舞。在许多地区，由于灌木林栖息地经常被开垦为农业用地和葡萄园，本种的种群数量正随之下降。本种是小豹蛱蝶属 *Brenthis* 的 4 个物种之一，常常会与伊诺小豹蛱蝶 *Brenthis ino* 相混淆，后者成虫的发生期与本种相同。

小豹蛱蝶　幼虫的头部和身体底色为浅棕色，身体上有 2 条明显的白色的背线和许多暗棕色的细纹，它们贯穿整个身体。每一节都环绕着浅棕色的钉状突起，其上生有黑色的短刺。

实际大小的幼虫

科名	蛱蝶科 Nymphalidae
地理分布	海地岛（多米尼加和海地）
栖息地	干旱的灌木林、金合欢 – 仙人掌林地和松树林
寄主植物	早熟禾属 *Poa* spp. 和钝叶草属 *Stenophrum* spp.
特色之处	绿棕色，与其近缘种非常相似
保护现状	没有评估

成虫翅展
½~⅝ in (12~16 mm)

幼虫长度
¾ in (20 mm)

202

昏线眼蝶
Calisto obscura
Calisto Obscura
Michener, 1943

昏线眼蝶 幼虫身体的基本底色既可以为绿棕色，也可以为暗棕色到黑色。身体上环绕有微小的疣突，其上生有短的毛簇，使虫体看起来呈肋骨状。有1条浅色的背线，侧面有1列浅色的菱形斑纹。

昏线眼蝶将卵产在草上，幼虫从卵中孵化出来。它们极其巧妙地伪装在寄主草上，很难被发现，经历约73天的时间即可完成生命周期。成虫终年可见，一年可能发生2代。昏线眼蝶在整个海地岛都能被发现，其栖息地范围广泛，从沙质的沿海草地到高山的松树林，包括非常干旱的生境，例如金合欢 – 仙人掌组成的林地。

线眼蝶属 *Calisto* 是加勒比海的特有属，已知34种和17亚种。大多数发生在海地岛。尤其是其中的2种，混线眼蝶 *Calisto confusa* 和贝线眼蝶 *Calisto batesi*，在外形上与昏线眼蝶非常相似，它们经常共同生活在同一个栖息地中。然而，它们的幼虫有较小的差异，发育时间也有所不同。昏线眼蝶的种类鉴定已经被 DNA 测序[1]所肯定。

实际大小的幼虫

---

① DNA 测序也是鉴定物种的一种新的分子生物学方法，特别是对近缘种的区分很有帮助。——译者注

科名	蛱蝶科 Nymphalidae
地理分布	中美洲，从洪都拉斯到巴拿马；南美洲，南到秘鲁、玻利维亚和巴西南部
栖息地	中等海拔的亚热带到温带的湿润云雾林
寄主植物	山麻杆属 *Alchornea* spp.
特色之处	具有金属光泽，看起来像金光灿烂的露水
保护现状	没有评估，但不可能成为濒危的种类

成虫翅展
2¾~3¾ in (70~95 mm)

幼虫长度
2⁹⁄₁₆~3 in (65~75 mm)

姐妹黑蛱蝶
Catonephele chromis
Sister-Spotted Banner
(Doubleday, [1848])

203

姐妹黑蛱蝶卵单个产在寄主植物的新叶上，早期的幼虫利用粪便堆积链围成其居所，在其中休息。较高龄的幼虫在叶子的正面休息，当受到惊扰时紧贴在叶子上，其头部的长角突在身体上方前后大幅摆动。这种防御方式被认为能有效驱离寄生蝇和寄生蜂，它们是本种蝴蝶在一些地区常见的寄生物。在五龄（最后一龄）后，幼虫在叶子的背面化蛹，翡翠绿的蝶蛹类似于寄主植物的一片叶子。

与黑蛱蝶属 *Catonephele* 的大多数其他种类一样，姐妹黑蛱蝶的成虫呈现为雌雄二型。具有黄色条纹的雌蝶很容易被地面的果实吸引，所以在收藏中更常见。雄蝶更喜欢在树冠中飞行，守卫着阳光灿烂的林中空地或森林边缘的领地。姐妹黑蛱蝶是一个适应性很强的物种，从接近海平面到海拔 2400 m 的安第斯山脉都能发现它的存在。

姐妹黑蛱蝶 幼虫身体底色为鲜翡翠绿色，沿背面有 3 列焦橙色的小斑，每个斑上生有 1 个枝刺，每个枝刺有 3~5 个分支。鲜黄色的头部有 2 条细长的黑色的角状突起，其末端呈黄色而又膨大为球杆状，其基部呈淡绿色；角突上装饰有 2~3 簇轮生的尖刺。

实际大小的幼虫

科名	蛱蝶科 Nymphalidae
地理分布	北美洲（加拿大北部和美国西南部除外），南到墨西哥北部
栖息地	大草原、草地、道路两旁、公园和森林中的空旷地
寄主植物	草本植物，包括羊茅属 *Festuca* spp.、早熟禾属 *Poa* spp. 和燕麦属 *Avena* spp.
特色之处	善于完美伪装，以草为食
保护现状	没有评估，但常见

204

成虫翅展
1¾~2 in (45~50 mm)

幼虫长度
1~1³⁄₁₆ in (25~30 mm)

普通双眼蝶
Cercyonis pegala
Common Wood Nymph
(Fabricius, 1775)

普通双眼蝶将卵单个产在草上或其邻近的物体表面，9~10 天后幼虫孵化出来，它们经常钻到草丛深处。初龄的幼虫不取食，而是进入休眠状态越冬，第二年春季草长出新叶时幼虫开始取食。它们通常于夜晚在草叶的边缘取食，白天在草丛的基部休息。不筑巢，生存策略是伪装自己。幼虫有 5 或 6 个龄期，通常在寄主草上化蛹，蝶蛹悬挂在向上弯曲的茎干或叶片之下，有时被 1 根丝带缠绕。

幼虫在春季发育到成虫期需要 2~3 个月的时间。一年发生 1 代，成虫于 5~9 月出现，在许多地区成虫会休眠度过炎热的夏天。在休眠期，可以发现 6~20 只雌蝶成群地在庇荫处休息，既不取食也不产卵。两性成虫都取食花蜜和液流。

实际大小的幼虫

普通双眼蝶 幼虫身体底色为黄绿色，体表密布白色的斑点和白色的短毛，有 1 条暗色的背中线。侧面有 2 条黄色的线纹，其中下面 1 条较粗。头部呈绿色而又有白色斑点，腹部末节有 2 条尾突，其末端呈红色。

科名	蛱蝶科 Nymphalidae
地理分布	爪哇到帝汶岛以及澳大利亚北部
栖息地	季风林，特别是溪流的沿岸
寄主植物	草蛉藤 *Adenia heterophylla*
特色之处	色彩鲜艳，群集生活
保护现状	没有评估，但没有立即保护的计划

橙色锯蛱蝶
Cethosia penthesilea
Orange Lacewing
(Cramer, 1777)

成虫翅展
2⅝ in (66 mm)

幼虫长度
1¼ in (32 mm)

205

橙色锯蛱蝶通常将卵成群地产在寄主植物藤的卷须上或者叶子的正面。刚孵化的幼虫集体吃掉大量的叶子和绿色的藤茎；它们也能取食果实和木质的茎。幼虫群集化蛹，头朝下用臀棘倒挂自己。终年都能发现它们，但成虫在旱季初期（4～7月）数量最多。

幼虫具有警戒色，捕食者难以下咽，这是袖蝶亚科 Heliconiinae 的大多数种类共有的属性。虽然这个亚科的大多数成员发生在南美洲的亚马逊流域，但锯蛱蝶属 *Cethosia* 包含的 12 个种却分布在印度－澳大利亚地区。在澳大利亚，橙色锯蛱蝶经常是在温室内展示的一种蝴蝶，因为它容易饲养、色彩引人瞩目，且成虫好斗。

橙色锯蛱蝶 幼虫身体底色为橙褐色，具有褐色的节间横带。第二、第六和第八腹节的大部分呈白色，第四节完全呈白色，其他节和胸部有白色的斑块。身体每一节都有 6 根不分支的黑色刺突，但第四腹节的刺突呈白色，仅末端呈黑色。头部呈黑色，有 2 根圆柱形的长刺突，也呈黑色。

实际大小的幼虫

科名	蛱蝶科 Nymphalidae
地理分布	非洲的大部分及欧洲南部
栖息地	干燥的草地、灌木地带、少林的山坡、公园和花园
寄主植物	各种植物，包括杨梅树 *Arbutus unedo*、荣高粱 *Sorghum roxburghii*、青醉鱼豆 *Lonchocarpus cyanescens* 和山扁豆属 *Cassine* spp.
特色之处	外形奇特，"恐龙状的头部"有 4 根向后伸的刺突
保护现状	没有评估

成虫翅展
2⁹⁄₁₆~3 in (65~75 mm)

幼虫长度
最长达 2 in (50 mm)

206

二尾螯蛱蝶
Charaxes jasius
Two-Tailed Pasha
(Linnaeus, 1767)

二尾螯蛱蝶 幼虫与众不同，因为它的大型头部形似一个小型的恐龙头，生有 4 根朝后伸的刺突。体色为绿色，环绕有微小而又突起的白色斑点。背面有 2 个小的眼斑，两侧各有 1 条黄色的纵线。

二尾螯蛱蝶的雌蝶将大型的卵产在其寄主植物叶子的正面，通常每片叶子上只产 1 粒卵。幼虫孵化后，各自用丝线编织自己的叶幕，不取食的时候就在其中躲避。幼虫离开寄主植物化蛹，蝶蛹既可在落叶层中，也可利用 1 个丝垫悬挂在枝条下。蛹伪装巧妙，像成熟的小型果实。一年发生 2 代，第一代出现在初夏，第二代在夏末。第二代的幼虫在叶幕中越冬，第二年春季恢复活动。

成虫的后翅有 2 条短的尾突，故得名"二尾"。它们被成熟的果实吸引，能在很多结果的植物上发现它们。它们也会靠近咖啡馆，在那里吸食含糖的饮料。

实际大小的幼虫

科名	蛱蝶科 Nymphalidae
地理分布	澳大利亚的北部、东部和南部
栖息地	广大的少林地带，包括城市区
寄主植物	已记载的寄主植物超过 45 种，常见的为金合欢属 *Acacia* spp.，但也有其他科的植物，包括苏木科 Caesalpiniaceae 和梧桐科 Sterculiaceae
特色之处	体型大、色彩鲜艳，有形态各异的横带
保护现状	没有评估，但在其分布范围的大部分地区虫口密度较低

具尾螯蛱蝶
Charaxes sempronius
Tailed Emperor
(Fabricius, 1793)

成虫翅展
3～3⅜ in (75～85 mm)

幼虫长度
2⅛ in (55 mm)

207

具尾螯蛱蝶将绿色与褐色的球形卵单个产在寄主植物上，幼虫从卵中孵化出来，通常于夜间暴露在叶子上取食。它们在叶子正面吐丝结一个丝巢，不取食和蜕皮的时候就躲在其中休息。即使在低龄期，幼虫的小型头部也生有 2 对长的角突。在较凉爽的南部地区，一年发生 2 代，而在北部地区则有 3～5 代，幼虫在此终年可见。

幼虫在寄主植物上化蛹，蛹呈绿色而具光泽，椭球形的蛹利用臀棘将自己头朝下地悬挂在枝条下或叶子的背面。雄蝶强壮，飞行迅速，通常有领地行为；两性成虫都会被发酵的果实和树汁吸引。具尾螯蛱蝶是螯蛱蝶亚科 Charaxinae 在非洲热带区和东洋区的知名代表物种，螯蛱蝶亚科所有种类的幼虫都有长的角突。

具尾螯蛱蝶 幼虫身体底色为绿色或蓝绿色，有 1 条黄色的腹侧线及黄色的横带，其中第三到五腹节的横带在前缘衬有蓝边，但其他体节也可能有蓝边。体表覆盖有微小的白色斑点，斑上生有微小的刚毛。头部呈绿色，边缘呈黄色，有 4 根绿色与黄色的长角突，其末端呈蓝色。

实际大小的幼虫

科名	蛱蝶科 Nymphalidae
地理分布	非洲北部、欧洲南部进入中亚、西伯利亚，穿过中国到朝鲜
栖息地	干旱的白垩草地山坡，具有暴露的岩石层，由放牧羊群形成
寄主植物	草本植物，特别是卵羊茅 *Festuca ovina*，也包括禾本科 Poaceae 的其他种类
特色之处	棕色且又具条纹，生活在放牧的草地上
保护现状	没有评估，但在欧洲的部分地区受到了威胁

成虫翅展
1¾～2⅜ in (45～60 mm)

幼虫长度
1⅜～1⁹⁄₁₆ in (35～40 mm)

208

八字岩眼蝶
Chazara briseis
Hermit
(Linnaeus, 1764)

八字岩眼蝶的雌蝶将圆锥形且有脊纹的卵产在草上靠近地面的部位，有时也产在附近的苔藓和地衣上，幼虫从卵中孵化出来。幼虫取食草，它们更喜欢被放牧或受践踏的草丛，经常仅在夜晚活动。以低龄幼虫越冬，第二年春季恢复活动。成熟的幼虫在初夏化蛹，能够在寄主植物的基部发现橙褐色的蝶蛹。

成虫身体底色为棕色与白色，在夏末出现，于7～9月飞行。八字岩眼蝶的数量在欧洲中部急剧下降，因为其生存依赖于短期放牧羊群的白垩草地，但由于传统的流动放牧羊群的管理措施减少，这种类型的地形正在消失。流动放牧是在夏季将羊群赶到较高的山坡，导致山坡上的草长得更高，灌木与树种也生长于此。

八字岩眼蝶 幼虫身体底色为棕色，身体上有明显的暗褐色的纵条纹，它们之间有较浅而又较细的线纹。头部也可看见褐色的条纹。腹部末端有 2 条向后伸的小角突。

实际大小的幼虫

科名	蛱蝶科 Nymphalidae
地理分布	印度东北部、缅甸北部、泰国、老挝及中国云南南部
栖息地	开阔的山地森林，海拔 1000—2000 m
寄主植物	朴属 Celtis spp.
特色之处	头部装饰有突兀地长有角突和刺突
保护现状	没有评估，但在其分布范围内常见，形成地方种群

成虫翅展
2⁹⁄₁₆~3⅜ in (65~85 mm)

幼虫长度
2⅛ in (55 mm)

209

那伽铠蛱蝶
Chitoria naga
Naga Emperor
(Tytler, 1915)

　　那伽铠蛱蝶幼虫的头部突兀地长有 1 对分支的鹿角状突起，两侧各有 1 个三重的钉状突起。只有在运动和取食的时候幼虫才会抬起头部，其他时间头部紧贴在叶子表面上。早期的幼虫群集生活。幼虫在寄主植物叶子的背面织一个丝垫在其中休息，在邻近的叶子上取食。成熟的幼虫在叶子的背面化蛹，蝶蛹附着在叶子的中脉上。蛹呈绿色，呈流线型，背面的棘突边缘及翅的边缘为黄色，头颅有 1 对角突，气门呈蓝色。

　　闪蛱蝶亚科 Apaturinae 的蝴蝶包括很多称为"帝王"（emperors）的种类。种名"naga"源自印度和缅甸边境的那伽山区，是本种被描述的模式产地①。许多叫作帝王蝶的蝴蝶都觅食树汁，或者在树冠上晒太阳。

那伽铠蛱蝶　幼虫体形为细长形，身体底色为鲜绿色，在宽的纵条纹之内有较多浅色的斑点，体表覆盖有细的原生刚毛。臀节有 2 根末端为黑色的钉状尾突。腹部背面的中央有 1 对向上方伸出的白色突起。头壳上有弧形的长突起，上有多个分支，沿颜面边缘有 1 列明显的刺突。

实际大小的幼虫

① 模式产地是指一个新物种发表时，其所依据的模式标本的采集地。——译者注

科名	蛱蝶科 Nymphalidae
地理分布	北美洲，从加拿大的西南部和中南部向南到达内布拉斯加和新墨西哥州
栖息地	鼠尾草沙漠、无树大草原、冲积扇、山谷和峡谷
寄主植物	金花矮灌木 *Chrysothamnus viscidiflorus* 和飞蓬属 *Erigeron* spp.
特色之处	多刺，大量集中在寄主植物之下越冬
保护现状	没有评估，但常见

成虫翅展
1⅜~1¾ in (35~45 mm)

幼虫长度
1~1³⁄₁₆ in (25~30 mm)

210

鼠尾草巢蛱蝶
Chlosyne acastus
Sagebrush Checkerspot
(W. H. Edwards, 1874)

鼠尾草巢蛱蝶 幼虫身体底色为黑色，具有众多微小的白色斑点，每个气门围绕有 1 个白色的细环。大多数体节的背面和侧面都有鲜橙黄色的长形斑，它们随幼虫的成熟而逐步褪色。每一节都有成簇的黑色刺突。头部呈黑色，其上的刚毛数量随幼虫的成长而增加。

鼠尾草巢蛱蝶的雌蝶于 5 月将 100~150 粒卵成群地产在寄主植物基部的叶子背面。幼虫在 6 天后从卵中孵化，立即开始取食，发育到三龄时进入休眠状态。群集的幼虫在植物基部寻找庇护场所，集中在此休眠，度过夏季和冬季。幼虫于第二年早春恢复取食，成虫在 4 月份出现。休眠后的幼虫独自生活，白天取食，暴露休息。防御措施在早期依靠群集和躲避，在后期依靠身体上的枝刺和腹"颈"腺，后者释放出化学物质来驱离捕食者。

鼠尾草巢蛱蝶在有些地区常见，甚至数量丰富。在这些地区的早春，可以看见大量的幼虫暴露在金花矮灌木的裸露枝条上晒太阳。两种寄主植物都有众多狭窄的叶子，因而幼虫取食造成的损伤难以被发现。

实际大小的幼虫

科名	蛱蝶科 Nymphalidae
地理分布	加拿大（远北除外）、美国北部和西部、欧洲和亚洲北部
栖息地	低到高海拔的草地、无树大草原、干草原、道路两旁、林中空地和亚高山草地
寄主植物	草本植物，包括早熟禾属 *Poa* spp、羊茅属 *Festuca* spp.、针茅属 *Stipa* spp. 和雀麦属 *Bromus* spp.
特色之处	完美地与其寄主植物融为一体
保护现状	没有评估，但常见

赭色珍眼蝶
Coenonympha tullia
Ochre Ringlet
(Müller, 1764)

成虫翅展
1³/₁₆~1³/₈ in (30~35 mm)

幼虫长度
⅞~1 in (23~25 mm)

211

赭色珍眼蝶将乳白色的卵单个产在草茎或叶片上，6 天后幼虫从卵中孵化出来。幼虫的伪装极其巧妙，利用身体上的绿色纵条纹将自己完美地融入草中。有些种群中的一小部分幼虫呈褐色，这可能是由于较干燥的条件和频繁寻觅草料。幼虫大多数不筑巢，但夏末的幼虫会建疏松的丝巢，在其中休眠越冬。

幼虫有 4 个或者 5 个龄期，依据气温的不同，从卵到蛹的发育需要 40~60 天的时间。根据地区的不同，一年可以发生 1~3 代。雄蝶整天寻觅雌蝶，采用特有且活泼的飞行方式。两性成虫都访花吸蜜。在较温暖和较干旱的地区，成虫会有一个生殖休眠期，以避免在不适合幼虫生存的条件下产卵。

赭色珍眼蝶 幼虫身体底色为绿色，具有淡蓝色的色调和浅白色的斑点。腹部末端有 2 根浅桃红色的尾突，身体侧面有明显的白色条纹。背侧面有数条模糊到明显的浅白色的窄纹。

实际大小的幼虫

科名	蛱蝶科 Nymphalidae
地理分布	墨西哥、中美洲、加勒比海的大部分地区，南到哥伦比亚和安第斯山脉西部的厄瓜多尔；安第斯山脉的东部，南从圭亚那和委内瑞拉到巴西的西南部
栖息地	潮湿和半潮湿的森林、森林边缘和更新林
寄主植物	伞树属 Cecropia spp.
特色之处	醒目，群集在叶子居所内
保护现状	没有评估，但不可能成为濒危的种类

成虫翅展
2¼～3 in（70～75 mm）

幼虫长度
1¹⁄₁₆～1⅜ in（30～35 mm）

212

斑马哥蛱蝶
Colobura dirce
Zebra Mosaic
(Linnaeus, 1758)

在不取食的时候，低龄幼虫在伸出叶子边缘的粪便链中休息，以此防御掠夺的蚂蚁。蚂蚁似乎不愿意爬过粪便链，其中的原因还不太清楚。随着幼虫的成长，它们离开粪便链，5～20只为一群集体取食。在取食的时候，它们通常咬断叶脉和叶柄，以排掉叶内的有毒化学物质，并形成一个由下垂的叶子组成的疏松的居所将自己包围起来。在其最后一龄，即五龄结束时，幼虫离开集体，单独在其寄主植物上或靠近寄主植物的地方化蛹。

虽然斑马哥蛱蝶的拉丁学名的原始拼法为 *Papilio dirco*，但林奈（Linnaeus）在250多年前描述本种时误拼为"dirce"。后来的所有学者都遵循这一拼法，直到根据命名法规的一般通则将这种错误的拼法变成为正确的。

斑马哥蛱蝶 幼虫的头部呈黑色、多刺，生有2条白色的短角突，其末端呈褐色，每一角突上都有附属的刚毛。体色为天鹅绒般的黑色，胸部的枝刺呈白色，腹部的枝刺呈淡黄色。

实际大小的幼虫

科名	蛱蝶科 Nymphalidae
地理分布	委内瑞拉、哥伦比亚和厄瓜多尔的安第斯山脉地区 (也可能还有秘鲁)
栖息地	云雾林、森林边缘和中等到高海拔的滑坡
寄主植物	朱丝贵竹属 *Chusquea* spp.
特色之处	极其巧妙地隐蔽在寄主植物上，很难被发现
保护现状	没有评估，但不可能成为濒危的种类

成虫翅展
2⅜~2¾ in (60~70 mm)

幼虫长度
2⅛~2⅜ in (55~60 mm)

213

赭晕蛱眼蝶
Corades chelonis
Corades Chelonis
Hewitson, 1863

不像本属的其他种类，赭晕蛱眼蝶一次只产 1~2 粒卵，幼虫单独取食。当成熟时，幼虫与寄主植物的老化叶子几乎无法区分。幼虫身体向前伸和向后伸的突起使其形态与细长的竹叶非常相似，棕色与淡黄色的斑纹与竹叶的老化斑纹十分匹配。幼虫在寄主植物的茎上化蛹，经常靠近新生长点。蝶蛹的形态和颜色与刚长出的新叶相似。

成虫活泼，飞行迅速，经常落到地面吸食动物的尿液或粪便。它们似乎不论晴天还是阴天都同样活跃，至少在厄瓜多尔东部是如此。在产卵的过程中，雌蝶在竹林上空快速飞行，会突然着陆到一片叶子上，弯曲其腹部将卵产下。

赭晕蛱眼蝶 幼虫身体底色为叶绿色，有各种黄色和棕色的斑、条纹和线纹，模拟被侵害的叶子。其呈三角形的头部生有 2 根长的角突，两者的端部合并形成一个长锥体；与此相匹配，身体后端的 2 根长尾突同样也合并形成一个长的突起。

实际大小的幼虫

科名	蛱蝶科 Nymphalidae
地理分布	喜马拉雅山脉，穿过印度的大部分地区到中国的西部和南部以及越南；在中国的台北和日本的冲绳有孤立的亚种
栖息地	原始林和次生林，经常靠近水
寄主植物	榕属 *Ficus* spp.
特色之处	多角突，形似寄主植物的新叶
保护现状	没有评估，但在其分布范围内相对常见

成虫翅展
2⅛~2¾ in (55~70 mm)

幼虫长度
1⁹⁄₁₆ in (40 mm)

网丝蛱蝶
Cyrestis thyodamas
Common Map
(Boisduval, 1836)

网丝蛱蝶也被称为"地图翅蝶"（Common Mapwing），雌蝶将卵产在寄主植物的新梢上，3天后幼虫用力顶开卵上端的一个盖孵化出来。幼虫伪装巧妙，其头部和身体上引人瞩目的角状突起使它们看起来很像榕树寄主的新梢。幼虫取食15天后在寄主植物上或邻近的植物上化蛹。蝶蛹利用尾钩悬挂自己，此外没有其他支撑，体色为暗褐色，沿其背中线有1条较高的隆脊。头部末端延伸为一个弯曲的长喙，使蛹的身体呈长形。蛹期历时7天。

一年发生2代，活动期在3~12月之间。网丝蛱蝶的翅膀图案精美，在白色的背景上由细线和色斑呈现出大理石般的花纹，几乎总是水平张开，很少看见其竖立在背上。

实际大小的幼虫

网丝蛱蝶 幼虫细长而光滑，底色为绿色，侧面的颜色比背面的颜色浅亮，背面被连接角突的深棕色的纵带所分割；身体腹面呈褐色。头部生有1对明显的角状突起，向外弯曲。身体背面中央及后部各有1个弯月刀状的角突。前面的角突向后弯曲，尾部的突起向前弯曲。角突呈褐色，上面覆盖有短刺，使其外形呈锯齿状。

科名	蛱蝶科 Nymphalidae
地理分布	厄瓜多尔的安第斯山脉东坡
栖息地	中等海拔的云雾林，特别是下层植被有密集竹子的地区
寄主植物	矮朱丝贯竹 *Chusquea* cf. *scandens*
特色之处	低龄群集取食，高龄独栖生活
保护现状	没有评估，但可能有非常严格的地理分布区

汝双尾眼蝶
Daedalma rubroreducta
Daedalma Rubroreducta

Pyrcz & Willmott, 2011

成虫翅展
2⅛~2⅜ in (55~60 mm)

幼虫长度
1¹⁄₁₆~1⅜ in (30~35 mm)

215

在孵化后，微小的汝双尾眼蝶的幼虫成群地拥挤在一片叶子的背面。稍后，在蜕皮之前它们都聚集在叶子的顶端取食叶肉，留下被雕刻的叶脉。当受到惊扰时它们会抬起后部，反刍喷出暗色的液体。随着幼虫的成长，它们沿叶子排成一条线，在幼虫的重力下呈竖直方向悬挂。再往后期，幼虫分散为2~5只一群活动，只有最后一龄才单独生活。

最近发现，汝双尾眼蝶的分布可能比目前已知的范围更广泛，也许已经扩散到哥伦比亚和秘鲁的安第斯山脉东部。它们通常都在动物的粪便或其他腐烂的有机体上取食。汝双尾眼蝶是本属中唯一一种生活史被充分描述的种类。然而，已经知道其近缘的物种取食山竹，幼虫也形似枝条，蛹的外形像一片枯叶。

实际大小的幼虫

汝双尾眼蝶 幼虫整体上很像一根长满苔藓的枝条，其横截面略呈方形。身体的色彩复杂，由各种褐色的影带组成，其中有苔藓绿色与黑色的斑点及亮点。其疣突覆盖的粗糙体壁和肉质且又分叉的短尾突，使其略显陈旧的外形更加逼真。头部略呈方形，顶端有圆锥形的小"耳朵"。

科名	蛱蝶科 Nymphalidae
地理分布	非洲、欧洲南部、印度、斯里兰卡、中国及东南亚地区
栖息地	开阔的乡村、沙漠、草地和花园，可达海拔 2500 m 的高度
寄主植物	马利筋属 *Asclepias* spp.
特色之处	君主斑蝶状，有额外的触须
保护现状	没有评估，但常见

成虫翅展
2⅛~2⅜ in (55~60 mm)

幼虫长度
1³⁄₁₆~1⅜ in (30~35 mm)

金斑蝶
Danaus chrysippus
Plain Tiger
(Linnaeus, 1758)

金斑蝶的雌蝶停歇在一片叶子的正面，弯曲其腹部绕过边缘将 1 粒卵产在叶子的背面。为了避免过度拥挤，在每片叶子只产 1 粒卵。幼虫孵化后的第一餐美食就是其卵壳，其整个生命历程都在叶子的背面度过。幼虫利用寄主植物代谢的有毒物质抵御某些捕食者。然而，至少有 1 种寄生蜂专门对付金斑蝶的幼虫，可能导致受感染的种群死亡率高达 85%。

金斑蝶的成虫通常单独出现，或者 2~3 只一起飞舞。它们飞行缓慢，曲折前进，两性的成虫都访花吸蜜。本种还有一个英文俗名，叫作"非洲君主斑蝶"（African Monarch），与著名的北美君主斑蝶 *Danaus plexippus* 亲缘关系很近。这两种斑蝶的幼虫非常相似，但金斑蝶的幼虫有额外的触须，用来防止寄生蝇和寄生蜂的寄生。

金斑蝶 幼虫有黑色与白色的横带，相间插有黄色的背侧粗斑。第三、第六和第十二节背面各有 1 对触须状的黑色的长附肢，其基部为红色。头部光滑，有黑色与白色相间的半环带。胸足和腹足为黑色。

实际大小的幼虫

科名	蛱蝶科 Nymphalidae
地理分布	美国南部，南到阿根廷
栖息地	任何温暖的地区，浓密的森林除外
寄主植物	马利筋属 *Asclepias* spp.、肉珊瑚属 *Sarcostemma* spp.、鹅绒藤属 *Cynanchum* spp. 和萝藦属 *Matelea* spp.
特色之处	幼虫和成虫对鸟类都是不可食的
保护现状	没有评估，但在其分布范围的热带地区最常见

女王斑蝶
Danaus gilippus
Queen
(Cramer, 1775)

成虫翅展
2⅝~3⅞ in (67~98 mm)

幼虫长度
2⅛ in (55 mm)

217

　　女王斑蝶的幼虫取食马利筋科的植物，并消化植物中的强心苷类毒素，使其幼虫和成虫都对捕食它们的鸟类有毒。经常可以在同一马利筋植物上发现女王斑蝶的幼虫和近缘的君主斑蝶 *Danaus plexippus* 的幼虫。为了减少有毒的乳汁流到它们将要取食的叶子上，这两种斑蝶的幼虫在取食前会先咬断叶子的中脉。女王斑蝶的幼虫经过 6 龄的发育进入蛹期，蝶蛹在 7~10 天内羽化出成虫。

　　女王斑蝶与君主斑蝶的幼虫之间的主要差别：女王斑蝶的幼虫有 3 对肉质的丝状突起（触须），而君主斑蝶的幼虫只有 2 对。像君主斑蝶一样，女王斑蝶也是春季向北迁飞，秋季向南迁飞，但女王斑蝶的迁飞距离要短许多，它们在夏季的佛罗里达州和墨西哥仍然很常见。由于女王斑蝶和金斑蝶 *Danaus chrysippus* 利用相同的信息素，所以如果人为地将这两种斑蝶放在一起，它们可能交配，尽管其杂交后代可能不育。

女王斑蝶　幼虫体表具有白色与黑色的横带，在背面的黑带中经常还有部分的黄色带或斑，边缘也常衬有褐红色。触须状的突起呈褐红色。头部有黑色和白色的条纹。胸足和腹足呈黑色。

实际大小的幼虫

科名	蛱蝶科 Nymphalidae
地理分布	加拿大南部、美国、百慕大、墨西哥、加那利群岛、澳大利亚、新西兰
栖息地	几乎任何开阔的生境，特别是河岸地区
寄主植物	马利筋属 *Asclepias* spp.
特色之处	多姿多彩，无疑是世界上最著名的蝴蝶
保护现状	没有评估，但其数量在北美洲急剧下降

218

成虫翅展	
3½~4 in (90~100 mm)	
幼虫长度	
2⅛ in (55 mm)	

君主斑蝶
Danaus plexippus
Monarch
(Linnaeus, 1758)

君主斑蝶将乳白色的卵单个产在马利筋嫩叶的背面，幼虫从卵中孵化出来。幼虫只取食马利筋属植物，像其他以马利筋属植物为食的近缘种一样，它们通过醒目的带状色斑来示警。成虫和幼虫对鸟类和其他捕食者来说不可食，是由于它们体内储存了其寄主植物的强心苷类或心脏毒素。幼虫发育迅速，经过 5 龄的生长后进入蛹期，蝶蛹为鲜绿色具金色斑，利用 1 个丝垫将自己悬挂起来。从卵到成虫的生命周期仅需要约 30 天。

北美洲东部的君主斑蝶从加拿大向墨西哥的高海拔森林迁飞，里程达 4800 km，并在此越冬。本种是生活在热带和亚热带地区、以马利筋属植物为食的大约 300 种蝴蝶大家庭中的一员。由于栖息地的破坏和马利筋属植物的耗减，君主斑蝶的数量在过去的 20 年中已经有所下降。

君主斑蝶 幼虫光滑，体表具有白色、黄色和黑色的横带，在凉爽条件下黑色带所占据的比例更大。有 2 对肉质的须突，分别位于前端和后端，当幼虫受到惊扰时，须突在身体周围摆动。头部有黑色和黄色的条纹。

实际大小的幼虫

科名	蛱蝶科 Nymphalidae
地理分布	危地马拉，南到玻利维亚、巴拉圭和巴西南部
栖息地	湿润的低地和山脚的森林边缘、成熟的次生林
寄主植物	榆科 Ulmaceae 的各种植物，特别是山黄麻属 *Trema* spp. 的种类
特色之处	低龄时通过其粪便链保护自己
保护现状	没有评估，但不被认为受到威胁

成虫翅展
1½~1¾ in (38~45 mm)

幼虫长度
1⅜~1¾ in (35~45 mm)

88字蛱蝶
Diaethria clymena
Widespread Eighty-Eight
(Cramer, 1775)

219

88 字蛱蝶将淡绿色而又呈截短的圆锥形的卵单个产在寄主植物叶子的最边缘，幼虫从卵中孵化出来。微小的幼虫立即在卵壳附近建一个粪便链，不取食时在粪便链的末端安全地休息。发育到三龄时，它们弃离这种粪便链庇护所而在叶子的背面休息，并将其头部上的已经长得足够大的枝刺紧贴在叶子的表面。当受到惊扰时，较高龄的幼虫抬起后部，举起胸部的后足，并碰撞头部的枝刺来发出声响。

幼虫远离寄主植物化蛹，绿色的蝶蛹附着在一片叶子或茎上。成虫飞行迅速，频繁地穿梭在泥潭、腐烂的果实或动物的粪便上觅食。本种被命名为"88字蛱蝶"是因为其翅背面的斑纹非常像数字"88"（有时也更像"89"）。

88 字蛱蝶 幼虫呈细长形，身体底色几乎是均匀的酸橙绿色，与其寄主植物叶子的颜色非常匹配。身体上生有数列硬的短枝刺，其中腹部末端的枝刺最强大。然而，头部生有 1 对非常长的枝刺，其上有好几处轮生的短刺。这对枝刺上还有褐色与淡黄色的带纹。

实际大小的幼虫

科名	蛱蝶科 Nymphalidae
地理分布	印度、斯里兰卡、东南亚的大部分地区、菲律宾、巴布亚新几内亚、澳大利亚东北部及邻近的太平洋岛屿的西南部
栖息地	低山雨林及邻近地区
寄主植物	宽叶十万错 *Asystasia gangetica* 和山壳骨属 *Pseuderanthemum* spp. 的种类
特色之处	好争斗而又贪吃
保护现状	没有评估，但常见

成虫翅展
2⁷⁄₁₆~2⁹⁄₁₆ in (62~65 mm)

幼虫长度
2⅛~2⅜ in (55~60 mm)

220

蠹叶蛱蝶
Doleschallia bisaltide
Leafwing
(Cramer, [1777])

蠹叶蛱蝶 幼虫身体底色为黑色，亚背面和侧面有乳白色的斑，侧面还有明显的蓝色与红色斑。体表覆盖有黑色的枝刺。头部呈黑色而有淡蓝色的光泽，生有1对枝刺。

蠹叶蛱蝶也被称为"秋叶蛱蝶"（Autumn Leaf），经常单独或少量地发生在广泛分布的宽叶十万错上，在其分布范围的一些地区，宽叶十万错也是本种幼虫挑选的寄主植物。幼虫在夜间取食幼小的植株或者较成熟植株的新生长组织，白天则躲藏在地面的落叶层中或寄主植物基部附近的石头下。幼虫十分活跃，能够迅速移动。它能够吃光小的植株，有时也会残杀幼小的同伴。幼虫最初身体的底色为淡黄色，完成5龄的发育最少仅要12天的时间，但在较凉爽的条件下幼虫期会更长一些。

幼虫通常离开寄主植物一段距离化蛹，利用臀棘和丝垫头朝下悬挂在叶子下。成虫的后翅延伸出一个短的尾突，休息时翅合拢呈枯叶状，极难被发现。

实际大小的幼虫

科名	蛱蝶科 Nymphalidae
地理分布	美国（佛罗里达州、得克萨斯州）、墨西哥、加勒比海、厄瓜多尔、秘鲁、巴西和玻利维亚
栖息地	森林和林地的空旷地和小路、田野附近
寄主植物	西番莲属 *Passiflora* spp. 的种类
特色之处	有长的刺突和角状突起，颜色丰富多彩，能吃光西番莲的叶子
保护现状	没有评估，但常见

珠丽袖蝶
Dryas iulia
Julia Butterfly
(Fabricius, 1775)

成虫翅展
3⅛~3½ in (80~90 mm)

幼虫长度
1⁹⁄₁₆~1¾ in (40~45 mm)

221

珠丽袖蝶将卵单个产在西番莲的卷须上，初产的卵呈米黄色，在孵化之前变为斑驳的杂色。幼虫孵化后取食寄主植物的叶子，在叶子枯萎的部分休息，经过 5 个龄期完成其发育。幼虫对于鸟类和蜥蜴类来说是不可食的，因为它们不同程度地含有来自寄主植物西番莲的氰甙类代谢物。它们也依靠身体上的长刺来保护自己，所以它们暴露取食。

雄成虫群集，有时数百或数千只集聚在潮湿的泥土或沙子上，吸食溶解在其中的矿物质；在秘鲁，也有人观察到雄蝶吸食海龟和短吻鳄的泪水。珠丽袖蝶与西番莲之间进行着不停的进化之战。一些西番莲产生临时的托叶来吸引珠丽袖蝶产卵，但随后托叶就掉落到地面，将卵暴露给蚂蚁捕食。从卵到成虫的生命周期大约为 1 个月。

珠丽袖蝶 幼虫身体底色为黑色，背面有数量不等的白色或乳白色的横带，沿身体下方通常还有 1 列白色的斑点。枝刺呈黑色，非常长。头部呈橙棕色，有黑色的斑纹。

实际大小的幼虫

科名	蛱蝶科 Nymphalidae
地理分布	印度、东南亚
栖息地	林地，还有公园、庭园和种植有棕榈的花园
寄主植物	棕榈科，包括椰子树 *Cocos nucifera*、油棕 *Elaeis guineensis*、散尾葵 *Dypsis lutescens*、桄榔属 *Arenga* spp.、省藤属 *Calamus* spp. 和刺葵属 *Phoenix* spp.
特色之处	善于隐蔽，有角状的突起和尾突
保护现状	没有评估，但十分常见，特别是在耕地和公园及花园的周围

成虫翅展
2⅛~2¾ in (55~70 mm)

幼虫长度
1¾ in (45 mm)

222

翠袖锯眼蝶
Elymnias hypermnestra
Common Palmfly
(Linnaeus, 1763)

实际大小的幼虫

翠袖锯眼蝶的幼虫是在昏暗时间活动的种类，在黎明和黄昏时取食。它们细长的身体与寄主植物棕榈的叶子融为一体。通常将球形的卵产在叶片的背面，4 天后幼虫从中孵化出来，卵壳是它首次取食的美餐。幼虫经过 5 龄的发育，需要 19 天以上的时间。已经观察到幼虫具有自相残杀的竞争现象，这是对虫口密度过大的一种自然调节。成熟的幼虫四处爬行，在棕榈叶的背面化蛹。漂亮的蝶蛹利用丝垫头朝下地悬挂在叶下，像幼虫一样呈亮绿色，有红色、黄色和白色的亮点。蛹期持续7 天。

翠袖锯眼蝶是喜阴型的蝴蝶，其翅的正面有醒目的颜色，但通常只能见到其背面隐蔽性的褐色。在锯眼蝶属 *Elymnias* 中有许多种类的幼虫都以棕榈叶为食，它们的英文俗名被统称为 "棕榈蝶"（Palmfly）。

翠袖锯眼蝶 幼虫身体底色为鲜绿色，覆盖着短粗的鬃毛。从头到尾有一系列黄色的细纵线。背侧线断续地加宽为黄色的斑，从头部伸达腹部末端，终止于 1 对粉红色的尖锐的肛突处。尽管有所不同，这些纵线也可能在腹部的一些体节或全部体节上呈现橙色和蓝色的斑点。头部有 1 对具钉状分支的角突，其边缘有 1 圈刺突。

科名	蛱蝶科 Nymphalidae
地理分布	尼泊尔、印度东北部到缅甸、泰国北部、中国云南南部和越南
栖息地	森林和周围栽培有寄主植物的人类居住地
寄主植物	香蕉属 *Musa* spp. 和棕榈科 Arecaceae
特色之处	寄主植物香蕉或棕榈的叶子决定了自身颜色
保护现状	没有评估，但在其相当有限的分布范围内常见

成虫翅展
2⅜~3⅛ in (60~80 mm)

幼虫长度
1⁹⁄₁₆ in (40 mm)

闪紫锯眼蝶
Elymnias malelas
Spotted Palmfly
(Hewitson, 1863)

223

虽然闪紫锯眼蝶的幼期阶段还没有被科学地描述过，但其幼虫的外型和发育可能与锯眼蝶属 *Elymnias* 的其他种类相似。然而，在许多专门取食棕榈的幼虫当中，闪紫锯眼蝶是一个例外，它把香蕉作为一种替代食物。随之而来的结果是，在香蕉上生长的幼虫身体底色为黄色，与香蕉叶的中脉颜色相匹配；幼虫不在叶子的边缘取食的时候就移动到中脉处休息。因此，在本种的分布范围内，如果在香蕉叶子上发现一只毛虫，那么你就有较大的把握将它鉴定为闪紫锯眼蝶。棕榈上的幼虫身体底色以绿色为主。鉴别各个物种需要检查其结构上的差异，例如头颅上的细微特征。

闪紫锯眼蝶的雄蝶在翅正面闪着强烈的紫色光，但雌蝶的紫色区少，有较多的白色斑纹。雄蝶和雌蝶模拟具有性二型现象的异型紫斑蝶 *Euploea mulciber*，已知后者使鸟类难以下咽。

实际大小的幼虫

闪紫锯眼蝶 幼虫体形呈长纺锤形。取食香蕉叶的幼虫身体底色为黄色，身体上有细微的纵线。以棕榈叶为食的幼虫身体底色具有较少的黄色，而以绿色为主。身体后部有 1 对尖锐的尾突，头颅上有 1 对分支的角状突起。整个体表覆盖有鼓槌状的短刚毛。

科名	蛱蝶科 Nymphalidae
地理分布	欧洲西北部的山区，穿过欧洲中部到乌拉尔山脉、西伯利亚南部、蒙古和中国东北部
栖息地	森林边缘和林中空地、湿润的草地，可达海拔 2400 m 的高度
寄主植物	草本植物，特别是剪股颖属 *Agrostis* spp.、鸭茅属 *Dactylis* spp. 和早熟禾属 *Poa* spp.
特色之处	具有条纹，棕色，生活在高山草地和森林边缘
保护现状	没有评估

成虫翅展
1¼ in (45 mm)

幼虫长度
1 in (25 mm)

224

艾诺红眼蝶
Erebia aethiops
Scotch Argus
(Esper, 1777)

实际大小的幼虫

艾诺红眼蝶 幼虫呈蛞蝓状，头部大而身体从中部向两端逐渐变细。体表有许多暗棕色和浅棕色的纵条纹，还有数列突起的小疣突，每个疣突上各生 1 根短毛。

　　艾诺红眼蝶的雌蝶将半球形的卵单个产在短的草叶或种荚上。幼虫生长缓慢，经常在夜间取食，白天在草的基部附近休息。如果受到惊扰，幼虫会坠落到地面"装死"。以低龄的幼虫在寄主植物基部附近的落叶层中越冬，次年 4 月恢复活动。成熟的幼虫移动到地面，经常在寄主植物附近的苔藓和地衣中结一个疏松的茧化蛹。

　　一年发生 1 代，成虫在夏末飞行，通常出现在 7～8 月。由于其栖息地的丧失和栖息地管理的缺失，艾诺红眼蝶的种群数量已经下降，但在其分布范围的一些地区，其数量正在重新增长。在条件有利的栖息地，本种每个群落的个体数量可达数百甚至数千只。

科名	蛱蝶科 Nymphalidae
地理分布	北美洲西部，从阿拉斯加到新墨西哥州
栖息地	湿润的山地草甸、沼泽、原野和峡谷
寄主植物	草本植物，包括早熟禾属 *Poa* spp. 和狗尾草属 *Setaria* spp.
特色之处	在夜间取食，很难被发现，生活在高山草地中
保护现状	没有评估，通常常见，但在其分布范围的部分地区可能稀少

成虫翅展
1¾~2 in (45~50 mm)

幼虫长度
1¹⁄₁₆~1⅜ in (30~35 mm)

爱红眼蝶
Erebia epipsodea
Common Alpine
Butler, 1868

225

爱红眼蝶的雌蝶于 6 月在草中爬行，寻找到合适的产卵场所后将卵单个地产下。幼虫 8~10 天后孵化出来，经过 20~30 天的取食，幼虫发育到三龄或四龄的时候进入休眠状态。幼虫在越冬后恢复取食，在夏季完成幼虫的发育、化蛹及成虫的羽化。在一些地区，幼虫在化蛹之前还要经过第二次越冬。幼虫独栖生活，夜间取食，白天在寄主植物的基部休息。

伪装是幼虫的主要防御方式，它们容易受到蜘蛛和螨类的攻击。越冬幼虫的存活需要有高的湿度条件，但潮湿的条件出现在春季则不利于幼虫的生存。成虫访花吸蜜，雄蝶也会在泥潭和动物粪便上取食。雄蝶比雌蝶提前羽化，在一定的线路上巡飞，而雌蝶则喜欢躲藏在草丛中。

实际大小的幼虫

爱红眼蝶 幼虫身体底色为粉褐色，具有 1 条明显的黑色的背中线。在不太明显的白色侧线的下缘衬有黑边。体表密布微小的白色斑点，斑点上生有浅色的短刚毛，使虫体看起来布满了颗粒；腹部有短的尾突。头部呈绿黄褐色，密布刚毛。

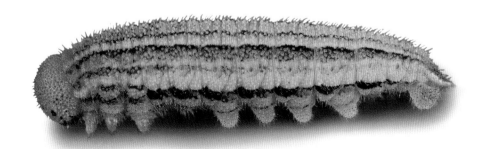

科名	蛱蝶科 Nymphalidae
地理分布	安第斯山脉的东坡，从厄瓜多尔北部到秘鲁的北部
栖息地	山地云雾林和森林边缘
寄主植物	朱丝贵竹属 *Chusquea* spp.
特色之处	最近被描述的种类，引人瞩目
保护现状	没有评估，但不可能濒危

226

成虫翅展
5¼~5¹¹⁄₁₆ in (135~145 mm)

幼虫长度
4¼~4½ in (110~115 mm)

格林闪翅环蝶
Eryphanis greeneyi
Eryphanis Greeneyi
Penz & Devries, 2008

格林闪翅环蝶 幼虫的头部呈头盔状，有1个由短圆锥形突起组成的冠状结构。身体的底色为暗橙棕色，有黑色、橙色、赭色、淡蓝色和白色混合组成的复杂斑纹，看上去像一根发霉的枯枝。身体背面有几个肉质的突起，臀节有1对长的尾突，其上覆盖着尖锐的疣突。

格林闪翅环蝶的幼虫发育过程要经过三个非常明显的"型"，各对应一段不同的行为和隐蔽方式。刚孵化出的幼虫头部呈球状，有复杂的斑纹，因此初龄的幼虫很容易被误认为是寄主植物叶子的不规则的一小部分。随着幼虫的成长，三龄和四龄为显眼的米黄色和绿色，与成熟叶子的自然斑纹完美匹配。最后，当幼虫太重以致无法在叶子上休息时，末龄的幼虫伪装成寄主植物茎上腐烂发霉的一部分。

格林闪翅环蝶的寄主植物竹子可能不是很有营养，它们的云雾林栖息地也相当寒冷。因此，为了成功地延续种群，格林闪翅环蝶的幼虫需要花很长的时间来增加体重。从卵到成虫的发育历时6~7个月，仅卵期就需要多达20天的时间；寄生性天敌明显威胁着其生命的各个发育阶段。成虫于昏暗的时间活动，在黄昏和黎明时最容易看见它们在守卫领地、交配和产卵。

实际大小的幼虫

科名	蛱蝶科 Nymphalidae
地理分布	北美洲的西部，从不列颠哥伦比亚到华盛顿州、爱达荷州、俄勒冈州、内华达州和加利福尼亚州
栖息地	山区、山脚、高的灌木干草原、开阔的森林、草甸和道路旁
寄主植物	白雪果 Symphoricarpos albus、灌木钓钟柳 Penstemon fruticosus、忍冬属 Lonicera spp. 和火焰草属 Castilleja spp.
特色之处	通过延长或缩短其发育时间来适应不同的条件
保护现状	没有评估，但在许多地区常见

居堇蛱蝶
Euphydryas colon
Snowberry Checkerspot
(W. H. Edwards, 1881)

成虫翅展
2~2⅛ in (50~55 mm)

幼虫长度
1¹⁄₁₆~1⅜ in (30~35 mm)

227

居堇蛱蝶的雌蝶于6月将50～200粒的卵集中产在寄主植物的叶子上，幼虫在2星期内孵化出来。前三龄的幼虫群集生活，它们在凌乱的丝巢内取食叶子，当食物耗尽时再扩大或者移动巢穴。以二龄或三龄幼虫越冬，经常在寄主植物上部的巢内越冬。幼虫于第二年春季恢复取食，但如果食物短缺或质量太差，它们会再次休眠。在条件恶劣时，幼虫可能要经过7个龄期的发育才化蛹。

居堇蛱蝶的幼虫可能含有来自寄主植物的环烯醚萜类生物碱，让一些捕食者对它们难以下咽。它们身体上的刺突也能保护自己。堇蛱蝶属 *Euphydryas* 在北美洲有许多种类，它们都有相似的幼虫和生命周期。成虫在山区的栖息地很常见，它们在山上访花吸蜜。

实际大小的幼虫

居堇蛱蝶 幼虫身体底色可变，但通常为黑色、橙色和白色的某些组合。每一节有3个橙色的大斑和一些大的枝刺，使身体表面枝刺丛生。头部呈黑色，生有白色的长刚毛。

科名	蛱蝶科 Nymphalidae
地理分布	印度、斯里兰卡、中国南部、苏门答腊、爪哇、巴里及澳大利亚北部和东部
栖息地	开阔的森林和林地、河岸区、溪谷和庭园
寄主植物	萝藦科 Asclepiadaceae、桑科 Moraceae 和夹竹桃科 Apocynaceae 的种类
特色之处	光滑且又颜色鲜艳，生有装饰性的触须
保护现状	在其分布范围内不受威胁，且常见

228

成虫翅展
2¾~3 in (70~75 mm)

幼虫长度
1¾~2⅛ in (45~55 mm)

幻紫斑蝶
Euploea core
Common Crow
(Cramer, 1780)

幻紫斑蝶将卵单个产于寄主植物嫩叶的背面和花上。幼虫从卵中孵化后取食柔软的新生组织，通常在叶子的背面或寄主植物的其他部位化蛹。因为寄主植物的种类、气温和季节生长的新梢质量的不同，幼虫发育的历期也从3~10星期不等。气温低于20℃时，幼虫的生存率非常低。

幼虫取食的植物通常有毒，但它们有使毒性最小化的策略，同时又利用其中的一部分来为自己御敌。例如，如果受到惊扰，幼虫会从口中喷出有毒的液体来驱赶捕食者。成虫在旱季时会在庇护场所形成大的非生殖性聚集群，经常位于小溪附近。偶尔也会迁飞，通常迁往较湿润的地区。在其分布范围内有许多的亚种。

实际大小的幼虫

幻紫斑蝶 幼虫身体底色为橙色或橙棕色，每一节都有数条窄的黑色横带，带的部分边缘具白边。腹侧面有黑色与白色的带。有4对肉质的黑色的长触须，分别位于第三、第四、第六和第十二节上。头部光滑而有光泽，有黑色与白色交替的半环状带。

科名	蛱蝶科 Nymphalidae
地理分布	印度南部到中国南部和东南亚，包括菲律宾
栖息地	开阔的森林，由于寄主植物的观赏用途，在城市环境中也经常可见
寄主植物	榕属 *Ficus* spp.、夹竹桃 *Nerium oleander*、海岛藤属 *Gymnanthera* spp.、尖槐藤属 *Oxystelma* spp.、弓果藤属 *Toxocarpus* spp. 和马兜铃属 *Aristolochia* spp.
特色之处	在取食之前先咬断其食物
保护现状	没有评估，但并非不常见

异型紫斑蝶
Euploea mulciber
Striped Blue Crow
(Cramer, 1777)

成虫翅展
3⅛~3½ in (80~90 mm)

幼虫长度
1¾~2 in (45~50 mm)

229

异型紫斑蝶将黄色的卵单个产在寄主植物叶子的背面，卵壳成为幼虫孵化出来后的第一顿美食。幼虫经过5龄的发育，需要14天以上的时间。最后一龄也是历时最长的一龄，幼虫的生长主要在这个龄期完成，其体型成倍地增长。幼虫取食非常机警，它首先切断叶柄或中脉，用丝固定后再取食切断的部分。低龄期的幼虫取食较嫩的叶子，高龄期的幼虫则取食较成熟的叶子。

幼虫在一片叶子的背面化蛹，它首先在中脉处吐丝结一个丝垫，然后将蛹悬挂在丝垫下。在1星期的蛹期内，蝶蛹的体色从橙棕色变换到镀银色，再到黑色。常能看见异型紫斑蝶的成虫在访花吸蜜，其令捕食者不快的味道作为一种防御策略，是其他蝴蝶和蛾类模拟的对象。

实际大小的幼虫

异型紫斑蝶 幼虫有4对红棕色的触须状的突起，其末端呈黑色，3对位于前部的体节上，1对位于后部。身体光滑而呈圆柱形，有白色、黑色和红棕色的横带，侧面有大小不等的黄色或橙色斑。头颅呈黑色或红褐色，有白色的条纹。

科名	蛱蝶科 Nymphalidae
地理分布	北美洲，南到阿根廷
栖息地	任何开阔的地区
寄主植物	寄主广泛，包括亚麻属 *Linum* spp.、堇菜属 *Viola* spp.、西番莲属 *Passiflora* spp. 和景天属 *Sedum* spp.
特色之处	用鲜艳的斑纹警示捕食者自身不可食
保护现状	没有评估，但在其分布范围内安全

成虫翅展
1¾~3⅛ in (45~80 mm)

幼虫长度
1¼ in (45 mm)

230

翩蛱蝶
Euptoieta claudia
Variegated Fritillary
(Cramer, 1775)

翩蛱蝶 幼虫具有美丽的橙红色、黑色和白色条纹。体表覆盖有众多闪亮的黑色枝刺，头部后方有 2 条长角状的突起，其长度是枝刺的两倍。每一体节上有 2 条十分发达的白色斑纹，向腹面分为 3~5 块。

翩蛱蝶将淡绿色或乳白色的卵单个产于其寄主植物上，醒目的幼虫孵化出来后取食叶子和花朵。蛹同样具有引人瞩目的亮蓝绿色，有金色的头部、黄色的触角和橙色的复眼。成虫和幼虫在冰冻条件下都不能生存，所以冬季只有在温暖或热带地区才能看见它们。然而，成虫每年春季都向北迁飞，最远可达加拿大的南部，在那里繁殖数代。

翩蛱蝶是蛱蝶亚科与袖蝶亚科 Heliconiinae 之间的一个"连接桥梁"，特别是银纹红袖蝶 *Agraulis vanillae*，它的幼虫令鸟类难以下咽，所以银纹红袖蝶的幼虫是其他昆虫防御机制的拟态对象。银纹红袖蝶的幼虫同样有红色和黑色的条纹（但有时没有白色的条纹）。翩蛱蝶和银纹红袖蝶两者的幼虫都经常取食西番莲的花叶，成虫的大小和颜色相似，两者都有尖的前翅，但翩蛱蝶缺少银纹红袖蝶具有的银色斑纹。

实际大小的幼虫

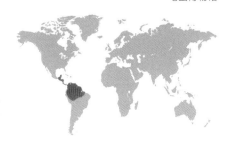

科名	蛱蝶科 Nymphalidae
地理分布	墨西哥东南部，南到亚马逊盆地，包括特立尼达，最南可达秘鲁的东南部和玻利维亚的北部
栖息地	森林边缘和湿润与半湿润的次生林、热带森林，通常低于海拔1100 m 的高度
寄主植物	巴豆属 Croton spp.
特色之处	斑纹复杂，躲藏在卷叶内
保护现状	没有评估，但不被认为受威胁

红扶蛱蝶
Fountainea ryphea
Flamingo Leafwing
(Cramer, [1775])

成虫翅展
2~2⅛ in (50~55 mm)

幼虫长度
1¼~2⅛ in (45~55 mm)

231

　　红扶蛱蝶乳白色的卵几乎呈完美的球形，表面光滑，被单个产在叶子的背面，幼虫从卵中孵化出来。像其他近缘种一样，低龄的幼虫用丝将其粪便沿寄主植物叶子的边缘连接成链条状，构建成庇护所并在其中休息。随着幼虫的成长，它们转移到由叶子蜷曲形成的管状居所内，通常在其中生活，几乎总是伸出头取食居所附近的叶片或直接取食构成居所的叶片。幼虫可能在寄主植物上，也可能离开寄主植物化蛹，将翠绿色具黄边的蛹悬挂在一根细枝下或一片叶子的底部。

　　因具有鲜艳的体色和复杂的斑纹，红扶蛱蝶的幼虫没有辜负它的名字——闪光的蝴蝶。成虫在树冠中穿梭，飞行迅速，坚强有力，雄蝶经常守卫小片的领地，并频繁地降落到地面吸食有机物质，特别是腐烂的动物尸体或粪便。

红扶蛱蝶　幼虫身体粗壮，几乎呈圆筒形；头部呈球状，具有黑色或黄色的锥状的小突起。其复杂的斑纹颜色由绿色、黄色、褐色、红色和黑色组成。体表散布细小的刚毛，但仅能看见着生它们的亮白色的小突起。

实际大小的幼虫

科名	蛱蝶科 Nymphalidae
地理分布	北美洲和南美洲，从美国南部与加勒比海向南到达秘鲁北部
栖息地	森林和草甸，包括受干扰的生境
寄主植物	西番莲属 *Passiflora* spp.
特色之处	多刺，不可食
保护现状	没有评估，但常见

成虫翅展
2~4 in (50~100 mm)

幼虫长度
1⁹⁄₁₆~2 in (40~50 mm)

232

黄条袖蝶
Heliconius charithonia
Zebra Longwing
(Linnaeus, 1767)

黄条袖蝶的幼虫生活在各种西番莲叶子的背面或茎上。西番莲有毒，所以幼虫将它消化吸收后将其作为一种化学自卫方式，使捕食者难以下咽。它们身体上黑色与白色对比鲜明的斑纹警示了它们自身的不可食性。此外，毛虫也利用尖锐的黑色刺突来保护自己。幼虫估计有 5 龄，从卵到成虫的发育大约需要 1 个月的时间。

成熟的幼虫在寄主植物上或其附近化蛹，雄成虫忙于访问雌蛹。它们频繁地守候在雌蛹旁，相互争斗，竞相与羽化前的雌蝶交配；在蛹发育的后期，信息素决定了成虫的性别。交配后的雌蝶远距离分散产卵，将卵产在尽可能多的西番莲植株上。像袖蝶属 *Heliconius* 的所有种类一样，黄条袖蝶的成虫不仅取食花蜜，还取食花粉，这使它们的寿命比其他蝴蝶更长。

黄条袖蝶 幼虫身体底色为白色，头部呈白色而又有黑色的长刺突。头部前端有 2 个黑色的斑点，侧面也有 2 个；身体上有数列斑点。这种色彩明显属于警戒色，使幼虫能够抵抗单纯的捕食者。

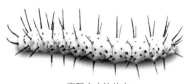

实际大小的幼虫

科名	蛱蝶科 Nymphalidae
地理分布	安第斯山脉，从哥伦比亚南部到玻利维亚
栖息地	海拔 800—2000 m 的湿润和半湿润的云雾林及森林的边缘
寄主植物	西番莲属 *Passiflora* spp.
特色之处	对本种毛虫的自然历史知之甚少
保护现状	没有评估，但不被认为受到了威胁

成虫翅展
3¹/₁₆~3⁵/₁₆ in (78~84 mm)

幼虫长度
2⅛~2⅜ in (55~60 mm)

双红袖蝶
Heliconius telesiphe
Telesiphe Longwing
(Doubleday, 1847)

233

　　双红袖蝶的雌蝶将卵单个产在其寄主植物新长出的叶子或嫩的卷须上，然而，雌蝶也可能多次回到同一植株上产卵，在这株植物上留下数粒卵。刚孵化的幼虫先吃掉大部分的卵壳，然后再取食周边的叶肉。幼虫通常在所有龄期都独自生活，成虫有时候会少量群集在一起，它们于夜晚从一根细枝或藤条的顶端向下疏松成串地挂在一起。在雌蛹羽化之前，雄蝶也会聚集在雌蛹的周围，为夺取与新羽化雌蝶的交配权而激烈奋战。

　　双红袖蝶的雌蝶在产卵的时候会摇摆不定地徘徊飞舞，观察这种特有的行为经常是发现寄主植物和幼虫的最好方式。头部前端的面部有成对的黑斑，体表有黑色的斑点，这是袖蝶属 *Heliconius* 所有近缘种的幼虫都具有的典型特征，它们也都以西番莲植物为食。

双红袖蝶 幼虫身体底色从乳白色到黄色不定，沿侧面有不规则形状的黑色斑纹，它们形成宽的条纹，在背面则有较小而颜色较浅的淡黑色斑点。每一体节上生有数根黑色而又不分支的长刺突，头部有 1 对稍弯曲的长刺突，使毛虫看起来满身都是刺。

实际大小的幼虫

科名	蛱蝶科 Nymphalidae
地理分布	澳大利亚东南部和南部
栖息地	林地和下层植被有草的桉树林，从高山到半干旱地区及城市环境
寄主植物	本地和引进的草本植物，包括狗牙根属 *Cynodon* spp.、早熟禾属 *Poa* spp.、菅属 *Themeda* spp.、小蜡草属 *Microlaena* spp.、雀麦属 *Bromus* spp. 和皱稃草属 *Ehrharta* spp.
特色之处	长寿，在较凉爽的几个月内发育
保护现状	无危，在其分布范围的南部地区常见

234

成虫翅展
2³⁄₁₆~2½ in (56~64 mm)

幼虫长度
1⁷⁄₁₆ in (36 mm)

浓框眼蝶
Heteronympha merope
Common Brown
(Fabricius, 1775)

浓框眼蝶 幼虫的身体底色可变，为棕色或绿色，具有暗棕色的斑纹，背中线为1条断续的棕色纹；侧线和亚侧线的颜色较浅，呈波状或间断。体表有许多短的刚毛，臀节有1个分叉的尾突。

浓框眼蝶幼虫的孵化时间与秋季和冬季时的雨季开始时间同步，这个时期的草刚好长出柔软的新叶。幼虫单独或少量成群地发生在寄主植物上。幼虫于夜间在叶片上取食，白天则躲藏在落叶层下。幼虫的发育需要5～6个月的时间，在较凉爽的几个月里缓慢地生长，在春季则生长迅速。

成熟的幼虫在早春时化蛹，蝶蛹松散地躺在地上。成虫为性二型，它们在草地上缓慢地飞行，雄蝶有领地行为。雄蝶于春季在雌蝶之前羽化出来，在春季完成交配。雌蝶在炎热而又干旱的夏季进入休眠状态，除非受到干扰，而雄蝶则在夏季死亡。雌蝶在初秋恢复活动，在白天的时长缩短而雨量增加的时候产卵。

实际大小的幼虫

科名	蛱蝶科 Nymphalidae
地理分布	美国南部，向南穿过墨西哥、中美洲和加勒比海的部分岛屿，到南美洲的阿根廷北部及乌拉圭
栖息地	湿润的低地和山脚的森林
寄主植物	伞树属 *Cecropia* spp.
特色之处	体型大得不同寻常，多刺，蛹受到惊扰时会摆动身体
保护现状	没有评估，但不可能成为濒危的种类

成虫翅展
4¼~4⅝ in (110~120 mm)

幼虫长度
2¾~2¹³⁄₁₆ in (70~72 mm)

端突蛱蝶
Historis odius
Stinky Leafwing
(Fabricius, 1775)

235

端突蛱蝶的幼虫在早期阶段会沿其寄主植物叶子的边缘筑一道粪便链墙，或许能够以此躲避螯蚂蚁的伤害，后者经常生活在伞树 *Cecropia* 的茎干内。较大的幼虫沿端部的分生组织休息，这时的幼虫显然不会再受到蚂蚁的骚扰。大型而又呈枯叶色的蝶蛹如果受到触碰，会像一条出水的鱼那样剧烈摆动。在哥斯达黎加的一些地区，蛹的这种行为使它有了一个地方名字，叫作 *pescadillo*，意为"小鱼"。

像本属唯一的其他成员 —— 尖尾端突蛱蝶 *Historis acheronta* 一样，端突蛱蝶成虫的飞行能力极强，大部分时间都在森林的树冠中觅食过熟的和受害的果实。然而，它们也为那些在热带美洲露宿或在室外逗留的人们所熟悉，因为它们的成虫会快速地降落到地面，从背包带子、有汗的袜子和未干而又带泥的长筒靴上吸取矿物质。

端突蛱蝶 幼虫的头颅略呈方形，明显分区，每一分区生有 1 根粗壮而又带刺的角状突起，其末端生玫瑰花结状的刺。头部大部分呈暗褐色，仅角突基部的周围呈橙色。身体底色为淡棕色，有白黄色的横带；身体上有许多的刺突丛，背面的呈橙色，侧面呈淡黄色。

实际大小的幼虫

科名	蛱蝶科 Nymphalidae
地理分布	美国最东南的地区、整个中美洲和特立尼达；也包括从委内瑞拉到玻利维亚的安第斯山脉，向东南穿过巴拉圭到巴西南部和乌拉圭
栖息地	受干扰或者再生的、湿润和半湿润的山脚和山区的森林，偶尔也发生在热带落叶林中
寄主植物	苎麻属 *Boehmeria* spp.、石斑麻属 *Phenax* spp.、乌拉麻属 *Urera* spp.、朴属 *Celtis* spp.、花朴属 *Sponia* spp. 和山黄麻属 *Trema* spp.
特色之处	多刺，筑一个叶片居所
保护现状	没有评估，但通常分布广泛而常见

成虫翅展
2⅜~2⁹⁄₁₆ in (60~65 mm)

幼虫长度
1⅜~1⁹⁄₁₆ in (35~40 mm)

236

虎蛱蝶
Hypanartia lethe
Orange Mapwing
(Fabricius, 1793)

虎蛱蝶刚孵化的幼虫用丝将寄主植物的叶子制做成一根管，并在其中休息，在管内取食叶子表皮层或取食附近的叶子。较高龄的幼虫用叶子制作成一个袋状的居所，不取食的时候在其中休息。不像许多其他筑巢的幼虫，例如弄蝶科 Hesperiidae 的幼虫，虎蛱蝶的幼虫似乎没有抛射粪便的能力（一种被认为能阻止捕食者的策略），仅是简单地将粪便落到居所之外。化蛹场所通常在居所之内，但偶尔也会在附近的植物上化蛹。当受到惊扰时，幼虫会贴在叶子表面前后摆动其头部，并发出惊人的噪声。

虎蛱蝶通常发生在 300~1500 m 之间的海拔高度，但在厄瓜多尔的东部它们每隔几年就会进行一次高度迁移，最高能到海拔 2300 m 的地区繁殖 1~2 代，然后又会消失。成虫通常在水坑或渗水处取食水果，但两性成虫偶尔也都会访花，特别是香根菊属 *Baccharis*[①]这样的大型菊花。

虎蛱蝶 幼虫身体底色黯淡无光，主要为乳白色到黄色，有酸橙绿或者淡蓝色的明亮区，体表有黑色的短枝刺。在厄瓜多尔东部成熟幼虫的头部呈绿色而有条纹，但在哥斯达黎加，本种幼虫的头部则被报道呈橙色，也许涉及的幼虫不止一种。

实际大小的幼虫

---

① 原文为 *Baccaris*，经过核查，应该是 *Baccharis*。——译者注

科名	蛱蝶科 Nymphalidae
地理分布	墨西哥，南到亚马逊盆地
栖息地	湿润的低地雨林及其附近的次生林
寄主植物	巴豆属 *Croton* spp.
特色之处	分布广泛，但很少见
保护现状	没有评估，但不可能成为濒危的种类

成虫翅展
3½~4 in (90~100 mm)

幼虫长度
2⅜~2¼ in (60~70 mm)

237

钩翅蛱蝶
Hypna clytemnestra
Jazzy Leafwing
(Cramer, 1777)

奇形怪状的钩翅蛱蝶幼虫像一片枯叶、一坨鸟粪或其他貌似不可食的森林碎片，使鸟类这样的饥饿的捕食者不可能找到它。当不取食时，幼虫经常在寄主植物受伤害的部位附近休息，这进一步增加了它们的隐蔽性。刚孵化的幼虫立即开始筑一道粪便链墙，低龄幼虫在粪便链的末端休息，高龄幼虫也同样如此，它是安蛱蝶族 Anaenini 蝴蝶中少有的几个不在寄主植物的卷叶内居住的种类之一。

钩翅蛱蝶是安蛱蝶族中最大的种类之一。成虫飞行迅速，主要取食腐烂的果实，分布广泛，但很少能碰见它们。幼虫的寄主植物是巴豆属 *Croton* 的种类，其中的莱克勒巴豆 *Croton lechleri* 在厄瓜多尔东部的一些地区被称为 "*Sangre de Drago*" 或 "龙血"（Dragon's Blood），因为它的浓血色的汁液被收集后具有多种药用价值，从处理微小的伤口到治疗溃疡都能用到。

钩翅蛱蝶 幼虫头部呈浅褐色，环有 8 个生鬃的疣突，额上有淡白色的"肉疣"。身体在头部之后逐渐变细，在后胸部极度扩大，然后迅速向腹末变细。身体底色为可可棕色，沿背面的颜色较暗，背面有众多淡红色的疣突，上生毛状的长鬃。

实际大小的幼虫

科名	蛱蝶科 Nymphalidae
地理分布	澳大利亚东北部和东部
栖息地	高大而又开阔的森林及雨林的边缘
寄主植物	热带与温带禾本科 Poaceae 的草本植物
特色之处	长寿，夜间隐蔽生活
保护现状	没有评估，但在局部地区常见

成虫翅展
1¾₆ in (30 mm)

幼虫长度
⅞ in (22 mm)

238

黄斑慧眼蝶
Hypocysta metirius
Brown Ringlet
Butler, 1875

黄斑慧眼蝶的幼虫夜间在草上取食，白天在草丛的基部休息，低龄幼虫白天也停留在其取食的叶子上。低龄的幼虫沿叶片向下取食，但并不越过中脉，只在叶片的一侧形成伤痕。成熟幼虫则从上向下取食整个叶片，直达叶片的基部。幼虫取食和完成发育的时间从5星期到6个月不等，随地区和季节的不同而异。在较温暖的地区，幼虫终年可见。

成熟的幼虫在草茎上化蛹，褐色而又具角的蛹好像是悬挂在茎下的一片卷曲的小枯叶。成虫的飞行能力较弱，靠近地面飞舞，但雄蝶也经常飞到山顶上。慧眼蝶属 *Hypocysta* 包括12种，仅分布在澳大利亚、新几内亚及阿鲁群岛。

黄斑慧眼蝶 幼虫身体底色为绿色或棕色，覆盖有微小的白色斑点；侧线细，其颜色有时暗而有时亮，贯穿整个身体。头部有2个末端呈深红色的短突起，其侧缘有白线。臀节有1个分叉的突起，其边缘镶白色。

实际大小的幼虫

科名	蛱蝶科 Nymphalidae
地理分布	马达加斯加、印度、东南亚、中国台北、日本南部、新几内亚、澳大利亚以及南太平洋的岛屿，东到法属玻利尼西亚和复活节岛
栖息地	无树大草原和开阔的林地，特别是热带和亚热带地区
寄主植物	寄主植物广泛，至少包括 9 个科的植物，但常见的有莲子草属 *Alternanthera* spp. 和宽叶十万错 *Asystasia gangetica*
特色之处	低龄阶段群集生活
保护现状	没有评估，但在热带和亚热带地区常见

成虫翅展
3~3⅜ in (76~86 mm)

幼虫长度
2¹⁄₁₆ in (53 mm)

239

幻紫斑蛱蝶
Hypolimnas bolina
Varied Eggfly
(Linnaeus, 1758)

幻紫斑蛱蝶将卵集中产在寄主植物叶子的背面。幼虫从卵中孵化后群集生活，低龄阶段共同取食，接近成熟时单独生活。幼虫夜晚取食，白天则离开取食的植物一段距离后躲藏起来。在热带地区，幼虫终年可见，其发育最少只需要 3 星期的时间。蛹利用丝垫和臀棘悬挂在寄主植物上或其附近。

幻紫斑蛱蝶的一些种群也被称为"大卵蝶"（Great Eggfly）或者"蓝月亮"（Blue Moon），已知它们主要由雌蝶产生后代，因为它们的雄蝶在卵期就被沃尔巴克氏体细菌 *Wolbachia* 杀死了。尽管本种不迁飞，但偶尔也有记录称在离其正常繁殖地很远的地区采集到标本。成虫常在潮湿的溪谷和城市庭院中飞舞。雄蝶有领地行为，在受到其他蝴蝶的入侵时将保卫其特殊的领地。

幻紫斑蛱蝶 幼虫身体底色为褐色或黑色，有 1 条橙黄色的腹侧线，每一节都有几根棕橙色的枝刺突。头部呈橙色，有 2 根黑色而又生鬃的长刺突，侧面在单眼附近有 1 个黑色的斑。

实际大小的幼虫

科名	蛱蝶科 Nymphalidae
地理分布	哥伦比亚的安第斯山脉，南到秘鲁南部
栖息地	山地的更新林，特别是森林的边缘和滑坡，在海拔 2000 m 的树线附近
寄主植物	朱丝贵竹属 *Chusquea* spp.
特色之处	完美地拟态寄主植物的一片垂死的叶子
保护现状	没有评估，但不被认为受到了威胁

成虫翅展
2⅜~2¾ in (60~70 mm)

幼虫长度
2⅛~2⁹⁄₁₆ in (55~65 mm)

240

道琳刺眼蝶
Junea dorinda
Dorinda Satyr
(Felder & Felder, 1862)

道琳刺眼蝶将黄白色的球形卵单个产在其寄主植物的嫩叶上，幼虫从卵中孵化出来。像许多以竹子为食的其他眼蝶一样，它们在植物的特殊部位休息时极其隐蔽。成熟的幼虫具有淡黄色的体色和尖锐的头部与尾部，所以当它在一片垂死（但没有完全死亡）的竹叶上休息时，几乎不可能被发现。早期的幼虫呈淡绿色，通常在绿叶上休息，经常沿被吃剩的叶脉停歇。

成虫的飞行速度极快，且飘忽不定，所以几乎不可能在它们飞行时鉴别。然而，当它们停歇在地面频繁地吸食腐烂的果实、动物的腐尸或粪便时，其翅背面独特而又复杂的斑纹很容易将它们与云雾林中的其他种类区分开来。虽然道琳刺眼蝶主要生活在竹子群落内，但偶尔也能看见其成虫在树线之上的开阔高山稀树草地上快速地穿梭。

道琳刺眼蝶 幼虫的身体（包括头部）几乎完全呈黯淡的黄褐色或橙棕色，看起来非常像寄主植物的一片发黄而将死的叶子。身体上不规则的浅棕色小斑纹进一步增添了其隐蔽性。身体末端有 1 根二分叉的尾突，两叉合拢在一起。头部有向前伸的锥形的尖锐突起。

实际大小的幼虫

科名	蛱蝶科 Nymphalidae
地理分布	北美洲，从加拿大的西南部和东南部到墨西哥北部
栖息地	受干扰而又杂草丛生的地区，包括道路旁、河道和原野
寄主植物	芭蕉属 *Musa* spp.、玄参属 *Scrophularia* spp.、钓钟柳属 *Penstemon* spp.、老鼠簕属 *Acanthus* spp. 和马鞭草属 *Verbena* spp.
特色之处	鲜艳且又多刺，能够产生口腔反流物
保护现状	没有评估，但常见

北美眼蛱蝶
Junonia coenia
Common Buckeye
Hübner, 1822

成虫翅展
2⅛~2⅜ in (55~60 mm)

幼虫长度
1½~1⁹⁄₁₆ in (38~40 mm)

241

北美眼蛱蝶的雌蝶将卵单个产在寄主植物叶子的背面或者端稍上。幼虫3天后孵化出来，在取食叶子之前先吃掉卵壳。本种幼虫取食的所有植物都含有环烯醚萜苷类，其能够促进食欲，并为幼虫提供化学防御的成分。从一龄到三龄的幼虫在叶子的正面取食，产生透明的斑块或斑点。较高龄的幼虫公开取食，从边缘啃食叶子。幼虫在白天经常离开寄主植物，夜间再返回来取食。

通过与其他幼虫个体之间的相互作用，它们能够产生大量的口腔反流物。这对驱赶捕食者有很大的帮助。在温暖的气候条件下，从卵孵化到化蛹的发育时间只需要15天。化蛹场所通常在寄主植物上，有时在由少量的丝粘连成的叶片庇护所下或其他物体的表面化蛹。化蛹1星期后成虫羽化，从春季到秋季能够发生许多代。

实际大小的幼虫

北美眼蛱蝶 幼虫身体底色为黑色，背面有2条橙色的条纹，断裂为小斑列。身体上有许多微小的白色斑点，背面有闪蓝色光的大刺突，侧面有显著的橙色与白色斑纹。头部背面呈橙色，腹面呈黑色。

科名	蛱蝶科 Nymphalidae
地理分布	澳大利亚、新几内亚大陆、新西兰及太平洋西南部的岛屿
栖息地	从林地到草地，还有城市庭院
寄主植物	来自几个科的草本植物，包括爵床科 Acanthaceae、菊科 Asteraceae、旋花科 Convolvulaceae、龙胆科 Gentianaceae、草海桐科 Goodeniaceae 和车前草科 Plantaginaceae
特色之处	黑色且具枝刺，寄主植物广泛
保护现状	没有评估，但常见，广泛分布于许多栖息地

成虫翅展
1⁹⁄₁₆～1¹¹⁄₁₆ in (40～43 mm)

幼虫长度
1⁷⁄₁₆～1⁹⁄₁₆ in (37～40 mm)

242

敏捷眼蛱蝶
Junonia villida
Meadow Argus
(Fabricius, 1787)

敏捷眼蛱蝶的幼虫被发现单独生活，白天和夜间都可取食。不取食时，幼虫到寄主植物基部的落叶层下休息。在炎热的热带地区，幼虫在湿季的发育仅要 2 星期就能完成，但在冬天的旱季其生长似乎受到了限制。在热带地区一年发生数代，但在温带地区一年也许只有 2 代。在较凉爽的地区，当成虫不存在时不能确定它们如何越冬。

幼虫经常离开寄主植物化蛹，它们用臀棘和丝垫头朝下悬挂在石头或栅栏上。成虫不定时地进行迁飞，但不是在所有地区，也不是全年发生。幼虫在较凉和短日照的冬天发育将产生较小的成虫，为它们春季的迁飞提前做好准备。本属包括 30～35 种，统称为"雄鹿眼蝶"（buckeyes），分布在世界各地。

敏捷眼蛱蝶 幼虫身体底色为黑色，背面有黑色的短枝刺，基部呈蓝色；侧面和亚侧面有黄色的短枝刺。在黑色的背侧线中镶有众多微小的白色斑点，每个白斑上生有细小的白毛。头部呈黑色而又有短毛，前胸为橙色。

实际大小的幼虫

科名	蛱蝶科 Nymphalidae
地理分布	亚洲的温带和热带地区，最北可达西伯利亚的东南部
栖息地	森林，通常在较高海拔的地区
寄主植物	菝葜属 Smilax spp. 和肖菝葜属 Heterosmilax spp.
特色之处	看起来凶猛，还会成长为凶猛的成虫
保护现状	没有评估，但在局部地区常见

琉璃蛱蝶
Kaniska canace
Blue Admiral
(Linnaeus, 1763)

成虫翅展
2⅜~2¼ in (60~70 mm)

幼虫长度
1⁹⁄₁₆ in (40 mm)

243

　　琉璃蛱蝶将卵单个产在寄主植物的叶子上，这样能够使其后裔较广泛地分布开来。幼虫经过 5 龄的取食和发育，历时超过 23 天。较高龄的幼虫在叶子的背面休息，当它们不取食或者受到惊扰时会摆出一种特有的"U"字形的姿势。尽管幼虫有一套可怕的刺突披身，但它们是无害的。成熟的幼虫在寄主植物的茎干上或附近的枝条上化蛹，多刺的赭色蝶蛹于 12 天后羽化为成虫。一年可能发生许多代。

　　琉璃蛱蝶的成虫飞行坚强有力，飞行姿势形似耍杂技，并疯狂地守卫着自己的领地，其大部分时间都在领地内巡逻，与入侵的其他蝴蝶战斗，甚至敢于挑战人类。琉璃蛱蝶是本属唯一的成员，存在许多亚种，其中一些亚种的幼期阶段有体色上的差异。

琉璃蛱蝶　幼虫身体底色为显著的橙色或黄色。着色的体上有多个黑色的斑点，白色的体节上有黑色的条纹，它们相间排列。每一条橙色带上有 7 根白色的枝刺，其末端为黑色，没有蜇刺功能。头颅呈橙色与黑色，有众多的长刚毛。

实际大小的幼虫

科名	蛱蝶科 Nymphalidae
地理分布	哥伦比亚的东南部，穿过安第斯山脉到玻利维亚和阿根廷北部
栖息地	山顶森林的边缘、小溪沿岸和滑坡
寄主植物	朱丝贵竹属 *Chusquea* spp.
特色之处	模拟其寄主植物的一段小枝条
保护现状	没有评估，但不被认为受到了威胁

成虫翅展	
2¹⁄₁₆~2⁵⁄₁₆ in (52~58 mm)	
幼虫长度	
2~2⅜ in (50~60 mm)	

黑斑腊眼蝶
Lasiophila orbifera
Fiery Satyr

Butler, 1868

像鼷眼蝶亚族 Pronophilina 的其他成员一样，黑斑腊眼蝶的球形卵为淡黄色，被单个产在寄主植物上。幼虫的浅棕色的外表并不显眼，但其颜色与形状共同构成了绝妙的伪装，使它们形似寄主植物的一片枯叶，几乎完美无缺。当不取食的时候，幼虫在众多的枯叶上休息，这些枯叶仍留在植株上，或者成束附着在竹子的活体上。这时的幼虫几乎无此发现，只有训练有素的人才能看见它们。

通常可以看见成虫沿着道路和溪流飘忽不定地快速飞行，几乎完全与竹子相关。在取食腐烂的果实、动物粪便或腐尸时，它们的翅膀向背面合拢，前翅隐藏在后翅之间，成虫复杂而又呈叶状的斑纹使其难以被发现。

黑斑腊眼蝶 幼虫身体底色为浅棕色，背面具有数量不等的暗色或红褐色的条纹与斑点。头部的颜色与身体相似，生有 2 条长的角突，其末端呈圆形；腹部的臀节也有类似的角状突起，分裂的 2 条长尾突几乎总是合在一起，使它们看起来更像一片叶子尖锐的末端。

实际大小的幼虫

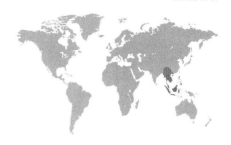

科名	蛱蝶科 Nymphalidae
地理分布	印度东北部、中国南部及东南亚
栖息地	热带森林中的空地和小道
寄主植物	台湾黄牛木 Cratoxylum formosum 和越南黄牛木 Cratoxylum cochinchinense
特色之处	醒目，具有长且生刺的突起
保护现状	没有评估

成虫翅展
3½~6 in (90~150 mm)

幼虫长度
2 in (50 mm)

小豹律蛱蝶
Lexias pardalis
Common Archduke
(Moore, 1878)

245

小豹律蛱蝶的雌蝶将绿色的穹顶形卵产在寄主植物叶子的背面，卵的表面不同寻常地具有蜂窝状的凹痕，且覆盖着微小的毛状刺。幼虫孵化后首先吃掉卵壳，然后取食较老和较成熟的叶子。幼虫的外貌独特，具有长的突起，突起上又生有羽毛状的刺，使它绝妙地伪装成热带森林生境中的叶子。作为一种防御方式，幼虫也会将头部蜷缩在刺突之下。成熟的幼虫在叶子的背面吐少量的丝将自己附着在叶上，然后化蛹。蝶蛹呈绿色而又光滑，两端逐渐变尖，也将自己巧妙地伪装起来。

化蛹大约 10 天后，蛹的颜色变暗，再过一天，成虫便羽化出来。大型的成虫飞行敏捷，在热带森林的地面取食腐烂的果实，终年可见。律蛱蝶属 *Lexias* 有 17 种，其中有几种是蝴蝶温室中饲养的蝴蝶，全部统称为"大公"（Archdukes）[1]。

小豹律蛱蝶 幼虫身体底色为绿色，身体两侧各有 1 系列特别的长突起，其末端呈蓝色和橙色。每一个突起上各生有 2 列刺，形似羽毛。

实际大小的幼虫

---

[1] 尤指奥匈帝国皇太子的。——译者注

科名	蛱蝶科 Nymphalidae
地理分布	北美洲，从加拿大南部到墨西哥北部
栖息地	低海拔的河岸，通常为沿着水道的栖息地
寄主植物	柳属 *Salix* spp.、杨属 *Populus* spp.、李属 *Prunus* spp. 和苹果属 *Malu* spp.
特色之处	具角突，有"鸟粪"状的斑纹
保护现状	没有评估，但在局部地区常见

成虫翅展
3~3⅛ in (75~80 mm)

幼虫长度
1⅜~1½ in (35~38 mm)

黑条线蛱蝶
Limenitis archippus
Viceroy
(Cramer, 1776)

　　黑条线蛱蝶的雌蝶将卵单个产在寄主植物叶子正面的末端或边缘。6天后，幼虫孵化出来，通常在夜晚取食。初龄的幼虫在叶子的末端取食，留下中脉暴露在外。这时的幼虫吐一个丝垫在其中休息，并将粪便小球堆积到中脉的末端以扩大其"码头"。幼虫利用这个"码头"生长到三龄，该"码头"可以保护幼虫避免捕食者的伤害，因为捕食者厌恶粪便。较高龄的幼虫隐蔽或战斗，以保卫自己，当受到惊扰时它们会摆动其钉状的角突。

　　三龄幼虫用寄主植物的叶子构筑一个居所在其中越冬。幼虫通常在寄主植物上化蛹，从卵到成虫的发育只要40天的时间。黑条线蛱蝶的成虫模拟君主斑蝶 *Danaus plexippus* 的形态，借助后者的不可食性保护自身。最近的研究表明，像君主斑蝶一样，黑条线蛱蝶的幼虫也能从寄主植物中吸收用于防御天敌的毒素。

黑条线蛱蝶　幼虫体表光滑，身体底色为红褐色，腹中部具有白色的马鞍形斑，腹后部的侧腹面也有白色的大斑。身体上还有微小的蓝色斑和钉状的长角突。头部呈橙色，具有多节的突起。有些种群的身体底色为绿色或暗棕色。

实际大小的幼虫

科名	蛱蝶科 Nymphalidae
地理分布	欧洲，穿过亚洲到中国和日本
栖息地	落叶林及靠近溪流的森林边缘
寄主植物	欧洲山杨 Populus tremula 和黑杨 Populus nigra
特色之处	巧妙伪装，以嫩叶为食
保护现状	没有评估，但在其分布范围的部分地区受到了威胁

成虫翅展
2⁹⁄₁₆~3⅛ in (65~80 mm)

幼虫长度
1³⁄₁₆ in (30 mm)

红线蛱蝶
Limenitis populi
Poplar Admiral
(Linnaeus, 1758)

247

在红线蛱蝶的雌蝶产卵之前，可以看见它们围绕树顶滑翔飞舞，然后再将其大型的卵单个产在叶子上。幼虫于 7 天后孵化出来，开始取食叶芽和嫩叶。幼虫的取食方式独特，它们从叶子的顶端吃起，留下中脉供其休息。幼虫通过将粪粒堆积在一起，把中脉扩大成它们的居所，这被认为可以驱避蚂蚁和其他捕食者。还在相当年幼的时候，幼虫就在卷叶中结一个松散的茧并在其中越冬，第二年春季幼虫从茧中出来，恢复生长，成熟后在一片叶子上化蛹，并吐丝将叶子的边缘卷起来以便保护蛹的安全。

红线蛱蝶的大型而显著的成虫于 5~8 月出现，具体的飞行活动时间随分布地的不同而异。虽然本种分布范围广泛，但并不十分常见，主要原因是现在杨树的商业价值很低，以至于杨树林丧失。本种有许多亚种，其中一些亚种在形态上有轻微的差异。

红线蛱蝶 头部呈棕色，身体底色主要为绿色，有一些棕色甚至黑色的区域。头部后方有 4 个突起，前面 2 个较长，末端呈褐色而又覆盖着短刺。腹部末端也有 2 个短的角突。身体上覆盖着许多突起的白色斑，其中一些有毛。

实际大小的幼虫

科名	蛱蝶科 Nymphalidae
地理分布	安第斯山脉的东坡，从哥伦比亚到玻利维亚
栖息地	湿润的山地云雾林的内部，通常在海拔 1200—2700 m 的高度
寄主植物	林苦苣苔属 *Drymonia* spp.
特色之处	斑纹简单，很少被成功饲养
保护现状	没有评估，但不被认为受到了威胁

成虫翅展
3⅜~3¾ in (85~95 mm)

幼虫长度
1⁹⁄₁₆~2 in (40~50 mm)

麦绡蝶
Megoleria orestilla
Megoleria Orestilla
(Hewitson, 1867)

　　麦绡蝶将卵单个或者 5~8 粒一组产下，通常产在寄主植物叶子的背面；卵呈黄白色长桶状，有脊纹。幼虫一起孵化，以一种特有的方式共同取食，它们趋向在叶子的端部附近吃出通道和小洞，使剩余的叶片下垂，这有利于隐蔽自己。幼虫成熟后化蛹，蛹呈淡绿色而有斑纹，并具弯曲的奇怪形态，悬挂在叶下。从产卵到成虫羽化需要 70~80 天的时间。

　　虽然尚不能肯定，但这些行动缓慢的幼虫可能具有对脊椎动物类捕食者的化学防御能力。在厄瓜多尔东部的饲养研究也已经发现，本种频繁地受到几种寄生蜂和寄生蝇的侵袭。像大多数其他近缘种一样，麦绡蝶的成虫飞行缓慢而懒散无力，这也进一步说明它们可能有化学防御的能力。麦绡蝶属 *Megoleria* 隶属于绡蝶亚科 Ithomiinae，绡蝶亚科被统称为"透翅蝶"（clearwing butterflies）。

实际大小的幼虫

麦绡蝶　幼虫身体底色为暗绿色，但背面呈灰绿色；侧面的气门区有 1 条污黄色的宽纵带。胸部前面有灰白色的印记，胸足呈黑色而有光泽。头部呈淡红褐色球形，单眼呈黑色而有光泽。

科名	蛱蝶科 Nymphalidae
地理分布	非洲的大部分地区、亚洲南部和东南部，扩展到澳大利亚和新西兰
栖息地	草甸和森林边缘以及受干扰的地区，也发生在稻田和其他草本作物区
寄主植物	草本植物和竹子，包括早熟禾属 *Poa* spp. 和水稻属 *Oryza* spp.
特色之处	广泛发生，可能成为水稻的害虫
保护现状	没有评估，但常见

成虫翅展
2~3⅛ in (50~80 mm)

幼虫长度
2~2¾ in (50~70 mm)

暮眼蝶
Melanitis leda
Common Evening Brown
(Linnaeus, 1758)

249

　　暮眼蝶的幼虫是眼蝶亚科 Satyrinae 的典型成员，具有隐蔽色，与其寄主植物长形草片的斑纹和形状十分匹配。生活在这种资源丰富的寄主植物上有很多优势，但也有劣势，因为草是粗糙而低营养的食物。因此，幼虫需要更长的时间才能完成发育，消化吸收的化学物质也没有保护它们免受捕食者或寄生性天敌伤害的功能。因此，幼虫不得不隐藏在周边环境中，以防被天敌发现。

　　眼蝶亚科 Satyrinae 的蝴蝶已知 2400 多种，除少数种类外，大部分种类的幼虫以草和竹子这样的单子叶植物为食，且它们的外形非常相似。像其他一些眼蝶亚科的种类一样，暮眼蝶的成虫具有明显的湿季型，其翅的背面有众多的眼状斑，它们被认为可以使捕食者的攻击靶点偏离致命的部位；旱季型则模拟各种枯叶的斑纹。

实际大小的幼虫

暮眼蝶　幼虫身体底色隐蔽的绿色，具有纵条纹：背中央的 1 条的颜色较暗，其他几条的颜色较亮。头部既可以呈绿色而有暗色的角突，角突上又有 2 条暗色的竖纹，也可能头部完全呈黑色。身体和角突上都覆盖有许多短的细刚毛。

科名	蛱蝶科 Nymphalidae
地理分布	非洲北部，穿过欧洲到达中东和亚洲北部（俄罗斯和蒙古）
栖息地	细砂砾土壤上的开阔草地及亚高山草甸
寄主植物	长叶车前 *Plantago lanceolata* 和婆婆纳属 *Veronica* spp.
特色之处	黑色且又多刺，在丝网中生活
保护现状	没有评估，但在局部地区性濒危

成虫翅展
1½~1⅞ in (38~47 mm)

幼虫长度
1 in (25 mm)

250

网蛱蝶
Melitaea cinxia
Glanville Fritillary
(Linnaeus, 1758)

实际大小的幼虫

网蛱蝶 幼虫很容易识别，其头部和腹足呈红色，身体底色为黑色而又多刺。体表环生有黑色的疣突，其上生有许多黑色的刺，疣突环与白色的斑环相间排列。

网蛱蝶将黄色的卵 50～200 粒一群地集中产在寄主植物叶子的背面，幼虫从卵中孵化出来。幼虫在寄主植物上吐丝结一个丝网，群集在其中生活和取食。经常可以看见它们在植物表面晒太阳。幼虫在高草中结一个丝幕，在其中越冬，第二年春季恢复活动。成熟的幼虫独自生活，在受到惊扰时将身体蜷成球状并坠落到地面。在寄主植物的茎干上化蛹，或者坠落到地面，在寄主植物周围的落叶层中化蛹。

成虫具有橙色、黑色和白色组成的方格图案，于 5～7 月之间出现。在网蛱蝶分布范围的北部地区通常一年只有 1 代，但在南部地区一年发生 2 代。本种的英文名称以英国昆虫学家埃利诺·格兰维尔（Eleanor Glanville，大约 1654—1709）女士的名字命名，在其分布范围的大部分地区，其种群数量由于栖息地的丧失而下降。在英国，本种的分布地仅限于怀特岛。

科名	蛱蝶科 Nymphalidae
地理分布	欧洲、中亚、西伯利亚南部、蒙古、中国东北部、朝鲜和日本
栖息地	各种生境，包括松树林、矮树林、高山草甸、草地、湿地和沼泽
寄主植物	缬草属 *Valeriana* spp. 和山罗花属 *Melampyrum* spp.
特色之处	多刺，在卷曲的枯叶中越冬
保护现状	没有评估，但在局部地区受威胁

成虫翅展
1¼~1⅝ in (32~42 mm)

幼虫长度
1¹⁄₁₆ in (18 mm)

251

帝网蛱蝶
Melitaea diamina
False Heath Fritillary
(Lang, 1789)

帝网蛱蝶的雌蝶将 100 粒左右的淡黄色的卵集中产在寄主植物叶子的背面，幼虫从卵中孵化出来。幼虫群集生活，吐丝结一个公共的网并在其中取食和休息。在凉爽而阳光灿烂的日子里，可以看见它们在叶面上取暖。幼虫在寄主植物下面卷曲的枯叶内越冬，次年 4 月重新开始活动。随着幼虫的成熟，它们逐渐分散并开始独自生活。幼虫悬挂在寄主植物的茎上化蛹。蛹的底色为乳白色，具有棕色与黑色的斑纹。

成虫具有显著的橙色、黑色和白色组成的方格状的斑纹，依据纬度的不同于 5~9 月之间出现。一年通常只有 1 代。本种的数量在其分布范围的大部分地区都有所下降，但在湿润的高山草甸和湿地仍然常见。

实际大小的幼虫

帝网蛱蝶 幼虫身体底色为暗褐色，具有灰白色的斑点及 1 条暗色的背线。有由黄褐色的刺突组成的横带，刺突的末端常为灰色。头部呈黑色，有黑色的毛。

科名	蛱蝶科 Nymphalidae
地理分布	哥伦比亚东部到厄瓜多尔东南部，但也可能还向南扩展
栖息地	亚热带云雾林中未经触动的地带、森林边缘和透光地带，其海拔高度在 1700—2200 m 之间
寄主植物	甘蜜树属 Nectandra spp. 和樟桂属 Ocotea spp.
特色之处	成熟时躲藏在卷曲的叶子内
保护现状	没有评估，但不被认为受到了威胁

成虫翅展
2¹¹⁄₁₆～3 in (68～75 mm)

幼虫长度
2⅛～2⁹⁄₁₆ in (55～65 mm)

252

饰边尖蛱蝶
Memphis lorna
Lorna Leafwing
(Druce, 1877)

通过在厄瓜多尔东北部的观察，饰边尖蛱蝶的管状幼虫数量稀少，身体底色为浅棕色且有绿色的斑纹，看起来非常像一段长满苔藓的发霉的枝条。一龄到三龄幼虫在位于寄主植物叶子边缘的粪便链上休息，四龄和五龄幼虫则利用寄主植物的卷叶构筑一个管状的居所。幼虫头部的坚硬属性加上其异常的厚度，在居所的入口处形成一个保护性的"塞子"，从而阻止捕食者攻击幼虫较易受到伤害的部位。

饰边尖蛱蝶被限定在哥伦比亚东部和厄瓜多尔的一个狭窄的海拔范围内，但也可能发生在秘鲁和玻利维亚的安第斯山脉东部。成虫的数量稀少，难以被看见，但在有些地方雄蝶比较常见，通常可以看到它们正在取食腐肉、成熟的果实或动物的粪便；成虫翅膀背面惟妙惟肖的叶状斑纹使它们几乎消失在森林中。关于本种幼虫的正式描述目前还没有发表。

饰边尖蛱蝶 幼虫头部呈球状，身体底色为黑色而又有乳白色的竖条纹，额上有深红色的印迹。顶端有几个锥状的短突起。体色为棕色，后部为淡黑色，腹部有鲜绿色的小斑，胸部有绿色的条纹。身体覆盖有弯曲的细刚毛。

实际大小的幼虫

科名	蛱蝶科 Nymphalidae
地理分布	亚洲南部与东南部
栖息地	林中空地和雨量充沛的密林中的空地
寄主植物	茜草科 Rubiaceae，包括金鸡纳属 Cinchona spp. 和水锦树属 Wendlandia spp.，还有白花菜科 Capparaceae
特色之处	善伪装，利用其粪便来驱避捕食者
保护现状	没有评估，但是其所在的属中最常见的一种

穆蛱蝶
Moduza procris
Commander
(Cramer, 1777)

成虫翅展
2⅜~3 in (60~75 mm)

幼虫长度
¾~⅞ in (20~22 mm)

穆蛱蝶将绿色而又具刺的卵产在嫩梢端部附近的叶子的背面，卵形似微小的海胆，4天后幼虫从中孵化出来。奇形怪状的幼虫生长迅速，具有不同寻常的防御策略。幼虫吃掉叶子的一部分，然后用丝线将咀嚼过的叶子与它排出的粪便组合形成一条长链。这条链加上一些散落的粪粒被认为含有毒素，在毛虫休息时能够阻止蚂蚁和其他捕食性昆虫的入侵。

成熟的幼虫离开寄主植物一段距离，在地面的落叶层中化蛹。褐色的蛹装饰有线条和斑纹，状似一片卷曲的枯叶。成虫具有鲜艳的红色、褐色和白色的斑纹，在飓风过后以及冬季最常见。穆蛱蝶属 *Moduza* 包括9种，其中穆蛱蝶是分布最广和最常见的一种。

实际大小的幼虫

穆蛱蝶 幼虫具有不同寻常的外表，这为它提供了有效的伪装保护。身体底色为栗棕色，具有较暗的斑纹；体表覆盖有粗的疣突，其上有许多具刺的突起，使虫体看起来满身都是刺。这种形状有助于破坏休息时的幼虫轮廓，可以减少被捕食的风险。

科名	蛱蝶科 Nymphalidae
地理分布	中美洲和南美洲的北部
栖息地	热带雨林
寄主植物	豆科 Leguminosae，包括花生 Arachis hypogaea、醉鱼豆属 Lonchocarpus spp.、紫苜蓿 Medicago sativa、因加属 Inga spp.、围涎树属 Pithecellobium spp.，至少还有紫葳科 Bignoniaceae 的一种，附角紫葳 Paragonia pyramidata
特色之处	生活于热带，主要依赖隐蔽来防御天敌
保护现状	没有评估，尽管像所有栖息在热带森林中的种类一样受到栖息地丧失的影响，但仍然常见

成虫翅展
4~6 in (100~150 mm)

幼虫长度
4~5 in (100~130 mm)

254

黑框蓝闪蝶
Morpho peleides
Blue Morpho
Kollar, 1850

黑框蓝闪蝶 幼虫身体底色为紫红色，背面和侧面有霓虹黄或绿色而呈偏菱形的斑纹。身体背面和侧面有鳍状的毛丛，第一胸节也有毛丛来装饰头部。当幼虫倒挂准备化蛹时，复杂的斑纹随即消失。化蛹前和蛹都呈绿色。

黑框蓝闪蝶的幼虫不同寻常，因为其体色既不是明显的隐蔽色，也不是显著的警戒色。在热带森林里的昏暗条件下，毛虫紫红色的身体底色可能使其隐藏在环境中以躲避捕食者的视线，而当从上面向下看时，其霓虹黄或绿色的斑纹使它看起来不可食。例如，腹部着生的毛丛就像是蜘蛛的腿。具有隐蔽与警戒双重功能的斑纹，在热带雨林中十分普遍。蛹的颜色较简单，统一为隐蔽性的绿色。

一些作者认为，黑框蓝闪蝶是海伦闪蝶 *Morpho helenor* 的一个亚种，后者的分布范围更广泛，在墨西哥以南都有分布。闪蝶属 *Morpho* 包括世界上最大、最华贵的一些蝴蝶，以其闪光的结构色闻名天下。闪蝶属的许多种类，其食性都高度专一（单一食性），数量稀少。黑框蓝闪蝶是寡食性的蝴蝶，取食相对常见的寄主植物，这是它能够成功演化为一个独立种的原因。

实际大小的幼虫

科名	蛱蝶科 Nymphalidae
地理分布	从委内瑞拉的安第斯山脉沿海向南到哥伦比亚，以及厄瓜多尔北部的安第斯山脉的阴坡和阳坡
栖息地	中到高海拔的云雾林和竹灌丛
寄主植物	朱丝贵竹属 *Chusquea* spp.
特色之处	醒目，但很少见
保护现状	没有评估，但不可能濒危

白斑俊眼蝶
Mygona irmina
Mygona Irmina
(Doubleday, [1849])

成虫翅展
2⁹⁄₁₆~2¾ in (65~70 mm)

幼虫长度
1⅛~1¼ in (28~32 mm)

255

白斑俊眼蝶将卵单个产在成熟竹叶的背面。从卵中刚孵化的幼虫在成熟叶子的顶端附近休息，取食叶子的一侧边缘，仅留下叶子的另一侧及其顶端。幼虫在吃剩的叶片上很难被发现。当幼虫发育到中龄时，它们在叶子的背面休息，经常移动到附近的叶子上取食。在最后一次蜕皮后，幼虫的背面和背侧面立即出现褐色、绿色和淡蓝色等各种颜色，气门区和腹侧区有白色和粉红色。一天后它们全部变暗，转变为褐色。

到目前为止，还没有在野外观察到五龄幼虫，但其明显的暗色说明它们可能在寄主植物的叶或茎以外的地方休息。从卵到成虫的完整发育周期需要102~109天。成虫在竹子生长区的上空快速飞行，通常出现在阳光灿烂的日子里，也会取食哺乳动物的粪便。

白斑俊眼蝶 幼虫的头部呈暗褐色到黑色，有发达的圆而弯曲的枝刺。身体稍扁（横切面为梯形）。身体底色以褐色为主，背面有暗色区形成的"V"字形纹，各嵌有绿色的小亮斑。

实际大小的幼虫

科名	蛱蝶科 Nymphalidae
地理分布	新几内亚大陆、澳大利亚的东北部和东部
栖息地	主要为低山雨林的溪流两岸，但可达海拔 800 m 的高度
寄主植物	荨麻科 Urticaceae 的种类，例如火麻树属 Dendrocnide spp. 和银落尾木 Pipturus argenteus
特色之处	群集活动与取食
保护现状	没有评估，但在局部地区常见

成虫翅展	2~2¼ in (50~57 mm)
幼虫长度	1⁹⁄₁₆~1¾ in (40~45 mm)

256

红斑拟蛱蝶
Mynes geoffroyi
Jezebel Nymph
(Guérin-Méneville, [1830])

红斑拟蛱蝶的幼虫成群孵化，一群可达 50 只个体。它们的体色最初为橙色，具有黑色的毛，伪装巧妙，群集体生活，成群地在叶子的背面取食。在吃完整片叶子后它们会移动到新的叶子上取食。在南部较凉爽的地区，幼虫阶段持续 6~7 星期的时间，终年可以繁殖，一年能够完成数个世代。

幼虫一起化蛹，相互靠近，一片叶上经常有 10 只以上的蛹，它们利用丝垫和臀棘头朝下地悬挂在叶下。蛹受到惊扰时会猛烈摆动数秒。同一窝的蛹会在一天内全部羽化为成虫。雄蝶有领地行为，它们在固定的通道巡逻，与任何入侵的蝴蝶战斗。拟蛱蝶属 *Mynes* 包括 12 种，只分布在澳大利亚、新几内亚或印度尼西亚。

红斑拟蛱蝶 幼虫身体底色为暗褐色或者黑色，具有众多白色的斑点及成列大型分支的刺突，枝刺呈粉红色或淡蓝色。头部呈黑色或灰褐色，有 2 根黑色的小枝刺。

实际大小的幼虫

科名	蛱蝶科 Nymphalidae
地理分布	喜马拉雅山脉的西北部、印度北部、中国南部、缅甸、泰国、马来半岛和苏门答腊
栖息地	亚热带和热带常绿森林
寄主植物	垂丝海棠 *Malus halliana* 和枇杷树 *Eriobotrya japonica*
特色之处	毛虫世界中的高空秋千表演艺术家
保护现状	没有评估，但在局部地区受威胁

断环蛱蝶
Neptis sankara
Broad-Banded Sailer
(Kollar, 1844)

成虫翅展
2⅛~2⁹⁄₁₆ in (55~65 mm)

幼虫长度
1³⁄₁₆ in (30 mm)

257

像许多蛱蝶科 Nymphalidae 的幼虫一样，断环蛱蝶的幼虫在其发育过程中构建一个粪便链作为其栖息处。通过在寄主植物上营造一个安全地带，用丝和粪便设置一道屏障，从而将没有防御能力的幼虫与捕食者和其他意外伤害隔离开来。较高龄期的幼虫则采用"荡秋千"这个策略来保护自己。幼虫将叶子的中脉折断，使叶子下垂，用丝将叶子碎片粘牢，然后一天的大部分时间都悬挂在这里，形似碎叶。它们移动到其他叶子上取食，在叶上化蛹，形成一个弯曲的蛹。一年发生2代。

作为本属的典型代表，断环蛱蝶成虫的翅正面有黑色与白色的破坏性斑纹，而翅背面则有棕色与白色的隐蔽性斑纹。本种及其环蛱蝶属 *Neptis* 其他同伴的英文名为"水手"（sailers），因为其成虫在休息地之间旋转飞行，非常像滑翔机或帆船的航行姿势。断环蛱蝶与环蛱蝶属的幼虫具有下列共同特征：头部宽阔而有角状的突起，胸部有肉质的疣突；但每种又都有自己的变异特征。断环蛱蝶的种群地方化，且经常孤立存在。

实际大小的幼虫

断环蛱蝶 幼虫身体底色为暗褐色，头颅和身体侧面有微小而不规则形的绿色斑。腹部中央有红褐色的长形波状的斑纹，并与较大的白色带中的另一个绿色斑相连。头部宽阔而不匀称，顶端有1对小的角突。第三胸节生有1对明显的肉质突起，向前伸，末端柔软；第二胸节有1个屋脊状的突起。

科名	蛱蝶科 Nymphalidae
地理分布	欧洲中部，穿过中亚和俄罗斯南部到达日本，向南到达东南亚
栖息地	湿润的温带林地和热带雨林，可达海拔 1200 m 的高度
寄主植物	香豌豆属 *Lathyrus* spp. 和洋槐 *Robinia pseudacacia*
特色之处	奇形怪状，利用斑驳的颜色来伪装自己
保护现状	没有评估，但在其分布区常见

成虫翅展
1¹¹⁄₁₆~1⅞ in（40~48 mm）

幼虫长度
1 in（25 mm）

258

小环蛱蝶
Neptis sappho
Common Glider
(Pallas, 1771)

小环蛱蝶的雌蝶将球形的卵产在寄主植物叶子正面的庇荫处，幼虫从卵中孵化出来。每一粒卵都覆盖有六角形的脊纹，上生微小的细毛。早期的幼虫构筑向上卷曲的叶片居所，外出在叶子上取食，留下中脉供其休息。它们的身体有模糊的轮廓，能够非常巧妙地隐藏在枯叶中。以幼虫越冬，于次年春季化蛹。蝶蛹形似枯叶，悬挂在小枝下。

小环蛱蝶完成发育仅需要 5~6 星期的时间，所以一年可以发生 4 代之多，成虫出现在 4~9 月之间。本种的英文名也称为"智慧女神雅典娜水手"（Pallas Sailor），因为其成虫的飞行姿态为强有力的滑翔或航船方式。

实际大小的幼虫

小环蛱蝶 幼虫具有不同寻常的形态和颜色，身体底色为橄榄绿色和褐色带，这为幼虫提供了模糊的轮廓，特别是当其腹部抬起来的时候。身体覆盖有白色的短毛，胸部和腹部有刺突。

科名	蛱蝶科 Nymphalidae
地理分布	北美洲、欧洲和亚洲
栖息地	河岸走廊、林中空地、小树林、公园和庭院
寄主植物	许多种类，包括柳属 Salix spp.、杨属 Populus spp.、桦属 Betula spp.、苹果属 Malus spp. 和桤木属 Alnus spp.
特色之处	多刺，群集生活，经常可以在庭院的柳树上看见它们
保护现状	没有评估，但常见

成虫翅展
3～3⅛ in (75～80 mm)

幼虫长度
2～2⅛ in (50～55 mm)

黄缘蛱蝶
Nymphalis antiopa
Mourning Cloak
(Linnaeus, 1758)

259

黄缘蛱蝶的雌蝶将 100～200 粒卵集中产在寄主植物的枝条上，排列成"项圈"状。幼虫在 5～9 天后孵化出来，高度群集，在整个发育阶段都共同取食和运动。它们在受到惊扰时一致行动，抬起并摆动头部。这种同步的头部颤动、身体上的刺突以及从腹面的"颈"腺喷出的驱避性化学物质，是幼虫防御的主要形式。

成熟的幼虫具有鲜艳的橙红色的斑纹，警示自身不可食，它们在化蛹之前离开寄主植物在小道或公路上四处爬行。本种幼虫的发育迅速，从孵化到化蛹仅需要 2 星期的时间。再过 2 星期后成虫羽化出来。黄缘蛱蝶的种群处于"繁荣－萧条"的交替循环中，被认为是起因于疾病或天敌的作用。一个群体的幼虫对寄主植物的伤害可能是毁灭性的，一大群幼虫能够毁掉一棵小柳树。

实际大小的幼虫

黄缘蛱蝶 幼虫身体底色为黑色，具有黑色而又分支的刺突，在断续的横带中嵌有许多微小的白斑。背面有橙色或红色的大斑。体表有众多白色的短刚毛，使虫体呈"毛发蓬松"的样子。头部呈黑色而有光泽，生有白色的短毛。

科名	蛱蝶科 Nymphalidae
地理分布	北美洲的西部，从不列颠哥伦比亚到加利福尼亚州南部
栖息地	山坡、峡谷、水道、公园和花园
寄主植物	山蓟木 Ceanothus velutinus、间蓟木 Ceanothus integerrimus 和红茎蓟木 Ceanothus sanguineus
特色之处	多刺，群集生活，据报道可以产生"无数闪闪发光的蛹"
保护现状	没有评估，但常见

260

成虫翅展
2⅜~2⁹⁄₁₆ in (60~65 mm)

幼虫长度
1¾~2 in (45~50 mm)

凯丽蛱蝶
Nymphalis californica
California Tortoiseshell
(Boisduval, 1852)

凯丽蛱蝶将卵成群地产在寄主植物叶子的正背两面，一群卵的数量可高达250粒，4~5天后幼虫孵化出来。刚孵化的幼虫吃掉部分的卵壳，然后再取食寄主植物。早期的幼虫只取食新长出的叶子，并用丝将叶子缀在一起。幼虫公开取食和休息，前三龄群集生活，四龄和五龄分散独自生活。从产卵到成虫羽化大约需要5星期的时间。

当受到惊扰时，前三龄的幼虫群体会同时摆动头部来恐吓捕食者。在三龄和四龄期，幼虫后部的几个体节高度骨化，类似头颅，使毛虫形成一个双头的外形，这样可以分散鸟类的注意力。从数公顷的山蓟木叶子被吃光及"无数闪闪发光的蛹"的报道来看，本种毛虫有极高的生存能力。凯丽蛱蝶的种群周期性地爆发，成虫的寿命长，能够迁飞。

凯丽蛱蝶 幼虫身体底色为黑色，身体和头部密布白色的长刚毛。刺突呈橙色或是黑色，其基部呈球形，为橙色或黑色。背面可能会有1对间断的白色或黄色的线纹。最后两节高度骨化。

实际大小的幼虫

科名	蛱蝶科 Nymphalidae
地理分布	北美洲，从阿拉斯加到魁北克，南到威斯康星州
栖息地	中等海拔高度的松树林和草地
寄主植物	各种莎草与草本植物，包括苔草属 Carex spp. 和羊茅属 Festuca spp.
特色之处	在变暖的气候条件下可能易危
保护现状	没有评估，但在其分布范围的大部分地区被认为安全

金酒眼蝶
Oeneis chryxus
Chryxus Arctic
(Doubleday, [1849])

成虫翅展
1¼~2⅛ in (45~54 mm)

幼虫长度
1⅜ in (35 mm)

261

　　金酒眼蝶的幼虫发育需要 2 年的时间，越冬 2 次，共有 5 龄。雌蝶找到在松树下呈草皮状生长的莎草，在莎草上方的枯枝上产出一粒卵。孵化后的微小幼虫坠落到莎草上，取食数月后进行越冬。幼虫在下一个短暂的夏季继续取食，接近成熟时再次越冬。幼虫于次年春季经过短暂的取食，在落叶层中结一个疏松的丝茧化蛹，蝶蛹为褐橙色，成虫于 6 月羽化。

　　成虫吸食很多种植物的花蜜，也会从潮湿的土壤中吸收水气。酒眼蝶属 *Oeneis* 包括数十种蝴蝶，发生在北美洲和欧亚大陆的高纬度地区。这个属所有种类的幼虫都相似，但大多数都生活在草地或冻土带。由于这些种类已经非常适应在寒冷的环境中生存，全球气候变暖可能会导致其数量减少。

金酒眼蝶　幼虫身体底色为淡粉色到棕黄色或暗棕色，体表具有许多浅色与深色的条纹。头部有 6 条明显的褐色到黑色的竖条纹。背面有 1 条明显的黑色纵纹，侧面有 2 条褐色的纵纹，使虫体的外形像草一样。身体后缘有 1 对短的尾突。

实际大小的幼虫

科名	蛱蝶科 Nymphalidae
地理分布	厄瓜多尔东部
栖息地	潮湿的山地云雾林的下层植被及森林边缘
寄主植物	黄花木本曼陀罗 Brugmansia aurea
特色之处	咬下叶子在地面取食
保护现状	没有评估，但不被认为受到威胁

成虫翅展
2⅛~2⁹⁄₁₆ in (55~65 mm)

幼虫长度
¾~1³⁄₁₆ in (19~21 mm)

拜油绡蝶
Oleria baizana
Baeza Glasswing
(Haensch, 1903)

262

实际大小的幼虫

拜油绡蝶　幼虫的斑纹和疣突形态简单。头部呈球形，黑色，有光泽，胸足的颜色与之相同。通体颜色为赭橄榄绿色到暗绿黑色不等，仅在侧面有少数几个模糊而呈波状的白色斑纹。

拜油绡蝶将卵单个产在寄主植物上，幼虫孵化后离开寄主植物到落叶层中。所有龄期的幼虫体色都相当黯淡，直到成熟时其外形都很相似。它们行动缓慢，甚至受到触碰时也只有勉强的回应，通常将身体紧紧地蜷成球形，别无其他反应。幼虫在夜间则爬到寄主植物的幼苗上，切断叶柄使叶子飘落到地面，然后在地面取食。幼虫有 5 龄，从产卵到成虫羽化需要 75~80 天的时间。

幼虫在森林地层的卷曲枯叶中化蛹。微小而呈球形的蛹结构巧妙，半透明，底色为暗黄色，具有黑色的斑纹，很好地隐藏在落叶层中。随着成虫的羽化和交配，又开启了另一个生命周期。雌蝶最容易在云雾林的下层植物上被发现，它们到处寻找合适的产卵场所。

科名	蛱蝶科 Nymphalidae
地理分布	哥伦比亚与厄瓜多尔的安第斯山脉
栖息地	中等海拔高度的云雾林、森林边缘及林中的竹丛区
寄主植物	朱丝贵竹属 Chusquea spp.
特色之处	极其隐蔽，普遍发生但难以被发现
保护现状	没有评估，但不可能濒危

成虫翅展
1⅞~2⅛ in (48~54 mm)

幼虫长度
1½~1⅝ in (38~42 mm)

佩鄱眼蝶
Pedaliodes peucestas
Pedaliodes Peucestas
(Hewitson, 1862)

263

佩鄱眼蝶将卵单个（偶尔成对）产在寄主植物叶子的背面。刚孵化的幼虫微小，呈淡白色；头部呈褐色，球状。幼虫的第一顿美食是它的卵壳，但很快就会取食叶片，不久体色即变为与其寄主植物一致的绿色，几乎发现不了它。从产卵开始，幼虫经过 5 个龄期的发育，到成虫羽化，完成整个生命周期需要超过 110 天。其中蛹期可能持续 25 天以上。

佩鄱眼蝶的成虫经常是其分布范围内最常见的蝴蝶之一。成虫以动物的粪便和腐烂的尸体为食，通常可以看见它们几乎不停地沿道路及其寄主竹子的上方轻快地飞行。几乎无论什么天气条件它们都能飞行，但暴雨天气除外，一旦风暴停止，它们立刻就会恢复活动。

实际大小的幼虫

佩鄱眼蝶 幼虫具有十分隐蔽的身体底色，貌似一段长满青苔的朽枝或竹子叶片的一部分。其各种复杂的褐色斑纹加上适量的绿色亮区，更添加了与枝条的相似程度。头颅通常呈方角状突出，有些像猫耳朵。

科名	蛱蝶科 Nymphalidae
地理分布	委内瑞拉、哥伦比亚与厄瓜多尔的安第斯山脉，秘鲁的北部
栖息地	中等海拔高度的云雾林和森林边缘
寄主植物	香无患子属 *Paullinia* spp.
特色之处	难得一见，最近刚被描述
保护现状	没有评估，但不可能濒危

成虫翅展
1¾~2 in (45~50 mm)

幼虫长度
¾~⅞ in (20~22 mm)

264

绿带美蛱蝶
Perisama oppelii
Citron Perisama
(Latreille, [1809])

绿带美蛱蝶的低龄幼虫在叶片顶端吃剩的中脉处休息，这里已经被其粪便链占据。幼虫在这些安全港湾的顶端蜕皮。较高龄的幼虫在叶子的背面休息，它们的头顶朝前，枝刺平贴，身体呈直线或轻微的"S"字形。当受到惊扰时，幼虫猛烈摆动其头部和腹部，试图用头部的枝刺驱离厌恶的目标。它们仅是勉强地从植物上坠落，只有受到强烈的刺激时才会猛烈地摆动。

翡翠绿的蛹利用臀棘悬挂在叶子的背面，成虫大约在化蛹后 20 天羽化。雄蝶在富含尿液或粪便的湿沙上取食，它们还经常在建筑物旁或肮脏的衣物上取食，并周期性地将腹部弯曲在身体之下，缓慢流出一滴液体，然后再次吞下。

实际大小的幼虫

绿带美蛱蝶 幼虫身体底色为绿色，具有黄色的小颗粒状的突起，侧面有几条微弱的淡白色的线纹。腹部末端有 1 对绿色的短枝刺，短枝刺顶端有轮生的暗色刺。头部有淡棕色和白色的斑纹，生有 1 对长的角突，上有轮生的钉状刺，末端的环刺由 5~6 根刺组成。

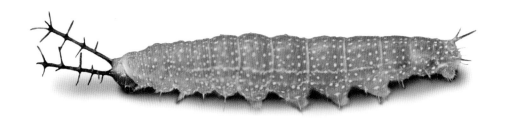

科名	蛱蝶科 Nymphalidae
地理分布	新几内亚大陆、澳大利亚的东北部和东部
栖息地	沿海雨林的边缘，特别是小溪与沟谷两岸，还有城市花园
寄主植物	寄主广泛，包括木棉科 Bombacaceae、紫草科 Boraginaceae、蝶形花科 Fabaceae、梧桐科 Sterculiaceae、椴树科 Tiliaceae 和榆科 Ulmaceae
特色之处	在其寄主植物上伪装成枯叶状
保护现状	没有评估，但在局部地区常见

白带菲蛱蝶
Phaedyma shepherdi
White-Banded Plane
(Moore, 1858)

成虫翅展
2³⁄₁₆ in (56 mm)

幼虫长度
1¹⁄₃₂ in (26 mm)

265

　　白带菲蛱蝶将有凹痕的淡黄色卵产在寄主植物的嫩梢和嫩叶上，幼虫从卵中孵化出来。幼虫咬下小片的叶子，并将它们悬挂在其正在取食的叶子的边缘。这些即将枯萎的叶子碎片为沿其中脉休息的幼虫提供了极好的伪装保护，但也强烈地昭示了本种幼虫的存在。幼虫的发育缓慢，但在其分布范围的热带地区终年可见。

　　幼虫在附近没有被取食的叶子背面化蛹，淡褐色的蛹利用臀棘和丝垫头朝下地悬挂在叶下。成虫滑翔飞行，雄蝶守卫领地，它们在雨林中洒满阳光的栖息地里巡飞，频繁地返回同一片叶子看护自己的领地。

实际大小的幼虫

白带菲蛱蝶　幼虫身体底色为亮棕色，腹部有较暗的褐色斜带，腹部末端有绿褐色的斑纹。第八和第九腹节侧面有 1 对黄色的斑纹，中胸和后胸、第二和第八腹节的背侧面各有 1 对枝刺。头部背侧面有 2 个短刺突。

科名	蛱蝶科 Nymphalidae
地理分布	非洲的亚撒哈拉地区、亚洲的南部和东南部、澳大利亚的北部
栖息地	热带河岸的季风林，从海平面到海拔 1500 m 的高度
寄主植物	刺篱木属 *Flacourtia* spp. 以及爵床科 Acanthaceae、菊科 Compositae、报春花科 Primulaceae、杨柳科 Salicaceae、茜草科 Rubiaceae 和堇菜科 Violaceae 的植物
特色之处	本属中最常见和分布最广
保护现状	没有评估，但在局部地区常见且分布广泛

266

成虫翅展
1¹³⁄₁₆~2⅛ in (46~55 mm)

幼虫长度
1 in (25 mm)

珐蛱蝶
Phalanta phalantha
Common Leopard
(Drury, [1773])

珐蛱蝶也名"有斑的乡下人"（Spotted Rustic），其幼虫暴露在寄主植物的叶上取食，它们非常活泼，发育迅速，大约 7 天即可成熟。在旱季的后期及湿季的末期，随着寄主植物的重新生长，幼虫的数量开始丰富起来。当幼虫停止取食时，它们漫游到一片叶子的背面，吐一个丝垫将自己竖直地挂在叶下化蛹。蛹的颜色特别绿，有红色和银色的疣突。

每一季节可以完成数代。成虫飞行迅速，喜欢阳光，常见它们围绕开花的灌木吸食花蜜，有时也从潮湿的地面吸食水分和盐分。珐蛱蝶是本属蝴蝶中最常见和分布最广泛的种类，本属包括 6 种。

珐蛱蝶 幼虫身体底色为橙褐色，在化蛹前变为鲜绿色，背侧面和侧面有黑色的枝刺。亚气门区有黑色和白色的枝刺，有 1 条白线将它们的基部连接起来。身体背面有 1 条暗色的窄带。头部背面呈橙褐色，口器附近呈黑色。

实际大小的幼虫

科名	蛱蝶科 Nymphalidae
地理分布	北美洲的西部，从不列颠哥伦比亚到亚利桑那州
栖息地	干燥的山脚或灌木 – 干草原溪谷、河床和山坡
寄主植物	蓟属 *Cirsium* spp.
特色之处	多刺，群集，有多种防御方式
保护现状	没有评估，但在局部地区常见且分布广泛

成虫翅展
1¾~2 in (45~50 mm)

幼虫长度
1~1³⁄₁₆ in (25~30 mm)

淡白漆蛱蝶
Phyciodes pallida
Pale Crescent
(W. H. Edwards, 1864)

267

淡白漆蛱蝶将卵集中而又整齐地产在寄主植物半高部位的叶子背面，一批卵大约 90 粒，8~9 天后幼虫孵化出来。幼虫最爱取食当年生的蓟株，避开已经成熟开花的蓟株。一龄和二龄幼虫在疏松的丝巢内共同生活，通常位于一片折叠的叶子内。本种的生存策略包括群集行为（对干扰进行同步而又协调的反击）、依靠丝网的物理保护、隐藏在叶内或叶下、躲避（受干扰时蜷曲坠落到地面）和伪装。

幼虫发育到四龄通常需要大约 18 天的时间。在大多数地区，三龄或四龄幼虫进入休眠和越冬状态，翌年春季恢复取食和发育。成虫在 5 月中旬到 7 月出现。雄蝶不断地停歇和追逐雌蝶，而雌蝶大部分时间都躲在植被下以避开雄蝶的骚扰。

淡白漆蛱蝶 幼虫身体底色为暗褐色到黑色，有众多白色的斑纹和数条断续的白色纵纹。在一些种群中，白色的斑纹相互联合，使虫体大部分都呈白色。黑色的刺突成束排列，其基部呈醒目的橙色。头部呈黑色，有光泽，有时背面有橙色斑。

实际大小的幼虫

科名	蛱蝶科 Nymphalidae
地理分布	美国西南部到墨西哥
栖息地	低山丘陵
寄主植物	钓钟柳属 Penstemon spp.
特色之处	利用其消化吸收的有毒化学物质保护自己
保护现状	没有评估，但通常常见，在其分布范围的边缘偶然也会稀少

成虫翅展
1¼~1¾ in (32~45 mm)

幼虫长度
1⅜ in (35 mm)

豹纹拟网蛱蝶
Poladryas arachne
Arachne Checkerspot
(W. H. Edwards, 1869)

实际大小的幼虫

豹纹拟网蛱蝶将卵大约 40 粒一群地产在寄主植物钓钟柳的嫩绿叶子的背面，幼虫集体从中孵化出来。幼虫生长到一半时进入休眠越冬状态，第二年春季则分散开独自生活，但如果寄主植物或气候条件不合适，幼虫还会再次滞育。幼虫和成虫对鸟类和老鼠都有毒，因为幼虫从钓钟柳属的叶子中消化吸收了环烯醚萜苷类化学成分。蛹为白色，有黑色的斑纹和橙色的鼓包块。

在夏季可以产生数代的成虫，鲜橙色的成虫在山顶可见，雄蝶在那里等待雌蝶前来交配。有数百种网蛱蝶发生在北半球和美洲的热带地区。所有种类的幼虫在早期阶段都群集生活在各种草本植物或灌木上，除刚孵化的幼虫外，所有幼虫都武装有众多的刺突来保护自己免遭鸟类和老鼠的伤害。

豹纹拟网蛱蝶 幼虫有黑色和白色的粗条纹，体表覆盖有橙色和黑色的枝刺。顶端的 1 列刺突呈黑色。头部呈橙色，有软毛。胸足呈黑色，腹足呈橙色。

科名	蛱蝶科 Nymphalidae
地理分布	非洲北部、欧洲、中亚、西伯利亚、印度北部、中国东部和日本
栖息地	林地，特别是林中空地、山脊和林缘，还有灌木篱墙和花园
寄主植物	各种植物，包括荨麻属 Urtica spp.、茶藨子属 Ribes spp.，有时还取食柳属 Salix spp.
特色之处	较高龄时看起来形似一坨鸟粪
保护现状	没有评估，但常见，其分布范围还在扩大

白钩蛱蝶
Polygonia c-album
Comma
(Linnaeus, 1758)

成虫翅展
1⅝~1⅞ in (42~47 mm)

幼虫长度
1⅜ in (35 mm)

269

白钩蛱蝶将卵单个产在叶子正面的边缘附近。卵期持续 2~3 星期，卵的颜色也从绿色转变为黄色，再变为灰色。刚孵化的幼虫移动到叶子的背面取食，较高龄期的幼虫则又返回到叶子的正面取食，这时的幼虫已经很像一坨鸟粪了，可以在一定程度上保护自己。幼虫在寄主植物上或附近的植物上化蛹，悬挂在小枝或茎干下方；暗色的蛹好像一片枯叶。

成虫在化蛹后的 3 星期内羽化，成虫几乎在全年的任何时间可见，因为越冬的成虫在温暖的冬季也可以恢复活动。第一代成虫出现在初夏，而夏末出现的第二代成虫在颜色上要暗许多。在白钩蛱蝶分布范围的最南端，可能发生第三代。本种是由于气候变暖而扩大了分布范围的少数几个物种中的一员。

实际大小的幼虫

白钩蛱蝶 幼虫身体底色为暗褐色到黑色，胸部和侧面有橙色的斑纹，背面有 1 个白色的大斑。有长疣突组成的带，上生有刺突。

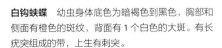

科名	蛱蝶科 Nymphalidae
地理分布	北美洲西部，从阿拉斯加到新墨西哥
栖息地	海拔 1000 m 以上的山区，包括草甸、溪流、公路和小道
寄主植物	茶藨子属 *Ribes* spp. 和榆属 *Ulnus* spp.
特色之处	利用自己的刺突，经常也利用寄主植物的刺突来保护自己
保护现状	没有评估，但常见

成虫翅展
1¾~2 in (45~50 mm)

幼虫长度
1⅜~1½ in (35~38 mm)

270

戈尾钩蛱蝶
Polygonia gracilis
Hoary Comma
(Grote & Robinson, 1867)

戈尾钩蛱蝶将卵单个或 3~4 粒一群地产在寄主植物叶子的背面，4~5 天后幼虫孵化出来。幼虫从叶子的边缘取食，形成一些参差不齐的空洞。它们在寄主植物的茎干或叶子上休息，通常位于叶子的背面，这样有利于躲避空中的捕食者。隐藏和伪装为幼虫提供了一定程度的保护，寄主植物的一些刺也有保护作用。靠近头部的腹面有 1 个小型的腺体可以释放出化学物质，以此驱避某些攻击者。幼虫不筑居所，在后期分散生活，每株植物上只留 1~2 只幼虫。

幼虫有 5 龄，每一龄大约需要 5 天的时间发育，在寄主植物上或其附近化蛹；蛹期持续 9 天左右。成虫的寿命很长（最高可达 12 个月），一年只有 1 代。成虫的飞行期从 5 月中旬持续到 10 月，以成虫越冬。

戈尾钩蛱蝶 幼虫身体底色为黑色，前部有橙色或深黄色的刺突，后部呈黑色，背面有接近固体状的白色的粉粒。侧面呈黑色，有锈红橙色的波状线纹，似一条链子。头部呈黑色而有光泽，生有 2 个锥状的突起。有些幼虫的前部在化蛹前变为鲜艳的锈红橙色。

实际大小的幼虫

科名	蛱蝶科 Nymphalidae
地理分布	加拿大（育空南部、西北地区和不列颠哥伦比亚）、美国北部和西部
栖息地	多种生境，从海平面到海拔 2500 m，包括峡谷、开阔的落叶林、水道、公园和花园
寄主植物	荨麻属 Urtica spp. 和葎草属 Humulus spp.
特色之处	白色，多刺，筑一个端部开口的叶巢
保护现状	没有评估，但常见

成虫翅展
2~2⅛ in (50~55 mm)

幼虫长度
1³⁄₁₆~1⅜ in (30~35 mm)

271

沙土钩蛱蝶
Polygonia satyrus
Satyr Comma
(W. H. Edwards, 1869)

沙土钩蛱蝶将卵产在荨麻叶子的背面，有时高达 7 粒的卵排成一串悬挂在一片叶下。幼虫 5~7 天后孵化出来，早期的幼虫通常单独生活，公开在叶子的背面休息。幼虫将叶子的边缘折叠起来，吐一些疏松的丝将其粘在一起，构成自己独立的巢。巢的两端部分地开放，所以能够看到巢的内部情况。幼虫既可以从叶子边缘取食，也能从叶子中部取食，形成参差不齐的深洞。

隐藏是本种主要的防御方法，但像花蝽科 Anthocoridae 这样的天敌可以进入巢内。幼虫发育迅速，只要 23 天就能化蛹。蛹期仅需 9 天的时间，以成虫越冬，其寿命可达 12 个月之久。两性成虫都访花吸蜜，但雄蝶也会取食动物的粪便和泥土。

实际大小的幼虫

沙土钩蛱蝶 幼虫背面几乎完全呈白色，大部分刺突也呈白色。前缘的小突起为黑色，呈触须状。每节背面有与白色相间的黑色"V"字形纹。身体侧面呈黑色，黑色的气门被白色带环绕。

科名	蛱蝶科 Nymphalidae
地理分布	尼泊尔、印度北部、中国中部和南部、日本及东南亚大陆
栖息地	高山常绿森林
寄主植物	长叶绿柴 *Rhamnella franguloides* 和合欢属 *Albizia* spp.
特色之处	"龙头"状，有 1 列醒目的角突
保护现状	没有评估，但并不常见，有些亚种被地理隔离

成虫翅展
3½~4⅝ in (90~120 mm)

幼虫长度
2⅜ in (60 mm)

272

大二尾蛱蝶
Polyura eudamippus
Great Nawab
(Doubleday, 1843)

大二尾蛱蝶 幼虫身体底色为绿色，身体部分地扁平，第五节最粗，向后逐渐变细，臀板扁平而呈方形。体表覆盖有亮颜色的钝突，其中侧面的最密和最大，使虫体看起来像长了缨毛一样。头颅生有 2 对锯齿状的长角突，它们之间还有 1 对喙状的小锥突。身体上的斑纹有一定的变异，背线上包含 1 个或者 2 个新月形的马鞍状斑纹。

　　大二尾蛱蝶的幼虫孵化后首先吃掉自己的卵壳，这时的幼虫已经有了完整的角突，角突扁平而坚硬。这个早期出现在螯蛱蝶亚科 Charaxinae 中的"龙头"特征并不出现在其他近缘的亚科中，其他亚科幼虫的角突要到中龄期才会出现。幼虫在一片叶子的顶端结一个丝垫，整个幼虫发育期都在不断扩大这个"基础帐篷"，它们于夜晚外出取食邻近的叶子。幼虫在白天也不刻意隐藏自己，而是暴露而安静地休息，经常抬起身体的前半部。幼虫到邻近的非寄主植物的小枝条（不是叶子）上化蛹。球形蛹呈绿色且有光泽。

　　名称"行政长官"（Nawab）是南亚地区授予地区首领或官员的荣誉头衔。大二尾蛱蝶的成虫是大型的蝴蝶，它们是高空中强有力的飞行者，但也能观察到它们近距离地（经常是非常顽强地）在地面的泥潭或动物粪便上取食。有许多亚种，它们的幼虫和成虫在外形上都有相当明显的差异。

实际大小的幼虫

科名	蛱蝶科 Nymphalidae
地理分布	安第斯山脉，包括哥伦比亚、厄瓜多尔、秘鲁和玻利维亚
栖息地	安第斯云雾林中的滑坡和次生林区
寄主植物	朱丝贵竹属 Chusquea spp.
特色之处	几乎完美地拟态枯竹叶
保护现状	没有评估，但不被认为受威胁

冥鳌眼蝶
Pronophila orcus
Orcus Great-Satyr
(Latreille, 1813)

成虫翅展
2¾~3 in (70~75 mm)

幼虫长度
2⁷⁄₁₆~2¹¹⁄₁₆ in (62~68 mm)

273

　　冥鳌眼蝶将白色而呈球形的卵 2～5 粒一组地产在寄主植物新鲜叶子的背面，幼虫从卵中孵化出来。然而，幼虫并不群集，它们快速分散到各自的叶子上单独取食。不同程度的褐色斑纹复杂地分布在修长而逐渐变细的身体上，使虫体巧妙地隐藏在寄主植物上。幼虫在形态和颜色上几乎与一片枯竹叶完全相同，甚至其胸部的白色斑点也是这种拟态的一部分，非常貌似于频繁感染枯叶的一类白色真菌。蛹悬挂在一丛枯竹叶的背面，颜色酷似枯叶，也难以被发现。

　　冥鳌眼蝶是安第斯山脉中取食竹子的众多眼蝶中最大和飞行速度最快的种类之一，这些种类都被归入鳌眼蝶族 Pronophilini 中。名称"死神"（Orcus）源自罗马神话中的地狱阎王，类似于希腊神话中的冥界之王哈迪斯（Hades）。

冥鳌眼蝶 幼虫身体修长，胸部之后最粗，向后逐渐变细，到末端延伸为 2 个尖锐的锥状短尾突，两者紧靠在一起。头部生有 2 个短角突，整个身体黯淡无光，身体底色为浅褐色，具有各种褐色和白色的复杂斑纹。有 1 条细的白色背中线，在胸部一段的边缘衬褐色，在线两侧有 1 对白斑，腹部有 1 对褐色的新月形斑，它们是身体上最明显的斑纹。

实际大小的幼虫

科名	蛱蝶科 Nymphalidae
地理分布	喜马拉雅山脉的西北部，穿过中国中部到泰国和越南北部
栖息地	山林和溪流
寄主植物	水麻属 *Debregeasia* spp.
特色之处	绿色而又具角状突起，完美地隐藏在寄主植物中
保护现状	没有评估，在喜马拉雅山脉不常见，但没有受到威胁

274

成虫翅展
2~2⅛ in (50~55 mm)

幼虫长度
1¾ in (45 mm)

秀蛱蝶
Pseudergolis wedah
Tabby
(Kollar, 1844)

秀蛱蝶早期的幼虫从叶子的侧缘建一个居所，用丝连接粪便筑起一道保护墙。三龄幼虫开始长出角突，以后龄期的角突则更加明显。随着幼虫的成熟，它们模拟多毛和有深皱纹的叶子的颜色和结构。从鲜嫩叶子的绿色变到较老叶子的有斑点的淡黄色，幼虫的体色与寄主植物叶子的颜色同步变化，这使幼虫在休息的时候几乎不会被发现。四龄幼虫生长到五龄时，虫体的长度成倍地增加，这时的幼虫贴在叶子正面的丝垫上休息。

秀蛱蝶的蛹也非常隐蔽，胸部有 1 条向下弯曲的宽龙骨状的突起，与腹部的另 1 条向上弯曲的突起相接。秀蛱蝶属 *Pseudergolis* 只包括 2 种蝴蝶。这 2 种蝴蝶的成虫都喜欢晒太阳，特别是在水边，均具有领地行为。

实际大小的幼虫

秀蛱蝶 幼虫精确地模拟寄主植物的颜色和结构，其斑驳的绿色底色上覆盖着浓密的白色小疣突，每个疣突的顶端各生 1 根细毛。头部生 1 对弯曲而有分支的长角突。最上面约 1/3 处有 1 个疣状的隆突，尾部有 1 对黑色的尖刺突。

科名	蛱蝶科 Nymphalidae
地理分布	墨西哥的热带到委内瑞拉，沿安第斯山脉向南到秘鲁中部
栖息地	湿润的亚温带和高山热带森林、森林的边缘
寄主植物	悠莱属 *Urera* spp.
特色之处	低龄时在悬于叶下的粪便上休息
保护现状	没有评估，但不被认为受到威胁

成虫翅展
3⁷⁄₁₆~3¼ in (88~95 mm)

幼虫长度
2⅜~3 in (60~75 mm)

丰蛱蝶
Pycina zamba
Cloud-Forest Beauty
Doubleday, [1849]

275

与很多种类不同，丰蛱蝶的英文名称是对其成虫的赞美，它将卵单个产在寄主植物上。产卵中的雌蝶在林冠中快速猛飞，短暂地停歇在合适的大叶上产下卵，有时会多次返回同一植株甚至是同一片叶子上产卵。幼虫孵化后建一个粪便链，并在其上休息。不像其他大多数建粪便链的种类，本种幼虫将粪便链仔细地建造并悬在叶子之下，而不是突出在叶子的侧缘。从产卵到成虫羽化的整个生命周期持续 43~45 天（至少在中美洲），雄虫完成变态的时间明显比雌虫的长。

当受到惊扰时，丰蛱蝶的成熟幼虫会抬起后部，猛烈地摆动它们头部上的那些可怕的枝刺，以此来反击令其厌恶的入侵者，并试图利用其强有力的上颚撕咬敌人。尽管幼虫体表的刺突没有蜇刺作用，但其寄主植物的刺则经常有这样的功能，有时也有助于保护毛虫。

丰蛱蝶 幼虫的斑纹复杂，在淡黄色和白色的底色上有褐色的疣突和条纹，还散布一些深红色的斑点。体表有数列长的枝刺，胸部又增加数列。头部呈黑色而有光泽，生有 2 个短粗的枝刺。

实际大小的幼虫

科名	蛱蝶科 Nymphalidae
地理分布	从墨西哥穿过中美洲和南美洲的北部，最南到玻利维亚
栖息地	湿润的低山森林
寄主植物	塞战藤属 *Serjania* spp.
特色之处	新描述的幼虫，其蛹呈叶状
保护现状	没有评估，但不可能濒危

成虫翅展
2⅛~2⁹⁄₁₆ in (55~65 mm)

幼虫长度
1⁵⁄₁₆~1⁷⁄₁₆ in (33~37 mm)

276

倍带火蛱蝶
Pyrrhogyra otolais
Double-Banded Banner
Bates, 1864

倍带火蛱蝶将卵单个产在寄主植物新长出的鲜红色的叶子上。幼虫孵化后，早期的幼虫在粪便链的端部附近休息，而较高龄的幼虫则在寄主植物叶子的顶端休息，其颜面紧贴在叶子的表面。当受到惊吓时，较大龄的幼虫猛烈地摆动头部背面的长枝刺，经常同时举起腹部末端的几节，带动上面的枝刺一起挥舞。翡翠绿的蛹呈叶状，其附着方式奇特，利用臀棘系在叶子的背面，朝上站立着，整体上看就像一片向上卷曲的绿叶。

尽管倍带火蛱蝶的地理分布范围广泛，正式作为一个物种发表也已经过去 150 多年了，但其幼虫期的形态和寄主植物直到 21 世纪初才被描述发表。成虫的飞行速度非常快，它们取食掉落的果实、腐烂的蘑菇、动物的粪便和腐烂的尸体。

倍带火蛱蝶 幼虫头部呈橙色，有弯曲的长刺突，各又有几个小分支。身体底色主要为白色，具有黑色的斑纹和条纹，在侧面和亚背面由黄色与蓝色形成的纵纹中嵌有不规则形状的斑纹。所有的胸节和大多数的腹节背面都有明显的多分支的刺突，侧面的腹足之上也有突出的小枝刺。

实际大小的幼虫

科名	蛱蝶科 Nymphalidae
地理分布	从美国南部穿过加勒比海和中美洲到达亚马逊流域
栖息地	热带和亚热带地区的湿润和半湿润的落叶林
寄主植物	赛山蓝属 *Blechum* spp.、爵床属 *Justicia* spp.、芦莉属 *Ruellia* spp.；也包括朱缨花属 *Calliandra* spp.、鼠尾草属 *Salvia* spp. 和车前属 *Plantago* spp.
特色之处	呈不显著的蛞蝓状，躲藏在地表植物上
保护现状	没有评估，但不可能濒危

成虫翅展
2～2⅜ in (50～60 mm)

幼虫长度
2～2⅛ in (50～55 mm)

绿帘蛱蝶
Siproeta stelenes
Malachite
(Linnaeus, 1758)

277

绿帘蛱蝶的幼虫在所有龄期的形状都有些像蛞蝓，它们不喜欢运动，即使受到触碰也是如此。它们通常躲在寄主植物叶子的背面，尽管它们有相对鲜艳的颜色，但还是很难被发现，特别是当它们在取食矮生而多叶的肉质植物时，想找到它们更加困难。由于绿帘蛱蝶的地理分布范围十分广泛，因此在如此多的栖息地中发现它也就不足为奇了，而且已知它的幼虫取食很多类型的植物。

成虫飞行敏捷而机警，经常停歇在叶子的正面，在离地面1～2 m的地方部分地张开翅膀。通过其双翅不规则的边缘可以快速地将其与非常相似但翅膀更狭长的绿袖蝶 *Philaethria dido* 区分开来。在很多地区，本种明显地栖息在季节性森林中，曾被怀疑可能有地区性迁飞的行为，但相关的证据还很少。

绿帘蛱蝶 幼虫的头部呈黑色，具光泽，生有2个弯曲的长角突，角突的末端膨大。体色为天鹅绒般的绿黑色，每节有3对枝刺，侧面的2对呈淡黑色，背面的1对呈红黄色。端部几节经常呈紫黑色。

实际大小的幼虫

科名	蛱蝶科 Nymphalidae
地理分布	喜马拉雅山脉、印度、缅甸、中国西南部（云南）、东南亚大陆
栖息地	潮湿而又庇荫的落叶林
寄主植物	野生番石榴 *Careya arborea* 和野牡丹 *Melastoma malabathricum*
特色之处	有扁平而呈羽毛状的长枝刺
保护现状	没有评估，但常见

成虫翅展
2%₁₆~3 in (65~75 mm)

幼虫长度
1%₁₆ in (40 mm)

278

灰玳蛱蝶
Tanaecia lepidea
Grey Count
(Butler, 1868)

灰玳蛱蝶将微小而又多毛的半高尔夫球状的卵单个产在寄主植物的叶子上，幼虫从卵中孵化出来。幼虫发育到中龄期时，开始长出羽毛状的枝刺，以此隐匿身体的轮廓，使身体与叶子的表面融为一体。幼虫休息的姿势通常是将身体沿叶子的中脉排列，使其自身几乎不可见。成熟的幼虫在寄主植物上化蛹，或者吐1根丝线将自己坠落到地面，然后寻找邻近适合的植物化蛹。蝶蛹宽阔而有角突，体长18 mm，呈鲜绿色，有黄色和橙色的明亮区。

灰玳蛱蝶的成虫经常出现在森林地面或其中的空旷地上，它们在阳光下进行无力的短距离滑翔，在停歇地之间来回飞行。对于刚羽化的成虫来说，其翅边缘的新月形银色斑纹引人瞩目。像本属的其他成员一样，灰玳蛱蝶幼虫的生活史和行为还没有被详细记载，其完整的寄主植物范围也不很清楚。

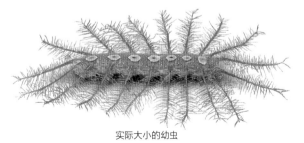

实际大小的幼虫

灰玳蛱蝶 幼虫看起来比它实际的体型要大一些。每一节都有1对长而柔软的羽毛状的突起，其两侧的分支长而密集，它们平放在叶子的表面上，使毛虫的身体轮廓模糊不清。在枝刺的端部，羽枝变暗而末端呈白色。每一节的背面还有1个六角形斑，其中心呈蓝色。

科名	蛱蝶科 Nymphalidae
地理分布	印度尼西亚、菲律宾、新几内亚及澳大利亚的北部和东部
栖息地	季风藤灌丛和沿海雨林
寄主植物	通常为鲫鱼藤 *Secamone elliptica*，也包括夹竹桃科 Apocynaceae 的植物
特色之处	色彩鲜艳，可吃光寄主植物的叶子
保护现状	没有评估，但在繁殖区常见

成虫翅展
2¹³⁄₁₆ in (72 mm)

幼虫长度
2 in (50 mm)

蓝虎青斑蝶
Tirumala hamata
Blue Tiger
(W. S. Macleay, 1826)

279

　　蓝虎青斑蝶的幼虫通常独自在寄主植物上取食，但它是贪婪的取食者，当种群数量高时，大量的幼虫可以将鲫鱼藤所有的叶子吃光。幼虫暴露在寄主植物上取食，生长迅速，只要 2 星期或更少的时间就能完成发育。幼虫积累化学物质来保护自己免受鸟类的捕食，还能利用这些化学物质产生信息素，从雄蝶的毛笔头状的信息腺体中释放出来。

　　幼虫经常离开寄主植物到附近的叶子上化蛹，利用臀棘头朝下地悬挂身体。在干旱的冬季，鲫鱼藤没有新鲜的叶子，不适合幼虫的发育。成虫群集在阴暗的小河岸越冬，经常与其他斑蝶在一起越冬，于次年春季分散开来继续繁殖后代。繁殖季节经常发生大规模的迁飞活动。

蓝虎青斑蝶　幼虫身体底色为绿灰色，有 1 条橙褐色的侧线和 1 条白色的腹侧线；每一节都有围白边的黑色横带和狭窄的灰色横带。后胸和第八腹节的背侧面各有 1 对肉质而呈触须状的黑色突起。头部呈黑色，有 2 条白色的横带。

实际大小的幼虫

科名	蛱蝶科 Nymphalidae
地理分布	北美洲、欧洲和亚洲的大部分地区
栖息地	多种多样，包括公园、花园、林地、草甸、果园和河岸
寄主植物	荨麻属 *Urtica* spp.、墙草属 *Parietaria* spp. 和葎草属 *Humulus* spp.
特色之处	色彩多变且具刺，以荨麻为食
保护现状	没有评估，但常见

280

成虫翅展
2～2⅛ in (50～55 mm)

幼虫长度
1³⁄₁₆～1⅜ in (30～35 mm)

优红蛱蝶
Vanessa atalanta
Red Admiral
(Linnaeus, 1758)

实际大小的幼虫

优红蛱蝶将卵单个产在荨麻叶子的背面，通常位于叶脉上。幼虫孵化后用其上颚在叶面咬开一些洞，吐少量丝将自己覆盖起来，形成疏松的丝巢，低龄的幼虫都居住在其中。较高龄期的幼虫折叠一片叶子或者将几片叶子用丝粘连在一起形成一个居所。幼虫可以在白天或夜晚的任何时间取食，既可以在巢内，也可以在巢外。幼虫的防御主要依靠在巢内隐藏，但其头部附近的腹面有 1 个腺体，也许能够分泌化学物质来驱避其捕食者。

幼虫经过 5 个龄期的生长，在孵化后大约 3 星期的时间完成发育，通常在寄主植物上化蛹。优红蛱蝶的成虫在庭院中很常见，是北半球最著名和最有魅力的蝴蝶之一。如果花园中栽培有荨麻，那么就很可能看见它的踪影。

优红蛱蝶 幼虫身体底色为黑色，密布白色的斑点和白色的短刚毛。有明显的黑色或浅色的枝刺，亚气门区有乳白色的印迹。腹足呈褐色，头部呈黑色而有白色的斑点和浅色的短刚毛。身体的底色多变，从黑色到灰色，以及褐色到白色不定。

科名	蛱蝶科 Nymphalidae
地理分布	除南极以外的所有大陆
栖息地	从城市到山顶的各种生境
寄主植物	寄主广泛，包括蓟属 *Cirsium* spp. 和荨麻属 *Urtica* spp.，还有锦葵科 Malvaceae 和蝶形花科 Fabaceae 的植物
特色之处	著名的种类，经常被饲养用作变态现象的教学实验对象
保护现状	没有评估，但广泛分布而常见

成虫翅展
2¾~3 in (70~75 mm)

幼虫长度
1¼ in (32 mm)

281

小红蛱蝶
Vanessa cardui
Painted Lady
(Linnaeus, 1758)

小红蛱蝶将不显著的绿色卵单个产在寄主植物上，幼虫从卵中孵化出来。幼虫发育迅速，从孵化到化蛹历时 3 星期的时间。成虫在化蛹后 10 天羽化。幼虫主要取食叶子，所有龄期的幼虫都筑一个保护性的丝网巢；较高龄期的幼虫取食卷曲或用丝粘连在一起的几片叶子。一龄幼虫在叶子的正面取食和休息，用少量的丝带盖住自己。随着幼虫的成长，其巢也会变得越来越复杂，但每一个巢内只有 1 只毛虫。在巢的底部会有一定数量的粪便。

幼虫在化蛹前四处漫游，通常离开寄主植物在隐蔽的场所化蛹。未成熟阶段不会滞育，但成虫会在秋季向低纬度地区迁飞，在气候温暖的地区越冬。在北美洲和欧洲，有时会有数量庞大的群体在春季向北迁飞。

实际大小的幼虫

小红蛱蝶　幼虫的体色高度变异，特别是较高龄期的幼虫。底色通常为黑色，有红色、黄色和白色的各种斑纹。沿身体排列有黄色或白色的枝刺，其末端呈暗色。身体的腹侧面呈浅色或白色，头部呈黑色。

科名	蛱蝶科 Nymphalidae
地理分布	美国的大部分地区
栖息地	田野、公园、花园和峡谷
寄主植物	珠光香青 Anaphalis margaritaceae、鼠曲草属 Gnaphalium spp. 和蝶须属 Antennaria spp.
特色之处	多刺，筑复杂的丝巢
保护现状	没有评估，但常见

成虫翅展
2～2⅛ in (50～55 mm)

幼虫长度
1½～1¹¹⁄₁₆ in (38～43 mm)

282

北美红蛱蝶
Vanessa virginiensis
American Lady
(Drury, 1773)

北美红蛱蝶的雌蝶将单粒或几粒卵产在矮生的寄主植物上。幼虫在 6～7 天后孵化，初龄的幼虫立即在叶子的短绒毛下结一个薄的丝巢。大部分的一龄幼虫在叶子的表皮之间休息和取食，形成"窗玻璃"区域。较高龄的幼虫移到叶子的外表面，用丝和叶构建更加复杂的巢。幼虫在巢内或巢外取食，通常于夜间取食。最后一龄（五龄）幼虫离开巢，暴露在茎或叶上休息。

幼虫的防御方式主要是在巢内隐藏，直到五龄为止，这时的幼虫有显著的刺突和醒目的斑纹，足以驱避捕食者。化蛹场所主要在寄主植物上，蛹期持续不到 1 星期的时间。从产卵发育到成虫羽化，在夏季大约需要 1 个月。成虫飞行快捷，飘忽不定，通常靠近地面飞行，吸食多种植物的花蜜。

实际大小的幼虫

北美红蛱蝶 幼虫身体多刺，有黑色和黄白色的横带，还有明显的橙色斑和白色斑。节间区在黑的底色上有 5—6 条不明显的白色带。头部呈黑色，有众多白色的长刚毛。

科名	蛱蝶科 Nymphalidae
地理分布	印度尼西亚东部、巴布亚新几内亚、澳大利亚和所罗门群岛
栖息地	低地雨林和季风林
寄主植物	异叶蒴莲 *Adenia heterophylla*、金西番莲 *Passiflora aurantia* 和荷莲属 *Hollrungia* spp.
特色之处	行动极快而活泼
保护现状	没有评估，但并非不常见

指名文蛱蝶
Vindula arsinoe
Cruiser
(Cramer, [1777])

成虫翅展
3~3¼ in (75~82 mm)

幼虫长度
1⁹⁄₁₆ in (40 mm)

283

指名文蛱蝶的雌蝶将卵产在寄主植物的卷须上。低龄的幼虫白天在卷须上休息，夜间在附近的叶子上取食。较高龄的幼虫不取食时在叶子上休息。幼虫非常活跃，对触碰很敏感，如果受到惊扰经常会坠落到地面。不像其他以西番莲为食的毛虫，本种幼虫通常单独生活。幼虫的发育在湿季大约历期 16 天，在冬季的旱季历期 25 天。

幼虫在寄主植物的茎上化蛹，蛹利用臀棘和丝垫头朝下地悬挂在茎上。蝶蛹类似一片枯叶，如果受到惊扰会扭动身体，这种行为也许有一定的保护作用，可以驱离某些寄生物和捕食者。成虫在雨林中有阳光的空地和庇荫的区域滑翔飞行。

实际大小的幼虫

指名文蛱蝶 幼虫身体底色为淡绿色或黄色，身体的背侧面有黑绿色的宽带，其中镶有黄色的斑点。每一节的背侧面都有 1 对黑色的枝刺，腹侧面有 1 对白色的枝刺。头部呈黑色，有 2 根粗大而弯曲的黑色长枝刺。

蛾类幼虫

Moth caterpillars

鳞翅目的大多数种类的成虫都是蛾子，其幼虫在大小、外形和生境上高度多样化。本章包括来自 31 个科的蛾类幼虫，其中许多种类的演化历史都比凤蝶总科 Papilionoidea 的蝴蝶久远。这里最原始的种类来自蓑蛾科 Psychidae，其幼虫为非常奇特的"袋中蠕虫"（bagworms），终生生活在由其生境中的材料构建的保护性囊袋中。来自谷蛾科 Tineidae 的种类几乎同样古老，其中只有少量取食植物，大多数以真菌、地衣和死亡的有机体为食。常见的种类是袋谷蛾 *Tinea pellionella*，它的幼虫以家用织物为食。木蠹蛾科 Cossidae 的幼虫钻蛀在树干和树木根部内取食，其中一些因散发恶臭而声名狼藉。刺蛾科 Limacodidae 的幼虫因其蛞蝓状的步态而与众不同，它们的腹足被吸盘所取代，并分泌一种润滑剂来促进运动。

后期进化而来的依次为大蚕蛾科 Saturniidae、天蛾科 Sphingidae 和尺蛾科 Geometridae 的粗大幼虫。本章结尾部分描述的幼虫来自夜蛾总科 Noctuoidea 共 6 个科中的 5 个，分别是舟蛾科 Notodontidae、裳蛾科 Erebidae、廉蛾科 Euteliidae、瘤蛾科 Nolidae 和夜蛾科 Noctuidae 的种类。

科名	蓑蛾科 Psychidae
地理分布	美国东部，西到新墨西哥州，南到加勒比海
栖息地	森林及城市的林地
寄主植物	至少 50 个科的落叶与常绿树和灌木，包括刺柏属 *Juniperus* spp.、栎属 *Quercus* spp.、柳属 *Salix* spp.、槭属 *Acer* spp. 和松属 *Pinus* spp.
特色之处	在一个用植物材料装饰的丝质蓑囊中生活
保护现状	没有评估，但常见

成虫翅展
¾~1³⁄₁₆ in (20~30 mm)

幼虫长度
¹⁵⁄₁₆~1¼ in (24~32 mm)

286

常绿顿蓑蛾
Thyridopteryx ephemeraeformis
Evergreen Bagworm
(Haworth, 1803)

实际大小的幼虫

常绿顿蓑蛾 幼虫的头部骨化而有颜色。其前端只有幼虫取食的时候可见，部分地从蓑囊上端的开口中伸出来，通常底色为白色或米黄色，并有显著的黑色斑纹。整个腹部呈无明显特征的黑褐色。蓑囊的外形随寄主植物种类的不同而异。

　　常绿顿蓑蛾的雌蛾无翅，在自身为毛虫时建造的蓑囊中产卵。孵化后的幼虫通过丝线在空气中飘散开来，这是较远距离扩散的唯一有效方法。一旦着陆成功，幼虫就开始取食新鲜的寄主植物，它们围绕自身建造属于自己的丝质蓑囊，在成长中不断扩大并添加一些植物碎片到蓑囊上。粪便从蓑囊下端的一个开口中排出。雌性毛虫逐渐向上爬到树冠上，而雄性毛虫在发育过程中始终保持在树的同一高度。

　　本种毛虫经过 7 个龄期、大约 3 个月的发育达到成熟阶段，然后在蓑囊中化蛹。成虫羽化后，只有有翅的雄蛾开始飞行，寻觅留在蓑囊中的无翅雌蛾。雄蛾将腹部插入蓑囊下端的开口中与雌蛾交配。交配后的雌蛾将大量的卵产在蓑囊中，以卵在蓑囊中越冬。

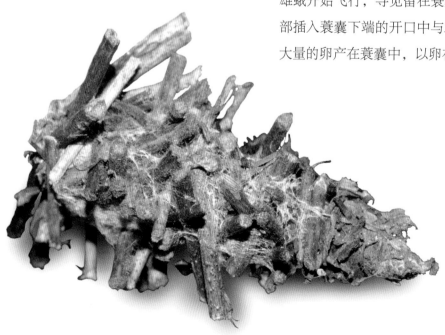

科名	谷蛾科 Tineidae
地理分布	广泛分布，美洲、非洲、欧洲、亚洲和澳大拉西亚都有分布记录
栖息地	主要在建筑物内和建筑物外，偶然也会在鸟巢内生活
寄主植物	动物纤维，包括皮毛、头发、羽毛，以及人的衣物和地毯；也取食存储的植物产品、猫头鹰的吐弃物和其他碎片，甚至壁纸
特色之处	世界性的经济害虫，主要危害天然的纤维材料
保护现状	没有评估，但在世界的很多地区广泛分布

成虫翅展
⅜～⅝ in (10～16 mm)

幼虫长度
⅜ in (10 mm)

袋谷蛾
Tinea pellionella
Case-Bearing Clothes Moth
Linnaeus, 1758

287

袋谷蛾将多达 100 粒的卵集中产在它的食物中或其附近，它们喜欢肮脏的而不是清洁的食物。幼虫孵化后在微小的纤维碎片中吐丝，结一个管状的丝巢，幼虫的整个发育阶段都生活在这个巢中。巢的两端扁平而有开口。幼虫用它的胸足在巢的周围爬行，并能完全缩回巢内。幼虫离开食物源在巢内化蛹。一年的任何时间都能发现幼虫。

相貌平平的棕色成虫终年可见，但在较温暖的几个月里更为常见，这段时间可以发生一代或多代。谷蛾属 *Tinea* 的几种幼虫非常相似，它们都生活在管状的丝巢内；本种是温带或亚热带地区分布最广泛和数量最丰富的种类之一。它的学名来自拉丁词 "pellionis"，意思是 "一个皮货商"。

实际大小的幼虫

袋谷蛾 幼虫身体底色为简单而光滑的淡白色，但头部呈暗褐色。前胸背面在头部后方有 2 块暗褐色的骨片。身体的体壁相当透明，所以能够看见肠道沿身体中部呈现为一条暗色线，以及其内的物质。

科名	巢蛾科 Yponomeutidae
地理分布	欧洲、西伯利亚、印度、亚洲东部到日本
栖息地	林地、灌木篱墙、公园和花园
寄主植物	稠李 Prunus padus
特色之处	小型群集，能吃光整棵树上的叶子
保护现状	没有评估，但分布广泛而常见

成虫翅展
⅝～1 in (16~25 mm)

幼虫长度
¾ in (19 mm)

288

稠李巢蛾
Yponomeuta evonymellus
Bird-Cherry Ermine Moth
(Linnaeus, 1758)

实际大小的幼虫

稠李巢蛾 幼虫身体底色为黄褐色，从头到腹部末端有 2 列褐黑色的斑点。头部和足呈褐色。

稠李巢蛾将卵产在寄主植物上，幼虫孵化后发育缓慢，然后在寄主植物上越冬。第二年春季幼虫恢复活动，它们在寄主植物的枝条上织一个巨大的公共丝网，就像在树上结了一层霜似的。幼虫群集在网下取食叶片，网能够保护它们免受捕食者的伤害。成熟的幼虫在寄主植物上结一个不透明的白色茧化蛹，这些茧集中悬挂在丝网内。

小型的成虫于夏末羽化，在白天飞行。当幼虫的数量达到害虫级别时，它们能将很多树木的叶子吃得精光；它们的丝网在过去曾被独辟蹊径地应用在艺术品中。在 16 世纪的奥地利蒂罗尔，修道士们用蜘蛛网和稠李巢蛾幼虫的丝网作为画布来绘制所谓"蛛网画"（cobweb paintings）的细密画。例如，我们可以在英格兰的切斯特大教堂里欣赏到一幅精美的《圣母子》，即利用稠李巢蛾的丝网创作的。

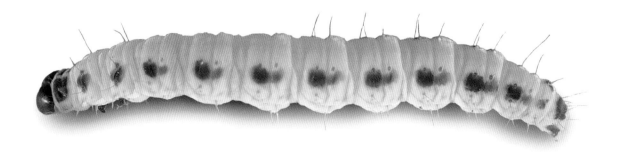

科名	潜蛾科 Lyonetiidae
地理分布	美国东南部的佛罗里达州及其邻近地区
栖息地	开阔的地带，例如森林的边缘和高山的松林
寄主植物	绿刺桐 *Erythrina herbacea*
特色之处	体型小，生活在一片叶子之内直到化蛹
保护现状	没有评估，但在寄主植物存在的地区常见

成虫翅展
⅟₁₆~⅛ in (2~3 mm)

幼虫长度
⅛~³⁄₁₆ in (3~4 mm)

刺桐白潜蛾
Leucoptera erythrinella
Erythrina Leafminer

Busck, 1900

289

刺桐白潜蛾是最小的蛾类之一，它的卵大约只有叶上皮细胞的 10 倍大。幼虫在叶的内部取食叶肉，但在化蛹之前并不会在叶子的表皮上形成空洞；由它取食造成的叶子褪色可能会被误认为是病害。每片叶子上通常只有一只幼虫，一片叶子足够供一只幼虫完成发育。幼虫在化蛹前从叶子的背面爬出来，建一个微小的吊床状的丝质结构，然后在其下方结一个茧化蛹，大约 2 星期后成虫羽化。

尽管成虫的体型微小，但它们的雌雄形态却不相同，为性二型，功能完整。成虫不会冒险远离寄主植物，在飞行的时候看起来像一只白色的苍蝇或一片雪花。白潜蛾属 *Leucoptera* [①] 包括 60 多种，其中一些是农业害虫，但本种具有边界经济的重要性。

实际大小的幼虫

刺桐白潜蛾 幼虫有 10 只腹足。头部呈奶油色、骨化，但身体为无杂色的透明白色，各体节明显膨大，表面上看起来像一只甲虫或一只苍蝇的幼虫。尽管幼虫在化蛹前一直隐藏在叶内，但如果将叶子置于光源下就能看到它在蛀道内的轮廓。

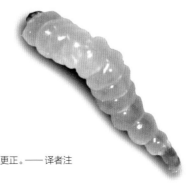

---

① 原文为 *Erythrinella*，是种本名而不是属名，在此更正。——译者注

科名	小潜蛾科 Elachistidae
地理分布	欧洲的大部分地区、乌拉尔山脉和伊朗东部、美国的东北部、加拿大东部（1960年代引入，以后慢慢扩散开来）
栖息地	受干扰的开阔地区，具有钙质或沙质的土壤
寄主植物	蓝蓟 *Echium vulgare* 和蓝蓟属 *Echium* spp. 的其他种类，包括管蓝蓟 *Echium tuberculatum*；还有红花琉璃草 *Cynoglossum officinale*、牛舌草属 *Anchusa* spp. 和紫草属 *Lithospermum* spp.
特色之处	受到干扰时会猛烈摆动，这是小蛾类幼虫的一种典型行为
保护现状	没有评估，但在其适合的生境内广泛分布

成虫翅展
¾～1⅛ in（20～28 mm）

幼虫长度
¾ in（20 mm）

290

两点草蛾
Ethmia bipunctella
Viper's Bugloss Moth
(Fabricius, 1775)

实际大小的幼虫

两点草蛾 幼虫身体底色为淡白色，密布由黑色斑点和黑色大斑组成的线纹。背面有1条黑色与橙黄色斑点相间的线纹，侧面有1条不规则但多少是完整的橙黄色条纹。头部为黑色，其中央有1个明显的三角形的白斑。

两点草蛾的幼虫生活在寄主植物的花或叶子中，隐蔽在一个小网之下。当受到干扰时，像很多"小蛾类"幼虫一样，它会向后猛烈摆动身体。卵被单个产在寄主植物叶子的背面，大约10天后孵化。一年发生2代，幼虫出现在6～7月，然后于9月份再次出现。成熟的幼虫离开寄主植物到地面的落叶层中结茧化蛹，在蛹中越冬。

成虫具有黑色与白色的斑纹，于春天出现，第二代成虫则于夏末出现。本种隶属于草蛾亚科 Ethmiinae（有时被提升为草蛾科 Ethmiidae），这是一个小的亚科，大约有300种，分布在世界的大部分地区。很多种类的幼虫色彩丰富，群集生活。大多数种类以紫草科 Boraginaceae 的植物为食，经常在一个丝网中生活，但有时也暴露在外生活。

科名	小潜蛾科 Elachistidae
地理分布	欧洲（从西班牙和英国南部，到斯堪的纳维亚的南部和俄罗斯的东部），小亚细亚、伊朗北部，亚洲东部（从朝鲜北部到西伯利亚）
栖息地	森林的山脊和边缘，有林木的干沼泽
寄主植物	红花琉璃草 Cynoglossum officinale
特色之处	具有斑点，其引人瞩目的成虫类似于巢蛾属 Yponomeuta spp. 的种类
保护现状	没有评估

成虫翅展
$^{11}/_{16}$~$^3/_4$ in (18~21 mm)

幼虫长度
$^{11}/_{16}$ in (18 mm)

斑点草蛾
Ethmia dodecea
Dotted Ermel
(Haworth, 1828)

291

斑点草蛾的幼虫单个或成群生活在寄主植物的叶子下，用一张不结实的丝网盖住自己。卵的形态尚未被描述过，也许被少量成群或单个产在寄主植物的叶上，1~3 星期内幼虫孵化出来。一年只发生 1 代，幼虫出现在 8 月和 9 月。成熟的幼虫离开寄主植物到地面的落叶层中结茧化蛹，以蛹越冬。

成虫灰白色且具有黑色的斑点，于 5~8 月出现。草蛾亚科 Ethmiinae 中有很多相当小的蛾子，本种即为其中之一，本亚科的幼虫具有鲜艳的颜色，专门取食紫草科 Boraginaceae 的植物。草蛾亚科包括约 300 种，分布在世界的大部分地区。

实际大小的幼虫

斑点草蛾 幼虫细长，散布有白色的长刚毛。身体底色呈淡黄色，但背面大部分白色，有 1 条断续的黑色细中线及大小相间的黑斑。身体下侧也有黑色的点和斑。头部呈黑色，前额有 1 条短的白色带。

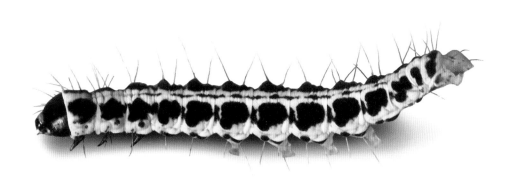

科名	羽蛾科 Pterophoridae
地理分布	欧洲
栖息地	草地、沙丘和戈壁
寄主植物	芒柄花属 *Ononis* spp.
特色之处	绿色，巧妙地伪装在寄主植物上
保护现状	没有评估，但在局部地区稀少

成虫翅展
$1^{1}\!/_{16} \sim \!^{7}\!/_{8}$ in (18~22 mm)

幼虫长度
$^{1}\!/_{4} \sim \!^{5}\!/_{16}$ in (6~8 mm)

292

新月枯羽蛾
Marasmarcha lunaedactyla
Crescent Moon
(Haworth, 1811)

实际大小的幼虫

新月枯羽蛾将卵产在芒柄花上，芒柄花的英文名为"restharrows"，因为过去这类杂草阻碍人们用耙翻地而得名。孵化出的幼虫体表呈绿色而多毛，巧妙地将自己伪装在寄主植物的叶子和嫩梢之中。当幼虫充分发育后，最后一龄幼虫也在寄主植物上化蛹，蛹附着在叶子的背面或茎下。每年发生1代。

微小的成虫于6~8月羽化，在黄昏时飞行。羽蛾科的成虫前翅经常由数片羽毛状的裂片组成，因此被称为"羽毛蛾"（plume moths）。本种的英文名源自其前翅在分裂处明显的浅色的新月形斑。成虫在休止的时候卷起翅膀，类似枯草，停歇时翅膀与身体垂直，摆成"T"字形。

新月枯羽蛾 幼虫体表大部分为绿色而多毛。有1条弱的背线。刚毛长，白色，但不浓密，长在每节的疣突上。头部呈黑色而具光泽。

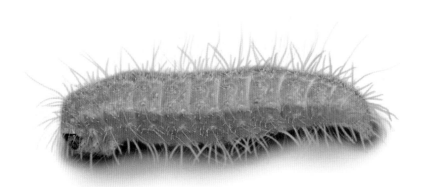

科名	卷蛾科 Tortricidae
地理分布	北半球和南半球的大部分地区，纬度30°—60°之间
栖息地	农耕区和城市中栽培有寄主植物的区域
寄主植物	仁果类（蔷薇科 Rosaceae）：苹果属 *Malus* spp.、梨属 *Pyrus* spp. 和榲桲 *Cydonia oblonga*；偶然也取食核果类：李属 *Prunus* spp. 和胡桃属 *Juglans* spp.
特色之处	苹果园和梨树果园的害虫
保护现状	没有评估，但是一种广泛分布而常见的害虫

苹果蠹蛾
Cydia pomonella
Codling Moth
(Linnaeus, 1758)

成虫翅展
1¹⁄₁₆ in (17 mm)

幼虫长度
⁹⁄₁₆~³⁄₄ in (15~19 mm)

293

苹果蠹蛾将卵产在果实的表面。幼虫孵化后蛀入果实内，钻到核内取食种子。幼虫吐丝结茧，在其中化蛹，茧通常位于寄主植物的树皮下或裂缝中。一年发生1～3代，以滞育的幼虫越冬。日照长度、温带气候和食物质量是诱发滞育的主要因素。幼虫孵化后如果遇到短日照和较低的气温，它们会完成取食后在茧内进入滞育状态。

只有经过一定时期的低温天气（10℃以下）再转暖，才能打破滞育进行化蛹，然后成虫于春季羽化。在世界上的大多数果园中，对苹果蠹蛾幼虫的防治是果园害虫防治的基础，但本种不是日本或者中国大部分地区苹果的害虫，尽管那里有适合的气候条件。

实际大小的幼虫

苹果蠹蛾 幼虫中等粗壮，身体底色通常为乳白色，但成熟时背面转变为轻微的粉红色。头部和前胸盾呈黄褐色，经常覆盖有较暗的褐色斑纹。臀板为黄色，具有比较明显的淡褐色的点和斑。身体上的骨化小片为灰色，其上生有白色的短刚毛。

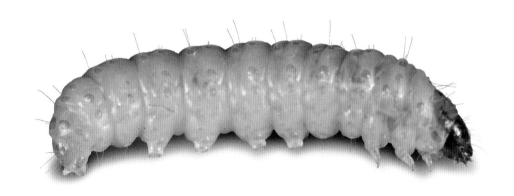

科名	木蠹蛾科 Cossidae
地理分布	欧洲、中东、中亚、俄罗斯和中国
栖息地	林地、公园和花园
寄主植物	落叶树，例如栎属 *Quercus* spp.、梣属 *Fraxinus* spp. 和苹果属 *Malus* spp.
特色之处	钻蛀取食木质部的幼虫，很少能看见
保护现状	没有评估，但广泛分布，尽管其分布范围在过去有所减少

成虫翅展
$2^{11}/_{16} \sim 3^{3}/_{4}$ in (68~96 mm)

幼虫长度
4 in (100 mm)

294

芳香木蠹蛾
Cossus cossus
Goat Moth
(Linnaeus, 1758)

芳香木蠹蛾 幼虫具有显著的黑色的头部，胸部有 1 块黑色的大斑。黑色的上颚特别大，呈锯齿状。身体背面为深红紫色，侧面和腹面的颜色较明亮，为淡橙红色。身体上散布浅色的长毛。

　　芳香木蠹蛾因其幼虫释放出特别强烈的山羊般的气味而得名"山羊蛾"（Goat Moth），幼虫孵化后钻入寄主植物的树干内，啃出一个小室在其中越冬。木材难以消化，所以幼虫生长缓慢，可能需要 5 年的时间才能完成幼虫阶段的发育。幼虫最终离开寄主植物的树干到地面或一棵老树桩上化蛹，它们结一个丝茧，并添加一些土粒来伪装茧。在更偏北的地区，幼虫在树内化蛹。

　　灰褐色的大型成虫在偏南的地区于 4 月羽化，由南向北羽化时间逐渐向后推迟，在其分布范围的北部地区要到 8 月份才羽化。幼虫的取食行为不同凡响，以木质部为食，加上它们钻蛀危害寄主植物的树干，造成果园和橄榄林的经济损失。自 1960 年代以来，害虫防治措施已经导致本种的种群数量急剧下降。

实际大小的幼虫

科名	蝶蛾科 Castniidae
地理分布	澳大利亚东南部
栖息地	本土的草地
寄主植物	袋鼠草属 *Rytidosperma* spp.、澳茅草属 *Austrostipa* spp. 和智利针草 *Nassella neesiana*
特色之处	在地下生活，以草根为食
保护现状	没有评估，但被澳大利亚立法协会列为近危等级

成虫翅展
1¼~1⁵⁄₁₆ in (31~34 mm)

幼虫长度
1⅛ in (28 mm)

金太阳蝶蛾
Synemon plana
Golden Sun Moth
Walker, 1854

295

金太阳蝶蛾的一只雌蛾可以在草丛基部产出高达 200 粒的卵。幼虫孵化后钻入地下取食草根，时间长达 2 年，但幼虫发育的细节尚未见报道。幼虫在智利针草入侵的地区似乎也能很好地生存。在完成发育后，幼虫垂直向上挖一条通道，爬到地面化蛹。

金太阳蝶蛾的蛹期为 6 星期，羽化后的空蛹壳突出在土壤表面外。雄蛾于白天活动，在草上方 1 m 左右的高度快速地迂回飞行，寻觅雌蛾，而雌蛾则在地面停歇，很少飞行。金太阳蝶蛾已经成为幸存的本土草地上的一个旗舰种，所以要想在其栖息地上建筑工程项目，首先必须进行环境影响评估。

实际大小的幼虫

金太阳蝶蛾 幼虫身体底色为白色，染有褐色。胸部的体节比腹部的体节大，腹部轻微地向末端逐渐变细。前胸背板大，胸足小。身体没有腹足，有少量的次生刚毛。头部呈褐色，其前部有长的触觉刚毛。

科名	刺蛾科 Limacodidae
地理分布	从墨西哥到秘鲁
栖息地	中到高海拔（200—800 m）的雨林
寄主植物	树木，包括巴拉圭茶 *Ilex paraguariensis*、油棕榈属 *Elaeis* spp.、鳄梨（牛油果）*Persea americana*、李属 *Prunus* spp. 和柑橘属 *Citrus* spp.
特色之处	多刺，有蜇毛
保护现状	没有评估，但可能安全

成虫翅展
1¹¹⁄₁₆~2³⁄₈ in（40~60 mm）

幼虫长度
1 in（25 mm）

斯托阿刺蛾
Acharia nesea
Stoll's Cup Moth
(Stoll, 1780)

实际大小的幼虫

斯托阿刺蛾 幼虫身体底色通常呈由亮到暗的褐色，或者为淡灰色。身体背面有 5 对肉质的黑色角状突起，上生棕黄色的蜇毛。在这些角突之间的背中部有 1 块大的马鞍形斑，其周围有白边。身体的腹面呈淡粉红色。气门黑色，围有淡橙色的刺毛。

刺蛾科的幼虫身体特别多刺，斯托阿刺蛾的幼虫也不例外。孵化出的幼虫背腹扁平、纤细，相当透明，生有肉质的角状突起，上有成簇的蜇毛。这些毛会被折断，使任何触碰它的人感到剧烈疼痛。像所有的刺蛾一样，斯托阿刺蛾的幼虫用吸盘代替腹足，以帮助它附着在光滑的物体表面上。

斯托阿刺蛾的寄主植物总是具有光滑的叶子，一龄幼虫取食叶肉留下叶脉，较高龄期的幼虫则取食整个叶片。幼虫结一个坚硬的纤维质的茧化蛹，蛹期持续大约 1 个月的时间，茧上预留有一个薄弱的环线，作为成虫羽化的出口。本种成虫以其硕大的腹部和特别多毛的足而引人瞩目。但当在容器内饲养时，斯托阿刺蛾的幼虫往往不能存活到成虫阶段。

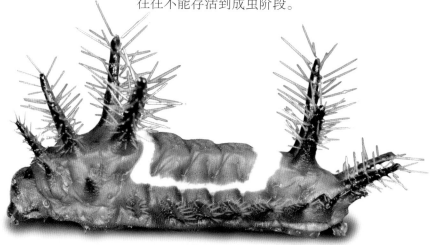

科名	刺蛾科 Limacodidae
地理分布	北美洲东部
栖息地	混交落叶林
寄主植物	寄主广泛，本土和外来的种类都有，包括马尼拉棕榈 *Adonidia merrillii*、紫菀属 *Aster* spp.、向日葵属 *Helianthus* spp.（菊科 Asteraceae）；朴属 *Celtis* spp.（大麻科 Cannabaceae）和山茱萸属 *Cornus* spp.
特色之处	有警戒色，有蜇刺
保护现状	没有评估，但常见

马鞍阿刺蛾
Acharia stimulea
Saddleback
(Clemens, 1860)

成虫翅展
1~1¹¹⁄₁₆ in (25~43 mm)

幼虫长度
¾ in (20 mm)

297

马鞍阿刺蛾的雌蛾将卵以 30～50 粒为一群，产在寄主植物叶子的正面。幼虫头部收缩，呈蛞蝓状，身体腹面的腹足呈吸盘状（像大多数刺蛾种类一样，吸盘代替趾钩）。它们在移动时从腹面的小孔中排出一种半液态的丝，以帮助它们附着在光滑的叶子表面。低龄幼虫集群取食。二龄幼虫的身体上产生出鲜绿色的马鞍形斑纹和长在肉瘤上的蜇刺，可以有效地防止被脊椎动物和无脊椎动物捕食。触碰幼虫可以引起肿痛和皮疹。

在叶上取食四五个月之后，幼虫排出白色的粪粒，并结一个结实的茧，在茧的末端有一个环状的薄弱区，成虫将由该环处羽化出来。为了加固茧的硬度，幼虫将分泌的草酸钙和其身体上的断刺一起编织到茧壁上，使蛹得到进一步的保护。

实际大小的幼虫

马鞍阿刺蛾 幼虫两端呈暗棕色，其后端还生有 3 个鲜艳的霓虹色斑，看起来像一张脸。身体中部呈对比鲜明的亮绿色，背面中央有 1 块马鞍形的棕色斑，其周围镶白边。身体两端有肉质的长疣突，上面覆盖着长的蜇刺和刚毛。身体侧面还有较短的疣突，上面也有蜇刺。

科名	刺蛾科 Limacodidae
地理分布	北美洲，从加拿大南部到佛罗里达州，向西到达密苏里州
栖息地	落叶的林地和森林
寄主植物	栎属 *Quercus* spp. 和山毛榉属 *Fagus* spp.
特色之处	隐蔽的蛞蝓状幼虫，难得一见
保护现状	没有评估

成虫翅展
¼~1¾₆ in (19~30 mm)

幼虫长度
最长达 ¾ in (20 mm)

298

双斑姬刺蛾
Apoda biguttata
Shagreened Slug
(Packard, 1864)

双斑姬刺蛾幼虫的体壁粗糙，刺蛾科的幼虫形似蛞蝓，因此本种的英文俗名为"粗皮蛞蝓"（shagreen slug）。一龄幼虫不取食，但以后龄期的幼虫能够在其喜食的寄主植物——白橡树 *Quercus alba* 的叶子背面找到。幼虫喜欢取食小橡树在低层枝丫上的叶子，而不是较成熟橡树上的叶子。在其分布范围的南部，从5月往后的一年间可以发生多代，而北部地区只能在7月至9月初的时间内发生1代。成虫通常从3月到整个夏季都能看见。

双斑姬刺蛾在外形上与较常见的黄肩刺蛾 *Lithacodes fasciola* 相似，但后者亚背区的1对明显的赛车条纹可将它们区分开来。痴迷毛虫的收藏者更喜爱双斑姬刺蛾，因为它的幼虫在其分布范围内非常稀少。

实际大小的幼虫

双斑姬刺蛾 幼虫呈椭球形，尾部因有方形的短尾突而稍变长。身体呈亮绿色到蓝绿色不定。整个身体背面贯穿有2条白色或乳白色的宽条纹，其内侧边缘有黑色的细线。幼虫的体壁粗糙，上面没有刺突，这与刺蛾科的很多其他种类不同。

科名	刺蛾科 Limacodidae
地理分布	从英国南部、西班牙北部和斯堪的纳维亚南部，向东到达小亚细亚和高加索
栖息地	森林、小树林和公园
寄主植物	栎属 *Quercus* spp.、鹅耳枥属 *Carpinus* spp. 和欧洲山毛榉 *Fagus sylvatica*
特色之处	学名的种本名来自蛞蝓属动物的属名 *Limax*
保护现状	没有评估，但在其分布范围的大部分地区常见

成虫翅展
¹⁵⁄₁₆~1¼ in (24~32 mm)

幼虫长度
½~⅝ in (13~16 mm)

彩旗姬刺蛾
Apoda limacodes
Festoon
(Hufnagel, 1766)

299

彩旗姬刺蛾的幼虫生活在其取食的树叶之中，7~10月都能发现它们。淡黄色而呈扁椭球形的卵被单个或少量成群地产在叶子的背面，2星期后幼虫孵化出来。幼虫伪装巧妙，难以被发现，经常生活在树的高处，爬行时抓得非常牢固。幼虫结一个坚固的椭球形茧（留有环形的羽化通道）化蛹，茧结在一片叶子的正面，秋季时掉落到地面。

成虫体色为锈褐色，翅膀相当宽，于6~7月出现。刺蛾科主要生活在热带地区，其幼虫高度多样化。一些种类的幼虫有醒目的鲜艳颜色和具毒性的保护性蜇刺，这些蜇刺的形态千奇百怪，有的像仙人掌的刺，有的则像海星的"臂"，而另有一些刺蛾的幼虫则光滑无刺，就像彩旗姬刺蛾的幼虫一样，形态类似于灰蝶科的幼虫。然而，灰蝶科的幼虫体表覆盖有非常短的细毛，在取食时头部一直伸出在兜帽之外。

实际大小的幼虫

彩旗姬刺蛾 幼虫身体底色为鲜绿色，呈蛞蝓状。内缩的头部主要隐藏在淡黄色的兜帽之下，沿背面有2条淡黄色的隆脊。胸足退化，腹足被小的吸盘替代。幼虫产生的丝质液体有助于它的粘附。较低龄的幼虫有众多的疣突，每个疣突上生1根长刺。

科名	刺蛾科 Limacodidae
地理分布	尼泊尔、印度北部、缅甸、中国南部、泰国、老挝、越南、婆罗洲、中国台北和日本南部
栖息地	热带和亚热带地区的低地和山区森林
寄主植物	许多种类，包括油叶柯 *Lithocarpus konishii*、荔枝属 *Litchi* spp. 和枫香树属 *Liquidambar* spp.
特色之处	外形呈山峰状
保护现状	没有评估，但常见

成虫翅展
1 in (25 mm)

幼虫长度
⅜ in (10 mm)

300

艳刺蛾
Demonarosa Rufotessellata
Demonarosa rufotessellata
(Moore, 1879)

实际大小的幼虫

　　艳刺蛾的幼虫是刺蛾科中幼虫不具蜇刺的种类之一。它有一个非毛虫状的奇怪外形，像一顶帐篷，头部和尾部都不明显，在叶子的阴影下很难被发现。它具有典型的刺蛾科（cup moths，slug moths 或 skiff moths）的行动方式，移动缓慢而像蛞蝓爬行。它们并不远行，只有将一片叶子吃得精光才会离开。幼虫结一个坚硬的球状茧化蛹，通常插在两片树叶之间。在温带地区以蛹越冬。

　　艳刺蛾的幼虫会大量发生，但也受到各种茧蜂的严重寄生。茧蜂的幼虫在毛虫体内发育，最终将其寄主毛虫"木乃伊化"，变成一个硬的保护壳，使自身在其中完成生命周期。艳刺蛾的成虫色彩鲜艳，鳞毛特别丰富，很容易识别。

艳刺蛾 幼虫体表光滑，没有蜇刺，外形呈奇特的山峰状，其前端略呈圆形，后端尖锐，没有明显的步行足。它的运动姿态像蛞蝓，身体下方有吸附用的肌肉。身体底色为绿色，背面呈山峰状，沿山峰顶及其两侧有复杂的装甲样的褐色斑纹。

科名	刺蛾科 Limacodidae
地理分布	美国东部，从缅因州到佛罗里达州，西达得克萨斯州和密苏里州
栖息地	林地、公园和花园
寄主植物	树木，例如栎属 *Quercus* spp.、梣属 *Fraxinus* spp.、苹果属 *Malus* spp.、山毛榉属 *Fagus* spp. 和李属 *Prunus* spp.
特色之处	善于隐蔽，具蜇刺，难得一见
保护现状	没有评估，但不被认为受到了威胁

成虫翅展
¼~1¼ in (19~31 mm)

幼虫长度
¾ in (20 mm)

301

橡树蝓刺蛾
Euclea delphinii
Spiny Oak-Slug
(Boisduval, 1832)

橡树蝓刺蛾将卵单个或少量成群地产在寄主植物叶子的背面。像大多数刺蛾幼虫一样，橡树蝓刺蛾的幼虫喜欢取食和停歇在较老的叶子之下，通常在叶子的边缘附近。在炎热的日子里，它们会躲藏在两片叶子之间。幼虫出现在整个夏季和初秋季节，但幼虫的成熟高峰期是在 8 月末到 9 月末之间。预蛹期的幼虫在一个褐色的丝茧内越冬。在其分布范围内的大部分地区一年只发生 1 代，在南部地区可能会有多代。成虫出现在 5~8 月之间，在北部边缘可能更晚一些。

橡树蝓刺蛾在其分布范围内是一种喜庆而有魅力的刺蛾。虽然个体的颜色可能高度变异，但其独特的外形不会让人识别错。幼虫体表有众多的刺突，接触到它们就会中毒。尽管有人认为它的蜇刺比马鞍阿刺蛾和其他刺蛾的幼虫更温和，但其引起的严重过敏反应已被报道。

实际大小的幼虫

橡树蝓刺蛾 幼虫有斑纹，其身体底色多变，通常为绿色、粉红色、红色或黄褐色，但绿色最常见。身体背面的 2 条纵纹的颜色也有变异，还会在其中镶嵌 4 个或更多个方形的红色斑。蜇刺着生的基部扩展区布满了整个身体。

科名	刺蛾科 Limacodidae
地理分布	美国东部，安大略省南部
栖息地	落叶林
寄主植物	各种树木，包括栎属 *Quercus* spp.、李属 *Prunus* spp.、槭属 *Acer* spp.、椴树属 *Tilia* spp.、榆属 *Ulmus* spp. 和山毛榉属 *Fagus* spp.
特色之处	富有吸引力，被蜇到会引起严重的过敏反应
保护现状	没有评估，但常见

成虫翅展
$^{11}/_{16}$~1 in (17~25 mm)

幼虫长度
$^{9}/_{16}$~1 in (15~25 mm)

302

花冠刺蛾
Isa textula
Crowned Slug
(Herrich-Schäffer, [1854])

花冠刺蛾的幼虫常常能够于秋季在橡树叶子的背面找到，它们具有用于隐蔽与警戒的两种色彩和斑纹。在较低龄期，它们隐蔽在叶子的表面上，具有叶子的颜色与斑纹，但随着它们的成长，其醒目的色彩对捕食者是一种恰当的警告，如果受到惊扰，它们会用强有力的蜇刺反击。成熟的幼虫结一个丝茧，并分泌一些草酸钙液体添加到上面，进一步加强茧的硬度。蛹在羽化前先奋力地将茧的顶部顶开。

刺蛾科幼虫的运动不同于其他蛾类或蝴蝶的幼虫，因为它们用吸盘替代了腹足。其头部通常隐藏在体壁的兜帽之下，这与灰蝶科的幼虫相同，但灰蝶科的幼虫有正常的腹足，且体表覆盖有细毛。刺蛾科的幼虫有独特而多样的外形，但成虫却大多数都为褐色或灰色。

实际大小的幼虫

花冠刺蛾 幼虫身体底色为绿色，身体扁平，腹部每一体节都有 1 对叶状突。胸部的叶状突上生有末端黑色的红色刺突。不管这些突起的形态怎样，它们都装备有蜇刺。身体的背脊上可能有 1 对黄色或红色的条纹，身体前缘镶有橙色或红色的边。幼虫的头部从上面不可见。

科名	刺蛾科 Limacodidae
地理分布	美国东部，从纽约州向西到得克萨斯州，还有佛罗里达州的一部分地区
栖息地	林地、公园、原野和道路两旁
寄主植物	两色橡树 *Quercus bicolor* 和其他栎属 *Quercus* spp.
特色之处	防守严密，常能在叶子的背面发现它们
保护现状	没有评估，但不常见

毕氏同刺蛾
Isochaetes beutenmuelleri
Beutenmueller's Slug Moth
(Hy. Edwards, 1889)

成虫翅展
¾~¹⁵⁄₁₆ in (19~24 mm)

幼虫长度
⅜~⁹⁄₁₆ in (10~15 mm)

303

　　毕氏同刺蛾的幼虫在自然界过着隐蔽的独栖生活，难得一见，在其分布范围的大多数地区都是一个不常见的物种。微小的幼虫几乎透明，具有许多生草状"毛发"样的突起。应该避免接触到它的虫体，因为它能引起皮炎和其他的皮肤感染。在幼虫的较高龄期，它们的毒枝刺布满整个身体，因此有了一个更通俗的名字"编织的玻璃蛞蝓"（Spun Glass Slug）。

　　在八龄（最后一龄）的发育过程中，幼虫首先蜕去带有可怕武器的体壁，然后结一个褐色的丝茧，并在其中化蛹。在茧的一端留有一个环形的舱门作为成虫羽化的出口。成虫的雌蛾体型大于雄蛾，于6~8月出现。像所有刺蛾科的幼虫一样，这些水晶般的幼虫在叶子上像蛞蝓那样滑动，在它们经过的地方留下闪亮的痕迹。它们在夜晚活动，白天的大部分时间都在休息。

毕氏同刺蛾　幼虫身体底色为透明的亮绿色，身体两侧有许多生毛的附肢，各位于1个长星状的斑纹中。幼虫的内部器官可以从背面看见，呈1条贯穿整个背区的暗色条纹。在多节的半透明突起上包含有蜇刺。

实际大小的幼虫

科名	刺蛾科 Limacodidae
地理分布	美国东部，从密苏里州到亚特兰大的沿海
栖息地	森林
寄主植物	山毛榉属 *Fagus* spp.、山核桃属 *Carya* spp.、栎属 *Quercus* spp.、板栗属 *Castanea* spp. 和鹅耳枥属 *Carpinus* spp.
特色之处	具有蜇刺，被蜇到会引起轻微的皮肤炎症
保护现状	没有评估，但常见

成虫翅展
⅝~1⅛ in (16~29 mm)

幼虫长度
¾~1³⁄₁₆ in (20~30 mm)

304

内森纳刺蛾
Natada nasoni
Nason's Slug Moth
(Grote, 1876)

实际大小的幼虫

内森纳刺蛾将卵单个产在寄主植物上。幼虫从卵中孵化后不取食，在它蜕皮进入二龄的过程中也不生长。较高龄期的幼虫可能利用它们的毒素来防御脊椎动物的捕食。对于人类来说，不小心碰到本种毛虫会被蜇伤，如果毒素浓度相对较低，则会引起疼痛，产生皮疹或水疱。然而，它们的毒素并不能免除寄生蜂的攻击，例如遭到刺角茧蜂 *Triraphis discoideus* 的寄生。在发育的后期，幼虫结一个密实的茧在其中滞育，到第二年春季再化蛹。成虫在仲夏季节羽化。

刺蛾幼虫，包括内森纳刺蛾的幼虫，它们的运动方式都不同寻常，其身体的下部高度灵活，借助半液态的丝质分泌物附着在光滑的叶子表面，呈波浪状爬行。这可能是多食性的内森纳刺蛾幼虫很少会在叶子表面有毛的植物上被发现的原因。世界已知的刺蛾约有 1500 种。

内森纳刺蛾　幼虫身体底色为绿色，两侧都有1条细的黄色的亚背线，各具有1列生蜇刺的橙色疣突。胸部和腹部末端的疣突较大。侧面还有另1列疣突。幼虫短而粗壮，腹面扁平，背面凸起，腹足退化。

科名	刺蛾科 Limacodidae
地理分布	美国，从新英格兰南部到佛罗里达州，西到得克萨斯州
栖息地	荒地和森林边缘
寄主植物	树木，包括栎属 *Quercus* spp.、苹果属 *Malus* spp. 和榆属 *Ulmus* spp.
特色之处	食叶
保护现状	没有评估，但常见

成虫翅展
$1\frac{1}{16}$～$1\frac{1}{16}$ in (18～27 mm)

幼虫长度
¾ in (20 mm)

小绿刺蛾
Parasa chloris
Smaller Parasa

(Herrich-Schäffer, [1854])

305

小绿刺蛾的幼虫具有刺蛾科幼虫的典型外貌，呈椭球形、蛞蝓状，它们利用身体下面的肌肉垫滑行而不是爬行。幼虫出现在8～10月，9月中旬是幼虫成熟的高峰期，这时最容易在橡树、榆树或其他落叶树的叶子上找到它们。像大多数刺蛾幼虫一样，小绿刺蛾的幼虫喜欢在叶子的背面取食或休息。如果受到干扰，休息中的幼虫通常会醒过来，并在周围爬行。

成虫出现在5～8月。在北部一年发生1代，但在本种分布范围的南端可能会有第二代。低龄幼虫经常会与蛹刺蛾属 *Euclea* 的早期幼虫混淆，直到长大一些后才会展现出自己的特征。小绿刺蛾的毒性温和，在取食和休息时能够部分地收回它的"武器"。在受到惊扰或者威胁时，幼虫的蜇刺会完全暴露出来。

实际大小的幼虫

小绿刺蛾 幼虫为蛞蝓状，背部明显呈驼峰状。胸部和身体后部的背面以及亚气门区都有生刺的疣突。身体的颜色可以是黄褐色、粉红色或者橙色，成熟幼虫身体的后部偶尔也会变为鲜橙色。腹部侧面有波状线，气门为长圆形。

科名	刺蛾科 Limacodidae
地理分布	西伯利亚东部、日本、朝鲜、中国东部、中国台北
栖息地	森林、农地、公园和花园
寄主植物	很多种植物，包括柳属 *Salix* spp.、杨属 *Populus* spp.、板栗属 *Castanea* spp.、柿属 *Diospyros* spp. 和柑橘属 *Citrus* spp. 以及很多其他果树
特色之处	预蛹期几乎需要持续一年的时间
保护现状	没有评估，但极为常见

成虫翅展
1⅜~1⁹⁄₁₆ in (35~40 mm)

幼虫长度
1~1⅛ in (25~28 mm)

褐边绿刺蛾
Parasa consocia
Parasa Consocia
Walker, 1865

实际大小的幼虫

褐边绿刺蛾 幼虫在背面有 1 条鲜蓝色的纵带，其两侧镶有断续的暗绿色边。侧面和背侧面各有 1 列纵疣突，每一疣突上都有成束的蜇刺。在最大的第三对背侧疣突上生有变形加粗的蜇刺，刺的末端呈黑色。侧面每一个蜇刺束的中央都有 1 根加粗的橙色刚毛。头部在突出的肉质兜帽上有 1 对黑色的伪眼斑，而身体的后部对应有 4 个黑色的球状斑。

褐边绿刺蛾的卵被小批量（最高可达 150 粒）产出，幼虫 7 天以后孵化出来。最初两个龄期的幼虫群集，只在叶子的表面取食叶肉。然后分散开来，取食整个叶片，完成剩余的 8 或 9 个龄期的发育（总共需要 27~37 天）。最后一龄幼虫的取食量占总取食量的 80%。幼虫在一个暗褐色而呈椭球形的茧中越冬，茧插在树皮中或埋在土壤内，经常群集，平均历时 300 天。

通常一年只有 1 代，成虫 6~7 月出现，幼虫取食持续到 9 月。然而，特别是在南部地区，从 8 月末到 10 月的短短 40 天内就能完成第二代的发育。由于幼虫期和蛹期受到姬蜂和寄生蝇的寄生，本种的种群数量损失惨重。人要是触碰到幼虫或茧，或者其蜕皮上的刺，都能引起皮炎。

科名	刺蛾科 Limacodidae
地理分布	东洋区的热带，从印度西部向东南延伸到婆罗洲，东到中国台北
栖息地	低到中纬度的森林
寄主植物	很多种植物，包括香蕉属 *Musa* spp.、日本油桐 *Aleurites cordata*、茶树 *Camellia sinensis*、柚木 *Tectona grandis* 和乌桕 *Triadica sebifera*
特色之处	有"荨麻"般蜇刺，具有 1 条薰衣草色的条纹
保护现状	没有评估，但常见

迹斑绿刺蛾
Parasa pastoralis
Parasa Pastoralis
Butler, 1885

成虫翅展
1⅜~1⅝ in (35~42 mm)

幼虫长度
1 in (25 mm)

307

像其他刺蛾科的幼虫一样，迹斑绿刺蛾的幼虫以一种流畅的蛞蝓状方式蠕动，因为它们缺乏其他大多数鳞翅目幼虫都有的腹足。相反，它们依赖于有黏性的肌肉发达的下腹部运动。虽然它们是广食性的毛虫，但它们的运动方式限制了它们对寄主植物的选择范围，只能取食表面光滑的叶子。早期的幼虫只取食叶子的外层，但中期和晚期的幼虫取食整个叶片。这时的幼虫头部收缩在肉质的胸部兜帽之下，它们从叶子的边缘取食，这样能隐藏口器的取食动作，避免被潜在的捕食者发现。

作为一种"蜇荨麻"的刺蛾毛虫，迹斑绿刺蛾的幼虫同时具有两类刺：一类是中空的尖刺，其基部的腺体能够射出毒液；另一类是蜇毛和针状的骨刺，碰到它们就会被折断。以幼虫在茧内越冬，成虫出现在 3～11 月。成虫具有绿刺蛾属 *Parasa* 共有的绿色前翅，前翅基部有 1 个棕色的斑纹，翅的边缘为棕色。

实际大小的幼虫

迹斑绿刺蛾 幼虫身体底色为绿色，身体上有4 列生刺的疣突。前端背面的 1 对刺丛最大。刺呈橙色，中部几根明显较粗而末端呈黑色。后端几节上有 4 个黑色的斑纹。身体背面有1 条明显的紫色纵纹，其两侧镶黑边；侧面有波状的斑纹。

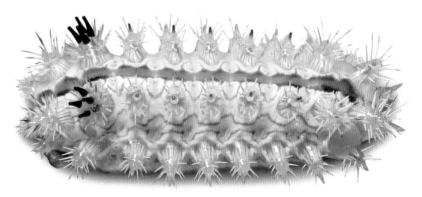

科名	刺蛾科 Limacodidae
地理分布	北美洲东部，从加拿大东南部到佛罗里达州，西到得克萨斯州
栖息地	森林
寄主植物	落叶的乔木和灌木，包括苹果属 *Malus* spp.、梣属 *Fraxinus* spp.、李属 *Prunus* spp.、梾木属 *Cornus* spp.、栎属 *Quercus* spp. 和柳属 *Salix* spp.
特色之处	形态异常，具有生蜇毛的突起
保护现状	没有评估，但常见

成虫翅展
1³⁄₁₆ in (30 mm)

幼虫长度
1 in (25 mm)

308

猴棘刺蛾
Phobetron pithecium
Monkey Slug
(J. E. Smith & Abbot, 1797)

猴棘刺蛾 幼虫身体底色最初为黑色，在后期变为褐色。身体的形状高度特化，侧面具有 9 对长短不一的肉质的叶状突起，使身体显得扁平，就像长在叶上的地衣。每两个叶状突起中的第二个都比较长。幼虫的身体腹面呈半透明的黄色，包括其足，除了末端较骨化的爪以外，足的其他部分几乎不可见。

猴棘刺蛾的英文俗名也为"魔女蛾"（Hag Moth），其幼虫单独生活，在叶子的背面取食。其身体上多毛而弯曲的突起使它很容易被误认为是一张蜘蛛的蜕皮，或者是一片叶子的变形，例如长在叶上的一个虫瘿或地衣。像其他刺蛾幼虫一样，猴棘刺蛾幼虫的蛞蝓状的运动十分缓慢，它们利用吸附结构代替腹足。当发育完成后，幼虫在一个坚硬的暗色圆形茧中化蛹，该茧隐藏在另一个较软的丝茧之下，以此与枯叶背景相匹配，形似一个倒扣的杯子。本种在其分布范围的北方一年发生1代，但在南方则一年有2代或多代。

猴棘刺蛾的幼虫明确地利用至少两种方式来应对天敌：一是隐蔽，二是强烈反击，如果受到攻击，它的独特外形和蜇毛非常有效。对人类来说，被蜇后会立即感到疼痛，但影响不会持续太久，很少引起过敏反应。类似于蜥蜴的尾巴，带有蜇毛的突起脱落后不会伤害到毛虫本身。

实际大小的幼虫

科名	刺蛾科 Limacodidae
地理分布	东南亚，特别是马来半岛和印度尼西亚
栖息地	森林，但适应于集约化的种植园
寄主植物	许多种类，包括可可属 *Cocos* spp.、油棕 *Elaeis guineensis*、香蕉属 *Musa* spp.、柑橘属 *Citrus* spp.、咖啡属 *Coffea* spp. 和茶属 *Camellia* spp.
特色之处	有蜇刺，对棕榈种植业有严重的影响
保护现状	没有评估，但十分常见，不时会爆发成灾

光明褐刺蛾
Setora nitens
Setora Nitens
Walker, 1855

成虫翅展
1³⁄₁₆~1³⁄₈ in (30~35 mm)

幼虫长度
1³⁄₈~1⁹⁄₁₆ in (35~40 mm)

309

　　光明褐刺蛾将卵集中产在棕榈的复叶上，一次产出250~350粒卵，呈链状排列。幼虫孵化后仅取食叶子的表皮，在复叶上制造一些半透明的窗斑，剩余部分的复叶很容易被次生的病毒和真菌感染。后期的幼虫取食整个叶片，吃完一片成熟的叶子后再转移到新的叶片上取食，会造成棕榈大量减产。幼虫有五龄，经过3~7星期的时间完成发育，然后移动到树干基部或附近的植物上化蛹；蛹期持续2.5~4星期。

　　种群数量不稳定，偶尔会在夏季的几个月汹涌地爆发成灾。像很多其他刺蛾一样，本种的幼虫容易受到寄生蜂和寄生蝇的寄生，也会受到猎蝽科 Reduviidae 昆虫的捕食，还会被真菌和病毒感染，所有这些天敌都被运用在对本种的生物防治中。因为本种的幼虫已经适应了现代的农业生产实践，成为棕榈的主要食叶害虫，影响了油棕工业，所以有很多关于其的资料。本种毛虫强烈的蜇刺能力也会影响种植园工人的健康。

光明褐刺蛾　幼虫呈块状，高度大于宽度。底色为绿色，有1条棕色的背线，被各体节上的蓝色与黄色斑分隔开来。侧面有1列裂缝状的斜纹，它们的形状和颜色相似。侧面的刺突较小，但前部和后部背侧面的刺丛则大而有黑色带。这些刺突通常像湿润的画笔一样合拢在一起，但受到威胁时则像机关枪一样打开。

实际大小的幼虫

科名	刺蛾科 Limacodidae
地理分布	中国南部、泰国和印度支那（中南半岛）
栖息地	森林
寄主植物	多食性，包括肉豆蔻属 *Myristica* spp.
特色之处	蛞蝓状，装饰有蜇刺
保护现状	没有评估，但常见

成虫翅展
1~1⅜ in (25~35 mm)

幼虫长度
1⅜ in (35 mm)

310

华素刺蛾
Susica sinensis
Susica Sinensis
(Walker, 1856)

像很多其他的鳞翅目幼虫一样，华素刺蛾的幼虫会吃掉每个龄期蜕下的皮。蜇刺类型的刺蛾幼虫，包括华素刺蛾的幼虫，通常会吃掉刺突等所有的蜕皮。华素刺蛾的幼虫在蜕皮成为最后一龄时，其大小、形态和颜色都会彻底变化。在较早的龄期，幼虫体色为绿色，具有鲜艳的蓝色斑纹，其前端和后端背侧面的枝刺明显比位于中部的枝刺长。在成熟的龄期，它的体色为亮白色，有绿色的斑纹，所有枝刺的大小均匀。

刺蛾幼虫的蜇刺，包括华素刺蛾，当人的皮肤接触到它们时会引起疼痛，因为这些中空的刺突基部有腺体，能够排出有毒物质。本种有时也被非正式地称为"雕塑般的刺蛾"（Statuesque Cup Moth），因为它经常翻转，使身体像卡通人物一样竖立起来。

实际大小的幼虫

华素刺蛾 幼虫成熟龄期时身体底色为珍珠白色，呈胶囊形，有 3 条绿色的宽条纹，这些条纹镶有较暗色的边。镶边在胸部各节聚集形成 1 对"X"字形的斑纹。侧面的条纹明显呈波浪状围绕在枝刺的基部，并包围气门。有 4 纵列绿色而末端呈黑色的枝刺，形成一套由蜇刺组成的防御盔甲。

科名	刺蛾科 Limacodidae
地理分布	美国，从新英格兰向南到密西西比，向西到密苏里州
栖息地	森林、林地和原野的边缘
寄主植物	栎属 *Quercus* spp.、山毛榉属 *Fagus* spp.、柳属 *Salix* spp. 和其他落叶树
特色之处	经常被误认为是一片叶子的畸形部分
保护现状	没有评估

成虫翅展
⁹⁄₁₆~1¹¹⁄₁₆ in (15~43 mm)

幼虫长度
³⁄₈ in (10 mm)

红十字扭刺蛾
Tortricidia pallida
Red-Crossed Button Slug
(Herrich-Schäffer, 1854)

311

用肉眼看，红十字扭刺蛾和其他扭刺蛾的幼虫就像椭球形（或球形）的彩色纽扣一样，通常位于叶子背面的边缘附近。幼虫在野外独自生活，很少看见它们与其他毛虫占据同一片叶子。有时能看到它们以 3～5 秒的间隔摆动身体，但大多数时候碰到的幼虫都是静止不动的，很容易被误认为是叶子的畸形部分。早期的幼虫通常于 7 月初开始出现，在叶子表面取食叶肉留下叶脉。成熟的幼虫在 8～9 月沿叶子边缘取食。在分布范围的北部一年发生 1 代，在南部一年发生 2 代。

对本属的观察认为，扭刺蛾属在其分布范围内是碎片化的，在一小片森林内能多次发现它们，而在近距离的树上又会没有它们的踪迹。红十字扭刺蛾与简捷扭刺蛾 *Tortricidia flexuosa* 之间很难区分，特别是在早期阶段。一些专家相信它们是同一个物种。

实际大小的幼虫

红十字扭刺蛾 幼虫呈椭球形，身体底色为酸橙绿色，背面有 1 个明显的棕红色的马鞍形斑。高龄期的幼虫在颜色和斑纹上有很大的变异。侧缘的斑纹明显比简捷扭刺蛾的宽。在成熟的幼虫中，马鞍形的斑纹边缘镶有黄色和鲜红色的窄边。

科名	斑蛾科 Zygaenidae
地理分布	中国西南部
栖息地	高海拔的森林和城市绿化区
寄主植物	高盆樱 *Prunus cerasoides* 和冬樱花 *Prunus majestica*
特色之处	幼虫食叶，捕食者对它难以下咽；成虫在白天飞行
保护现状	没有评估，但在其分布范围的部分地区十分常见，而在其他地区则很难看见

成虫翅展
3⅜ in (85 mm)

幼虫长度
1³⁄₁₆ in (30 mm)

云南锦斑蛾
Achelura yunnanensis
Achelura Yunnanensis
Horie & Xue, 1999

云南锦斑蛾的幼虫可能大量发生在寄主植物上。一年只发生 1 代，成熟的幼虫于夏末离开寄主植物化蛹。蛹被包裹在丝茧中，在附近的常绿叶上或者落叶层中越冬，因为寄主植物落叶树的叶子经常在冬天之前就被幼虫吃光了。成虫于第二年夏季同时羽化。

像锦斑蛾亚科 Chalcosiinae 的大多数种类一样，云南锦斑蛾的幼虫受到威胁时会排出一种透明的黏性液体——众多位于身体疣突下面的腺体的分泌物。这些小液滴包含氰糖苷，对天敌造成味觉上的驱避作用；这种不可食性一直延续到成虫阶段。成虫拟态高空飞行、白天飞行的蝴蝶，它们不会远离寄主植物，所以很少能看见或识别它们。阿锦斑蛾属 *Achelura* 的种类，包括云南锦斑蛾，近期才被描述，仍然有新的种类等待人们去发现。

实际大小的幼虫

云南锦斑蛾 幼虫具有醒目的警戒色，底色呈黄色与白色。每一节在中线的两侧都有 1 条长方形的黑色横带，带上嵌有两个锥状突起，上面生有 1 对孪生的刺状刚毛。从可见的表皮腔内能够分泌出防御性的氰化物。身体上环绕着一层白色的羽状毛。

科名	斑蛾科 Zygaenidae
地理分布	欧洲南部
栖息地	具有草甸和小石头的干燥的南坡，可达海拔 2000 m 的高度
寄主植物	酸模属 *Rumex* spp.，特别是背酸模 *Rumex scutatus*
特色之处	呈多毛的蛞蝓状，生活在高山草甸中
保护现状	没有评估，但在其分布范围的部分地区有风险

成虫翅展
¾~1³⁄₁₆ in (20~30 mm)

幼虫长度
¾ in (20 mm)

高山实斑蛾
Adscita alpina
Adscita Alpina
(Alberti, 1937)

313

高山实斑蛾的卵于夏季或初秋被产在各种酸模植物叶子的背面，卵最初为淡黄色，在孵化前转变为蓝绿色，幼虫从椭球形的卵中孵化出来。低龄幼虫潜入叶内取食，较高龄期的幼虫在叶子外表面取食。然后，幼虫在地面或靠近地面越冬，第二年春季恢复取食。幼虫在寄主植物上或其附近化蛹，它们结一个疏松的白色的丝茧。一年只发生1代。

成虫体色为醒目的金属蓝绿色，出现在整个夏季，通常从6~8月，但有时9月下旬还能看到它们。经常能看到它们在取食蓟属植物的花蜜。本种受到农业的强化、旅游业的发展及其草甸栖息地传统管理的缺失等因素的威胁，特别是灌木管理的缺失已经导致乔木和灌木侵占了高山实斑蛾赖以生存的草甸。

高山实斑蛾　幼虫呈肥胖的蛞蝓状，身体底色为暗褐色。身体上环绕有明显的驼黄色的疣突，上生短毛簇。头部呈黑色。

实际大小的幼虫

科名	斑蛾科 Zygaenidae
地理分布	喜马拉雅山脉、印度北部、中国南部及东南亚
栖息地	高海拔森林的下层植被
寄主植物	银柴属 *Aporosa* spp.
特色之处	特别喜爱拟态蝴蝶的幼虫
保护现状	没有评估，但并不常见

成虫翅展	
2⅜~2¼ in (60~70 mm)	
幼虫长度	
1³⁄₁₆ in (30 mm)	

314

蓝紫锦斑蛾
Cyclosia midama
Cyclosia Midama
(Herrich-Schäffer, 1853)

蓝紫锦斑蛾将卵单个产在寄主植物或其邻近植被的嫩枝和枝丫上，幼虫孵化后倾向于生活在叶子的背面。当受到威胁时，它们从身体疣突的末端排出令人厌恶的氰糖苷小液滴，如果这些小液滴没有从分泌孔穴中分离出来，在威胁解除后可以被重新吸收回去。与液滴相关链的刺突有蜇刺功能，在接触后也会被蜇伤。在夏季的几个月内可以发生2代；幼虫分别在6~7月和10~11月取食。

蓝紫锦斑蛾的幼虫和成虫被认为分别拟态裳凤蝶族 Troidini 的幼虫和异型紫斑蝶 *Euploea mulciber* 的成虫。它们的每一个生活阶段都是不可食的，所以这是一个缪氏拟态①的案例。本种至少已经发现了7个亚种，但它们在大小、翅形、斑纹及外生殖器上有明显的差异，说明它们实际上不是同一种。

实际大小的幼虫

蓝紫锦斑蛾 幼虫淡粉色的身体底色上均匀地覆盖着深红色的突起，点缀有黑色的斑纹。每一个突起的末端都有1~2个尖锐的刺突以及分泌氰糖苷的表皮穴。中间的两个腹节呈光亮的瓷白色，镶黑边。头部几乎总是隐藏在膜质的头帽之下。

---

① Müllerian mimicry，不同的种类演化出相似的特征来作为一种互利共享的自卫方式。——译者注

科名	斑蛾科 Zygaenidae
地理分布	印度南部和斯里兰卡、东南亚及中国南部
栖息地	热带雨林和湿润的落叶林,可达海拔 1000 m 的地区
寄主植物	银柴 *Aporosa dioica*[①]和小瘤龙脑香 *Dipterocarpus tuberculatus*
特色之处	糖果状,能够自己产生毒素
保护现状	没有评估

成虫翅展
2⅜~2¾ in (60~70 mm)

幼虫长度
1³⁄₁₆ in (30 mm)

315

彩蝶锦斑蛾
Cyclosia papilionaris
Drury's Jewel
(Drury, 1773)

彩蝶锦斑蛾的幼虫色彩鲜艳,有黄色和红色的警戒色,向捕食者警示其身体有毒。随着幼虫的发育,它们在热带的原始雨林或次生雨林中的高树上取食叶子,然后在叶子正面结一个茧化蛹。在受到惊扰时,幼虫从每个疣突的末端排出含氰化物的小液滴。幼虫在它们自己的身体内合成氰化物,不像很多其他有毒的种类是从寄主植物处获得毒素。然而,毒素并不能保护毛虫免遭线虫的寄生,因为毛虫经常会无意中将微小的线虫吃进去。

幼虫将其毒素传递给成虫,所以成虫也有毒,它们色彩鲜艳,在白天飞行。本种与斑蛾属的种类近缘,但本种的外形似蝴蝶,所以有了其种名——*papilionaris*(凤蝶样的)。锦斑蛾属 *Cyclosia* 包括 100 种左右。彩蝶锦斑蛾在东南亚已经发现 8 个亚种。

实际大小的幼虫

彩蝶锦斑蛾 幼虫相当醒目,有成列的黄色、钝形的疣突,每个疣突上生 1~2 根黑色的短毛。有 6 个红色的疣突。身体呈灰白色,背面的疣突有白色的边,而侧面的疣突有黑色的边。腹足呈黄色。

---

① 原文为 *Aporusa*,有误,在此更正。——译者注

科名	斑蛾科 Zygaenidae
地理分布	印度东北部、中南半岛及中国南部和日本
栖息地	有林的山坡和山谷
寄主植物	山龙眼属 *Helicia* spp.、醉鱼草属 *Buddleja* spp.、木槿属 *Hibiscus* spp.、咖啡属 *Coffea* spp. 和乌桕属 *Triadica* spp.
特色之处	具有经典警戒色，宣告自身具毒性
保护现状	没有评估，但并不常见

成虫翅展
2¾~3⅛ in (70~80 mm)

幼虫长度
1³⁄₁₆~1⅜ in (30~35 mm)

316

浦庆锦斑蛾
Erasmia pulchella
Erasmia Pulchella
Hope, 1841

浦庆锦斑蛾的幼虫为非隐蔽型，它们在叶子正面取食的时候不会刻意将自己隐藏起来，以躲避潜在的威胁。幼虫的防御策略包括：红色与黄色的警戒色、令人厌恶的含氰分泌物、蜇毛和蜇刺、模糊的头部和尾部形态。它们面临的主要威胁是寄生性天敌，特别是茧蜂，对此它们无计可施。对于浦庆锦斑蛾所隶属的锦斑蛾亚科 Chalcosiine 来说，它们的寄生蜂能够解除氢氰酸的毒性，所以也就攻破了它们的主要防线。

成熟的幼虫在叶子的凹面结一层羊皮纸状的丝片盖住自己，然后在其中化蛹，化蛹场所可以在寄主植物上，也可以在寄主植物附近的其他植物上，或者在落叶层中。成虫的色彩艳丽，具有彩虹般的闪光，深受收藏者的喜爱。它们继承了幼虫期的毒性，在夏季的几个月中飞舞。当受到威胁时，成虫会从胸腺排出有毒的泡沫。

实际大小的幼虫

浦庆锦斑蛾 幼虫身体底色为黑色，每一节环绕有6个疣突，疣突末端生有刚毛。侧面、头部和腹部末端的疣突呈鲜红色，上有柔韧的白色长刚毛。背侧面的疣突呈白色，背面成对的疣突为黄色，生有较短的黑色刚毛。身体中部有1个马鞍形的淡黄色斑块。

科名	斑蛾科 Zygaenidae
地理分布	斯里兰卡、印度南部和东北部、喜马拉雅山脉、泰国、缅甸、中南半岛、中国和日本
栖息地	山地森林
寄主植物	很多种类，包括茶属 Camellia spp.、银柴属 Aporosa spp.、野牡丹属 Melastoma spp.、柃木属 Eurya spp.、醉鱼草属 Buddleja spp. 和杜鹃花属 Rhododendron spp.
特色之处	蛞蝓状，著名的茶树害虫
保护现状	没有评估，通常十分常见，但日本的一些亚种为孤岛和地区性种群

茶柄脉锦斑蛾
Eterusia aedea
Eterusia Aedea
(Linnaeus, 1763)

成虫翅展
2⅜~2¼ in (60~70 mm)

幼虫长度
1³⁄₁₆ in (30 mm)

317

茶柄脉锦斑蛾的幼虫也被称为"红蝓毛虫"（Red Slug Caterpillars），雌蛾将 300 粒以上的卵成堆地产在一起，幼虫从黄色而呈卵球形的卵中孵化出来。新孵化的幼虫群集生活，取食叶子的表面，但后期则分散开来，喜欢取食成熟的叶子。在受到威胁时，像相关的锦斑蛾亚科种类一样，茶柄脉锦斑蛾的幼虫会从它们身体上很多的疣突中分泌出令人厌恶的氢氰酸小液滴。幼虫经过五龄的发育，历时 3~4 星期。成熟的幼虫在叶子正面的中脉上结一个丝茧化蛹，蛹期持续 3~4 星期的时间。在中国温带的茶树种植园，一年发生 2 代，分别出现在 6~8 月和 10~11 月，第二代以蛹越冬。

茶柄脉锦斑蛾是锦斑蛾亚科中分布最广泛的一个亚洲种类。它包括 13 个亚种（其中 8 个产在日本的各岛屿上），它们在翅面的斑纹和颜色、体型大小、飞行时间、生活史和喜好的寄主植物等方面都有所不同。据报道，本种有好几个亚种都是茶园的害虫，这说明人们对它们的生物学习性已经十分了解。

实际大小的幼虫

茶柄脉锦斑蛾 幼虫行动缓慢，身体底色为砖红色，呈蛞蝓状，有 6 纵列疣突。疣突的末端有成对的刺状刚毛，但边缘的疣突呈鲜橙红色，生有较长而柔软的毛。身体的颜色向背面加深，腹部背面的中央有 1 块较浅亮的马鞍形斑。

科名	斑蛾科 Zygaenidae
地理分布	美国东南部
栖息地	森林、森林边缘以及受干扰的生境
寄主植物	卡州李 *Prunus caroliniana*
特色之处	有毒，呈蛞蝓状，能将一棵树上的叶子全部吃光
保护现状	没有评估，但常见

成虫翅展
⁹⁄₁₆~¹³⁄₁₆ in (15~21 mm)

幼虫长度
½ in (13 mm)

318

李树烟斑蛾
Neoprocris floridana
Laurelcherry Smoky Moth
Tarmann, 1984

实际大小的幼虫

李树烟斑蛾 幼虫身体底色为黄色和白色，具有黑色的线纹。身体上覆盖着疣突，疣突上生有许多刚毛。头部收缩在身体内，如果从腹面看，或者在它们取食的时候观察，则可以清楚地看见头部。

李树烟斑蛾的幼虫在叶子的背面取食。因其低龄幼虫成群被发现，所以它们的卵应该是被堆产在一起。后期的幼虫分散开来，单独或成对生活。因为一棵树上通常会有大量的幼虫，所以这棵树上的叶子经常会被全部吃光。每当这个时候，幼虫会吐丝将自己悬挂起来，寻找新的寄主植物。如果受到惊扰，幼虫也会发生相似的行为，所以，坠落离开寄主植物似乎也是防御捕食者的一种方式。较高龄期的幼虫具有警戒色，或许能警示它们的毒性，因为它们取食的寄主植物的叶子含有丰富的生氰糖苷类物质。接触到成熟的幼虫会引起轻微的皮肤不适。

李树烟斑蛾一年发生3代，以蛹越冬。成虫的体色虽然较暗，但看起来像马蜂，且腹部具有彩虹般的光泽，说明幼虫已经将其有毒的化学物质和化学防御功能传递给了成虫。本种可能是包括马蜂和其他昆虫在内的拟态复合群中的一员。

科名	斑蛾科 Zygaenidae
地理分布	日本、朝鲜半岛、中国南部（台湾、香港）
栖息地	低到中等海拔的森林
寄主植物	柃木 *Eurya japonica*、滨柃 *Eurya emarginata* 和冬青卫矛 *Euonymus japonicus*
特色之处	有毒，身体底色为黄色与黑色
保护现状	没有评估，但十分常见

柃木带锦斑蛾
Pidorus atratus
Pidorus Atratus
Butler, 1877

成虫翅展
1¼～2⅜ in (45～60 mm)

幼虫长度
1～1¹/₁₆ in (25～27 mm)

柃木带锦斑蛾将卵产在寄主植物的树皮缝内或者正在发育的花芽上。其结果是，幼虫孵化后均匀地分布在寄主植物上，而不是在孤立的叶片上大量群集。当受到惊扰时，幼虫产生并分泌含氰化物（主要为亚麻苦苷及百脉根苷）的小液滴，这是锦斑蛾亚科幼虫的典型防御方式，具有从味觉上驱避捕食者的作用。人类的皮肤接触到本种毛虫也会引起一种延迟的蜇刺效果，因为其蜇毛会折断在人的皮肤中。由于幼虫的头部隐藏在一个肉质的兜帽之下，所以对称的身体斑纹使它难以区分头部和尾部，只有当幼虫运动时，其头部才可见。

一年发生2代，幼虫在4～6月和8～9月取食。成熟的幼虫在寄主植物的叶子或枝条上结一个丝茧化蛹。成虫的头部为醒目的红色，休止时在翅上有1个白色的"V"字形亮斑，白天飞行，出现在7月和9月。

实际大小的幼虫

柃木带锦斑蛾 幼虫身体底色为黄色，身体侧面有宽的黑色纵条纹，前端和后端的体节背面有黑色的横带。背中线为1条几乎为灰色的浅色条纹，贯穿整个身体。位于黑色带上的疣突各具有1根黑色的刚毛，而位于背面黄色带上的疣突各具有2根刚毛。整个身体的边缘散布粗长的白色刚毛。

科名	斑蛾科 Zygaenidae
地理分布	穿过欧洲和俄罗斯，到达俄罗斯远东地区及日本
栖息地	森林、灌木和荒野
寄主植物	仙女越橘 *Andromeda polifolia*、越橘属 *Vaccinium* spp.、帚石楠 *Calluna vulgaris* 和李属 *Prunus* spp.
特色之处	小型，蛞蝓状，具有白色的毛簇
保护现状	没有评估，但在其分布范围的部分地区被列入濒危等级

成虫翅展
⅞~1½ in (22~26 mm)

幼虫长度
¾~1 in (20~25 mm)

320

李曙斑蛾
Rhagades pruni
Blackthorn Aurora Moth
(Denis & Schiffermüller, 1775)

李曙斑蛾的卵被单个或少量成群地产在寄主植物上，幼虫从黄色而呈锥形的卵中孵化出来。幼虫取食叶子和芽，在植物上越冬，第二年春季恢复活动。在进一步生长后，成熟的幼虫在寄主植物上结一个白色的船形茧化蛹。

成虫形似蝴蝶，白天活动，身体为醒目的金属蓝色，翅膀为暗色。成虫于 6~7 月出现，一年发生 1 代。雌蛾在羽化场所的附近活动，而雄蛾则会飞出较远的距离。成虫不取食。李曙斑蛾的栖息地类型十分广泛，从荒野和沼泽、干燥茂密的山坡及草地到森林和灌木篱墙。它们正受到灌木丧失、沼泽失水、重新造林和社会发展带来的威胁。

李曙斑蛾 幼虫为小型蛞蝓状。身体底色为暗褐色，从头到尾具有橙色的纵条。身体环绕着疣突，各生有 1 丛白色的毛。

实际大小的幼虫

科名	斑蛾科 Zygaenidae
地理分布	穿过欧洲南部进入巴尔干山脉、俄罗斯南部和高加索、土耳其、非洲北部和中东
栖息地	干燥的灌木林、草坡、边界和花园
寄主植物	藤本植物，例如：葡萄属 *Vitis* spp. 和爬山虎属 *Parthenocissus* spp.
特色之处	自古以来都是葡萄园里的害虫
保护现状	没有评估

成虫翅展
¼～1 in (20～25 mm)

幼虫长度
¼～1 in (20～25 mm)

葡萄芽锦斑蛾
Theresimima ampellophaga
Vine Bud Moth
(Bayle-Barelle, 1808)

321

葡萄芽锦斑蛾的雌蛾将乳白色的卵成群地产在叶子的背面。幼虫取食葡萄的叶子，其体色为暗褐色，所以本种又被称为"暗褐葡萄斑蛾"（Dark Brown Vine Moth）。成熟的幼虫在叶子背面结一个疏松的茧，在茧内越冬。蛹为浅褐色。

葡萄芽锦斑蛾的成虫在白天飞行，身体显示出明显的金属蓝色，翅膀为褐色。在其分布范围的大部分地区，成虫出现在5～7月，一年发生1代，但在南部地区从7月底到9月会发生第二代。葡萄芽锦斑蛾是葡萄园里的一种重要害虫，自罗马时期就被认定为害虫，因为它们危害葡萄的叶子，造成葡萄减产。可以利用性信息素诱捕雄蛾来防治本种害虫，诱捕的结果表明，本种的分布范围比想象中要广泛得多。

葡萄芽锦斑蛾 幼虫身体底色为暗褐色，形似蛞蝓。每一节都有1圈亮褐色的大型疣突，上生褐色和白色的长毛簇。

实际大小的幼虫

科名	斑蛾科 Zygaenidae
地理分布	穿过欧洲到达亚洲的西部
栖息地	林中空地、草甸和沿海的悬崖
寄主植物	蝶形花科 Fabaceae 植物，包括香豌豆属 *Lathyrus* spp.、百脉根属 *Lotus* spp. 和车轴草属 *Trifolium* spp.
特色之处	黑色与黄色的体色警示出它的毒性
保护现状	没有评估，但在其分布区常见

成虫翅展
1³⁄₁₆~1½ in (30~38 mm)

幼虫长度
¾~⅞ in (20~22 mm)

322

六斑红斑蛾
Zygaena filipendulae
Six-Spot Burnet
(Linnaeus, 1758)

六斑红斑蛾的雌蛾将卵少量成群地产在寄主植物的叶子上。幼虫孵化后开始取食，然后越冬，第二年春季恢复取食。偶尔它们会经过两次越冬。幼虫能够从它们取食的寄主植物中获得含氰的化合物，也能自己产生氰化物。这些化合物对毛虫具有保护作用，幼虫在受到攻击时会释放出氰化物，使捕食者感到非常难以下咽。成熟的幼虫在枯草秆上结一个船形的黄纸皮状的茧化蛹。

成虫于仲夏出现，它们色彩鲜艳，白天飞行，成群生活在一起。其前翅为黑色且具有红色的斑纹，后翅为红色，这可向捕食者示警：它们像幼虫一样含有不可食的氰糖苷类。氰化物从幼虫传递到成虫体内，使成虫得到保护；雌蛾在产卵时也会给卵涂抹上有毒的物质。

六斑红斑蛾 幼虫身体短粗，向两端逐渐变细。身体底色为淡黄色和绿色，有成列的黑色斑点，使虫看上去布满了斑斑点点。杂乱的色彩使幼虫巧妙地伪装在寄主植物的叶子上。身体上覆盖有白色的短毛簇。

实际大小的幼虫

科名	斑蛾科 Zygaenidae
地理分布	穿过欧洲到达土耳其西部和高加索，远至乌拉尔山脉
栖息地	干燥的山坡、崖顶、干旱的草地以及高山草甸，可达海拔 2000 m 的高度
寄主植物	矮生植物，包括香豌豆属 *Lathyrus* spp.、车轴草属 *Trifolium* spp. 和野豌豆属 *Vicia* spp.
特色之处	多毛，有明显的黑色斑列
保护现状	没有评估，但在局部地区稀少

成虫翅展
$1\frac{3}{16} \sim 1\frac{13}{16}$ in (30～46 mm)

幼虫长度
$1\frac{3}{16}$ in (30 mm)

窄边五点斑蛾
Zygaena lonicerae
Narrow-Bordered Five-Spot Burnet
(Scheven, 1777)

323

　　窄边五点斑蛾的雌蛾将乳黄色而略呈椭球形的卵大量成群地产在茎秆周围和叶子的下方。幼虫孵化后在整个夏季取食，然后越冬，第二年春季恢复取食，于 5 月化蛹。像斑蛾属 *Zygaena* 的其他种类一样，窄边五点斑蛾的幼虫保留一定比例的个体滞育到第二甚至第三个冬季，以此减少恶劣气候条件给整个世代带来的风险。成熟的幼虫在植物上结一个乳黄色的长茧化蛹，蛹呈暗褐色。

　　成虫的翅上有鲜艳的红色斑点，白天飞行，常被误认为蝴蝶。成虫的外形有一定的变异，分为许多亚种。成虫于 6～7 月出现，一年发生 1 代。窄边五点斑蛾经常会与三叶五点斑蛾 *Zygaena trifolii* 混淆，它们在同一时间出现，栖息地也相似。

窄边五点斑蛾　幼虫身体底色为淡黄色，有成列的黑色方斑。身体上有黄色的横带和白色的长毛簇，这些毛簇比斑蛾属其他种类的毛簇要长。

实际大小的幼虫

科名	斑蛾科 Zygaenidae
地理分布	穿过欧洲的地中海和巴尔干山脉进入俄罗斯南部和高加索
栖息地	森林边缘、干旱的灌木草地和岸堤，可达海拔 1200 m 的地区
寄主植物	矮生植物，包括香豌豆属 *Lathyrus* spp. 和野豌豆属 *Vicia* spp.
特色之处	肥胖，以矮生植物为食
保护现状	没有评估，但一些亚种受到了威胁

成虫翅展
1⅛~1⅜ in (28~35 mm)

幼虫长度
1³⁄₁₆ in (30 mm)

324

默斑蛾
Zygaena romeo
Reticent Burnet
(Duponchel, 1835)

默斑蛾将奶油色的椭球形卵少量成群地产在叶子的背面，幼虫从卵中孵化出来。幼虫在夏季取食，常可看见它们在太阳下取暖，然后越冬，第二年春季恢复取食和生长。作为一种抵抗潜在恶劣气候的预防措施，一小部分幼虫个体会再次越冬以提高本种在当地的生存机会。这种策略也被认为可以减少近亲交配。在晚春时节，幼虫在寄主植物上吐丝结茧，在其中化蛹。

成虫于6~7月出现，其前翅为黑色，有醒目的红色斑纹，白天飞行，一年发生1代。在其分布范围内有许多的亚种，它们的成虫和幼虫在形态上有轻微的差异。默斑蛾和敏斑蛾 *Zygaena osterodensis* 的成虫和幼虫都容易混淆，它们的颜色非常相似，生活在相同的区域。

默斑蛾 幼虫身体底色为淡黄色，形似蛞蝓。有 2 列三角形的黑色斑和黄色的横带，还有一些白色的毛簇。气门为黑色。

实际大小的幼虫

科名	网蛾科 Thyrididae
地理分布	穿过欧洲中部和南部进入俄罗斯，最远到达乌拉尔山脉
栖息地	森林边缘、灌木林、草坡、岸堤和花园
寄主植物	牛蒡属 *Arctium* spp.、老人铁线莲 *Clematis vitalba* 和西洋接骨木 *Sambucus nigra*
特色之处	肥胖，身体底色为橙色，筑一个特别的叶巢
保护现状	没有评估，但濒危

成虫翅展
⁹⁄₁₆~¾ in (15~20 mm)

幼虫长度
⅜~½ in (10~12 mm)

窗佮网蛾
Thyris fenestrella
Pygmy
(Scopoli, 1763)

325

窗佮网蛾的雌蛾一次可以产下 80 粒以上的卵，广泛地分散在叶子上。幼虫从褐色的卵中孵化出来，开始独自生活，每头幼虫将一片叶子的末端卷曲起来，并吐丝将它粘牢，建成自己的居所。每次蜕皮后，它们都会建一个新的居所，居所越建越大，在最后一龄会覆盖整片叶子。幼虫白天隐藏在居所内，夜晚外出取食。成熟的幼虫爬到地面，在枯叶中结一个茧化蛹。蛹呈红褐色。

成虫于 5~8 月出现，白天飞行，一年发生 2 代。以第二代的蛹越冬。由于它们在其分布范围的部分地区所喜爱的寄主植物灌木丛和边界被清除，窗佮网蛾的生存受到了威胁。在新西兰，窗佮网蛾是被评估为可以用于生物防治入侵植物——老人铁线莲的几种昆虫之一。

窗佮网蛾 幼虫身体肥胖，身体底色为橙色。每一节有 1 圈暗褐色的疣突，各生有 1 簇短毛。头部和足呈暗褐色而有光泽。

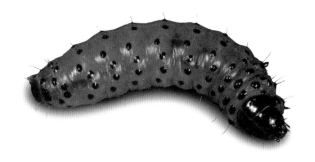

实际大小的幼虫

科名	螟蛾科 Pyralidae[①]
地理分布	除南极外的所有大陆
栖息地	存储谷物和坚果的设施、居所、仓库；能在室外的坚果树中生存
寄主植物	食品，包括面粉、谷物、干果、坚果和巧克力
特色之处	常见的家庭害虫，臭名昭著
保护现状	没有评估，但数量丰富

成虫翅展
½~¾ in (13~20 mm)

幼虫长度
⅜~½ in (10~12 mm)

326

印度谷斑螟
Plodia interpunctella
Indian Meal Moth
(Hübner, [1813])

实际大小的幼虫

印度谷斑螟 幼虫身体底色通常为白色，染有淡粉或淡绿色调。身体上的刚毛疏松、色浅、相对较长。刚毛基部的颜色较暗，有时会有明显的斑点。头部和胸足呈红褐色，第一节背面的颈片和最后一节的小臀板也为红褐色。

印度谷斑螟的幼虫在室内终年可见，它们生活在食物处理和贮存的设施中。在适合的温度（30~35℃）下，只需要 3 星期的时间就能完成一个世代的生命周期，因此，一年能够发生 12 代以上。雌蛾将白色而具有黏性，并呈大头针形的卵产在食物的表面；一头雌蛾能产 60~400 粒卵。依据温度的不同，卵在 2~14 天内孵化出幼虫。幼虫在谷物、坚果和面粉的表面取食，留下用丝线缠绕在一起的食物、粪便和蜕皮。幼虫有 5~7 龄，最后一龄幼虫结一个白色的薄茧化蛹，大约 7 天后成虫羽化。

成虫在夜晚飞行，不取食，寿命只有 7~10 天。在羽化后，雌蛾产生一种性信息素，吸引雄蛾飞来交配，通常发生在黄昏。在冬季不供暖的条件下，最后一龄幼虫会进入滞育状态，安全度过冬天。

---

① 原文为卷蛾科 Tortricidae，有误，在此更正。——译者注

科名	草螟科 Crambidae
地理分布	美国南部、中美洲和加勒比海
栖息地	与寄主植物密切相关的各种生境
寄主植物	刺桐属 *Erythrina* spp.
特色之处	缀叶形成一个居所
保护现状	没有评估，但不常见，也不被认为处于濒危状态

成虫翅展
$^{15}/_{16}$~$1^3/_{16}$ in（24～30 mm）

幼虫长度
$1^3/_{16}$~$1^9/_{16}$ in（30～40 mm）

刺桐丽野螟
Agathodes monstralis
Erythrina Leaf-Roller
Guenée, 1854

327

刺桐丽野螟也称为"刺桐卷叶虫"（Erythrina Leaf-roller），因为它的幼虫卷曲一片叶子构建居所，不取食时在其中休息。幼虫在春季喜欢取食花朵，而在夏季和秋季的世代取食叶子，其发育速度就比早期的世代要慢一些。在佛罗里达州北部，寄主植物在 11 月和 12 月会被冻结在地面，第二年 4 月再从根部长出新的枝条。因此，刺桐丽野螟的幼虫结一个双层的丝茧，在茧中以滞育的预蛹越冬。在本种分布范围的较温暖地区，可能不发生滞育。在佛罗里达州，刺桐丽野螟在 5～9 月之间可以发生 4 代，每一代的发育历期大约需要 1 个月的时间。

刺桐丽野螟具有一定的经济影响，因为它危害刺桐属 *Erythrina* 中许多常见的观赏树和药用植物。虽然过去将北美洲和南美洲的丽野螟都归入指名丽野螟 *Agathodes designalis*，但最近对本属的研究认为它们是两个独立的物种，因此，现在将北美洲的种群称为刺桐丽野螟，而南美洲的种群则称为指名丽野螟。丽野螟属 *Agathodes* 的种类分布在整个亚热带和热带地区，形成 15 个种组，其中 3 个种组分布在新大陆。

实际大小的幼虫

刺桐丽野螟 幼虫在早期为半透明状，身体底色为绿色（取食叶子）或橙色（取食花），有 6 列黑色而骨化的短疣突。后期的幼虫发育出奶油色的纵条纹，黑色的疣突在身体的底色中显得更加突出，头部呈鲜红色。在化蛹前，幼虫体色会转变为橙色或粉红色，如果它以花为食，则颜色会更加明显。

科名	草螟科 Crambidae
地理分布	亚洲的温带和亚热带地区，包括中国、日本和朝鲜；2007 年被偶然引入德国，现在已经扩散到很多其他欧洲国家
栖息地	灌木林、林地、灌木篱墙、公园和花园
寄主植物	黄杨属 *Buxus* spp.
特色之处	大量群集在一个丝网中生活，造成寄主植物大量落叶
保护现状	没有评估；广泛分布，但局部地区严重，欧洲的数量正在增加

成虫翅展
1⅜~1⁹⁄₁₆ in (35~40 mm)

幼虫长度
1⁹⁄₁₆ in (40 mm)

328

黄杨绢野螟
Cydalima perspectalis
Box Tree Moth
(Walker, 1859)

实际大小的幼虫

黄杨绢野螟采用其寄主植物的名称作为俗名。雌蛾一次将 5~20 粒的卵平铺产在寄主植物的叶上，幼虫群集生活。它们织一个疏松的丝网，将其粪粒挂在网内；幼虫在叶子表面取食，在叶子上形成明显的浅色枯斑或者导致叶片脱落。此外，幼虫有时也会取食嫩枝的绿色树皮。成熟的幼虫在两片叶子之间结茧化蛹。后面世代的幼虫在寄主植物上越冬。

成虫呈浅黑色和白色，或者几乎完全为棕黑色，一年发生 2~3 代，主要出现在夏季。在欧洲，由于失去了它原有的天敌，黄杨绢野螟变成了一种害虫，对本地生的和栽培观赏的黄杨都造成了威胁。在有些地区，幼虫反复使寄主植物严重落叶，加上它们还啃食树皮，最终会导致寄主植物死亡。

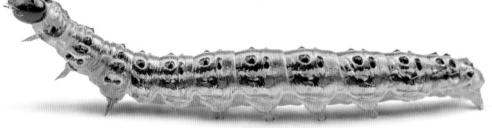

黄杨绢野螟 幼虫光滑，相当细长，身体底色为淡绿色，头部呈黑色。身体背面有 2 条不规则的黄色纵线，另有 1 条位于背侧面。侧面有间断的黑色与白色条纹，还有突出的黑色斑列，每个黑斑上生有白色的细鬃毛。低龄的幼虫体色为淡黄色，比较平淡。

科名	草螟科 Crambidae
地理分布	欧洲、非洲北部以及中东到中国西南部
栖息地	林地、公园、草地和荒地
寄主植物	苔藓，特别是灰藓属 *Hypnum* spp.
特色之处	体型小，在苔藓上取食和化蛹
保护现状	没有评估，但十分常见

成虫翅展
⅝~¼ in (16~19 mm)

幼虫长度
¼~⅜ in (7~10 mm)

329

罗神文蕨螟
Eudonia mercurella
Eudonia Mercurella
(Linnaeus, 1758)

　　罗神文蕨螟的雌蛾将卵产在各种苔藓上，幼虫从卵中孵化后以这些苔藓为食。这些苔藓可能生长在树干、岩石、墙壁和其他物体上。低龄的幼虫取食一段时间后进入越冬状态，第二年春季恢复活动，继续取食。随着它们的取食，幼虫织一个丝管穿过苔藓，然后在苔藓内结一个丝茧化蛹，化蛹时间通常在5～6月。一年发生1代，成虫于6～9月出现，在夜晚飞行。

　　文蕨螟属 *Eudonia* 是一个分布广泛的大属，包括约250种小蛾，其中大多数种类的幼虫都以苔藓为食。成虫经常被归为草螟类，因为它们有白天栖息在草茎上的习性。它们在夜晚常常会被灯光引诱。识别它们比较困难，因为它们仅有很少的区别特征。

实际大小的幼虫

罗神文蕨螟　幼虫身体底色为黄绿色或乳黄色，有1条微弱的褐色背线和一些褐色的斑纹。头部及第一腹节呈褐色，有光泽。身体上的毛短而稀疏。

科名	草螟科 Crambidae
地理分布	美国东部，从卡罗来纳州南部到佛罗里达州，西到加利福尼亚州，南到阿根廷
栖息地	与刺桐属 *Erythrina* 植物相关的各种生境
寄主植物	绿刺桐 *Erythrina herbacea* 和其他刺桐树
特色之处	在寄主植物内生活和取食
保护现状	没有评估，但在有寄主植物的地区常见

成虫翅展
1³⁄₁₆~1⁹⁄₁₆ in (30~40 mm)

幼虫长度
1~1⁹⁄₁₆ in (25~40 mm)

330

刺桐蛀枝野螟
Terastia meticulosalis
Erythrina Borer
Guenée, 1854

刺桐蛀枝野螟的幼虫被发现在寄主植物的茎内或豆荚中，粪便从幼虫形成的蛀道中排出。它们的取食造成寄主植物茎的末端枯死，这也是它们的一个危害特征。在佛罗里达州，春季世代取食花朵，成熟的幼虫破坏刺桐的豆荚。在此后的季节里，幼虫蛀入茎内取食，茎的营养成分比豆和花朵的贫乏，也没有颜色。结果导致夏季和秋季世代的幼虫比春季世代的幼虫颜色浅，其成虫的体型也较小。

因为刺桐蛀枝野螟的幼虫是蛀虫，杀虫剂和天敌都难以接触到它，因此使它成为一种难以对付的害虫。它能够毁掉观赏刺桐的出圃苗。成虫的寿命长，飞行强健，卵单产。刺桐蛀枝野螟是美国的一个代表种，属于泛热带的一个复合种组，种组内的外形几乎一致，生物学习性相似，从非洲到澳大利亚，以及很多的热带岛屿上都有分布。

刺桐蛀枝野螟 幼虫身体底色为淡红褐色到粉红色。身体上有少量的短刚毛，头部和前胸背板为黑色，高度骨化。在高龄幼虫中，前胸背板的颜色会变浅，只比身体的其他部位稍暗，而身体则呈半透明的乳黄色，但在化蛹前会转变为粉红色。

实际大小的幼虫

科名	宝蛾科 Cimeliidae
地理分布	希腊南部
栖息地	炎热干燥的山坡，那里具有稀疏的植被
寄主植物	大戟属 *Euphorbia* spp.
特色之处	鲜为人知，身体底色为绿色，发现于希腊
保护现状	没有评估

大戟牙宝蛾
Axia nesiota
Axia Nesiota
Reisser, 1962

成虫翅展
1¹⁄₁₆~1⁵⁄₁₆ in (27~33 mm)

幼虫长度
⁹⁄₁₆~³⁄₄ in (15~20 mm)

331

大戟牙宝蛾将卵产在寄主植物上，这些植物生长在干燥的岩石中，经常是炎热的栖息地。幼虫的活动从秋季开始，经过冬季到早春时节，于2~5月化蛹。蛹在炎热的夏季休眠，在较凉爽的秋季羽化。

成虫于9~11月出现，10月为羽化高峰期。尽管我们对大戟牙宝蛾知之甚少，但它生活在希腊的很多岛屿上，最东到达萨摩斯岛，其分布范围可能进一步扩展到土耳其。牙宝蛾属 *Axia* 只有5种，其成虫的体型较大，颜色鲜艳，在夜晚飞行，仅分布在欧洲南部。牙宝蛾属被归入宝蛾科中，本科的英文名为"金色蛾"（gold moths）。成虫的一个区别特征是在第七腹节的气门上有1对袋状的器官，可能与接收声音有关。

大戟牙宝蛾 幼虫身体底色为鲜绿色，呈肥胖的蛞蝓形。身体上散布微小的白色斑点。侧面在气门处有1条明显的黄色条纹。头部和胸足呈粉褐色。

实际大小的幼虫

科名	钩蛾科 Drepanidae
地理分布	希腊南部、巴尔干山脉南部、乌克兰、小亚细亚到巴基斯坦
栖息地	温暖、干燥、开阔的灌木丛
寄主植物	山楂属 *Crataegus* spp.、黑刺李 *Prunus spinosa*、李属 *Prunus* spp. 和苹果属 *Malus* spp.
特色之处	近期刚被识别,与本属的其他种类相似
保护现状	没有评估

成虫翅展
¾~15⁄16 in (19~24 mm)

幼虫长度
9⁄16~5⁄8 in (14~16 mm)

332

亚洲绮钩蛾
Cilix asiatica
Eastern Chinese Character
O. Bang-Haas, 1907

实际大小的幼虫

亚洲绮钩蛾幼虫与银光绮钩蛾 *Cilix glaucata* 幼虫的寄主植物范围大体相同,两者外形非常相似,亚洲绮钩蛾在 1987 年以前一直被认为是银光绮钩蛾的一个东部亚种。然而,亚洲绮钩蛾的分布严格限制在干燥炎热的地区,分布区比银光绮钩蛾的更靠南部。亚洲绮钩蛾幼虫见于 5～10 月底,在大部分地区一年可能有 3 代。像银光绮钩蛾一样,亚洲绮钩蛾的化蛹场所可能也在落叶层中或者树皮缝中,以蛹越冬。

亚洲绮钩蛾于 1990 年代末首次在欧洲(克里米亚)被发现。成虫与银光绮钩蛾非常相似,但前翅的边缘附近有 4 个灰色的斑点,而银光绮钩蛾则有 6 个灰斑。还有两个非常相似的种类(幼虫和成虫都很相似)—— 西班牙绮钩蛾 *Cilix hispanica* 和海草绮钩蛾 *Cilix algirica*,它们发生在欧洲南部更靠西的地区。

亚洲绮钩蛾 幼虫身体底色通常为亮棕色,几乎没有反差。身体上有明显而复杂的叶脉状的斑纹。钉状的尾突相当长,靠近尾端的白色斑纹不是特别明显。

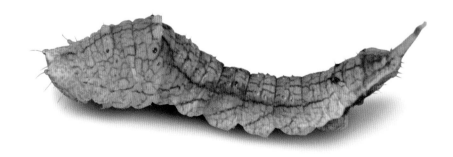

科名	钩蛾科 Drepanidae
地理分布	穿过欧洲，东到乌拉尔山脉和小亚细亚
栖息地	灌木丛、林地、灌木篱墙和花园
寄主植物	主要取食山楂属 *Crataegus* spp. 和黑刺李 *Prunus spinosa*；还有李属 *Prunus* spp. 和蔷薇科 Rosaceae 的其他木本植物，包括苹果属 *Malus* spp.、弗悬钩子 *Rubus fruticosus* 和欧洲花楸 *Sorbus aucuparia*
特色之处	独栖，拟态一片枯叶
保护现状	没有评估，但在其分布范围的大部分地区常见

银光绮钩蛾
Cilix glaucata
Chinese Character
(Scopoli, 1763)

成虫翅展
$1\frac{1}{16}$~$1\frac{1}{16}$ in (17~27 mm)

幼虫长度
$\frac{9}{16}$~$1\frac{1}{16}$ in (15~18 mm)

333

　　银光绮钩蛾的幼虫5～10月都能看见，它们的栖息地范围广泛，只要有寄主植物的地区就有它们的身影。略呈椭球形的卵被单个产在叶子上，幼虫孵化后独自生活，暴露在叶上取食，休息时会将钉状的尾突抬起来。成熟的幼虫在寄主植物的叶子之间或者树皮缝中结一个棕色而坚实的丝茧化蛹。像钩蛾科其他种类一样，蛹上覆盖有一层浅色的蜡粉。以最后一代的蛹越冬。

　　在绮钩蛾属 *Cilix* 已知分布在欧洲和中东的4种中，银光绮钩蛾是分布范围最广的一种。成虫在停歇时类似一只小鸟的粪囊，4～9月有2～3个世代的成虫出现，因其前翅中央有复杂的银色斑纹而得其种名。本种与镰钩蛾（因前翅的形状而得名）非常相似，它们的幼虫具有相似的特征，类似一片枯叶或一坨鸟粪。

实际大小的幼虫

银光绮钩蛾 幼虫身体底色为暗棕色到黄褐色，背面有1个较浅颜色的马鞍形斑，类似一片枯叶。头部被1条缝明显分开，身体前部几节膨大呈山峰状，其背面有2对疣突。抬起的后端逐渐变窄并延伸为肉质、钉状的短突，其两侧有白色的斑纹。

科名	钩蛾科 Drepanidae
地理分布	欧洲，东到乌拉尔和亚洲东北部
栖息地	森林、荒野、灌木丛和其他有林的地区，包括花园
寄主植物	桦属 *Betula* spp. 和桤木属 *Alnus* spp.
特色之处	常见的钩蛾，生活在很多生境中
保护现状	没有评估，但在其分布范围的大部分地区常见

成虫翅展
1³⁄₁₆~1⁹⁄₁₆ in (30~40 mm)

幼虫长度
¹¹⁄₁₆~¹⁵⁄₁₆ in (18~24 mm)

334

水晶镰钩蛾
Drepana falcataria
Pebble Hook-Tip
(Linnaeus, 1758)

实际大小的幼虫

水晶镰钩蛾将卵产在寄主植物的叶子上，幼虫从短链状排列的卵中孵化出来。低龄幼虫独栖生活，每只幼虫单独建一个稀薄的丝巢；较高龄的幼虫则暴露在叶上生活。幼虫在休息时会抬起后端，前端则呈弧形弯曲，以使疣突伸出来。5月下旬至10月，几乎在其分布范围的任何生境中都能发现它们。成熟的幼虫在一片卷叶中或两片缀叶中结一个粗糙的棕色茧化蛹，以蛹越冬。

本种因其成虫的前翅有水晶般的花纹而得名，成虫出现在4~9月（在北部地区也许为5~7月）。镰钩蛾隶属于钩蛾亚科，其幼虫的特征是有1个肉质的钉状尾突，由最后一对腹足演化而来。雾镰钩蛾 *Drepana curvatula* 的幼虫与水晶镰钩蛾的幼虫在外形上相似，也都以桦树和桤木为食，但其身体上的疣突较短，颜色通常稍暗一些。

水晶镰钩蛾 幼虫有很多相当长的硬毛。幼虫在低龄时身体底色为淡黑色，有浅绿色的斑纹。较高龄的幼虫肥胖，两侧呈鲜绿色，背面呈棕色，前半部的背面有4对大型的疣状突起。身体向后端逐渐变细，末端有1根短的钝钉状的突起。

科名	钩蛾科 Drepanidae
地理分布	北美洲，从加拿大南部到美国南部
栖息地	潮湿的森林、林地和灌木林
寄主植物	桦属 *Betula* spp.、桤木属 *Alnus* spp.、栎属 *Quercus* spp.、杨属 *Populus* spp. 和柳属 *Salix* spp.
特色之处	有皱褶，生活在用丝卷起来的叶巢中
保护现状	没有评估

成虫翅展
1⅝~1¹¹⁄₁₆ in (41~43 mm)

幼虫长度
1¼~1⅜ in (32~35 mm)

335

缨伪波纹蛾
Pseudothyatira cymatophoroides
Tufted Thyatirin
(Guenée, 1852)

缨伪波纹蛾的雌蛾将卵产在各种落叶树上，幼虫孵化后独自生活，单独取食。它们通常于夜晚取食各种阔叶灌木和乔木的树叶；据说在太平洋西北部，它们喜爱取食蔷薇科 Rosaceae 的植物。幼虫将一片叶子的边缘系在一起，或者将邻近的叶子缀在一起，形成一个居所，躲藏在其中休息。当受到惊扰时，幼虫会坠落到地面并蜷曲身体，有时也会从上颚排出透明的液体作为一种防御方法。成熟的幼虫在落叶层中结一个茧化蛹，以蛹越冬。

成虫夜间活动，出现在 6 月初至 9 月。本种通常一年发生 1 代，但在南部地区可能有部分个体发生第二代。本种毛虫常常被寄生蝇寄生，寄生蝇的幼虫在毛虫的体内发育。缨伪波纹蛾是伪波纹蛾属 *Pseudothyatira* 内唯一的一种。

实际大小的幼虫

缨伪波纹蛾 幼虫身体底色为黄色到橙棕色，背面有细网状的斑纹和暗色的横线。虫体外形多褶皱，胸部膨大。腹部各节在气门之上通常都有 1 个白斑。头部底色为橙色，有颜色较浅的细斑纹。

科名	钩蛾科 Drepanidae
地理分布	从欧洲西部和非洲北部（阿尔及利亚）穿过亚洲的温带地区，东到日本，南到婆罗洲和苏门答腊
栖息地	森林、灌木丛、荒野和花园
寄主植物	弗悬钩子 *Rubus fruticosus*、欧洲木莓 *Rubus caesius* 和覆盆子 *Rubus idaeus*
特色之处	一种熟悉的蛾子，但其毛虫难得一见
保护现状	没有评估

成虫翅展
1⅜~1¾ in (35~44 mm)

幼虫长度
1⅛~1⁵⁄₁₆ in (28~33 mm)

336

波纹蛾
Thyatira batis
Peach Blossom
(Linnaeus, 1758)

实际大小的幼虫

波纹蛾 幼虫在低龄时，前端部分地呈淡白色，随着它的长大逐渐变暗，成为浅棕色或淡绿色。头部有缺刻，其后方有 2 对隆高的突起，第二对较长。身体背面有 5 个脊蜂，其较暗的坡面形成 1 个较浅的菱形斑；尾节也有 1 个脊峰。

波纹蛾将卵单个或少量成群地产在寄主植物的叶子上。早期的幼虫形似一坨鸟粪，它们以此伪装生活在叶子的正面。当幼虫长大一些后，身体上出现了不同的斑纹，看起来更像一片枯叶。从这时开始，幼虫于白天躲藏在落叶层中，只有夜晚才爬上植物，从叶子的边缘取食。它有时也会抬起尾部休息。成熟的幼虫在地面结一个丝茧化蛹，以蛹越冬。

本种的英文俗名源自其成虫具有花瓣状的斑纹，4~9 月有 1~2 个世代的成虫出现，随气候条件的不同而异。本种是一群被称为"光亮绸"（Lutestrings）的蛾类之一，因其前翅的线纹而得名；它们隶属于波纹蛾亚科 Thyatirinae，有时被提升为一个独立的科。不像镰钩蛾，波纹蛾幼虫的尾端不变细，通常也不抬起来，有 1 对正常的腹足。很多种类的幼虫在缀叶中生活。

科名	钩蛾科 Drepanidae
地理分布	从欧洲到乌拉尔、小亚细亚和里海
栖息地	森林、荒野、公园和花园
寄主植物	栎属 *Quercus* spp.，包括欧洲白栎 *Quercus robur*、无梗花栎 *Quercus petraea* 和柔毛栎 *Quercus pubescens*
特色之处	休息时采用钩蛾特有的一种弧形姿势
保护现状	没有评估，但在其分布范围的大部分地区常见

成虫翅展
⅞～1⅜ in (22～35 mm)

幼虫长度
⅞～1 in (22～25 mm)

橡树沃森钩蛾
Watsonalla binaria
Oak Hook-Tip
(Hufnagel, 1767)

337

橡树沃森钩蛾将椭球形的绿色卵产在叶子的边缘，幼虫孵化之前卵变为红色。幼虫孵化后暴露取食，休息时采用通常的钩蛾方式，即头尾两端都抬起来，经常是头部抬高使其前端呈弧形，尾部的钉状突起朝向上方。幼虫出现在 6～10 月。成熟的幼虫在一片折叠的叶子中或者几片缀叶中结一个淡白色的网状茧化蛹，蛹为淡棕色，体表有一层蜡粉。以蛹越冬。

橡树沃森钩蛾一年发生 2 代，成虫出现在 5～6 月，主要在夜间飞行，但雄蛾也可能在白天飞行。有几种近缘的钩蛾毛虫与橡树沃森钩蛾相似。例如，刺沃森钩蛾 *Watsonalla uncinula* 发生在欧洲南部，在那里其与橡树沃森钩蛾的分布区重叠，幼虫的外形几乎一致，成虫也非常相似，只有依靠外生殖器的特征才能正确区分。

实际大小的幼虫

橡树沃森钩蛾 幼虫身体底色为亮棕色、亮橙棕色或者较暗的棕色，其前端的背面呈山峰状隆起，靠近山峰处有 1 个双头的疣突。背面有 1 个马鞍形的长斑，其颜色经常为淡白色，但有时为淡黄色，该斑分别向前端和后端分歧延伸为两条淡白色的线纹，有时线纹还镶有暗边，尾端延伸为 1 个钉状的突起。

科名	钩蛾科 Drepanidae
地理分布	英国和欧洲西部，东到乌拉尔山脉，南到里海
栖息地	森林、灌木篱墙、公园和花园
寄主植物	欧洲山毛榉 Fagus sylvatica
特色之处	可在山毛榉上发现
保护现状	没有评估，但或许在其分布范围的大部分地区常见

成虫翅展
⅞~1⅜ in (22~35 mm)

幼虫长度
¾~⅞ in (19~22 mm)

338

山毛榉沃森钩蛾
Watsonalla cultraria
Barred Hook-Tip
(Fabricius, 1775)

实际大小的幼虫

山毛榉沃森钩蛾的卵被产在寄主植物的叶上，初产的卵呈黄绿色，后期转变为淡红色，幼虫从椭球形的卵中孵化出来。像其他钩蛾一样，幼虫暴露生活，巧妙地伪装成一片枯叶或一坨鸟粪。在其整个分布范围内，幼虫出现在6~10月。成熟的幼虫在一片折叠的叶子内或者缀叶内结一个很密的浅色茧化蛹，蛹呈蓝灰色，覆盖有蜡粉状的细小突起，以蛹越冬。

本种的幼虫与橡树沃森钩蛾 *Watsonalla binaria* 的幼虫非常相似，但体型要瘦一些，体色更倾向于淡红色（虽然有几个不同的色型），其前端山峰状隆起背面的双头疣突截面要小一些。这两种的地理分布范围也大体相同。然而，它们的寄主植物不同，二者在野外不会混淆。

山毛榉沃森钩蛾 幼虫身体底色为亮的红褐色、亮的橙棕色或者较暗的棕色，前端山峰状隆起的背面有1个双头的疣突。背面有1个浅色的（经常为淡白色的）马鞍形的长斑，该斑分别向前端和后端分歧延伸为2条淡白色的线纹，尾端延伸为1个钉状的突起。

科名	枯叶蛾科 Lasiocampidae
地理分布	欧洲阿尔卑斯山脉、斯堪的纳维亚
栖息地	高山针叶林和沼泽、具有矮生灌木丛的碎石山坡
寄主植物	桤木属 *Alnus* spp.、桦属 *Betula* spp.、越橘属 *Vaccinium* spp. 和柳属 *Salix* spp.
特色之处	多毛，棕色，分布范围有限
保护现状	没有评估

成虫翅展
1¼~1¹¹⁄₁₆ in (31~43 mm)

幼虫长度
¾~⅞ in (20~22 mm)

矮桦纺枯叶蛾
Eriogaster arbusculae
Dwarf Birch Spinner
Freyer, 1849

339

矮桦纺枯叶蛾的雌蛾将卵大量成群地产在寄主植物上。幼虫孵化后群集生活，它们于6~7月在植物的叶和茎上织一个公共的丝幕。它们在丝幕中安全地取食，在阳光灿烂的日子里能看见它们在太阳下取暖。最后一次蜕皮后，幼虫开始独栖生活。成熟的幼虫爬到地面，在落叶层中或者在土表下结一个结实的淡黄色的茧化蛹，以蛹在茧中越冬。

成虫通常于第二年的5月和6月羽化，一年发生1代。然而，如果条件不适合，它们会越冬一年以上来增加种群的生存机会，这种情况在本种中并非异常。幼虫的丝幕在其分布范围内相对容易看到，但夜间飞行的成虫则很难发现。

实际大小的幼虫

矮桦纺枯叶蛾 幼虫身体底色为暗褐色到黑色，覆盖有长短不一的毛，一些毛为白色，另一些为橙棕色。身体背面有1列淡黄色的斑，侧面有1列较小的乳白色斑。头部呈黑色，腹足呈棕色。

科名	枯叶蛾科 Lasiocampidae
地理分布	欧洲南部和中部，从西班牙到巴尔干山脉，进入俄罗斯南部
栖息地	石灰岩草地、灌木篱墙和森林边缘
寄主植物	各种树木和灌木，特别是黑刺李 *Prunus spinosa*；还有桦属 *Betula* spp.、山楂属 *Crateagus* spp.、杨属 *Populus* spp. 和栎属 *Quercus* spp.
特色之处	多毛，与其他个体共同生活在一个丝网中
保护现状	数据缺乏，以前曾濒危

340

成虫翅展
1¹/₁₆~1⅜ in (27~35 mm)

幼虫长度
2~2⅛ in (50~55 mm)

东方纺枯叶蛾
Eriogaster catax
Eastern Eggar
(Linnaeus, 1758)

东方纺枯叶蛾 幼虫体表的毛非常多。背面密布黑色和橙棕色的长毛簇，从头部排到腹部末端，同时还伴有1条间断的白色纵线。侧面有灰色和橙棕色的毛簇。

东方纺枯叶蛾的雌蛾一次将150~200粒卵产在枝条上，然后用其腹部的灰色毛覆盖在卵上。幼虫孵化后即进入越冬状态，第二年春季爬出卵壳，共同群集在一个灰色的丝网中生活。当受到威胁时，它们会猛烈摆动头部，企图吓退潜在的捕食者。较高龄的幼虫分散开来，各自独栖生活，成熟后结茧化蛹。

成虫出现在9~11月，一年发生1代。本种曾被评估为濒危等级，但越过其分布范围的东部地区，就不稀有了，可在其他地区，数量仍然很稀少。成虫难得一见，但幼虫容易发现。东方纺枯叶蛾所受的威胁主要是栖息地丧失，包括农业的扩张和灌木篱墙的清除，另一种威胁则来自为防止它们危害树木而使用的杀虫剂。此外，它们还遭受寄生物的高度寄生。

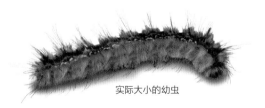

实际大小的幼虫

科名	枯叶蛾科 Lasiocampidae
地理分布	从欧洲向东扩展，穿过亚洲到中国的东部沿海
栖息地	灌木篱墙
寄主植物	落叶树，包括黑刺李 *Prunus spinosa*、山楂属 *Crateagus* spp.、桦属 *Betula* spp. 和柳属 *Salix* spp.
特色之处	社会性强，身体上覆盖有长毛簇
保护现状	没有评估，但数量正在下降

成虫翅展
1³⁄₁₆~1⁹⁄₁₆ in（30~40 mm）

幼虫长度
2 in（50 mm）

绵纺枯叶蛾
Eriogaster lanestris
Small Eggar
(Linnaeus, 1758)

341

绵纺枯叶蛾将卵产在枝条的顶端，幼虫出现在晚春到仲夏之间。幼虫在寄主树的枝条之间织一个帐篷状的大丝网，在网中群集生活。它们离开网到外面取食叶子，再沿它们留下的痕迹返回网内。在阳光明媚的日子里，它们会爬到网的表面晒太阳。最大的丝网能容纳数百只毛虫，它们的重量甚至能压弯树枝。

成熟的幼虫离开丝网，爬到树下寻找适合的地点化蛹。它们结一个棕色的茧，在茧中度过一年才会羽化。研究发现，有些蛹的历期长达10年之久。成虫于早春羽化和飞行，但雌蛾的飞行能力较弱，并不远行。

绵纺枯叶蛾 幼虫身体底色为暗棕色，背面有2列明显的毛簇，它们各自着生在1个姜黄色的基座上，毛簇由白色、黄色和橙色的毛组成。侧面排列有较长的毛簇，还有白色的斑和线，组成一系列"U"字形的花纹。

实际大小的幼虫

科名	枯叶蛾科 Lasiocampidae
地理分布	从英国和欧洲西部到达俄罗斯、西伯利亚和日本
栖息地	大多数湿润的地方，包括沼泽、有林的开阔地区和广袤的荒野
寄主植物	粗草（禾本科 Poaceae）、薹草属 Carex spp. 和芦苇 Phragmites australis
特色之处	醒目，多毛，大型，喜欢饮用露水
保护现状	没有评估，但或许在其分布范围的大部分地区常见

成虫翅展
2~2¾ in (50~70 mm)

幼虫长度
2⅜~2¾ in (60~70 mm)

草纹枯叶蛾
Euthrix potatoria
Drinker
(Linnaeus, 1758)

342

草纹枯叶蛾的幼虫生活在广阔而潮湿的草地中，因其具有饮用露水滴或雨水滴的习性而得其英文名"饮者"（Drinker）。淡白色具灰斑的卵被少量成群地产在草茎上。幼虫孵化后在靠近地面的密草丛中越冬，第二年春季开始活动，主要在夜间取食。经常能在白天看见幼虫停息在草上。人要避免接触幼虫，因为它的毛会引起皮疹。成熟的幼虫在草茎下部结一个淡黄色而呈塔形的丝茧，并在其中化蛹。

成虫大型而多毛，为栗棕色或橙棕色，于6~8月出现，一年发生1代。枯叶蛾科 Lasiocampidae（英文俗名常又为 eggars 和 lappets）是中型到大型的蛾类，分布在世界的大部分地区。它们的幼虫身体上都覆盖有浓密的短毛和长毛簇。很多种类在白天醒目，但由于其身体上的长毛而不被大多数的鸟类捕食，但杜鹃除外。

实际大小的幼虫

草纹枯叶蛾 幼虫身体底色为暗灰色，有复杂的斑纹。靠近身体的前端和后端各有1个细长的黑色或棕色的毛簇，很明显；背面和侧面有不规则的黄色线纹，沿下侧有白色和锈红色的毛簇。体表还有浓密的锈红色的短毛、黑色的毛簇和较长的浅色毛。

科名	枯叶蛾科 Lasiocampidae
地理分布	欧洲到西伯利亚东部、俄罗斯远东地区、中国和日本
栖息地	森林、林地边缘、灌木丛和灌木篱墙
寄主植物	黑刺李 *Prunus spinosa*、山楂属 *Crateagus* spp.、鼠李属 *Rhamnus* spp.、栎属 *Quercus* spp.、柳属 *Salix* spp. 和其他阔叶树
特色之处	多毛，大型，休息时沿小枝条伪装自己
保护现状	没有评估，但在欧洲的部分地区数量呈下降趋势，包括英国

成虫翅展
2⅜~3½ in (60~90 mm)

幼虫长度
3~3½ in (75~90 mm)

李褐枯叶蛾
Gastropacha quercifolia
Lappet
(Linnaeus, 1758)

343

李褐枯叶蛾将白色而有大理石般绿色花纹的椭球形卵少量成群地产在枝条上，幼虫于夏末孵化。幼虫还没有长大就进入越冬状态，它们的身体上没有覆盖物，但会隐藏好，通常躲藏在靠近地面的小枝下。第二年春季，幼虫于夜晚爬上灌木取食，在 5 月或 6 月发育成熟。成熟的幼虫在寄主植物的下部结一个结实的、灰棕色的茧化蛹，蛹为暗灰色。

本种的英文名称源于毛虫下侧面多毛的突起或像衣襟一样的结构。这些结构与其颜色和形状的组合，使它们在沿小枝条休息时很难被发现。有几个近缘种的毛虫在外形上很相似。大型多毛的成虫出现在 6 月下旬至 8 月，一年发生 1 代。本种的数量在欧洲呈下降趋势，部分是因为适合其栖息的灌木丛及灌木篱墙在消失。

李褐枯叶蛾 幼虫身体底色为暗灰色到红褐色，有时变异为白色。前部的体节之间有蓝黑色的带，有时沿背面有成对的橙色斑。下侧面扁平，沿侧面有一系列肉质的突起，生有向下的长毛。靠近后端的背面有 1 个向上伸的突起，像 1 个小叶芽。

实际大小的幼虫

科名	枯叶蛾科 Lasiocampidae
地理分布	欧洲和小亚细亚，东到亚洲的东北部
栖息地	具有灌木丛的开阔地，包括山地沼泽地、低地酸性土壤荒野、丘陵地、林地边缘、海岸沙丘和灌木篱墙
寄主植物	主要为灌木，包括欧洲越橘 *Vaccinium myrtillus*、帚石楠 *Calluna vulgaris*、欧石楠属 *Erica* spp.、弗悬钩子 *Rubus fruticosus* 和柳属 *Salix* spp.，也包含一些草本植物和灯心草属 *Juncus* spp.
特色之处	多毛，经常在阳光下取暖和取食
保护现状	没有评估，但在其分布范围的大多数地区常见

成虫翅展
2⅜~3½ in (60~90 mm)

幼虫长度
2⁹⁄₁₆~3⅛ in (65~80 mm)

344

橡树枯叶蛾
Lasiocampa quercus
Oak Eggar
(Linnaeus, 1758)

橡树枯叶蛾 幼虫身体底色在低龄时体色为棕色，有时部分呈蓝灰色，背面有三角形的橙色横斑纹，有时还有白色的纵斑纹。长大后，身体底色为黑灰色，背面的宽带与较窄的黑色带相间排列，上有淡黄色或棕色的毛。侧面有 1 条白色的细线，沿途有明显的秀褐色的毛。

橡树枯叶蛾的生命周期因气候不同而异。在较温暖的地区，成虫于 7~8 月进行婚飞，雌蛾在交配后产卵。不久后幼虫孵化，以成熟的幼虫越冬，第二年春季结一个密实的、橡子形的茧化蛹。在较寒冷的气候条件下，成虫于 5~6 月出现，幼虫于 7 月孵化，以低龄幼虫度过它们的第一个冬季，以蛹度过第二个冬季。在温暖和较寒冷这两种气候条件下，雌蛾在适合的栖息地一边低空飞行，一边将其亮棕色的卵抛下。

雄蛾在白天飞行，根据性信息素 —— 由在植被上休息的雌蛾释放出来，寻觅夜间活动的雌蛾。本种毛虫与橡树没有关系，但因其茧呈橡子形而被命名。"Eggar"这一名称已经被用于具有椭球形茧的一些近缘种类的命名。两年发生 1 代的种群经常被称为"Northern Eggar"—— 橡树枯叶蛾北方亚种 *Lasiocampa quercus callunae*。

实际大小的幼虫

科名	枯叶蛾科 Lasiocampidae
地理分布	欧洲和非洲北部，东到中亚
栖息地	林地、荒野和沙丘
寄主植物	各种植物，包括帚石楠 *Calluna vulgaris*、车轴草属 *Trifolium* spp.、栎属 *Quercus* spp. 和杨属 *Populus* spp.
特色之处	多毛，被发现于各种寄主植物上
保护现状	没有评估，但在局部地区稀少

三叶枯叶蛾
Lasiocampa trifolii
Grass Eggar
Denis & Schiffermüller, 1775

成虫翅展
1⁹⁄₁₆~2⅛ in (40~55 mm)

幼虫长度
2~2⅜ in (50~60 mm)

345

　　三叶枯叶蛾的雌蛾将灰褐色的椭球形卵成群地产下，通常产在叶子的背面。以卵越冬，第二年春季孵化。幼虫于夜间在植物上取食，白天则寻找庇护场所隐藏起来。成熟的幼虫爬到地面化蛹，经常躲在落叶层中或者潜入土壤中。成虫于数星期后羽化，它们在夜间活动，于6~9月的整个夏季飞舞，一年发生1代。

　　幼虫体表覆盖有蜇毛，有助于驱离捕食者。幼虫还将它们的保护性毛织入其棕色的丝茧中。雌蛾的体型比雄蛾大许多。在其分布范围的部分地区，由于栖息地的丧失和农业管理措施的变化，本种的生存受到了威胁。本种的学名有时也为 *Pachygastria trifolii*。

三叶枯叶蛾 幼虫体表覆盖有浓密的驼棕色和乳黄色的毛簇。身体的下部底色为暗棕色到黑色，有数条间断的白线。头部底色为棕色，中央有1条白色带。

实际大小的幼虫

科名	枯叶蛾科 Lasiocampidae
地理分布	欧洲西部、中东，东到亚洲的中部和东北部
栖息地	酸性的山地沼泽地、低的荒野、含碳酸钙的草地、沙丘和开阔的林地
寄主植物	很多的灌木，包括弗悬钩子 Rubus fruticosus、帚石楠 Calluna vulgaris、黑果越橘 Vaccinium myrtillus、沙棘 Hippophae rhamnoides 和柳属 Salix spp.；也包括一些草本植物，例如车轴草属 Trifolium spp.
特色之处	非常多毛，体型大，在春季的阳光下取暖
保护现状	没有评估

成虫翅展
2⅛~3⅛ in (55~80 mm)

幼虫长度
2⅜~2¾ in (60~70 mm)

346

灰袋枯叶蛾
Macrothylacia rubi
Fox Moth
(Linnaeus, 1758)

灰袋枯叶蛾将卵成群地产在植物茎上、栅栏上或者岩石上，卵呈亮灰色，具有棕色的大理石般的花纹，幼虫于6月下旬或者7月孵化。幼虫一直取食到秋季，此时的幼虫已经成熟，它们在地面或者很浅的土层中越冬，其身体外没有保护层，而是蜷曲在密集的苔藓或其他落叶层中。幼虫于春季恢复活动，可以看见它们在阳光下取暖，经过短暂的休整，它们在植被下结一个薄而呈长形的灰色的茧化蛹。

本种毛虫最常见于开阔而管理粗放的草地和灌木区，在阴暗的森林、农地或城市中则不多见。其英文俗名源自幼虫背面的毛色以及成虫的颜色，特别是雄蛾的颜色。成虫于5月和6月出现，一年发生1代，雄蛾在白天飞舞，雌蛾于黄昏活动。

灰袋枯叶蛾 幼虫身体底色为黑色。低龄时存在的黄色窄环在最后一次蜕皮后全部消失，这时身体的背面覆盖着浓密的黄褐色毛，并与黑色带相间排列。体表还覆盖有棕色或浅黑色的长毛，侧面有浅白色的毛簇。

实际大小的幼虫

科名	枯叶蛾科 Lasiocampidae
地理分布	欧洲、非洲北部和亚洲（最北端和最南端除外）
栖息地	盐沼泽、沼泽、荒野和林地
寄主植物	各种植物，包括柏大戟 Euphorbia cyparissias、金旋覆 Inula crithmoides、沙拉地榆 Sanguisorba minor 和海补血草 Limonium vulgare
特色之处	群集，织一个丝网幕共同生活
保护现状	没有评估，虽然分布广泛，但可能在局部地区稀少

成虫翅展
1¼~1⅝ in (31~41 mm)

幼虫长度
1⁹⁄₁₆~2 in (40~50 mm)

双带幕枯叶蛾
Malacosoma castrensis
Ground Lackey
(Linnaeus, 1758)

347

双带幕枯叶蛾将卵成群环绕地产在寄主植物的茎上，这样使得在海水泛滥时，它们仍然能够固定在盐沼泽的植物上，不会被海水冲走。以卵越冬，幼虫于第二年春季或初夏时孵化出来。幼虫几乎可以取食任何植物，它们大量群集，共同觅食，离开网幕时身后留下一条供返回时利用的丝质痕迹。它们身体上的蜇毛能够驱离捕食者。一旦成熟，幼虫马上分散，各自在草中结一个稍微透明的茧化蛹。

成虫于夏末羽化和飞行。双带幕枯叶蛾是天幕毛虫之一，之所以这样命名是因为它们的幼虫群集生活，在靠近地面处共同编织一个大型的丝网幕，经常将大量的植物包在网幕内。在阳光明媚的日子里，幼虫会爬到丝网幕的表面晒太阳，当天空转阴时它们再返回网内。在丰年，毛虫的数量巨大，它们不得不到处寻找食物。

双带幕枯叶蛾 幼虫身体底色为褐黑色。背面有 4 条间断的淡红色线，中央有 1 条蓝色线，侧面有 1 条较宽的蓝色条纹，下方有黑色的斑点。体表覆盖有黄棕色的长毛。头部呈灰黑色，没有斑点。

实际大小的幼虫

科名	枯叶蛾科 Lasiocampidae
地理分布	加拿大和美国
栖息地	落叶林地
寄主植物	落叶树，包括栎属 Quercus spp.、美洲糖槭 Acer saccharum、杨属 Populus spp. 和纸桦木 Betula papyrifera
特色之处	广泛分布的天幕毛虫，造成硬木树落叶
保护现状	没有评估，但常见

成虫翅展
1~1¾ in (25~45 mm)

幼虫长度
2~2⁹⁄₁₆ in (50~65 mm)

348

森林幕枯叶蛾
Malacosoma disstria
Forest Tent Caterpillar
Hübner, 1820

森林幕枯叶蛾 幼虫身体底色为暗褐色到黑色，从头至尾具有微弱的蓝色与黄色纵纹。腹部各节背面都有 1 个锁眼形的白色斑。体表散布白色的细毛。

不像其他天幕毛虫，森林幕枯叶蛾的幼虫不织丝网。它们群集生活，在树干和树枝之间织一个丝片。它们将卵产在小枝条上，排列成带状。以卵越冬，幼虫于冬季末期孵化出来。它们在丝片上集体休息和蜕皮，一起取暖以增加体温，以此加速发育。低龄幼虫群集取食，并沿着先遣毛虫返回留下的气味线索，共同从一根树枝转移到另一根树枝。高龄幼虫则分散觅食，并寻找一个适合的场所化蛹。

森林幕枯叶蛾的茧呈淡黄色，经常可以在叶子和树皮缝中发现它们，蛹期大约持续 2 星期，成虫于夏季羽化和飞行。由于它们对硬木树造成危害，所以是一种经济害虫。在一些年份，它们会爆发成灾，导致大范围的树木落叶。

实际大小的幼虫

科名	枯叶蛾科 Lasiocampidae
地理分布	欧洲、非洲北部，穿过亚洲（远北和远南除外）到日本
栖息地	落叶林地，可达海拔 1600 m 的高度；灌木篱墙、边界区、草地和农地
寄主植物	落叶树，包括苹果属 *Malus* spp.、山楂属 *Crataegus* spp.、柳属 *Salix* spp. 和栎属 *Quercus* spp.
特色之处	群集，在一个巨大的丝网幕内取食
保护现状	没有评估，但在局部地区数量下降

成虫翅展
1～1⅜ in (25～35 mm)

幼虫长度
1¼～2 in (45～50 mm)

黄褐幕枯叶蛾
Malacosoma neustria
Lackey Moth
(Linnaeus, 1758)

349

　　黄褐幕枯叶蛾将卵集中产下，环状排列在树枝上，以卵越冬，幼虫于春季同时孵化出来。幼虫在寄主植物的树枝之间织一个丝网幕，共同在其中生活。这个丝网幕有助于调节它们的体温；在阳光灿烂的日子里，幼虫爬到丝网幕的表面晒太阳，使其体温升高以便活动。丝网幕还能保护毛虫，驱离寄生蜂和鸟类等天敌。成熟的幼虫分散到周围的植被上觅食，并寻找一个适合的场所化蛹。

　　在寄主植物下方的叶子中可以发现黄褐幕枯叶蛾的稀疏的茧。它们的幼虫是贪婪的取食者，以很多种落叶树和果树的叶子为食，导致局部地区的树木大量落叶。本种会发生种群数量爆发，因此其毛虫被认为是一种害虫，特别是在果园。成虫在夏季出现。

黄褐幕枯叶蛾　幼虫身体底色为棕色，背面具有蓝色、橙色和白色的条纹。体表覆盖有橙棕色的长毛。头部呈灰色，具有暗色的斑纹。

实际大小的幼虫

科名	枯叶蛾科 Lasiocampidae
地理分布	欧洲、小亚细亚、俄罗斯、中国和日本
栖息地	林地、果园和森林，从低海拔到高海拔，最高可达海拔 3000 m
寄主植物	落叶树，包括李属 *Prunus* spp.、梨属 *Pyrus* spp.、山楂属 *Crataegus* spp.、柳属 *Salix* spp.、榆属 *Ulmus* spp. 和栎属 *Quercus* spp.
特色之处	极其善于隐蔽，有时能在果树上发现它们
保护现状	没有评估

成虫翅展
1³⁄₁₆~2⅜ in (30~60 mm)

幼虫长度
1¾~2⅜ in (45~55 mm)

350

苹枯叶蛾
Odonestis pruni
Plum Lappet
(Linnaeus, 1758)

苹枯叶蛾将白色的球形卵单个或少量成群地产在寄主植物的叶子上，幼虫于夏末或秋初从卵中孵化出来。幼虫有 5 龄，发育缓慢，以中龄期的幼虫越冬，第二年春季完成幼虫的发育。在大多数地区一年发生 2 代，但在北部地区一年只有 1 代。幼虫通常独栖生活，依靠明显的伪装色来保护自己，这种色彩使它们在枝条和小枝上很难被发现。幼虫成熟时结一个密集的丝茧化蛹，2~3 星期后成虫羽化。

在欧洲的一些地区，苹枯叶蛾的幼虫一直被认为是一种经济害虫，特别是作为樱桃树和李树的害虫，这也被反映在其英文俗名的第一个单词中。英文俗名的第二个单词源自毛虫腹足上覆盖的活瓣，就像服装上的一个小垂饰。

苹枯叶蛾 幼虫身体底色为亮到暗的棕色，具有复杂的波浪形的细黄线，特别是在背面。中部 6 节的后缘各有 1 对不明显的三角形的白斑。第三节有 1 条镶橙黄色边的红色横线，后缘有 1 对白斑。体表覆盖有白色的细刚毛，稍呈现出毛茸茸的外表。

实际大小的幼虫

科名	窗蛾科 Apatelodidae
地理分布	北美洲，从加拿大南部到美国得克萨斯州和佛罗里达州
栖息地	落叶森林
寄主植物	树木，包括槭属 *Acer* spp.、梣属 *Fraxinus* spp.、李属 *Prunus* spp. 和栎属 *Quercus* spp.
特色之处	醒目，体表覆盖有蓬松的长毛
保护现状	没有评估

成虫翅展
1¼~1⅝ in (32~42 mm)

幼虫长度
2~2⅜ in (50~60 mm)

多斑窗蛾
Apatelodes torrefacta
Spotted Apatelodes
(Smith, 1797)

351

多斑窗蛾的幼虫由于体表覆盖有蓬松的软长毛而变得十分醒目。在一些变型中，长毛为纯白色，另一些则为灰白色或黄色。不像其他多毛的毛虫，本种的毛不具刺激性。相关研究认为，本种的这些毛是拟态的结果，模拟那些利用蜇毛作为防御方式的有毒幼虫。这种拟态被称为"贝氏拟态"，是19世纪由英国博物学家和探险家亨利·沃尔特·贝茨（Henry Walter Bates，1825—1892）在巴西的热带雨林中对蝴蝶进行研究后提出的理论。

成熟的幼虫离开寄主植物，在地面上结一个丝茧化蛹，以蛹越冬。成虫于5~8月出现。在其分布范围的南部地区一年发生2代，但在北部地区一年只有1代。窗蛾科的种类有时被称为"美洲蚕蛾"（American silkworm moths），只分布在美洲，大多数在新热带区。

多斑窗蛾 幼虫体表覆盖有白色、灰白色或黄色的毛。在这些毛下，身体底色为乳白色，背面有黑色的大斑，侧面有较小的黑斑。身体背面中央有1列黑色的毛簇，第二、第三胸节和第八腹节各有2个黑色而呈铅笔状的毛簇。

实际大小的幼虫

科名	箩纹蛾科 Brahmaeidae
地理分布	俄罗斯远东地区、蒙古、中国和朝鲜半岛
栖息地	森林和林地
寄主植物	女贞属 *Ligustrum* spp.、梣属 *Fraxinus* spp. 和紫丁香属 *Syringa* spp.
特色之处	具有丰富的触须状的突起
保护现状	没有评估

成虫翅展
4⅝～6 in (120～150 mm)

幼虫长度
2¾～3⅛ in (70～80 mm)

黄褐箩纹蛾
Brahmaea certhia
Sino-Korean Owl Moth
(Fabricius, 1793)

黄褐箩纹蛾 幼虫身体底色为黑色，背面具有黑色且呈触须状的突起和刺突。侧面各节为橙棕色，向前缘变为白色。腹足和胸足呈黑色。头部呈黑色和白色，从前面看呈头盖骨状。

黄褐箩纹蛾将大型的乳白色球形卵成群地产在寄主植物的小枝和树干上，7～10天后幼虫从卵中孵化出来。一龄幼虫就已经生有触须状的突起，幼虫在卵壳上咬一个洞，从洞口爬出来。幼虫生长迅速，从叶子的边缘取食，吃掉大量的植物；它们历时不到3星期就可完成发育。幼虫在初期群集生活，但在后期独自栖息。最后一龄幼虫的触须状突起消失，头朝地面做一个土室，并在其中化蛹。蛹呈暗褐色到黑色，以蛹越冬。

成虫于春季羽化，夜晚活动，在前半夜最活跃。成虫的寿命只有1星期或2星期，白天巧妙地伪装在树干上休息。黄褐箩纹蛾是箩纹蛾属 *Brahmaea* 的模式种，以它为基础建立了箩纹蛾属；箩纹蛾科于1990年代初期才从蚕蛾科 Bombycidae 中分离出来。

实际大小的幼虫

科名	箩纹蛾科 Brahmaeidae
地理分布	日本
栖息地	潮湿的落叶林
寄主植物	女贞属 *Ligustrum* spp.、梣属 *Fraxinus* spp. 和木樨属 *Osmanthus* spp.
特色之处	色彩鲜艳，体型大，仅见于日本
保护现状	没有评估

成虫翅展
3⅛~4½ in (80~115 mm)

幼虫长度
2¼ in (70 mm)

353

日本箩纹蛾
Brahmaea japonica
Japanese Owl Moth
(Butler, 1873)

日本箩纹蛾将褐色的穹顶状卵少量成群地产在寄主植物的叶子上；卵的表面光滑，幼虫从卵中孵化出来。低龄幼虫和成熟的幼虫形态完全不同，低龄幼虫体色为白色，有黑色和黄色的斑纹，胸部有4根黑色的长触须状的突起，臀节有3根这样的突起。这些突起会在每一次蜕皮后越来越长，但在最后一次蜕皮后被小疣突替代。成熟的幼虫爬到地面，在木头或石头之下化蛹，以蛹越冬，蛹呈黑色。

成虫于3~8月出现，夜晚飞行，白天在树干上休息，可被灯光引诱。它们的英文俗名源自其翅正面的类似猫头鹰脸的斑纹。本种的分类有时有些混乱，许多研究者将本种描述为瓦氏箩纹蛾 *Brahmaea wallichii* 的一个亚种。

日本箩纹蛾 幼虫体型大而色彩鲜艳。身体底色为乳白色，侧面有2条间断的黄色条纹，中间有1条黑色的条纹，还散布一些黑色与黄色的斑纹。头部底色为黑色，具有黄色和白色的斑纹。胸部和腹部的臀节有一些小的疣突。

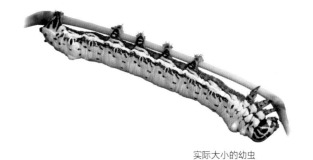

实际大小的幼虫

科名	箩纹蛾科 Brahmaeidae
地理分布	西伯利亚南部和俄罗斯远东地区、蒙古、中国、朝鲜，南到印度尼西亚
栖息地	森林
寄主植物	女贞属 *Ligustrum* spp.
特色之处	醒目，展示出假眼斑而使捕食者望而却步
保护现状	没有评估

354

成虫翅展
4～4⅝ in (100～120 mm)

幼虫长度
3½～4 in (90～100 mm)

西伯利亚箩纹蛾
Brahmaea tancrei
Siberian Owl Moth

Austaut, 1896

西伯利亚箩纹蛾 幼虫体型大而有醒目的斑纹。身体底色为棕色，侧面有驼色和黑色的斜条纹。腹部覆盖有很多白色的小斑点，其中一些斑点围有棕色的边框。气门被白色环绕。头部和胸部呈棕色与黑色，胸足和腹足呈黑色。

　　西伯利亚箩纹蛾将白色的球形卵产在叶子的背面，幼虫从卵中孵化出来，首先吃掉卵壳，然后开始取食叶子。其胸部有4根触须状的黑色长突，另有3根着生在腹部的末端。这些触须状的突起在第三次蜕皮后消失，其中胸部的相应位置被假眼斑替代，而假眼斑通常被隐藏起来。本种幼虫不结茧，在地下或落叶层中化蛹，以蛹越冬。

　　成虫于4月出现，一年只发生1代。幼虫的生长迅速，出现在5～6月，当受到威胁时，它们抬起胸部并向下弯曲头部，露出胸部的假眼斑，左右摆动身体来驱离捕食者。为了进一步赶走捕食者，它们还能发出吱吱的噪声。

实际大小的幼虫

科名	箩纹蛾科 Brahmaeidae
地理分布	尼泊尔、不丹、中国西南部、印度北部、缅甸北部、泰国和日本
栖息地	温带和热带森林
寄主植物	梣属 *Fraxinus* spp. 和女贞属 *Ligustrum* spp.
特色之处	与众不同，体型大，受到威胁时抬高头部
保护现状	没有评估

成虫翅展
3½~6⅜ in (90~160 mm)

幼虫长度
3½ in (90 mm)

枯球箩纹蛾
Brahmaea wallichii
Owl Moth

Gray, 1831

355

枯球箩纹蛾将乳白色的大型卵产在寄主植物的叶子背面，10~14 天后，幼虫从卵中孵化出来。低龄的幼虫在胸部有 4 根触须状的黑色长突，腹部末端有 3 根。这些突起在第三次蜕皮后消失。当其受到威胁时，幼虫会抬高头部做出恐吓的样子，以此来驱离潜在的捕食者。成熟的幼虫移动到地面，钻到石头下或落叶层及其他潮湿的地方化蛹。以黑色的蛹越冬，成虫在春季羽化。

枯球箩纹蛾是箩纹蛾科中最大的种类之一。成虫在夜间活动，白天在树干或地面上休息，其翅面上暗淡与浅亮的棕色斑纹为本种提供了完美的伪装保护。一年发生 2 代，第一代成虫出现在 4~5 月，第二代出现在 8 月。

枯球箩纹蛾 幼虫具有引人瞩目的色彩。其身体底色为白色，侧面有黑色与黄色的条纹，气门被黑色与白色环绕。头部和胸部有 1 个由黄色、绿色和黑色组成的网状斑纹和一些白色的斑点。胸足和腹足呈黑色与蓝色。

实际大小的幼虫

科名	笋纹蛾科 Brahmaeidae
地理分布	欧洲、小亚细亚、俄罗斯到乌拉尔山脉
栖息地	农地、果园、草地、湿草甸和沼泽
寄主植物	蓍草属 *Achillea* spp.、山柳菊属 *Hieracium* spp. 和蒲公英属 *Taraxacum* spp.
特色之处	多毛，成虫白天活动
保护现状	没有评估，但在局部地区易危

成虫翅展
1¼~2⁹⁄₁₆ in (45~65 mm)

幼虫长度
1⁹⁄₁₆ in (40 mm)

杜秘蚬蛾
Lemonia dumi
Lemonia Dumi
(Linnaeus, 1761)

杜秘蚬蛾的雌蛾将褐色的卵成群地产下，卵环绕排列在寄主植物的茎上。以卵越冬，幼虫在第二年初夏时孵化出来。幼虫以很多种的菊科植物为食，包括蒲公英这样的杂草。完成最后一龄的发育后，幼虫爬到地面，钻入地下做一个土室化蛹。成虫在年末羽化，白天飞行，在10月和11月的温暖日子里可以看见它们。

本种的种群数量在最近几十年中急剧下降，主要是农业的扩张、化肥的使用、土地的干枯和传统果园的消失导致的本种栖息地丧失。蚬蛾属 *Lemonia* 已知大约12种，分布在欧洲和亚洲的温带地区。曾经作为独立的蚬蛾科 Lemoniidae，现在通过 DNA 分析，被归入笋纹蛾科中。

杜秘蚬蛾 幼虫身体底色为暗褐黑色，覆盖有短的橙棕色的长毛簇。沿背面还有成对的淡白色和黑色的斑纹。

实际大小的幼虫

科名	澳蛾科 Anthelidae
地理分布	澳大利亚的东部沿海、塔斯马尼亚
栖息地	林地、灌木林和沿海灌木林
寄主植物	金合欢属 *Acacia* spp.
特色之处	细长多毛，具有蜇刺
保护现状	没有评估

成虫翅展
1³⁄₁₆~1⁹⁄₁₆ in (30~40 mm)

幼虫长度
2 in (50 mm)

黄头澳蛾
Nataxa flavescens
Yellow-Headed Anthelid
(Walker, 1855)

　　黄头澳蛾的雌蛾将乳白色的球形卵产在寄主植物上，卵沿叶子的边缘或者茎干排列成1条线。以卵越冬，幼虫在春季孵化。幼虫生长迅速，经常可以在寄主植物的树干上发现它们，一旦有人或捕食者触碰到它，它的蜇毛会引起过敏反应。成熟的幼虫在树皮缝或树皮下结一个茧化蛹，成虫于数星期后羽化。

　　黄头澳蛾的成虫出现在夏末和秋季，于夜晚活动，会被灯光吸引。两性成虫看起来非常不同，雌蛾的体型较大，翅为暗灰色和白色；雄蛾的体型较小，翅为橙色、棕色和乳白色。澳蛾科是蚕蛾总科中的一个科，只分布在澳大利亚和新几内亚。已知74种，其幼虫为典型的多毛的毛虫。

黄头澳蛾　幼虫身体细长，呈灰色，背面具有1条黑色的纵条纹，覆盖有灰色的毛，并镶有白色和黄色的边。胸部有2撮黑色的毛簇，另有1撮毛簇位于腹部末端，头部后方有红色的疣突，整个身体上排列有灰色的长毛簇。头部呈棕色。

实际大小的幼虫

科名	桦蛾科 Endromidae
地理分布	英国（仅限于苏格兰高地，可能还有伍斯特郡）、欧洲，穿过亚洲到西伯利亚和中国北部
栖息地	桦属 *Betula* spp. 占主导的落叶林、矮林地、高沼地、林地的沼泽边缘
寄主植物	落叶树，包括桤木属 *Alnus* spp.、桦属 *Betula* spp.、榛属 *Corylus* spp. 和欧洲鹅耳枥 *Carpinus betulus*
特色之处	蛹期可持续 3 年之久
保护现状	没有评估，但在其分布范围的部分地区稀少

成虫翅展
2~2¾ in (50~70 mm)

幼虫长度
2 in (50 mm)

358

肯特桦蛾
Endromis versicolora
Kentish Glory
(Linnaeus, 1758)

肯特桦蛾 幼虫身体底色为鲜绿色，背面有 1 条绿色的纵线，侧面有乳白色的斜条纹，气门为白色。身体覆盖有微小的黑色斑点。尾部的角突与天蛾幼虫的角突相似，但要小许多。在化蛹前的幼虫颜色会变得更黯淡。

肯特桦蛾的雌蛾一生至多可以产下 250 粒黄褐色的卵，卵成列地排在寄主树的细枝条上。幼虫于 10～14 天后孵化出来。幼虫最初为黑色，大约 30 只为一群共同生活在一起。后来，它们分散开来，独自在夜晚取食，成熟后下到地面，在大约 2.5 cm 深的苔藓中结茧化蛹。蛹需要在茧中度过 3 年的时间才能羽化为成虫。

成虫于冬季末期羽化，是一年中最早出现的蛾类之一。本种的英文名以英国的肯特郡命名，因为那里的种群数量曾经非常可观，但后来逐渐下降，目前该种群在英格兰已经不复存在，仅在伍斯特郡可能还有一个孤立的群落，其他地区的种群数量也在下降中。本种数量的减少主要是由于栖息地的丧失，以及本种幼虫喜欢取食的桦木林被清除。

实际大小的幼虫

科名	蚕蛾科 Bombycidae
地理分布	不再存在于野外，但现在世界普遍饲养；历史上分布于印度北部、中国、朝鲜和日本
栖息地	历史上栖息在林地和公园
寄主植物	桑属 Morus spp.，特别是白桑树 Morus alba
特色之处	著名的家养毛虫，其茧被大规模地用来纺织丝线
保护现状	没有评估，但被普遍饲养

家蚕蛾
Bombyx mori
Mulberry Silkworm
(Linnaeus, 1758)

成虫翅展
1¹⁄₁₆ in (40 mm)

幼虫长度
Up to 3 in (75 mm)

359

　　家蚕蛾的雌蛾一生能产下数百粒卵，幼虫大约2星期后孵化出来；雌蛾产完卵后就会死去。幼虫的食量巨大，不停地取食，迅速生长到五龄结束。在化蛹之前它们的体长会缩短三分之一，这是本种的一个显著特征。幼虫结一个大型的丝茧化蛹。家蚕蛾与野蚕蛾 *Bombyx mandarina* 的亲缘关系非常近，两者能够杂交。

　　在中国，家蚕蛾在5000年以前就被在家饲养，由此产生了中国的丝绸工业。在家养的过程中，成虫失去了飞行能力和爬到寄主植物上的能力。结果导致本种已经无法在野外生存，它曾经广泛分布于亚洲。本种的茧也比野蚕蛾的茧大很多，由单一的一根非常精良的生丝组成，其长度可达900 m。在商业上，为了防止成虫羽化时破坏丝线，会将蛹杀死。

家蚕蛾 幼虫为大型的毛虫，身体底色从乳白色到米黄褐色，具有不规则的棕色斑，气门周围有棕色的边环。后端有1个短的角突。

实际大小的幼虫

科名	大蚕蛾科 Saturniidae
地理分布	加拿大东南部和美国东部，南到佛罗里达州
栖息地	落叶和混交的森林和林地
寄主植物	桦属 *Betula* spp.、桤木属 *Alnus* spp.、柿属 *Diospyros* spp.、美洲枫香 *Liquidambar styracifluar*、山核桃属 *Carya* spp. 和胡桃属 *Juglans* spp.
特色之处	善于隐蔽，一天能吃光一根枝条上的所有叶子
保护现状	没有评估，但常见

成虫翅展
3～4⅛ in (75～105 mm)

幼虫长度
3～4 in (75～100 mm)

月尾大蚕蛾
Actias luna
Luna Moth
(Linnaeus, 1758)

月尾大蚕蛾 幼虫身体底色为绿色，侧面有 1 条黄色的细纵纹。头部、胸足和腹足呈锈红色，有成列的橙色或粉红色的疣突（骨化的结构），每一节上有 6 个，全部疣突上都生有刚毛。胸部各节和腹部臀节上的疣突较大，明显为防御的工具，在受到鸟类和哺乳动物捕食时用来自卫。

月尾大蚕蛾的幼虫在前两个龄期或到三龄时群集取食，之后则分散开来独自生活。幼虫的取食量随着其生长呈指数增长；一只末龄期的幼虫能够在一天之内吃光一根树枝上的所有叶子。幼虫有 5 龄，每一龄需要 5～7 天的时间完成发育。像其他蚕蛾幼虫一样，成熟的幼虫在其寄主植物的叶子之中结一个银色而厚实的茧化蛹。

本科的种类大型而多样化，包括一些鳞翅目中最大的种类，尾大蚕蛾属 *Actias* 是成虫尾突最长的一个属。在亚洲，一些种类，例如短尾大蚕蛾 *Actias artemis* 和绿尾大蚕蛾 *Actias selena*，与月尾大蚕蛾非常相似。月尾大蚕蛾的成虫最近被用来进行开创性的研究，探讨其尾突如何帮助它们逃避蝙蝠的捕食；蝙蝠利用超声波的反射侦查到尾突，并对它进行攻击，于是避开了蚕蛾的致命部位。

实际大小的幼虫

科名	大蚕蛾科 Saturniidae
地理分布	非洲的东部，从埃塞俄比亚向南到达夸祖鲁－纳塔尔省（南非）
栖息地	热带森林和无树大草原
寄主植物	没药树属 Commihora spp.、胡桃属 Juglans spp.、硬胡桃属 Sclero-carya spp. 和螺穗木属 Spirostachys spp.
特色之处	肥胖，常被收集作为人类的食物
保护现状	没有评估

非洲尾大蚕蛾
Actias mimosae
African Moon Moth
(Boisduval, 1847)

成虫翅展
4⅝ in (120 mm)

幼虫长度
3⅛ in (80 mm)

　　非洲尾大蚕蛾的幼虫通常2～3只同时孵化，但它们是完全独立的。幼虫需要经过5个龄期的生长，成熟时身体最终变得非常肥胖和结实。像很多其他大型的非洲蛾类一样，本种的幼虫照例被收集来供人类食用。当完成取食后，成熟幼虫排空肠道里的所有物质，使身体缩小，然后吐丝结一个银色的茧化蛹。在非洲的大部分地区一年发生2代，但在远南地区只有1代。

　　非洲尾大蚕蛾以前被归入银大蚕蛾属 *Argema* 中，银大蚕蛾属的种类最近被转移到尾大蚕蛾属 *Actias* 内。尾大蚕蛾属 *Actias* 在世界上已知26种，包括美洲的月尾大蚕蛾 *Actias luna* 在内。尾大蚕蛾属可能起源于欧亚大陆，只有一个古代种扩散到北美洲，由它分化出月尾大蚕蛾和其他两个墨西哥和中美洲的种。西班牙大蚕蛾 *Graellsia isabella* 是第三个近缘的大蚕蛾，分布在西班牙的山区。

非洲尾大蚕蛾 幼虫身体底色为绿色，在体节之间有蓝色和黄色的影带。每一节的背面各有1对很长的管状突起，每个突起的末端有1圈黑色无毒的小刺突，散布有凌乱的白色长毛。头部和胸足呈红褐色，腹足呈黄色和黑色，生有弯曲的白色鬃毛。

实际大小的幼虫

科名	大蚕蛾科 Saturniidae
地理分布	南亚、中国、日本和东南亚的部分地区
栖息地	温带森林、灌木林和花园
寄主植物	各种植物，包括木槿属 *Hibiscus* spp.、苹果属 *Malus* spp. 和梨属 *Pyrus* spp.
特色之处	苹果绿色，发出"咔嗒"声来驱离捕食者
保护现状	没有评估，但分布广泛

成虫翅展
3⅛~4⅝ in (80~120 mm)

幼虫长度
4 in (100 mm)

362

印度绿尾大蚕蛾
Actias selene
Indian Moon Moth
(Hübner, 1806)

印度绿尾大蚕蛾 幼虫身体底色大部分为红色，一龄有 1 个黑色的马蹄形斑。随着它的蜕皮，其外形会发生变化，在三龄时变为鲜绿色。头部和足呈暗褐色。除最后一节外，其他各节都生有具刺的橙黄色的大型疣突。

印度绿尾大蚕蛾将淡褐色的卵集中产在寄主植物上，每次有 100 粒左右，大约 2 星期后幼虫从卵中孵化出来。幼虫有极强的抓握能力，将自己牢固地附着在枝条上，这使鸟类等捕食者难以将它们抓走。如果受到惊扰，它们会扭动身体，并用上颚发出"咔嗒"声来驱离攻击者。幼虫的体色在化蛹前会变淡，然后吐丝结茧，在其中化蛹。成虫大约 6 星期后羽化。

通常一年发生 2 代，但在偏南的地区终年可以繁殖。本种容易被饲养，成虫夜晚飞行。成虫具有大型的淡绿色的翅膀和很长的尾突，十分可爱，理所当然地被世界各地的昆虫学家广泛收藏。尽管印度绿尾大蚕蛾是大蚕蛾科的成员，但它吐的丝没有用于商业用途。

实际大小的幼虫

科名	大蚕蛾科 Saturniidae
地理分布	墨西哥南部到巴西、玻利维亚和秘鲁东部
栖息地	低海拔的热带森林
寄主植物	因加属 *Inga* spp.；也能取食栎属 *Quercus* spp. 植物
特色之处	粗壮，是本属中体型最大的种
保护现状	没有评估，但十分常见

成虫翅展
2½~4¾ in (63~123 mm)

幼虫长度
2%₁₆ in (65 mm)

詹森隐大蚕蛾
Adeloneivaia jason
Adeloneivaia Jason
(Boisduval, 1872)

　　詹森隐大蚕蛾的幼虫孵化后群集在叶子上，首先吃掉自己的卵壳。幼虫最初体色为黑色，之后转变为绿色。它们在五龄结束时停止取食，释放出一些液体，钻入地下筑一个土室，并吐出少量的丝线将自己包裹起来。大约10天后化蛹，在地下继续停留6星期或更长的时间，然后成虫羽化，先从土室爬出地面，再慢慢展开翅膀。

　　詹森隐大蚕蛾隶属一个非常大的亚科 —— 角大蚕蛾亚科 Ceratocampinae，仅分布在美洲。该亚科大多数种类的成虫具有粗壮的身体，外形似喷气式飞机，其幼虫健壮结实，有很少的毛或没有毛。已知生活习性的种类都在土壤中化蛹。隐大蚕蛾属 *Adeloneivaia* 已知有15种以上，其中詹森隐大蚕蛾是体型最大的一种。

詹森隐大蚕蛾　幼虫身体底色为鲜绿色，具有3个白色的大斑纹，形状像具有蓝瞳眼睛的鸟头。"喙"的外面为银色，内面为橙色。沿身体有众多向后伸的绿色的角突。头部呈绿色，足呈暗橙色和黑色。

实际大小的幼虫

科名	大蚕蛾科 Saturniidae
地理分布	北美洲，从亚利桑那州、科罗拉多州、新墨西哥州和得克萨斯州西部到墨西哥
栖息地	橡树林
寄主植物	加州鼠李 *Rhamnus californica* 和柳属 *Salix* spp.
特色之处	本属中与众不同的一种
保护现状	没有评估，但在其分布范围内常见

成虫翅展
2¹⁵⁄₁₆~3¹¹⁄₁₆ in (74~94 mm)

幼虫长度
2³⁄₁₆~2⁹⁄₁₆ in (55~65 mm)

山砂大蚕蛾
Agapema homogena
Rocky Mountain Agapema
Dyar, 1908

364

山砂大蚕蛾将卵 40～160 粒为一组地产下，幼虫于夏天从象牙白色的椭球形卵中孵化出来。初龄幼虫全身颜色为黑色，具有白色的毛，但二龄及以后各龄的幼虫转变为黑色和黄色。前三龄的幼虫群集生活，四龄和最后一龄幼虫变为独栖生活。成熟的幼虫离开寄主植物，于秋季在岩石缝或树干缝中结一个松软的黄褐色的茧化蛹，以蛹越冬，这里的冬季经常为冰天雪地。

砂大蚕蛾属 *Agapema* 在美国西部和墨西哥共有 7 种。除山砂大蚕蛾外，其他种类的幼虫和成虫形态都很相似，但山砂大蚕蛾的体型较大，更引人瞩目，生活在较高海拔的森林环境中。其他 6 种生活在沙漠中。很多幼虫都会被寄生蝇寄生，寄生蝇将卵产在叶子上，毛虫取食叶子后被寄生，寄生蝇在结茧化蛹后杀死毛虫。

实际大小的幼虫

山砂大蚕蛾 幼虫身体底色为黑色，每节都有 1 个明显的黄色斑纹。身体上有很多白色的短毛和少量很长的白毛，胸足[1]和腹足上有中等长度的弯曲的白毛。头部和足呈黑色，每一只胸足[2]上有 1 个白斑。

---

① 原文为 abdominal legs，但其后还有 prolegs，同为腹足，所以前面的应该为胸足。——译者注

② 原文为 abdominal leg，但根据上文和幼虫照片，应该是胸足。——译者注

科名	大蚕蛾科 Saturniidae
地理分布	欧洲、除南亚以外的亚洲
栖息地	山毛榉林、混交的针叶与落叶森林、其他针叶森林中河沿岸生长的落叶树林
寄主植物	欧洲山毛榉 *Fagus sylvatica*、桦属 *Betula* spp.、胶桤木 *Alnus glutinosa*、黄花儿柳 *Salix caprea*、欧洲花楸 *Sorbus aucuparia* 和栎属 *Quercus* spp.
特色之处	初龄时有明显的突起，但成熟后这些突起消失而使虫体隐蔽
保护现状	没有评估，但常见

丁目大蚕蛾
Aglia tau
Tau Emperor
(Linnaeus, 1758)

成虫翅展
2⅜~3⁵⁄₁₆ (60~84 mm)

幼虫长度
2⅜ in (60 mm)

365

丁目大蚕蛾的雌蛾在夜晚将卵少量成群地产在寄主树的叶子和嫩梢上，卵分散在森林的各个林层中。早期的幼虫身体底色为绿色，身体背面有数个红色和白色的长突起，这些突起也许能在一定程度上保护毛虫免遭鸟类的吞食；后期的幼虫具有隐蔽性。幼虫在良好的条件下只有4龄，但如果条件不理想就会蜕皮增加一个龄期。每年只发生1代，以蛹在茧内越冬。

丁目大蚕蛾的雄蛾在早春时节太阳出来以后活动，飞行迅速而飘忽不定，寻觅刚羽化的雌蛾。与雄蛾不同，雌蛾在夜间活动。交配活动在白天进行，雄蛾利用性信息素和视觉找到刚羽化的雌蛾，此时的雌蛾仍然还停留在其茧的附近。丁目大蚕蛾属 *Aglia* 目前已知有4种，种间非常相似。丁目大蚕蛾的分布范围最广泛。

丁目大蚕蛾 幼虫身体底色为绿色，有1条白色的亚气门线，气门呈米黄色。身体的背面因明显的分节界线而呈波浪形，类似一片叶子的边缘。身体上密布微小而呈白色的短刺和短毛，再加上那些平行的脉状的白线，它们与白色的亚气门纵线呈45°角排列，进一步增加了与树叶的相似程度。

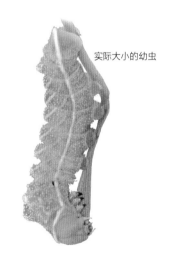

实际大小的幼虫

科名	大蚕蛾科 Saturniidae
地理分布	北美洲的中部和东部
栖息地	落叶森林
寄主植物	落叶的硬木树，特别是栎属 *Quercus* spp.
特色之处	群集，在夏末和秋季活动，能使树木失叶
保护现状	没有评估，但是大蚕蛾科中比较常见的种类之一

成虫翅展
1³⁄₁₆~2 in (30~50 mm)

幼虫长度
2 in (50 mm)

366

橙纹橡树大蚕蛾
Anisota senatoria
Orange-Striped Oakworm
(J. E. Smith, 1797)

橙纹橡树大蚕蛾 幼虫身体底色为黑色，有橙黄色的纵条纹贯穿整个身体。第二胸节上有2个黑色的角突，其他体节上有向后伸的微小的疣突，臀节末端有几根黑色的短刺突。

橙纹橡树大蚕蛾将卵大量成群地产在叶子的背面，一群卵可能高达500粒，幼虫于10~14天后孵化出来。低龄的幼虫身体底色为暗绿色，群集生活，但在后期就分散开来。成熟的幼虫会吃掉除中脉以外的整片叶子，然后坠落到森林的地面，在地下寻找合适的化蛹场所。它们以蛹越冬。一年发生1代，橙黄色的成虫在夏季的初期到中期羽化。

本种毛虫是硬木树的一种害虫，特别是红橡树 *Quercus rubra* 和其他种类的橡树，因此英文俗名为"橡树大蚕蛾"。树木能够承受一定程度的失叶，特别在生长季的后期，但如果连续几年都被重复取食，再加上早期的其他食叶种类，例如舞毒蛾 *Lymantria dispar* 幼虫的危害，那么这些树木就会受到严重的伤害。

实际大小的幼虫

科名	大蚕蛾科 Saturniidae
地理分布	从加拿大南部（安大略东南部到新斯科舍），向南穿过美国到佛罗里达州，向西到得克萨斯州和艾奥瓦州
栖息地	落叶的森林和枝繁叶茂的郊区
寄主植物	栎属 Quercus spp.
特色之处	具有隐藏色，胸部有 2 个明显的黑色的突起
保护现状	没有评估，数量尽管急剧下降，但常见

成虫翅展
1⅝～2⅝ in (42～66 mm)

幼虫长度
1⁹⁄₁₆～2⅜ in (40～60 mm)

粉纹橡树大蚕蛾
Anisota virginiensis
Pink-Striped Oakworm
(Drury, 1773)

367

　　粉纹橡树大蚕蛾将卵成群地产在橡树叶上，幼虫从黄色球形卵中孵化出来。幼虫在早期群集生活，取食叶肉留下叶脉。后期的幼虫独栖生活，取食除中脉以外的整个叶片。成熟的幼虫下到地面，在浅洞内化蛹，以蛹越冬。在其分布范围的北部地区一年发生 1 代，在南部地区则有 2 代或 2 代以上。粉纹橡树大蚕蛾通常不会成为一种害虫，它只是偶尔使橡树落叶。在 1980 年代后期的曼尼托巴曾经发生了一次大的爆发，幼虫吃光了 95% 的树木的叶子。

　　粉纹橡树大蚕蛾曾经十分常见，但现在的数量却急剧下降，也许是由于康刺腹寄蝇 *Compsilura concinnata* 数量增加的结果，这是从欧洲引进来防治舞毒蛾 *Lymantria dispar* 的一种寄生蝇。幼虫受到三种寄生蝇和两种姬蜂的寄生，还有鸟类的捕食。橡树大蚕蛾属 *Anisota* 在北美洲大陆有 13 种，其中 6 个非常相似的种类也发生在北美洲的东部。

粉纹橡树大蚕蛾　幼虫具有隐藏色，与叶子和枝条的底色融为一体。胸部有 2 个黑色的突起，头部和腹足呈绿色。身体底色为淡绿色，具有黑色与粉红色交替排列的纵条纹。每一节都有短的刺突，它们对人类没有危险，但能驱离脊椎动物捕食者。

实际大小的幼虫

科名	大蚕蛾科 Saturniidae
地理分布	西班牙、印度、中国和日本
栖息地	橡树森林
寄主植物	栎属 *Quercus* spp.
特色之处	自公元前 200 年以来，一直被用于生产柞蚕丝
保护现状	没有评估

成虫翅展	
4¼~6 in (110~150 mm)	

幼虫长度
3⅜ in (85 mm)

中国柞蚕蛾
Antheraea pernyi
Chinese Tussah Silkmoth
(Guérin-Méneville, 1855)

中国柞蚕蛾 幼虫身体底色为绿色，覆盖有微小的白色颗粒。每一节侧面的后缘有 1 条浅黄色的条纹，尾部的臀足上有 1 个暗色的三角形斑。气门为椭圆形，黑色，中心呈黄色。身体上散布有长毛，毛的颜色大多为黄色。头部为黄褐色。

中国柞蚕蛾的幼虫取食橡树叶子，在中国被饲养来获得柞蚕丝。幼虫经过 5 个龄期的发育达到成熟阶段，然后裹在一片叶子中吐丝结茧，进行化蛹。中国柞蚕蛾经常被饲养在有防护的树林中或者室内，用于生产野蚕丝。虽然其他各种蚕蛾被利用的时间已达几个世纪，但中国柞蚕蛾的饲养历史已超过 2000 年。最近的遗传学研究认为，野皇柞蚕蛾 *Antheraea roylei* 是中国柞蚕蛾的原始祖先。

家蚕蛾产生的蚕丝最具商业价值，它与柞蚕蛾没有亲缘关系，且已经失去了飞行能力，但家养的中国柞蚕蛾成虫却能够飞行，在被引入亚洲和欧洲后已经在野外存活下来，形成了当地的种群群落。柞蚕蛾属 *Antheraea* 已知 80 种，其中绝大多数分布在亚洲，只有 4 种发生在美洲，包括北美洲的多斑柞蚕蛾 *Antheraea polyphemus* 和歌曼柞蚕蛾 *Antheraea godmani*，后者的分布范围从墨西哥中部到哥伦比亚北部，为橡树在美洲分布的最南端。

实际大小的幼虫

科名	大蚕蛾科 Saturniidae
地理分布	美国和加拿大南部
栖息地	落叶森林，但在寄主植物的分布区更常见
寄主植物	苹果属 *Malus* spp.、李属 *Prunus* spp.、板栗属 *Castanea* spp.、栎属 *Quercus* spp.、悬铃木属 *Platanus* spp. 和柳属 *Salix* spp.
特色之处	在受到威胁时会反刍吐出食物
保护现状	没有评估，但在其分布范围的大部分地区常见

成虫翅展
4~6¹⁄₁₆ in (102~152 mm)

幼虫长度
4 in (102 mm)

369

多斑柞蚕蛾
Antheraea polyphemus
Polyphemus Moth
(Cramer, 1776)

多斑柞蚕蛾的卵为大的扁球形，外缘有 1 条褐色带。幼虫孵化后独栖生活，很少发现它们相互靠近。当受到威胁时，幼虫反刍吐出食物，在身体上形成一个绿褐色的液体层，以此驱离捕食者。尽管它们的绿色身体能够有效地伪装自己，但五龄幼虫的大型身体还是会让它们相对容易地被发现。

幼虫通常在寄主植物的叶子中结茧化蛹，茧为椭圆形，大型而坚硬，在秋季随落叶掉到地面。因为茧没有留出羽化的通道，成虫会分泌一种酶来破开茧的一端，由此爬出茧外，并逐渐将翅膀伸展开来。多斑柞蚕蛾是北美洲最大的蛾类之一，其体型大小有时能够与瑟罗宾大蚕蛾 *Hyalophora cecropia* 媲美。本种最著名的特征是其后翅上的大型眼斑，为醒目的黄色、蓝色和黑色，也因此而得名"波吕斐摩斯"（Polyphemus）——古希腊神话中的独眼巨人之一。

多斑柞蚕蛾 幼虫身体底色为鲜绿色，腹部每一节都有淡黄色的竖线，黄线的各端都有粉红色的疣突。毛虫有 1 个明显的黄褐色的"脸"，身体上散布有不蜇人的毛。

实际大小的幼虫

科名	大蚕蛾科 Saturniidae
地理分布	马达加斯加和科摩罗群岛
栖息地	湿润与干燥的森林
寄主植物	多种乔木和灌木，包括夹竹桃 *Nerium oleander*、女贞属 *Ligustrum* spp.、柳属 *Salix* spp. 和山毛榉属 *Fagus* spp.
特色之处	颜色多变，蛹可以食用
保护现状	没有评估，但通常常见

370

成虫翅展
4～5 in (100～130 mm)

幼虫长度
2⅜～2¾ in (60～70 mm)

苏拉大蚕蛾
Antherina suraka
Suraka Silkmoth
(Boisduval, 1833)

苏拉大蚕蛾 幼虫身体底色多变，但经常为鲜绿色或黄绿色，具有粉红色的刺突。刺突在侧面退化，但在背面明显。每一节的侧面各有 1 个明显的三角形的小黄斑，其后缘镶有明显的黑边。在黄色的三角形斑之下有少量黑色的斑点。腹足和胸足都呈黑色。

苏拉大蚕蛾幼虫的体色变异范围很大，具有从黑色和橙色的刺突到绿色和粉色的刺突变化。幼虫大量取食很多不同的寄主植物，发育迅速，依据温度的不同，从一龄到化蛹仅需要 3～4 星期的时间，低温会使幼虫大量死亡。幼虫在寄主植物下方的地上结一个坚实的茧化蛹。

在马达加斯加，苏拉大蚕蛾的茧被用来生产蚕丝。尽管它的丝没有家蚕蛾 *Bombyx mori* 的丝结实，但它仍有重要的价值。苏拉大蚕蛾的蛹还可以供人们食用，在马达加斯加被当作一种蛋白质资源供人们食用，其用量正在日益增长。其产丝和食用两种用途使苏拉大蚕蛾成为保护的重点对象，人们试图在这个巨大的岛上恢复森林，开始与地方合作造林，建立苏拉大蚕蛾饲养基地。

实际大小的幼虫

科名	大蚕蛾科 Saturniidae
地理分布	从尼泊尔向东南穿过缅甸和泰国到达越南，南到马来西亚
栖息地	山地森林
寄主植物	多种植物，包括臭椿属 *Ailanthus* spp. 和冬青 *Ilex chinensis*
特色之处	多食性，体型大，成虫是亚洲最大的蛾类
保护现状	没有评估

冬青大蚕蛾
Archaeoattacus edwardsi
Edwards Atlas Silkmoth
White, 1859

成虫翅展
最长达 9⅞ in (250 mm)

幼虫长度
6 in (150 mm)

371

冬青大蚕蛾的幼虫能够在野外取食各种不同的植物长大。它的寄主植物包括臭椿、女贞属 *Ligustrum* spp.、杨属 *Populus* spp.、柳属 *Salix* spp.、紫丁香属 *Syringa* spp. 和其他植物。一龄幼虫体色为白色，有窄的黑色带。随后龄期的幼虫体色也是白色，身体上密布蜡粉，但暗绿色的五龄和最后一龄幼虫身体上的蜡粉比较稀疏。最近的遗传学研究说明，古巨大蚕蛾属 *Archaeoattacus* 有 3 种，而不是以前认为的只有 2 种，全部分布在亚洲。

目前，根据其翅面的斑纹推断，冬青大蚕蛾在进化关系上位于臭椿大蚕蛾 *Samia cynthia* 和乌桕巨大蚕蛾 *Attacus atlas* 之间。美洲热带的罗大蚕蛾属 *Rothschildia* 的体型较小，但形态相似；在非洲，近缘的种类被镰翅大蚕蛾属 *Epiphora* 所替代。这些属的幼虫都有相似的特征，会结一个纸状的丝茧。

冬青大蚕蛾 高龄幼虫身体底色为暗绿色，具有较暗的圆形小斑点，部分地覆盖有白色的蜡粉。每一臀足上有 1 个黄褐色而呈三角形的大斑。肉质的蓝色长角突弯向后方。头部呈暗绿色，足呈蓝色。

实际大小的幼虫

科名	大蚕蛾科 Saturniidae
地理分布	墨西哥东部，向南到达玻利维亚和巴西南部
栖息地	热带森林
寄主植物	吉贝属 *Ceiba* spp. 和木棉科 Bombacaceae 的其他树种
特色之处	大蚕蛾科中高度社会性的毛虫
保护现状	没有评估

372

成虫翅展
4⅜~6¾ in (115~170 mm)
幼虫长度
4¼ in (110 mm)

木棉强大蚕蛾
Arsenura armida
Arsenura Armida
Cramer, 1779

木棉强大蚕蛾的幼虫有醒目的黑色与白色带，大多数龄期都有长的角状突起，但到最后一龄就没有角突了，身体颜色的对比度也减小。幼虫的社会性很强，大量幼虫经常在白天聚集在树的基部，夜晚则爬上枝条取食，它们依靠一种信息素（气味）相互群集在一起。幼虫散布在树冠中取食之后，它们于黎明时再依靠信息素指路，共同下到树的基部休息。

强大蚕蛾属 *Arsenura* 的种类隶属于强大蚕蛾亚科 Arsenurinae，它们的成虫大多类似，只是体型大小不同，都只分布在中美洲和南美洲的热带地区。所有的种类都在地上化蛹。成虫的体型非常大，具有褐色、灰色、红褐色或者黑色与白色的各种斑纹。尽管木棉强大蚕蛾的幼虫包含的毒素足以杀死某些鸟类，但在墨西哥南部的少数民族部落里，它们被烹调来供人们食用。

实际大小的幼虫

木棉强大蚕蛾 幼虫大部为黑色，其身体背面的一半表面光滑，每一节后缘有 1 条橙色的横带将各体节相互分开。腹面的一半密布乳白色的细毛；气门呈椭圆形，黑色；头部和臀足为深棕色；足为黑色。

科名	大蚕蛾科 Saturniidae
地理分布	中美洲和南美洲，包括哥斯达黎加、哥伦比亚和厄瓜多尔
栖息地	热带雨林
寄主植物	锦葵科 Malvaceae 的大多数种类，包括阿佩属 *Apeiba* spp.、璐荷属 *Luehea* spp. 和猴耳环属 *Pithecellobiun* spp.
特色之处	不同寻常，体型大，利用斑驳的颜色来伪装自己
保护现状	没有评估

成虫翅展
6⅛~6½ in (155~165 mm)

幼虫长度
Up to 4 in (100 mm)

贝氏强大蚕蛾
Arsenura batesii
Arsenura Batesii
(R. Felder & Rogenhofer, 1874)

373

贝氏强大蚕蛾的雌蛾一生会产下数百粒乳白色的卵，它们被单个产在叶子的正面，所以这些卵散布在其寄主树的整个树冠中。幼虫孵化后首先吃掉卵壳，然后开始取食叶子。尽管我们对贝氏强大蚕蛾的取食行为知之甚少，但两个亚种中的已有一个亚种被报道，其早期幼虫于白天在树冠上取食叶子，在叶子上休息。然而，据说倒数二龄幼虫于白天在树干上休息，夜晚再返回树冠取食，体色也从蜕皮前的棕绿色转变为棕黑色。

贝氏强大蚕蛾幼虫不同寻常的斑纹被认为是斑驳的，有助于破坏毛虫的整体轮廓，使它难以被捕食者发现。到最后一龄时，幼虫失去了早期具有的长须状的突起，使虫体看起来像一截枯枝。本种隶属于强大蚕蛾亚科 Arsenurinae，该亚科的成员由新热带区的大蚕蛾组成。本属包括 23 种，多数种的幼虫在各个龄期都独栖生活。

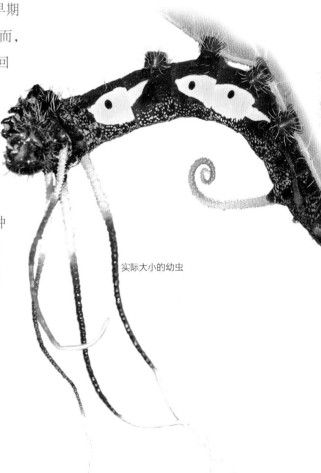

实际大小的幼虫

贝氏强大蚕蛾 倒数二龄幼虫。头部底色为棕色；身体底色为棕黑色，侧面有 2 个黄绿色的大斑，背面有 4 个黄白色到棕色的长须状的突起（在最后一龄会消失）。身体靠近后端还有 1 个长的突起，也会在最后一龄时消失，最后一龄的幼虫非常像一段枯枝。腹足可能为橙色。

科名	大蚕蛾科 Saturniidae
地理分布	南亚的大部分地区、中国、东南亚
栖息地	热带和亚热带森林
寄主植物	落叶树和灌木，包括鳄梨 *Persea americana*、李属 *Prunus* spp.、紫丁香属 *Syringa* spp.、杜鹃花属 *Rhododendron* spp. 和柳属 *Salix* spp.
特色之处	世界上最大的毛虫之一
保护现状	没有评估，但在其分布范围的大部分地区常见

成虫翅展
9~11 in（228~280 mm）

幼虫长度
4½~4¹⁵⁄₁₆ in（114~127 mm）

374

乌柏巨大蚕蛾
Attacus atlas
Atlas Moth
(Linnaeus, 1758)

乌柏巨大蚕蛾　幼虫身体底色为半透明的绿蓝色，覆盖有较暗色的"雀斑"和无蜇刺功能的长刺突。身体侧面有 1 列淡黑色的"鬃毛"。臀足上有 1 个粉橙色的环纹。

　　乌柏巨大蚕蛾的卵为大型卵，乳白色而具红褐色的斑点。幼虫几乎可以取食任何植物，它们有时会依靠同类的微弱气味从一种寄主植物转移到另一种寄主植物上。幼虫的所有 6 个龄期看起来都很相似，相继的每一个龄期的幼虫身体上都覆盖有白色的蜡粉。人们认为这些蜡粉会使它们的外表看起来像长了霉菌，令捕食者失去食欲。这些蜡粉可能会非常密集，使毛虫的实际颜色完全看不出来。

　　乌柏巨大蚕蛾的成熟幼虫通常在寄主植物的叶片之中结一个袋状的茧，并固定在一个结实的枝梗上。世界上最大的蛾子将从这种茧中羽化出来，但茧的尺寸却没有我们想象的那么大。这些茧的质地非常经久耐用，所以在中国台北被用来制作钱包。成虫的色彩鲜艳，翅的端部有蛇状的斑纹，所以也被称为"蛇头蛾"（Snake's Head Moth）。

实际大小的幼虫

科名	大蚕蛾科 Saturniidae
地理分布	菲律宾
栖息地	热带和亚热带森林
寄主植物	很多种植物，包括紫丁香属 *Syringa* spp.、柳属 *Salix* spp. 和李属 *Prunus* spp.
特色之处	体型大，最大的巨大蚕蛾之一
保护现状	没有评估，但分布范围有限

成虫翅展
最长达 9⅞ in (250 mm)

幼虫长度
4⅝ in (120 mm)

菲律宾巨大蚕蛾
Attacus caesar
Caesar Atlas Silkmoth
Maasen & Weymer, 1873

375

菲律宾巨大蚕蛾的幼虫体型庞大，每天都要吃掉很多的叶子，因此，如果没有饥饿的鸟类来捕食，或者没有昆虫的寄生，一棵小树只够维持幼虫 1～2 天的取食量。幼虫能够从体壁的腺体中喷出酪氨酸酶来保护自己，这种酶可以驱离捕食者；身体上还覆盖有蜡粉，这也有一定程度的保护作用。如果一棵小树的叶子被全部吃光，幼虫会转移到另一棵树取食。完成五龄发育后，幼虫吐丝结一个密实的纸状茧，在其中化蛹。

巨大蚕蛾属 *Attacus* 在亚洲和马来群岛分布有 12 种以上。体型较小而又非常相似的近缘种类主要发生在亚洲、非洲和美洲的热带地区。有些种类的幼虫色彩鲜艳而具各种装饰性突起。所有种类都吐丝结茧。这些近缘种类的祖先可能在各大陆分离之前就已经分散开了。

菲律宾巨大蚕蛾 幼虫身体底色大部为蓝色和绿蓝色，向背面渐褪为白色，具有很多圆形的小蓝斑。背面有白色的短角突；气门为红色，具有白色的边框；身体上散布着白色的蜡粉。头部为蓝色，臀足上有淡黑色的大斑。

实际大小的幼虫

科名	大蚕蛾科 Saturniidae
地理分布	安第斯山脉东部的圭亚那－亚马逊盆地，从委内瑞拉向南到达玻利维亚
栖息地	热带森林
寄主植物	未知；在室内利用刺槐 Robinia pseudoacacia 饲养长大
特色之处	体型大，利用有毒的蜇刺来保护自己
保护现状	没有评估

成虫翅展
2¾～4⅞ in (70～126 mm)

幼虫长度
3½ in (90 mm)

376

曲线刺大蚕蛾
Automeris curvilinea
Automeris Curvilinea

Schaus, 1906

曲线刺大蚕蛾 幼虫身体底色大部分为鲜绿色，每侧各有 5 个鲜黄色的宽条带。背面的长角突上有绿色和黄色的细刺突，其末端呈蓝色。每侧辐射有玫瑰形花样的短细刺。头部为蓝色；足为红色，末端为黑色，覆盖有白色的鬃毛。

在曲线刺大蚕蛾幼虫美丽的外表下隐藏着这样一个残酷的事实：它有很多有毒的蜇刺。由于幼虫相互靠近在一起取食，它们身上的刺突对于保护自己及其兄弟姐妹免受脊椎动物的捕食具有重要的作用。当寄生蝇或寄生蜂靠近时，毛虫会前后摆动头部来阻止它们在自己身上产卵。幸运的是，它们通常会避免与人类接触，因为刺大蚕蛾属 *Automeris* 的大多数种类都生活在森林的树冠中。成熟的幼虫在叶子中结一个薄的丝茧化蛹。

色彩鲜艳的刺大蚕蛾属 *Automeris* 已知种类超过 125 种，曲线刺大蚕蛾是其中之一，其成虫的后翅上有明显的伪眼，所以有时也被称为"牛眼大蚕蛾"（bull's eye moths）。它们隶属于半白大蚕蛾亚科 Hemileucinae，该亚科只分布在美洲，从加拿大到火地岛及加勒比海。这个亚科所有种类的幼虫都具蜇刺，其中的罗大蚕蛾属 *Lonomia* 经常致人死亡。

实际大小的幼虫

科名	大蚕蛾科 Saturniidae
地理分布	巴西中南部的热带高草原地区
栖息地	热带无树大草原
寄主植物	巴西古柯 *Erythroxylum tortuosum*、宽叶贝森尼木 *Byrsonima verbascifolia* 和羊蹄甲属 *Bauhinia* spp.
特色之处	色彩鲜艳，具有蜇刺功能
保护现状	没有评估，尽管其栖息地受到了威胁，但常见

成虫翅展
2⅛~3⅜ in (54~85 mm)

幼虫长度
2¹⁵⁄₁₆ in (75 mm)

377

巴西刺大蚕蛾
Automeris granulosa
Automeris Granulosa
Conte, 1906

巴西刺大蚕蛾将淡黄色的卵紧密地成群产下，黄色的幼虫从卵中孵化出来。成群的幼虫轮流取食，排成数列，在叶子的边缘啃食。在蜕皮进入二龄后，幼虫变为褐黄色，具有暗色的刺突。三龄和四龄幼虫为白色，具有暗灰色的窄纵线，但五龄[①]则转变为黄色，并且具有蓝灰色的线纹和刺突。六龄和七龄幼虫的体色变为鲜黄色，纵线变为蓝色。

本种隶属于半白大蚕蛾亚科 Hemileucinae，像本亚科的其他成员一样，其幼虫具有蜇刺。然而，大多数其他成员结一个薄的茧或者根本不结茧，本种则结一个坚固的网状茧。巴西刺大蚕蛾在巴西的室内饲养时，蛹期大约持续 26 天，从卵到成虫羽化需要 88 天。美丽的成虫深受蛾类爱好者的赞誉。

巴西刺大蚕蛾 幼虫每侧有 3 条明显的黄色纵纹，较宽的侧纹与其上方的气门相连，形成 1 条由四边形组成的链。黄色纵纹之间的区域为蓝绿色。头部为淡橄榄色，足和长刺突为白色。

实际大小的幼虫

---

① 原文为六龄，按逻辑和前后文，此处应该是五龄，故译文改为五龄。——译者注

科名	大蚕蛾科 Saturniidae
地理分布	美国东部和中部，西到落基山脉
栖息地	森林
寄主植物	多种植物，包括黑野樱 *Prunus serotina* 和柳属 *Salix* spp.
特色之处	具刺，能够使被蜇者产生强烈的疼痛感
保护现状	没有评估，但常见

成虫翅展	2～4 in (50～100 mm)
幼虫长度	2⅜～4 in (60～100 mm)

378

毒刺大蚕蛾
Automeris io
Io Moth
(Fabricius, 1775)

毒刺大蚕蛾　幼虫身体底色为棕色，腹面为棕色，侧面有1条白色与红色（或者白色与橙色）的纵纹。每一节上都有成列的突起，其中包含有能分泌毒液的腺体，可以通过众多的蜇刺分支排泄毒液。

　　毒刺大蚕蛾的幼虫最初群集取食，集群的大小通常取决于其孵化的卵窝中卵粒的多少。雌蛾能产卵300粒左右，但在自然状态下每次产下的卵数很少超过20粒。幼虫最初为棕色，然后变为绿色，具有橙色、黄色和白色的条纹，以增强警戒色的效果。幼虫利用蜇刺来防御捕食者，如果触碰到其蜇刺，会像被蜜蜂蜇到那样，引起严重的过敏反应。幼虫需要2～3个月的时间来完成发育。

　　在接近成熟时，幼虫开始分散，各自独立生活，并在叶子当中结一个褐色的薄茧。成虫具有性二型现象，雄蛾的前翅为黄色（有时为橙色或粉色），雌蛾为棕色。当成虫休止时，前翅盖住后翅的眼斑，后翅眼斑的形态是不同种之间的鉴别特征。刺大蚕蛾属 *Automeris* 的大多数种分布在新热带区，毒刺大蚕蛾的分布范围比本属其他种更靠北。

实际大小的幼虫

科名	大蚕蛾科 Saturniidae
地理分布	圭亚那 – 亚马逊区域，从委内瑞拉到玻利维亚和巴西
栖息地	热带森林
寄主植物	未知；在室内利用刺桐属 *Erythrina* spp. 植物饲养
特色之处	凶猛，巨型，身上布满装饰性的突起
保护现状	没有评估

劳拉刺大蚕蛾
Automeris larra
Automeris Larra
(Walker, 1855)

成虫翅展
3¼~5¾ in (82~147 mm)

幼虫长度
4¼ in (110 mm)

379

劳拉刺大蚕蛾的幼虫为大型的毛虫，具有吓人的螫刺，触碰后会引起强烈的疼痛。幼虫从许多白色的卵中孵化出来，初龄幼虫为白色，二龄幼虫为黑色，具有白色的刺突，以后各龄期的幼虫基本为绿色。低龄幼虫紧密地群集在一起，随着成熟逐渐分散开来。当完成取食时，它们在一片叶上吐丝，结一个纸样的薄茧。

在化蛹6~8星期后成虫羽化，但有一种相似的沙漠大蚕蛾 —— 半白大蚕蛾 *Hemileuca burnsi*，它的一个蛹休眠了9年才羽化。与劳拉刺大蚕蛾相似的刺大蚕蛾有5种，分布在热带美洲的大部分地区，从墨西哥到玻利维亚，它们后翅的颜色都为隐蔽色，并具眼斑；前翅均有叶状的斑纹。成虫没有取食的口器，在羽化后进行交配和产卵，数天后即死亡。

劳拉刺大蚕蛾 幼虫具有不同层次的橙棕色，背面颜色较浅，覆盖有微小的浅橙色斑。身体上装饰有宽的白色侧带，其长度为腹部长度的一半，靠近头部有橙色和白色的长刺突，后部背面有几个类似的白色刺突，还有一些较小的蓝色刺突。头部为橙色。

实际大小的幼虫

科名	大蚕蛾科 Saturniidae
地理分布	撒哈拉以南的非洲大部分地区，马达加斯加
栖息地	热带森林和无树大草原
寄主植物	各种植物，包括蓖麻 *Ricinus communis*、番石榴 *Psidium guajava* 和芒果属 *Mangifera* spp.
特色之处	在南部非洲被作为人类的食物
保护现状	没有评估，但在非洲的大部分地区广泛分布

成虫翅展
4¼~6⅜ in (110~160 mm)

幼虫长度
3½ in (90 mm)

非洲楝大蚕蛾
Bunaea alcinoe
Cabbage Tree Emperor
(Stoll, 1780)

380

非洲楝大蚕蛾的幼虫为大型的毛虫，具有醒目的颜色，在个体数量众多时能将一棵大树的叶子全部吃光。在五龄幼虫完成取食后，它排空肠道，钻入土壤中做一个土室化蛹。较大的幼虫会被大猩猩吃掉，也会被人类采集来作为食物。据报道，人们习惯于抓捕五龄或六龄幼虫，甚至是已经钻入土壤中的幼虫。食用它们能够极大地提高膳食中缺乏的营养成分，于是它们被制作成罐头在食品杂货店中出售。

这种美丽的蛾子在非洲的大部分地区都很丰富，但鳞翅目学家们对于存在于肯尼亚和马达加斯加的名为 *Bunaea auslaga* 的种群，究竟是一个亚种还是一个独立种，尚有争议。本种的英文名称为 Cabbage Tree Emperor，这是希腊神话中科林斯国王波吕波斯的女儿，波吕波斯也是俄狄浦斯的养父。

非洲楝大蚕蛾 幼虫身体底色为暗褐色，椭圆形的气门为橙色，围有深红色的边框。每一节都有 1 条白色的宽带，并生有 1 个向后伸的白色刺突。头部、胸足和腹足均为黑色，头部特别大。前缘的刺突为黑色。

实际大小的幼虫

科名	大蚕蛾科 Saturniidae
地理分布	印度（阿萨姆）、中国（云南）、缅甸东部和泰国
栖息地	山地森林
寄主植物	各种植物，包括胡桃属 *Juglans* spp.、柳属 *Salix* spp. 和栎属 *Quercu* spp.
特色之处	色彩缤纷，具有蜇刺功能
保护现状	没有评估

喀目大蚕蛾
Caligula cachara
Caligula Cachara

Moore, 1872

成虫翅展
2⅞~3¼ in (73~95 mm)

幼虫长度
2⁵⁄₁₆ in (65 mm)

381

　　喀目大蚕蛾的雌蛾将卵不规则地成群产下，并分泌出棕色的油漆状的胶合剂将卵块部分地覆盖住，以保护卵块的安全。刚孵化的幼虫大部分为蓝色，但在一龄的末期就会变为绿色。到五龄和最后一龄时，幼虫身体上出现了美妙的斑纹和斑斓的色彩。幼虫的整个发育阶段都保持群集生活，当它们完成取食后，会各自吐丝结一个网格状的棕色茧化蛹，其中的蛹体清晰可见。

　　目大蚕蛾属 *Caligula* 包括 10 种，大部分以卵越冬，幼虫在第二年春季孵化。现在有的专家将目大蚕蛾属作为大蚕蛾属 *Saturnia* 的一个亚属，而不是独立的属，也不用过去的属名网大蚕蛾属 *Dictyoploca*。目大蚕蛾属主要分布在亚洲。喀目大蚕蛾的幼虫像本属的大多数其他种一样，身体上有很长的浅色毛，特别是在其背面。

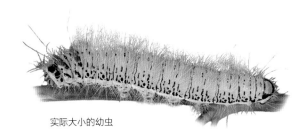

实际大小的幼虫

喀目大蚕蛾 　幼虫侧面主要为蓝绿色，向背面渐变为蓝白色，下面为电绿色（electric green）。身体侧面有 1 条明显的鲜黄色的条纹，第二节和第三节的背面有 1 对橙色的长刺突。足为黄色，具有红色和黑色的带纹，其背面有很多黑色且零乱的竖细纹。

科名	大蚕蛾科 Saturniidae
地理分布	巴基斯坦、印度北部、中国、缅甸和泰国
栖息地	低纬度的山地森林
寄主植物	胡桃 *Juglans regia*、栎属 *Quercus* spp. 和李属 *Prunus* spp.
特色之处	春季出现，从越冬后的卵中孵化出来
保护现状	没有评估

382

成虫翅展
4⅞~5⁵⁄₁₆ in (125~149 mm)

幼虫长度
4⅛ in (105 mm)

后目大蚕蛾
Caligula simla
Caligula Simla
(Westwood, 1847)

后目大蚕蛾 幼虫为大型的毛虫，身体底色主要为绿色，背面呈浅蓝色，气门下有 1 条窄的黄色纵纹。气门为暗蓝色椭圆形，围有天蓝色的边框。身体背面密布浅蓝色的长毛。足和头部为橙棕色。身体的下侧面、足和尾部的臀足上覆盖着坚硬的黄色短毛。

后目大蚕蛾遵循季节性模式，不同于很多其他种类。后目大蚕蛾不在春季繁殖，而是在秋季羽化、交配和产卵，以卵越冬，幼虫于翌年春季孵化。微小的一龄幼虫为黑色，随后的龄期色彩丰富，由绿、蓝、红、黄、黑和白色组合而成，与成熟幼虫的颜色完全不同。然后，成熟的幼虫吐丝结一个开放的网格状的茧，在其中化蛹，蛹体从外部可见。

后目大蚕蛾隶属于大蚕蛾亚科，具有相似形态和斑纹的其他种类包括：欧洲的孔雀大蚕蛾 *Macaria notata*、北美洲的月亮大蚕蛾 *Actias luna* 和大眼大蚕蛾 *Antheraea polyphemus*。这些种类的翅上通常都有 1 个显著的圆形"眼斑"，眼斑的周围环绕着各种颜色的边框。一些种类的幼虫具有中等程度的蜇刺功能，所有种类都吐丝结茧。

实际大小的幼虫

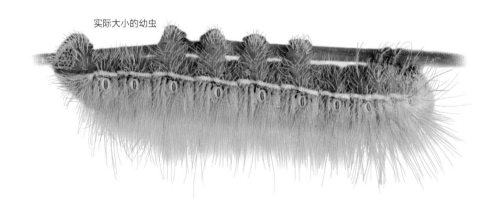

科名	大蚕蛾科 Saturniidae
地理分布	美国东部到加拿大
栖息地	落叶林
寄主植物	落叶树和灌木，包括苹果属 *Malus* spp.、北美檫树 *Sassafras albidum*、李属 *Prunus* spp.、杨属 *Populus* spp. 和桂皮钓樟 *Lindera benzoin*
特色之处	因为结一个完美伪装的茧而著称
保护现状	没有评估，但它是大蚕蛾科中较常见的种类之一

成虫翅展
3~3⅜ in (75~85 mm)

幼虫长度
2~2⅜ in (50~60 mm)

普罗米大蚕蛾
Callosamia promethea
Promethea Moth
(Drury, 1773)

383

普罗米大蚕蛾的雌蛾于春末或夏初将白色的小型卵成列地产在寄主植物上，每列卵包括2~12粒，幼虫从卵中孵化出来。幼虫最初少量成群地取食，但随后的龄期则分散开来独自生活。在其分布范围的北部地区一年发生1代，在南部地区则可发生2代或多代。当受到威胁时，幼虫反刍吐出食物到自己身上，使捕食者难以下咽。幼虫有5个龄期，每个龄期的形态都有差别，后期的幼虫在后端臀足的右方会出现1个明显的"笑脸斑"。

茧紧贴在寄主植物的一片叶上，并牢固地固定在叶梗上。在秋季叶子脱落后，茧仍然留在树上，看起来极像一片枯叶。雄蛾在下午的后期活动，拟态有毒的费莱贝凤蝶 *Battus philenor*。雌蛾看起来像瑟罗宾大蚕蛾 *Hyalophora cecropia*。

普罗米大蚕蛾 幼虫身体底色非常浅，从白色到淡蓝绿色。胸节有4个红色的突起（也可能为橙色），第八腹节有1个黄色的突起。身体的其他体节有黑色的短突起。

实际大小的幼虫

科名	大蚕蛾科 Saturniidae
地理分布	秘鲁东部
栖息地	高海拔的云雾林
寄主植物	未知，在室内饲养以月桂树 *Malosma laurina* 为食
特色之处	生活在高海拔地区，稀有
保护现状	没有评估，但稀少

成虫翅展
3~3⅞ in (75~98 mm)

幼虫长度
2¾ in (70 mm)

毛蜡大蚕蛾
Cerodirphia harrisae
Cerodirphia Harrisae

Lemaire, 1975

毛蜡大蚕蛾 幼虫身体底色为浅粉奶油色，散布有金银丝样的装饰。气门大，白色，围驼色的边框。身体上具有末端为黑色的蓝色刺突，在突起上面又镶嵌有较小的黄色或白色刺。有1对黑色的长刺突伸展在淡黄色的头部之上。腹足为绿色与黄色，胸足为黑色。

毛蜡大蚕蛾的个体非常稀少，所以其雌蛾的形态特征目前还没有被正式描述。在秘鲁采到的第一只雌蛾产下了卵，经过室内饲养获得了其未成熟阶段的照片。刚孵化的幼虫为乳白色，它们紧密地群集在叶子的边缘取食，轮流啃食叶子的边缘。幼虫经过6个龄期完成发育，然后爬到地面，在潮湿的枯叶下吐几根丝线将枯叶粘在一起进行化蛹。

蜡大蚕蛾属 *Cerodirphia* 在中美洲和南美洲有33种，其分布范围从炎热的低地雨林到寒冷的高海拔云雾林。很多种类的成虫腹部为鲜粉红色，具有黑色和白色的横带。幼虫集群生活，列队行进活动（在寻找食物时排成单列），隶属于半白大蚕蛾亚科 Hemileucinae，该亚科的幼虫具有蜇刺，很多种类不吐丝，也不结茧。

实际大小的幼虫

科名	大蚕蛾科 Saturniidae
地理分布	哥伦比亚、厄瓜多尔、秘鲁和巴西
栖息地	林地、开阔的地区和放牧地
寄主植物	很多种的树木与灌木，包括梣属 *Fraxinus* spp. 和山毛榉属 *Fagus* spp.
特色之处	体型大，分化为两个色型
保护现状	没有评估，但本地区常见

富豪大蚕蛾
Citheronia aroa
Citheronia Aroa

Schaus, 1896

成虫翅展
4¼~4⅝ in (110~120 mm)

幼虫长度
4~4⅝ in (100~120 mm)

385

富豪大蚕蛾将淡黄色的大型卵单个或 2～4 粒一组地产在寄主植物叶子的正面，7～10 天后幼虫从卵中孵化出来。低龄幼虫主要在夜晚取食，白天休息，而高龄的幼虫也会在白天暴露取食。成熟的幼虫有两种色型，这或许是为了适应其不同的生活环境。幼虫有 5 龄，从卵孵化到化蛹需要 5～6 星期的时间。

幼虫在完成取食任务后，身体底色变为暗天蓝色，并爬到地面，将自己埋在地表下 130～150 mm 处，在那里建一个土室化蛹。蛹为暗褐黑色，通常以蛹越冬。成虫的寿命较短，口器退化，意味着成虫不取食。雌蛾释放出一种性信息素，吸引雄蛾前来进行交配，一旦完成交配，雌蛾利用剩余的短暂生命来产卵。

富豪大蚕蛾 幼虫身体底色既可以是暗褐黑色，也可以是黑色与白色呈带状交替排列，头部为红色。暗色型有时也会在亚气门区出现 1 条波状的橙色条纹，并在节间出现橙色的横带。气门围绕着淡橙黄色的边框，头部和胸足为红色。

实际大小的幼虫

科名	大蚕蛾科 Saturniidae
地理分布	美国东部
栖息地	森林中寄主植物丰富的区域
寄主植物	多种植物，包括梣属 *Fraxinus* spp.、风箱树 *Cephalanthus occidentalis*、山核桃属 *Carya* spp.、女贞属 *Ligustrum* spp.、枫香树属 *Liquidambar* spp. 和胡桃属 *Juglans* spp.
特色之处	英文俗名反映出其引人瞩目的外表
保护现状	没有评估，通常常见，但现在在英格兰稀少

成虫翅展
3¾~5¼ in (96~147 mm)

幼虫长度
6 in (150 mm)

386

魔鬼大蚕蛾
Citheronia regalis
Hickory Horned Devil
(Fabricius, 1793)

魔鬼大蚕蛾 幼虫是北美洲最大的毛虫之一，具有引人瞩目的半透明绿色。头部有橙色的角突，其末端为黑色。胸部也有很多长角突，沿腹部有一些较短的角突。在化蛹前，身体的绿色具有淡蓝色的色调。

魔鬼大蚕蛾将淡黄色的半透明卵产在寄主植物叶子的正面，在临近孵化时可以看见卵壳中的幼虫。毛虫的名称源自其大型的体型和后期身体上的锥形角突，使虫体看起来像一条小龙。当受到惊扰时，它猛烈地摆动头部，并利用身体上的角突来惊吓潜在的捕食者。由于这些角突具有蜇刺功能，所以拿捏幼虫时一定要小心。幼虫独自生活，生长迅速，在1个月内就能长大成熟。

当完成发育时，幼虫向下爬到地面，在土中挖洞做成一个保护性的土室，然后在其中化蛹。蛹在土室内越冬，直到成虫羽化。成虫的翅展巨大，具有明显的红褐色影状纹和黄色斑。

实际大小的幼虫

科名	大蚕蛾科 Saturniidae
地理分布	墨西哥东南部、向南到秘鲁东部、玻利维亚东部和阿根廷
栖息地	热带森林
寄主植物	未知，在室内取食刺槐 *Robinia pseudoacacia* 和柳属 *Salix* spp.
特色之处	赛大蚕蛾属 Citioica 中已知的两种之一
保护现状	没有评估

花赛大蚕蛾
Citioica anthonilis
Citioica Anthonilis
(Herrich-Schäffer, 1854)

成虫翅展
2¹⁄₁₆~4¹⁄₈ in (52~106 mm)

幼虫长度
2³⁄₈ in (60 mm)

　　花赛大蚕蛾将绿色的卵成群地产在叶上或茎上，大约1星期后黑色微小的一龄幼虫从卵中孵化出来。在低龄期，幼虫保持群集生活，二龄时身体变为绿色，随着幼虫的成长，出现了更多的颜色和复杂的斑纹。在五龄和最后一龄，幼虫身体上出现了很多吓人的银色且呈钉状的突起，这些突起是柔软而无毒的，也不具蜇刺功能。在完成发育后，幼虫钻入土壤中化蛹。

　　赛大蚕蛾属 *Citioica* 只有2种，它们的成虫几乎一致：身体粗壮，呈褐色，前翅有2条暗线。它们隶属于角大蚕蛾亚科 Ceratocampinae，该亚科分布在新大陆，大多数种类取食豆科植物。毛虫经常遭到微小寄生蜂的寄生，这些寄生蜂在毛虫的体内取食，最终杀死毛虫，然后通过体壁钻出毛虫体外，在毛虫的尸体上吐丝结成微小的茧，在茧中化蛹。

花赛大蚕蛾　幼虫身体大部分呈草绿色，腹面为较暗的蓝绿色，沿气门有1条粗的黑色纵纹，其下缘镶有1条白色的边。气门为黑色，呈椭球形。身体的表面光滑、无毛，前端和后端有黄色的小突起。大多数体节的背面都有4根长而尖的银色突起。

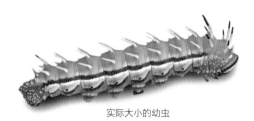

实际大小的幼虫

科名	大蚕蛾科 Saturniidae
地理分布	美国西部山区和墨西哥西北部山区
栖息地	松树林
寄主植物	松属 *Pinus* spp.
特色之处	时常被人类食用的大蚕蛾
保护现状	没有评估，但有时数量多到足以导致树木明显脱叶

成虫翅展
2¼~3⅞ in (70~98 mm)

幼虫长度
2⁹⁄₁₆ in (65 mm)

388

潘多拉松大蚕蛾
Coloradia pandora
Pandora Pine Moth

Blake, 1863

潘多拉松大蚕蛾的生命周期为 2~5 年。幼虫于秋季孵化并开始取食，冬季休眠，然后于第二年重新取食，一直持续到 6 月底。这时的幼虫从树上爬到地面，钻入地下化蛹。蛹通常要在地下度过下一个冬天，有时要历时 5 年才能羽化，成虫在夏季繁殖。成虫通常隔年交替出现，有时会导致松树大量失去叶子。

潘多拉松大蚕蛾的幼虫是加利福尼亚州的派尤特族人的一种重要食物。该族人在地上大量采集这种毛虫，烧烤并清洗，然后烘干并存储两年后食用。经过再水化后，它们被用来做汤或成为手抓食品。在墨西哥和美国西部的松树林中大约有 10 种松大蚕蛾。

潘多拉松大蚕蛾 幼虫身体底色为淡红褐色，身体上有 4 条白色的纵纹，并密布微小的白色斑点。节间的区域为黑色。整个身体散布有短的绒毛，背面有坚硬的刺突，其上环绕着梅花状的小刺，具有中等程度的蜇刺功能。头部为红褐色。

实际大小的幼虫

科名	大蚕蛾科 Saturniidae
地理分布	秘鲁的中东部
栖息地	中等海拔高度的云雾林
寄主植物	未知，或许是樟科 Lauraceae 的植物
特色之处	巨型的大蚕蛾种类，源自古老的南美洲
保护现状	没有评估

成虫翅展
3½~4⅛ in (90~105 mm)

幼虫长度
3⅛ in (80 mm)

389

铃柯大蚕蛾
Copaxa bella
Copaxa Bella
Wolfe, Naumann, Brosch, Wenczel & Naessig, 2005

铃柯大蚕蛾的幼虫身体粗壮而行动缓慢。半透明而呈扁球形的卵被几个一组地产下，卵为褐色而具白色的轮环。幼虫孵化后开始群体取食，但随着幼虫的成长，它们逐渐分散活动。如同大多数大蚕蛾的幼虫那样，它们在每次蜕皮时都会吐丝将其足系在一根树枝上，以便长出了新皮肤的幼虫从旧的蜕皮中爬出来。幼虫吐丝结茧并在其中化蛹，茧上涂有天然的树漆，坚硬而呈鱼网状，很容易看见里面的蛹。

柯大蚕蛾属 *Copaxa* 的种类也许超过 70 种，全部分布在中美洲和南美洲。铃柯大蚕蛾在 21 世纪初才被发现。它们的祖先神秘莫测，但明显起源于南美洲大陆，在大蚕蛾亚科中只有柯大蚕蛾属一个属从这里起源。柯大蚕蛾属很多种的幼虫都有毛，但没有蜇刺功能。虽然它们偶然会取食鳄梨 *Persea americana*，但不被认为是害虫。

铃柯大蚕蛾 幼虫大部分为鲜绿色，背面的颜色较浅。每一个气门都被 1 条黄色的斜横纹穿过，气门为黄色而呈椭圆形；背面宽阔的突起上具有明显的粉红色的桨状突，它们坚硬而向后伸。整个身体上散布白色微小的短鬃。足为暗褐色，头部为绿褐色。有少量的长毛。

实际大小的幼虫

科名	大蚕蛾科 Saturniidae
地理分布	墨西哥南部，向南到秘鲁的中东部、玻利维亚的东北部和巴西的南部
栖息地	热带雨林
寄主植物	山榄科 Sapotaceae 的树木
特色之处	隐居，以"口香糖"树为食
保护现状	没有评估

成虫翅展
3½~4½ in (89~114 mm)

幼虫长度
3⅛ in (80 mm)

390

女王长翅大蚕蛾
Copiopteryx semiramis
Copiopteryx Semiramis
(Cramer, 1775)

女王长翅大蚕蛾 幼虫身体底色为暗绿色，背面混有蓝白色。每侧有 1 条宽的白色斜纹，是身体上最明显的斑纹。气门呈椭圆形，为红色和橙色。足为暗褐色，头部为绿色。头部之后有 1 个双峰状的突起。

女王长翅大蚕蛾将半透明的卵几个一组地产下，幼虫从卵中孵化出来。最初的幼虫为黄色，背面具有黑色的带和坚硬的黑色疣突，但在随后的阶段身体变为绿色，且大部分光滑。饲养的幼虫不群集，经过 6 个龄期的发育，取食曼尼卡拉铁线子 *Manilkara chicle*，后者的树汁是制作口香糖的原料。成熟的幼虫钻入地下化蛹，成虫大约在 6 星期后羽化，但有时需要数月后才羽化，羽化的时间由幼虫化蛹时白天的时长决定。

长翅大蚕蛾属 *Copiopteryx* 已知 5 种，隶属于强大蚕蛾亚科 Arsenurinae，该亚科的成虫在后翅都具有长的尾突，幼虫也较相似，分布范围从墨西哥南部到玻利维亚。成虫于天黑后的 1~3 小时羽化，雌蛾通过释放性信息素来吸引雄蛾。人们认为，长的尾突因扩大了翅的轮廓而有助于躲避蝙蝠的攻击。本种的种名——塞米勒米斯（Semiramis）是 19 世纪的亚述女王，是她儿子阿达德·尼拉瑞三世（Adad Nirari Ⅲ）的摄政王，也是异教巴比伦三位一体的圣灵。

实际大小的幼虫

科名	大蚕蛾科 Saturniidae
地理分布	新几内亚、澳大利亚北部
栖息地	热带雨林
寄主植物	雨林中的各种树木，包括澳洲杨 *Homalanthus populifolius*、樫对木属 *Dysoxylum* spp. 和算盘子属 *Glochidion* spp.
特色之处	肥胖且呈蓝绿色，利用眼斑来迷惑捕食者
保护现状	没有评估，但不受威胁

成虫翅展
最长达 10½ in (270 mm)

幼虫长度
4 in (100 mm)

391

大力神大蚕蛾
Coscinocera hercules
Hercules Moth
(Miskin, 1876)

　　大力神大蚕蛾将铁锈色的卵单个或少量成群地产在寄主植物的叶上，幼虫从卵中孵化出来。一只雌蛾能产卵 400 粒以上，大约 2 星期后孵化。早期的幼虫主要为白色，覆盖有小的刺突，但后期的幼虫变为蓝色。幼虫的体型非常大，是贪婪的取食者。它们取食雨林中的各种植物，特别是澳洲杨的叶子。

　　3 个月之后，成熟的幼虫爬到地面化蛹，它们结一个褐色的茧，并将其包裹在一片叶中，以便伪装自己。本种的成虫因体型大而被冠以希腊英雄赫拉克勒斯（Hercules）的名字，大力神大蚕蛾是澳大利亚最大的蛾子，也是世界上最大的蛾类之一。然而，由于成虫没有口器，所以它们仅能存活几天的时间。雄蛾在夜间活动，飞行很长距离去寻觅雌蛾交配。

大力神大蚕蛾 幼虫身体底色为蓝绿色，气门为橙红色。头部也是蓝绿色，具有黄白色的条纹。胸部和腹部前几节上生有黄色和白色的刺突，刺突富有弹性。胸足为黑色。身体后端有 2 个假眼，用于恫吓捕食者。

实际大小的幼虫

科名	大蚕蛾科 Saturniidae
地理分布	安第斯山脉的两侧，从委内瑞拉到秘鲁北部及玻利维亚
栖息地	山地森林
寄主植物	野外未知；在室内取食桂叶漆树 Malosma laurina
特色之处	狂躁，大型，一直以来都很稀少
保护现状	没有评估

成虫翅展	
3¹⁄₁₆~5 in (78~129 mm)	
幼虫长度	
2¾ in (70 mm)	

392

德妃大蚕蛾
Dirphia somniculosa
Dirphia Somniculosa
(Cramer, 1777)

德妃大蚕蛾 幼虫头部、足和臀足都是黑色。气门呈狭窄的椭圆形，颜色为红色而两端呈白色。背面有黑色的长刺突，刺突的两侧有许多黑色的小刺。这些侧刺的白色末端就像满天星斗，消除了毛虫整体黑色带来的暗色调。

德妃大蚕蛾的幼虫极具社会性。在白色的卵被产下60天以后，大量的幼虫从卵中孵化出来，在幼虫发育的大部分时期，它们都紧密地生活在一起。幼虫在所有阶段都保持为黑色，它们在室内贪婪地取食桂叶漆树的叶子。它们长到体型较大时，似乎有些烦躁不安，几乎不停地在运动。在最后一龄的末期，幼虫下到地面，在落叶层下用丝和碎叶结一个疏松的茧化蛹。数月之后，成虫羽化出来。

意外触碰到德妃大蚕蛾的幼虫会让人感到刺痛。半白大蚕蛾亚科 Hemileucinae 的所有毛虫都具有蜇刺。整个安第斯山脉的大部分中等海拔的森林是本种常见的栖息地，像大多数巨型大蚕蛾一样，它并不是农业害虫。

实际大小的幼虫

科名	大蚕蛾科 Saturniidae
地理分布	仅知道分布在两个小地方：格雷罗（墨西哥）和萨卡帕（危地马拉）
栖息地	山地热带森林
寄主植物	野外未知；在室内用栎属 *Quercus* spp. 的叶子饲养长大
特色之处	体型大，地理分布很有趣
保护现状	没有评估

成虫翅展
2⁵/₁₆~3¹¹/₁₆ in (59~93 mm)

幼虫长度
2⅜ in (60 mm)

沃妃大蚕蛾
Dirphiopsis wolfei
Dirphiopsis Wolfei

Lemaire, 1992

393

沃妃大蚕蛾将黄色的卵密集地产在一起，幼虫从卵中孵化出来，不久它就追寻信息素网络的气息加入其兄弟姐妹的队伍中，去寻找适合的取食场所。幼虫最初为黄色，头部和刺突为黑色。到四龄时幼虫变为红褐色，具有白色的条纹及蓝色和淡红色的刺突；在最后的五龄和六龄，身体的大部分为绿色。幼虫在地面的落叶层下化蛹，仅吐极少的丝。

在实验室中饲养的沃妃大蚕蛾幼虫表现出紧张不安和迟疑的样子，勉强地取食橡树叶子。卵孵化出的幼虫很多，但很少能存活到成虫期。在野外，本种异常的分布范围十分有趣，因为两个已知种群之间的距离非常遥远，超过 1100 km。沃妃大蚕蛾是本属已知的 18 种之一，该属主要分布在南美洲，隶属于半月大蚕蛾亚科 Hemileucinae，其幼虫具蜇刺。

沃妃大蚕蛾 幼虫身体底色为绿色，沿气门有 1 条红褐色而镶白边的宽带。气门为橙色，头部和胸足为淡红色，腹足为黑色而具有微小的白色斑点。侧面的刺突主要为蓝色，背面的刺突为淡红色。身体背面和沿气门的纵带上覆盖着白色的细丝。

实际大小的幼虫

科名	大蚕蛾科 Saturniidae
地理分布	圭亚那－亚马逊地区，从委内瑞拉和哥伦比亚到玻利维亚
栖息地	热带森林
寄主植物	野外未知；在室内取食桂叶漆树 Malosma laurina
特色之处	体型大，蜇刺功能异常强大
保护现状	没有评估

成虫翅展
3⁷⁄₁₆~5¹⁵⁄₁₆ in（88~149 mm）

幼虫长度
3¾ in（95 mm）

394

巴伊大蚕蛾
Eacles barnesi
Eacles Barnesi
Schaus, 1905

当巴伊大蚕蛾的幼虫从半透明的卵中孵化出来时，其身体为黑色，身体的背面有黄色的细线，头部之后有4个黑色的长角突。二龄幼虫变为暗粉红色。在实验室，幼虫贪婪地取食桂叶漆树，大约1个月后，成熟的幼虫钻入土壤中化蛹。不像本科的大多数其他种，如果本种毛虫被骚扰，它会将通常藏在背面腔内的荨麻一样的红毛伸出来蜇人，使人感到疼痛和发痒。

巴伊大蚕蛾的成虫在大小和形状方面与其近缘种——君伊大蚕蛾 *Eacles imperialis* 相似，后者分布在北美洲和南美洲。伊大蚕蛾属 *Eacles* 已知19种，大多数分布在南美洲，其中许多种的幼虫具有鲜艳的色彩。像大多数巨大蚕蛾一样，它们通常容易饲养。它们被业余爱好者和自然学科的学生采来饲养，以观察它们从卵到成虫的变态过程。

巴伊大蚕蛾 幼虫身体底色为暗粉红色，头部之后有暗色的小隆起物及8个淡蓝色的角突。白色的气门呈裂缝状，夹在2条黑色带之间。背面的淡红色蜇毛通常隐藏起来；背面有1条明显而呈暗色的细纹。臀足为淡黑色，具有1块生疣突的浅色大斑。

实际大小的幼虫

科名	大蚕蛾科 Saturniidae
地理分布	从加拿大向南至少到达哥斯达黎加的北部，向西到达落基山脉
栖息地	落叶与常绿的森林
寄主植物	美洲枫香 *Liquidambar styracifluar*、栎属 *Quercus* spp.、槭属 *Acer* spp.、檫木属 *Sassafras* spp. 和松属 *Pinus* spp.
特色之处	具有两种完全不同的色型
保护现状	没有评估，尽管在美国东北部的种群数量在下降，但常见

君伊大蚕蛾
Eacles imperialis
Imperial Moth
(Drury, 1773)

成虫翅展
3⅛～6⅞ in (80～174 mm)

幼虫长度
3～4 in (76～100 mm)

395

君伊大蚕蛾的卵被 2～5 粒一组产下，幼虫各自独立生活。幼虫最初为淡橙色，具有黑色的横纹和黑色的长丝状突起，幼虫后期转变为棕橙色，其中头部为橙色，仍然保留有丝状突起。这些柔韧的刺状突起能够保护毛虫免遭捕食者的吞食，还可能有助于隐蔽自己，因为它们使幼虫看起来像一根小树枝。在最后一龄，胸部的突起转变为爪状的刺钩，如果被鸟类吞食，无疑将刺伤鸟类的食道，使鸟类不敢再捕食其他毛虫。然而，君伊大蚕蛾主要还是依靠其隐蔽色来避免遭到捕食。

成熟的幼虫在地面进行短暂的漫游，然后钻入地下做一个土室化蛹。成虫拟态树叶，隐藏在落叶之中。它们的斑纹高度变异，目的是为了逃避鸟类，因为鸟类善于发现特别的"叶子"斑纹。

君伊大蚕蛾 幼虫有两种色型：橙色型的底色为较明亮的橙色，其中头部、足和刺突为黑色，气门为白色；绿色型的底色为浅或暗的绿色，其头部为黄色。本种的多型现象也许是因为每一种色型在自然界中都有优缺点，所以依据幼虫休息的环境、光线条件和其最常见的捕食者而定。

实际大小的幼虫

科名	大蚕蛾科 Saturniidae
地理分布	美国西南部、墨西哥和危地马拉
栖息地	多刺的高灌丛、峡谷及沙漠山脊的山脚
寄主植物	白蜡树属 *Fraxinus* spp.、红花玉芙蓉 *Leucophyllum frutescens*、蜡烛木 *Fouquieria splendens* 和双斑乌桕 *Sapium biloculare*
特色之处	醒目，茧被民间作为一种踝响板使用
保护现状	没有评估，但通常常见

成虫翅展
3⅛～4¼ in (80～110 mm)

幼虫长度
3～3⅛ in (75～80 mm)

396

白带大蚕蛾
Eupackardia calleta
Calleta Silkmoth
(Westwood, 1853)

白带大蚕蛾 幼虫身体底色多变，为蓝绿色、绿色或淡蓝色，有红色和黑色的横带，这些横带实际上是由每节上一系列紧密排列的红色和黑色突起或肉质疣突组成。每个突起的末端为鲜蓝色，并具有黑色的小刺。胸足为暗色，而腹足通常与身体的颜色相同，但腹足染有黄色色调。

在交配后不久，白带大蚕蛾的雌蛾将白色且具光泽的大型卵成群地产在寄主植物叶子的正反两面，幼虫从卵中孵化出来。一龄幼虫为黑色，群集生活，随着幼虫的成熟，它们逐渐分散开来独自生活。幼虫在叶子的边缘取食，在发育过程中消耗大量树叶，通常历时4～5星期的时间。成熟的幼虫在寄主植物靠近地面的部位吐丝结茧，在其中化蛹。

最快在化蛹8星期后，成虫就能羽化，但蛹也可能保持休眠状态达2年之久。一年似乎发生2代，大型且醒目的成虫具有黑色的翅膀，出现在春季和秋季。成虫在晚上羽化，雄蛾依靠性信息素找到雌蛾，在白天交配。白带大蚕蛾的茧被美洲的土著人在仪式舞中当作踝响板使用。本属只有白带大蚕蛾一种。

实际大小的幼虫

科名	大蚕蛾科 Saturniidae
地理分布	安哥拉、赞比亚、马拉维和莫桑比克，向南到南非
栖息地	草地、低地森林和半沙漠地区
寄主植物	多种树木，特别是香松豆 *Colophospermum mopane*
特色之处	在南非是一种大众食品
保护现状	没有评估，虽然在一些地方正在消失，但分布广泛

香松豆大蚕蛾
Gonimbrasia belina
Mopane Worm
Westwood, 1849

成虫翅展
4⅛~5½ in (105~140 mm)

幼虫长度
4 in (100 mm)

397

香松豆大蚕蛾的幼虫取食香松豆树，这种树广泛分布在非洲南部的很多生境中。在非洲的亚赤道地区，幼虫于春季孵化，在夏季经过 5 个龄期的生长之后完成发育，然后钻入地下化蛹，以蛹越冬，成虫于第二年春季羽化。这种蚕蛾的幼虫被广泛地食用，在非洲南部创造了数百万美元的价值。幼虫被熏制、烘干，或者用于制作西红柿或辣椒酱罐头，在超市中出售。香松豆大蚕蛾的成虫图像也出现在邮票和硬币上。

豆大蚕蛾属 *Gonimbrasia* 的种类多达 39 种，全部分布在非洲。香松豆大蚕蛾的成虫有一定的变异，通常色彩艳丽，每只后翅上有 1 个橙色的眼斑。幼虫能够吃掉某个地方 90% 的香松豆树叶，但叶子很快又会长出来。幼虫一旦在一些地方大量出现，就会因为人们的过度采收，再难在这些地区找到幼虫。通过更好的管理措施对这种大蚕蛾进行家养或再次引入，是当前人们正在讨论的问题。

香松豆大蚕蛾 幼虫大部分为黑色，有微小的白色椭圆形紧密排列组成的不规则横带，在侧面与黄色带交替，在背面与橙色相间。还有一些肉质的橙色的短枝刺，头部和足为黑色。一些中等长度的白毛散布在枝刺、胸盾、胸足和腹足上。

实际大小的幼虫

科名	大蚕蛾科 Saturniidae
地理分布	欧洲西南部
栖息地	海拔 900 ～ 800 m 的松树林
寄主植物	松树，包括欧洲赤松 *Pinus sylvestris*、拟落叶松 *Pinus laricio* 和钩叶松 *Pinus uncinata*
特色之处	色彩鲜艳，受到栖息地丧失的威胁
保护现状	没有评估，但被认为易危

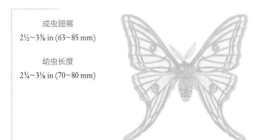

成虫翅展
2½～3⅜ in (63～85 mm)

幼虫长度
2¼～3⅛ in (70～80 mm)

398

西班牙松大蚕蛾
Graellsia isabellae
Spanish Moon Moth
(Graëlls, 1849)

西班牙松大蚕蛾 幼虫大部分为苹果绿色，其中头部、足和腹足为棕色。背面有 1 条暗棕色的条纹，其两侧镶有断续的白色边纹。侧面有棕色与白色相间的斜条纹。整个身体覆盖有微小的白色斑点和白色长毛。

西班牙松大蚕蛾的雌蛾能够产出 150 粒以上的卵，单个或少量成群地产在嫩松针叶的基部。幼虫在 10 天之内孵化出来，它们取食松针，并巧妙地伪装自己。低龄幼虫为灰褐色，类似于它们休息其上的枝条，而成熟的幼虫在休息时经常会膨大其前面的体节，使虫体看起来像一个松果。由于气温较低，幼虫生长缓慢，所以需要 8 星期的时间才能达到成熟阶段。

当幼虫完成发育时，它们爬到树下的地面上，在松针落叶层中结茧化蛹，以蛹越冬。茧为金棕色，其上的丝线能够威慑鸟类这样的捕食者。成虫从春季到初夏持续飞行。本种已经成为一个稀有物种，主要是因为成虫被采集，以及最近的栖息地丧失。

实际大小的幼虫

科名	大蚕蛾科 Saturniidae
地理分布	非洲南部，从东开普省向北到达莫桑比克
栖息地	开阔的香松豆 Colophospermum mopane 和短盖豆 Brachystegia spp. 森林
寄主植物	金合欢属 Acacia spp.
特色之处	体型大，模拟小型的叶子
保护现状	没有评估

成虫翅展
4⅝~5 in (120~130 mm)

幼虫长度
3¼ in (95 mm)

斑皇大蚕蛾
Gynanisa maia (maja)
Speckled Emperor
(Klug, 1836)

399

斑皇大蚕蛾将具有褐色与白色的大理石样条纹的半球形的卵少量成群地产下，幼虫从中孵化出来。刚孵化的幼虫为黑色，侧面有 1 条黄褐色的条纹；头部为黑色。在蜕皮进入二龄后，幼虫变为绿色。在其 5 个龄期的发育过程中，幼虫的背面会长出一些银色的长刺突，因为幼虫在合欢树微小的羽状复叶上取食，这些刺突能够破坏幼虫的绿色外形，使幼虫难以被发现。

像大多数非洲的大蚕蛾一样，斑皇大蚕蛾的幼虫在五龄结束后爬到树下的地面，在地下挖一个土室化蛹，直到第二年的雨季才羽化。斑皇大蚕蛾的成虫与黑皇大蚕蛾 *Gynanisa nigra* 相似，但黑皇大蚕蛾的体型较小，颜色较暗，斑纹较大，分布范围较广，包括南部非洲的东部和中部的大部分地区。皇大蚕蛾属 *Gynanisa* 已知 15 种以上，全部分布在非洲。

斑皇大蚕蛾 幼虫大部分为绿色，密布大小不同的白色和蓝色的椭圆形斑。身体背面有很多齿状的银色刺突，其末端为黄色；侧面有 1 条绿色的纵带，其上有黄色的枝刺。气门呈椭圆形，为黑色，中央有 1 条黄色的缝。头部为绿色，足为黑色与黄色。

实际大小的幼虫

科名	大蚕蛾科 Saturniidae
地理分布	加拿大的西南地区、美国的西部，南到下加利福尼亚州
栖息地	范围广泛，包括红树林、松树林和河岸区
寄主植物	很多种类，包括美洲茶属 *Ceanothus* spp.、蜡果属 *Cercocarpus* spp.、苦樱桃 *Prunus emarginata* 和苦鼠李属 *Purshia* spp.
特色之处	群集多刺，有时能将大面积的苦鼠李叶子吃光
保护现状	没有评估

成虫翅展
2³⁄₁₆~3⁷⁄₁₆ in (56~87 mm)

幼虫长度
2¼ in (70 mm)

400

雅羊大蚕蛾
Hemileuca eglanterina
Elegant Sheep Moth
(Boisduval, 1852)

雅羊大蚕蛾的雌蛾于夏季或秋季将白色的卵产在其寄主植物的小枝上，卵粒绕着树枝排成一个环，幼虫于第二年春季孵化出来。一龄幼虫为黑色，但大多数种群的个体身上会有白色或黄色的纵纹以及各种颜色的毛簇和刺丛。低龄幼虫紧密地群集在一起，列队寻找食物，而较成熟的幼虫则分散开来独自生活。经过 6 个龄期的发育，幼虫在落叶层中结一个疏松的茧化蛹。

羊大蚕蛾属 *Hemileuca* 在美国和墨西哥有很多种，其成虫在白天和在夜间活动的都有，隶属于半白大蚕蛾亚科 Hemileucinae，该亚科的幼虫都有蜇刺。雅羊大蚕蛾的成虫于白天活动，在其分布范围内，成虫和幼虫的颜色各种各样；例如，在加利福尼亚州北部和中部，该种成虫可能通体为鲜粉红色。

实际大小的幼虫

雅羊大蚕蛾 幼虫通常大部分为暗黑色，每侧有 3 条浅色的线纹，其中气门线呈锯齿状。每个体节上都有淡红色和黑色的玫瑰形刺丛，背面和侧面有一些区域生有疏松的白毛，胸足和腹足具有红褐色的毛和体壁。

科名	大蚕蛾科 Saturniidae
地理分布	非洲东部，从夸祖鲁 – 纳塔尔向北到达肯尼亚和乌干达
栖息地	热带森林和无树大草原
寄主植物	女贞属 *Ligustrum* spp.、假茉莉属 *Jazminium* spp. 和盐肤木属 *Rhus* spp.
特色之处	有多型现象，存在着数个不同的型
保护现状	没有评估

成虫翅展
2~3⅜ in (50~85 mm)

幼虫长度
2⅜ in (60 mm)

多型王子大蚕蛾
Holocerina smilax
Variable Prince Silkmoth
(Westwood, 1849)

401

多型王子大蚕蛾将卵粒排列成短串，卵的表面具有大理石般的白色与黑色的纹理。刚孵化的幼虫为黑色，其背面有 2 块醒目的亮棕色长方形斑，幼虫据此找到在叶子上取食的其他成员。在蜕皮进入二龄后，同组内的幼虫分化为数个不同的色型。幼虫只有 4 个龄期，发育完成后爬到地面，用丝和碎叶结一个薄的茧化蛹，大约 5 星期后成虫羽化。

多型王子大蚕蛾隶属于大蚕蛾亚科 Saturniinae 的非洲大蚕蛾族 Ludiini。这个族的一些种类的幼虫有多型现象，在多型王子大蚕蛾的最后一龄幼虫当中至少已经观察到了 3 种不同的色型。成虫也有明显的性二型现象，雄蛾与雌蛾的翅形和体色都有显著的差异。本种和本族其他种类的毛虫都具有蜇毛。

实际大小的幼虫

多型王子大蚕蛾 幼虫有 3 种色型：①身体底色为白色，具有黑色的横带和淡红色的头部；②身体底色为白色，具有淡蓝色而镶红边的网状纹，头部为黑色；③身体底色为黑色，具有蓝色或红色的斑纹，背面和侧面有短而粗的疣突，其上生有弯曲的长毛，足上具有下垂的白毛。

科名	大蚕蛾科 Saturniidae
地理分布	加拿大南部、美国在落基山脉以东的大部分地区
栖息地	生长有寄主植物的有林区域
寄主植物	落叶的乔木和灌木，包括李属 *Prunus* spp.、栎属 *Quercus* spp.、槭属 *Acer* spp.、美洲枫香 *Liquidambar styraciflua* 和臭椿 *Ailanthus altissima*
特色之处	北美洲最大的毛虫之一
保护现状	没有评估，但在其分布范围的大部分地区常见

成虫翅展	6¹⁄₁₆ in (152 mm)
幼虫长度	4½ in (114 mm)

402

瑟罗宾大蚕蛾
Hyalophora cecropia
Cecropia Moth
(Linnaeus, 1758)

瑟罗宾大蚕蛾　幼虫身体底色为鲜绿色，胸节上的突起通常为红色。腹节背面的突起为黄色，侧面的突起为蓝色。这些突起上可能具有黑色的短鬃毛，但不具蜇刺功能。

瑟罗宾大蚕蛾的卵为大型卵，奶油色且具有红褐色的斑点；刚孵化的幼虫为黑色，身体上覆盖着鬃毛。虽然卵可能被少量成群地产下，但幼虫很快就分散开来，各自独立取食。当幼虫进入二龄时，它们变为黄色，仍然覆盖着黑色的鬃毛，但这些鬃毛着生在蓝色、橙色或黄色的疣突上。当幼虫发育到三龄时，它们的颜色变得令人惊艳。

幼虫在化蛹的过程中可以形成两种类型的茧：第一种茧的结构紧密而结实，第二种茧的结构较稀疏而宽松。有时幼虫也会将叶子编织到茧中，这有助于越冬期的蛹躲避捕食者的猎捕，而幼虫只会在化蛹时这么做一次。瑟罗宾大蚕蛾的大型成虫身体大部分为淡灰色，混杂有红色、黄褐色和白色；它也被称为"知更鸟大蚕蛾"（Robin Moth），因为在飞行中它会被误认为是一只鸟。

实际大小的幼虫

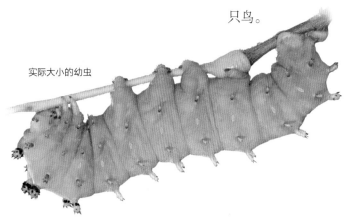

科名	大蚕蛾科 Saturniidae
地理分布	墨西哥南部到秘鲁东部、玻利维亚和巴西（帕拉州）
栖息地	热带森林和灌木林
寄主植物	野外未知，室内取食金合欢属 *Acacia* spp. 植物
特色之处	有蜇刺，经过 6 龄或 7 龄的发育
保护现状	没有评估，但在热带美洲广泛分布

成虫翅展
4⅛~5¼ in (105~135 mm)

幼虫长度
4 in (100 mm)

瑙海大蚕蛾
Hyperchiria nausica
Hyperchiria Nausica
(Cramer, 1779)

403

瑙海大蚕蛾的幼虫在低龄时群集生活，为鲜黄色，直到六龄和七龄时才变为黑黄色。当幼虫从一片树叶或一根枝条迁移到另一片树叶或另一根枝条时，它们排成一列纵队，从容不迫地缓慢行进。本种毛虫隶属于半白大蚕蛾亚科 Hemileucinae，该亚科的种通常雄性幼虫有 6 龄，而较大体型的雌性幼虫则需要经过 7 龄发育才能成熟。大多数热带的种类在地面或在地面之上的叶片中结一个丝茧化蛹。

成熟的幼虫类似于灯蛾亚科 Arctiinae 的毛虫，但与灯蛾亚科的种类不同，本种的体刺具有蜇刺功能。成虫看起来像一片枯叶或一张动物的脸，有 1 对眼、1 个鼻子和 1 张嘴。瑙海大蚕蛾是海大蚕蛾属 *Hyperchiria* 中已知的 6~20 个种之一。本种过去因后翅有眼斑而被归在刺大蚕蛾属 *Automeris* 中，后翅有眼斑是该属的鉴别特征。

瑙海大蚕蛾 幼虫身体短而粗壮，底色为黑黄色。身体上几乎遍布着保护性的玫瑰花状的枝刺，刺有毒，呈黄褐色而其末端为白色。胸足、腹足和头部为黑色，腹足染有粉黄褐色。

实际大小的幼虫

科名	大蚕蛾科 Saturniidae
地理分布	非洲东部，从夸祖鲁－纳塔尔北部到肯尼亚南部的沿海地区
栖息地	热带森林和无树大草原
寄主植物	各种植物，包括蓖麻 *Ricinus communis*、番石榴 *Psidium guajava* 和芒果属 *Mangifera* spp.①
特色之处	在非洲南部作为人的食物
保护现状	没有评估，但在其分布范围的一些地区种群数量呈下降趋势

成虫翅展
4⅛~5¼ in (105~135 mm)

幼虫长度
4 in (100 mm)

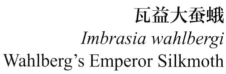

瓦益大蚕蛾
Imbrasia wahlbergi
Wahlberg's Emperor Silkmoth
Boisduval, 1847

404

　　瓦益大蚕蛾的一龄幼虫以橙色的体色开启了其生命的旅程，但在蜕皮进入二龄后，身体变为黑色，并具有橙色的横带。低龄幼虫少量成群地取食，但随着其成长，它们逐渐开始独自生活。每一龄幼虫大约取食1星期的时间，在五龄结束时停止取食，褪去颜色，清空肠道。然后钻入地下，在其中做一个土室化蛹。

　　瓦益大蚕蛾隶属于卜大蚕蛾族 Bunaeini，该族是大型且色彩鲜艳的非洲蚕蛾，它们的每只后翅上都有1个圆形的眼斑，其幼虫大型，且没有蜇刺功能。本种的幼虫数量丰富，一直被非洲南部的数个民族采集食用。过量的采集已经导致某些地区的种群数量急剧减少，但通过适当的管理，本种毛虫能够维持其数量，充当一种重要的食物资源。

实际大小的幼虫

瓦益大蚕蛾　幼虫身体底色为深黑色，气门为白色而呈椭圆形。每一节的背面都有1对向后弯曲的肉质橙色"角突"，每个角突上又生有细长的白色鬃，这些角突被有规律地排列在整个毛虫的身体上。足和头部为黑色。

---

① 原文为 *Mangera*，有误，应该为 *Mangifera*。——译者注

科名	大蚕蛾科 Saturniidae
地理分布	中美洲（哥斯达黎加、巴拿马和危地马拉）
栖息地	中等到高海拔的云雾林
寄主植物	未知；室内饲养取食女贞属 Ligustrum spp、白蜡树属 Fraxinus spp. 和月桂 Malosma laurina
特色之处	稀少而引人瞩目，生活在热带云雾林中
保护现状	没有评估，但可能易危

霍斯默大蚕蛾
Leucanella hosmera
Leucanella Hosmera
(Schaus, 1941)

成虫翅展
3½~4 in (90~100 mm)

幼虫长度
3⅛~3½ in (80~90 mm)

405

　　人们对醒目的霍斯默大蚕蛾知之甚少。它们生活在中美洲的高海拔地区，雌蛾似乎将卵成群或成块地产下，幼虫从绿色而有光泽的椭球形卵中孵化出来，经过6个龄期的发育，每年可能发生多个世代。它们在整个幼虫期都大规模群集生活，于白天取食，尽管对其寄主植物的详情还缺乏了解，但它们可能取食多种不同的乔木和灌木。

　　幼虫有醒目的警戒色，在其黑色的身体底色上配以黄色和白色的刺突，借此挑衅想要一口吞下它们的捕食者。那些贸然取食的捕食者为此付出的代价就是满嘴难受，还可能被蜇伤。幼虫结一个褐色而坚实的茧化蛹，茧也许附着在寄主植物靠近地面的部位。默大蚕蛾属 *Leucanella* 已知约30种，它们的幼虫看起来都很相似，其中绿默大蚕蛾 *Leucanella viridescens* 是一种多食性的昆虫，其幼虫的食量很大，可能成为一些作物的经济害虫。

霍斯默大蚕蛾　幼虫身体底色为黑色，具有醒目的繁星似的黄色和白色的刺突。每一节有6根枝刺，大多数为黄色，但前三节和后两节上的枝刺染有白色或粉色。黑色的身体上覆盖着微小的白色斑点。头部、胸足和腹足为黑色。

实际大小的幼虫

科名	大蚕蛾科 Saturniidae
地理分布	巴西南部（主要是东南部），西到玻利维亚北部，南到阿根廷的东北部
栖息地	森林或灌木林
寄主植物	多种植物，包括忍冬属 Lonicera spp 和茄属 Solanum spp.
特色之处	引人瞩目，在南美洲的热带地区有近缘的种类
保护现状	没有评估

成虫翅展
2¾~3⅞ in (70~98 mm)

幼虫长度
3 in (75 mm)

406

绿默大蚕蛾
Leucanella viridescens
Leucanella Viridescens
(Walker, 1855)

绿默大蚕蛾　幼虫身体底色为黑色，具有白色而呈椭圆形的气门。每一节各有1条由张开的黄色刺突组成的横带，刺的末端生有尖硬的蜇刺鬃。头部、胸足、腹足和臀足全部为黑色，所有的足上都生有弯曲的灰色鬃。

　　绿默大蚕蛾的幼虫引人瞩目，因为它们通常密集成群地出现，其黑色的身体上几乎完全覆盖着看起来很危险的黄色的刺突，这些刺突能使触碰者感到蜇痛。当它们从一根枝条向另一根枝条迁移时，排成一列纵队前进。幼虫在六龄的末期结束取食，它们各自寻找合适的化蛹场所，在隐蔽的缝穴或枝条当中吐丝结茧，茧被包裹在叶片或碎屑中。

　　默大蚕蛾属 *Leucanella* 已知28种，大部分种具有相似的颜色，但有少许的变异。它们的栖息地多种多样，从炎热的低地灌木丛到安第斯山脉海拔3050 m以上的高山，在安第斯山脉常能看见这些毛虫。它们能在其喜食的寄主植物生长的任何地方生存，而且它们是多食性的昆虫。已知绿默大蚕蛾在实验室取食的寄主植物达49种。

实际大小的幼虫

科名	大蚕蛾科 Saturniidae
地理分布	撒哈拉以南的非洲
栖息地	热带森林斑块与无树大草原
寄主植物	多种植物，包括释迦凤梨 *Anona senegalensis*、番石榴属 *Psidium* spp. 和乌桕属 *Sapium* spp.
特色之处	体型大，在非洲的部分地区被采集食用
保护现状	没有评估

斑洛大蚕蛾
Lobobunaea phaedusa
Blotched Emperor
(Drury, 1782)

成虫翅展
≤ 7 $\frac{9}{16}$ in (193 mm)

幼虫长度
4 $\frac{1}{4}$ in (110 mm)

407

斑洛大蚕蛾的卵被单个分散地产在寄主植物上，幼虫孵化后独自取食。在五龄结束后，幼虫爬到地上，埋在土中化蛹。如果条件适合，成虫在 6 星期之内羽化，产生当年的第二代。幼虫的数量曾经很丰富，但由于被过度地采集食用，在非洲的许多地区，野生的本种及其他大型蛾类的幼虫正在变得越来越稀少。

很多非洲人缺乏足够的蛋白质资源，他们被鼓励积极地种植更多的树，以饲养毛虫供他们食用，这不仅有助于保护植被，而且能够阻止某些种群数量正在下降的蛾类灭绝。孩子们最爱捕捉斑洛大蚕蛾的幼虫。如果幼虫取食的是有毒的树叶，它们的肠道会被清空。然后人们将其用红辣椒煮至几乎脱水，就可以立即食用或储存起来，能够保存 3 个月的时间。

斑洛大蚕蛾 幼虫身体底色为淡绿色，身体肥胖而光滑。身体上覆盖有暗绿色的圆形小斑，侧面有 1 条淡黄色的纵线贯穿所有的体节。椭圆形的气门为金黄色，围有黄色的边框；胸足和腹足为黑色。

实际大小的幼虫

科名	大蚕蛾科 Saturniidae
地理分布	中国南部和东南亚
栖息地	主要为高山森林
寄主植物	各种藤本植物；在室内用葡萄属 *Vitis* spp. 的植物饲养
特色之处	形状和姿势与葡萄藤融为一体
保护现状	没有评估

成虫翅展
2¾~3½ in (70~90 mm)

幼虫长度
3 in (75 mm)

广翅豹大蚕蛾
Loepa megacore
Loepa Megacore
Jordan, 1911

408

广翅豹大蚕蛾刚孵化出的幼虫完全为黑色。同一群里的所有卵粒都会在某一天的早上全部孵化，新孵化的幼虫会相互寻找并聚集在一起，开始在叶子的边缘取食。幼虫会经过 5 个龄期的发育，每一龄期都会蜕掉旧的体壁。后期的幼虫身体变为褐黑色，每侧有 1 列绿色而呈三角形的斑。在五龄结束后，幼虫结一个狭长而两头尖的茧化蛹。

豹大蚕蛾属 *Loepa* 已知 45 种，其分布范围穿过东南亚和马来西亚到印度，很多种类需要依据遗传学研究来鉴定。大多数种类的幼虫和成虫在外形上都非常相似。该属的成虫为黄色和粉红色，十分诱人。尽管采集者和昆虫饲养爱好者普遍会收藏有豹大蚕蛾属的种类，但关于该属的栖息地资料十分匮乏。

实际大小的幼虫

广翅豹大蚕蛾 幼虫身体底色为褐黑色，覆盖有黑色的丝状突起，围绕气门有延伸到腹足的黑色宽斑。背面有玫瑰花状的黑色而无毒的枝刺突，还有较长的黑色和灰色的刚毛，虫体呈现毛发蓬松的外形。头部为黑色，身体侧面在每一节都有 1 个绿色的三角形斑，沿身体排成 1 列。

科名	大蚕蛾科 Saturniidae
地理分布	圭亚那-亚马逊流域，从大西洋到安第斯山脉东部，南到巴西中部和玻利维亚北部
栖息地	热带到温带的森林和灌木林
寄主植物	未知；在室内用女贞属 Ligustrum spp. 和月桂 Malosma laurina 饲养
特色之处	能蜇刺，大量幼虫同时攻击会对人造成致命的伤害
保护现状	没有评估

河神大蚕蛾
Lonomia achelous
Lonomia Achelous
(Cramer, 1777)

成虫翅展
2¾~4½ in (70~114 mm)

幼虫长度
3 in (75 mm)

409

　　河神大蚕蛾刚孵化的幼虫为黑色，它首先吃掉自己的卵壳，然后根据信息素的气息找到它的兄弟姐妹们。一龄幼虫的第二和第三体节上长出 2 对末端分叉的长疣突。随着幼虫的生长，其形态、颜色和刺突的排列方式都会发生改变。幼虫进行严格的夜间生活，它们夜晚在树的端部取食，每天早晨"飞驰"般快速沿树干聚集到树的基部。在取食结束后，幼虫在碎叶中化蛹，不吐丝结茧。

　　每年都有人被河神大蚕蛾幼虫的蜇伤致死。当人们在不经意间一次触碰了大量的幼虫时就会死亡，单独一只毛虫蜇刺并不会有危险，它引起的疼痛不会比半白大蚕蛾亚科的其他种类严重。其成虫的体型仅属于中等，类似一片枯叶。

河神大蚕蛾　幼虫的体型较大，其背面为黑色，向侧面逐渐变浅为褐灰色，第二、六和七节上各有 1 个亮褐色而呈双瓣状的长方形斑。侧面有长的、背面有短的青绿色刺突，都带有细长的粉色的分支。每侧有 3 条白色的细线，腹足为淡红色。

实际大小的幼虫

科名	大蚕蛾科 Saturniidae
地理分布	非洲沿海地区的东部和东南部，从索马里向南到达南非
栖息地	热带森林斑块和无树大草原
寄主植物	许多种类，包括羊蹄甲属 Bauhinia spp. 和野榕树 Ficus chordate
特色之处	具有大型头部，可以食用
保护现状	没有评估

410

成虫翅展
4~4½ in (100~115 mm)
幼虫长度
3⅜ in (85 mm)

栗色大蚕蛾
Melanocera menippe
Chestnut Emperor
Westwood, 1849

栗色大蚕蛾 幼虫身体底色为黑色而具光泽，其头部为红棕色，身体上布满了形态各异的红棕色斑纹。身体的表面粗糙，凹凸不平。背面具有短的肉质刺突，向后弯曲，无毒，其在化蛹时能够协助幼虫挖土。胸足为黑色，腹足为棕色。

栗色大蚕蛾的卵为褐色与白色，刚孵化的幼虫通体黑色。幼虫孵化后不久就加入其兄弟姐妹的队伍中，并开始在叶子上取食。在实验室中，幼虫取食红花羊蹄甲 *Bauhinia blakeana* 的叶子，且仅在白天取食，经过 6 个龄期 73 天的时间完成幼虫期的发育。然后它们清空肠道并爬到地面，寻找适合的场所，将自己埋藏在土壤中化蛹。当白天的时长和气候条件合适时，美丽的栗红色成虫就会爬出土壤，并展开翅膀。

栗色大蚕蛾属 *Melanocera* 在非洲有 8 种。成虫的颜色和体型大小相似，但一些鉴别特征可以将它们区分开来。像其他非洲的大蚕蛾幼虫一样，栗色大蚕蛾的幼虫也被人类食用。妇女们爬到树上采集幼虫，或者在树下用烟雾将幼虫熏掉到地面。现在已经禁止砍伐被本种幼虫取食的树木。

实际大小的幼虫

科名	大蚕蛾科 Saturniidae
地理分布	非洲西部，包括几内亚、科特迪瓦、塞拉利昂和多哥
栖息地	热带森林的斑块和无树大草原
寄主植物	未知；在室内取食月桂 *Malosma laurina*
特色之处	黄色或黑色，可以食用
保护现状	没有评估

小角大蚕蛾
Micragone herilla
Micragone Herilla
Westwood, 1849

成虫翅展
2~2¾ in (50~70 mm)

幼虫长度
2⅛ in (55 mm)

411

　　小角大蚕蛾将黄色略方的半透明卵产下，孵化前可以从卵壳外看见里面的幼虫。卵在几天后孵化，一龄幼虫为淡黄色，头部为黑色，身体上散布一些淡红色的坚硬刚毛。根据室内饲养观察，幼虫集体取食月桂的叶子，到三龄时发育出颜色和斑纹完全不同的两个型。在五龄结束时，它们全都在地面的碎叶中结一个疏松的丝茧化蛹，6星期后第一只成虫羽化出来。

　　小角大蚕蛾的成虫有性二型现象。在大蚕蛾的大多数种类中，雌蛾的体型都比雄蛾大很多，因为雌蛾携带着大量的卵粒，还要四处寻找合适的寄主植物产卵。小角大蚕蛾属 *Micragone* 包含 31 种，隶属于大蚕蛾科、卜大蚕蛾亚科 Bunaeinae 的小角大蚕蛾族 Micragonini，在非洲，这些种类的幼虫大多数都被作为人类的食物。

小角大蚕蛾　幼虫至少有两个色型。一种色型主要为黄色，每个体节上环绕着黑色的横带，上面有黑色的枝刺；背面的枝刺较长，全都生有弯曲的黑色长毛。另一种色型主要为黑色，具有红色的横带和枝刺，生有淡黄色的刚毛。

实际大小的幼虫

科名	大蚕蛾科 Saturniidae
地理分布	墨西哥东部，南到委内瑞拉北部、哥伦比亚和安第斯山脉西部的厄瓜多尔
栖息地	热带到温带的森林和灌木林
寄主植物	豆科的树木；在室内取食刺槐属 *Robinia* spp. 和金合欢属 *Acacia* spp.
特色之处	群集，外形有助于将它与相似的种类区分开来
保护现状	没有评估

412

成虫翅展
2⅜~3¹¹⁄₁₆ in (60~94 mm)

幼虫长度
2½ in (63 mm)

倪莫大蚕蛾
Molippa nibasa
Molippa Nibasa
Maassen & Weyding, 1886

倪莫大蚕蛾 幼虫身体底色为绿黄色[①]，散布有形态各异的黑色小斑，椭圆形的气门为白色。亚气门区有1条宽阔的黑色纵带，其两侧有微小的白色斑点，纵带间断地被暗红色的宽横带分割。每一节都有黄色的长枝刺，它们在身体上组成1条纵带。足部和头部为红色。

倪莫大蚕蛾的卵为褐色与白色，刚孵化的微小的幼虫为绿粉色，头部为黑色，身体上有半透明的刺突。在蜕皮进入三龄后，幼虫变为黑色，头部和足为淡红色，身体上涌现出黄色的长枝刺。幼虫从一开始就进行群集生活，兄弟姐妹们紧密地聚在一起取食。大约5星期后，幼虫在一个隐蔽的地点结一个纸皮状的茧化蛹，并将叶子或碎屑覆盖在其茧上。

倪莫大蚕蛾隶属于半白大蚕蛾亚科 Hemileucinae，该亚科包含大量的物种，其幼虫都有蜇刺，仅分布在美洲。有几种近缘的大蚕蛾与倪莫大蚕蛾成虫在外形上难以区分，但它们的幼虫有明显区别。本种的命名人之一——Weyding 被英国昆虫学家赫伯特·德鲁斯（Herbert Druce，1846—1913）于1886年无意中错拼为Weymer，这个错误直到今天仍然广泛延用。

实际大小的幼虫

---

① 此处描写应该是五龄幼虫的体色。——译者注

科名	大蚕蛾科 Saturniidae
地理分布	从土耳其向东穿过亚洲的大部分地区
栖息地	海拔 1000—3000 m 的山地、山脚和果园
寄主植物	绣线菊属 *Spiraea* spp.、梨属 *Pyrus* spp.、梣属 *Fraxinus* spp.、柳属 *Salix* spp. 和李属 *Prunus* spp.
特色之处	懒惰且以树为食，生活在气候凉爽的地区
保护现状	没有评估

赫顿狐目大蚕蛾
Neoris huttoni
Neoris Huttoni
Moore, 1862

成虫翅展
3⅛~4⅛ in (80~105 mm)

幼虫长度
3⅛ in (80 mm)

413

赫顿狐目大蚕蛾的雌蛾寿命不超过 3 天，它们在产完卵后的 24 小时内死亡。卵为橄榄绿色而呈长形，体型较大（2 mm），被整齐地环绕在寄主植物的小枝外围，一圈最多可以排列 15 粒。以卵越冬，幼虫于早春孵化。幼虫懒散地取食，它们在叶下活动，很容易受到干扰，甚至被下雨所困扰。经过 2 个多月的发育，幼虫下到地面寻找适合的场所，在地面的碎屑和枯叶中结一个乳白色到红褐色的茧化蛹。

成虫于夏末和早秋出现，大多数成虫从中午到傍晚羽化，雌蛾则在当天夜间吸引雄蛾前来交配。交配发生在刚天黑的时候，持续的时间仅几个小时。雄蛾和雌蛾的飞行速度都很快，会被灯光吸引，也非常耐寒，能在霜冻天气快速飞行。赫顿狐目大蚕蛾有众多的亚种，一些研究者认为这些亚种都是独立的物种。

赫顿狐目大蚕蛾 幼虫身体大部分为粉黑色或绿灰色，繁茂地覆盖着长短不一的银白色的刚毛。侧面的中部有 1 条宽阔而间断的橙黄色的纵带，其下方身体的颜色较其上方的暗。气门明显，为橙色而围黑色的边框。头部、胸足和腹足为黑色。

实际大小的幼虫

科名	大蚕蛾科 Saturniidae
地理分布	非洲中部，撒哈拉以南
栖息地	热带森林和无树大草原
寄主植物	多种植物，包括油桐属 *Vernicia* spp.、羊蹄甲属 *Bauhinia* spp. 和腰果属 *Anacardium* spp.
特色之处	多刺但可食用
保护现状	没有评估

414

成虫翅展
3½ in (90 mm)

幼虫长度
2⁹⁄₁₆ in (65 mm)

金黄大蚕蛾
Nudaurelia dione
Golden Emperor
(Fabricius, 1793)

金黄大蚕蛾　幼虫身体大部分为黑色，椭圆形的气门为白色。几乎每一节的背面都有 1 对向后伸的黄色刺突，其上散布有放射状的白色鬃毛。头部、胸足和腹足都为黑色，散布有中等长度的白色鬃毛。头部较大。

　　金黄大蚕蛾将白色的卵少量成群地产下，微小的黄色幼虫于上午从卵中孵化出来。幼虫在白天四处寻找最好的取食场所，然后在天刚黑的时候在某一片叶子的末端排列整齐，并开始取食。后期的幼虫颜色从黄色转变为黑色，且具有黄色的斑纹，这时它们分散开来独自生活。在五龄结束后，幼虫将自己埋藏在地下化蛹。

　　金黄大蚕蛾隶属于非洲蛾类的一个大属，该属包括 46 种，但金黄大蚕蛾是其中最常见和分布最广泛的种之一，主要发生在赤道南北两侧 15° 的范围之内。因为本种毛虫是一种极好的蛋白质资源，所以也一直被人类广泛食用。其身体上向后伸的角状刺突是用来帮助幼虫挖土的结构，也可以食用。

实际大小的幼虫

科名	大蚕蛾科 Saturniidae
地理分布	澳大利亚全境，但主要靠近东部沿海
栖息地	桉树林
寄主植物	桉属 *Eucalyptus* spp. 及其他植物，包括松属 *Pinus* spp.、苹果属 *Malus* spp. 和杏树 *Prunus armeniaca*
特色之处	蛹期可以持续 10 年之久
保护现状	没有评估

桉胶大蚕蛾
Opodiphthera eucalypti
Emperor Gum Moth
(Scott, 1864)

成虫翅展
4¼~5½ in (110~140 mm)

幼虫长度
3¾ in (95 mm)

　　桉胶大蚕蛾的幼虫在澳大利亚于春季或夏季（10 月至次年 3 月）孵化，并开始取食。一龄幼虫为黑色和白色，经过 5 个龄期的生长，每次蜕皮后都会长大，并形成不同颜色的体壁，最后一龄的颜色大多为绿色，但也混有多彩的颜色。幼虫结一个非常结实的硬茧化蛹。成虫通常在第二年春季或夏季羽化，但依据降水量的不同，蛹可能在茧内停留 10 年才羽化。

　　胶大蚕蛾属 *Opodiphthera* 包含 12~20 种或更多的相似种，分布在澳大利亚、新几内亚及其附近的岛屿，代表澳大利亚大蚕蛾科的大多数种类。桉胶大蚕蛾的幼虫能够破坏一些野生的桉树，但对种植的经济树种没有影响。它也取食引进的树木，例如松树、苹果树和杏树，但没有显著的危害。

桉胶大蚕蛾　幼虫身体底色主要为绿色，背面混入浅灰蓝色，侧面有 1 条白色的纵纹。每一节都有肉质的疣突，其末端生有鬃毛，这些疣突组成 1 条带，其双显的颜色表现为黄色和蓝色、黄色和紫色、红色和蓝色，或者红色和紫色。气门为红色，头部为绿色，足为黑色和棕色。

实际大小的幼虫

科名	大蚕蛾科 Saturniidae
地理分布	墨西哥，向南到达整个中美洲（危地马拉、洪都拉斯、尼加拉瓜、哥斯达黎加和巴拿马）
栖息地	中等海拔（1220～1525 m）的旱林和雨林
寄主植物	油栎 *Quercus oleoides*
特色之处	可在中美洲的树冠中发现
保护现状	没有评估

成虫翅展
3⅛～4¼ in（80～110 mm）

幼虫长度
3½～3¾ in（90～95 mm）

416

栎直纹大蚕蛾
Othorene verana
Othorene Verana
Schaus, 1900

栎直纹大蚕蛾的雌蛾将淡绿色的大型卵产下大约1星期之后，幼虫从卵中孵化出来。幼虫的食量惊人，大量消耗寄主植物的叶子，一龄幼虫从叶子的边缘取食，而后期的幼虫则狼吞虎咽地吃光整个叶片。幼虫通常独自生活，生长迅速，经过5个龄期大约4星期的时间完成发育。成熟的幼虫在休息时会抬起其身体的前部。幼虫在地下化蛹，在本种分布范围的大部分地区一年至少发生2代。

雌蛾在日落后的最初几个小时产卵。与雄蛾一样，雌蛾的寿命短暂，因为成虫不取食。直纹大蚕蛾属 *Othorene* 只有4种，全部生活在中美洲。栎直纹大蚕蛾的幼虫似乎专门生活在中等海拔的旱林中，位于其寄主植物的树冠上。

栎直纹大蚕蛾 幼虫身体底色在初龄时为绿色，在高龄时通常转变为橙色，但仍然有一些个体保持为绿色。身体上覆盖有白色的小斑点，侧面亚气门区有1条浅色的纵纹。气门呈裂缝状，围有黑色的边框。身体前部有4对向前伸的橙红色而呈触须状的突起。

实际大小的幼虫

科名	大蚕蛾科 Saturniidae
地理分布	从墨西哥向南穿过中美洲到巴拿马
栖息地	主要是中等海拔的森林
寄主植物	野外未知；室内取食多种植物，包括豆科 Leguminosae 和蔷薇科 Rosaceae 的种类
特色之处	少见的山地毛虫，具有蜇刺功能
保护现状	没有评估

成虫翅展
2⅜~3 in (60~75 mm)

幼虫长度
2⁹⁄₁₆~2¾ in (65~70 mm)

枯叶大蚕蛾
Paradirphia lasiocampina
Paradirphia Lasiocampina
(R. Felder & Rogenhofer, 1874)

417

　　枯叶大蚕蛾的雌蛾将浅色的卵少量成群地产在寄主植物的叶上，幼虫从卵中孵化出来。低龄时的幼虫群集生活，而高龄的幼虫则相对独立地生活。幼虫经过 6 个龄期的发育，历时 4~6 星期。成熟的幼虫离开寄主植物，在地面寻找适合的场所化蛹。蛹室埋在离土壤表面约 100 mm 的地下，不像大多数其他大蚕蛾的种类，本种不用丝来编织蛹室的内层。蛹为黑色，身体光滑。

　　枯叶大蚕蛾的幼虫有效地利用其成束的刺突来防御天敌，这些刺突会中度到重度地蜇伤某些人。叶大蚕蛾属 *Paradirphia* 已知约 30 种，其中大多数种类发生在中美洲和南美洲。

枯叶大蚕蛾 幼虫背面为红褐色，腹面为白色。每一节有 6 簇淡黄色的刺突，后端有 1 簇长的刺突。头部、胸足和腹足为深红色，紧邻头部之后有 2 对向前伸的触须状的突起。

实际大小的幼虫

科名	大蚕蛾科 Saturniidae
地理分布	墨西哥，南到巴西和玻利维亚
栖息地	干燥到湿润的热带森林和无树大草原
寄主植物	各种树木，包括栎属 *Quercus* spp.、山毛榉属 *Fagus* spp.、山楂属 *Crataegus* spp.、李属 *Prunus* spp.、油棕属 *Elaeis* spp. 和金合欢属 *Acacia* spp.
特色之处	具蜇刺，能释放出腐烂洋葱的气味
保护现状	没有评估

成虫翅展
3¾~4⅝ in (95~120 mm)

幼虫长度
2¾~4 in (70~100 mm)

418

毛缘大蚕蛾
Periphoba hircia
Periphoba Hircia
(Cramer, 1775)

毛缘大蚕蛾的雌蛾将大约 200 粒卵产在寄主植物的叶子上，卵粒成对地排成直线，幼虫从椭球形的卵中孵化出来。依据温度的不同，卵期为 2~3 星期不等。低龄的幼虫群集生活，它们排成队列进行取食和休息。到四龄时，幼虫分散开来，独自在夜间取食，白天休息。幼虫有 6 龄，需要大约 53 天的时间完成发育。在漫游一天后，成熟的幼虫在地面的落叶层下结茧化蛹。

本种毛虫的蜇刺能引起好几个小时的持续疼痛。刚羽化的成虫能释放出一种弥漫而持久的腐烂洋葱的气味。雌蛾利用性信息素吸引雄蛾前来交配，两性成虫的寿命都不超过 1 星期。毛缘大蚕蛾的幼虫偶尔会对油棕种植园造成经济损失。

实际大小的幼虫

毛缘大蚕蛾 幼虫背面为蓝绿色，腹面为浅绿色。气门为橙色，腹足为半透明的绿色。臀节和腹足围有粉边。身体上密布绿色的小刺。

科名	大蚕蛾科 Saturniidae
地理分布	意大利的部分地区和奥地利，穿过巴尔干到高加索、土耳其、以色列和黎巴嫩
栖息地	干燥而开阔的落叶林地
寄主植物	主要为栎属 Quercus spp.，但偶尔也包括杨属 Populus spp. 和其他落叶树
特色之处	多毛，从黑色变为绿色
保护现状	没有评估

成虫翅展
2⁷⁄₁₆~3⁷⁄₁₆ in (62~88 mm)

幼虫长度
2⅜ in (60 mm)

秋大蚕蛾
Perisomena caecigena
Autumn Emperor
(Kupido, 1825)

419

秋大蚕蛾将奶棕色的卵成列地产在枝条上，最多可排成 6 列，总数多达 100 粒，幼虫从卵中孵化出来。以卵越冬，幼虫于第二年春季气温变暖时孵化。幼虫最初群集生活，它们聚集在叶子的正面，取食嫩叶和雄蕊蓁花序，但长大后它们便分散开来，独自生活。成熟的幼虫爬到地面化蛹，它们在落叶层中结一个双壁的暗褐色的茧，以蛹度过炎热且干旱的夏季，在秋季气温凉爽的时候羽化。

就像它们名字指出的那样，秋大蚕蛾的大型成虫在秋天羽化，它们于夜晚飞行，成虫期从 9 月持续到 11 月。雄蛾在黄昏时就开始活动，而雌蛾则稍晚一些，在夜晚飞舞。成虫的寿命短暂，仅能存活几天的时间。大多数雌蛾在羽化的当天晚上进行交配，不久后就迅速产下其全部的卵粒。

实际大小的幼虫

秋大蚕蛾 大型幼虫身体底色为绿色，覆盖着白色的短毛。身体侧面有 1 条黄色的纵纹，每一节有 6 个黄色的小疣突。每个疣突上都生有 1 簇白色的长毛。

科名	大蚕蛾科 Saturniidae
地理分布	智利的中部
栖息地	森林、灌木林和绿篱
寄主植物	智利美登木 *Maytenus boaria*、短序厚壳桂 *Cryptocarya rubra* 和其他植物
特色之处	半白大蚕蛾亚科中的奇特毛虫，越冬时具有欺骗性的黑色的大"眼睛"
保护现状	没有评估

成虫翅展
2¹⁵⁄₁₆~3⁷⁄₁₆ in (74~88 mm)

幼虫长度
3 in (75 mm)

420

多缨大蚕蛾
Polythysana apollina
Polythysana Apollina
R. Felder & Rogenhofer, 1874

多缨大蚕蛾的幼虫在外形和习性方面都与半白大蚕蛾亚科 Hemileucinae 的其他属有明显的不同。它的身体背面没有大型的刺突，蜇刺功能也不强，独自取食，主要在夜晚活动。幼虫不进行列队活动，只有 5 个龄期，结一个毛茸茸的白色的大茧，它的茧具有良好的隔热性能。当受到刺激时，幼虫第一节和第二节的背面扩大，暴露出两个黑色的大"眼睛"，再配上被刺状"睫毛"环绕的白色的小型"闪光点"，这已经成为恫吓捕食者的一种防御策略。

缨大蚕蛾属 *Polythysana* 包含 3 种具有红色眼斑的鲜艳蛾类，其中 2 个种类都仅分布在智利。成虫在智利的早秋 3 月羽化，在阳光明媚的温暖日子里可以同时看见数个物种的雄蛾到处飞舞，它们于正午前后两小时在低矮的森林上空飞行，依据性信息素寻找雌蛾进行交配，产下的卵在气温凉爽的季节里发育缓慢。

多缨大蚕蛾 幼虫身体大部分为粉灰色，具有不规则的浅色斑点。侧面有向下弯曲的长羽毛状的枝刺。背面光滑，具有不明显的玫瑰状的刺突，刺突分布稀疏而无毒。头部隐藏在向前伸的刺突下。第一节和第二节有密集的橙色短刺突。

实际大小的幼虫

科名	大蚕蛾科 Saturniidae
地理分布	厄瓜多尔、秘鲁和玻利维亚
栖息地	低到中等海拔的热带森林
寄主植物	未知；在室内取食金合欢属 *Acacia* spp. 和月桂 *Malosma laurina*
特色之处	紧张不安，喜欢"飞奔"
保护现状	没有评估

波尔伪刺大蚕蛾
Pseudautomeris pohli
Pseudautomeris Pohli
Lemaire, 1967

成虫翅展
3~4 in (75~100 mm)

幼虫长度
3⅛ in (80 mm)

421

波尔伪刺大蚕蛾隶属于半白大蚕蛾亚科 Hemileucinae，其幼虫最初的颜色为白色，随着成长，它变得色彩斑斓且特征显著。到四龄时，其前端和后端背面的黑色刺突变得非常长，刺的末端有 1 个分叉。到五龄时，幼虫的颜色变暗，类似一只成熟的幼虫。幼虫排成队列，群集在一起取食，但随时都十分紧张不安。简单地颤动一下它们正在取食的枝条，上面所有的幼虫就会坠落到地面上，并向不同的方向分散逃跑。

波尔伪刺大蚕蛾的成熟幼虫体型较大，色彩斑斓，不断地在运动，如果触碰到它，会引起刺痛。一些个体只用 6 龄就完成了幼虫期的发育，而其他幼虫则需要 7 龄才能完成发育。幼虫结一个纸皮状的茧化蛹。伪刺大蚕蛾属 *Pseudautomeris* 已知 24 种，全部分布在南美洲，但其中的 1 种向北到达哥斯达黎加。

波尔伪刺大蚕蛾 幼虫身体散布有白色和红色的斑点，椭圆形的气门为米黄色。每一节都生有黑色的刺突，其中背面的较长，刺突有辐射状的蓝色分支，分支的末端呈白色。头部为黑色和白色，胸足为红色，腹足和臀足为黑色，具有黄色的隆起。

实际大小的幼虫

科名	大蚕蛾科 Saturniidae
地理分布	非洲撒哈拉以南的大部分地区、埃塞俄比亚西部和索马里
栖息地	热带森林和无树大草原
寄主植物	许多种类，包括特形短盖豆 *Brachystegia speciformis* 和羊蹄甲属 *Bauhinia* spp.
特色之处	体型大，善于隐蔽，有很多天敌
保护现状	没有评估，但分布广泛

成虫翅展
3½～4⅝ in (90～120 mm)

幼虫长度
2¾ in (70 mm)

杨褐大蚕蛾
Pseudobunaea irius
Poplar Emperor
(Fabricius, 1793)

422

刚孵化的杨褐大蚕蛾幼虫为暗褐色，头部为黑色。到二龄时变为橄榄绿色，三龄时则为较暗的橄榄绿色，这种颜色一直持续到五龄和最后一龄。幼虫背面的颜色较浅而腹面的颜色较暗，因为它像很多大型毛虫一样身体倒挂：从下面往上看，幼虫像天空一样浅淡；从上面往下看，它像泥土一样阴暗。在取食结束后，幼虫下到地面，钻入土中化蛹。

杨褐大蚕蛾的幼虫有许多天敌。一项在南非进行的研究显示，虽然细菌和病毒有时能杀死很多的幼虫，但寄生性天敌对本种的威胁更大，特别是寄生在蛹期的天敌。事实上，鹰类才是杨褐大蚕蛾最重要的天敌，这类鸟吃掉了很多已经活到成熟期的毛虫。

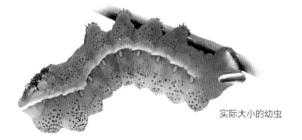

实际大小的幼虫

杨褐大蚕蛾 幼虫椭圆形的气门呈橙色。侧面有1条明显的绿白色的窄线，终止于环绕头部的1个白环。胸足为黑色，臀足为黄色与棕色，其上方有1条棕色与白色的棒状纹。

科名	大蚕蛾科 Saturniidae
地理分布	南美洲的东北部，沿安第斯山脉的东坡，向南到达玻利维亚和巴西的东南部，形成一个新月形
栖息地	湿润的森林
寄主植物	未知；在室内取食很多不同的植物
特色之处	伪装巧妙，在夜晚取食
保护现状	没有评估

成虫翅展
2⅝~4¼ in (67~123 mm)

幼虫长度
3⅛ in (80 mm)

阿吉斯大蚕蛾
Pseudodirphia agis
Pseudodirphia Agis
(Cramer, 1775)

423

阿吉斯大蚕蛾从白色的卵中孵化出来，其身体呈红褐色，具有黑色的刺突。低龄幼虫一直都紧密地群集在一起，列队向树叶的边缘爬去，轮流啃咬进食。到三龄时，幼虫主要为棕黑色，具有绿色的刺突，侧面有各种粉红色和白色的斑纹。最后一龄的体型变扁。成熟的幼虫将自己埋入泥炭苔藓或其他类似的东西中，用丝衬在内层做一个蛹室，在其中化蛹。

阿吉斯大蚕蛾是斯大蚕蛾属 *Pseudodirphia* 已知的39个物种之一，隶属于半白大蚕蛾亚科 Hemileucinae。该属的幼虫具有蜇刺，全部在夜晚取食，白天则平行地排列在一根树枝上，身体扁平且伪装巧妙。本属的分布范围从墨西哥东南部到阿根廷，其中很多种类相互之间很难区分开来。

阿吉斯大蚕蛾 幼虫身体覆盖着1个对比鲜明的暗紫灰色的网状纹，由大小不同、形状各异的小室组成。每侧各节上较大的室斑合并形成1个疏松的三角形大斑，其顶角指向后方。刺突为绿色，侧面的刺突长，背面的刺突短。

实际大小的幼虫

科名	大蚕蛾科 Saturniidae
地理分布	俄罗斯远东南地区、中国东北部、朝鲜半岛和日本
栖息地	森林
寄主植物	树木，包括栎属 *Quercus* spp.、槭属 *Acer* spp.、胡桃属 *Juglans* spp. 和柳属 *Salix* spp.
特色之处	体型大，受到干扰时会发出吱吱声
保护现状	没有评估

成虫翅展
4¼~5 in (110~130 mm)

幼虫长度
3⅛ in (80 mm)

424

透目大蚕蛾
Rhodinia fugax
Rhodinia Fugax
(Butler, 1877)

透目大蚕蛾将卵产在树枝上，以卵越冬，幼虫于第二年早春孵化。一龄幼虫的背面为黑色，侧面为黄色；但到三龄时，颜色颠倒过来，这个时期的幼虫背面有成列的疣突，疣突上生有弯曲的黑色鬃毛，幼虫与其兄弟姐妹们群集在一起。在四龄和五龄时，幼虫分散开来独自生活，经常静止不动地悬挂在一根树枝下，其暗绿色的腹面与下方的暗色融为一体，其淡绿色的背面则与上方明亮的天空融为一体。

成熟的幼虫身体光滑，受到干扰时会发出吱吱的叫声，它们吐丝结一个绿色的丝茧，茧的形状像一个水罐，其顶端开放，在狭窄的基部有一个小洞。成虫在秋季羽化，雌蛾在交配后将卵产下。透目大蚕蛾属 *Rhodinia* 在日本有 11 种。

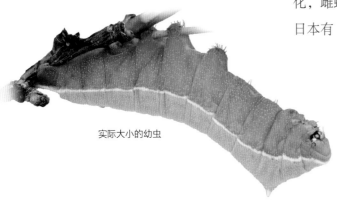

实际大小的幼虫

透目大蚕蛾 幼虫的腹面呈暗绿色，背面为淡绿色，头部后方的背面有 1 个峰顶圆润的双峰状突起。侧面有 1 条清晰可见的黄色细线。身体光滑，但覆盖有微小的黄色瘤突及 1 列蓝色而呈头状的枝刺。气门呈淡橙色，头部和足为绿色。

科名	大蚕蛾科 Saturniidae
地理分布	秘鲁利马东部的小范围面积
栖息地	海拔 2000—3000 m 的高山沙漠，具有稀疏的灌木丛
寄主植物	麻风树属 Jatropha spp.
特色之处	生活在高海拔地区
保护现状	没有评估

麻风树罗大蚕蛾
Rothschildia amoena
Rothschildia Amoena

Jordan, 1911

成虫翅展
3¼ in (95 mm)

幼虫长度
3 in (75 mm)

425

　　麻风树罗大蚕蛾的幼虫生活在高寒的气候条件下，栖息地位于安第斯山脉靠近太平洋沿海的山坡上。它的分布范围仅限于其寄主植物生长的地区，这种植物是一种多汁的麻风树灌木，只生长在有限的沙漠地区，这种地区通常少雨而湿润，具有松散的植被。不像本属的其他种类，麻风树罗大蚕蛾的幼虫具有黑色而吸热的体壁，这在高海拔地区有助于能量的吸收和消化。在不成熟的龄期，幼虫身体的所有体节上都有橙色的疣突，疣突上生有无毒的鬃毛。

　　麻风树罗大蚕蛾隶属于巨大蚕蛾亚科 Attacinae，因此与亚洲的乌桕巨大蚕蛾 *Attacus atlas* 和北美洲的瑟罗宾大蚕蛾 *Hyalophora cecropia* 有很近的亲缘关系。该亚科的幼虫没有蜇刺，通常摸起来光滑，一般有 5 龄，结一个结实的茧。

麻风树罗大蚕蛾　幼虫身体底色为黑色，有白色的毛，这些毛绕着身体形成 1 个光环。橙色的气门清晰可见。头部、胸足和腹足都为黑色而有橙色的粗条带。身体显得非常粗壮。

实际大小的幼虫

科名	大蚕蛾科 Saturniidae
地理分布	墨西哥东南部，南到玻利维亚和加勒比海（圣卢西亚和马提尼克）
栖息地	热带森林和灌木林
寄主植物	小叶假紫荆 *Cercidium microphillum*；在室内取食李属 *Prunus* spp.
特色之处	颜色异常丰富
保护现状	没有评估

成虫翅展
3¾~4⅝ in (95~120 mm)

幼虫长度
3⅛ in (80 mm)

426

爱神罗大蚕蛾
Rothschildia erycina
Rothschildia Erycina
(Shaw, 1796)

爱神罗大蚕蛾 幼虫身体底色为白色或淡绿色，每一节各有1条黑色的横带，在背面横带部分或大部分被橙色的宽条带所覆盖。微小的疣突上生有黑色无毒的短刺突。头部、胸足和腹足为黑色。腹面的中央为淡绿色。

爱神罗大蚕蛾将淡褐色的卵少量成群地产下，每群大约包含一打卵粒。刚孵化的幼虫为黑色和黄色。最先孵化出的那只幼虫会选择一片合适的叶子在其背面休息，随后孵化出的幼虫就会一只接一只地跟踪到那片叶上聚集。幼虫共有5龄，随着它们的生长和蜕皮，每个龄期都会改变身体颜色和斑纹细节，最后一龄幼虫各自独立生活，身体呈现白色、黑色、绿色和鲜橙色交相辉映的颜色：这是一种警戒色，警告鸟类自身有毒。

成熟的幼虫结一个结实的茧，茧被牢固地悬挂在一根小枝条下，大约6星期后成虫羽化。成虫是其在亚洲的近缘种乌桕巨大蚕蛾 *Attacus atlas* 的缩减版，但其体型要小很多，斑纹较复杂，色彩更丰富。爱神罗大蚕蛾有多个亚种，它们的体型大小差异很大。

实际大小的幼虫

科名	大蚕蛾科 Saturniidae
地理分布	美国（得克萨斯州南部），向南到秘鲁南部
栖息地	低纬度的热带森林
寄主植物	很多种植物，包括白蜡树属 *Fraxinus* spp.、柳属 *Salix* spp. 和柑橘属 *Citrus* spp.
特色之处	茧曾被用于制作拨浪鼓
保护现状	没有评估，但被认为安全

成虫翅展
4⅛~4⅝ in (105~120 mm)

幼虫长度
3½ in (90 mm)

勒博罗大蚕蛾
Rothschildia lebeau
Rothschildia Lebeau
(Guérin-Méneville, 1868)

427

勒博罗大蚕蛾将白色的卵成群地产下，幼虫从卵中孵化出来，并立即吃掉剩余的卵壳。这时的幼虫为黑色，具有黄色的斑点，它们群集在叶子的边缘取食。随着幼虫的生长和蜕皮，每次蜕皮都会改变其身体的颜色，并逐渐分散开来独自生活。经过 5 个龄期、大约 5 星期的发育，幼虫清空肠道，结一个泪珠状的银白色硬茧，茧被多条丝线系挂在一根树枝下。

罗大蚕蛾属 *Rothschildia* 目前已经记载了 29 种，其中一些种类的幼虫颜色非常鲜艳。它们仅分布在美洲和加勒比海地区，栖息地范围从低地的热带森林到高海拔的安第斯山脉。美国记载有 3 种。在过去，美洲的土著居民会将小石子缝到勒博罗大蚕蛾的空茧中，做成一个拨浪鼓。罗大蚕蛾成虫的每一只翅膀上都有 1 个透明窗，因此在墨西哥被称为"四眼蛾"。

勒博罗大蚕蛾 幼虫身体底色为绿色，在大多数体节的前缘都有 1 条宽的白色边缘，每一节还有 1 列稀疏排列的黄色的小疣突，其上生有短鬃毛。头部为绿色，胸足具有黑色和黄色的条带。腹足为黑色和黄色。

实际大小的幼虫

科名	大蚕蛾科 Saturniidae
地理分布	中国和朝鲜，但自然定居在日本和亚洲的其他地区，进入欧洲、北美洲和南美洲、非洲及澳大利亚
栖息地	在中国为低地森林，在其他定居的国家则为公园和花园
寄主植物	臭椿 Ailanthus altissima 及各种灌木
特色之处	能产丝，在很多城市的城区都能发现它们
保护现状	没有评估

428

成虫翅展
4⅛~5½ in（105~140 mm）

幼虫长度
2¾~3 in（70~75 mm）

樗蚕
Samia cynthia
Ailanthus Silkmoth
(Drury, 1773)

樗蚕 幼虫身体底色为淡绿色到白色，背面两侧具有 2 列明显的白色疣突，侧面有 1 列黑色的小斑。头部为淡绿色，腹足的附近有淡蓝色的隆脊。整个身体就像裹了一层粉末一样。

　　樗蚕过去被用来生产野蚕丝，雌蛾将 10~20 粒卵产在叶子上排成新月形，大约 20 天后幼虫从浅色的卵中孵化出来。刚孵化的幼虫为黄色，具有黑顶的疣突，随着幼虫的成长，身体变为淡绿色到白色。幼虫最初群集生活，但在后期分开独自生活。幼虫吐丝结一个淡灰色的茧，系附在寄主植物叶子的叶柄上。

　　樗蚕的成虫在初夏羽化，在其分布范围的部分地区，夏末可能发生第二代。樗蚕是中国和朝鲜的本土种，它的茧被采集来生产野蚕丝，但它已经被引入世界各地，试图建立新的丝绸工业。目前在很多种植了臭椿的城镇都能发现它。一个近缘的物种 —— 蓖麻蚕 *Samia ricini*，被充分家养来生产蓖麻蚕丝（eri silk），术语"eri"源自阿萨姆语对蓖麻 *Ricinus communis* 的称呼，蓖麻是饲养蓖麻蚕的寄主植物。

实际大小的幼虫

科名	大蚕蛾科 Saturniidae
地理分布	欧洲，穿过亚洲北部到俄罗斯远东地区和中国北部
栖息地	高沼地、荒地，开阔的灌木林，田野的边缘和林地的边缘
寄主植物	各种植物，包括桦属 *Betula* spp.、柳属 *Salix* spp.、帚石楠 *Calluna vulgaris* 和悬钩子属 *Rubus* spp.
特色之处	鲜绿色，在太阳下取暖
保护现状	没有评估

成虫翅展
1¹⁵⁄₁₆~2⅜ in (40~60 mm)

幼虫长度
最长达 2⅜ in (60 mm)

蔷薇大蚕蛾
Saturnia pavonia
Emperor Moth
(Linnaeus, 1758)

429

蔷薇大蚕蛾将卵成群地产在各种寄主植物的茎上，10~14天后幼虫孵化出来。刚孵化的幼虫在聚集之前会吃掉其卵壳的一部分，这时的幼虫为黑色，身体多毛，随着幼虫的成长，身体变为翠绿色。幼虫在低龄时群集生活，但在高龄时分散开来。当受到干扰时，幼虫释放出一种苦的液体来驱离捕食者，例如鸟类、寄生蝇和蚂蚁。幼虫爬到浓密的植被中化蛹。

幼虫在靠近地面的植物茎上结一个梨形的茧，茧的颜色多种多样，从白色到淡褐色，以蛹在茧中越冬。羽化出的成虫引人瞩目，很容易通过其大型的翅展和用来恫吓捕食者的装饰性眼斑识别它们。当受到威胁时，它就展开翅膀，闪露出眼斑。成虫出现在春末到夏初，白天活动，不取食。

蔷薇大蚕蛾 幼虫身体底色为翠绿色。每一节都被1条断续的黑带环绕，其中镶嵌有黄色、粉红色或橙色的疣突状斑。每一个斑上都生有1簇黑色的短毛。身体的其他部位密生有白色的小刚毛。

实际大小的幼虫

科名	大蚕蛾科 Saturniidae
地理分布	北美洲
栖息地	林地
寄主植物	美国皂荚 *Gleditsia triacanthos* 和美国肥皂荚 *Gymnociadus dioicus*
特色之处	鲜绿色，在叶子之中难觅其踪影
保护现状	没有评估

成虫翅展
1⅞~2⅝ in (47~67 mm)

幼虫长度
2⅛ in (55 mm)

430

双色皂荚大蚕蛾
Syssphinx bicolor
Honey Locust
(Harris, 1841)

双色皂荚大蚕蛾将淡绿色的卵成群地产在寄主植物叶子的背面，幼虫从卵中孵化出来。低龄幼虫群集生活，但高龄的幼虫分散开来独自生活。幼虫伪装巧妙，身体侧面的红色与白色线有助于模糊身体的轮廓，并提供反荫蔽①。幼虫发育迅速，只要 3 星期的时间就能化蛹。幼虫在地下化蛹，以蛹越冬。

这种快速生长的大蚕蛾以其幼虫的主要寄主植物"美国皂荚"（Honey Locust）命名，通常一年发生 3 代。成虫于 4~9 月出现，其翅膀的颜色因其羽化的世代不同而异，从第一代的灰色到第二代的黄褐色，再到最后一代的暗棕色。幼虫的外形与双分皂荚大蚕蛾 *Sphingicampa bisecta* 相似，后者也出现在皂荚树上。

双色皂荚大蚕蛾 幼虫身体底色为石灰绿色，具有红色与白色的侧线，装点有微小的白色斑点。胸部有 2 对红色的角突，臀节有 1 个红色的角突，腹部有数个银白色的角突。头部为绿色，具有黄色的条纹。

实际大小的幼虫

---

① 反荫蔽是动物保护色的一种类型，这类动物背部颜色深于腹部，上面投下的光线使它全身颜色均匀而不醒目。——译者注

科名	大蚕蛾科 Saturniidae
地理分布	圭亚那－亚马逊流域（南美洲的北部、安第斯山脉的南部和东部）
栖息地	热带森林和无树大草原
寄主植物	木棉科 Bombacaceae 的树木
特色之处	在不成熟阶段有 2 个直的长 "角突"
保护现状	没有评估

成虫翅展
4³/₁₆~6¹/₁₆ in (107~153 mm)

幼虫长度
3¼ in (95 mm)

木棉泰大蚕蛾
Titaea lemoulti
Titaea Lemoulti
(Schaus, 1905)

431

　　木棉泰大蚕蛾的幼虫从白色的卵中孵化出来，这时的幼虫具有黑色与白色的带，头部、足和尾突为橙色。在头部后方有 2 个顶端分叉的长突起，最后一节有 1 个直立的突起。在随后的各个龄期，除五龄（最后一龄）外，头部后方的背面都有 2 个非常长的 "角突"。为了避免被鸟类或其他捕食者侦查到，成熟的幼虫在身体上形成 1 个类似于其寄主植物叶子上的 "V" 字形斑纹，例如木棉属植物叶子上的斑纹。

　　成熟的幼虫钻入土壤的深处化蛹，就像强大蚕蛾亚科 Arsenurinae 的其他种类一样。泰大蚕蛾属 *Titaea* 已知 5 种，分布地从墨西哥南部的低地向南到玻利维亚和巴西南部。大多数种类的成虫身体底色为灰色、褐色或淡红色，具有较暗色的斑纹，雄蛾有较小的方形尾突。泰大蚕蛾属的成虫和幼虫都很常见，体型很大。

木棉泰大蚕蛾　幼虫身体底色为鲜绿色，覆盖有微小的红褐色斑点。身体每侧各有 2 个相反方向的暗蓝灰色的大型斜斑，镶有黑色的窄边和淡黄色的宽边。气门的颜色暗且具 2 个白色斑点。头部、足和臀足的边缘为淡棕橙色。

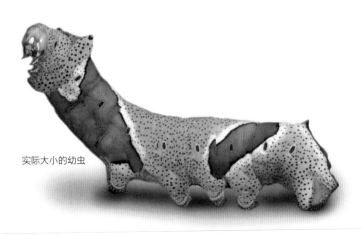

实际大小的幼虫

科名	大蚕蛾科 Saturniidae
地理分布	大陆崖的西段，从南非的开普敦向北到纳米比亚的南部
栖息地	半沙漠地区
寄主植物	绵头菊属 Eriocephalus spp.
特色之处	在受到干扰时会蜷成一个毛球
保护现状	没有评估

成虫翅展
1³⁄₁₆~1¾ in (30~45 mm)

幼虫长度
1¾ in (45 mm)

公爵王大蚕蛾
Vegetia ducalis
Ducal Princeling
Jordan, 1922

432

公爵王大蚕蛾 幼虫身体底色为黑色，侧面有2条波浪形的纵纹。侧面的纵纹为红褐色，镶纤细的白边。气门为黑色，镶白边。身体背面有浓密的毛簇，其上的白毛形似长刺。头部为暗棕色，足和腹足为红褐色。白色的长毛使身体的大部分轮廓模糊不清。

公爵王大蚕蛾将卵成群地产在寄主植物的枝条上，它们环绕在枝条的周围。与大多数大蚕蛾的种类不同，刚孵化的幼虫不聚集在一起，而是继续漫游，随机啃食叶子。到二龄时，幼虫背面的毛变得很长，当受到干扰时就会蜷曲成毛球状。在五龄结束时，幼虫在灌木的基部附近快速地结一个茧，并将枯叶和碎屑装饰在茧上。

公爵王大蚕蛾的幼虫通常只取食绵头菊属的植物，但在室内饲养的时候它们也接受并取食有类似气味的加州蒿 *Artemisia californica*，并能茁壮成长。成虫白天活动，大约在中午的时候从茧中羽化出来，之后雄蛾最快在10分钟后就能飞行和交配。成虫在大小、形态、颜色和栖息地方面都与加利福尼亚州南部的加州大蚕蛾属 *Calosaturnia* 相似，加利福尼亚州南部的气候条件与南非相当。

实际大小的幼虫

科名	天蛾科 Sphingidae
地理分布	非洲、亚速尔群岛、欧洲（远北除外）、中东和亚洲西部；少量在夏季迁徙到冰岛和欧洲北部
栖息地	农耕区和具有茄属植物的开阔的灌木林，特别是较干燥和阳光充足的地区
寄主植物	茄科 Solanaceae、紫葳科 Bignoniaceae、马鞭草科 Verbenaceae 和木犀科 Oleaceae 的众多植物，还有其他科的几种植物
特色之处	神话与迷信中常出现，有角
保护现状	没有评估，但在非洲常见

成虫翅展
3½~5 in (90~130 mm)

幼虫长度
4⅝~5 in (120~130 mm)

女神鬼脸天蛾
Acherontia atropos
Death's Head Hawkmoth
(Linnaeus, 1758)

433

女神鬼脸天蛾将绿色或灰蓝色的卵单个产在寄主植物的老叶下面，幼虫从卵中孵化出来。幼虫最初为淡黄色，具有 1 个很长的角突，其长度与身体的比例极不相称。随着幼虫的取食，其颜色变为暗绿色。到四龄时，幼虫的颜色变得更加鲜艳；在最后一龄，角突向下弯曲。成熟的幼虫体型很大，显得懒洋洋的样子，但如果受到威胁，它会利用上颚发出"咔嗒"声，甚至做出撕咬的动作。它能将小型植物的叶子一扫而光，偶尔会成为一种地区性的害虫。该虫在欧洲的土豆地里曾经很常见，但由于杀虫剂的广泛使用，其数量已经减少。

幼虫和红褐色的蛹都对寒冷很敏感，在地中海北部的冬季里很少能存活下来。成虫能发出短促的尖叫声，每年都向北迁飞到欧洲的中部和北部。在过去，其胸部的骷髅状斑纹激起过人们的迷信思想，这种蛾子曾出现在惊悚电影《沉默的羔羊》的宣传海报上。然而，影片中的蛾子却是芝麻鬼脸天蛾 *Acherontia styx*，与女神鬼脸天蛾非常相似。

女神鬼脸天蛾 幼虫身体底色可能为绿色、棕色、黄色或淡乳黄色。所有色型在成熟时身体都光滑，侧面具有 7 条斜纹。绿色型和黄色型的斜纹呈紫色，镶有蓝色和黄色的边；但棕色型的斜纹却难以被看见。头部具有黑色的面颊。臀角突为黄色，上面密布疣突，向下弯曲，末端反卷。

实际大小的幼虫

科名	天蛾科 Sphingidae
地理分布	热带、亚热带和温带地区（北美洲和南美洲除外）；很少的个体于夏季迁飞到冰岛和欧洲北部
栖息地	温暖干燥的耕地和开阔的灌木丛或干草原；在迁飞时除浓密的森林外几乎任何地方都有
寄主植物	旋花科 Convolvulaceae 植物，特别是旋花属 Convolvulus spp.、打碗花属 Calystegia spp. 和番薯属 Ipomoea spp.
特色之处	行动迟缓，一种具有特殊飞行技巧的著名迁飞昆虫
保护现状	没有评估，但在其分布范围内常见

成虫翅展
3¾~5 in (95~130 mm)

幼虫长度
4~4¼ in (100~110 mm)

434

甘薯天蛾
Agrius convolvuli
Convolvulus Hawkmoth
(Linnaeus, 1758)

甘薯天蛾 幼虫身体底色最初为绿灰色，身体末端有1个直的黑色角状突起，但随着幼虫的取食，其身体变为鲜绿色。在二龄和三龄，身体颜色进一步加深，侧面出现了淡黄色的条纹。到四龄时，分化出不同的色型，有棕色型、绿色型，偶尔也有黄色型。角状突起粗壮，弯曲而光滑。

甘薯天蛾将球形的卵单个产在寄主植物叶子的正面或背面，幼虫从卵中孵化出来。幼虫最初躲藏在附近的一片叶下，慢慢将叶片啃出一些小洞。到四龄时，幼虫吃得更多，生长速度加快。在成熟阶段，大多数（但不是所有）的个体都在白天隐藏休息，只在夜间取食。所有个体的行动都十分迟缓，但到成熟时则会迅速寻找化蛹场所。化蛹前的幼虫会用"唾液"涂抹自己的身体，这似乎有助于使它们的身体颜色变暗，在地面不容易被发现。

虽然本种向北方渗透的程度和数量都比女神鬼脸天蛾要大，但由于本种对寒冷环境的敏感程度高，所以其亮棕色的蛹很少能在北方的冬季存活下来。即使在北美洲和中东地区，本种也不能定居下来。然而，在气温较高的年份，在北方的花园中可以发现很多成熟的幼虫。在热带地区，本种幼虫会成为甘薯的重要害虫。

实际大小的幼虫

科名	天蛾科 Sphingidae
地理分布	亚洲东部，包括日本及东南亚的部分地区
栖息地	落叶林和针叶林
寄主植物	榆属 *Ulmus* spp.、杨属 *Populus* spp. 和柳属 *Salix* spp.
特色之处	伪装巧妙，常见于城市的树上
保护现状	没有评估，但通常常见

成虫翅展
2³⁄₁₆～3¼ in (56～82 mm)

幼虫长度
2⅜～3⅛ in (60～80 mm)

榆绿天蛾
Callambulyx tatarinovii
Elm Hawkmoth
(Bremer & Grey, 1853)

435

榆绿天蛾的雌蛾于春季将椭球形卵单个产在寄主植物上，幼虫从卵中孵化出来。幼虫的发育缓慢，通常在7～8月之间达到成熟阶段，它们身体底色为绿色，与寄主植物的绿色完美融合，从而达到伪装保护自己的目的。随气温的不同，从春季到秋季可以发生1代或2代。常可见成熟的幼虫在地面漫游，寻找适合的场所，筑一个土室，在其中化蛹。

以红褐色的蛹越冬，成虫于夏末羽化，在夜间飞行、产卵和取食。榆绿天蛾在其分布范围内有很多的亚种，有些种群的体型明显较小。人们对榆绿天蛾的天敌知之甚少，采集饲养的毛虫几乎没有出现过任何寄生蜂。榆绿天蛾的卵和成熟幼虫都与灰目天蛾 *Smerinthus ocellata* 非常相似。

榆绿天蛾 幼虫背面有1条明显的奶油色的窄条纹，侧面有粗细相间的斜纹。粗斜纹为黄色或白色，镶红边。角状突起几乎是直的，淡红色。整个身体密布很多的黄色斑点。

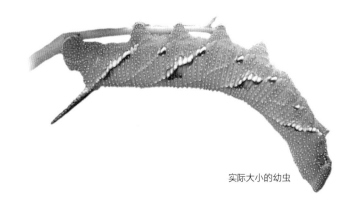

实际大小的幼虫

科名	天蛾科 Sphingidae
地理分布	非洲撒哈拉以南，印度、中国、日本和澳大利亚，以及东南亚
栖息地	城市公园和花园，稀疏的林地
寄主植物	栀子花 *Gardenia augusta*、阿拉伯咖啡 *Coffee arabica*、南非茜草 *Burchellia bubaline* 和犀牛咖啡 *Kraussia floribunda*
特色之处	伪装巧妙且贪食，绿色，常见于城市花园中
保护现状	没有评估，但通常常见

成虫翅展
1¼~2⅞ in (45~73 mm)

幼虫长度
2⅛~2⁹⁄₁₆ in (55~65 mm)

436

咖啡透翅天蛾
Cephonodes hylas
Coffee Bee Hawkmoth
(Linnaeus, 1771)

咖啡透翅天蛾将卵单个产在寄主植物端部的叶子背面。一龄和二龄幼虫的颜色暗，后端部长出 1 个长的角状突起。它们单独取食，行动迟缓，但能够吃掉大量的叶子。高龄幼虫受到惊扰时会向后猛抬起头部，并从口中喷出绿色的液体来驱离潜在的捕食者。最后一龄幼虫四处漫游，身体变为淡褐色，在地面爬行时不明显。

化蛹场所通常在地面，很少在地表下，幼虫吐少量的丝将叶片和碎屑编织成一个不结实的茧，在其中化蛹。从饲养的幼虫中羽化出了寄生蜂和寄生蝇，说明这些天敌对调节本种的种群数量起着重要作用。从其英文俗名"咖啡蜜蜂天蛾"（Coffee Bee Hawkmoth）可以看出，咖啡透翅天蛾拟态蜜蜂，它们在白天飞行，并发出明显的嗡嗡声，快速地在花间穿梭。

咖啡透翅天蛾 幼虫颜色有不同程度的变异，但通常底色为绿色，侧面有 1 条明显的白色条纹。后角突稍弯曲，淡白色，有黑色的斑点。头部和胸足为绿色，腹足为褐色或黄褐色。头部之后的第一节背面以及最后一节背面有一群白色斑点。幼虫也存在另一种暗色型。

实际大小的幼虫

科名	天蛾科 Sphingidae
地理分布	印度、中国、日本和朝鲜
栖息地	低地森林、公园和花园
寄主植物	水黄皮 *Millettia pinnata*、印度吉纳树 *Pterocarpus marsupium*、大豆 *Glycine max*、黎豆属 *Mucuna* spp. 和金合欢属 *Acacia* spp.
特色之处	在中国是美味佳肴
保护现状	没有评估，但通常常见

成虫翅展
3¹¹⁄₁₆~6 in（94~150 mm）

幼虫长度
3⅜~4 in（85~100 mm）

豆天蛾
Clanis bilineata
Two-Lined Velvet Hawkmoth
(Walker, 1866)

437

豆天蛾将光滑而有光泽的卵单个产在寄主植物的叶子背面，幼虫从卵中孵化出来。幼虫大部分时间在叶子的背面伪装。在休息的时候，成熟的幼虫抬起身体的前部，头部呈弯弓状，胸足合拢在一起。晚期的幼虫通常出现在枝条的上端，可达离地面 3～6 m 的高度。化蛹场所位于地面，结一个疏松的茧化蛹。在大多数地区，从春季到秋季可以发生多代。

还没有关于本种寄生蜂的报道，但有一种病毒的感染会使毛虫的身体变成恶臭的液囊。成虫在夜间活动，但通常只在黎明的几个小时飞行。在中国，豆天蛾是大豆 *Glycine max* 的一种经济害虫，但同时又是一道美食，其蛋白质的含量可以与牛奶和鸡蛋媲美。

豆天蛾 幼虫身体底色为轻度到中度的绿色，覆盖有众多微小的黄色斑点。侧面有 7 条淡黄色的斜纹。后角突绿色，与其他天蛾幼虫相比，相对较小。胸足为黄褐色，头部和腹足绿色。

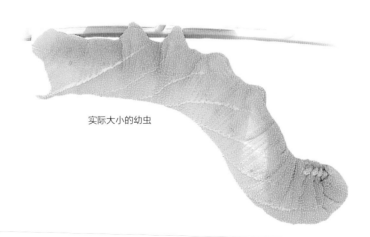

实际大小的幼虫

科名	天蛾科 Sphingidae
地理分布	非洲、马达加斯加、整个地中海地区、中东、阿富汗、印度、中国南部、东南亚到马来半岛、菲律宾和夏威夷；作为一种迁移昆虫，也出现在中欧、中亚和日本
栖息地	干燥的河床、绿洲和灌木丛生的山坡
寄主植物	寄主范围广泛，包括夹竹桃 *Nerium oleander*、葡萄属 *Vitis* spp. 和长春蔓属 *Vinca* spp.
特色之处	醒目，利用眼斑和角突驱离捕食者
保护现状	没有评估，但没有受到威胁

成虫翅展
3½~4¼ in (90~110 mm)

幼虫长度
3~3⅜ in (75~85 mm)

438

夹竹桃天蛾
Daphnis nerii
Oleander Hawkmoth
(Linnaeus, 1758)

夹竹桃天蛾将淡绿色的球形卵单个产在寄主植物的嫩叶上，12 天后幼虫从卵中孵化出来。初期的幼虫为鲜黄绿色，生有 1 个细长的黑色角突。随着生长发育，它逐渐变为苹果绿色，在化蛹前则变为淡褐色，然后在地面的落叶层中化蛹。蛹为淡棕色，具有微小的暗棕色斑点，包裹在一个疏松的黄色茧中。

本种的俗名源自幼虫的主要寄主植物——夹竹桃。夹竹桃的叶子含有毒素，幼虫利用这些毒素来保护自己免受捕食者的伤害。本种是分布最广泛的天蛾种类之一。然而，尽管本种在夏季会向北迁飞到欧洲，但它们在寒冷的冬季不能存活下来。成虫从春末到初秋出现，一年发生 4~5 代。

夹竹桃天蛾 幼虫身体底色为苹果绿色，具有明显的蓝色和白色的眼斑，眼斑围有黑色的边框。气门为黑色，足为粉红色。侧面有 1 条白色的条纹，散布有白色的斑点。橙色的角突短，呈瘤状，末端黑色。

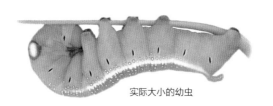

实际大小的幼虫

科名	天蛾科 Sphingidae
地理分布	从温带欧洲穿过温带的亚洲西部和西伯利亚南部,到达俄罗斯远东地区、日本和中国的东部和中部;印度(锡金、阿萨姆)、尼泊尔、不丹和缅甸北部;作为一个入侵种,也出现在不列颠哥伦比亚(加拿大)
栖息地	洪江平原的沟边和河边、潮湿的森林空地和边缘、城市废弃地、阿尔卑斯山脉 1500 m 以上的潮湿草甸
寄主植物	柳叶菜科 Onagraceae 的草本植物,特别是柳叶菜属 Epilobium spp.,茜草科 Rubiaceae 的植物,主要是拉拉藤属 Galium spp.
特色之处	呈吓人的蛇状,其成虫为引人瞩目的粉色和土黄色
保护现状	没有评估,但常见,特别是在温暖潮湿的河岸地区

成虫翅展
2⅜~3 in (60~75 mm)

幼虫长度
2¾~3⅛ in (70~80 mm)

439

大象红天蛾
Deilephila elpenor
Large Elephant Hawkmoth
(Linnaeus, 1758)

　　大象红天蛾的幼虫初期为淡绿色。在白天和夜晚的取食间隔期间,低龄的幼虫平伏于一片叶子之下,在此得到极佳的伪装。此后,较大的个体(现在主要为暗褐色)完全暴露在植物的顶端取食,它们更喜欢取食花朵和种荚,而不是叶子。在不取食的时候,幼虫经常躲藏在植物的基部,其暗色在此处具有较大的优势。如果幼虫突然从水生的寄主植物上掉落到水中,它们也能游泳。它们曾经是欧洲南部葡萄园里的一种偶发性的害虫,但现在很少发生。

　　本种的一个显著特征是它的自卫行为。当幼虫受到惊扰时,其头部和 3 对胸足会缩到第一和第二腹节之下,第二腹节会极度胀大,放大其上的眼斑,甚至能吓退大型鸟类。在古北区还有另外 3 个相似的种类:闪红天蛾 *Deilephila porcellus*、白环红天蛾 *Deilephila askoldensis* 和草红天蛾 *Deilephila rivularis*。这几种红天蛾的成虫都不迁飞,在夜间活动,是贪婪的访花者。

大象红天蛾　幼虫身体底色最初为淡绿色,圆筒形。三龄时,第一和第二腹节胀大,展现出非常逼真的眼斑,在化蛹之前这些眼斑都保持鲜艳的颜色。大多数幼虫最终也会变为暗色型,但有时仍然保持绿色,偶然也会变为蓝灰色。

实际大小的幼虫

科名	天蛾科 Sphingidae
地理分布	亚洲南部和东南部，从巴基斯坦向东到达中国的南部和越南
栖息地	较高海拔的地区、公园和花园
寄主植物	女贞属 *Ligustrum* spp.、忍冬属 *Lonicera* spp. 和梣属 *Fraxinus* spp.
特色之处	呈"狮身人面像"姿势，可以将其取食植物的叶子吃光
保护现状	没有评估

440

成虫翅展
2⅛~3⅜ in (55~86 mm)

幼虫长度
2¹⁄₁₆~2¾ in (52~70 mm)

大星天蛾
Dolbina inexacta
Common Grizzled Hawkmoth
(Walker, 1856)

　　大星天蛾的雌蛾将光滑闪光的绿色球形卵产在寄主植物叶子的背面，幼虫从卵中孵化出来。幼虫不太活跃，几乎不喜欢运动，但在发育过程中会吃掉大量的叶子，有时会引起落叶。幼虫大部分时间在叶子背面休息，呈典型的"狮身人面像"姿势，将头部高高地抬起。在化蛹之前，幼虫停止取食，褪去绿色，开始漫游，爬到地面寻找一个合适的化蛹场所。

　　幼虫最终钻入土壤内大约 150 mm 的深度，筑一个蛹室在其中化蛹，以蛹越冬。成虫夜间活动，在夜晚取食和产卵。像幼虫一样，大星天蛾的成虫在休息时也伪装巧妙，混杂在树干上或其他"斑白的"物体表面。一年发生 1~2 代。

实际大小的幼虫

大星天蛾 幼虫身体大部分为白绿色，覆盖有众多的白色斑点，背面更密集。侧面有 7 条明显的白色斜纹。后端的角状突起为白绿色，长而直。头部为浅绿色，两侧各有 1 对白色的条纹。胸足为黄褐色，腹足为绿色。

科名	天蛾科 Sphingidae
地理分布	美国南部、墨西哥和南美洲
栖息地	森林和林地、公园、花园和干燥的山坡
寄主植物	一品红 *Euphorbia pulcherrima* 和大戟属 *Euphorbia* spp. 的其他种类、柳榄树 *Sideroxylon salicifolium*、药鼠李 *Bumelia celastrina* 和榄金叶树 *Chrysophyllum oliviforme*
特色之处	在亚热带夜间取食，体色多变
保护现状	没有评估，但通常常见

艾洛天蛾
Erinnyis ello
Ello Sphinx Moth
(Linnaeus, 1758)

成虫翅展
3~3⁷⁄₁₆ in (76~88 mm)

幼虫长度
1~1³⁄₁₆ in (25~30 mm)

441

　　艾洛天蛾将卵产在寄主植物的叶子、茎及刺上。幼虫孵化后独栖生活，主要在夜晚取食，在叶子背面的中脉上休息。幼虫后端有 1 个细长的角突，随着其成长，这个角突会逐渐变小。幼虫身体的底色变化多端，从绿色到黄褐色，或者紫色到棕色。它们经常被寄生蝇和寄生蜂寄生。

　　成熟的幼虫在地面的一个浅坑内吐丝，与植物碎片共同编织成一个疏松的茧，在其中化蛹。成虫通常出现在早春和秋季，大约在化蛹后 3 星期羽化，经常可以看见它们在长春花上吸蜜。雌蛾从腹部末端附近的腺体中释放出性信息素，"召唤"雄蛾前来交配。随地区和湿度的不同，一年可发生 1～3 代。

艾洛天蛾　幼虫颜色高度变异，有绿色型、暗色型和中间型。其中一种色型，背面为暗色且具有橙红色、黑色和白色的斑纹，侧面形成斑点和短线纹；气门白色；后角突相对短，有时缺失。而在另一些色型中，前端有眼斑。

实际大小的幼虫

科名	天蛾科 Sphingidae
地理分布	玻利维亚、巴西、巴拉圭和阿根廷
栖息地	森林
寄主植物	葡萄属 *Vitis* spp.
特色之处	体色多变，体型大，在地下化蛹
保护现状	没有评估，但通常常见

成虫翅展
3¾~5 in (95~130 mm)

幼虫长度
3⅜~3¾ in (85~95 mm)

442

葡萄花天蛾
Eumorpha analis
Eumorpha Analis
(Rothschild & Jordan, 1903)

葡萄花天蛾的幼虫专门取食葡萄科的植物，像很多天蛾科的种类一样，有绿色型和暗色型，还有很多中间型。寄主植物的品质被认为是决定毛虫颜色的一个因素。幼虫发育迅速，能够吃掉大量的叶子。成熟的幼虫钻入地下数英寸，筑一个土室化蛹。在羽化前，蛹会蠕动到地表以便成虫畅通无阻地离开蛹室。

在大多数较温暖的南部地区，一年发生数代，成虫可终年羽化和飞行；但在较温暖偏北地区以蛹越冬。成虫夜间活动，取食很多种的长管花。它们经常被灯光引诱。雌蛾在夜晚利用其腹部末端释放的性信息素"召唤"雄蛾，使雄蛾能够从约 1.6 km 外或更远的地方有效地找到雌蛾。

葡萄花天蛾 绿色型幼虫身体底色为浅到中度的绿色，身体上覆盖有很多微小的白色斑点。后端没有角突。最后三节的侧面有 3 个长椭圆形的白色斑纹，围有黑色的边框。头部为绿色，气门呈粉色。胸足和腹足为绿色。

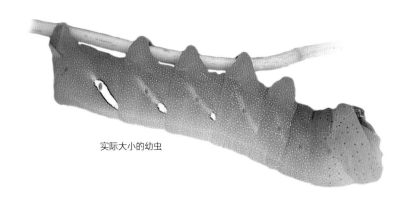

实际大小的幼虫

科名	天蛾科 Sphingidae
地理分布	加拿大南部、美国、中美洲和南美洲，以及加勒比海的部分地区
栖息地	雨林、潮湿的林地和湿地
寄主植物	柳叶菜科 Onagraceae 的植物，包括丁香蓼属 *Ludwigia* spp.
特色之处	体色多变，生活在热带森林和温带林地中
保护现状	没有评估

条带花天蛾
Eumorpha fasciatus
Banded Sphinx Moth
(Sulzer, 1776)

成虫翅展
3⅜~3¹³⁄₁₆ in (85~97 mm)

幼虫长度
2¾~3⅛ in (70~80 mm)

443

条带花天蛾也称为"小藤花天蛾"（Lesser Vine Sphinx Moth），雌蛾将大的球形卵产在寄主植物叶子的背面，幼虫从卵中孵化出来。幼虫以叶为食，喜欢取食中脉两侧的叶片。成熟的幼虫爬到地面，在地下筑一个土室化蛹，以蛹越冬，在羽化前蛹蠕动到地表。

成虫在黄昏时飞行，它们访花吸蜜。成虫在热带终年可见，一年能够发生3代。在北部地区，一年发生2代，成虫出现在5~7月，再次出现于8月末至10月；而在本种分布范围的远北地区，一年只有1代，成虫出现在8~11月。英文俗名"sphinx"可能源自幼虫的直立习性，当受到威胁时，它们会呈现一种埃及"狮身人面像"的姿势。

条带花天蛾　幼虫外形可变，一种类型的身体底色为黄色或绿色，具有红色和黑色的斜纹，头部和足为红色，侧面亚气门区有黄色镶红边的条纹；而另一种类型的身体几乎完全为绿色。所有幼虫的气门都是黑色围白色的边框，斜的白色条纹朝向头部。

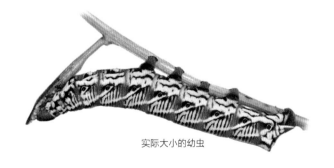

实际大小的幼虫

科名	天蛾科 Sphingidae
地理分布	尼泊尔、印度东北部、孟加拉国、缅甸、中国南部、泰国、越南和马来半岛
栖息地	森林、公园和花园
寄主植物	各种植物，包括海芋（滴水观音）*Alocasia odora*、芋属 *Colocasia* spp.、五彩芋属 *Caladium* spp.、魔芋属 *Amorphophallus* spp.、星点藤 *Scindapsus pictus* 和合果芋 *Syngonium podophyllum*
特色之处	受到惊扰时会伪装成一条蛇的模样
保护现状	没有评估，但通常常见

444

成虫翅展
2¹⁄₁₆~2⁷⁄₁₆ in (53~62 mm)

幼虫长度
3⅜~3¾ in (85~95 mm)

鸟嘴斜带天蛾
Eupanacra mydon
Common Rippled Hawkmoth
(Walker, 1856)

鸟嘴斜带天蛾 幼虫身体大部分为亮绿色，侧面有棕色的波状条纹贯穿整个腹部。臀节呈截头型，有棕色的斑纹，延伸出1个短而弯曲的棕色刺突。第三和第四节为鲜绿色，有白色的斑点，侧面有棕色与黑色的斑纹，在每一侧各形成一只"眼睛"。头部为亮绿色，所有的足都是棕色。

鸟嘴斜带天蛾将卵单个产在寄主植物的叶子上。在孵化之前，卵由黄绿色变为橙色，因为一龄幼虫为橙色，有一个长的后角突，可以透过卵壳看见它。幼虫大量取食叶片，所以生长迅速，只需要1个月多一点的时间就能完成发育，它们在地面或浅地层下化蛹。一年发生多代，成虫在夜晚取食很多种植物的花蜜。

当受到惊扰时，成熟的幼虫会将头部和前四节的身体缩回到第五节内，第五节膨大，凸出其眼斑，企图恐吓潜在的捕食者。随着其前部的膨大，幼虫看起来像一条蛇，从各个角度观察都能看到它的"眼睛"。这些眼斑在幼虫没有受到威胁时不会呈现出来。

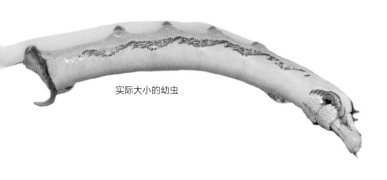

实际大小的幼虫

科名	天蛾科 Sphingidae
地理分布	蒙古东部、俄罗斯远东地区、日本、朝鲜和中国的中部和东部
栖息地	温带森林的边缘、林中的道路和空地、树木众多的城市公园和花园
寄主植物	忍冬属 Lonicera spp. 以及花园中的毛核木属 Symphoricarpos spp.
特色之处	呈狮身人面像姿势，非常适应在公园和花园里的生活
保护现状	没有评估，但在忍冬属植物丰富的地区十分常见

邻木蜂天蛾
Hemaris affinis
Honeysuckle Bee Hawkmoth
(Bremer, 1861)

成虫翅展
$1^{11}/_{16}$~$2^{1}/_{8}$ in (43~54 mm)

幼虫长度
$1^{9}/_{16}$~2 in (40~50 mm)

445

　　邻木蜂天蛾的幼虫最初在叶子背面沿中脉取食[①]，偶尔会咬出椭圆形的洞。大多数幼虫在夜间取食，白天采用典型的"狮身人面像"的姿势休息。成熟的幼虫可以在中等高度的树枝的端稍下找到，在中国北京的周边地区，从8月下旬到10月在观赏植物金银花（金银忍冬）*Lonicera maackii* 上经常可以看见它们。如果受到惊扰，大多数幼虫会坠落到地面。成熟的幼虫在土壤上面的枯枝落叶中结一个疏松的褐色茧化蛹，蛹为非常暗的褐色，几乎呈黑色，以蛹越冬。

　　成虫模拟木蜂，白天活动，像木蜂一样在花朵之间嗡嗡地飞舞。在中国的北方一年发生2代，成虫于5月到8月下旬出现；在偏南部的地区一年有3代。本属是一个全北区分布的属，已知17种，不迁飞，大多数种类的成虫从蛹中羽化出来的时候，翅面上都有完整的鳞片。在初次飞行之后，翅上疏松的鳞片脱落，露出透明的区域。

邻木蜂天蛾 幼虫最初为白黄色。成熟的幼虫分为两种色型：草绿色型和蓝绿色型，有1条浅色的线纹从绿色的头部伸展到紫蓝色的后角突。背面的颜色较浅，下侧面为淡红色，整个呈颗粒状的身体上覆盖有浅色的疣突。

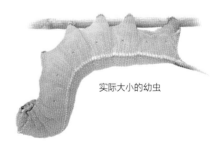

实际大小的幼虫

---
① 原文为休息，根据上下文，应该是取食。——译者注

科名	天蛾科 Sphingidae
地理分布	欧洲、热带非洲、埃及、印度、亚洲和澳大利亚
栖息地	生境广泛，包括花园、公园和开阔的地区
寄主植物	很多种类，包括葡萄属 *Vitis* spp.、爬山虎属 *Parthenocissus* spp.、拉拉藤属 *Galium* spp.、倒挂金钟属 *Fuchsia* spp.、柳叶菜属 *Epilobium* spp. 和恭属 *Beta* spp.
特色之处	模拟蛇形，是一种常见的迁飞天蛾
保护现状	没有评估，但通常常见

446

成虫翅展
2⅜~3⅛ in (60~80 mm)

幼虫长度
3⅛~3½ in (80~90 mm)

银条斜线天蛾
Hippotion celerio
Silver-Striped Hawkmoth
(Linnaeus, 1758)

银条斜线天蛾 幼虫身体底色为亮棕色到粉黄褐色，覆盖有白色的小斑点。沿身体侧面有 7 个暗褐色的长形斑纹。前端有 2 对眼斑，前三节有暗褐色的宽条纹。头部和所有的足为黄褐色，后角突短而直，黑色。

银条斜线天蛾的雌蛾将卵单个产在寄主植物叶子的正面和背面，通常在靠近生长点的一端；卵的大小不一，为蓝绿色，具光泽。随气温的不同，卵期历时 5~10 天不等。刚孵化出的幼虫为绿色，具有 1 个不相称的黑色长角突。幼虫巧妙地隐蔽在寄主植物上，大部分时间在叶子背面休息，主要在夜间取食。当受到惊扰时，它们身体的前部膨大，露出眼斑，模拟出一种毒蛇的样子。

在幼虫生命的后期会出现绿色与棕色型，但不像很多其他天蛾幼虫，本种的幼虫在化蛹之前不会改变颜色，它在地面或浅地表下结一个疏松的褐色茧化蛹。在其分布范围的南部地区，银条斜线天蛾可以终年繁殖，一年能够发生 5 代，而在北部地区它会在夏季迁飞。幼虫期受到寄生蝇的寄生，能够调节本种的种群数量。

实际大小的幼虫

科名	天蛾科 Sphingidae
地理分布	秘鲁、玻利维亚、智利和阿根廷
栖息地	牧场、干旱区、花园和公园
寄主植物	柳叶菜属 *Epilobium* spp.、紫茉莉属 *Mirabilis* spp.、月见草属 *Oenothera* spp.、葡萄属 *Vitis* spp.、番茄属 *Lycopersicon* spp.、马齿苋属 *Portulaca* spp. 和齿裂大戟 *Euphorbia dentate*
特色之处	引人瞩目的黑色外表，有时是葡萄的一种害虫
保护现状	没有评估，但通常常见

安奈白眉天蛾
Hyles annei
Hyles Annei
(Guérin-Méneville, 1839)

成虫翅展
2⅜~2¾ in (60~70 mm)

幼虫长度
2⅜~2¾ in (60~70 mm)

447

安奈白眉天蛾的雌蛾将绿色有光泽的卵单个产在寄主植物的叶子上。幼虫的发育迅速，从孵化到化蛹需要大约1个月的时间，成虫于化蛹3星期后羽化。在成虫羽化之前，蛹蠕动到土壤的表面，以便有效地帮助成虫成功地爬出地面。雌蛾在羽化后不久即从腹部末端释放出性信息素，吸引雄蛾前来交配。在其分布范围的北部地区一年至少发生2代，但在南部地区只有1代。

安奈白眉天蛾的幼虫偶尔也会成为经济害虫，对葡萄造成危害，特别是那些在安奈白眉天蛾的种群数量高的地区新种植的葡萄园。成虫主要在夜晚活动，大多数成虫于白天在石头和矮墙上、低矮的植被中，甚至在地面上休息。然而，它们有时也会在白天飞行和访花。

安奈白眉天蛾 幼虫乌黑发亮，亚气门区有7个暗红色的斑。头部、后角突、胸足和腹足也为暗红色，第一节背面有1个暗红色的颈斑。每一节的后缘有4条明显的横脊。气门为白色。

实际大小的幼虫

科名	天蛾科 Sphingidae
地理分布	温暖的温带欧洲和中东地区、中国西部和蒙古；作为引入种，也分布在美国和加拿大的部分地区
栖息地	开阔、干燥和阳光充足的地区，那里生长着大戟属 *Euphorbia* spp. 植物，例如田野和林地的边缘、沿海的沙丘和裸露的山坡
寄主植物	大戟属 *Euphorbia* spp. 的草本种类，偶尔也取食酸模属 *Rumex* spp. 和蓼属 *Polygonum* spp.
特色之处	花哨的外表，喜展示其具毒性
保护现状	没有评估，但在寄主植物丰富的干热地区常见

成虫翅展
2¼~3⅜ in (70~85 mm)

幼虫长度
2¼~3⅜ in (70~85 mm)

大戟白眉天蛾
Hyles euphorbiae
Spurge Hawkmoth
(Linnaeus, 1758)

448

大戟白眉天蛾 幼虫最初不为白色，头部和后角突为黑色。这种初始的颜色转变为暗的黑橄榄色，随着取食的进行，会逐渐变浅。在第一次蜕皮后，身体出现了特有的鲜艳的斑纹，叠加在浅绿色到黄褐色的底色上。每次蜕皮后都会出现更加醒目和花哨的斑纹。背侧面有 1 列眼斑，其颜色可能是红色、黄色、绿色、白色或者橙色。

大戟白眉天蛾的低龄幼虫在白天下到寄主植物的下部休息，黄昏时再集体爬上茎干取食。长大的幼虫则依赖其花哨的警戒色保护而公开取食。幼虫的取食能力在各个龄期都非常惊人。在相继晒太阳取暖的过程中，大量的叶子和软茎被吃掉，幼虫也加速成长。如果幼虫受到惊扰，随着身体侧面的剧烈颤搐，其口中会喷出一股暗绿色的液体。这种绿色的植物液浆内含丰富毒性的、刺激性的物质，它们来自寄主植物。

本种的成虫是著名的迁飞昆虫，它们迁入中欧和中亚，容易与那里的几个本地种混淆。白眉天蛾属 *Hyles* 是一个分布广泛的属，包含 30 个外形相似的种类和 40 个亚种。大戟白眉天蛾也已经被引入美国和加拿大的部分地区，用于防治外来入侵的大戟属杂草，这些杂草过度占据了土地。本种的学名源自其主要的寄主植物 —— 大戟属。

实际大小的幼虫

科名	天蛾科 Sphingidae
地理分布	南美洲，包括阿根廷、智利、乌拉圭、巴拉圭和巴西
栖息地	无树大草原和其他开阔的地区
寄主植物	蝶形花科 Fabaceae、紫茉莉科 Nyctaginaceae、柳叶菜科 Onagraceae、蓼科 Polygonaceae，马齿苋科 Portulacaceae 和茄科 Solanaceae 的植物
特色之处	分布于南美洲，可能成为葡萄的一种害虫
保护现状	没有评估，但通常不多见

成虫翅展
2⁹⁄₁₆~3⅛ in (65~80 mm)

幼虫长度
3⅜~3½ in (85~90 mm)

449

葡萄白眉天蛾
Hyles euphorbiarum
Hyles Euphorbiarum
(Guérin-Méneville & Percheron, 1835)

葡萄白眉天蛾的雌蛾将卵单个产在寄主植物上，一头雌蛾一生可以产下 800 粒以上的卵。刚孵化的幼虫为绿色，但一龄以后的幼虫则出现明显的警戒色，警告潜在的捕食者：本毛虫不可食。幼虫暴露在寄主植物上取食，发育迅速。成熟的幼虫在地下几英寸的地方筑一个土室化蛹，蛹为橙棕色。在羽化之前，蛹蠕动到土壤的表面。

在其分布范围的大部分地区，成虫终年可见，分布高峰期出现在 3 月、7 月、9 月和 11 月，它们主要在夜晚飞行，会被灯光吸引，在很多植物上访花。在有些地区，本种的毛虫会造成葡萄的经济损失。白眉天蛾属 *Hyles* 在世界上已知约 30 种，被认为是在新热带区起源和进化的。

葡萄白眉天蛾 幼虫身体底色多变，但通常大部为黑色，每一节都有黄色或橙色的横条纹。在大多数体节的前缘都会有 1 个黑色与白色的眼斑，在有些种群中可能会缩小。头部、足和后角突都是红色。

实际大小的幼虫

科名	天蛾科 Sphingidae
地理分布	北美洲、欧洲、中亚、喜马拉雅山脉和日本
栖息地	草甸、森林边缘、公园和花园
寄主植物	拉拉藤属 *Galium* spp. 和柳兰 *Epilobium angustifolium*
特色之处	具有红角突，身体其他部位的颜色多变
保护现状	没有评估，但没有受到威胁

450

成虫翅展
2%₁₆~3½ in (65~90 mm)

幼虫长度
3~3⅜ in (75~85 mm)

深色白眉天蛾
Hyles gallii
Bedstraw Hawkmoth
(Rottemburg, 1775)

深色白眉天蛾 幼虫身体底色多变，从橄榄棕色到黑色。沿身体背面有1列醒目的黄色眼斑，侧面有一些微小的黄色眼斑，后端有1个短的红色角突。在所有的色型中，身体的腹面都为粉色。

深色白眉天蛾的雌蛾将几乎为球形的蓝绿色小型卵单个产在寄主植物的叶子正面和花上，每株植物上最多产5粒。刚孵化的幼虫为绿色，具有黄色的线纹，随着虫龄的增长，颜色逐渐变暗。眼斑和红色的角突有助于吓退捕食者。幼虫在白天和黑夜都能取食，在叶子的背面沿中脉休息。高龄期的幼虫在白天爬到植物下，夜晚返回植物上取食。

幼虫在落叶层中化蛹，以蛹越冬。蛹为浅棕色，包裹在一个疏松的丝巢内，成虫在第二年春季羽化。羽化得早的成虫偶尔会产生第二代。本种的学名以其喜爱的寄主植物 —— 拉拉藤属的属名命名，虽然它也取食其他的寄主植物。

实际大小的幼虫

科名	天蛾科 Sphingidae
地理分布	北美洲和南美洲，从加拿大南部到阿根廷北部以及加勒比海
栖息地	各种生境，包括沙漠和花园
寄主植物	很多种植物，包括苹果属 *Malus* spp.、苋属 *Amaranthus* spp.、甜菜属 *Beta* spp.、芜菁 *Brassica rapa*、莴苣 *Lactuca sativa* 和月见草 *Oenothera biennis*
特色之处	多食性，从前被美洲的土著居民作为食物收集
保护现状	没有评估，但常见

成虫翅展
2⁷⁄₁₆~3¹⁄₂ in (62~90 mm)

幼虫长度
3~4 in (76~100 mm)

白线眉天蛾
Hyles lineata
White-Lined Sphinx
(Fabricius, 1775)

451

白线眉天蛾幼虫的种群数量可能极其丰富，有时在像亚利桑那沙漠这样的地区可以看见数千只毛虫在地面上爬行。幼虫对各种生境都非常适应，不仅食性广泛，还能忍受温度的急剧变化，在45℃左右的高温时，它们会改变在寄主植物上的朝向，或者离开热源，从而维持稳定的体温。成熟的幼虫钻入土壤的浅层内化蛹；成虫在2~3星期后羽化，于白天和黄昏飞行，徘徊在花的上方吸食花蜜。本种在2~11月生长和繁殖，一年发生2代或更多代。

美国西南部的土著居民曾将本种毛虫作为自己的食物。1884年，昆虫学家威廉姆·格林伍德·怀特（William Greenwood Wright，1830—1912）在《陆地月刊》（*Overland Monthly*）发表了一篇文章，描述了卡维亚人在早春如何收获幼虫，有时将它们生吃下去，但通常会将它们在热碳上烤熟后储存起来。白线眉天蛾曾被认为与铅蓝眉天蛾 *Hyles livornica* 是同一种，后者是发生在旧大陆的一个非常相似的物种，但现在已经将两者鉴定为不同的独立种。

白线眉天蛾 幼虫身体底色通常大部分为黑色，有一些白色和橙色的斑，侧面有断续的黄色线纹。但像其他天蛾幼虫一样，其颜色非常多变，经常还有绿色型，亚背面有2列眼斑，每节各1个，由1条黑线连接起来。胸足为橙色，腹足为橙色或绿色，后角突为橙色和黑色，头部为橙色或绿色。

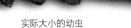

实际大小的幼虫

科名	天蛾科 Sphingidae
地理分布	从非洲西北部、欧洲南部和小亚细亚到巴基斯坦北部及蒙古西部
栖息地	阳光充足、干旱多石的山坡，散布大戟属 *Euphorbia* 的草丛，很少有其他植被；通常在亚洲的高海拔地区
寄主植物	大戟属 *Euphorbia* 的草本种类，特别是尼采大戟 *Euphorbia nicaeensis*
特色之处	花哨，体型巨大，很难被发现，在局部地区稀有
保护现状	没有评估，但分布广泛

成虫翅展
3⅛~4¼ in (80~110 mm)

幼虫长度
4~4⅝ in (100~120 mm)

452

尼采眉天蛾
Hyles nicaea
Greater Spurge Hawkmoth
(De Prunner, 1798)

尼采眉天蛾的幼虫最初在叶子的背面沿中脉休息，但其生长迅速，大型的成熟幼虫通常在茎上休息，且经常暴露在外。在一阵狂吃之后，幼虫需要较长的时间在阳光下取暖，取食与取暖交替进行。幼虫醒目的警戒色有助于趋避脊椎动物类的捕食者，但对于寄生者则无能为力。在 2000 m 以上的高海拔地区，幼虫可能呈墨黑色，这既可以使它们避免受到过量的紫外线辐射，也有助于它们更多地吸收太阳的热量，因为这里的夜晚和早晨都非常寒冷。

这种天蛾是欧洲最大的种类之一，可以与女神鬼脸天蛾 *Acherontia atropos* 媲美。成虫非常巨大，善于来回飞行，经常在相隔遥远的栖息地之间徘徊。种名"nicaea"可能源自其主要的寄主植物尼采大戟，或者源自它的模式产地——法国南部的尼斯（Nice）。眉天蛾属 *Hyles* 是一个分布广泛的属，包括 30 个相似的物种和 40 个亚种，大多数分布在欧洲、非洲北部，以及亚洲除南部以外的大部分地区。

尼采眉天蛾 幼虫身体底色最初为像金丝雀般的黄色，具有 1 个淡黑色的角突，但不久就变为苹果绿色，具有纵向排列的黑色斑列。成熟幼虫为淡灰色，背侧面和腹侧面有成列的黄色或红色的眼斑，眼斑围有黑色的边框；角突总是呈黑色。然而，有很多幼虫完全变为黑色，具有红色的小眼斑，有时还有米黄色的侧斑。黑色素的数量和眼斑的大小在不同个体之间千变万化。

实际大小的幼虫

科名	天蛾科 Sphingidae
地理分布	欧洲北部、西伯利亚和俄罗斯东部、中国西北部
栖息地	湿润的林地，特别是靠近河流和湖泊的地区
寄主植物	欧洲山杨 *Populus tremula* 和柳属 *Salix* spp.
特色之处	肥胖，鲜绿色，很难在叶子中找到
保护现状	没有评估，但不受威胁

成虫翅展
2¹³⁄₁₆~3⅞ in (71~98 mm)

幼虫长度
2⁹⁄₁₆~3⅛ in (65~80 mm)

黄脉天蛾
Laothoe amurensis
Aspen Hawkmoth
(Staudinger, 1892)

453

　　黄脉天蛾将有光泽的绿黄色卵产在寄主植物叶子的背面，幼虫从卵中孵化出来。雌蛾产下 100 粒左右的卵，卵的背腹扁平，12 天后幼虫孵化。早期的幼虫为淡绿色，具有微弱的黄色斑纹，一些斜条纹出现在后期的幼虫身体上。幼虫于夜晚取食叶子，仅留下中脉。它们白天在一片叶子之下休息，较高龄的幼虫采取"狮身人面像"的姿势，头部抬高并翻折在胸部之下。

　　成熟的幼虫爬到树下，在树基部或草丛下钻入土壤中化蛹。以蛹越冬，成虫于第二年仲夏时节羽化出来。黄脉天蛾的英文名以其绿色幼虫喜爱的寄主植物名称来命名，寄主植物的叶子也为幼虫提供了完美的伪装场所。

黄脉天蛾　幼虫身体底色为鲜绿色，覆盖有微小的黄色斑点。沿身体两侧各有 7 条明显的黄色的斜短纹，最后一条与黄色的短角突融为一体。头部有 2 条黄色的条纹。

实际大小的幼虫

科名	天蛾科 Sphingidae
地理分布	欧洲的温带地区、中东，向东到达贝加尔湖和西伯利亚
栖息地	潮湿低注的地区、溪流和湖泊边缘、湿润的林地边缘
寄主植物	主要为杨属 *Populus* spp. 和柳属 *Salix* spp.；其他的稀有灌木和树木
特色之处	也许是欧洲天蛾中最常见的隐蔽毛虫
保护现状	没有评估，但常见且分布广泛

成虫翅展
2¼~4 in (70~100 mm)

幼虫长度
2⁹⁄₁₆~3⅜ in (65~85 mm)

杨脉天蛾
Laothoe populi
Poplar Hawkmoth
(Linnaeus, 1758)

杨脉天蛾 幼虫身体底色最初为淡绿色，身体粗糙，具有一些黄色的小疣突及1个乳白色的角突。随着幼虫的生长，身体侧面会出现黄色的条纹，足和气门变为粉色。然而，身体底色通常仍保持为淡黄绿色，具有黄色的疣突。有些个体底色可能接近白色，具有乳白色的条纹，甚至有些个体为蓝灰色。这些色型都可能还会有红色的斑点。

杨脉天蛾的小幼虫最初沿着叶子的背面休息。然而，在第二次蜕皮后，它们采用一种较为特别的"狮身人面像"的姿势，悬挂在叶下，并与叶子融为一体。幼虫不太活跃，倾向于终身停留在同一取食区，吃光数条嫩枝上的树叶。由于寄主植物质量的差异，幼虫的龄期也会不同，可能为4龄或5龄，甚至要经过6龄才能化蛹，以蛹越冬。

大多数幼虫都不能进入化蛹阶段，因为它们会遭到捕食和寄生。眼小姬蜂 *Microplitis ocellatae* 是危害最严重的寄生蜂，有时能看见其茧就像小卵一样附着在毛虫的体壁上。本属毛虫包含众多外形相似的种类，包括奥斯脉天蛾 *Laothoe austauti*（北美洲）、费勒脉天蛾 *Laothoe philerema*（中亚）、黄脉天蛾 *Laothoe amurensis*（古北区）和华北脉天蛾 *Laothoe habeli*（中国北部），其中最后一种与杨脉天蛾最相似。成虫翅膀的颜色变异很大，从淡米黄色、淡褐色、红色和灰色到几乎黑色。

实际大小的幼虫

科名	天蛾科 Sphingidae
地理分布	南亚和东南亚地区、中国、朝鲜、日本和夏威夷
栖息地	森林、公园、花园和荒地
寄主植物	鸡矢藤 *Paederia foetida* 和九节木 *Psychotria rubra*
特色之处	粗壮，淡绿色，以嫩叶为食
保护现状	没有评估，但没有受到威胁

黑长喙天蛾
Macroglossum pyrrhosticta
Maile Pilau Hornworm
Butler, 1875

成虫翅展
1⅝~2³⁄₁₆ in (42~56 mm)

幼虫长度
2 in (50 mm)

455

黑长喙天蛾的雌蛾将白色的球形卵单个产在嫩叶的背面，幼虫从卵中孵化出来。低龄的幼虫呈暗灰色具光泽。它们取食最嫩的叶子，在叶子的背面休息。较高龄幼虫的颜色从苹果绿色到蓝绿色，喜欢在寄主植物的枝条上休息。在较炎热的夏季的数月内，它们深藏在寄主植物的叶子之中。

成熟的幼虫爬到地面，在落叶层中结一个薄的丝茧化蛹。成虫的羽化和飞行活动从夏天持续到晚秋。本种的英文俗名"鸡矢藤天蛾"（Maile Pilau Hornworms）来自它的一种寄主植物 —— 鸡矢藤的俗名"Stinkvine"或"Maile Vine"，鸡矢藤的叶子被压碎时会释放出一种强烈的气味，因此它的拉丁学名为 *foetida*（恶臭的）。

黑长喙天蛾 幼虫身体底色为淡绿色，头部呈暗绿色。1 条浅色条纹从头部向后伸到紫色的角突处，角突逐渐向端部变细，末端呈橙色。身体上覆盖有微小的白色斑点，使虫体呈斑斑点点的样子。身体侧面有 7 条绿色的斜纹，气门呈白色和红色。

实际大小的幼虫

科名	天蛾科 Sphingidae
地理分布	亚洲南部，从印度东部到中国南部、日本南部和东南亚
栖息地	公园、花园、红树林和湿地
寄主植物	鸡矢藤 *Paederia foetida* 和诺尼树 *Morinda citrifolia*
特色之处	变态成为白天飞行的蜂鸟状的蛾子
保护现状	没有评估，但通常常见

成虫翅展
$1^{13}/_{16}$~$2^{3}/_{16}$ in（46~56 mm）

幼虫长度
$2^{1}/_{16}$~$2^{5}/_{16}$ in（53~58 mm）

蜂鸟长喙天蛾
Macroglossum sitiene
Crisp-Banded Hummingbird Hawkmoth
(Walker, 1856)

蜂鸟长喙天蛾将绿色有光泽的球状卵单个产在寄主植物叶子的端部，幼虫从卵中孵化出来。一龄幼虫为绿色，伪装巧妙，大部分时间沿叶子背面的中脉休息。幼虫发育迅速，胃口极佳，大量取食寄主植物的叶子。在即将化蛹时，幼虫的体色从绿色变为紫褐色，并开始四处寻找适合的化蛹场所，然后将几片叶子粘合在一起形成一个巢。幼虫在 48 小时之内蜕变为蛹。

化蛹的巢可能位于一株植物的下部叶子中，也可能在地面的落叶层中。蛹期短暂，大约只有 11~14 天的时间。经常可以在白天看见成虫访花，它们在金露花 *Duranta erecta* 和马缨丹 *Lantana camara* 等的花丛中飞舞。成虫喜欢低矮的灌木花丛，在接近花丛时飞行得十分靠近地面。

蜂鸟长喙天蛾 幼虫身体底色为绿色，覆盖有微小的白色斑点。侧面有 1 条不太明显的黄白色纵线，一直延伸到身体后部的直角突处。头部为绿色，每侧各有 1 条黄色的纵纹。气门、胸足和腹足为亮棕色到黄褐色。也存在一些棕色型的幼虫。

实际大小的幼虫

科名	天蛾科 Sphingidae
地理分布	欧洲南部和非洲北部，向东穿过亚洲到中国的东部沿海和日本；也以定居或迁移的形式出现在英格兰的南部
栖息地	森林的边缘、公园和花园
寄主植物	拉拉藤属 *Galium* spp. 和茜草属 *Rubia* spp.
特色之处	可能只需要 20 天就能化蛹
保护现状	没有评估，但没有威胁

成虫翅展
1⁹⁄₁₆~1¾ in (40~45 mm)

幼虫长度
2⅛~2⅜ in (55~60 mm)

457

小豆长喙天蛾
Macroglossum stellatarum
Hummingbird Hawkmoth
(Linnaeus, 1758)

　　小豆长喙天蛾的一只雌蛾能产 200 粒以上的卵，每次产 1 粒，分散在不同的植株上。卵为绿色，有光泽，幼虫于 6~8 天后孵化出来。初龄的幼虫为黄色，但二龄及其以后的龄期变为绿色。尽管幼虫在寄主植物的顶端取食，却很难发现它们，这要归功于它们巧妙的伪装。在几星期后，幼虫向下爬到寄主植物下部的茎上或者地面上，在叶子之中吐丝结茧，进行化蛹。

　　一年可能发生数代。因为本种以成虫越冬，所以有少量个体会向北迁飞到较冷的地区存活下来。小豆长喙天蛾的英文名称（Hummingbird Hawkmoths，蜂鸟天蛾）源自其成虫在花蜜丰富的花朵前取食时像蜂鸟一样飞舞。它们的飞行能力非常强大，所以会大范围扩散，终年向南方和北方迁移。

小豆长喙天蛾　幼虫身体底色为淡绿色，侧面有两条浅色的条纹。后端的角突呈紫蓝色，其末端为橙色。身体上覆盖有白色的小斑，使虫体看起来呈斑斑点点的样子。胸足和腹足的末端为橙色。在化蛹之前，身体变为红褐色。

实际大小的幼虫

科名	天蛾科 Sphingidae
地理分布	北美洲和南美洲，从加拿大到阿根廷和加勒比海
栖息地	栖息地广泛，包括蔬菜地和烟草地
寄主植物	茄科 Solanaceae 植物，例如烟草属 *Nicotiana* spp.、番茄 *Solanum lycopersicum* 和曼陀罗属 *Datura* spp.
特色之处	被用作生物科学研究的模型
保护现状	没有评估，但常见

成虫翅展
4 in (100 mm)

幼虫长度
2¾ in (70 mm)

458

烟草天蛾
Manduca sexta
Tobacco Hornworm
(Linnaeus, 1763)

烟草天蛾 幼虫颜色属于隐蔽色，底色为绿色，具有围着黑边的白色斜条纹。当不取食的时候，它采取"狮身人面像"的姿势，头部和胸部保持向上的姿态。烟草天蛾的幼虫虽然与本属的其他种类（例如番茄天蛾 *Manduca quinquemaculata*）的幼虫相似，但可以通过它的 7 条斜纹及红色或锈红色的后角突来加以识别。胸足为白色，在关节处有黑色带；腹足为绿色。头部呈绿色。气门显著，为白色或黄色，中心呈黑色。

烟草天蛾的幼虫通常要经过 5 个龄期的发育，但是，如果它们取食的食物营养价值太低，则会增加蜕皮次数。成熟的幼虫开始漫游，在化蛹前会改变颜色，排除多余的体液，在地下做一个蛹室；像大多数其他天蛾种类一样，烟草天蛾也不结茧。它们的生命周期可以在 50 天内完成，但经常会延长，因为许多蛹会在炎热的夏季进入滞育状态。烟草天蛾在佛罗里达州一年可以发生 4 代，但本种每年平均只发生 2 代。

取食有毒植物（例如烟草）的毛虫比取食低毒植物（例如番茄）的毛虫能够更好地防御捕食者的猎捕。它们频繁地受到聚康茧蜂 *Cotesia congregata* 的寄生，聚康茧蜂的幼虫隐藏在毛虫体内取食，成熟后钻出毛虫体外，在毛虫身体上成串地结茧化蛹。因为烟草天蛾的幼虫体型大而容易用人工饲料饲养，所以经常被用来进行发育和遗传学研究，为探索变态过程的奥秘做出了积极的贡献。

实际大小的幼虫

科名	天蛾科 Sphingidae
地理分布	俄罗斯、蒙古、中国、朝鲜和日本
栖息地	栖息地广泛，包括山地森林、城市和果园
寄主植物	果树，包括苹果属 *Malus* spp.、梨属 *Pyrus* spp.、李属 *Prunus* spp. 和山楂属 *Crataegus* spp.
特色之处	亚洲的天蛾毛虫，能够成为果树的一种害虫
保护现状	没有评估，但通常常见

成虫翅展
2¾~3⅝ in (70~92 mm)

幼虫长度
3~3¼ in (75~83 mm)

459

果树六点天蛾
Marumba gaschkewitschii
Marumba Gaschkewitschii
(Bremer & Grey, 1853)

　　果树六点天蛾将半透明的翠绿色卵单个或 2~4 粒一组地产在寄主植物的叶子上，幼虫从卵中孵化出来。雌蛾通常将卵产在灌木或小树上，幼虫喜欢在离地面 0.5~1.5 m 处的叶子上取食。幼虫发育迅速，巧妙地伪装在寄主植物上。早期的幼虫在叶子背面沿中脉休息和取食。幼虫需要经过 5~7 龄的生长。成熟的幼虫在土壤表面之下做一个无丝的土室化蛹，以蛹越冬。

　　在大多数地区一年发生 2 代，但在较温暖的地区一年可能发生 4~5 代。在朝鲜有其成虫用喙刺伤果实的报道。在日本，果树六点天蛾的毛虫偶尔也会成为杏树的害虫。本种在其东亚的分布范围内有 5 个亚种。

果树六点天蛾　幼虫身体底色为绿色，侧面有 7 条具斑点的白色线。整个身体装点着微小的白色斑点。气门呈裂缝状，围有红色的边框。胸足和腹足为淡橙色或淡红色，三角形的头部呈蓝绿色。

实际大小的幼虫

科名	天蛾科 Sphingidae
地理分布	欧洲的温带地区到西亚和中亚的温带地区
栖息地	落叶林、开阔的河谷森林、温暖潮湿的山地灌木丛或林地
寄主植物	主要为椴树科 Tiliaceae、桦木科 Betulaceae、榆科 Ulmaceae 和蔷薇科 Rosaceae 的树木
特色之处	非常适应郊区和城市花园环境
保护现状	没有评估，但常见，特别是在郊区

成虫翅展
2⅜~3⅛ in (60~80 mm)

幼虫长度
2⅛~2⁹⁄₁₆ in (55~65 mm)

钩翅天蛾
Mimas tiliae
Lime Hawkmoth
(Linnaeus, 1758)

460

钩翅天蛾 幼虫有绿色和蓝灰色两种色型，侧面有 7 条黄色的斜条纹，身体上有黄色的疣突。臀板上覆盖着 1 个特有的黄色的瘤状盾。角突的端部为蓝色或紫色，基部为红色和黄色。本种毛虫的身体明显比其近缘种纤细，向前方逐渐变窄，形成三角形的头部。

钩翅天蛾的幼虫通常在树木和大灌木的顶部取食。它喜欢在一片树叶下静止不动地休息，然后爬到叶的边缘取食，只露出活动的头部。公园、果园和城市与郊区的行道树能够养活大量的钩天蛾种群。在寄主树基部的地表碎屑下，能够找到 25 个以上的越冬蛹，它们为泥土色而呈枝条状。一年发生 1~2 代。

幼虫在化蛹前会将体色变为暗绿粉色和灰褐色，大多数幼虫选择在寄主植物的基部化蛹，但有些幼虫也会急切地四处寻找合适的化蛹场所，这种情况可以在公园和花园中看到。如果在这个时期受到触碰，幼虫会剧烈地左右抽搐。钩翅天蛾是一个非迁飞的种类，有几个残余的种群分散在土耳其、高加索、伊朗和巴基斯坦北部。钩翅天蛾的种本名 *tiliae* 源自其主要的寄主植物椴树的属名 *Tilia*。

实际大小的幼虫

科名	天蛾科 Sphingidae
地理分布	北美洲的西部地区
栖息地	湿润的林地、河岸的森林、公园和花园
寄主植物	杨属 *Populus* spp. 和柳属 *Salix* spp.
特色之处	体型大，绿色，具有明显的斜条纹
保护现状	没有评估

成虫翅展
5～6½ in (130～165 mm)

幼虫长度
3½ in (90 mm)

西方杨天蛾
Pachysphinx occidentalis
Western Poplar Sphinx
(Hy. Edwards, 1875)

461

西方杨天蛾将淡绿色的大型卵少量成群地产在寄主植物的叶子上，幼虫从卵中孵化出来。幼虫取食叶子，大约 5 星期后成熟的幼虫爬到地面，在疏松的土壤中挖一个浅洞，在其中化蛹。蛹为棕色，以蛹在洞内越冬，成虫于第二年春季羽化。

西方杨天蛾的成虫在夜间活动，在其分布范围的北部一年发生 1 代，成虫于 6～8 月出现；但在南部每年发生 2 代，成虫出现于 5～9 月。成虫的寿命大约 6～10 天，不取食，依靠体内储存的脂肪生存。本种已知 2 个亚种，一个分布在美国南部，另一个分布在墨西哥。

西方杨天蛾 幼虫身体底色为亮绿色，具有白色的斑点。身体上有 6 条白色的斜纹和 1 条白色的斜带，后者延伸到后部的短角突处。气门围有红色的边框，胸足和腹足的末端为棕色。

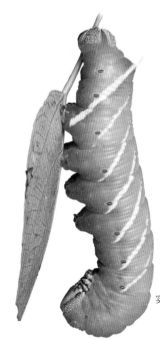

实际大小的幼虫

科名	天蛾科 Sphingidae
地理分布	朝鲜、日本，南到中国台北，穿过中国的东部和中部达到东南亚
栖息地	森林和林地
寄主植物	构树 *Broussonetia papyrifera*、构属 *Broussonetia* spp. 的其他种类、桑树 *Morus alba* 和拓藤 *Maclura fruticosa*
特色之处	独特的东南亚天蛾，没有近缘种
保护现状	没有评估

成虫翅展
2⅜~3½ in (60~90 mm)

幼虫长度
2~2¾ in (50~70 mm)

462

构月天蛾
Parum colligata
Paper Mulberry Hawkmoth
(Walker, 1856)

构月天蛾将淡白色的卵少量成群地产在寄主植物叶子的背面，大约 1 星期后幼虫孵化出来。卵在孵化之前转变为黄色。幼虫生长迅速，大约 1 个月就能完成发育，然后在地下的土室内化蛹。在一年中较温暖的时期，化蛹后 10~12 天成虫就能羽化，但在北部地区则可能以蛹越冬。

在中国北部一年发生 1~2 代，成虫于 5~7 月出现。再向南的地区一年可发生 4 代，冬天没有休眠期。像很多天蛾的幼虫一样，构月天蛾的幼虫也经常受到小蜂的寄生，这些小蜂在毛虫的体内发育，成熟后在刚死的毛虫身上结微小的茧化蛹。构月天蛾是本属中唯一的一个物种。

实际大小的幼虫

构月天蛾 幼虫身体底色为鲜绿色，覆盖有微小而突起的白色斑点，使虫体表面看起来像布满了小颗粒一样。身体侧面有 7 条浅色的斜纹，头部为绿色，其两侧各有 1 条白纹。胸足和腹足也是绿色。

科名	天蛾科 Sphingidae
地理分布	印度东北部、尼泊尔、中国西南部、泰国北部、越南北部
栖息地	山区森林和林地
寄主植物	野外寄主未知，但可能是冬青属 *Ilex* spp.，因为在室内是用冬青属的植物饲养成功的
特色之处	伪装巧妙
保护现状	没有评估

绒毛天蛾
Pentateucha curiosa
Hirsute Hawkmoth
Swinhoe, 1908

成虫翅展
4~4⅛ in (100~105 mm)

幼虫长度
3~3⅜ in (75~85 mm)

463

　　绒毛天蛾的雌蛾在交配后的数天内将卵单个产在寄主植物上，雌蛾的寿命很少超过 5 天。相对于雌蛾的身体大小，卵的尺寸较小，刚产的卵为翠绿色，有光泽，36 小时之内就转变为闪光的青铜色，大约 30 天后幼虫从卵中孵化出来。一龄幼虫在叶子的背面沿中脉休息，它们从叶子的顶端向下取食，并通过叶绿色将自己巧妙地伪装起来。当不取食的时候，成熟的幼虫会利用最后两对腹足紧贴在叶子上，并将身体的前部抬起来。幼虫生长迅速，所以消耗相对较少的食物。

　　幼虫在地下的土室内化蛹，暗褐色的蛹似乎很容易失水。绒毛天蛾发生在山区，成虫出现在冬季和早春。成虫在黄昏时羽化，随即进行交配，雄蛾可能是依据性信息素找到雌蛾的。

绒毛天蛾　幼虫身体底色为叶绿色，完美地与周围的环境融为一体。背侧面有 1 条淡绿色的条纹，后角突为鲜绿色。白色的气门呈裂缝状，围有黑色的边框。胸足为橙色，腹足是绿色。头部为绿色，每侧的边缘各有 1 条白色条纹。

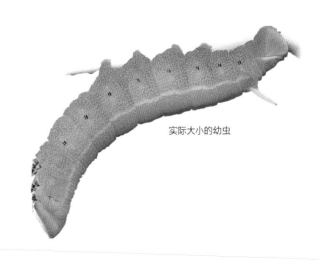

实际大小的幼虫

科名	天蛾科 Sphingidae
地理分布	印度，尼泊尔，斯里兰卡，泰国，中国东部和南部、日本、马来西亚、印度尼西亚和菲律宾
栖息地	各种生境，从开阔的林地到大城市、道路两旁及花园
寄主植物	葡萄属 *Vitis* spp.、白粉藤属 *Cissus* spp.、火筒树属 *Leea* spp.、秋海棠属 *Begonia* spp.、黛粉属 *Diffenbachia* spp.、象耳藤属 *Caldium* spp. 和芋属 *Colocasia* spp.
特色之处	具有可膨胀的眼斑，能够吓退捕食者
保护现状	没有评估

成虫翅展
2½~3⅛ in (64~80 mm)

幼虫长度
2¾~3 in (70~75 mm)

464

绿斜线天蛾
Pergesa acteus
Green Pergesa Hawkmoth
(Cramer, 1779)

绿斜线天蛾的雌蛾将绿色具光泽的阔椭球形卵单个产在寄主植物上，幼虫从卵中孵化出来。幼虫从四龄开始分化为绿色型和褐色型，但它们的斑纹还保持不变。偶然还能看到红色型的幼虫。幼虫生长迅速，大约需要1个月的时间来完成所有龄期的发育，然后体色变暗，爬到地面寻找适合的化蛹场所，在地下的土室内化蛹。蛹为浅褐色。

成虫于夜晚飞行，但在黎明及雨天特别活跃，曾经有人观察到成虫从水坑里吸水。幼虫将其身体上的伪眼斑作为一种防御策略，当受到威胁时，这些眼斑的体积会膨大。尽管幼虫伪装巧妙，并利用这些假眼成功地躲避了潜在的脊椎动物天敌的伤害，但绿斜线天蛾的很多幼虫还是被寄生性姬蜂寄生。

实际大小的幼虫

绿斜线天蛾 绿色型幼虫身体底色为淡翠绿色。在第一腹节的前半部有1对伪眼斑，由1个基部呈黑色和白色的椭圆形斑组成。其他腹节上还有1列较小的绿色的椭圆形斑。后角突在最后一龄时十分退化。胸足为橙色。

科名	天蛾科 Sphingidae
地理分布	俄罗斯远东地区，中国东部和中部、中国台北，朝鲜半岛和日本
栖息地	森林边缘、开阔的公园用地和林地
寄主植物	山核桃 Carya cathayensis 和胡桃楸 Juglans mandshurica
特色之处	能发声，如果受到惊扰会发出嘶嘶声和吱吱声
保护现状	没有评估

盾天蛾
Phyllosphingia dissimilis
Buff Leaf Hawkmoth
Bremer, 1861

成虫翅展
$3^{11}/_{16}$~5 in (93~130 mm)

幼虫长度
$2^{9}/_{16}$~$3^{3}/_{8}$ in (65~85 mm)

465

　　盾天蛾的雌蛾将淡橄榄绿色的卵单个或少量成群地产下。幼虫从卵中孵化后，历时 3 星期经过 5 个龄期的发育。幼虫通常不爱活动，在寄主植物离地面 2～4 m 的较低层的枝条上取食。当受到惊扰时，幼虫左右摆动，发出吱吱声或嘶嘶声来恫吓捕食者。幼虫成熟后体色变暗，并下到地面，在落叶层中做一个无丝的蛹室，在其中化蛹。与众不同的是，本种的蛹还会发出嘶嘶声和吱吱声。

　　幼虫在 7 月和 8 月最常见，在其分布范围的北部地区一年发生 1 代，在南部也许有 2 代。目前盾天蛾属 *Phyllosphingia* 只包括 2 种，但利用分子技术可能会鉴定出更多的种类。

实际大小的幼虫

盾天蛾　幼虫背面为鲜绿色，腹面为蓝绿色。身体侧面有 7 条崎岖的斜纹，后部的绿色角突向下弯曲。腹足为绿色，但胸足为淡红色。头部为绿色，侧面有白色的条纹。本种毛虫也有一些红褐色型的个体。

科名	天蛾科 Sphingidae
地理分布	美国南部和西南部、巴西
栖息地	很多低地的生境，包括花园和公园用地
寄主植物	夹竹桃科 Apocynaceae，包括鸡蛋花属 *Plumeria* spp. 和软枝黄蝉 *Allamanda cathartica*
特色之处	具有警戒色，体型大且显眼，能使园林中的寄主植物丧失叶子
保护现状	没有评估

成虫翅展
4¹⁵⁄₁₆~5½ in (127~140 mm)

幼虫长度
5½~6 in (140~150 mm)

雉拟天蛾
Pseudosphinx tetrio
Tetrio Sphinx
(Linnaeus, 1771)

466

雉拟天蛾 幼虫身体底色为天鹅绒般的黑色，具有鲜黄色的横带；头部和胸足为红色，腹足上有众多黑色的小斑点。后部的角突为黑色，着生在橙红色的基座上。刚蜕皮的幼虫为灰色，具有亮黄色的横带，但几小时后就会转变为正常颜色。

雉拟天蛾的雌蛾将大型而光滑的淡绿色卵50~100粒成群地产在寄主植物的叶子上，幼虫从卵中孵化出来。幼虫贪婪地取食，每天能吃掉3片大型的叶子。幼虫具有警戒色，警告捕食者其体内有毒。毛虫能够消解消化道内来自寄主植物汁液的毒素，并利用毒素来防御天敌。幼虫受到威胁时，它会摆动身体的前部，装出一条蛇的样子。成熟的幼虫在土壤中或者落叶层中做一个蛹室，在其中化蛹。一年发生数代。

成虫夜间活动，吸食多种植物的花蜜，在一些植物传粉的过程中起着重要作用。鸡蛋花属的花朵释放出芳香的气息，吸引雉拟天蛾的成虫来为它们传粉，但雉拟天蛾的幼虫都会对鸡蛋花属植物造成严重的伤害，甚至吃光这些观赏植物的叶子。

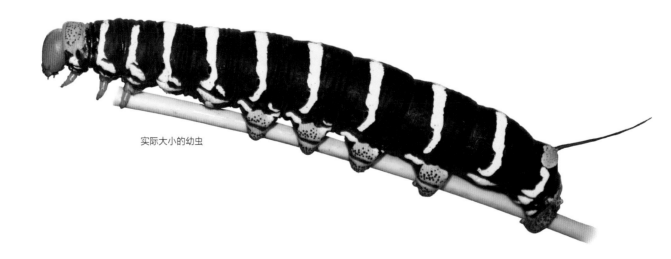

实际大小的幼虫

科名	天蛾科 Sphingidae
地理分布	南亚、东南亚到中国的东北、朝鲜和日本
栖息地	森林边缘、公园和花园
寄主植物	各种灌木和小树，包括女贞属 *Ligustrum* spp.、紫丁香属 *Syringa* spp. 和泡桐属 *Paulownia* spp.
特色之处	成熟的幼虫具有两个明显不同的色型
保护现状	没有评估，但没有受到威胁

成虫翅展
3½~4¾ in (90~122 mm)

幼虫长度
2¼~4¼ in (70~110 mm)

丁香天蛾
Psilogramma increta
Plain Gray Hawkmoth
(Walker, 1865)

丁香天蛾的雌蛾将卵单个产在寄主植物的叶子上。卵最初为淡绿色，接近孵化时则转变为黄褐色。刚孵化出来的幼虫为黄色，有 1 个黑色的角突，随着幼虫的发育，幼虫转变为绿色。它们取食寄主植物的叶子，能够在下部枝条的大型叶子的背面找到休息中的幼虫。成熟的幼虫下到地面，钻入土壤中化蛹。

蛹为红褐色，以蛹越冬，成虫于第二年春季羽化。在其分布范围的北部，一年发生 2 代；成虫的飞行时间从春末持续到夏初，并于夏末再次出现。在南部一年可以多达 5 代。丁香天蛾最初是一个亚洲种，但现在已经入侵到夏威夷，在澳大利亚也有一个亚种。

丁香天蛾 幼虫身体底色为绿色，具有棕色的斑纹，有时为灰绿色的斑纹，后部具 1 个中等长度的角突。侧面有 7 条白色的斜条纹，每条斜纹之下有 1 个弥散的白斑。气门呈红色。

实际大小的幼虫

科名	天蛾科 Sphingidae
地理分布	印度东北部、不丹、缅甸、泰国北部、越南北部及中国的南部与东部
栖息地	森林和林地
寄主植物	两粤黄檀 *Dalbergia bentham*、阔荚合欢 *Albizia lebbeck* 和胡枝子属 *Lespedeza* spp.
特色之处	伪装巧妙，变态为一只蜜蜂状的天蛾成虫
保护现状	没有评估

成虫翅展
2¹/₁₆~2⁵/₁₆ in (52~58 mm)

幼虫长度
1⁹/₁₆~2⁹/₁₆ in (40~65 mm)

468

东方木蜂天蛾
Sataspes xylocoparis
Eastern Carpenter Bee Hawkmoth
Butler, 1875

东方木蜂天蛾的雌蛾将淡绿色具光泽的光滑卵单个产在寄主植物叶子的背面，卵期大约4天。幼虫孵化后开始取食，需要经过5个龄期的发育。幼虫采取典型的"狮身人面像"姿势休息，当受到骚扰时，从口中吐出棕色的液体进行防御。成熟的幼虫颜色变暗，漫游一天左右的时间后开始化蛹。它们在地下的土室内化蛹，或者在土壤表面结一个粗糙的茧化蛹。

绿色的幼虫巧妙地伪装在寄主植物上，为了进一步伪装自己，大多数个体的身体上都有1个红褐色的斑块，类似于病叶上的坏死区。成虫白天飞行，模拟大型的蜜蜂，特别是木蜂属 *Xylocopa* 的种类，经常可以在早晨看见它们在花朵上觅食。

实际大小的幼虫

东方木蜂天蛾 幼虫身体底色为绿色，侧面有弱的白色斜纹，其中通向尾角突的那条斜纹较粗。一些幼虫在第七和第八节有1块红褐色的大斑。头部为绿色，侧面有2条白色的条纹。尾角突为绿色，相对较短。

科名	天蛾科 Sphingidae
地理分布	从俄罗斯西部到俄罗斯远东地区、蒙古、中国东北、韩国和日本北部
栖息地	草地、混杂地、北方森林、林中空地、沼泽和溪流
寄主植物	杨属 *Populus* spp. 和柳属 *Salix* spp.
特色之处	采取"狮身人面像"的姿势来愚弄捕食者
保护现状	没有评估

杨目天蛾
Smerinthus caecus
Northern Eyed Hawkmoth
Ménétriés, 1857

成虫翅展
2~2¾ in (50~70 mm)

幼虫长度
2⅜~2¾ in (60~70 mm)

469

杨目天蛾的雌蛾将绿色具光泽的卵单个或少量成群（最多12粒）产在寄主植物叶子的背面。幼虫在7~8天内孵化出来，并开始取食，通常在柳树上取食。幼虫在7~9月之间进行生长发育，然后在地下做一个土室化蛹，以蛹越冬。成虫于5~6月羽化，一年发生1代，但在本种分布范围的南部可能发生第二代。

幼虫的防御策略是基于伪装以及在休息时采取"狮身人面像"的姿势，这样可以改变毛虫的外形轮廓，糊弄那些觅食正常毛虫的鸟类。然而，寄生蝇和寄生蜂可能会杀死大量的杨目天蛾幼虫。本种与分布更广泛的眼目天蛾 *Smerinthus ocellatus* 的亲缘关系很近，两者的幼虫和成虫形态都非常相似。

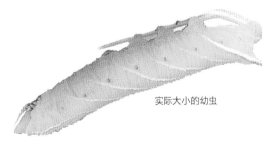

实际大小的幼虫

杨目天蛾 幼虫身体底色为蓝白色或黄绿色。侧面有淡白色的斜条纹，其中通达尾角突的那条最明显。头部为绿色，呈三角形，每侧有1条白色条纹。气门和胸足为粉红色，而腹足为绿色。

科名	天蛾科 Sphingidae
地理分布	欧洲的温带地区、非洲西北部、西亚、中亚和蒙古西部
栖息地	河边的鹅卵石条、潮湿的河谷、湿润的林地边缘、苹果园、沿海的沙丘及郊区的花园
寄主植物	主要为杨属 Populus spp.、柳属 Salix spp. 和苹果属 Malus spp.；也包括李属 Prunus spp. 的一些种类
特色之处	每年有 80% 被寄生性天敌杀死
保护现状	没有评估，但常见，特别是在生长柳树的开阔地区

470

成虫翅展
2¾~3¾ in (70~95 mm)

幼虫长度
2¾~3½ in (70~90 mm)

眼目天蛾
Smerinthus ocellatus
Eyed Hawkmoth
(Linnaeus, 1758)

眼目天蛾 幼虫有几个色型，主要为绿色型或灰色型。早期的幼虫身体底色为白绿色，具有 1 个淡粉红色的尾角突，身体上有浅色的疣突，侧面有 7 条斜纹。这种配色方案贯穿整个幼虫期，仅随幼虫的成长变得更加明显，但尾角突变为蓝色。较大的幼虫在气门周围及其他部位会出现成列的红斑。

在阳光明媚的开阔地区，具隐藏色的眼目天蛾幼虫完全暴露在新枝梢的顶端取食。一只大的毛虫能够将树枝新梢的叶子吃光；在有机杀虫剂施用之前，本种毛虫有时会毁掉一个苹果园。本种毛虫属于"坐着隐蔽起来"的种类，它在休息时模拟叶子，采用与周围的叶子相同的颜色和形态。很多幼虫通过颠倒坐着和利用身体反荫蔽来躲避鸟类的侦察；但是，大多数幼虫却成了天蛾侧沟茧蜂 *Microplitis ocellatae* 的牺牲品。

在欧洲较温暖的地区，一年发生 2 代，但每年发生的幼虫数量却有明显的波动，有的地方种群可能会死光。在非洲北部的成虫有较阔的翅展，可以达到 110 mm，如果受到惊扰，成虫会暴露出后翅上耀眼的大型眼斑，这也是其种名的来源。眼目天蛾是目天蛾属 *Smerinthus* 中的几个相似种之一，它们分布在温带欧洲、亚洲和北美洲。

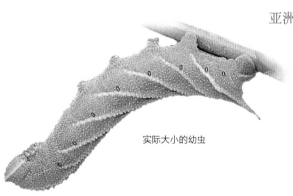

实际大小的幼虫

科名	天蛾科 Sphingidae
地理分布	北美洲，加拿大南部到美国中部
栖息地	很多类型，包括河岸区、峡谷、无树大草原和灌木林，但特别与树木丛生的林地相关联
寄主植物	李属 *Prunus* spp.、紫丁香属 *Syringa* spp.、朴属 *Celtis* spp.、苹果属 *Malus* spp. 和唐棣属 *Amelanchier* spp.
特色之处	成虫是稀有兰花的重要传粉者
保护现状	没有评估，但通常少见

成虫翅展
3⅜~4¼ in (85~110 mm)

幼虫长度
3⅛~3½ in (80~90 mm)

471

野樱桃天蛾
Sphinx drupiferarum
Wild Cherry Sphinx
J. E. Smith, 1797

　　野樱桃天蛾的雌蛾一生能产下数百粒的卵，它们被单个产在寄主植物叶子的正面和背面。卵被产下大约1星期后幼虫孵化出来。幼虫快速而贪婪地取食寄主植物的叶子，在1个月的时间内完成发育。为了避免被捕食，它们白天躲藏起来，晚上出来取食。然而，很多幼虫被茧蜂寄生而死。成熟的幼虫在地下约100 mm深的地方做一个土室化蛹，并在其中越冬。在有些情况下，蛹期可持续2年之久。

　　一年发生1代，大型的成虫经常出现在金银花等植物的花朵上，其飞行时间从春末到夏初，大约持续1个月。在美国的上米德韦斯特和加拿大的马尼托巴湖，野樱桃天蛾是濒危的狭瓣舌唇兰 *Platanthera praeclara* 的重要传粉者。

野樱桃天蛾　幼虫身体底色为绿色，侧面有7对白色的斜纹，每一条斜纹的背缘都镶有紫色边。头部呈绿色，侧面有1对黑线。尾角突为紫红色。气门为橙色，胸足为黄色。

实际大小的幼虫

科名	天蛾科 Sphingidae
地理分布	加拿大东部各省、美国
栖息地	林地、公园和花园
寄主植物	月桂属 *Kalmia* spp.、紫丁香属 *Syringa* spp.、梣属 *Fraxinus* spp. 和美国流苏树 *Chionanthus virginicus*
特色之处	鲜绿色，侧面有明显的斜线
保护现状	没有评估，但不受威胁

成虫翅展
3~4⅛ in (75~105 mm)

幼虫长度
2⁹⁄₁₆ in (65 mm)

472

月桂天蛾
Sphinx kalmiae
Laurel Sphinx
J. E. Smith, 1797

月桂天蛾的雌蛾将光滑而呈椭球形的绿白色卵产在寄主植物的叶子上，幼虫从卵中孵化出来。刚孵化的幼虫为淡白色，具有黑色的角突，随着龄期的增长逐渐变为绿色。它们在叶子的背面取食，因为在那里能够得到很好的隐蔽。然而，它们容易受到寄生性天敌的攻击。幼虫成熟后爬到地面，钻入疏松的土壤中化蛹，以蛹越冬。

成虫于夏季羽化。在其分布范围的北部地区一年发生1代，但在南部可能有2代或多代。天蛾属 *Sphinx* 的名字源自神话"狮身人面"——也许是因为这个属的毛虫在休息时采取"狮身人面像"的姿势，它们抬起头部并折叠到胸部上。本种的学名 *kalmiae*，可能源自其寄主植物月桂的属名，但更可能是源自瑞典的植物学家佩尔·卡尔姆（Pehr Kalm，1716—1779）。

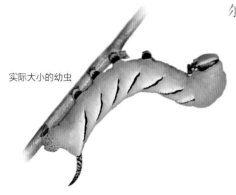

实际大小的幼虫

月桂天蛾 幼虫身体底色为黄绿色到蓝绿色，侧面有7条白色的斜纹，斜纹的上缘镶黑边，下缘镶黄边。气门为橙色。腹足为绿色，在黑色的基部之上具有1条黄色带。角突为蓝色，具有微小的黑刺。

科名	天蛾科 Sphingidae
地理分布	欧洲的温带、非洲西部到西亚的温带、中亚、西伯利亚、俄罗斯远东、中国东北和日本北部
栖息地	开阔的灌木丛和林地的边缘，包括城市的郊区和河谷，但在南部山区仅出现在北坡
寄主植物	主要为女贞属 *Ligustrum* spp.、梣属 *Fraxinus* spp. 和紫丁香属 *Syringa* spp.；也包括绣线菊属 *Spiraea* spp. 和荚果属 *Viburnum* spp. 的很多种类
特色之处	醒目，非常广泛地分布在旧大陆
保护现状	没有评估，但常见而分布广泛

成虫翅展
3½~4⅝ in (90~120 mm)

幼虫长度
3½~4 in (90~100 mm)

女贞节天蛾
Sphinx ligustri
Privet Hawkmoth

Linnaeus, 1758

473

女贞节天蛾的雌蛾一生能产下 200 粒以上的卵粒，它们被单个产在叶子的背面。低龄的幼虫在叶子背面的中脉上休息，但长大后则采取典型的"狮身人面像"姿势休息，它们利用后部的足抓住一根叶柄或枝条，胸部各节伏首前倾。大多数幼虫抓住离地面 2 m 以内的光滑枝梢。在孵化后 4~7 星期的时间内，幼虫背面转变为紫褐色，爬到地面在松软肥沃的土壤中做一个土室化蛹。

以蛹越冬，成虫在其分布范围的北部于 6 月羽化，但在南部羽化时间较早，8 月还会出现第二代成虫。成虫变异不大，虽然有浅色型，且有时一些个体不会出现任何粉红色。有几个非常近缘的种类生活在北美洲和日本，尤其是野樱桃天蛾 *Sphinx drupiferarum* 和红节天蛾 *Sphinx constricta*。本种的学名 *ligustri* 源自它的主要寄主植物 —— 女贞的属名。

女贞节天蛾 幼虫身体底色最初为浅黄色，但随着它的取食和发育，底色转变为发光的绿色，在三龄时出现了白色和紫色的斜纹，这些斜纹一直保留到最后一龄。幼虫变异不太大，但有些幼虫的侧斜纹比正常的要暗一些，其下方经常伴有第二条紫色的斜带。除了 1 个淡黑色的尾角突外，有些个体可能还有 2 个或多个尾角突，它们连续排列，逐渐变小。一种稀有色型身体上主要的绿色可能被紫色替代。

实际大小的幼虫

科名	天蛾科 Sphingidae
地理分布	欧洲的大部分地区（伊比利亚、爱尔兰、苏格兰和斯堪的纳维亚北部除外）、土耳其南部、黎巴嫩、俄罗斯、西伯利亚西部和哈萨克斯坦北部
栖息地	松树林、公园和花园
寄主植物	主要为松树，包括北欧赤松 Pinus silvestris、瑞士松 Pinus cembra、挪威云杉 Picea abies 和西伯利亚云杉 Picea obovata；还有雪松属 Cedrus spp. 和欧洲落叶松 Larix decidua
特色之处	伪装巧妙，以松树为食
保护现状	没有评估，但被认为在其分布范围内安全

成虫翅展
2¾~3¾ in (70~96 mm)

幼虫长度
3~3⅛ in (75~80 mm)

松天蛾
Sphinx pinastri
Pine Hawkmoth
(Linnaeus, 1758)

474

松天蛾 最后一龄幼虫身体底色为棕色而具有绿色的斑纹，或者为绿色而背面呈棕色。有很多暗色的细褶纹将光滑细长的身体分割成很多的小环；后端的角突为黑色；气门为淡红色，围有暗色的边框；还有一些白色和乳黄色的短条纹。大型的头部为黄褐色，有光泽，具有浅色和暗色的竖斑纹；腹足为棕色，胸足为乳白色。

松天蛾的雌蛾将大约 100 粒淡黄色的卵产在松树的针叶或小枝上，幼虫从卵中孵化出来，随即将其卵壳吃掉。幼虫最初为暗黄色，头部大，有 1 个明显分叉的角突，但随着它们的取食，体色变为绿色，二龄时具有浅黄色的条纹，形成一种有效的伪装。早期的幼虫仅取食针叶的表面，但后期的幼虫则从顶端向基部吃掉整个针叶。在取食 4~8 星期后幼虫长大成熟，变得焦躁不安，爬到地面四处漫游，然后在苔藓下或落地的针叶下化蛹。

在其分布范围的北部地区，一年只发生 1 代，成虫出现在 6 月或 7 月。再往南部可能具有 2 代，成虫于 5 月或 6 月羽化，于 8 月再次出现。幼虫受到很多寄生性天敌的攻击，特别是常怯寄蝇 *Phryxe erythrostoma*。松天蛾的幼虫和成虫外形与天蛾属 *Sphinx* 的其他几种相似，包括暗黑天蛾 *Sphinx maurorum*（欧洲西南部和非洲西北部）、不丹天蛾 *Sphinx bhutana*、松黑天蛾 *Sphinx caligineus* 和云南天蛾 *Sphinx yunnana*（亚洲东部）。

实际大小的幼虫

科名	天蛾科 Sphingidae
地理分布	加拿大（从不列颠哥伦比亚南部到纽芬兰）及美国东北部
栖息地	沼泽地区、沿海荒原和落叶森林
寄主植物	苹果属 *Malus* spp.、越橘属 *Vaccinium* spp.、桤木属 *Alnus* spp.、美洲落叶松 *Larex laricina*、卡罗琳玫瑰 *Rosa carolina* 和白云杉 *Picea glauca*
特色之处	在加拿大最常见
保护现状	没有评估，但通常常见

北方苹果天蛾
Sphinx poecila
Northern Apple Sphinx
Stephens, 1828

成虫翅展
2¹¹⁄₁₆~3¾ in (68~95 mm)

幼虫长度
2¾~3⅛ in (70~80 mm)

475

　　北方苹果天蛾的雌蛾将绿色的卵单个产在寄主植物的叶子上，大约1星期后幼虫从卵中孵化出来。幼虫在4~9月最常见，它们独自生活和取食，白天通常隐藏在叶子下面。最后一龄幼虫形成3种色型，即绿色型、酒红色型和中间型，中间型是酒红色和绿色混杂。幼虫在地下的土室内化蛹，以蛹越冬。一年发生1代，成虫出现在5月末至8月之间，主要在夜晚飞行，常能在灯光下看见它们。

　　北方苹果天蛾与苹果天蛾 *Sphinx gordius* 的亲缘关系非常紧密，它们过去曾被认为是同一个物种。在这两个物种各自分布范围的重叠地区很可能会产生杂交种。北方苹果天蛾被认为是加拿大最常见的一种天蛾。

北方苹果天蛾　　绿色型幼虫，身体底色为淡绿色或鲜绿色，侧面有7条白色的斜条纹。这些斜纹的两侧镶有黑色或暗褐色的边。气门为锈红色，头部为暗绿色，具有1对淡绿色的条纹。尾角突的侧面为绿色，背面为暗绿色。

实际大小的幼虫

科名	天蛾科 Sphingidae
地理分布	印度、斯里兰卡、尼泊尔、缅甸、中国、韩国、日本和印度尼西亚
栖息地	开阔的森林、果园、种植园、花园和公园
寄主植物	葡萄属 *Vitis* spp.、魔芋属 *Amorphphallus* spp.、木槿属 *Hibiscus* spp. 和白粉藤属 *Cissus* spp.
特色之处	具有可膨大的伪眼斑
保护现状	没有评估

成虫翅展
2¾~4 in (70~100 mm)

幼虫长度
2¾~3 in (70~75 mm)

476

斜纹天蛾
Theretra clotho
Common Hunter Hawkmoth
(Drury, 1773)

斜纹天蛾的雌蛾将光滑的淡绿色卵单个产在寄主植物的叶子上，通常在叶子的背面，幼虫从卵中孵化出来。幼虫主要在夜间取食，通常在藤干上悬挂成一列，或者悬挂在树干下。幼虫白天隐藏在叶子之中，将自己完美地伪装起来。它们身体前端的 1 对伪眼斑为它们提供了进一步的防御措施，当受到威胁时眼斑会膨大。幼虫会经过 5 个龄期的生长，需要 3~4 星期的时间完成发育。成熟的幼虫爬到地面，在碎叶中结一个褐色的薄茧化蛹。

成虫在化蛹后 14 天就能羽化，于夜间或黄昏时活动，一年发生多代，从春季到秋季都能看到成虫飞舞。斜纹天蛾属 *Theretra* 有 65 种左右，其分布范围几乎遍及全世界。斜纹天蛾的幼虫在发育过程中会消耗大量的植物叶子，能造成花园中种植的小葡萄藤死亡。

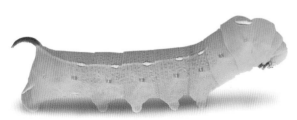

实际大小的幼虫

斜纹天蛾 幼虫身体大部分呈鲜绿色，几乎半透明，向背面渐变为淡黄色。每一侧有各 7 个 2 列的白色圆形或裂缝状的眼斑。前面 1 对发育更好，且有绿色眼瞳。气门、胸足和尾角突为淡红色。还有极少数暗色型的毛虫，身体的颜色为暗褐色。

科名	天蛾科 Sphingidae
地理分布	南亚的热带和亚热带地区、东亚和东南亚、澳大利亚，向北（作为迁飞者）到达俄罗斯的远东地区
栖息地	森林的边缘、开阔的灌木林、果园、耕作区和郊区的花园
寄主植物	倒挂金钟属 *Fuchsia* spp.、番薯 *Ipomoea batatas*、葡萄属 *Vitis* spp.、苏丹凤仙 *Impatiens walleriana*、芋头 *Colocasia esculenta* 以及天南星科 *Araceae*、葡萄科 *Vitaceae* 和柳叶菜科 *Onagraceae* 的很多其他种类
特色之处	花哨，在行动时会摆动它的尾角突
保护现状	没有评估，但十分常见且分布广泛

成虫翅展
2⅛～3⅛ in (54～80 mm)

幼虫长度
2⅜～3⅛ in (60～80 mm)

芋双线天蛾
Theretra oldenlandiae
Taro Hornworm
(Fabricius, 1775)

477

芋双线天蛾将淡绿色的卵单个产在寄主植物的叶子上，幼虫从卵中孵化出来。最初的幼虫为淡黄绿色，但二龄时颜色变暗，大多数体节上都会出现黄色与黑色的眼斑。到四龄时，它的基本颜色变为淡黑色，与成熟幼虫的颜色相似。幼虫主要在白天取食，它们喜欢嫩叶、荚果和花头，经常将生长中的嫩梢一扫而光，特别是最后一龄幼虫。本种有时会成为种植葡萄和番薯的害虫。幼虫在落叶层中结一个疏松的茧化蛹，以蛹越冬。

在中国北方一年发生 1～2 代，成虫主要出现在 7 月和 8 月。然而，在中国中部的大部分地区和南方地区 6～9 月都能看到成虫，尽管大多数可能是迁飞的种群。成虫与其他几个近缘的物种容易混淆，但幼虫却区别明显；最著名的迁飞天蛾是缘斜纹天蛾 *Theretra margarita* 和芋单线天蛾 *Theretra silhetensis*。芋双线天蛾的英文俗名源自 Toro（芋头）—— 幼虫喜爱的热带寄主植物之一。

芋双线天蛾 成熟幼虫身体底色主要为暗灰色，几乎呈黑色，具有由白斑组成的带和线纹；头部小，暗淡无光。背侧线在第二节到第四节由黄色和橙色的斑组成，随后的线纹则由灰色的小斑插入淡红色的眼斑构成，一直延续到尾角突的基部。尾角突的形态直而细，呈黑色，末端为白色，靠近基部有 1 个黄色的环。

实际大小的幼虫

科名	天蛾科 Sphingidae
地理分布	斯里兰卡、印度、孟加拉国、缅甸、中国、日本、越南、马来西亚、印度尼西亚
栖息地	公园、花园、树木稀少的地区和航道
寄主植物	芋属 *Colocasia* spp.、五彩芋属 *Caladium* spp.、水丁香属 *Ludwigia* spp.、蔷薇属 *Rosa* spp.、海芋属 *Arum* spp. 和菱属 *Trapa* spp.
特色之处	发育迅速，可作为生物控制剂
保护现状	没有评估

成虫翅展
2⅜~2¹³⁄₁₆ in (60~72 mm)

幼虫长度
2⅛~3⅛ in (55~80 mm)

478

芋单线天蛾
Theretra silhetensis
Brown-Banded Hunter Hawkmoth
(Walker, 1856)

芋单线天蛾的雌蛾一生能产 150 粒以上的卵，但每次仅将一粒卵产在寄主植物的正面或背面，淡绿色的卵呈光滑的球形。随气温的不同，幼虫于 3~10 天后孵化出来。幼虫相对不活跃，大部分时间在叶子的中脉上或小茎上休息，主要在夜晚取食。它们经常遭到茧蜂的严重寄生，一只毛虫体内可以生长并羽化出 160 只以上的茧蜂。

那些躲过寄生蜂的幼虫经过 5 个龄期的发育，每个龄期历时 2~5 天，在孵化后大约 2 星期的时间就能爬到地下化蛹。大约 10 天后，成虫从地下的蛹中羽化出来。本种也被称为"水丁香天蛾"（Water Primrose Hawk-moth），在泰国被考虑用于生物防治，对付外来入侵的水丁香。通常情况下都有很多种毛虫，所以至少存在两个色型。

实际大小的幼虫

芋单线天蛾 幼虫有绿色型和棕色型 2 个色型。较常见的绿色型身体底色为草绿色，身体侧面有 7 个黄色或绿色的伪眼斑，眼斑围有暗色的边框。头部和腹足为绿色，胸足为橙色。

科名	凤蛾科 Epicopeiidae
地理分布	印度东北部、不丹和中国西南部
栖息地	开阔的森林
寄主植物	未知
特色之处	布满粉粒，白色，在高大的树冠中取食
保护现状	没有评估，但部分季节常见

莫氏诺凤蛾
Nossa moorei
Nossa Moorei
(Elwes, 1890)

成虫翅展
2⁹⁄₁₆~3 in (65~75 mm)

幼虫长度
1⁹⁄₁₆ in (40 mm)

479

莫氏诺凤蛾的幼虫在森林高大的树冠中取食，只有当看到不断飘落到地面的粪便颗粒时，才能知道它们的存在。本种隶属于凤蛾科——分布在东方热带和亚热带地区的一个小科，人们对该科的了解非常缺乏。该科成员在白天飞行，拟态蝴蝶，有些种类具有鲜艳的色彩和尾突。该科的典型特征就是幼虫身体上覆盖着白色的绒毛，这些绒毛后来被编织到蜡质的茧中。

幼虫会在短时间内大量爆发，成虫自发地涌现出最强大的生殖活力。本种及诺凤蛾属 *Nossa* 的其他种类与粉蝶科 Pieridae 的蝴蝶非常相似，像粉蝶一样，能够在森林高耸的树冠中看见它们。在中国南部，成虫于初夏出现，大量的食叶幼虫在 10 月达到成熟阶段。

实际大小的幼虫

莫氏诺凤蛾 幼虫呈均匀的圆筒形，身体底色为白色，体壁粗糙，有粉粒状的织纹。身体上布满了多重的细刚毛，每一体节的顶端都有 1 簇柔软的白色绒毛，在胸节和后节更明显。头部大而圆，黑色。后节和臀足有黑色的毛簇。腹足的趾钩特别显著。

科名	尺蛾科 Geometridae
地理分布	欧洲，东到西伯利亚
栖息地	低地森林、灌木篱墙和花园
寄主植物	各种植物，包括茶藨子属 Ribes spp.、李属 Prunus spp. 和山楂属 Crataegus spp.
特色之处	显眼，具有黑色和白色的斑纹
保护现状	没有评估，但相当常见

成虫翅展
1⅜~1⅞ in (35~48 mm)

幼虫长度
1³⁄₁₆ in (30 mm)

喜鹊尺蛾
Abraxas grossulariata
Magpie

Linnaeus, 1758

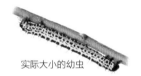

实际大小的幼虫

喜鹊尺蛾在夏末将卵产在寄主植物叶子的背面。幼虫从卵中孵化后迅速寻找越冬的场所，例如卷叶内、墙壁缝中，或树皮下。它们于第二年春季恢复活动，取食嫩叶。幼虫在春末和夏初化蛹，它们在寄主植物上或其附近吐丝结一个薄茧。成虫于7月和8月羽化、飞行。

尺蛾科的幼虫被称为尺蠖，因其步行的方式像丈量土地而得名。本种尺蠖醒目的颜色或许是用来威慑捕食者的警戒色，长期被认为是浆果灌木和核果树的一种害虫，其数量在最近几年已经下降，可能是使用杀虫剂的结果。喜鹊尺蛾的成虫白天飞行，其翅上有明亮的黑色与白色斑纹，经常被误认为是一种蝴蝶。

喜鹊尺蛾 幼虫有黑色的头部和底色为白色的身体，身体背面有1列黑色的大斑，侧面有几列黑色的小斑和1条橙色的纵纹。身体的颜色可变，有一些完全黑色或完全白色的个体。

科名	尺蛾科 Geometridae
地理分布	从欧洲到中亚
栖息地	落叶林、公园和花园
寄主植物	各种落叶树，包括桦木属 *Betula* spp. 和栎属 *Quercus* spp.
特色之处	细枝状的尺蠖毛虫，完美地伪装在树上
保护现状	没有评估，但不被认为有危险

成虫翅展
1¹⁄₁₆~1⅜ in (27~35 mm)

幼虫长度
1~1³⁄₁₆ in (25~30 mm)

珍棕尺蛾
Agriopis aurantiaria
Scarce Umber
(Hübner, [1799])

481

珍棕尺蛾将卵产在寄主植物的树皮上，以卵越冬，幼虫于第二年春季从卵中孵化出来。本种常见而分布广泛，幼虫 4 月至 6 月初在落叶树上取食叶子。幼虫的小枝状的外形使它们完美地伪装在树冠的枝条和叶子之中。在完成发育后幼虫从寄主树上爬下来，在地面化蛹。一年发生 1 代，雄蛾在秋天羽化，10~11 月寻找雌蛾交配。

雄蛾白天在篱笆和墙上休息，夜晚飞行，它们容易被灯光引诱。然而，珍棕尺蛾的雌蛾实际上无翅，只有退化无功能的翅根，它们在寄主植物的树干上来回爬动产卵，度过其短暂的生命。珍棕尺蛾的幼虫容易与其近缘的斑缘棕尺蛾 *Agriopis marginaria* 的幼虫相混淆。

实际大小的幼虫

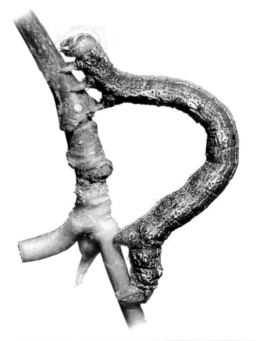

珍棕尺蛾 幼虫呈枝条状，身体细长，身体底色从淡灰到淡黄或淡棕色，侧面有浅褐色和暗褐色的条纹，有时背面也有这样的条纹，使其外形看起来像树皮。头部、胸足和腹足为橙棕色。

科名	尺蛾科 Geometridae
地理分布	从欧洲向东到乌拉尔
栖息地	林地、公园和花园
寄主植物	各种落叶树，包括桤木属 *Alnus* spp.、山毛榉属 *Fagus* spp. 和栎属 *Quercus* spp.
特色之处	伪装巧妙，以落叶树的叶子为食
保护现状	没有评估，但相当常见

成虫翅展
1¹⁄₁₆~1¼ in (27~32 mm)

幼虫长度
1³⁄₁₆ in (30 mm)

482

斑缘棕尺蛾
Agriopis marginaria
Dotted Border
(Fabricius, 1777)

斑缘棕尺蛾将小型的、椭球形的绿色卵产在寄主植物的树干上，幼虫从卵中孵化出来。它们利用自身惟妙惟肖的枝条状外形防御天敌。它们在 4~6 月出现，但基本上看不见，因为它们伪装在树冠之中，在那里主要取食嫩叶。在最后一龄幼虫结束取食后，它们爬到地面化蛹，在土壤中以蛹越冬。一年发生 1 代，成虫在第二年的 2~4 月羽化，但偶然也会早到 1 月，或晚到 5 月。

斑缘棕尺蛾的雄蛾在夜间飞行。然而，雌蛾则像近缘的珍棕尺蛾 *Agriopis aurantiaria* 的雌蛾一样不能飞行，它们只有微小的翅根，在树干上休息，并将卵产于树干上。这两个近缘种的幼虫很容易混淆，它们在相同的寄主植物上生活。但斑缘棕尺蛾更为常见，分布范围更广泛，栖息地更丰富，因为其寄主植物分布更加广泛。

实际大小的幼虫

斑缘棕尺蛾 幼虫具有尺蛾科典型的细长身体。身体底色为棕色，背面和侧面具有黯淡黑色的"十"字形纹及乳白色的斑纹，在中部各节最明显。头部、胸足和腹足为橙棕色。

科名	尺蛾科 Geometridae
地理分布	从欧洲向东到中亚
栖息地	林地、灌木和篱墙
寄主植物	黑刺李 *Prunus spinosa*
特色之处	伪装巧妙，难觅踪迹
保护现状	没有评估，但在其分布范围的大部分地区稀少

成虫翅展
1¹⁄₁₆ in~1¼ in (27~31 mm)

幼虫长度
1³⁄₁₆ in (30 mm)

黑刺李尺蛾
Aleucis distinctata
Sloe Carpet
(Herrich-Schäffer, [1839])

483

黑刺李尺蛾将卵产在寄主植物的叶子上，幼虫从卵中孵化后取食黑刺李的花朵。幼虫一直取食到 6 月和 7 月，然后爬到地面化蛹。成熟的幼虫在落叶层中或者在疏松的土壤内吐丝结茧，以蛹越冬。一年发生 1 代，成虫于 3 月羽化，生活到 4 月或 5 月初，与黑刺李的开花时间一致。

黑刺李尺蛾的英文俗名也为"肯特摩卡蛾"（Kent Mocha），在其分布范围内数量稀少。它喜欢黑刺李密集的地方，例如过度生长的灌木篱墙和无人管理的灌木丛中嫩株丛生的地方。由于乡村管理方式的改变，近几十年来其数量已经下降。黑刺李尺蛾雄蛾与另一种尺蛾——早春尺蛾 *Theria primaria* 在外形上非常相似，早春尺蛾的幼虫也以黑刺李为食。

黑刺李尺蛾 幼虫身体底色为斑驳的灰色与棕色，从头到尾都有灰色的带和棕色的暗影，形成类似树枝的隐藏色。

实际大小的幼虫

科名	尺蛾科 Geometridae
地理分布	从法国和英国向北和向东穿过欧洲进入俄罗斯及中国北部到日本
栖息地	森林和林地
寄主植物	各种植物，包括欧洲山杨 *Populus tremula*、黑刺李 *Prunus spinosa*、忍冬属 *Lonicera* spp. 及李属 *Prunus* spp. 的很多种类
特色之处	伪装巧妙，枝条状，出现在乔木和灌木上
保护现状	没有评估，但是一个常见种

| 成虫翅展 |
| 1⅜~2 in (35~50 mm) |

| 幼虫长度 |
| ¾ in (20 mm) |

484

李橙尺蛾
Angerona prunaria
Orange Moth
(Linnaeus, 1758)

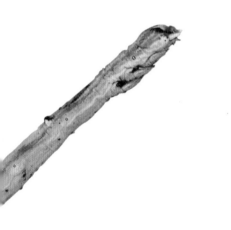

李橙尺蛾的雌蛾将卵少量成群地产在很多寄主植物叶子的背面，其产卵量可以高达 250 粒。伪装巧妙的幼虫在这些叶子上取食，完成两次蜕皮后进入越冬状态，第二年春季恢复取食。成熟的幼虫在地面化蛹，它们在落叶层中吐丝结一个疏松的茧。

成虫于 5 末到 8 月出现。一年发生 1 代，成虫在仲夏季节（从 6 月中旬到 7 月中旬）的数量最大。本种在其分布范围的大部分地区相对常见，这得益于其可以选择很多种类且分布广泛的寄主植物。李橙尺蛾被认为是一种害虫，因为它的幼虫取食李属果树的叶子，包括樱桃和李子，以及浆果类植物的叶子，例如茶藨子、醋栗和悬钩子。

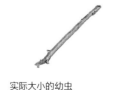

实际大小的幼虫

李橙尺蛾 幼虫的身体细长，但胸部后方稍粗。第八腹节的背面生有 1 个尖锐的突起，其他体节上有较小的突起。灰棕色的体色和细长的体型使其外表看起来像一根枝条，将自己完美地伪装在寄主植物之中。

科名	尺蛾科 Geometridae
地理分布	非洲北部、中东、欧洲南部、巴尔干，向东到哈萨克斯坦
栖息地	草地、干草地、干草原、岸堤和橄榄丛林
寄主植物	各种草本植物，特别是菊科 Asteraceae 的种类，例如胡萝卜属 Daucus spp. 和千里光属 Senecio spp.
特色之处	奇形怪状，伪装成一个多刺的果实
保护现状	没有评估

成虫翅展
1³⁄₁₆~1⅝ in (30~42 mm)

幼虫长度
1⁹⁄₁₆~2 in (40~50 mm)

地中海丽尺蛾

Apochima flabellaria

Mediterranean Brindled Beauty

(Heeger, 1838)

485

　　地中海丽尺蛾的幼虫从产在寄主植物茎上的卵中孵化出来。幼虫出现在 4~6 月，取食嫩叶和花头，隐蔽的颜色和多刺的身体使其看起来很像一个多刺的果实。当受到惊扰时，它们将身体蜷曲成一个球，其上的刺突可以驱避鸟类等捕食者。成熟的幼虫下到地面，在岩石下或土壤中吐丝结茧，并在其中化蛹越冬。蛹为红褐色。

　　成虫于 2~4 月出现，它们夜晚飞行，一年发生 1 代。成虫有一个特别的休息姿势，它们将翅膀折叠起来，因此其种名 "flabellaria" 是 "小扇子" 的意思。其前翅折叠成 "V" 字形，而后翅紧贴在身体上。在许多文献中，本种的学名被引用为 *Zamacra flabellaria*。

地中海丽尺蛾　幼虫具有异常多刺的外形。身体底色为绿色和白色，气门为红色，具有黑色的边框。身体背面有成对的白色刺突，这些刺突之间及身体侧面有更小的刺突。

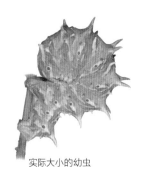

实际大小的幼虫

科名	尺蛾科 Geometridae
地理分布	欧洲，穿过亚洲北部到朝鲜和日本
栖息地	森林、林地、公园和荒地
寄主植物	桦木属 *Betula* spp.
特色之处	夜间活动，很难被发现
保护现状	没有评估，但地区性濒危

成虫翅展
1¾₆~1⁹₁₆ in (30~40 mm)

幼虫长度
1 in (25 mm)

橙色桦尺蛾
Archiearis parthenias
Orange Underwing
(Linnaeus, 1761)

实际大小的幼虫

橙色桦尺蛾 幼虫身体底色为暗绿色，有数条白色的纵线，散布有黑色的斑点，覆盖着稀疏的刚毛。身体侧面在气门下方有1条明显的白色纵纹。头部和足的颜色较浅。

橙色桦尺蛾将卵少量成群地产在桦树的枝条上，通常位于枝条与叶芽之间的夹角内。幼虫在夜晚从卵中孵化出来，也在夜晚取食，在移动到叶子上之前，它们以荑黄花为食。幼虫白天躲藏在丝网或叶巢内。成熟的幼虫爬到地面，在落叶层中或苔藓下化蛹，并在此越冬。

橙色桦尺蛾一年发生1代，成虫在阳光灿烂的春天活动，围绕着桦树的顶部飞舞。成虫的数量在4月和5月最多，但最早出现在2月。本种在其分布范围的一些地区已经濒危，因为桦树林的消失，以及商业针叶树种植区的扩张。目前很多群落都是小而孤立的。

科名	尺蛾科 Geometridae
地理分布	北美洲、欧洲和亚洲
栖息地	落叶和混交的林地
寄主植物	各种树木，包括欧洲桤木 *Alnus glutinosa*、桦木属 *Betula* spp.、榆属 *Ulmus* spp.、槭属 *Acer* spp.、胡桃楸属 *Juglans* spp. 和柳属 *Salix* spp.
特色之处	完美伪装，经常被忽视
保护现状	没有评估

成虫翅展
1⅜~2⅜ in (35~60 mm)

幼虫长度
2⅜~2¾ in (60~70 mm)

桦尺蛾
Biston betularia
Peppered Moth
Linnaeus, 1758

487

桦尺蛾的雌蛾一生能产下 600 粒以上的卵，这些卵呈黄色，被单个地产在树皮缝或叶子上。幼虫拟态一根枝条，细长的身体是绿色和棕色的，这使它们白天在休息时完美地伪装起来。成熟的幼虫爬到地面，在土壤中或落叶层中结茧化蛹，以蛹越冬。成虫于春末和夏初羽化。一年通常只有 1 代，成虫出现在 4~9 月。

本种为多型种，其成虫有斑纹型和黑色型两个主要的色型，被作为研究自然选择的对象。斑纹型的斑纹为停歇在生有地衣和苔藓的树皮上的成虫提供伪装；而黑色型的黑色外表为停歇在受污染的暗色树皮上的成虫提供伪装，这种适应环境的变化被称为"工业黑化"。然而，随着空气污染的减少，黑色型的成虫现在已经很少见了。

桦尺蛾 幼虫看起来像 1 根枝条。头部和足为栗棕色。身体底色为绿色，镶嵌有规则的灰褐色带。气门围有棕色的边框。身体上的小疣突和突起使它看起来更像 1 根枝条。

实际大小的幼虫

科名	尺蛾科 Geometridae
地理分布	美国东南部，从北卡罗来纳州到得克萨斯州、俄克拉何马州和佛罗里达州北部
栖息地	森林和灌木林
寄主植物	美洲枫香 Liquidambar styraciflua
特色之处	第一胸节具有独特的"角突"
保护现状	没有评估，但少见

488

成虫翅展
1⅜ in (35 mm)

幼虫长度
1⁵⁄₁₆ in (33 mm)

萨氏角尺蛾
Ceratonyx satanaria
Satan's Horned Inchworm
Guenée, [1858]

萨氏角尺蛾 幼虫前胸有1对角状的长鞭突，上面覆盖有众多的外长物和次生刚毛。第八腹节的背面也有一些鞭状的短突。身体底色为灰色或锈褐色，头部、短突、亚背线和所有的足都为锈红色或淡棕色。腹部各节的小突起上都覆盖着骨化的短刺，这可能有助于维持其形状、质地和颜色。

我们对萨氏角尺蛾和其生活史知之甚少。角尺蛾属的学名 *Ceratonyx* 源自希腊词，意思是"尖锐的角"，与幼虫的俗名一样，对应其奇怪的角状突起。除了这些突起外，幼虫还具有唇状的表皮隆起，类似于茎上的叶痕，这有助于它们休息时伪装在不同的枝条之中。但是，伪装不可能是这些"角"的唯一目的，其上覆盖着众多的感觉毛，其中的大量感觉器可以帮助幼虫侦察到正在靠近的捕食者，立刻变为僵硬的枝条状姿势避险。

据悉，萨氏角尺蛾以蛹越冬，一年发生1代，成虫出现在1月至4月底，高峰期出现在2月中旬。萨氏角尺蛾隶属于新大陆的属，该属目前包括4种，早期分类时为12种。

实际大小的幼虫

科名	尺蛾科 Geometridae
地理分布	从欧洲到西伯利亚的西部
栖息地	森林、林地、公园和花园
寄主植物	各种落叶树和灌木，包括桦属 *Betula* spp.、忍冬属 *Lonicera* spp.、栎属 *Quercus* spp.、李属 *Prunus* spp. 和柳属 *Salix* spp.
特色之处	枝条状，采取典型的丈量式的步行姿势
保护现状	没有评估，但是一个常见种

成虫翅展
1⅜~1⅝ in (35~41 mm)

幼虫长度
1⁹⁄₁₆~1¼ in (40~45 mm)

489

橡树齿尺蛾
Crocallis elinguaria
Scalloped Oak
(Linnaeus, 1758)

橡树齿尺蛾将球形的卵成群地产下，幼虫从卵中孵化出来。一旦发现合适的叶子，雌蛾就沿叶子的边缘一个接一个地产卵，卵被整齐地排成一列。以卵越冬。幼虫于第二年春季孵化，因此，可以在4~7月看见幼虫，它们取食各种落叶的树和灌木。幼虫主要取食叶子，但已知它们是杂食性的，它们还会攻击和吃掉同种的较小的毛虫。蛹为红褐色。

橡树齿尺蛾一年发生1代，成虫出现在7~8月，夜晚飞行，具有趋光性。成虫白天在树干和栅栏上休息。幼虫容易与生活在相同栖息地里的近缘种混淆，例如双齿蜻尺蛾 *Odontoponera bidentate* 的褐色型和尘齿尺蛾 *Crocallis dardoinaria* 的幼虫。

橡树齿尺蛾 幼虫具有细长的身体。身体的底色可变，从灰色到暗褐色。各种斑块、菱形斑、条纹和纵线与小疣突的共同组合，使虫体看起来像一根完美的枝条。头部为褐色，身体上覆盖着稀疏的刚毛。

实际大小的幼虫

科名	尺蛾科 Geometridae
地理分布	东南亚的部分地区和澳大利亚的北部
栖息地	热带雨林
寄主植物	竹节树 *Carallia brachiata*
特色之处	在休息时模拟成一朵柳絮
保护现状	没有评估

490

成虫翅展
3~3⅛ in (75~80 mm)

幼虫长度
2⅜ in (60 mm)

四时豹尺蛾
Dysphania fenestrata
Four O'clock Moth
Swainson, 1833

四时豹尺蛾的幼虫在寄主植物上休息时采取一种不同寻常的姿势。它的胸部较短，所以胸足都接贴在一起；腹部细长，其后端有 2 对臀足，幼虫利用它们将身体悬挂在树叶上并保持稳定，这时的毛虫看起来像一朵柳絮。幼虫主要取食热带雨林中的一种小树 —— 竹节树 *Carallia brachiata* 的叶子，成群的幼虫可能将叶子全部吃光。成熟的幼虫吐丝将一片叶子固定在合适的位置，然后在其中化蛹。

色彩鲜艳的成虫在白天飞行，其俗名源自它喜欢活动的时间，即"四时"（Four O'Clock）。本种也被称为"孔雀宝石"（Peacock Jewel）。幼虫的颜色同样鲜艳，明确地警示捕食者：自己不好吃，应该避而远之。

实际大小的幼虫

四时豹尺蛾 幼虫具有橙黄色的头部和鲜黄色的身体底色。身体上有成列的黑色斑点，其中，胸部的黑斑较小，腹部的黑斑较大。胸足和腹足为黄红色。身体终止于一对大的臀足。

科名	尺蛾科 Geometridae
地理分布	欧洲，穿过亚洲北部到西伯利亚
栖息地	林地、公园和花园
寄主植物	各种落叶树，包括桦属 *Betula* spp.、栎属 *Quercus* spp. 和榆属 *Ulmus* spp.
特色之处	枝条状，可在落叶树的叶子之中找到它们
保护现状	没有评估，但在其分布范围的部分地区稀少

成虫翅展
1⁹⁄₁₆~2 in (40~50 mm)

幼虫长度
2 in (50 mm)

秋刺尺蛾
Ennomos autumnaria
Large Thorn
(Werneberg, 1859)

491

秋刺尺蛾的雌蛾在秋季将卵产在落叶树的叶子上，以卵越冬，幼虫于春季孵化。幼虫停留在树冠中，于夜间取食各种落叶树的叶子。它们白天静止不动地待在枝条上，依靠伪装来躲避捕食者。幼虫经常需要几个月的时间才能发育到最后一个龄期，然后在叶子之间吐丝结茧，并在其中化蛹。成虫于 6 星期后羽化。

像尺蛾科的所有种类一样，幼虫具有"丈量式"的步行方式，因此其属名为"尺蠖"。幼虫于 8 月坠落到地面，在落叶层或苔藓下结茧化蛹。成虫数星期后羽化。与通常情况不同，本种的成虫在 9 月和 10 月出现。在一些国家，例如英国，秋刺尺蛾已经很少见，可能是城市化导致的。

实际大小的幼虫

秋刺尺蛾 幼虫具有枝条状的外貌。其扁平方形的头部为褐色或灰褐色，身体底色为褐色，具有各种影纹，类似树皮。长而细的身体上布满了疣突，使其伪装的效果更加完美，腹部末端有 1 对大的臀足。

科名	尺蛾科 Geometridae
地理分布	从加拿大南部向南到美国东部的佐治亚州（也可能到佛罗里达州走廊）和西部的加利福尼亚州北部
栖息地	落叶和混交的森林
寄主植物	桤木属 *Alnus* spp.、梣属 *Fraxinus* spp.、桦属 *Betula* spp.、槭属 *Acer* spp.、栎属 *Quercus* spp. 和杨属 *Populus* spp.
特色之处	枝条状，与其寄主植物的枝条融为一体
保护现状	没有评估，但常见

492

成虫翅展
1¹¹⁄₁₆~2⅜ in (43~60 mm)

幼虫长度
2¾~3⅛ in (70~80 mm)

枫刺尺蛾
Ennomos magnaria
Maple Spanworm
Guenée, [1858]

枫刺尺蛾的卵被成列地产在寄主植物上，在5～8月可以找到卵粒，幼虫从越冬后的卵中孵化出来。由于数量丰富、美味可口，幼虫为自保演化出了强大的伪装能力。因此，幼虫不具备易被捕食者寻觅的斑纹，而是呈现绿色、褐色或灰色的身体底色，它们在白天采取僵硬的枝条状姿势将自己完美地融入寄主植物当中。成熟的幼虫在寄主植物的叶子之间编织一个茧化蛹。

虽然苹果树也属于本种幼虫的寄主植物，但幼虫显然不会造成经济损失。然而，与很多其他的尺蛾幼虫一样，因为枫刺尺蛾幼虫可作为众多鸟类和其他昆虫（例如捕食性的胡蜂）的食物，所以具有重要的生态学意义。一年发生1代，成虫出现在7～10月（随纬度的不同而异），像幼虫一样，成虫也是伪装的高手，其形态和颜色与枯落的树叶十分相似。

实际大小的幼虫

枫刺尺蛾 幼虫拟态一根枝条，绿色、褐色或灰色的身体底色上具有微小的白色斑点，类似于其寄主植物树皮上的斑点。第二或第三腹节上的体壁褶皱和肿胀类似于叶痕。扁平的头部为绿色，向前伸，有1对明显的淡红色触角。后胸足的基部膨大，类似于另一个叶痕。

科名	尺蛾科 Geometridae
地理分布	非洲西北部，穿过欧洲经过高加索到伊朗北部，穿过俄罗斯到中国东北部
栖息地	林地、果园、草地、公园和花园
寄主植物	各种落叶树和灌木，包括苹果 *Malus pumila*、桦属 *Betula* spp.、栎属 *Quercus* spp.、李属 *Prunus* spp. 和柳属 *Salix* spp.
特色之处	大量食叶，被认为是一种害虫
保护现状	没有评估，但十分常见

叶斑尺蛾
Erannis defoliaria
Mottled Umber
(Clerck, 1759)

成虫翅展
1¾₁₆~1⁹₁₆ in (30~40 mm)

幼虫长度
1³₁₆~1⅜ in (30~35 mm)

493

叶斑尺蛾将淡褐色而呈椭球形的卵产在寄主植物的树皮上，卵粒像链条一样紧密排列在一起。卵产下后即进入越冬状态，幼虫于第二年春季孵化。幼虫集群生活，它们吐丝缀叶形成一个居所，幼虫居住在里面以躲避捕食者，如果受到惊扰，它们会坠落到地面。成熟的幼虫在地下结茧化蛹。

叶斑尺蛾一年发生 1 代，雌性成虫无翅，外形像一只蜘蛛，它们停留在寄主树上。雄蛾夜间活动，在 10~12 月出现，能被灯光引诱。雄蛾在白天停歇在树上、篱笆和墙壁上。幼虫危害寄主植物的花芽和叶子，幼虫大爆发时能将果园和林地中的叶子全部吃光。因此，本种被认为是一种害虫。

实际大小的幼虫

叶斑尺蛾 幼虫具有狭长的身体。它的颜色变化多端，具有绿色、橙棕色和暗棕色的影纹。头部通常为橙棕色。背面为棕色，腹面为绿色，二者之间有 1 条暗色的侧纹。身体上覆盖着短毛。

科名	尺蛾科 Geometridae
地理分布	欧洲和亚洲的北部到俄罗斯远东地区、加拿大的部分地区和美国北部
栖息地	高沼地、沙荒地和林地
寄主植物	各种植物，包括越橘属 *Vaccinium* spp.、桦属 *Betula* spp.、帚石楠 *Calluna vulgaris* 和柳属 *Salix* spp.
特色之处	细长而呈枝条状，伪装巧妙
保护现状	没有评估，但在有些地区变得稀少

494

成虫翅展
1~1⅜ in (25~35 mm)

幼虫长度
1 in (25 mm)

人纹优尺蛾
Eulithis testata
Chevron
(Linnaeus, 1761)

　　人纹优尺蛾的雌蛾将卵产在寄主植物的叶子上，卵粒的颜色从乳白色到淡褐色，沿叶子的边缘排成一条线。以卵越冬，幼虫于第二年春季孵化，其枝条状的外形提供了完美的伪装保护，使其安全发育，免遭捕食。像所有尺蛾科的种类一样，幼虫的运动采取典型的"丈量式"。成熟的幼虫在寄主植物的叶子之间吐丝结茧，在茧中化蛹。

　　分布广泛的人纹优尺蛾的成虫于夏季7~8月出现，它们夜间活动，可被灯光吸引。一年通常只有1代，但在欧洲的一些地区有2代。本种的学名 *testata* 对应于成虫翅膀的底色，源自拉丁词 *testa*，意思是"烤石头"，而英文俗名则对应于前翅上明显的"V"字形白斑。成虫的颜色随分布地的不同而有变异，具有各种橙棕色和黄棕色的影纹。

实际大小的幼虫

人纹优尺蛾　幼虫具有尺蛾科典型的细长身体。黄色、淡棕色和橄榄绿的影纹使虫体的外形像一根枝条。身体上有众多淡黄棕色的纵线，贯穿整个身体，气门呈棕色。

科名	尺蛾科 Geometridae
地理分布	北美洲，从萨斯喀彻温向东到新斯科舍，向南到佛罗里达州，向西到得克萨斯州
栖息地	落叶和混交的林地
寄主植物	梣属 *Fraxinu* spp.、椴属 *Tilia* spp.、桦属 *Betula* spp.、榆属 *Ulmus* spp.、杨属 *Populus* spp.、柳属 *Salix* spp.、槭属 *Acer* spp. 及其他树木
特色之处	枝条状
保护现状	没有评估，但常见

成虫翅展
1½~2³⁄₁₆ in (38~56 mm)

幼虫长度
2⅜ in (60 mm)

曲齿真尺蛾
Eutrapela clemataria
Curved-Toothed Geometer
(J. E. Smith, 1797)

495

曲齿真尺蛾的卵在刚产下时为绿色，孵化之前变为红色。早期的幼虫为暗棕色，而较高龄的幼虫为淡绿色、黄褐色、灰色或暗紫褐色，这能帮助它们融入寄主树。幼虫的发育大约历经 40 天。在大部分地区，成虫出现在 3~8 月，但在其分布范围的南部地区，成虫终年可见。一年发生 2 代。

曲齿真尺蛾作为一种害虫还不太出名，但据悉它曾对小面积沼泽地中生长的越橘造成了极大的破坏。幼虫取食越橘的花芽和花朵，严重地影响了果实的产量。本种的毛虫像很多其他毛虫一样，遭受蚂蚁的捕食，但一项研究表明，当寄主植物的范围扩大时，被蚂蚁捕食的风险就会很小。本种是真尺蛾属 *Eutrapela* 的唯一成员。

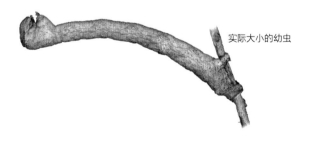

实际大小的幼虫

曲齿真尺蛾 幼虫呈光滑的枝条状，具有灰色、黄褐色、淡绿色或棕色的影纹。与尺蛾科的所有种类一样，它只有 2 对腹足。体壁和头部斑驳的树皮状斑纹、黄色的围有黑边的气门及数个较暗的体壁褶皱共同形成了具有叶痕的枝条状外形。最明显的体壁褶皱位于第一与第二胸节之间的背上及倒数第二腹节上。足为巧克力色。

科名	尺蛾科 Geometridae
地理分布	欧洲，穿过亚洲到中国和日本
栖息地	林地、灌木林、荒地及溪流附近的湿润林地
寄主植物	主要为桦属 Betula spp.，但也取食欧洲桤木 Alnus glutinosa、山毛榉属 Fagus spp. 和欧洲榛 Corylus avellana
特色之处	绿色，能在各种寄主植物上找到
保护现状	没有评估

成虫翅展
2~2⁹⁄₁₆ in (50~65 mm)

幼虫长度
1³⁄₁₆~1⅜ in (30~35 mm)

496

蝶青尺蛾
Geometra papilionaria
Large Emerald
Linnaeus, 1758

蝶青尺蛾的幼虫于夏末从卵中孵化出来。早期的幼虫为绿色，但不久就变为淡棕色，身体具有疣突，使其看起来像一根枝条。这有利于它们更好地在休眠的树上伪装，在此度过漫长的冬天。幼虫于春季重新恢复活动，此时它们再次将体色变为绿色，与寄主树新长出的嫩叶颜色相匹配。当幼虫完成发育时，它们爬到地面，在落叶层中结茧化蛹。

幼虫被称为"尺蠖"，运动时，它沿着树枝首先将后端拉得高过胸部，然后将头部和胸部向前推进，直到身体伸直，依次重复这些动作使虫体向前运动。大型的成虫于夜晚飞行，其外形类似蝴蝶，鲜绿色的翅膀会随时间的延长而逐渐褪色。本种的栖息地范围广泛，因为幼虫可以取食很多不同的植物，尽管它最喜欢吃的植物是桦木。

蝶青尺蛾 幼虫早期身体底色为绿色，具有细长的身体。身体侧面有 1 条乳黄色的纵线，终止于红褐色的端节处。后端有 1 对大的臀足。白色的头部有棕色的斑纹。有些色型也可能以棕色为主。

实际大小的幼虫

科名	尺蛾科 Geometridae
地理分布	欧洲、非洲北部，穿过中亚到西伯利亚南部
栖息地	灌木林、荒地、边界处、公园和花园
寄主植物	欧锦葵 *Malva sylvestris* 及其近缘种，例如药蜀葵 *Althaea officinalis* 和金盏草 *Alcea setosa*
特色之处	会抬高身体，类似一根枝条
保护现状	没有评估，但在局部地区稀少

锦葵劳尺蛾
Larentia clavaria
Mallow
(Haworth, 1809)

成虫翅展
1⁷⁄₁₆~1⁹⁄₁₆ in (36~40 mm)

幼虫长度
1⁹⁄₁₆ in (40 mm)

497

锦葵劳尺蛾的雌蛾在夜晚将卵产在寄主植物上，以卵越冬，幼虫于翌年春季孵化。在不取食的时候，幼虫在叶子的上表面休息，利用其端部的臀足将身体固定好，抬高身体的其余部位，呈现出一根绿色枝条的形态。这样能使幼虫难以被发现，减少被捕食的风险。幼虫期从 4 月持续到 7 月，成熟的幼虫离开寄主植物到地面化蛹。成虫出现在 8~11 月，在夜晚飞行。

与尺蛾科的其他种类一样，幼虫为尺蠖。它们的腹足位于腹部的末端，使幼虫形成独特的"丈量式"运动方式。本种在其分布范围内有数个亚种。锦葵劳尺蛾对有限的几种寄主植物的依赖性使其种群数量下降，本种在其分布范围的一些地区目前已经被划归为稀少等级。

锦葵劳尺蛾 幼虫身体底色为绿色，身体细长。一些微弱的淡黄色和绿色纵带贯穿整个身体，身体上还覆盖有微小的白色斑点和稀疏的刚毛。

实际大小的幼虫

科名	尺蛾科 Geometridae
地理分布	美国，从中西部的南达科他州向南到得克萨斯州，从马萨诸塞州到东部的佛罗里达州
栖息地	在北部为松树－橡树灌木贫瘠地；南部为林地和森林
寄主植物	苹果属 *Malus* spp.、桤叶树属 *Clethra* spp.、杨梅属 *Myrica* spp.、李属 *Prunus* spp.、栎属 *Quercus* spp.、越橘属 *Vaccinium* spp.，可能还有很多其他木本植物
特色之处	颜色鲜艳而多变；雌蛾无翅
保护现状	没有评估，但在其分布范围的南部地区相对常见，北部地区稀少

成虫翅展
1⅛~1⅝ in (29~41 mm)

幼虫长度
1⁹⁄₁₆ in (40 mm)

498

羊毛灰尺蛾
Lycia ypsilon
Woolly Gray
(Forbes, 1885)

羊毛灰尺蛾的幼虫在春季孵化，取食各种木本植物。当大多数尺蛾科的幼虫呈现出暗灰、褐色或绿色等隐蔽色时，本种幼虫却具有鲜艳的色彩和斑纹，尽管这不是警戒色。这种斑纹很可能具有双重作用：鸟类善于识别特殊斑纹，而本种斑纹的复杂性和多变性能帮助毛虫逃避鸟类的捕食；但如果幼虫被发现了，它们鲜艳的颜色也可能会起到警告潜在捕食者的作用。

羊毛灰尺蛾以蛹越冬，在其分布范围的北方地区，雄蛾在冰雪全部融化之前就已经羽化、飞行。在其分布范围的南部地区（佛罗里达州），其雄性成虫也是一年中最早羽化的蛾类之一，从 1 月持续到 3 月，一年发生1 代。雌蛾无翅，它们在地上爬行，很难被识别为鳞翅目的成虫。

实际大小的幼虫

羊毛灰尺蛾 幼虫具有尺蛾科幼虫的典型外形，身体细长，有 2 对腹足。其斑纹为黄色、红色、褐红色、黑色和白色，头部和臀足染有白色。个体的颜色多变，底色为紫红色、浅灰色或深灰色，具有各种条纹，气门后方有红色（有时为黄色）的斑点。

科名	尺蛾科 Geometridae
地理分布	加拿大南部，从温哥华岛到新斯科舍，南到美国除加利福尼亚州以外的大部分地区
栖息地	落叶与混交的森林和林地
寄主植物	花旗松 *Pseudotsuga menziesii*、柳属 *Salix* spp.、白桦 *Betula papyrifera*、榛属 *Corylus* spp. 及其他；偶然也取食作物，例如草莓属 *Fragaria* spp. 和胡萝卜属 *Daucus* spp.
特色之处	具有 2 对触须状的长突起
保护现状	没有评估，但在其分布范围的部分河岸地区常见

成虫翅展
¾~1 in (20~25 mm)

幼虫长度
1½~2 in (38~51 mm)

角翅尺蛾
Nematocampa resistaria
Horned Spanworm

Herrich-Schäffer, [1856]

499

角翅尺蛾的英文俗名也为"长丝搬运工，花丝尺蠖"（Filament Bearer），如此称呼是因为它的幼虫不同寻常，在腹部的 3 个体节上生有长丝状的突起。这些突起最初较短，但随着幼虫的生长不断加长。它们的功能还不清楚，但其上分布有感觉毛，说明它们可能有助于幼虫探测正在靠近的捕食者发出的振动波。收到预警后，幼虫会立刻停止运动；休息时这些突起为幼虫的伪装提供了进一步的保障，使幼虫看起来更像一根树枝。

成虫也具有隐蔽色，其颜色和斑纹使它与落叶融为一体，使其踪迹难觅。尺蛾科的大多数种类都具有隐蔽色并且美味可口，作为其中的一员，角翅尺蛾是食物链的重要部分：鸟类以角翅尺蛾为食，特别是在较寒冷的几个月里，当其他昆虫数量较少时，它是鸟类重要的食物来源。

实际大小的幼虫

角翅尺蛾 幼虫的腹部有明显丝状突起，位于腹部背面。此外，与其他尺蠖相似，本种幼虫身体底色为红褐色，具有淡奶油色的斑纹，这有助于其融入寄主树的枝条之中。

科名	尺蛾科 Geometridae
地理分布	美国、加拿大南部、冰岛、欧洲进入俄罗斯西部、非洲的大部分地区、中东到伊朗、印度北部
栖息地	林地、灌木林、公园和花园
寄主植物	各种植物，包括菊属 *Chrysanthemum* spp.、蓼属 *Polygonum* spp. 和酸模属 *Rumex* spp.
特色之处	巧妙伪装，枝条状，分布广泛
保护现状	没有评估

成虫翅展
⁹⁄₁₆~⁷⁄₈ in (15~22 mm)

幼虫长度
¾~1 in (20~25 mm)

500

吉姆直尺蛾
Orthonama obstipata
Gem
(Fabricius, 1794)

实际大小的幼虫

吉姆直尺蛾又名"弯线毯尺蛾"（Bent-line Carpet Moth），将卵单个或少量成群地产在矮生植物叶子的背面，幼虫从黄色而稍长的卵中孵化出来。幼虫白天休息，夜晚活动，为多食性种类，广泛取食各种植物，伪装成枝条来保护自己。在土壤中结茧化蛹。

夜间活动的成虫出现在 4~11 月，但靠近热带地区，成虫终年可见。吉姆直尺蛾具有性二型现象，雌蛾比雄蛾的体型更大，颜色更暗，且缺少白线。成虫的飞行能力很强，能够大范围迁飞，甚至飞过大面积的水域。由于其广泛的分布范围和多变的外形，本种曾被不同的作者多次描述，因此有大约 40 个同物异名。

吉姆直尺蛾 幼虫的身体细长，具有棕色或绿色的影纹。背面和侧面具有弱的棕色线，纵贯整个身体，还有一些淡棕色的环纹，这些斑纹使虫体看起来像一根枝条。气门为暗褐色到黑色。

科名	尺蛾科 Geometridae
地理分布	欧洲，穿过亚洲到中国和日本
栖息地	灌木林、荒废地、边界处和花园
寄主植物	滨藜属 *Atriplex* spp. 和藜属 *Chenopodium* spp.
特色之处	奇形怪状，具有完美的伪装
保护现状	没有评估，但在局部地区稀少

成虫翅展
1~1³⁄₁₆ in (25~30 mm)

幼虫长度
¾ in (20 mm)

驼尺蛾
Pelurga comitata
Dark Spinach
(Linnaeus, 1758)

501

驼尺蛾将奶油色的卵少量成群地产在寄主植物的叶子上，幼虫从卵中孵化出来。幼虫于 8 月和 9 月活动，喜欢取食滨藜属和藜属等寄主植物的花和种子，不喜欢叶子。幼虫采取该科典型的"丈量式"方式沿枝条运动。以蛹在地下越冬，蛹为红褐色。成虫出现在 7 月和 8 月，一年发生 1 代。

成虫喜欢杂草丛生的地方，例如弃耕地、边界处和花园。然而，最近几十年由于农田除草剂的使用及弃耕地的总体丧失，很多寄主植物死去，导致驼尺蛾的数量急剧下降。例如，据英国的研究报道，1968～2002 年，驼尺蛾的种群数量下降了 89%，被划归为优先保护物种。

实际大小的幼虫

驼尺蛾 幼虫的外形不同寻常。身体的上部为暗棕黑色和橄榄绿色，而下部的颜色要浅很多，侧面有 1 条奶油色的波状线，将身体分成两个颜色不同的区域。

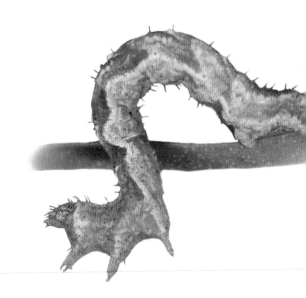

科名	尺蛾科 Geometridae
地理分布	欧洲，穿过亚洲到日本
栖息地	落叶林
寄主植物	落叶树，包括桦属 *Betula* spp.、栎属 *Quercus* spp. 和柳属 *Salix* spp.
特色之处	枝条状，其外形提供了完美的伪装保护
保护现状	没有评估

成虫翅展
1⅛~1¼ in (28~32 mm)

幼虫长度
1³⁄₁₆ in (30 mm)

502

斧木纹尺蛾
Plagodis dolabraria
Scorched Wing
(Linnaeus, 1767)

实际大小的幼虫

斧木纹尺蛾　幼虫呈枝条状，具有红褐色和橄榄绿色的影纹。胸部和背面比腹侧面的颜色暗，在腹部有1个明显的峰突，靠近后端有1个暗色的横斑。

斧木纹尺蛾将白色的椭球形卵沿着叶子的边缘产下，5~10月都能在林地中看见它们。幼虫孵化后，依靠伪装术来避免遭到捕食，它们利用端部的臀足抓紧一根枝条，身体抬高，看起来像一根短枝条。当发育完成时，幼虫在地面的落叶层中化蛹，以栗棕色的蛹越冬。通常一年只有1代，成虫于5~7月出现，但在有些地方可能每年发生2代。

成虫在夜晚飞行，其不同寻常的英文俗名源自其休息时翅膀的外形，翅上的棕色影纹就像一张烧焦的纸片，当成虫白天在枝条上休息时可以为它提供有效的伪装保护。斧木纹尺蛾喜欢具有林中空地和林间小道周边的开阔林地，这里会有更多的阳光到达地面，产生更加多样化的寄主植物。

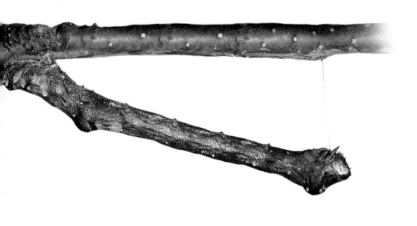

科名	尺蛾科 Geometridae
地理分布	欧洲（伊比利亚和希腊除外）一直到中亚和西伯利亚
栖息地	林地、灌木篱墙、公园和花园
寄主植物	各种落叶树，包括桦属 Betula spp. 和栎属 Quercus spp.
特色之处	伪装巧妙的枝条状
保护现状	没有评估

月棘尺蛾
Selenia lunularia
Lunar Thorn
(Hübner, 1788)

成虫翅展
1½~1¾ in (38~44 mm)

幼虫长度
¾~1 in (20~25 mm)

503

月棘尺蛾将呈球形的红色小型卵产在幼虫取食的各种乔木和灌木上，幼虫从卵中孵化出来。成熟的幼虫在寄主植物上化蛹，鲜绿色的蛹附着在叶子和枝条的背面。每年发生2代，第一代出现在6月，第二代出现在8月和9月。以第二代的蛹越冬，成虫在翌年春末羽化。成虫的活动时间从5月持续到8月。

月棘尺蛾的英文俗名源自其成虫翅上的白色月亮形斑和其幼虫外形，幼虫在休息时的形态类似一根多刺的枝条。幼虫采取"丈量式"的方式运动，在休息时利用后方的臀足牢固地抓住枝条，抬高身体的其余部分，形成枝条状的外表。

实际大小的幼虫

月棘尺蛾 幼虫身体细长，具有橄榄绿、黄色和棕色的影纹和带斑，看起来像树皮。身体上众多的红色和棕色疣突增添了其类似树皮的效果。幼虫的颜色多变。

科名	尺蛾科 Geometridae
地理分布	广泛分布在北美洲，从加拿大南部到美国佐治亚州，最集中的分布区是美国东部的山麓高原
栖息地	开花的原野和花园
寄主植物	紫菀属 *Aster* spp、金光菊属 *Rudbeckia* spp.、假藿香蓟属 *Ageratina* spp.、一枝黄花属 *Solidago* spp. 和其他开花植物
特色之处	隐蔽伪装
保护现状	没有评估，但不濒危

成虫翅展
$1\frac{1}{16}$ in (17 mm)

幼虫长度
$\frac{9}{16}$ in (15 mm)

504

拟态合尺蛾
Synchlora aerata
Camouflaged Looper
(Fabricius, 1798)

实际大小的幼虫

拟态合尺蛾幼虫最容易识别的特征，是将切断的花瓣碎片装饰到自己的身体上。像人类士兵将叶片和枝条装饰在头及服装上，以在环境中伪装自己，这种微小的毛虫也掌握了让自己"消失"在周围环境中的本领。当幼虫身体上具有鲜花装饰时，它会向前和向后摆动，仿佛花瓣在微风中飘摆。这些装饰在幼虫蜕皮后会自动脱落，然后幼虫又会迅速披挂上新的装饰。幼虫取食花头。

成熟的幼虫出现在 4～10 月，在北方地区每年发生 2 代，在南方可能高达 4 代。以中龄期的幼虫越冬。在许多文献中，拟态合尺蛾的英文俗名为"波线绿尺蛾"（Wavylined Emerald），对应于其绿色的成虫，成虫夜间活动，能被灯光吸引。宾夕法尼亚州南部有好几个亚种。

拟态合尺蛾 幼虫身体的基本颜色主要是棕色和黑色，沿腹部具有白色的波状线。小型的头部为棕色，具有斑点。其身体外形可变，很大程度受到寄主植物和幼虫装饰到身体上的花朵的影响。

科名	尺蛾科 Geometridae
地理分布	喜马拉雅山脉东北部、中国南部、东南亚到婆罗洲
栖息地	山地森林
寄主植物	栎属 *Quercus* spp.
特色之处	精确地模拟新长出的寄主植物
保护现状	没有评估，但并非不常见

影镰翅绿尺蛾
Tanaorhinus viridiluteatus
Tanaorhinus Viridiluteatus
(Walker, 1861)

成虫翅展
2~2¾ in (50~70 mm)

幼虫长度
1⁹⁄₁₆ in (40 mm)

505

　　影镰翅绿尺蛾的幼虫是一种典型的尺蠖。它有发达的臀足，但仅有 1 对腹足，胸足与腹足之间没有附肢，这意味着它采取"丈量式"的步行方式。然而，幼虫在休息时通常只利用它的后部附肢固定在寄主植物上，而抬高身体的其余部分而形成一个弧形。幼虫在小枝的顶端取食，经常将所有的叶子吃光，只留下不明显的光裸的叶柄基部和托叶。成熟的幼虫在寄主植物的一片折叠的叶子中结一个薄的丝茧，在其中化蛹。

　　幼虫和成虫都是技巧熟练的伪装者。幼虫的腹节上具有角状的外长物，类似托叶和新的叶芽。随着幼虫的成熟，这些外长物逐渐加长，形成身体的斑纹木质化的颗粒状突起，以使自身更像叶芽增多的寄主植物。成虫为叶绿色，具有类似于叶子表面畸形物那样的微妙斑纹。

影镰翅绿尺蛾　幼虫在腹部的前五节和最后一节具有成对的刀片状突起，其上生有软毛，末端呈钩状，其中最大的刀片状突起位于第三到第五腹节。身体的其他部位粗糙不平，在绿色的基本色调上散布有规则的棕色和白色斑纹。在倒数第二腹节的侧面有结节状的斑纹。

实际大小的幼虫

科名	尺蛾科 Geometridae
地理分布	穿过欧洲北部进入西伯利亚西部
栖息地	林地、林地的边缘、草地、沼泽和高地
寄主植物	矮生植物，例如拉拉藤属 *Galium* spp.、蓼属 *Polygonium* spp. 和越橘属 *Vaccinium* spp.
特色之处	伪装成枝条状，采取"丈量式"的运动方式
保护现状	没有评估

成虫翅展
¾～1¹⁄₃₂ in (20～26 mm)

幼虫长度
1～1³⁄₁₆ in (25～30 mm)

506

红李斑尺蛾
Xanthorhoe spadicearia
Red Twin-Spot Carpet
(Denis & Schiffermüller, 1775)

红李斑尺蛾将乳黄色椭球形卵单个或少量成群地产在叶子的背面，幼虫从卵中孵化出来。幼虫取食叶子，很快就完成发育，成熟的幼虫爬到地面上，在落叶层中结一个丝茧化蛹。蛹为红褐色。

可以在白天看见成虫，但其主要在黄昏时活动。每年通常有 2 代，成虫分别出现在 5 月初至 6 月和 7～8 月。以第二代的蛹越冬。在较偏北的地区，一年只有 1 代，成虫出现在 6～7 月。成虫在前翅靠近外缘处有 2 个暗色的斑点，在外形上与近缘的暗李斑尺蛾 *Xanthorhoe ferrugata* 非常相似。

实际大小的幼虫

红李斑尺蛾 幼虫细长，具有枝条状的外形。身体底色为暗棕色，有数条浅色的纵线贯穿整个身体。背面有一系列橙色与黑色的菱形斑，围有白边。身体上覆盖有短毛。

科名	舟蛾科 Notodontidae
地理分布	欧洲，穿过亚洲到日本
栖息地	潮湿的低地森林
寄主植物	桦属 *Betula* spp.、杨属 *Populus* spp. 和柳属 *Salix* spp.
特色之处	当受到威胁时，抬高身体，使自己体型看起来变大
保护现状	没有评估，但在局部地区稀少

成虫翅展
1~1⅜ in (25~35 mm)

幼虫长度
1⁹⁄₁₆ in (40 mm)

小二尾舟蛾
Cerura erminea
Lesser Puss Moth
Esper, 1783

507

小二尾舟蛾将扁平的红褐色卵产在寄主植物叶子的背面，幼虫从卵中孵化出来。幼虫在发育过程中，通常在树冠的高处生活。当受到惊扰时，幼虫会抬高身体，使自己体型看起来变大，以此来保护自己。幼虫利用木屑结一个坚韧的茧化蛹，以蛹越冬。成虫出现在 5~7 月，幼虫出现在 6~8 月。

小二尾舟蛾的幼虫与近缘的黑带二尾舟蛾 *Cerura vinula* 的幼虫在外形上非常相似，但缺少黑带二尾舟蛾的幼虫的红色颈斑、伪眼和腹部中央的 1 个白色竖斑。小二尾舟蛾曾经一度遭受到欧洲低地黑杨丧失带来的威胁，导致在其分布范围内经常被划分为罕见或稀有物种。

小二尾舟蛾 幼虫身体底色为绿色，背面有 1 条暗褐色的纵带，从头部、腹部一直延伸到两个尾突之中。该带在侧面呈 "V" 字形，并镶有白边。气门围有褐色的边框。

实际大小的幼虫

科名	舟蛾科 Notodontidae
地理分布	加拿大南部，从艾伯特东部向东到魁北克，向南到美国的佛罗里达州，向西到得克萨斯州
栖息地	靠近河流和湖泊的落叶林地
寄主植物	李属 *Prunus* spp.、杨属 *Populus* spp. 和柳属 *Salix* spp.
特色之处	利用身体上的脸状斑纹、鞭状突起和蚁酸来保护自己
保护现状	没有评估，但在局部地区稀少

成虫翅展
1~1⁵⁄₁₆ in (25~40 mm)

幼虫长度
2~2⅜ in (50~60 mm)

508

黑饰二尾舟蛾
Cerura scitiscripta
Black-Etched Prominent
Walker, 1865

黑饰二尾舟蛾 幼虫身体底色为绿色，侧面在气门下有 1 条白色的纵线。头部两侧具有黑色的竖条纹。最后一腹节具有可伸展的黑色的鞭状突起，其长度约为毛虫长度的一半，当受到威胁时，其橙红色的顶端会翻出来。胸部背面有 2 条白色的条纹，终止于前面 2 个明显的黑斑处。第一胸节背面为粉红色。

与其他近缘种一样，黑饰二尾舟蛾将卵产在寄主植物叶子的背面，刚孵化出的幼虫可能群集取食。幼虫在休息时相当隐蔽，但像本属的其他种一样，在受到威胁时的反应使其名声不佳。它们会抬高并收缩头部，膨大胸部区域，显露出火红的颜色和两个黑色的眼斑，致使幼虫的外形类似一张嘴巴张开的动物的脸。同时，它还抬起"尾巴"——黑色而呈鞭状的突起，端部有鲜橙红色的延伸部分，可能还会喷射蚁酸。

这类防御措施不能驱离捕食的乌鸫 *Turdus merula* 或薄翅螳螂 *Mantis religiosa*，但似乎对盘绒茧蜂属 *Cotesia* 这样的寄生性天敌有效，也许是因为储存在鞭状突起中的气味具有驱避作用。当然，这些幼虫不可能完全避免寄生蜂的攻击。成熟的幼虫在一片叶子或茎上用丝和植物组织结一个茧，在其中化蛹，成虫于 3~10 月出现，随地区不同，每年发生 1 代或 2 代。二尾舟蛾属 *Cerura* 包括 20 种，所有种的幼虫都引人瞩目。

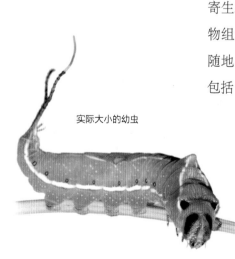

实际大小的幼虫

科名	舟蛾科 Notodontidae
地理分布	欧洲，向东到中亚、中国东部
栖息地	湿润的林地和灌木林
寄主植物	杨属 *Populus* spp. 和柳属 *Salix* spp.
特色之处	具有恫吓的眼斑和红色的颈部
保护现状	没有评估

成虫翅展
2⁹⁄₁₆~3 in (58~75 mm)

幼虫长度
3⅛ in (80 mm)

黑带二尾舟蛾
Cerura vinula
Puss Moth
(Linnaeus, 1758)

509

黑带二尾舟蛾将红色的卵少量成群地产在寄主植物叶子的正面，幼虫从卵中孵化出来。低龄的幼虫为黑色，但逐渐发育为绿色和黑色相间的颜色 —— 一种割裂其外形的破坏性斑纹，它有助于躲避捕食者的视线。幼虫利用木屑，在树干或树桩上结一个坚韧的茧化蛹，以蛹越冬。成虫于4~7月出现。

黑带二尾舟蛾的幼虫因其瞩目的防御行为而著称。幼虫在受到惊扰时采用一种恫吓的外表，抬高头部并将其缩进胸部，使胸部膨大并暴露出鲜红色的颈部和2个伪眼，同时尾巴向前蜷曲，露出红色的丝状突。为了进一步驱离捕食者，毛虫还能从头部后方的腺体中喷射出酸液。

黑带二尾舟蛾 幼虫身体底色为鲜绿色，背面有1条镶白边的暗褐黑色的纵带。腹部末端有2个尾突，每个尾突的末端是一个可伸缩的红色的鞭状丝突。红色的颈部和伪眼平时隐藏起来，只有受到惊扰时才会暴露出来。

实际大小的幼虫

科名	舟蛾科 Notodontidae
地理分布	欧洲，穿过亚洲到中国、朝鲜和日本
栖息地	湿润的林地，在英国只生活在鹅卵石大堤上
寄主植物	杨属 *Populus* spp. 和柳属 *Salix* spp.
特色之处	多毛，具有成列的黑色和橙色斑点
保护现状	没有评估，但在其分布范围的局部地区罕见或稀少

成虫翅展
1⁷⁄₁₆ in (37 mm)

幼虫长度
1³⁄₁₆ in (30 mm)

510

杨扇舟蛾
Clostera anachoreta
Scarce Chocolate-Tip
(Denis & Schiffermüller, 1775)

　　杨扇舟蛾的雌蛾将其稍扁的卵产在寄主植物叶子的背面，几天后幼虫从卵中孵化出来，取食寄主植物的叶子。成熟的幼虫在一片卷曲的叶子内结一个疏松的丝茧化蛹。第二代的成虫在 3～4 星期后羽化。第二代幼虫生活到 9 月，然后化蛹。以第二代的蛹越冬，成虫在翌年春季羽化。一年通常发生 2 代，成虫分别于 4～5 月和 7～8 月出现。

　　杨扇舟蛾在英国的数量稀少，若越过其分布范围，则会因为缺乏适合的栖息地而面临风险。在过去，杨树在欧洲的陆地景观中较常见，但现在种植的数量却很少。本种与分布范围较广泛的短扇舟蛾 *Clostera curtula* 相似，但本种的巧克力色翅端上有 1 条白线，可以作为其识别特征。

实际大小的幼虫

杨扇舟蛾 幼虫具有黑色的头部，身体暗色多毛，有 4 条白色的细线贯穿其上。侧面有 1 列黑色的斑点，其下方有 1 列橙色的斑点。身体上有一些白色与奶油棕色的毛簇，腹部有 1 个突起的红斑，在其两侧有 2 个白斑。

科名	舟蛾科 Notodontidae
地理分布	北美洲，南从加拿大州魁北克到美国佛罗里达州，西到加拿大州马尼托巴和美国得克萨斯州
栖息地	原野、林地和道路两旁
寄主植物	蝶形花科 Fabaceae 植物，包括胡枝子属 Lespedeza spp. 和皂荚属 Gleditsia spp.
特色之处	鲜艳，身体上具有 1 个明显的黑斑
保护现状	没有评估，但在其分布范围的北部稀少

成虫翅展
1³⁄₁₆~1⁵⁄₈ in (30~41 mm)

幼虫长度
1⁹⁄₁₆ in (40 mm)

黑斑妲舟蛾
Dasylophia anguina
Black-Spotted Prominent
(J. E. Smith, 1797)

511

人们广泛搜寻黑斑妲舟蛾的幼虫，但很少有所发现。在美国东部，最容易找到它的地方是高海拔道路两旁的皂荚树上。在幼树的茎上，经常能发现静止不动的幼虫。当受到威胁时，幼虫采取典型的"舟蛾姿势"——背部和后部呈弓形，做出恐吓潜在捕食者的样子。身体背面有 1 个特别的黑斑，这是本种毛虫最明确的特征。它鲜艳的颜色暗示着它对捕食者可能有毒。当幼虫完成发育时，它们在土壤中或落叶层中化蛹，以蛹越冬。

淡棕色的成虫与鲜艳的幼虫比较起来稍有逊色，成虫出现在 4~9 月。一年发生 1 代，幼虫的高峰期通常出现在夏末，但 5~10 月都能看见它们。黑斑妲舟蛾的幼虫在体型大小和斑纹方面与较常见的红峰橡舟蛾 *Symmerista canicosta* 的幼虫相似，后者是橡树分布区中普遍存在的橡树取食者。

黑斑妲舟蛾 幼虫具有明显的红色头部，身体背面有 1 个大型的黑色斑纹。黄色、淡紫色和橙色的条纹贯穿整个身体。1 列黑色的细纹将淡紫色区一分为二。身体后端有 1 对明显的伪眼和短的"触角"。

实际大小的幼虫

科名	舟蛾科 Notodontidae
地理分布	北美洲，南从加拿大魁北克到美国佛罗里达州，西到美国阿肯色州
栖息地	林地、荒原和原野的边缘
寄主植物	栎属 *Quercus* spp.、板栗属 *Castanea* spp.、金缕梅属 *Hamamelis* spp. 和越橘属 *Vaccinium* spp.
特色之处	群集生活，栖息在干燥的林地中
保护现状	没有评估，但不被认为受到威胁

成虫翅展
1½~2⅛ in (38~55 mm)

幼虫长度
1¼ in (45 mm)

512

契约靼舟蛾
Datana contracta
Contracted Datana
Walker, 1855

契约靼舟蛾的初龄幼虫为黄色。幼虫在迅速生长的整个过程中，外部形态会随龄期相继改变，最终形成最容易识别的具条纹的成熟幼虫。与靼舟蛾属 *Datana* 所有种类的幼虫一样，契约靼舟蛾的幼虫群集生活，大量的个体共同取食、休息。早期的幼虫取食叶肉，留下叶脉骨架，而成熟的幼虫吃掉整片叶子，仅保留最大的叶脉。它们通常将一根树枝上的叶子逐一吃光。

完成发育的幼虫从群体中分离出来，独自从寄主树上坠落到地面，在土壤中化蛹。成虫通常在7月羽化，交配后的雌蛾将一群卵单层地产在叶子的背面。契约靼舟蛾的幼虫与黄颈靼舟蛾 *Datana ministra* 及靼舟蛾属 *Datana* 其他种的幼虫在外形和行为方面都具有很多共同特征。拉氏剑纹夜蛾 *Acronicta radcliffei* 经常与契约靼舟蛾相混淆。它们看起来非常相似，但在预警时，契约靼舟蛾才会摆出弧形的"靼舟蛾姿势"。

契约靼舟蛾 幼虫身体底色主要为黑色，具有乳黄色的条纹。头部为黑色，橙红色的前胸盾在最后一龄幼虫中清晰可见（早期的幼虫有黑色的前胸盾）。整个身体上密布细长的淡白色刚毛。

实际大小的幼虫

科名	舟蛾科 Notodontidae
地理分布	北美洲，从加拿大新斯科舍向北到美国佛罗里达州，向西到美国肯塔基州
栖息地	落叶树组成的林地
寄主植物	越橘属 *Vaccinium* spp.、椴属 *Tilia* spp. 和金缕梅属 *Hamamelis* spp.
特色之处	群集生活，具有警戒色，身体上有黑色和黄色的条纹
保护现状	没有评估，但常见

德氏靻舟蛾
Datana drexelii
Drexel's Datana
Hy. Edwards, 1884

成虫翅展
1⁹⁄₁₆~2³⁄₁₆ in (40~56 mm)

幼虫长度
1¾~2 in (45~50 mm)

513

德氏靻舟蛾将卵成群地产在寄主植物的叶子上，幼虫从中孵化后群集生活，共同取食叶肉，留下叶脉骨架。后期的幼虫会吃掉整个叶片，仅留下叶中脉。当一根枝条上的叶子被吃光后，幼虫就集体转移到另一根枝条上取食。完成最后一龄的发育后，幼虫下到地面化蛹，以蛹越冬。该种通常在北部一年发生1代，在南部一年发生2代。

当受到惊扰时，幼虫采取特有的姿势，抬高其前部和后部。后期的幼虫具有警戒色，对捕食者发出"我不可食"的明确信号，由于它们群集生活，这种信号得到放大。在最后一龄，靻舟蛾属 *Datana* 的毛虫有1个腹腺，可以分泌各种不同的化学物质，但与舟蛾科其他一些种的幼虫不同，这些化学物质不是用来防御，而可能是用来通信。靻舟蛾属的各种幼虫能够被明确区分，但该属的成虫却难以区分，这使它名声不佳。

德氏靻舟蛾 幼虫身体底色为亮黑色，头部的高与宽相等，几乎呈方形，向顶端稍变窄。具有8条黄色线纹，前胸节背面的前半部为黄橙色。胸足和腹足为柠檬黄色或橙色，末端为黑色。身体上覆盖着细长的白色刚毛。

实际大小的幼虫

科名	舟蛾科 Notodontidae
地理分布	美国东南部
栖息地	沼泽和湿地
寄主植物	杜鹃花属 Rhododendron spp. 和仙女越橘 Andromeda polifolia
特色之处	鲜艳，身体侧面具有黄色的条纹
保护现状	没有评估

成虫翅展
1¹⁄₁₆~2 in (40~50 mm)

幼虫长度
2 in (50 mm)

514

杜鹃花粗舟蛾
Datana major
Azalea Caterpillar
Grote & Robinson, 1866

　　杜鹃花粗舟蛾的雌蛾将超过 100 粒的小型白色卵集中产在叶子的背面，幼虫从卵中孵化出来。一龄幼虫群集生活，一起取食。它们的食欲极佳，快速地啃食叶肉，留下叶脉骨架。较高龄的幼虫取食整个叶片，能将整株植物的叶子吃光。当受到惊扰时，幼虫抬高其前部和后部，有时以一根丝下降，悬挂在叶下。初龄幼虫为黄色，有 7 条红色的纵纹，但每次蜕皮都会获得新的颜色。

　　在最后一次蜕皮后，幼虫爬到地面，在土壤中化蛹，以蛹越冬。成虫于 6~8 月出现，幼虫生活在 7~10 月。通常一年发生 1 代，但在其分布范围的南部可能部分地发生第二代。

杜鹃花粗舟蛾　最后一龄幼虫主要为黑色，有 8 条断续的黄色纵纹贯穿整个身体，臀节为红色。头部、胸足和腹足为红色而具光泽。胸部和腹部覆盖有白色的细毛簇。

实际大小的幼虫

科名	舟蛾科 Notodontidae
地理分布	美国和加拿大南部，落基山山脉以东，南到美国佛罗里达州和加利福尼亚州
栖息地	林地、公园、荒原和果园
寄主植物	栎属 *Quercus* spp.、苹果属 *Malus* spp.、桦属 *Betula* spp.、椴属 *Tilia* spp.、柳属 *Salix* spp. 和其他树木
特色之处	经常碰到，引人瞩目
保护现状	没有评估，但被美国国家基因组资源中心评定为"全局安全"，尽管在美国东北部的种群数量正在下降

成虫翅展
1%₁₆~2%₁₆ mm (40~53 mm)

成虫翅展
1⅞₁₆~2⅟₁₆ mm (40~53 mm)

幼虫长度
1¼~2 in (45~50 mm)

黄颈锯舟蛾
Datana ministra
Yellownecked Caterpillar
(Drury, 1773)

515

如果碰到黄颈锯舟蛾的幼虫，你会对它的演技留下深刻的印象。当受到威胁时，幼虫抬起其头部和尾部，戏剧性地将二者蜷曲到身体背面的上方。这种静止的防御姿势一直要持续到威胁解除，这也是锯舟蛾属 *Datana* 的幼虫最容易识别的行为特征。幼虫在整个生命历程中都群集生活，通常可以看见它们大量成群地共同取食和休息。早期的幼虫啃食叶肉，留下叶脉骨架。成熟的幼虫会吃掉整片叶子，仅留下最粗的叶脉。

成虫出现在 6 月和 7 月，雌蛾将 100 粒以上的白色卵集中产在叶子的背面。一年通常只发生 1 代，在其分布区的南部可能会发生第二代。成熟的幼虫钻入土壤中化蛹，以蛹越冬。在本种分布区的东北部，其种群数量明显下降，这是因为由欧洲引进的寄生物发挥了作用，这些寄生物被引进来消除舞毒蛾 *Lymantria dispar* 的危害。

黄颈锯舟蛾 幼虫身体底色主要为黑色，身体两侧有 4 条黄色的纵线。众多白色的细刚毛包围着整个身体。头部为黑色。头部后方有 1 块黄色到橙色的骨片，有时会因刚毛覆盖而模糊不清，这是黄颈锯舟蛾的幼虫区别于本属具有相似斑纹的其他种类的鉴别特征。

实际大小的幼虫

科名	舟蛾科 Notodontidae
地理分布	西班牙和法国南部进入欧洲中部、俄罗斯南部和土耳其
栖息地	干燥的林地和灌木林、河岸森林、干燥的草地、靠近林地的多岩石的山坡
寄主植物	榆属 *Ulmus* spp.
特色之处	伪装巧妙，经常出现在炎热干燥的地方
保护现状	没有评估，但在其分布范围的部分地区濒危

成虫翅展
1⅜~1⁹⁄₁₆ in（35~40 mm）

幼虫长度
1⁹⁄₁₆ in（40 mm）

516

榆选舟蛾
Dicranura ulmi
Elm Moth
（[Dennis & Schiffermüller], 1775）

榆选舟蛾将白色的卵单个产在榆树叶子的正面，幼虫从卵中孵化出来。5~7月可以在叶子上看到幼虫，早期的幼虫沿叶中脉休息，较高龄的幼虫沿枝条休息，身体的隐藏色为其提供了极佳的伪装。成熟的幼虫移动到地面，在土壤的表层下结茧化蛹。本种以蛹越冬，成虫在翌年春季羽化。

成虫出现在3~5月，夜晚飞行，一年发生1代。榆选舟蛾已经从其过去分布范围的大部分地区消失，目前仍处在栖息地丧失的风险中，特别是因为农业管理方式的改变及工业化与旅游业的发展导致炎热干燥的草地消失。其种群数量在欧洲南部相对较丰富。

榆选舟蛾 幼虫身体底色多变，在绿色到棕色之间变换。身体覆盖着黄色的小斑点，背面有1条暗色的纵线，侧面有1条黄色的纵线。在棕色的头部后方有2个红棕色的疣突，腹部背面有2个棕色的疣突。腹部末端延伸出2个触角状的丝突，形成一个假头的外形。

实际大小的幼虫

科名	舟蛾科 Notodontidae
地理分布	从欧洲西部和非常北部到乌拉尔山脉、小亚细亚和高加索
栖息地	森林、灌木篱墙、公园地和花园
寄主植物	栎属 *Quercus* spp.
特色之处	舟蛾科中较不醒目的毛虫之一
保护现状	没有评估

成虫翅展
1⁷⁄₁₆~1¹³⁄₁₆ in (36~46 mm)

幼虫长度
1³⁄₈~1⁹⁄₁₆ (35~40 mm)

红角林舟蛾
Drymonia ruficornis
Lunar Marbled Brown
(Hufnagel, 1766)

517

红角林舟蛾的雌蛾于 3 月底至 6 月初，将淡蓝色而呈球形的卵少量成群地产在枝条上或叶子上，幼虫从卵中孵化出来。幼虫独自生活，取食活动一直持续到 7 月，幼虫不筑巢，暴露在外，经常在树木高处的叶子背面休息。在完成取食后，幼虫爬到树下，在附近的地面上结茧化蛹，蛹的身体粗壮而光滑，乌黑发亮，幼虫以蛹越冬。

红角林舟蛾的幼虫巧妙地伪装在叶子的背面。还有几个近缘种也在橡树上生活，它们的幼虫非常相似，但综合特征有轻微的差异，通常沿其侧面有红色的条纹和更加破碎的线纹。例如，灰棕林舟蛾 *Drymonia dodonaea* 沿背面中央有 1 对靠得很近的间断的线纹。

红角林舟蛾 幼虫早期身体底色为绿色，有突出的黑色斑点，斑上有黑色的短毛。长大一些后，其背面和侧面有 2 条明显分离的鲜黄色的条纹。在最后一龄，条纹变得更细，并具有些许白色，身体为蓝绿色，具有薄薄的白色雾状色彩，特别是其背部。

实际大小的幼虫

科名	舟蛾科 Notodontidae
地理分布	印度东北部，中国南部和东南亚大陆
栖息地	低纬度的山地森林
寄主植物	壳斗科 Fagaceae，包括栲属 *Castanopsis* spp. 和栎属 *Quercus* spp.
特色之处	具有精细的网状花纹和迷彩斑纹
保护现状	没有评估，但并非不常见

518

成虫翅展
1¾~2⅛ in (45~55 mm)

幼虫长度
1¾ in (45 mm)

斑纷舟蛾
Fentonia baibarana
Fentonia Baibarana
Matsumura, 1929

实际大小的幼虫

斑纷舟蛾的幼虫无装饰性的突起，身体光滑，有发达的臀足，与舟蛾科其他种的幼虫有鲜明的区别，某些种的幼虫可能奇形怪状，采用奇怪的姿势，也可能缺少臀足。斑纷舟蛾的幼虫在土壤中结一个疏松的丝茧化蛹。本种在春季和夏季的数月中，从4~10月底可以发生2代或3代，以每年最后一代的蛹越冬，成虫大约在翌年的3月底羽化。

虽然斑纷舟蛾的幼虫具有尺蛾幼虫那样的复杂斑纹和鲜艳的颜色，却很难在树叶之中看见它们。它们具有典型的迷彩斑纹和颜色，其身体的花纹形成假的边界，掩盖其身体的轮廓和外形。与幼虫相比，成虫的颜色则单调和隐蔽，但可以巧妙地伪装在树皮上或落叶层中。

斑纷舟蛾 幼虫身体底色为很淡的黄褐色，腹部具有红棕色的网状条纹，就像一张从背中线发出来的叶脉网络。头部大得不合比例，具有类似的网状条纹。从腹部中央向后的体节上有一列鲜黄色的斑点，位于背面的 1 条暗棕色的纵纹上。胸部的侧面为绿色。

科名	舟蛾科 Notodontidae
地理分布	欧洲西部和非洲北部，向东到乌拉尔和小亚细亚，延伸到俄罗斯西南部和哈萨克斯坦；也分布到蒙古和中国的新疆
栖息地	森林、灌木篱墙、公园地和花园
寄主植物	杨属 Populus spp. 和柳属 Salix spp.
特色之处	具有不同寻常的后附肢
保护现状	没有评估

成虫翅展
1¼~1⅞ in (44~48 mm)

幼虫长度
1⁵⁄₁₆~1½ in (34~38 mm)

二叉燕尾舟蛾
Furcula bifida
Poplar Kitten
(Brahm, 1787)

519

二叉燕尾舟蛾在夏季将黑色的半球形卵产在叶子的正面，幼虫从卵中孵化出来，它们在寄主植物的叶子上取食和休息。当完成发育时，幼虫结一个伪装巧妙的坚硬的茧化蛹，茧中掺有树皮和木屑，固定在树枝、树干或篱笆桩上。以蛹越冬。

燕尾舟蛾属 *Furcula* 的成虫和幼虫都与非常近缘而体型较大的二尾舟蛾属 *Cerura* 相似，它们有非常相似的习性、形态和生活史。从英文俗名来看，二叉燕尾舟蛾与猫相关，主要体现为两方面：早期的幼虫在头部后方有 1 对小突起，其外形从后面看像一只猫；成虫身体多毛，休息时它们将毛茸茸的前足伸展开来，与猫的行为方式一致。燕尾舟蛾属众多种的生命阶段通常都只有轻微的差异。

实际大小的幼虫

二叉燕尾舟蛾 幼虫身体底色为绿色和暗棕色，头部后方有 2 个小突起。当成熟时，其背面有 1 个棕色而不规则的马鞍形斑。后腹足变为 1 个细长的双尾结构。为了抵挡捕食者，其身体的两端抬高，各产生 1 个淡红色的触须状的鞭突。

科名	舟蛾科 Notodontidae
地理分布	从欧洲进入亚洲
栖息地	湿润的林地、灌木林和欧石楠丛生的荒原
寄主植物	落叶树，包括桦属 *Betula* spp.、杨属 *Populus* spp. 和柳属 *Salix* spp.（黄花柳 *Salix caprea*、灰柳 *Salix cinerea* 及其他柳树）
特色之处	鲜绿色的毛虫，具有 1 个长的尾突
保护现状	没有评估

成虫翅展
1¹/₁₆~1³/₈ in (27~35 mm)

幼虫长度
1³/₈ in (35 mm)

520

燕尾舟蛾
Furcula furcula
Sallow Kitten
(Clerk, 1759)

燕尾舟蛾将卵少量成群地产在叶子的表面，幼虫从中孵化后取食多种乔木和灌木的叶子。当发育完成时，幼虫咬下一些树皮碎片，吐丝将它们编织在一起形成一个结实的茧，在其中化蛹。茧被安全地固定在树干或树枝上。以蛹越冬，成虫于翌年春季羽化。在本种分布区的北部一年只发生 1 代，但在南部通常有第二代发生。

燕尾舟蛾的成虫出现在 4 月至 8 月底。本种的英文俗名源自成虫的外形，它具有毛茸茸的头部和前足，像一只小猫。虽然燕尾舟蛾的幼虫体型相对较小，但仍容易与黑带二尾舟蛾 *Cerura vinula* 的幼虫混淆。该种成虫和幼虫的形态也分别与近缘的二叉燕尾舟蛾的成虫和幼虫非常相似。

燕尾舟蛾 幼虫身体底色为鲜绿色，具有 1 个明显的二分叉的尾突。身体背面有 1 条棕色的条纹，从头部延伸到尾部，从侧面看时形成"V"字形，与黑带二尾舟蛾的斑纹相似。身体侧面有众多围有白圈的小斑。

实际大小的幼虫

科名	舟蛾科 Notodontidae
地理分布	从阿富汗向东南经过印度北部和尼泊尔，到中国南部，以及东南亚到婆罗洲
栖息地	低纬度到中纬度的山地森林
寄主植物	各种植物，包括壳斗科 Fagaceae 的种类
特色之处	具有隐蔽的身体姿势和众多的角状突起
保护现状	没有评估，但其生活史还基本未知

成虫翅展
2~2⁷⁄₁₆ in (50~62 mm)

幼虫长度
1⁹⁄₁₆~1¾ in (40~45 mm)

521

小点枝舟蛾
Harpyia microsticta
Harpyia Microsticta
(Swinhoe, 1892)

　　小点枝舟蛾的幼虫外形呈怪兽状，头壳上有 1 个角突，胸部和腹部有角突和刺突，尾节延伸成牛角状。舟蛾科其他属的幼虫有臀足，或臀足变为尾状结构，而该种则没有臀足。较高龄的幼虫仅取食叶子的一半，沿中脉从基部逐步向端部行进，将叶子吃光。当受到威胁时，它们抬高尾端并将头部紧贴底部，模仿露出棕色叶脉端且边缘参差不齐的叶子。

　　成虫能够通过灰白色前翅上具有的分散斑点及前翅前缘明显的三角形黑斑加以识别。本种在其广大的分布区内共有 3 个亚种（从前被认定为独立的种）：小点枝舟蛾指名亚种 *Harpyia microsticta microsticta*、小点枝舟蛾中国亚种 *Harpyia microsticta baibarana* 和小点枝舟蛾帝斯曼亚种 *Harpyia microsticta dicyma*。在枝舟蛾属 *Harpyia* 包含的种类中，其成虫和幼虫的形态都很相似，分布在欧洲、非洲北部和亚洲向北至俄罗斯东南部。

小点枝舟蛾　幼虫身体底色为绿色，身体中部有 1 个马鞍形的棕色斑。沿背中线有 1 列双叉的棕色角突，其中最大的角突最靠近头部且向后弯曲。臀足缺失，留下 4 对腹足，臀节膨大为楔形，其末端有 1 个向前伸的双叉角突。大的方形棕色头壳上有蜷起的钝角突。

实际大小的幼虫

科名	舟蛾科 Notodontidae
地理分布	穿过欧洲，向东到乌拉尔和土耳其
栖息地	森林、林地和公园
寄主植物	山毛榉属 *Fagus* spp. 和栎属 *Quercus* spp.
特色之处	奇形怪状，伪装成叶子的一部分
保护现状	没有评估，但在局部区域濒危

成虫翅展
1¹⁵⁄₁₆~2¹⁄₁₆ in (40~52 mm)

幼虫长度
1⅜~1⁹⁄₁₆ in (35~40 mm)

522

黄褐枝舟蛾
Harpyia milhauseri
Tawny Prominent
(Fabricius, 1775)

实际大小的幼虫

　　黄褐枝舟蛾将独特的卵少量成群地产在叶子的背面，幼虫从卵中孵化出来。每个卵具有棕色的环纹，看起来像一个眼球。幼虫取食叶子，沿边缘啃食，成熟的幼虫吐丝，将丝与咀嚼过的碎木屑一起编织成一个结实的茧化蛹，茧被固定在树皮缝中，偶尔也会在地上。以蛹越冬，成虫翌年春季羽化。

　　成虫出现在5~6月，夜间活动，一年发生1代，偶尔也有一部分会在夏末产生第二代。幼虫具有惊人的的形态和颜色，像一片破败的叶子，这有助于它们在枝条上休息时完美地伪装自己。由于橡树林地的丧失，本种在欧洲的数量已经下降。

黄褐枝舟蛾　幼虫身体底色为绿色而具光泽，身体上有1条黄色的背线和很多乳黄色的斑点。在第一到第五腹节及后端都有刺状的突起。棕色的头部、胸足和腹足，加上身体上不规则的棕色斑纹，使虫体看起来像破败的叶子。

科名	舟蛾科 Notodontidae
地理分布	北美洲，从加拿大东南部到美国佛罗里达州，向西到得克萨斯州
栖息地	森林、林地和道路边缘
寄主植物	椴属 *Tilia* spp.、山毛榉属 *Fagus* spp.、栎属 *Quercus* spp.、李属 *Prunus* spp. 和金缕梅属 *Hamamelis* spp. 的树木
特色之处	经常可以在美国东部的森林中碰到的舟蛾科毛虫
保护现状	没有评估，但在其分布范围内常见

成虫翅展
1½~2³⁄₁₆ in (38~56 mm)

幼虫长度
1¾ in (45 mm)

波线舟蛾
Heterocampa biundata
Wavy-Lined Heterocampa
Walker, 1855

523

舟蛾科的英文名"显著的"（prominent）源自其成虫前翅上突出的毛簇。像许多舟蛾科幼虫一样，波线舟蛾的幼虫喜欢在叶子的边缘取食和休息，这有助于它们在众目睽睽之下有效地伪装自己。早期幼虫头部的后方有 1 对肉质的"鹿角"，这种典型的附肢在三龄时充分长大。在四龄和五龄（最后一龄）时，前胸的赘生物变为最小或消失，毛虫的外形更像球根，在化蛹之前变为淡红色。以预蛹在土壤中或落叶层中越冬，成虫出现在 4～8 月。

波线舟蛾与两个相似种的分布范围相同，斜线舟蛾 *Heterocampa obliqua* 专门取食橡树，而孤线舟蛾 *Heterocampa guttivitta* 通常具有不太明显的斑纹。一年发生 2 代，幼虫出现在 5～11 月。波线舟蛾和线舟蛾属的其他种类的幼虫经常遭受到小蜂的寄生，小蜂将卵产在毛虫的体壁上，小蜂的幼虫进入毛虫体内将毛虫的营养消耗殆尽。

实际大小的幼虫

波线舟蛾 幼虫的斑纹可变，主要为浅绿色，在背面中央有 1 块明显的"X"字形斑纹。身体侧面经常有棕色或白色的斑点。头部的颜色范围从浅棕色到暗红的粉紫色。早期幼虫的"鹿角"更具活力，通常比成熟幼虫的颜色更暗。

科名	舟蛾科 Notodontidae
地理分布	北美洲，从加拿大的南部和东南部到美国佛罗里达州，向西到得克萨斯州
栖息地	田野、林地和道路边缘
寄主植物	榆属 *Ulmus* spp.
特色之处	拟态一片叶子
保护现状	没有评估，但在其分布范围内常见

成虫翅展
1¾₆~1⁹₆ in (30~40 mm)

幼虫长度
1⁹₆ in (40 mm)

二齿白边舟蛾
Nerice bidentata
Double-Toothed Prominent

Walker, 1855

524

二齿白边舟蛾的幼虫从产在寄主植物上的卵中孵化出来，6 月至 11 月初都能看见幼虫。幼虫群集生活，所以当发现一只幼虫时，只要在周围的榆树叶上搜寻，就可能会找到很多只幼虫。通常更容易在榆树幼苗，而非较成熟的榆树上发现它们。大自然为毛虫躲避捕食者提供了一个有效的屏障。像很多以伪装作为防御方式的幼虫一样，二齿白边舟蛾的幼虫是拟态的高手，它首先"雕琢"叶子，然后在休息时将身体躲入雕琢出的腔内，拟态成一个全新、逼真的叶子边缘。

二齿白边舟蛾以蛹在地下越冬，成虫出现在 4~9 月。在其分布范围内通常一年发生 2 代。类似恐龙中的一只微小的剑龙，二齿白边舟蛾幼虫背面也有参差不齐的双齿，易于识别。这个特征也可以清楚地将本种与分布区内具有相似颜色的舟蛾幼虫区分开来。

二齿白边舟蛾 幼虫身体底色为鲜绿色到橄榄绿色，成熟幼虫的腹部背面为浅绿色到淡白色。胸部每侧有 1 条淡红色的条纹，经常镶有奶油色或黄色的边。身体背面有 1 条像"牙齿"的参差不齐的粗龙骨。相对于毛虫的体型来说，本种的臀足显得很小。

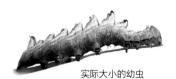

实际大小的幼虫

科名	舟蛾科 Notodontidae
地理分布	欧洲和亚洲西部
栖息地	潮湿的林地和矮生的林地
寄主植物	各种乔木和灌木，但主要是杨属 *Populus* spp. 和柳属 *Salix* spp.
特色之处	名称源自毛虫独特的外形
保护现状	没有评估，但区域性濒危

成虫翅展
1¾~2⅛ in (45~55 mm)

幼虫长度
1³⁄₁₆ in (30 mm)

三峰舟蛾
Notodonta tritophus
Three-Humped Prominent
(Dennis & Schiffermüller, 1775)

525

像它的名字表明的那样，三峰舟蛾的幼虫背面有 3 个向后伸的峰状突起。它取食时抬高自身后端的行为使其奇怪的外形更加夸张。幼虫从产在寄主植物上的卵中孵化出来以后，其活动时间为 6～9 月，这个时期可以在杨树和柳树的树冠中发现它们。本种以蛹越冬，成虫出现在 4～8 月。通常一年发生 1 代，在一些地区可能发生 2 代。

显而易见，本种以其幼虫的特征命名。在阳光能照到地面的透光林地中，幼虫发育健壮。然而，这种类型的栖息地正在减少，而且有些地区由于林地疏于管理和清理，栖息地受到威胁。三峰舟蛾有时被归入光舟蛾 *Notodonta phoebe*。

实际大小的幼虫

三峰舟蛾 幼虫身体底色为棕色或橄榄绿色，腹部背面有 3 个向后伸的峰状突起，腹部末端有 1 个向前伸的峰状突起。气门围有白色的边框，身体上散布有很多白色的小斑点。头部为棕色，具有很多黑色的小斑点。

科名	舟蛾科 Notodontidae
地理分布	欧洲、非洲北部到中亚，东到中国
栖息地	潮湿的林地和矮生的林地、河谷和花园
寄主植物	杨属 Populus spp. 和柳属 Salix spp.
特色之处	伪装巧妙，取食时抬高其尾节
保护现状	没有评估

成虫翅展
1¾₁₆~1¾ in (40~45 mm)

幼虫长度
1³⁄₁₆ in (30 mm)

黄白舟蛾
Notodonta ziczac
Pebble Prominent
(Linnaeus, 1758)

春末，黄白舟蛾的雌蛾将白色的球形卵单个产在杨树和柳树的叶子上，幼虫从卵中孵化出来。幼虫在 6 月至 10 月初活动。早期的幼虫在叶子的一侧取食，制造一些"透明窗"，但较高龄的幼虫沿叶子的边缘取食。成熟的幼虫爬到地面，在地下结一个疏松的茧化蛹，蛹为红褐色。成虫出现在 4~9 月，一年通常发生 2 代。

幼虫依赖伪装来躲避捕食者。一龄幼虫为绿色，但蜕皮后变为棕色，且更像枝条。本种的名称源自较高龄幼虫身体上特有的峰状突起。在休息的时候，幼虫悬挂在一根枝条上，抬起腹部末端和头部。它的属名 *No-todonta*，意思是"背齿"，对应于前翅的齿状边缘。

实际大小的幼虫

黄白舟蛾 幼虫身体底色为浅橙色到灰棕色。有 2 个向后伸的峰状突起，腹部末端有 1 个峰状突起和 1 个环状"眼斑"。侧面气门的位置有 1 条白色的纵线，气门围有白色的边框。头部具有白色的花纹和斑点。

科名	舟蛾科 Notodontidae
地理分布	美国的东部和西部、加拿大南部
栖息地	林地、森林和道路边缘
寄主植物	栎属 *Quercus* spp.、杨属 *Populus* spp.、柳属 *Salix* spp. 和其他落叶树
特色之处	拟态为叶子，在叶子的边缘取食
保护现状	没有评估，但分布广泛，不受威胁

淡红寡舟蛾
Oligocentria semirufescens
Red-Washed Prominent
(Walker, 1865)

成虫翅展
1¾₆～1¾ in (30～45 mm)

幼虫长度
1⅟₆ in (40 mm)

527

　　淡红寡舟蛾经常被称为"犀牛"（rhinoceros），因为其幼虫有显著向前伸的"角"，有时在休息时伸展到头部后方。早期的幼虫从叶子的端部到底部啃食叶肉，留下叶脉骨架。与相似的舟蛾幼虫一样，本种的高龄幼虫沿叶子的边缘取食。幼虫"雕刻"叶子的一部分组织，然后将身体放在挖空的位置，与叶子一起形成一幅"枯叶图"。幼虫的颜色多变，有助于其将自己有效地隐藏在周围的叶子之中。

　　一年发生 2 代，幼虫从 6 月开始，经过整个夏季一直持续到初秋时节，以预蛹在土壤中或落叶层中越冬。成虫出现在 5～9 月。幼虫的外形与琦舟蛾属 *Schizura* 的两种毛虫（单角琦舟蛾 *Schizura unicornis* 和鳞琦舟蛾 *Schizura leptinoides*）相似，但缺乏琦舟蛾属的识别特征，例如头部后方的暗色斑和胸部的绿色马鞍形斑。

淡红寡舟蛾 幼虫身体底色的范围从棕色或黄色到粉红色，从亚背区到亚腹区具有间歇分布的暗色斑。成熟幼虫的身体上经常会出现一些复杂的蠕虫状斑纹。头部的颜色通常与身体的颜色一致，具有棕色的竖线，从头顶延伸到触角。

实际大小的幼虫

科名	舟蛾科 Notodontidae
地理分布	欧洲西部到乌拉尔、土耳其和高加索；也包括西伯利亚的西部和南部（贝加尔湖以东）、蒙古的西北部和中国的西北部
栖息地	很多类型的栖息地，包括林地、森林、有乔木或灌木的湿地边缘、欧石楠丛生的荒野、灌木篱墙、公园和花园
寄主植物	柳属 *Salix* spp. 和杨属 *Populus* spp.
特色之处	常见，绿色，看起来圆滑而相当有特色
保护现状	没有评估，但十分常见

成虫翅展
1¹¹⁄₁₆~2⅛ in (43~55 mm)

幼虫长度
1½~1⁹⁄₁₆ in (38~40 mm)

塔城羽舟蛾
Pterostoma palpina
Pale Prominent
(Clerck, 1759)

528

塔城羽舟蛾的雌蛾将半球形的卵少量成群地产在叶子的背面，幼虫从卵中孵化出来。7~9 月可以看到两代的幼虫。它们公开在乔木或灌木的叶子中生活和取食，并将自己巧妙地伪装在叶子之中。在完成发育时，幼虫下到地面，在树基部附近的地面或浅土表下结茧化蛹，茧上覆盖着土壤和碎屑，暗棕色的蛹有光泽。

本种是一个十分常见的种类，具有特别的斑纹。虽然蛾类毛虫普遍为绿色且具白色条纹，但几乎没有任何生活在柳树和杨树上的种类（至少在古北区西部）具有与塔城羽舟蛾的幼虫完全相同的组合特征。本种一年发生 2 代，淡褐色的成虫出现在 4~9 月。

塔城羽舟蛾 幼虫在早期时身体底色为绿色，具有微小的黑色斑点；较高龄期的幼虫大部为蓝绿色，背面染白霜，或者为鲜绿色。沿背面有 4 条白线，沿侧面有 1 条黄色或黄白色的线，其上缘衬有暗色的细边。身体向两端变细，头部与身体呈一个小角度。

实际大小的幼虫

科名	舟蛾科 Notodontidae
地理分布	欧洲、亚洲到俄罗斯远东地区、中国和日本
栖息地	森林、灌木篱墙、灌木林、公园和花园
寄主植物	多种乔木和灌木，包括栎属 *Quercus* spp.、欧洲鹅耳枥 *Carpinus betulus*、椴属 *Tilia* spp.、榛属 *Corylus* spp.、山楂属 *Crataegus* spp. 和蔷薇属 *Rosa* spp.
特色之处	在受惊时向后上方仰起头部
保护现状	没有评估

成虫翅展
1⁷⁄₁₆~2 in (37~50 mm)

幼虫长度
1⁵⁄₁₆~1⁷⁄₁₆ in (34~36 mm)

细羽齿舟蛾
Ptilodon capucina
Coxcomb Prominent
(Linnaeus, 1758)

529

细羽齿舟蛾淡将白色的球形卵少量成群地产在寄主植物的叶子上，幼虫从卵中孵化出来。它们通常单独取食，一年2代，出现在6～10月，生活在多种乔木和小灌木上。在完成发育后，幼虫下到地面，在地面或地表下结茧，茧中掺入土壤和碎屑，幼虫在茧中化蛹，以蛹越冬。

舟蛾科的幼虫在形态上高度变异。当受到威胁时，有些种类抬高它们的前后两端警告入侵者，有些种类则抬高并挥舞复杂的附肢。而细羽齿舟蛾的幼虫则会马上朝后上方仰起头部，伸向抬高的后端上的红色疣突，将各对胸足合拢在一起，使其看上去刺很多，且不像毛虫。其他毛虫，例如天蔓夜蛾 *Asteroscopus sphinx*，也会类似地有向后上方仰头的动作，但没有抬高后端的行为。

实际大小的幼虫

细羽齿舟蛾 幼虫在早期身体大部分为绿色，具有突起的黑色斑点，其头部为黑色或绿色而嵌有1对黑斑。较高龄的幼虫为鲜绿色、蓝绿色，而背面染白霜或粉红色染绿色调。成熟的幼虫有红色的足，沿侧面有1条黄色镶红边的纵纹，在后尾突上有2个红色的疣突。

科名	舟蛾科 Notodontidae
地理分布	从欧洲西部（比利牛斯山脉和英格兰南部）通过中欧向北到波罗的海，向东到黑海
栖息地	森林、灌木篱墙和灌木林地，特别是钙质土壤上的灌木林
寄主植物	主要为田园槭 *Acer campestre*，也许还有槭属的其他种类 *Acer* spp.
特色之处	在欧洲取食槭树的种类中独一无二
保护现状	没有评估

成虫翅展
1³⁄₁₆~1¾ in (30~45 mm)

幼虫长度
1³⁄₁₆~1⁵⁄₁₆ in (30~34 mm)

槭羽齿舟蛾
Ptilodon cucullina
Maple Prominent
([Denis & Schiffermüller], 1775])

　　槭羽齿舟蛾将蓝白色的半球形卵少量成群地产在叶子上，幼虫从卵中孵化出来，一年2代的幼虫出现在5~8月。幼虫暴露在叶子上取食和休息，通常独自生活。幼虫在地面的落叶层中结一个薄的茧化蛹，光滑的蛹为棕色，以蛹越冬。

　　当生长到一半大的时候，槭羽齿舟蛾的幼虫看起来很像细羽齿舟蛾 *Ptilodon capucina*，后者也生活在槭树上。然而，本种与细羽齿舟蛾的区别在于其头部有两条略垂直的暗色条纹，而后尾突上的疣突分裂较浅。在成熟时，本种毛虫更像舟蛾属 *Notodonta* 的种类，特别是黄白舟蛾 *Notodonta ziczac*，但后者不取食槭树，也缺少槭羽齿舟蛾后尾突上的双叉疣突，且背面具有较大的峰状突起。赛羽齿舟蛾 *Ptilodon saerdabensis* 与槭羽齿舟蛾非常相似，分布在土耳其、高加索和伊朗，过去被认为是槭羽齿舟蛾的一个亚种。

实际大小的幼虫

槭羽齿舟蛾　幼虫身体底色为白绿色或白棕色，沿背面有较暗的绿色或棕色，在身体的前三分之一处形成1条宽带，其余的深色部分则减弱为3条细线或间断的线。背面有一系列峰状突起，最大的位于第五腹节。靠近后端的突起上有1个粉红色的双叉疣突。

科名	舟蛾科 Notodontidae
地理分布	从比利牛斯山脉穿过阿尔卑斯到巴尔干
栖息地	碎石和遮蔽的山谷
寄主植物	杨属 *Populus* spp. 和柳属 *Salix* spp.
特色之处	多毛而呈棕色，出没在阿尔卑斯地区
保护现状	没有评估

成虫翅展
$1^{1}/_{16}$~$^{3}/_{4}$ in (18~20 mm)

幼虫长度
$^{9}/_{16}$~$^{3}/_{4}$ in (15~20 mm)

阿尔卑斯裂舟蛾
Rhegmatophila alpina
Alpine Prominent
(Bellier De La Chavignerie, 1881)

531

阿尔卑斯裂舟蛾将卵产在杨树和柳树叶子上，幼虫从卵中孵化出来。幼虫沿枝条或茎干休息时，其暗棕色的外表提供了良好的伪装。以棕色的蛹越冬，成虫于翌年春季羽化。

灰褐色的小型成虫出现在5～9月。通常一年发生2代，但在其分布区的北部可能只有1代。成虫夜晚活动，白天在树皮上休息，其具有灰色斑纹的翅膀将自身与周围的树皮底色完美地融为一体。阿尔卑斯裂舟蛾的英文名字源自其前翅后缘有突出的毛簇，且分布在阿尔卑斯地区。后者也反映在其拉丁学名 *alpina* 上。裂舟蛾属 *Rhegmatophila* 是一个小属，仅包括3种。

阿尔卑斯裂舟蛾 幼虫具有棕色的身体底色，其末端稍变细。具有棕色程度稍不相同的几条纵带，还有一些轮生的疣突，上有浅棕色的刚毛。胸部有2个黑色的腹斑，头部为棕色，具有暗棕色的花纹。

实际大小的幼虫

科名	舟蛾科 Notodontidae
地理分布	北美洲，从加拿大东南部到美国佛罗里达州，西到得克萨斯州
栖息地	田野、公园和森林
寄主植物	椴属 *Tilia* spp.、栎属 *Quercus* spp.、山毛榉属 *Fagus* spp.、悬钩子属 *Rubus* spp. 和番薯属 *Ipomoeae* spp.
特色之处	拟态一片叶子
保护现状	没有评估，但被认为在其分布范围内安全

成虫翅展
1⅞~1⅞ in (36~47 mm)

幼虫长度
1⁹⁄₁₆ in (40 mm)

532

番薯琦舟蛾
Schizura ipomoeae
Morning Glory Prominent
Doubleday, 1841

番薯琦舟蛾的幼虫是伪装高手。像琦舟蛾属的其他种类一样，幼虫挖掉叶子组织的一部分，然后置身于挖空的叶腔内。这种行为使幼虫在众目睽睽之下得以隐藏，饥饿的鸟类和其他捕食者会将它们看成是卷曲的叶子组织。在北美洲北部只能看见每年发生1代的幼虫，而在南部一年发生2代，成熟的幼虫从6月经过夏季和秋季持续存在数月之久。番薯琦舟蛾的幼虫经常被茧蜂科的幼虫寄生。

本种的名字容易使人产生误解，实际上其幼虫更多地被发现取食乔木和灌木的叶子，而不是番薯。番薯琦舟蛾的幼虫会被误认为是形态相似的单角琦舟蛾 *Schizura unicornis*。仔细检查二者头部和背面的花纹，是区分两者的最好方法。成虫夜间活动，出现在4~9月。

实际大小的幼虫

番薯琦舟蛾 幼虫身体底色为浅棕色，沿腹部有蠕虫状的斑纹，在胸部有1块明显的绿色的马鞍形斑。第一和五腹节具有峰状的突起。本种最明显的鉴别特征是身体背面有白色的"人"形斑，以及头部具条纹。

科名	舟蛾科 Notodontidae
地理分布	北美洲
栖息地	落叶的林地和森林、公园和花园
寄主植物	各种乔木和灌木，包括欧洲桤木 *Alnus glutinosa*、桦属 *Betula* spp.、山楂属 *Crataegus* spp.、杨属 *Populus* spp. 和柳属 *Salix* spp.
特色之处	巧妙伪装，如果受到惊扰会喷射蚁酸
保护现状	没有评估

成虫翅展
$^{15}/_{16}$~$1^{3}/_{8}$ in (24~35 mm)

幼虫长度
$1^{3}/_{16}$ in (30 mm)

单角琦舟蛾
Schizura unicornis
Unicorn Caterpillar
(J. E. Smith, 1797)

533

单角琦舟蛾的雌蛾将小而圆的卵产在寄主植物叶子的背面。奇形怪状的幼虫从卵中孵化，活动时间从 5 月持续到 10 月。然后幼虫坠落到地面，在落叶层中结一个保护性的茧化蛹。本种以幼虫越冬，于春季结茧化蛹。在其分布范围的南部地区成虫出现在 2～9 月，在北部则出现在 5～8 月。每年只发生 1 代。

单角琦舟蛾的名称源自其幼虫的外形。它的第一腹节上有 1 个大型的角突，并与 1 个颈腺相连，如果受到惊扰，它从颈腺喷射出蚁酸。这个角突与穿过胸部的绿带形成的破坏性颜色共同为毛虫提供了极佳的伪装。成虫也通过伪装保护自己，它们将翅膀包裹在身体上形成一个管状，看起来像一截折断的枝条。

单角琦舟 幼虫身体底色大部分为斑驳的棕色，胸部 2 节为鲜绿色，侧面有 2 条微弱的暗色纵线。第一腹节背面有 1 个显著的峰状突起，第八腹节有 1 个很小的突起。

实际大小的幼虫

科名	舟蛾科 Notodontidae
地理分布	穿过欧洲的中部和南部及欧洲北部的一部分，进入俄罗斯南部、土耳其、伊朗和伊拉克
栖息地	橡树林地、草地和靠近橡树的灌木区
寄主植物	栎属 *Quercus* spp.
特色之处	枝条状，以橡树叶为食
保护现状	没有评估，但在其分布范围的部分地区濒危

成虫翅展
1⅜~1⁹⁄₁₆ in (35~40 mm)

幼虫长度
2 in (50 mm)

银斑金舟蛾
Spatalia argentina
Argentine Moth
(Denis & Schiffermüller, 1775)

534

银斑金舟蛾将卵产在橡树老叶上，幼虫从卵中孵化出来。幼虫通常从叶片顶端的一侧沿中脉向下取食，枝条状的外形使其极佳地隐蔽在叶子之中。幼虫移动到地面结一个疏松的茧化蛹，以暗棕色的蛹越冬，成虫在翌年春末羽化。

银斑金舟蛾因前翅有银斑而得英文名"银色蛾"（Argentine Moth），也被称为"银斑污齿纺丝虫"（Silver Stain-thoothed Spinner）。因 Argentine 也是阿根廷的国名，所以容易被误解为阿根廷蛾，但实际上南美洲任何地方都没有发现这种舟蛾。银斑金舟蛾的成虫夜间活动，出现在4~8月，一年发生2代，但在其分布范围的北部可能只有1代。银斑金舟蛾正受到橡树林地，特别是橡树幼苗生长的开阔林地的丧失所带来的威胁。该种也会被森林中喷洒的农药杀死，这些农药本是用来防治害虫的，例如舞毒蛾 *Lymantria dispar*，而它也取食橡树。

银斑金舟蛾 幼虫具有斑驳的淡棕色，头部和足为橙棕色。有几条微弱的白线纵贯整个身体。胸部后方有2个暗棕色的结节，第十节有1个镶棕边的横脊突，第十一节有另一个结节，就像1根生有叶芽的枝条。

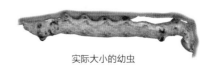

实际大小的幼虫

科名	舟蛾科 Notodontidae
地理分布	欧洲，向东穿过亚洲（南部除外）到日本
栖息地	林地（特别是山毛榉 *Fagus* spp. 林地）、灌木林、灌木篱墙和果园
寄主植物	各种乔木和灌木，包括苹果属 *Malus* spp.、山毛榉属 *Fagus* spp.、桦属 *Betula* spp.、欧洲榛 *Corylus avellana*、椴属 *Tilia* spp. 和柳属 *Salix* spp.
特色之处	奇怪的外形是其完美的伪装
保护现状	没有评估

成虫翅展
2~2¾ in (50~70 mm)

幼虫长度
2¾ in (70 mm)

苹蚁舟蛾
Stauropus fagi
Lobster Moth
(Linnaeus, 1758)

苹蚁舟蛾将小球形卵单个产在叶子上，幼虫从卵中孵化出来。一龄幼虫仅取食卵壳，早期的幼虫拟态蚂蚁或蜘蛛，如果受到惊扰，它们会像一只受伤的蚂蚁一样摆动身体。它们也有好斗的习性，会攻击任何靠近的小昆虫。每一次蜕皮，幼虫都会获得更夸张一些的外形，长出长的足和膨大的腹部。成熟的幼虫移动到地面，在落叶层中结茧化蛹，以蛹越冬。成虫于5月和6月出现。

因红褐色的幼虫具有奇怪的甲壳类动物的外形，所以本种俗名中有"龙虾"（lobster），而这样的外形为其在寄主植物上提供了完美的伪装。当受到惊扰时，毛虫会抬高其头部和"尾巴"，并将其长足向前伸展。它也能从胸部下方的腺体中喷射出蚁酸来驱离捕食者，如小鸟或试图寄生它的姬蜂。

实际大小的幼虫

苹蚁舟蛾 幼虫身体大部分为红褐色，具有大型的头部和极长的蚂蚁状的足。第四到第七节背面有一系列峰状突起，臀节明显膨大，并在伸出腹部后端的1对细长臀足处结束。

科名	舟蛾科 Notodontidae
地理分布	从欧洲进入亚洲
栖息地	林地、公园和花园
寄主植物	主要为栎属 *Quercus* spp.；也包括山毛榉属 *Fagus* spp.、桦属 *Betula* spp.、欧洲榛 *Corylus avellana* 和板栗属 *Castanea* spp.
特色之处	具有数千根可拆分的刚毛，其中含有强烈的刺激物
保护现状	没有评估

成虫翅展
1~1⅜ in (25~35 mm)

幼虫长度
1³⁄₁₆ in (30 mm)

536

橡树列舟蛾
Thaumetopoea processionea
Oak Processionary
(Linnaeus, 1758)

橡树列舟蛾的雌蛾将卵成列地产在枝条和树枝上，以卵越冬，幼虫于翌年4月孵化。幼虫群集生活，在树枝下或树干上吐丝织一个公共的巢，留下白色的丝线痕迹。它们会使寄主植物大量失去叶子，且更容易生病。在它们完成所有龄期的发育后，毛虫在巢内蜕皮并化蛹，蛹为棕色。成虫出现在5～9月。

本种毛虫因其步行的习性而得名，它们沿树枝或在地面上首尾相接地列队前进。它们的刚毛中包含异源蛋白（thaumetopoein），这是一种强烈的刺激物，人们接触到它们时会引起皮疹和过敏反应。从其身上掉落的在空气中传播的刚毛，甚至掉到地面上的刚毛都保持有刺激作用。在报告有感染的地区，公共机关会立即对树喷洒杀虫剂，在少数情况下还会焚烧受感染的区域。

橡树列舟蛾 幼虫身体大部分为灰棕色，具有暗色的头部，背面有1条暗色的纵纹，侧面有1条白色的线。红色的突起上生有白色的长毛簇。此外，身体上还覆盖着数千根较短的刚毛，其中含有刺激物。

实际大小的幼虫

科名	裳蛾科 Erebidae
地理分布	哥伦比亚和厄瓜多尔境内的安第斯山脉
栖息地	湿润的山地森林和森林边缘
寄主植物	多厄拉托 *Erato polymnioides* 和微野牡丹属 *Miconia* spp.
特色之处	刚毛可以折断，可引起人严重的皮肤瘙痒
保护现状	没有评估，但不被认为受到了威胁

成虫翅展
2⅗₁₆~3³⁄₁₆ in (65~77 mm)

幼虫长度
2⅜~2¾ in (60~70 mm)

阿玛裳蛾

Amastus ambrosia

Amastus Ambrosia

(Druce, 1890)

537

　　阿玛裳蛾的粗壮幼虫会单独在寄主植物上。成虫产下的一窝卵中究竟有多少粒，不得而知。幼虫身体上覆盖着棕色的刚毛，在化蛹时毛虫将这些刚毛编织到茧上，或可为蛹提供良好的保护，避免捕食者的伤害。已知至少有一种鸟 —— 黄胸裸鼻雀 *Pipraeidea melanonota* 捕食这种多刺的毛虫。毛虫暗色的身体上具有鲜深红色的气门，可能是一种警戒色，但常常被刚毛遮挡而显得比较模糊。

　　当受到惊扰时，较大的个体会疯狂地摆动身体，而较小的个体会迅速从寄主植物上坠落到地面。当人用手抓时，毛虫的刚毛会折断，引起人严重的皮肤瘙痒。直到最近，这里提供照片的亚种（*Amastus ambrosia ther-midora*，Hampson，1920）被认作为一个独立的物种。

阿玛裳蛾 幼虫具有红棕色的头部，其身体底色为暗灰棕色，大多具有不明显的奶油色和黑色的斑纹。身体上生有中等密度的刚毛，刚毛短而硬，基部为红棕色，主干为暗色，末端为红棕色。胸足为黑色，腹足的颜色与身体的颜色相似，但趾的颜色较暗。

实际大小的幼虫

科名	裳蛾科 Erebidae
地理分布	围绕地中海，向东到达中亚和中国的西北地区
栖息地	干燥的灌木林和草地
寄主植物	蝶形花科 Fabaceae 植物，特别是染料木属 Genista spp. 和金雀花属 Spartium spp.
特色之处	色彩鲜艳，表明自身不可口
保护现状	没有评估，但常见

成虫翅展
2¹⁵⁄₁₆~3¼ in (74~82 mm)

幼虫长度
1⁹⁄₁₆ in (40 mm)

538

仿爱夜蛾
Apopestes spectrum
Apopestes Spectrum
(Esper, 1787)

仿爱夜蛾将卵产在蝶形花科的各种植物上，特别是西班牙金雀花 *Spartium junceum* 上，幼虫从卵中孵化出来。幼虫复杂的颜色使它们很醒目，以对潜在的捕食者发出清楚的警告："离我远点！"幼虫的活动时间从春末持续到仲夏，然后化蛹。成虫在 7 月羽化，之后进入休眠，直到越冬，在翌年春季随着气温的升高，成虫开始出来活动。一年发生 1 代，成虫于春季出现。

本种过去的学名为 *Noctua spectrum*。它在中国被深入研究，因为在中国西部地区其幼虫和成虫数量的日益增长，对当地石窟中的壁画文物造成了危害。人们发现，毛虫腹足在壁画表面的攀爬会破坏壁画的颜色，而成虫分泌的蚁酸也会使壁画褪色。

仿爱夜蛾 幼虫身体底色由黄色、白色和黑色组成。头部为黑色和白色，身体底色为黑色，背面有乳白色的纵线，侧面有 1 条黄色的宽带，其中嵌有黑色的斑点，还有一些间断的白色与黄色线及镶白边的斑点。

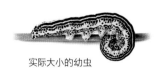

实际大小的幼虫

科名	裳蛾科 Erebidae
地理分布	加拿大南部、美国（从纽约州向西到华盛顿州、俄勒冈州和加利福尼亚州）；还有欧洲及亚洲（远北和远南除外）
栖息地	花园、公园、河谷和草地
寄主植物	广泛的草本植物，包括荨麻属 *Urtica* spp.、蕨菜 *Pteridium aquilinum*、酸模属 *Rumex* spp.、悬钩子属 *Rubus* spp. 和忍冬属 *Lonicera* spp.
特色之处	特别多毛，被普遍称为"多毛熊"（woolly bear）
保护现状	没有评估，但在许多国家的种群数量正在下降

成虫翅展
1¼~2⁹⁄₁₆ in (45~65 mm)

幼虫长度
2⅛~2⅜ in (55~60 mm)

豹灯蛾
Arctia caja
Garden Tiger Moth
(Linnaeus, 1758)

539

豹灯蛾的雌蛾在 7~8 月将卵产在寄主植物叶子的背面，每窝卵在 50 粒以上，大约 10 天后幼虫从蓝黄色的卵中孵化出来。幼虫孵化后立即分散开来独自生活。在 2 个龄期后，还未长大的幼虫进入越冬状态，翌年春季恢复取食和生长。幼虫通常在 5 月底完成发育，经常可以看见预蛹期的幼虫四处漫游，寻找合适的化蛹场所。幼虫吐丝，将丝与其身上的刚毛一起编织成一个疏松的茧化蛹。

成虫于 7 月羽化，身体上具有鲜艳的棕色、白色、红色和蓝色，其醒目的外形明确地告诉捕食者："我不好吃！"虽然身体上覆盖着长毛，但幼虫仍然频繁地遭到寄生蜂和寄生蝇的寄生。豹灯蛾从前在英国是一个常见种，但据估计，过去 20 年中其种群数量已经下降了 30%~40%。

豹灯蛾 幼虫背面浓密地覆盖着黑色的长毛和一些白色的短毛。背面为黑色，侧面为棕橙色，每一节的侧面有 4 个白色的斑点。头部为黑色，但通常隐藏在刚毛之中。

实际大小的幼虫

科名	裳蛾科 Erebidae
地理分布	欧洲，穿过亚洲的北部和中部到日本
栖息地	落叶与混交的森林
寄主植物	各种树木，包括山毛榉属 *Fagus* spp. 和桦属 *Betula* spp.
特色之处	利用突然运动和坠落来逃避捕食者
保护现状	没有评估

成虫翅展
1⅜~1¼ in (35~45 mm)

幼虫长度
2 in (50 mm)

540

白毒蛾
Arctornis l-nigrum
Black V
(Müller, 1764)

白毒蛾 幼虫具有黑色的头部和栗棕色的身体，体表覆盖有棕色、黑色和乳白色的长毛，前端和后端的刚毛格外地长。背面有浅白色的条纹。

　　白毒蛾的雌蛾将卵少量成群地产在寄主树叶子的表面，幼虫孵化后就在叶子上取食。不取食的时候，幼虫在叶子上休息，如果受到惊扰，它们轻弹到一侧，有时故意坠落，尽力避免被捕食。二龄或三龄幼虫移动到地面的落叶层中，有时爬到卷曲的叶子中越冬。

　　幼虫于翌年春季出来恢复取食，并完成发育。然后它们在叶子之中吐丝结茧，在其中化蛹。通常一年发生1代，但偶尔也会在夏末和初秋部分地发生第二代。成虫出现在5~7月，其前翅上有一个明显的"V"字形斑，故得其英文俗名（Black V）。本种广泛地分布在亚洲，那里有数个亚种。

实际大小的幼虫

科名	裳蛾科 Erebidae
地理分布	中国南部、中国台北、东南亚、菲律宾、新几内亚和澳大利亚东北部
栖息地	低地到山区的森林
寄主植物	很多种类，包括芒果 *Mangifera indica*、榕属 *Ficus* spp.、油棕 *Elaeis guineensis*、婆罗双树 *Shorea robusta*、桉属 *Eucalyptus* spp. 和芸薹属 *Brassica* spp.
特色之处	多毛且色彩鲜明，具有惊人的防御策略
保护现状	没有评估，但十分常见

成虫翅展
1¹⁄₁₆~2⅜ in (40~60 mm)

幼虫长度
2 in (50 mm)

无忧花丽毒蛾
Calliteara horsfieldii
Horsfield's Tussock Moth
(Saunders, 1851)

541

　　虽然无忧花丽毒蛾的幼虫具有醒目的浓密黄毛，但它们在叶子背面的阴影下还是非常不显眼。如果受到惊扰它们会使胸部呈弓形，暴露出与黄色外表呈鲜明对比的漆黑节间膜。这足以将一个捕食者吓跑，因为这种节间膜甚至像脊椎动物睁开的一只眼睛。幼虫在50~60天的时间内完成7个龄期的发育，然后在寄主植物的叶子之间吐丝编织一个倒置的空洞，在其中化蛹。首先吐丝铺一个丝垫，然后将幼虫的长毛和丝共同编织成一个透明且坚固的双层茧。蛹期持续9~14天。

　　无忧花丽毒蛾幼虫的食性极其广泛，目前统计到的寄主植物超过30科50属，包括一些有经济价值的植物，反映出它适应环境和扩大地理分布的能力极强。成虫具有性二型现象，雌蛾的体型较大，颜色较淡。作为毒蛾亚科 Lymantriinae 中不取食的一个族的代表，成虫只能存活4~8天。

无忧花丽毒蛾 幼虫的底色为珍珠白色，但几乎布满了亮黄色的次生长刚毛。腹部前四节的背面有4个密集的毛丛，在后部有一个较长的毛刷。在第一腹节和第二腹节（相当于前两个背毛丛）之间通常隐藏或部分隐藏着黑色的节间膜。

实际大小的幼虫

科名	裳蛾科 Erebidae
地理分布	欧洲，穿过亚洲到日本
栖息地	落叶林地、灌木和公园地
寄主植物	各种乔木和灌木，包括桦属 *Betula* spp.、山楂属 *Crataegus* spp.、柳属 *Salix* spp. 和葎草属 *Humulus* spp.
特色之处	多毛而又大量食叶，曾经被戏称为"葎草狗"
保护现状	没有评估

成虫翅展
1¹¹⁄₁₆~2³⁄₈ in (40~60 mm)

幼虫长度
1⁹⁄₁₆~2 in (40~50 mm)

542

丽毒蛾
Calliteara pudibunda
Pale Tussock
(Linnaeus, 1758)

丽毒蛾将卵成群地产在叶子的背面，一窝300~400粒，幼虫从卵中孵化出来。幼虫最初群集生活，但后期分散开来独自生活。色彩鲜艳的刚毛是对潜在捕食者的警告，因为这些刚毛具有刺激性且容易脱落，在被动物吞食后会塞满它们的嘴。幼虫爬到地面在落叶层中吐丝结茧并在其中化蛹，以蛹越冬。成虫出现在4~6月，一年发生1代。

本种多毛的幼虫曾经是葎草的主要害虫，被葎草工人称为"葎草狗"。现在的葎草田野被喷洒了杀虫剂，因此本种已经很少见了。然而，本种的种群在森林和林地中周期性地爆发，引起树木落叶。通常树木不会遭受长期的危害，因为落叶发生在生长季的晚期。

丽毒蛾 幼虫为绿黄色，背面有1列黑色的斑纹。头部和身体覆盖着乳白色的毛簇。腹部背面有4个显著的黄色毛簇，腹部末端有1个由红褐色的毛簇形成的极长的尾突。

实际大小的幼虫

科名	裳蛾科 Erebidae
地理分布	北美洲，从加拿大东南部到美国佐治亚州北部，西到得克萨斯州
栖息地	山地森林和湿地森林
寄主植物	唐松草属 *Thalictrum* spp.
特色之处	模拟叶蜂
保护现状	没有评估

成虫翅展
1⁵⁄₁₆~1⁹⁄₁₆ in (33~40 mm)

幼虫长度
1⅜ in (35 mm)

加拿大枭裳蛾
Calyptra canadensis
Canadian Owlet
(Bethune, 1865)

543

　　加拿大枭裳蛾的幼虫专门取食唐松草属植物。幼虫最常见于潮湿的高海拔林地，那里生长着它们的寄主植物。在正常的分布范围内通常一年只发生1代，在远西端可能有2代。在美国东部，从7月初开始的整个夏季都能发现成熟的幼虫。以蛹越冬。成虫出现在6~9月，它们刺吸果实（吸果裳蛾亚科 Calpinae），被灯光吸引。据报道，有些蛾子会偏离正常的分布范围向南和向西飞。

　　在习性和颜色方面，加拿大枭裳蛾的幼虫偏爱模拟叶蜂（膜翅目 Hymenoptera）的幼虫，包括习性和颜色两个方面。尽管幼虫有一整套功能齐全的腹足，但它却以丈量的方式向前推进身体。当受到威胁时，它将头部折叠在身体的下方，这是另一个叶蜂状的特征。然而，数一下其腹足的数量就很容易将本种毛虫与有相似花纹的叶蜂幼虫区分开来。本种毛虫有4对腹足，而叶蜂幼虫总是有6对或更多的腹足。

加拿大枭裳蛾 幼虫大部为黄色和白色，沿身体纵向有间断的黑色斑点。黄色的头部两侧有黑色的斑点。4对腹足的颜色范围从黄色到黑色，随年龄和龄期不同而异。胸足为红色或橙色。早期的幼虫为淡黄色，具有一系列暗色的斑点。

实际大小的幼虫

科名	裳蛾科 Erebidae
地理分布	非洲北部、欧洲的地中海地区、土耳其、俄罗斯南部和中亚
栖息地	温暖的橡树林
寄主植物	栎属 *Quercus* spp.
特色之处	枝条状，很好地隐藏在橡树上
保护现状	没有评估，但在其分布范围的一些地区被归为稀少级别

成虫翅展
2⁹⁄₁₆~3⅝ in（65~92 mm）

幼虫长度
2~2¾ in（50~70 mm）

544

斑裳夜蛾
Catocala dilecta
Catocala Dilecta
(Hübner, 1808)

　　斑裳夜蛾将卵产在其寄主树的树皮缝中，以卵越冬，幼虫于翌年春末从卵中孵化出来。幼虫的孵化时间与树木吐出新叶的时间同步，然后幼虫从 4 月活动到 6 月。毛虫树皮状的隐藏色为其提供了完美的伪装，所以当它们在枝条和枝干上休息时很难被发现。幼虫在树冠的叶子之间吐丝结一个黄色的薄茧，在其中化蛹。

　　成虫出现在 6 月底到 9 月，每年发生 1 代。对单一寄主植物的依赖使得本种的数量下降，这种状况由于橡树林被清除而进一步恶化，特别是在地中海地区国家；另外，在森林中使用的农药也扫除了本种，还包括所有的蛾类和蝴蝶。

实际大小的幼虫

斑裳夜蛾　幼虫身体底色为浅棕色，上面有很多暗棕色的小斑点。在整个腹部有成列的红褐色的疣突，每个疣突上都生有 1 根暗色的短毛。在胸部和腹部的两侧都有 1 列缨毛。头部为斑驳的棕色，有一些与身体颜色相似的刚毛。

科名	裳蛾科 Erebidae
地理分布	从西班牙东部向东经过欧洲南部和中部、俄罗斯南部和高加索，到中国、朝鲜和日本
栖息地	潮湿的林地和河谷中的灌木丛
寄主植物	主要为柳属 *Salix* spp.，也包括杨属 *Populus* spp.
特色之处	光滑，主要生活在树皮光滑的树上
保护现状	没有评估

成虫翅展
2⁹⁄₁₆~3⅛ in (65~80 mm)

幼虫长度
2⅛~3⅛ in (55~65 mm)

柳裳夜蛾
Catocala electa
Rosy Underwing
(Vieweg, 1790)

545

柳裳夜蛾将具紫色污点的淡灰色卵产在树干或树枝的树皮缝中，以卵越冬，幼虫于 4 月或 5 月从卵中孵化，到 6 月或 7 月成熟。它的栖息地与其近缘种（例如红裳夜蛾 *Catocala nupta*）相似。幼虫于夜晚取食，白天在枝条、枝干或树干上休息。成熟的幼虫在寄主植物的叶子之间或树皮缝中结茧化蛹。

像裳夜蛾属 *Catocala* 中很多取食柳树和杨树的种类一样，柳裳夜蛾的幼虫体表相当光滑，能很好地伪装在这些树的树皮上。本种幼虫与红裳夜蛾幼虫的区别在于第六节的疣突大且呈黄色（不是棕色或灰色），沿背面的成对疣突的颜色为更鲜艳的橙棕色。成虫具有粉红色和黑色的后翅，出现在 7~9 月，一年发生 1 代。

柳裳夜蛾 幼虫身体底色为灰棕色，覆盖有微小的形状不规则的暗色斑点，有时形成不规则的条纹。每侧的下缘有 1 列短的缨毛，沿背面有成对的橙棕色的小疣突。第八节有 1 个淡黄色的疣突，第十一节有 1 条黄棕色或暗灰色的带及 2 个淡棕色或淡黄色的大疣突。

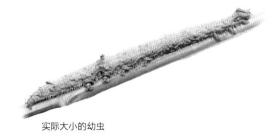

实际大小的幼虫

科名	裳蛾科 Erebidae
地理分布	欧洲西部（包括英格兰南部，最近重新定居在那里）到中东，穿过亚洲到俄罗斯远东和日本①
栖息地	通常为林地和树木较多的地区
寄主植物	主要为欧洲山杨 Populus tremula 和其他杨属 Populus spp.；也包括梣属 Fraxinus spp.、栎属 Quercus spp.、柳属 Salix spp.、欧洲山毛榉 Fagus sylvatica 及其他树木
特色之处	善于隐蔽，在取食前需要移动一段距离
保护现状	没有评估，但在其分布范围的大部分地区常见

成虫翅展
3½~4⅜ in (90~112 mm)
幼虫长度
2⁹⁄₁₆~3 in (65~75 mm)

546

缟裳夜蛾
Catocala fraxini
Clifden Nonpareil
(Linnaeus, 1758)

缟裳夜蛾的卵为淡灰色，半球形，具有竖脊纹。以卵在树枝或树干上越冬，幼虫于5月或6月从卵中孵化出来。经过饲养观察，初龄幼虫需要不断地爬行数小时后才能安定下来取食。然后，它在夜晚取食，沿树枝休息，像裳夜蛾属的其他幼虫一样，其伸展的足经常向侧面张开。幼虫在7月发育成熟，在寄主植物上化蛹，经常在粘在一起的叶子之间结茧。

早期幼虫的行为说明，它们通常生活在树的高处，在取食前必须移动一段长的距离。在较高龄阶段，人用手捉它时，它也显得懒散迟钝。在野外很难看见本种毛虫，其形状、颜色和侧面的缨毛使它高度隐蔽。成虫具有蓝色和黑色的后翅，出现在8~10月，一年发生1代。它们有规律地向分布区外迁飞。本种另一个俗名为"蓝裳夜蛾"（Blue Underwing）。

缟裳夜蛾 幼虫相当光滑而扁平，沿每侧下缘有1列短的缨毛。身体为蓝灰色或灰棕色，覆盖着灰色和淡黑色的微小斑点，在第八节和第九节形成1条暗色带。第八节和第十一节上各有1个矮的峰突，第十一节上还有1条窄的角状黑带。

实际大小的幼虫

① 中国的黑龙江和云南也有分布。——译者注

科名	裳蛾科 Erebidae
地理分布	美国和加拿大南部
栖息地	橡树森林或有橡树的灌木林
寄主植物	栎属 *Quercus* spp.，包括黑橡、红橡和白橡
特色之处	善于隐蔽，与树皮上的地衣融为一体
保护现状	没有评估，但常见

伊利裳夜蛾
Catocala ilia
Ilia Underwing
Cramer, 1780

成虫翅展
2⁹⁄₁₆~3¼ in (65~82 mm)

幼虫长度
2⅜~2¾ in (60~70 mm)

547

　　伊利裳夜蛾的幼虫于春季从越冬的卵中孵化出来。本种在北美洲的东部最常见，那里的研究表明，幼虫喜欢取食伊利栎 *Quercus ilicifolia*。在康涅狄格州，幼虫在4月的最后几天孵化，取食新长出的叶子，这是早期最适合幼虫的食物。裳夜蛾属的幼虫有很强的隐蔽性，它们的颜色与其栖息的树皮颜色极为匹配，但伊利裳夜蛾的幼虫偶尔会模拟较鲜艳的地衣。它们利用伪装术来躲避天敌，取食无毒的树叶，它们是鸟类和其他捕食者的美味佳肴。在幼虫化蛹之后，成虫相继羽化，成虫的活动期从6月持续到9月。

　　裳夜蛾属在世界上已知150种以上，它们的英文俗名中均有"下翅"（underwings），因为它们的后翅大多有鲜艳的颜色，在休息时隐藏在隐蔽的前翅之下。在美国西部，伊利裳夜蛾西部亚种 *Catocala ilia zoe* 的形态相当特别，可能是与东部种群完全不同的物种。伊利裳夜蛾最容易与阿禾裳夜蛾 *Catocala aholibah* 相混淆——，这是另一个以橡树为食的物种。

伊利裳夜蛾　幼虫身体底色为斑驳的绿色与黑色或灰色与黑色，背面有小的峰突，形成隐蔽色的斑纹，与橡树枝上的地衣相匹配。幼虫的腹面扁平，侧面的缨毛增强了它在基底上的伪装效果。当幼虫的身体翻转过来时，可以看到其完全不同的腹面：粉紫色的腹面，每一节上有1条宽的黑色横纹。

实际大小的幼虫

科名	裳蛾科 Erebidae
地理分布	欧洲西部到小亚细亚，穿过亚洲到中国北部、俄罗斯远东地区和日本
栖息地	林地、湿地边缘、灌木篱墙和花园
寄主植物	柳属 *Salix* spp. 和杨属 *Populus* spp.
特色之处	典型的裳夜蛾属毛虫，夜晚取食，白天隐藏①
保护现状	没有评估，但在其分布范围的大部分地区常见

成虫翅展
2¾~3½ in (70~90 mm)

幼虫长度
2⅜~2¼ in (60~70 mm)

548

红裳夜蛾
Catocala nupta
Red Underwing
(Linnaeus, 1767)

红裳夜蛾将具脊纹的灰棕色卵产在寄主植物的树皮缝内，以卵越冬，幼虫于 4 月或 5 月从卵中孵化出来。在室内饲养的过程中，幼虫最初非常紧张不安。在野外，幼虫于夜晚爬到树上取食，白天在树干或树枝的树皮缝中躲藏。幼虫于 7 月结束取食，在寄主植物粘连的叶子之间或树皮缝中结茧化蛹。

红裳夜蛾与缟裳夜蛾 *Catocala fraxini* 的幼虫相似，尽管后者的幼虫缺乏成对的棕色疣突和暗色刚毛。裳夜蛾属的很多其他种类都以柳树和杨树为食，它们的幼虫都与红裳夜蛾有相似的外形和生活史，它们相互之间仅在疣突、峰突、斑纹和颜色方面有细微的差别。红裳夜蛾的成虫出现在 8~10 月，一年发生 1 代。

实际大小的幼虫

红裳夜蛾 幼虫身体底色灰棕色或灰色，具有模糊而不规则的细线和斑点。沿背面有 2 列棕色或淡红色的小疣突，沿每一侧的下缘有 1 列缨毛。身体上疏松地覆盖着暗色的硬刚毛，在较暗的第八节（具有较大的疣突）和第十一节上有峰状突起。

---

① 原文为白天取食，夜晚隐藏。根据正文和裳夜蛾属的习性，应该是夜晚取食，白天隐藏。——译者注

科名	裳蛾科 Erebidae
地理分布	欧洲西部，东到乌拉尔、非洲北部和小亚细亚
栖息地	温暖而通常干燥的林地，其中有丰富的橡树
寄主植物	栎属 *Quercus* spp.，包括夏栎 *Quercus robur*、无梗花栎 *Quercus petraea* 和美洲白橡 *Quercus pubescens*
特色之处	不太光滑的裳夜蛾属毛虫，以适应树皮有结节的寄主植物
保护现状	没有评估

暗红裳夜蛾
Catocala sponsa
Dark Crimson Underwing
(Linnaeus, 1767)

成虫翅展
2⅜~3⅛ in (60~80 mm)

幼虫长度
2⅛~2⁹⁄₁₆ in (55~65 mm)

549

　　暗红裳夜蛾棕色与黄色的卵呈稍扁的球形，以卵越冬，幼虫于 4 月从卵中孵化出来。幼虫在 6 月完成发育。它们于夜晚取食，最容易被发现，而白天在树枝、树干上，或经常在树皮缝中隐藏。像裳夜蛾属的其他种类一样，蛹覆盖着一层蓝白色的粉粒，成熟的幼虫在寄主植物粘连的叶片之间，树皮缝或树枝的空洞中结茧化蛹。

　　与取食柳树和杨树的裳夜蛾属的种类相比，暗红裳夜蛾幼虫的外形不够光滑，具有较大的疣突和峰突，模仿橡树有较不规则的结节的枝条和枝干。斑裳夜蛾 *Catocala dilecta* 的幼虫也生活在温暖的橡树林中，与暗红裳夜蛾非常相似，但缺乏淡色斑。暗红裳夜蛾的成虫出现在 7 月底到 10 月中旬，一年发生 1 代。

实际大小的幼虫

暗红裳夜蛾　幼虫身体底色为棕色、淡灰色或浅黑色，具有几个浅白色或淡黄色的斑或带。沿背面有成对的棕色或浅黑色的疣突，沿侧面也有一些疣突；第八节有 1 个相当大的峰突和疣突，1 个峰突和 2 个疣突出现在第十一节上。身体上稀疏地覆盖着暗色的硬刚毛。

科名	裳蛾科 Erebidae
地理分布	喜马拉雅山脉，印度东北部，中国南部，婆罗洲、苏拉威西岛和日本南部的岛屿
栖息地	低到中等纬度的山地森林
寄主植物	地衣、苔藓和藻类
特色之处	多毛，在树干和树枝上取食微生物
保护现状	没有评估，但可能十分常见

成虫翅展
2⅛~2⅜ in (55~60 mm)

幼虫长度
1⅜~1⁹/₁₆ in (35~40 mm)

550

闪光苔蛾
Chrysaeglia magnifica
Chrysaeglia Magnifica
(Walker, 1862)

闪光苔蛾以地衣（真菌和藻类的一种共生体）及相关的苔藓和藻类为食。因此，通常不能在植物叶子上发现幼虫，但或许蜕皮或化蛹时除外。它们在树干、岩石，甚至人造建筑上取食，那里有丰富的微生物区系；它们通常生活在潮湿阴暗的环境中。它们的食性使潜在的捕食者认为它们并不美味，这种防御方法也延续到成虫阶段。毛虫的食物没有太高的营养，外加其属性和成分，意味着其幼虫阶段需要延长。幼虫在寻找新的取食场所或化蛹时，利用丝线下坠来躲避危险。

成熟的幼虫在叶子表面结一个丝薄片，在薄片之下化蛹。成虫为金属蓝色和橙色，于夜晚飞行，出现在7~9月。闪光苔蛾及苔蛾族 Lithosiini 的其他种类统称为苔蛾。闪光苔蛾的幼虫也有极长的体毛，这是苔蛾族的典型特征。

闪光苔蛾 幼虫身体细长，具有纤细的黑色与白色的纵条纹。每节生有多个疣突，上面有白色的长刚毛，其中侧面的最长和最多，直达前端和后端。下腹部和腹足为红色或粉红色。前胸的疣突和后节具有蓝色色调。

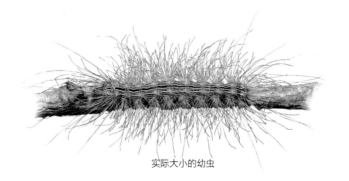

实际大小的幼虫

科名	裳蛾科 Erebidae
地理分布	厄瓜多尔东部
栖息地	湿润和半湿润的山地森林的边缘
寄主植物	紫草科 Boraginaceae 的未知属种
特色之处	颜色和行为说明它不可食
保护现状	没有评估，但不被认为受到了威胁

成虫翅展
$1\frac{11}{16} \sim 1\frac{15}{16}$ in (43~49 mm)

幼虫长度
$1\frac{3}{8} \sim 1\frac{3}{4}$ in (35~45 mm)

紫草苔蛾
Crocomela erectistria
Crocomela Erectistria
(Warren, 1904)

551

　　紫草苔蛾的身体相当细长，但由于覆盖着刚毛而显得比较大。它有明确的警戒色，鲜黄色和金属蓝的斑纹引人瞩目。本种毛虫群集取食，每群由10~15只个体组成，在叶子的正面休息，这是一种加强警告效果的行为。当受到干扰时，它们从叶子的表面抬起前部和后部，并猛烈地摆动。

　　在其已知相当有限的分布范围内，紫草苔蛾的数量相对稀少，仅有一群毛虫曾经被采集并饲养（在厄瓜多尔东北部）。因为被发现的毛虫以较大的群体共同取食，所以推断它们的卵也是大量成群地产在一起的。然而，关于本种生活史的其他方面仍然一无所知。色彩鲜艳的成虫比幼虫更容易被看见，它们的飞行能力较弱，在白天飞舞，有时可以看到它们在潮湿的沙砾或道路边的水坑中吸水。

紫草苔蛾　幼虫具有亮黑色的头部和黑色的身体底色，身体上有间隔的鲜黄色的宽横带及分散的金属蓝色的斑点。身体上疏松地覆盖着短到中等长度的黑色的硬刚毛，在前节和后节上生有几根非常长而稍呈羽毛状的软刚毛，部分的末端为白色。

实际大小的幼虫

科名	裳蛾科 Erebidae
地理分布	厄瓜多尔东部
栖息地	云雾林的边缘、次生林和更新的滑坡
寄主植物	斯堪朱丝贵竹 Chusquea scandens 和侧叶香根菊 Baccharis latifolia
特色之处	罕见，容易被寄生
保护现状	没有评估，但不被认为受到了威胁

成虫翅展
1¼~1½ in (32~38 mm)

幼虫长度
1⅜~1⁹⁄₁₆ in (35~40 mm)

552

仿家鹿蛾
Desmotricha imitata
Desmotricha Imitata
(Druce, 1883)

仿家鹿蛾的幼虫在自然界中独自生活，加上它们在叶子背面休息的习性，使它们在寄主植物茂密的叶子之中难以被发现。连续击打植物是最常用来击落和采集幼虫的方法。尚不清楚本种毛虫是否可供捕食者食用，但已经知道它们遭受到茧蜂科 Braconidae 和姬蜂科 Ichneumonidae 的几种寄生蜂的寄生。寄蝇科 Tachinidae 的种类也会攻击本种幼虫。

身体上的红色、黑色和蓝色使仿家鹿蛾的成虫能巧妙地模仿成一只马蜂在白天飞舞。尽管如此，已知其成虫在空中遭受到至少一种森林鸟 —— 烟色绿霸鹟 *Contopus fumigatus* 的捕食。由于寄主植物的地理分布范围相当广泛，所以仿家鹿蛾的分布范围也可能远远地超出厄瓜多尔的东部。

实际大小的幼虫

仿家鹿蛾 幼虫粗壮，其横截面略呈方形。其头部全部为鲜橙色，体色呈现三种：背面为亮白色，具有对比强烈的黑色斑纹；腹面为暗黄白色。身体上疏松地覆盖着非常长的软刚毛，其形态稍呈羽毛状，较短的刚毛完全为白色，最长的刚毛的端部为灰色。

科名	裳蛾科 Erebidae
地理分布	哥伦比亚的安第斯山脉，南到玻利维亚
栖息地	潮湿的云雾林的边缘，特别是沿溪流两岸
寄主植物	很多种类，包括迪鹅掌藤 *Scheffera dielssi*、山参属 *Oreopanax* spp.、皱萼苣苔 *Alloplectus tetragonoides*、斯堪朱丝贵竹 *Chusquea scandens*、棍菊属 *Dendrophorbium* spp. 和偶齿鞘菊 *Critoniopsis occidentalis*
特色之处	受到干扰时会间歇性地扭动身体
保护现状	没有评估，但不被认为受到了威胁

成虫翅展
2⅝~2¹⁵⁄₁₆ in (66~74 mm)

幼虫长度
2⅜~2¼ in (60~70 mm)

掌拟灯蛾
Dysschema palmeri
Dysschema Palmeri
(Druce, 1910)

553

尽管掌拟灯蛾的幼虫有鲜艳的颜色，但并不容易碰见它们。幼虫独自取食，通常在寄主植物叶子的背面休息，能很好地躲过潜在捕食者的视线。当受到干扰时，它们间歇性地扭动头部和尾部，使其细长的刚毛在身体上波澜起伏。就目前所知，这些刚毛不会造成人类皮肤瘙痒。

掌拟灯蛾的成虫类似（可能是拟态）其分布范围内的几种较大的透翅蝴蝶（绡蝶亚科 Ithomiinae）。它们白天通常并不飞行，而是在下层的叶子上休息，它们将翅折叠在身体的背面，略呈三角形，只有受到干扰时才会飞走。本种雌蛾在什么时间产卵还不清楚，但可能是黄昏和黎明前后，那时的能见度较差，对外形拟态为毒蝴蝶的成虫有利。

掌拟灯蛾 幼虫的头部完全呈亮黑色，身体底色为天鹅绒般的黑色，在节间区域有暗紫色的斑纹，背面有断续的亮白色的细线纹，背中央有 1 条鲜深红色的条纹。身体上疏松地覆盖着相当硬的黑色刚毛，每节还生有少量稍呈羽毛状的长而软的白色刚毛。

实际大小的幼虫

科名	裳蛾科 Erebidae
地理分布	北美洲，从加拿大南部和美国缅因州，南到佛罗里达州，西到得克萨斯州
栖息地	田野和道路两旁
寄主植物	马利筋属 *Asclepias* spp. 和罗布麻属 *Apocynum* spp.
特色之处	群集，在其分布范围的大多数地区都能够经常碰到
保护现状	没有评估，但总体安全，虽然在其分布范围的边缘地区可能稀少

成虫翅展
1¼~1¹¹⁄₁₆ in (32~43 mm)

幼虫长度
1⅜ in (35 mm)

554

乳草灯蛾
Euchaetes egle
Milkweed Tussock
(Drury, 1773)

乳草灯蛾将卵成群地产在叶子的背面，从卵中孵化出来的幼虫看起来很独特。早期的幼虫为灰色，有少量的刚毛，较高龄的幼虫一眼看去就像一个长柄的拖把或废旧的纱线堆而不像一片叶子。幼虫群集取食，直到三龄结束。早期的幼虫啃食叶肉留下叶脉骨架，较高龄的幼虫能够提前咬断叶脉以减少有毒苷类汁液的流动。本种的一个大型的种群能够很快地将当地所有的马利筋（或罗布麻）吃光，不像君主斑蝶和其他马利筋的取食者，它喜欢成熟的植物胜过较多汁的幼小植物。

当受到威胁时，作为一种防御措施，幼虫首先原地不动，然后稍微蜷曲身体并从寄主植物上坠落到落叶层下。此外，乳草灯蛾的幼虫和成虫也利用幼虫消化吸收的马利筋毒素来保护自己。除其分布区的远北边疆外，其他地区一年发生2代。本种也被称为"马利筋灯蛾"（Milkweed Tiger Moth）。

乳草灯蛾 幼虫具有浓密的毛簇。黑灰色的腹部具有多个白色与黑色的长鞭毛簇，沿胸部和前缘区最显著。背面的橙棕色刚毛簇向上蜷曲，并沿中线靠拢。头部为黑色。

实际大小的幼虫

科名	裳蛾科 Erebidae
地理分布	穿过欧洲进入俄罗斯、中东，远到土库曼斯坦和伊朗
栖息地	常绿的河岸森林、灌木林、灌木篱墙、荒地、公园和花园
寄主植物	各种植物，包括琉璃苣 *Borago* spp.、蒲公英属 *Taraxacum* spp.、大麻 *Cannabis sativa*、泽兰属 *Eupatorium* spp. 和荨麻属 *Urtica* spp.
特色之处	多毛，取食的寄主植物分布广泛
保护现状	没有评估，但在欧盟被列为保护物种

四点泽灯蛾
Euplagia quadripunctaria
Jersey Tiger
(Poda, 1761)

成虫翅展
2¹⁄₁₆~2⁹⁄₁₆ in (52~65 mm)

幼虫长度
1⁹⁄₁₆~2 in (40~50 mm)

555

四点泽灯蛾的雌蛾将光滑的球形卵产在叶子的背面。幼虫孵化后在其寄主植物上越冬，翌年春季恢复活动。成熟的幼虫爬到地面，在落叶层中结茧化蛹，蛹为红褐色。

四点泽灯蛾的成虫因其醒目的色调和斑纹亦被称为"大猫蛾"，它们白天和夜晚都能飞行。成虫出现在7~9月，一年发生1代。作为一种迁飞昆虫，四点泽灯蛾在夏季的几个月里进行长距离的飞行，由于气候变暖，其分布范围已经成功地向北扩张。四点泽灯蛾罗得亚种 *Euplagia quadripunctaria rhodensensis* 在希腊罗得岛的蝴蝶谷中大量出现。这里具有完美的小气候，色彩鲜艳的成虫在空中飞舞，十分壮观。

四点泽灯蛾 幼虫身体底色为黑色，背面有1条黄橙色的宽纵纹，侧面有1列奶油色的斑点。每一节都有一圈橙棕色的毛簇。头部为黑色。

实际大小的幼虫

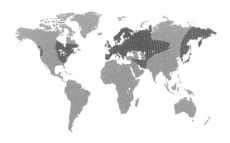

科名	裳蛾科 Erebidae
地理分布	北美洲、欧洲、中东，穿过亚洲到西伯利亚和日本[①]
栖息地	林地、灌木林、公园和花园
寄主植物	各种落叶树，包括桤木属 *Alnus* spp.、梣属 *Fraxinus* spp.、桦属 *Betula* spp.、板栗属 *Castanea* spp.、栎属 *Quercus* spp. 和柳属 *Salix* spp.
特色之处	具有长毛，其毛可能对捕食者有刺激作用
保护现状	没有评估

成虫翅展
1⅜~1¼ in (35~45 mm)

幼虫长度
1³⁄₁₆ in (30 mm)

556

盗毒蛾
Euproctis similis
Yellow-Tail
(Fuessly, 1775)

盗毒蛾的雌蛾将卵成群地产在寄主植物的叶子上。幼虫孵化后首先群集生活，大量的个体共同取食和休息，但随着幼虫的成熟，它们分散开来，独自生活。与其他种类不同，本种在寄主植物上越冬。幼虫在春季恢复活动，它们取食嫩叶，完成发育后于6月化蛹。蛹为棕黑色，被包在乳白色的茧中。

本种的英文俗名源自其成虫的防御姿势，它又被称为"黄尾毒蛾"（Gold-tail Moth）或"天鹅蛾"（Swan Moth）。成虫受到干扰时侧躺下，并抬起其黄色的腹部末端，伸出翅膀的背面。成虫于夜晚飞行，出现在7月和8月。幼虫和成虫都利用有刺激作用的毛来驱离捕食者。接触到这些毛会引起皮疹，甚至产生过敏反应。

实际大小的幼虫

盗毒蛾 幼虫为黑色，背面具有1条红橙色的宽纵纹，侧面有成列的白色斑点，气门下还有1条红橙色的纵纹。第一节有1个明显的峰突，其上具有1条橙色的条纹，一些黑色的疣突出现在第四到第十一节上。身体覆盖着黑色的长毛簇。头部为黑色。

① 本种在中国广泛分布，被引证为 *Porthesia similis*。——译者注

科名	裳蛾科 Erebidae
地理分布	墨西哥南部，向南穿过中美洲和南美洲西部到玻利维亚
栖息地	中等海拔的森林和森林边缘，包括严重退化的栖息地
寄主植物	很多种的植物，包括甘蜜树属 *Nectandra* spp.、红花刺桐 *Erythrina edulis*、山蚂蝗属 *Desmodium* spp.、悬钩子属 *Rubus* spp.、锦葵木 *Wercklea ferox* 和斯堪朱丝贵竹 *Chusquea scandens*
特色之处	密布毛簇而独具特色
保护现状	没有评估，但不被认为受到威胁

阿蛤裳蛾
Halysidota atra
Halysidota Atra
(Druce, 1884)

成虫翅展
1⁹⁄₁₆~1¾ in (39~45 mm)

幼虫长度
1¾~2⅛ in (45~55 mm)

557

　　阿蛤裳蛾幼虫的独特外形决定着其特殊的习性，虽然人们对这个属的其他种类知之甚少。毛虫特有的向前伸和向后伸的毛簇会随着其步行运动明显地来回波动。在休息时，这些毛簇会将头部完全隐藏起来。低龄的幼虫倾向于群集取食，但在最后一个龄期时它们逐渐分散开来，独自生活。成群的毛虫同时波动，它们呈鲜明对比的黄色与白色的毛簇，可产生相当大的恫吓作用。

　　早期和中期的幼虫的底色为鲜明的粉红色，具有较疏松的次生刚毛，看起来与最后一龄幼虫完全不同。较高龄的幼虫遭到独茧蜂属 *Distatrix*（茧蜂科 Braconidae）和几种不知名的寄生蝇的寄生。茧蜂和寄生蝇两者都在毛虫的体内发育，在受感染的幼虫开始表现出被寄生的症状后不久，寄生蜂和寄生蝇钻出毛虫的体外化蛹。

阿蛤裳蛾　幼虫由于体表覆盖着浓密的暗棕色刚毛而显得短而粗壮。头部呈球状，棕色具光泽。第二和第三胸节的背面和亚背面生有成对的毛簇，这些毛簇由非常长的浅棕色、浅白色或浅黄色的软刚毛组成，其中第二胸节上的毛簇向前伸，第三胸节的毛簇向后伸。

实际大小的幼虫

科名	裳蛾科 Erebidae
地理分布	北美洲，从加拿大南部和东南部到美国佛罗里达州，西到得克萨斯州
栖息地	林地和森林
寄主植物	很多种的灌木和乔木，包括桤木属 *Alnus* spp.、梣属 *Fraxinus* spp.、桦属 *Betula* spp.、榆属 *Ulmus* spp.、栎属 *Quercus* spp. 和柳属 *Salix* spp.
特色之处	多毛而醒目
保护现状	没有评估，但通常常见

成虫翅展
1⅞₆~1¾ in (40~45 mm)

幼虫长度
1⅜ in (35 mm)

558

带纹蛤裳蛾
Halysidota tessellaris
Banded Tussock Moth
(J. E. Smith, 1797)

带纹蛤裳蛾的幼虫从成群产在寄主植物叶子背面的卵中孵化出来。每个夏季发生2代，虽然幼虫不群集生活，但它们的颜色醒目，并喜欢公开在叶子的正面休息。这个行为说明它们不是捕食者的美味佳肴，其中的原因可能是它们的身体有大量的毛簇或者是它们从寄主植物处获得了化学防御物质。幼虫吐丝与其身体上的大量刚毛混合编织成一个灰色的茧，在其中化蛹。以蛹越冬。

像很多蛾类一样，带纹蛤裳蛾的幼虫比成虫更引人瞩目。然而，不建议用手去抓它们，因为幼虫身体上丰富的刚毛会使一些人皮肤瘙痒。成虫在夜晚飞行，经常被灯光吸引。本种经常与相似的西克蛤裳蛾 *Halysidota harrisii* 和佛州蛤裳蛾 *Halysidota cinctipes* 共同发生。

带纹蛤裳蛾 幼虫颜色多变，底色从黄棕色到灰黑色，身体的前端到后端有显著的黑色毛簇和白色毛簇。暗色的刚毛通常沿身体形成1条背中线。头部为黑色。

实际大小的幼虫

科名	裳蛾科 Erebidae
地理分布	厄瓜多尔东北部到秘鲁东南部
栖息地	森林和山地的溪流边缘
寄主植物	帕刺菊木 *Barnadesia parviflora*、哈利下田菊 *Adenostemma harlingii*、布洛华丽茄 *Browallia speciosa* 和茄属 *Solanum* spp.
特色之处	具有蜇毛，可引起皮疹
保护现状	没有评估，虽然并不常见，但不被认为受到威胁

昏亥灯蛾
Hypercompe obscura
Hypercompe Obscura
(Schaus, 1901)

成虫翅展	1½~1¾ in（38~44 mm）
幼虫长度	2⅛~2¾ in（55~70 mm）

559

昏亥灯蛾的幼虫独自取食，虽然它们的寄主植物分布广泛，但并不常见。几乎能在寄主植物的任何部位上发现幼虫，但它们通常在叶子的背面沿中脉休息。当受到干扰时，它们倾向于从植物上坠落下来，将身体蜷曲成球状，并挥动它们能蜇刺的长刚毛。

在休息的时候，幼虫将它们的刚毛簇紧贴在身体上，使它们的外表完全被刚毛盖住。在取食或步行的时候，它们会暴露出无毛的节间区域，这被认为会使它们此时比在休息时更容易遭到寄生性天敌的攻击。当幼虫被人用手抓住时，它们的刚毛容易折断并引起人皮肤瘙痒，特别是手指之间的部位。本种成虫是亥灯蛾属 *Hypercompe* 中许多斑纹显著的种类之一，这个特征使本属和其他相关属的种类被恰当地称为"灯蛾"（tiger moth）。

昏亥灯蛾 幼虫的头部为均匀的暗褐色到黑色，具光泽；身体粗壮，暗褐色。一抹浅灰色使其外表像结了一层霜。中等长度的红褐色硬刚毛沿身体纵向排列成明显的环，后部几节也生有少量疏松的长刚毛，它们的颜色浅而柔软，着生在亚背面和侧面的疣突上。

实际大小的幼虫

科名	裳蛾科 Erebidae
地理分布	从加拿大的安大略省南部向南到美国的佛罗里达州，西到美国中西部的俄克拉荷马州和得克萨斯州
栖息地	草地和森林边缘以及受干扰的地区
寄主植物	广泛存在的含毒素的植物，从蒲公英属 *Taraxacum* spp. 到柳属 *Salix* spp.
特色之处	毛茸茸，常常可以看见它们在地上爬行
保护现状	没有评估，但常见

成虫翅展
3 in (76 mm)

幼虫长度
3⅛ in (80 mm)

560

大豹灯蛾
Hypercompe scribonia
Giant Leopard Moth
(Stoll, 1790)

大豹灯蛾 幼虫在低龄期时主要为橙色，具有黑色的宽条纹，在较高龄期时则变为黑色，具有红色的细条纹，隐藏在浓密的黑色粗刺之中。当感觉到危险时，幼虫蜷曲成1个球，在体节之间暴露出红色的环形条纹，这是一种警告捕食者的警戒色。幼虫在爬行时也能显露这些红色的条纹，但在寄主植物上休息时则不显露。

大豹灯蛾的毛茸茸的幼虫在接近成熟时大量取食寄主植物的叶子，经常可以看见它们为寻找合适的食物资源四处爬行。它们特有的黑色刺突或许能够很好地防御鸟类捕食者，但对人类无伤害。不像很多其他种类的毛虫，本种毛虫易于在不同的寄主植物种类之间转换，有时专门寻找有毒的植物，消化吸收后用来防御寄生性天敌。成虫也有化学防御能力。在化蛹之前，幼虫会结一个疏松的黑色茧。

大豹灯蛾隶属于大型的灯蛾亚科 Arctiinae，该亚科包含的种类超过10000种，之前一直作为一个独立的科。灯蛾亚科特有的色彩表明自己不好吃，大豹灯蛾也不例外，其白色的底色上具有暗色的斑，有时有闪光的蓝色斑，偶尔在闪光蓝色的腹部上还有橙色的斑。当受到干扰时，它坠落到地面，蜷曲腹部，暴露出它的警戒色。

实际大小的幼虫

科名	裳蛾科 Erebidae
地理分布	北美洲和中美洲、斯堪的纳维亚南部、欧洲东部、俄罗斯西部、蒙古及中国北部到日本
栖息地	森林、潮湿的林地、公园和果园
寄主植物	很多种落叶树和绿化树及灌木，包括山核桃属 *Carya* spp.、胡桃属 *Juglans* spp.、苹果属 *Malus* spp. 和槭属 *Acer* spp.
特色之处	分布广泛，危害森林和果园
保护现状	没有评估

美国白蛾
Hyphantria cunea
Fall Webworm
(Drury, 1773)

成虫翅展
⁹⁄₁₆~¹¹⁄₁₆ in (15~17 mm)

幼虫长度
1³⁄₁₆~1³⁄₈ in (30~35 mm)

561

美国白蛾的雌蛾将它的数百粒卵成群地产在寄主植物叶子的背面。幼虫群集生活，它们在寄主植物的树枝端部编织一个巨大的公共丝网，共同居住在网内。幼虫在取食的时候受到这个网的保护，并不断扩大网的范围。幼虫用丝和碎枝条编织成一个褐色的茧，在茧内越冬。成虫出现在仲夏到初秋时节。在其分布范围的北部一年发生1代，在南部发生2代。

美国白蛾曾经只分布在北美洲，目前已经向世界各地扩散，现在是欧洲和亚洲的一种外来入侵的害虫。本种在一个地区的种群数量会爆发，对当地的森林和果园造成经济损失。低龄的幼虫取食叶子的上表面，而较高龄的幼虫则取食整片叶子，它们经常会吃光整棵树上的叶子。

美国白蛾 幼虫身体上有12对小疣突，疣突上面都生有长的毛簇。幼虫身体的颜色高度变异，底色从黄色到绿色，背面有1条黑色的纵纹，侧面有1条黄色的纵纹。头部为黑色或红色。

实际大小的幼虫

科名	裳蛾科 Erebidae
地理分布	委内瑞拉、哥伦比亚和厄瓜多尔的安第斯山脉
栖息地	中等海拔的云雾林和森林边缘
寄主植物	木棉科 Bombacaceae（一种未鉴定的木棉科植物是最近被证实的唯一的寄主植物）
特色之处	罕见而多毛，黑色，与该科的很多种类相似
保护现状	没有评估，但不被认为受到威胁

562

成虫翅展
1⅞~2⅟₁₆ in（48~52 mm）

幼虫长度
2⅜~2¾ in（60~70 mm）

韦爱灯蛾
Idalus veneta
Idalus Veneta
(Dognin, 1901)

韦爱灯蛾的幼虫尽管具有一些红色和黑色的警戒色，但其被用手抓时还是相当温顺的，通常会从寄主植物上坠落。虽然它们坚硬的刚毛容易折断，但这些刚毛并不会特别地刺激皮肤而引起瘙痒。然而，这些刚毛可能仍然是防御脊椎动物捕食者的有效武器，因为这些捕食者害怕损伤它们的嘴和黏膜。

仅有几只韦爱灯蛾的幼虫被人发现并饲养，其生活史还没有被完整地描述。幼虫稀少的原因还不清楚，而成虫为何在灯光下比较常见又使人疑惑不解。然而，成虫会季节性地消失，这可能是它们发生了垂直迁移，它们只在一年的某个特定时期进行繁殖。本种的另外一种拼法"venata"被确认为是由于保罗·多尼安（Paul Dognin）的印刷错误，这是一位法国昆虫学家，他首次描述了本种灯蛾，学名随后被修正为"veneta"。

实际大小的幼虫

韦爱灯蛾 幼虫具有大型的亮黑色的头部，沿头盖缝有1个淡粉红色的斑。身体底色为天鹅绒般的深黑色，节间区域和腹足为淡玫红色，腹侧面有红色的小斑纹。黑色的刚毛坚硬而稍呈羽毛状（沿主干出现锯齿状分支），身体上的其他斑纹大多比较模糊。

科名	裳蛾科 Erebidae
地理分布	从英格兰、威尔士和欧洲西部，包括斯堪的纳维亚南部，到俄罗斯远东地区、中国和日本
栖息地	林地、成熟的灌木林和灌木篱墙
寄主植物	生长在乔木和灌木上的地衣，包括蜈蚣衣 *Physcia stellaris* 和石黄衣 *Xanthoria parietina*
特色之处	高度隐蔽，不像其他种类的勒夜蛾，本种幼虫取食地衣
保护现状	没有评估

成虫翅展
1~1⅐₆ in (25~36 mm)

幼虫长度
⅞~1 in (22~25 mm)

丽勒夜蛾
Laspeyria flexula
Beautiful Hook-Tip
([Denis & Schiffermüller], 1775)

563

丽勒夜蛾将卵单个或少量成群地产在枝条上或寄主植物上，幼虫从半球形的淡灰色的卵中孵化出来。幼虫白天躲藏在地衣中，夜晚出来取食。幼虫特别喜欢在阴暗而地衣丛生的环境中生活，不喜欢较干燥而开阔的栖息地。以秋季世代的小幼虫越冬。蛹为黑褐色，在体节之间有淡绿色的带。

随气候条件的不同，一年发生 1~3 代，成虫出现在 5~9 月，其外形与钩蛾科 Drepanidae 的种类有些相似。然而，丽勒夜蛾的幼虫完全不同于钩蛾科的幼虫，它的臀节有正常的腹足而不是刺状的后角突。它取食原始的地衣而不是植物，这也有些不同寻常，它高度隐蔽在寄主上，具有地衣状的斑纹，沿侧面边缘有 1 列浅色的膜质的小突起。

丽勒夜蛾 幼虫相当细长，其颜色可变。一些个体为浅灰绿色，沿背面有明显而不规则的菱形斑纹，还有一些复杂的暗绿色斑纹。其他一些个体较朴素，为较暗的绿色或暗淡的绿灰色，具有较细微的斑纹。前面两对腹足高度退化，所以幼虫以丈量的方式步行。

实际大小的幼虫

科名	裳蛾科 Erebidae
地理分布	北美洲的东部和西部地区、欧洲、非洲北部、亚洲西部和中部、俄罗斯远东地区和日本[①]
栖息地	林地边缘和灌木篱墙、公园和花园
寄主植物	落叶树，包括柳属 *Salix* spp. 和杨属 *Populus* spp.
特色之处	分布广泛，具破坏性
保护现状	没有评估，但分布广泛而常见

564

成虫翅展
1⁷⁄₁₆~2 in (37~50 mm)

幼虫长度
1³⁄₈~1¾ in (35~45 mm)

柳雪毒蛾
Leucoma salicis
White Satin Moth
(Linnaeus, 1758)

柳雪毒蛾 幼虫身体底色为棕黑色，沿背面有1列明显呈长形的白色到黄色的斑，侧面有1条黄色的纵线。背面和侧面还有红褐色的长毛簇。

柳雪毒蛾将卵成群地产在树干上，并用白色的泡沫覆盖其上。幼虫孵化后开始取食，几星期后在一个丝网中越冬。幼虫在第二年春季恢复活动，重新开始取食，到仲夏时准备化蛹。它们吐丝结一个疏松的茧，几乎可以附着在任何物体的表面上。在吃光一棵树的树叶后，本种毛虫到处漫游，寻找其他食物或合适的化蛹场所，它们经常在卷曲的叶子中吐丝结一个疏松的茧。本种毛虫的蛹为亮黑色，具有毛簇。

由于本种毛虫食用大量落叶树的叶子，所以是一种重大的森林害虫，特别是在北美洲，自从1920年代该毛虫定居在北美洲以来，它已经占据了整个大陆。欧洲的寄生蜂已经被引入北美洲来控制这种害虫。成虫的翅膀为白色，具有光泽，出现在夏季。

实际大小的幼虫

---

① 本种在中国北部广泛分布。——译者注

科名	裳蛾科 Erebidae
地理分布	哥伦比亚、厄瓜多尔、玻利维亚，可能还有秘鲁
栖息地	湿润的山地森林的边缘、牧场和河缘
寄主植物	很多种类，最主要的为巴苎麻 Boehmeria bullata、尾苎麻 Boehmeria caudate、帕苎麻 Boehmeria pavoni 和榆叶苎麻 Boehmeria ulmifolia；也有其他几个科的植物，包括禾本科 Poaceae 和蝶形花科 Fabaceae
特色之处	形状奇特，食性高度多样
保护现状	没有评估，但不被认为受威胁

成虫翅展
1¾~2¹⁄₁₆ in（44~52 mm）

幼虫长度
2¹⁄₁₆~2⁵⁄₁₆ in（52~58 mm）

苎麻冠灯蛾
Lophocampa atriceps
Lophocampa Atriceps
(Hampson, 1901)

565

苎麻冠灯蛾的幼虫群集取食到三龄，后面的龄期则分散开来单独行动，到不同的叶子或植株上独自生活。虽然高度多食性的幼虫被饲养了很多次，它们具有广泛的地理分布，但其完整的生命周期还没有被描述过，对其天敌也知之甚少。然而，像其他生活在多雾的森林中的种类一样，它可能会被很多生物寄生，并面对其他类型的天敌。当受到干扰时，幼虫抬高其腹部后端的几个体节，并像狗尾一样前后摆动，也许这种挥动毛簇的行为能够吓退潜在的捕食者。

外形奇特的本种毛虫在头部之后的部分明显被"拉长"变细，第一腹节周围有点膨大，使其身体的外形部分地呈驼背状。两个直立而平顶的刚毛簇，一个在前一个在后，使幼虫的轮廓变得更怪异。这些毛簇对人的皮肤具有中度的刺激性，但其余的白色软毛似乎没有蜇刺作用。

苎麻冠灯蛾 幼虫具有亮黑色的头部和底色为天鹅绒般黑色的身体，身体上覆盖着亮白色的细小斑点和斑块，还散布有一些稍呈羽毛状的长而软的白色刚毛。第三胸节到第七和第八腹节的背面生有浓密的黑色的直立毛簇。

实际大小的幼虫

科名	裳蛾科 Erebidae
地理分布	北美洲东部
栖息地	森林和公园
寄主植物	各种植物，特别是山核桃属 *Carya* spp. 和胡桃属 *Juglans* spp.
特色之处	利用身体上覆盖的蜇刺刚毛来保护自己
保护现状	没有评估，但在其分布范围内常见

成虫翅展
1⁷⁄₁₆~2⅛ in (37~55 mm)

幼虫长度
1⁹⁄₁₆~1¾ in (40~45 mm)

566

胡桃冠灯蛾
Lophocampa caryae
Hickory Tussock Moth
Harris, 1841

胡桃冠灯蛾　幼虫身体上覆盖着白色的长毛簇，沿背线有1列黑色的毛簇。有4个长的像笔刷的黑色毛簇，两个靠近头部，另外两个位于后部。头部为黑色，侧线由黑色的斑点组成。

胡桃冠灯蛾将卵成群地产在寄主植物叶子上，幼虫从卵中孵化出来。低龄的幼虫群集生活，大量的个体聚集在一起取食叶肉，只留下叶脉，但较高龄的幼虫分散开来独自生活。幼虫于夏末和秋天爬到地面，在落叶层中吐丝结一个疏松的茧化蛹，以蛹越冬。成虫出现在初夏，一年发生1代。

不像一些近缘种，本种毛虫的刚毛，特别是较长的黑色鞭状刚毛，含有驱离捕食者的刺激物质。而且因幼虫的刚毛与丝一起被编织到茧中，所以蛹也得到了刚毛的保护。如果用没戴手套的手去抓这种毛虫，大多数人会产生皮疹。刚毛微小的倒钩会附着在人手指的皮肤上，偶尔也会因揉眼而被带入眼中。

实际大小的幼虫

科名	裳蛾科 Erebidae
地理分布	加拿大和美国的东部与西部
栖息地	落叶与混交的森林
寄主植物	各种植物，但主要为杨属 *Populus* spp. 和柳属 *Salix* spp.
特色之处	色彩鲜艳，刚毛能引起过敏反应
保护现状	没有评估

成虫翅展
1⅜~1¼ in (35~45 mm)

幼虫长度
2 in (50 mm)

斑冠灯蛾
Lophocampa maculata
Spotted Tussock Moth
Harris, 1841

567

斑冠灯蛾在寄主植物的叶子上产卵，幼虫从卵中孵化出来，它们于夏季和初秋活动，取食很多种落叶树的叶子。成熟的毛虫爬到地面，吐丝与刚毛一起结一个疏松的茧化蛹。以蛹越冬，成虫于初夏羽化。一年发生1代。

斑冠灯蛾幼虫的颜色随地区的不同而异，它们以鲜艳的色彩警告捕食者，其刚毛具有蜇刺作用。当人们试图去抓这种毛虫时，它的刚毛会使人皮肤瘙痒，甚至引起过敏反应，所以不应该不戴手套去拿它。本种的俗名源自幼虫的毛簇，它也被称为"斑灯蛾"（Mottled Tiger）或"具斑点灯蛾"（Spotted Halisidota）。

斑冠灯蛾 幼虫覆盖着浓密的刚毛。头部和腹部的末端为黑色，身体的其余部分的底色为黄色到橙红色，背面具有1列黑色的毛簇。此外，头部和身体末端有白色的长毛簇。

实际大小的幼虫

科名	裳蛾科 Erebidae
地理分布	加拿大南部和美国的东部，偶尔会在西部爆发；也分布在欧洲、非洲北部和亚洲
栖息地	温带的森林
寄主植物	超过 500 种的针叶树和阔叶树，包括栎属 Quercus spp.、柳属 Salix spp. 和桦属 Betula spp.
特色之处	分布广泛，有害，能造成严重的经济损失
保护现状	没有评估，但分布广泛而有害

568

成虫翅展
1¼~2⁷⁄₁₆ in (32~62 mm)

幼虫长度
2~2¾ in (50~70 mm)

舞毒蛾
Lymantria dispar
Gypsy Moth
(Linnaeus, 1758)

舞毒蛾 幼虫覆盖着蜇毛。身体色彩斑斓，有 2 列 5 个蓝色的斑及 2 列 6 个红色的斑，每个斑上都生有 1 簇黄棕色的毛。头部为黄色和黑色。足为红色。

舞毒蛾的成虫出现在夏末，每只雌蛾将其多达 1000 粒的卵产在树干、树枝，甚至车辆上。以卵越冬，幼虫于 5 月初孵化出来。新孵化出的幼虫爬到寄主植物的树冠上群集生活，白天取食。低龄的幼虫啃食叶肉，在叶子上留下小孔，较高龄的幼虫取食整片叶子。成熟的 5 龄或 6 龄幼虫白天爬下树干，在树皮下休息，夜晚返回树冠取食。幼虫在寄主植物的树皮下或树皮缝中结一个薄的茧化蛹。成虫大约 2 星期后羽化。

舞毒蛾有两个不同的品系 —— 亚洲型和欧洲型，但两者在形态上没有实质的差别，两者都能造成相当广泛的危害。本种数量的爆发有一定的规律性，先有 1~2 年的轻度感染期，此期间对寄主植物的危害几乎显现不出来，紧接下来感染可以长达 4 年，树木遭受中等到严重程度的叶子损失，最终毛虫的数量也会骤降。

实际大小的幼虫

科名	裳蛾科 Erebidae
地理分布	厄瓜多尔东部、秘鲁东部的大部分地区
栖息地	山地云雾林的边缘和靠近次生林的栖息地
寄主植物	多厄拉托 *Erato polymnioides* 和微野牡丹属 *Miconia* spp.
特色之处	像本种成虫一样具有橙色、红色和棕色的斑纹
保护现状	没有评估，但不被认为受到威胁

成虫翅展
1⅝～1⅞ in (42～48 mm)

幼虫长度
2⅛～2¾ in (55～70 mm)

秘鲁梅裳蛾
Melese peruviana
Melese Peruviana
(Rothschild, 1909)

569

据发现，秘鲁梅裳蛾的幼虫单独取食，在寄主植物叶子的顶端休息。当受到干扰时，它们通常会从叶子表面抬起胸部，敷衍地摆动几下，然后从植物上坠落并快速地爬入落叶层中。最后一龄毛虫的体型大，非常引人瞩目，其刚毛数量比裳蛾科的很多种类都少。本种毛虫有 1 对长而密集的刚毛簇伸向头部的前上方，几乎与成虫的触角一模一样，它们也许被用来感觉由潜在的捕食者接近时产生的气流。

尽管秘鲁梅裳蛾的成虫具有相对鲜艳的红色与黄色斑纹，但当它们白天在枯叶中休息时仍然可以很好地伪装自己。它们通常能在每年的一定时期被灯光引诱，而在其他时期则几乎消失。本种毛虫在秘鲁被首次描述，后来又在厄瓜多尔东部被发现，其分布范围至少可能还包括哥伦比亚的东南部。

秘鲁梅裳蛾 幼虫身体细长，头部为均匀的淡橙色，身体具有复杂的斑纹。身体的底色为米黄色，具有橄榄绿色、橙色或黑色洗染的一些区域，背面有大小不等的鲜红色的斑纹。身体上只有一些疏松的暗橙色的刚毛，最显著的是在前胸背板上的 2 个向前伸的毛簇。

实际大小的幼虫

科名	裳蛾科 Erebidae
地理分布	从加拿大东部和美国东部到加勒比海，南到阿根廷中部
栖息地	田野、草地、花园和开阔的地区
寄主植物	各种草本植物，包括作物，例如燕麦 *Avena sativa*、御谷 *Pennisetum glaucum*、甘蔗 *Saccharum officinarum*、高粱 *Sorghum bicolor*、小麦 *Triticum aestivum* 和玉米 *Zea mays*
特色之处	具有条纹，取食草本植物
保护现状	没有评估，但常见

570

成虫翅展
1⁵⁄₁₆~1¹¹⁄₁₆ in (33~43 mm)

幼虫长度
2~2⅜ in (50~60 mm)

条纹草裳蛾
Mocis latipes
Striped Grass Looper
(Guenée, 1852)

条纹草裳蛾将卵产在草叶上，一只雌蛾能产出 250 多粒卵，幼虫从中孵化出来。低龄的幼虫通常仅挖空叶子的上表层，而高龄的幼虫则取食整片叶子。为了躲避捕食者和寄生物，它们于夜晚取食，白天在叶子基部的居所内休息。当受到干扰时，毛虫坠落到地面，与寄主植物的干茎和枯叶融为一体。在 20℃的气温条件下，毛虫会经过 7 个龄期的发育，大约需要 27 天的时间。幼虫在草巢内化蛹。

条纹草裳蛾的成虫在北方地区于 5～12 月出现，但在热带则终年可见。本种毛虫是牧草、高粱、玉米和水稻的重要害虫，偶尔会在热带的甘蔗地里爆发成灾，例如在加勒比海地区。它可被寄生性天敌控制，例如麻蝇科、茧蜂科、小蜂总科和姬蜂科的种类。条纹草裳蛾隶属一个大属，该属大约包括 40 种，其中很多种类的外形相似。

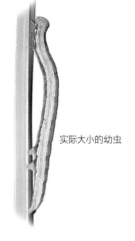

实际大小的幼虫

条纹草裳蛾 幼虫只有 3 对腹足，其中第三和第四腹节的腹足缺失。到三龄时，它获得了本种特有的彩色的条纹，条纹水平地贯穿于头部，由棕色、白色和米黄色的细线组成。白色的亚气门线比其他的线纹要明显一些；亚气门线以下的身体颜色比较黯淡。沿腹部第一和第二节的亚背线有许多黑色的斑纹。

科名	裳蛾科 Erebidae
地理分布	哥伦比亚、厄瓜多尔和秘鲁的安第斯山脉
栖息地	原始和次生的云雾林，特别是沿溪流和其他受干扰的地区
寄主植物	各种植物，包括艾瑞鲸鱼藤 *Columnea ericae*、斯堪朱丝贵竹 *Chusquea scandens*、悬钩子属 *Rubus* spp.、微野牡丹属 *Miconia* spp. 和鳞野牡丹 *Tibouchina lepiota*
特色之处	尽管具有对比鲜明的色彩，但仍然难以被发现
保护现状	没有评估，但不被认为受到威胁

新螺灯蛾
Neonerita haemasticta
Neonerita Haemasticta

Dognin, 1906

成虫翅展
1½~1¾ in (38~44 mm)

幼虫长度
1⅜~1⁹⁄₁₆ in (35~40 mm)

571

　　具明显斑纹的新螺灯蛾幼虫并不经常被发现；迄今发现的幼虫大多数是通过敲击潜在的寄主植物碰到的。尽管毛虫具有一些对比鲜明的斑纹，但它们还是相当隐蔽的，通常与寄主植物的真菌感染类似。其纤细的羽毛状的长刚毛没有蜇刺作用，可能有助于毛虫探测由于靠近的天敌干扰而产生的空气流动。背面较短的刚毛是否具有蜇刺作用，目前尚不明确，但这种可能性似乎相当大。

　　虽然目前本种毛虫已知的分布范围只有从哥伦比亚到秘鲁，但这个高度多食性的种类也可能最终会在委内瑞拉和玻利维亚的安第斯山脉被发现。本种毛虫在厄瓜多尔的东北部已经被饲养了很久，目前还没有发现它是任何寄生蝇或寄生蜂的寄主。关于新螺灯蛾的成虫的生物学和行为实际上还不清楚。

新螺灯蛾　幼虫身体底色通常为黑色，具有错综复杂的黄色斑纹，沿背面具有 2 列密集的亮白色的短毛簇。第一和第七节上毛簇的刚毛长度几乎是其他毛簇刚毛长度的 2 倍。此外，身体上还散布有长而柔软的暗色刚毛，其中许多为羽毛状，末端呈白色。

实际大小的幼虫

科名	裳蛾科 Erebidae
地理分布	北美洲、欧洲和亚洲北部
栖息地	林地、灌木篱墙、公园和花园
寄主植物	各种树木，包括栎属 *Quercus* spp.、柳属 *Salix* spp. 和杨属 *Populus* spp.
特色之处	奇特，毛簇的刚毛具有蜇刺作用
保护现状	没有评估

成虫翅展
1～1⅜ in (25～35 mm)

幼虫长度
1⅜～1⁹⁄₁₆ in (35～40 mm)

572

古毒蛾
Orgyia antiqua
Rusty Tussock Moth
(Linnaeus, 1758)

　　古毒蛾的雌蛾不同寻常，它没有翅膀，所以将其蕴育的 200～300 粒卵全部产在它的空茧内。以卵越冬，毛虫于春季孵化。幼虫在 5～9 月之间活动，取食各种落叶植物。多毛的小幼虫利用丝线飘飞的方式进行分散。成熟的幼虫在树皮缝或栅栏上吐丝结一个黑色多毛的茧，在其中化蛹。成虫出现在 7～10 月。通常一年发生 1～2 代，但在有些地方有 3 代。

　　古毒蛾也称为"潮气虫"（Vapourer），广泛分布在北半球。本种毛虫被认为是一种害虫，它们大量群集在树上会吃光树叶，对公园和果园中的树木造成危害。如果不戴手套去抓这种毛虫，它身上的毛容易脱落，引起人的皮肤瘙痒。

实际大小的幼虫

古毒蛾　幼虫身体底色为灰黑色，覆盖着黄棕色的毛簇，它们着生在呈环状排列的红色疣突上。背面有 4 个特别长的乳白色到黄色的毛簇，有 1 对黑色的长毛簇位于头部的两侧，腹部末端有 1 个黑色的长毛簇。胸足为红色，腹足为橙红色。

科名	裳蛾科 Erebidae
地理分布	西班牙
栖息地	荒野、草地和海拔 2000 m 以上的山坡
寄主植物	金雀花属 *Cytisus* spp. 和染料木属 *Genista* spp.
特色之处	色彩鲜艳的毛虫，覆盖着蜇刺的刚毛
保护现状	没有评估

成虫翅展
1 in (25 mm)

幼虫长度
1³⁄₁₆ in (30 mm)

金雀花古毒蛾
Orgyia aurolimbata
Orgyia Aurolimbata
(Guenée, 1835)

573

金雀花古毒蛾的雌蛾无翅而多毛，运动能力极差，所以很少离开它们的茧。幼虫从产在茧内或茧壳上的卵中孵化出来，在 4～8 月初可以看见幼虫，它们经常在寄主植物的顶端晒太阳。当受到威胁时，它们会快速地坠落到植被当中。幼虫身体上覆盖着蜇刺的刚毛，用于驱离捕食者，成熟的幼虫吐丝结一个厚的茧，并将蜇刺的刚毛覆盖在茧上，以加强保护。茧附着在寄主植物的茎上。

雄成虫在白天飞行，出现在 6～9 月，一年发生 1 代。它们通过性信息素找到无翅的雌蛾。雄蛾的寿命只有 4 天或 5 天，但雌蛾最高能活 13 天，在 3～5 天时开始产卵，不论是否受精。

实际大小的幼虫

金雀花古毒蛾 幼虫身体上覆盖着蜇刺的刚毛。其身体的颜色为灰棕色，背面具有 1 条镶橙色边的黑色纵纹，侧面有黄色、黑色和棕色的条纹。背面有 4 对橙色的毛簇，腹部末端有 1 个黑色的毛簇，还有 2 个黑色的长毛簇伸向头部的两侧。

科名	裳蛾科 Erebidae
地理分布	哥伦比亚和厄瓜多尔
栖息地	亚热带海拔较高而气温较低的森林边缘
寄主植物	薇甘菊 Mikania micrantha
特色之处	罕见且少被研究
保护现状	没有评估，但不被认为受到威胁

成虫翅展
1³⁄₁₆~1½ in (30~38 mm)

幼虫长度
2~2⅛ in (50~55 mm)

574

头珐鹿蛾
Phaio cephalena
Phaio Cephalena
(Druce, 1883)

头珐鹿蛾 幼虫身体相当粗壮，但在胸部明显收缩。头部呈均匀的黄色，与身体的底色一致，但身体上有疏松的斑点或棕色与黑色的阴影。胸部几乎光滑，而中部腹节上具有疏松的浅色刚毛，这些刚毛短而柔软。由最显著刚毛聚集生长的毛簇成对地出现在第一腹节和第七腹节上。

与众不同的头珐鹿蛾的幼虫非常难碰到，但其成虫则十分常见，至少在厄瓜多尔的东北部很多见。迄今为止，头珐鹿蛾的幼虫只被发现并饲养过两次，每次找到的幼虫都是单独的个体，说明雌成虫一次只产 1 粒卵。幼虫稀少的原因尚不清楚，但其寄主植物所在属的一些种类通常为高攀缘的藤本植物，而人们对幼虫生活的树冠生境的调查十分匮乏，幼虫在其地理分布范围内的实际数量可能要丰富得多。

成虫是模拟马蜂的高手，可能是由于大多数脊椎动物都厌恶马蜂，所以本种将模拟马蜂的外形作为一种保护自己的方式。尽管常常在白天看见它们，但成虫也会在晚上飞行，经常出现在门厅灯或黑光灯下。珐鹿蛾属 *Phaio* 经常被误拼为 "Phaeo"，包括 13 种，分布在古巴、中美洲和南美洲。

实际大小的幼虫

科名	裳蛾科 Erebidae
地理分布	澳大利亚东部、巴布亚新几内亚和新喀里多尼亚
栖息地	海拔低于 600 m 的亚热带森林
寄主植物	防己科 Menispermaceae 的植物，包括多卡罗藤 *Carronia multisepalea* 和澳大利亚密花藤 *Pycnarrhena australiana*
特色之处	引人瞩目，具有假眼形斑并采取一种防御的姿势
保护现状	没有评估，但南部的亚种濒危

君主吸果夜蛾
Phyllodes imperialis
Imperial Fruit-Sucking Moth
Druce, 1888

成虫翅展
5~6¾ in (130~170 mm)

幼虫长度
4⅝ in (120 mm)

575

　　君主吸果夜蛾的雌蛾将卵单个地产在防己科的藤蔓植物上，一般选择生长在阴暗地区的低矮植株的嫩叶。一旦孵化，幼虫马上开始取食叶子，它们平躺在茎上休息，其枯叶状的外形使它们伪装在叶子当中很难被发现。成熟的幼虫爬到地面，在落叶层中结一个疏松的茧化蛹，蛹为青铜色。

　　君主吸果夜蛾的幼虫因其非凡的防御行为而经常被称为"自大的"（big-headed）毛虫。当受到威胁时，它将身体弯成弓形并将头部向下弯曲，暴露出 1 对由浅黑色、蓝色和黄色组成的眼斑及成列的齿状白色斑纹，用来吓退任何来犯的捕食者。本种有 7 个亚种，包括南部濒危的粉红吸果夜蛾，因其后翅有鲜艳的粉红色斑而得名。

君主吸果夜蛾 幼虫身体底色为橄榄绿到灰棕色，背面具有 7 条蜿蜒的浅色细线，还有一些类似叶脉的斜影纹。第一腹节上有 2 个蓝黑色的大型眼斑和白色的斑纹，其后方有一个棕色与红色的斑纹。最后端的腹节延长，腹侧有 1 个黑色围白边的斑纹。

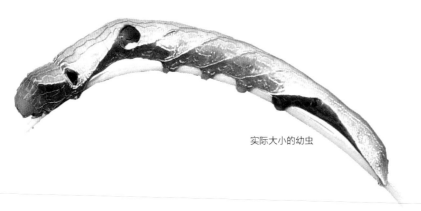

实际大小的幼虫

科名	裳蛾科 Erebidae
地理分布	委内瑞拉、厄瓜多尔、秘鲁，可能还分布在哥伦比亚
栖息地	云雾林和森林边缘
寄主植物	很多种植物，包括球水东哥 *Saurauia bullosa Wawra*、花烛属 *Anthurium* spp.、香根菊属 *Baccharis* spp.[①]、布鲁勒尔属 *Brunnelia* spp.、厄刺桐 *Erythrina edulis* 和鳞野牡丹 *Tibouchina lepidota*
特色之处	常见，具有与众不同的橙色长毛簇
保护现状	没有评估，但不被认为受到威胁

成虫翅展
2¾~3⅛ in (70~80 mm)

幼虫长度
2⁹⁄₁₆~3 in (65~75 mm)

576

白点普灯蛾
Praeamastus albipuncta
Praeamastus Albipuncta
(Hampson, 1901)

白点普灯蛾 幼虫的头部为暗淡的棕色，具有非常细的网状斑纹。身体底色为淡橄榄绿色，在胸部和腹部侧面有数个淡黄色的大斑。第一到第七腹节的侧面和背面密集地排列着数个暗橙色的毛簇。第十腹节生有最长的毛簇，向后伸展，末端为黑色。

　　白点普灯蛾的幼虫总是被毛虫采集新手大量地发现，其外形与众不同，具有微妙而引人瞩目的颜色及对比醒目的橙色毛簇。此外，不像裳蛾科的很多其他种类，本种毛虫只是偶然从寄主植物上坠落逃逸，所以很容易将它们扫到采集袋中；或者它们会紧紧地抓住寄主植物的叶子，那么可以连同叶子一起采集。

　　本种毛虫的食性高度多样化，已知是多种寄蝇科（Tachinidae）和茧蜂科（Braconidae）的寄主。某些情况下，会有高达17种的茧蜂科幼虫在本种毛虫体内发育，在毛虫的最后一龄，茧蜂科幼虫离开毛虫体内，出来化蛹。本种成虫常常在夜晚围着灯光飞舞，但对其行为或生活史知之甚少。

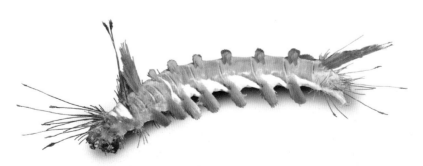

实际大小的幼虫

① 原文为 *Baccaris*，经过核查，应该是 *Baccharis*。——译者注

科名	裳蛾科 Erebidae
地理分布	加拿大南部、美国和墨西哥北部
栖息地	森林、温带雨林、草地和牧场
寄主植物	各种植物，包括草本植物蒲公英属 *Taraxacum* spp.、荨麻属 *Urtica* spp.、车前草属 *Plantago* spp. 和酸模属 *Rumex* spp.
特色之处	具有"抗冰冻"的能力，可以在寒冷的冬天存活下来
保护现状	没有评估

成虫翅展
1¾~2⅛ in (45~55 mm)

幼虫长度
1⁹⁄₁₆~2 in (40~50 mm)

伊莎带灯蛾
Pyrrharctia isabella
Banded Woolly Bear
(J. E. Smith, 1797)

577

伊莎带灯蛾将卵大量成群地产在树皮上，幼虫于秋季从卵中孵化出来，然后进入越冬状态。在其分布范围的北部，幼虫能在冬天结冰的气温中存活下来，因为它们的细胞内有"抗冰冻"的化学物质。幼虫在第二年春季恢复活动，并开始取食。成虫出现在夏季。

伊莎带灯蛾的幼虫因为它多毛的外形，也被称为"毛毛熊"（woolly bear）。它的刚毛引人瞩目但不蜇人，不过也有一些人用手抓它时会引发皮疹。在受到干扰时，本种毛虫的防御方式是蜷曲身体。民间认为，本种毛虫中部橙色带的宽度能够预测来年冬天的寒冷程度。事实上，这是虫龄大小的标识：较大和虫龄较高的毛虫具有较狭窄的橙色带。本种也被称为"伊莎贝拉灯蛾"（Isabella Tiger Moth）。

实际大小的幼虫

伊莎带灯蛾 幼虫中部为橙红色，头部、胸部和腹部后端为黑色。身体上覆盖着浓密的毛簇。

科名	裳蛾科 Erebidae
地理分布	厄瓜多尔东部，但也可能进入秘鲁北部和哥伦比亚南部
栖息地	森林边缘、林中空地及更新的滑坡
寄主植物	多种植物，特别是常绿的斯堪朱丝贵竹 *Chusquea scandens*；也包括贝胡椒 *Piper baezanum* 和奥古胡椒 *Piper augustum Rudge*，密果属 *Miriocarpa* spp.、巴苎麻 *Boehmeria bullata* 和脚骨脆属 *Casearia* spp.
特色之处	采摘其刚毛编织到茧中
保护现状	没有评估，但不被认为受到威胁

成虫翅展
¾~⅞ in (19~22 mm)

幼虫长度
¾~1 in (20~25 mm)

578

莫斯洒裳蛾
Saurita mosca
Saurita Mosca
(Dognin, 1897)

高度多食性的莫斯洒裳蛾的幼虫被单个地发现在其各种寄主植物上，但最常见的寄主植物为竹子，竹子在山区栖息地中普遍存在。在该种的整个生命周期中，幼虫相对缺乏刚毛，但在最后一个龄期则生有浓密的毛簇。在化蛹前，幼虫采摘这些刚毛并将它们与丝一起编织成一个穹顶形的薄茧，在其中化蛹。这个刚毛和丝织成的茧被认为是对蚂蚁等捕食者的有效防御。

莫斯洒裳蛾的幼虫遭受到茧蜂、姬蜂和寄生蝇的严重寄生。这些寄生生物大多数在毛虫的最后一龄离开其化蛹，但有些姬蜂在本种毛虫体内化蛹，还有一种寄生蝇从本种的蛹体内羽化出来。成虫能很好地模拟马蜂外表，它们在白天和夜晚都能飞行，但人们对它们的总体行为还知之甚少。

实际大小的幼虫

莫斯洒裳蛾 幼虫身体底色为暗灰色，由于其肠道内的食物透出来，也会显出淡绿色。侧面有模糊的白色亮纹。头部的侧面为亮黑色，但沿蜕裂线为浅白色，将头分为 2 个黑色半球形。在第一腹节和第七腹节侧面的暗橙色的短毛簇非常紧密地拢在一起，看起来就像固体的突起一样。

科名	裳蛾科 Erebidae
地理分布	北美洲，从加拿大南部向南到墨西哥
栖息地	林地、灌木林、荒地、公园和花园
寄主植物	超过 100 种的矮生植物、乔木和灌木，包括菜豆 *Phaseolus vulgaris*、大豆 *Glycine max* 和玉米 *Zea mays*
特色之处	身体上覆盖着能蜇刺的刚毛
保护现状	没有评估

成虫翅展
1¼~2¹⁄₁₆ in (32~53 mm)

幼虫长度
2⅜ in (60 mm)

黄毛雪灯蛾
Spilosoma virginica
Yellow Woolly Bear
(Fabricius, 1798)

579

黄毛雪灯蛾的雌蛾将高达 100 粒的卵集中产在叶子的背面，幼虫从中孵化出来后群集生活，但在较高龄时分散开来独自生活。幼虫的活动时间从 5 月持续到 11 月。它们在夏季的几个月当中发生 2 代，以第二代的蛹在地面的落叶层中越冬。茧由丝和棕色的刚毛组成，所以能巧妙地伪装在枯叶之中。

本种的英文俗名源自毛虫身体上密集覆盖的橙棕色的长毛簇，这些刚毛柔软且具有蜇刺作用，如果不戴手套去抓毛虫，会引起皮疹。本种毛虫具有均匀的颜色，不像近缘的伊莎带灯蛾 *Pyrrharctia isabella* 的幼虫 —— 正如其名字所表示的那样 —— 有黑色与橙色的条带纹。黄毛雪灯蛾的成虫更多地被称为"弗吉尼亚灯蛾"（Virginia Tiger Moth）。

黄毛雪灯蛾 幼虫覆盖着毛簇，长度各不相同。身体的底色通常为橙棕色，有时为黄色到红褐色，但不管是什么颜色，全身都均匀一致。身体侧面有 1 条暗色的纵线，气门围有白色的边框。

实际大小的幼虫

科名	裳蛾科 Erebidae
地理分布	资料匮乏，有记录的地区仅有哥伦比亚西部和厄瓜多尔东部
栖息地	海拔 2200 m 左右的云雾林和山地次生林
寄主植物	根乃拉草属 *Gunnera* spp.、微野牡丹属 *Miconia* spp. 和鳞野牡丹 *Tibouchina lepidota*
特色之处	在绝大多数龄期里都大量群集取食
保护现状	没有评估，但不被认为受到威胁

成虫翅展
1⅝~1⅞ in (41~47 mm)

幼虫长度
2~2⁹⁄₁₆ in (50~65 mm)

580

葩合灯蛾
Symphlebia palmeri
Symphlebia Palmeri
(Rothschild, 1910)

　　葩合灯蛾的幼虫在其生命周期的绝大部分时期都大量群集在一起取食和休息，仅在最后一龄的后期或化蛹之前才分开。本种毛虫在野外的化蛹情况没有被观察到过，但其可能会离开寄主植物化蛹，因为毛虫化蛹前会在实验室的养虫笼中漫游一天以上。不像裳蛾科的很多其他种类，本种的刚毛只有温和的刺激作用。另外，毛虫在运动或伸展开来取食的时候，背面完整的刚毛外衣将在节间分裂开来，或者分裂为独立的毛簇，形成橙色与黑色相间的外貌，这也是一种潜在的警戒色。

　　成虫在夜晚活动，通常被灯光吸引。尽管它们有醒目的颜色，但它们在休息时还是非常隐蔽的，因为它们将翅膀折叠在背上方，这使其外形非常像一片枯死的叶子、受损的叶子或发霉的叶子。本种已知分布区已分裂成许多独立的小斑块，这说明它的很多分布区被忽视了，或者涉及不止一个物种。

实际大小的幼虫

葩合灯蛾　幼虫身体粗壮，头部为闪亮的黑色，身体底色为天鹅绒般的暗紫色到黑色。背面的节间区附近有几条模糊的白线，气门呈亮白色。背面还浓密地覆盖着许多深橙色的短而软的毛簇，形成几乎完整的"外衣"。

科名	裳蛾科 Erebidae
地理分布	美国东南部，从佐治亚州的沿海地区进入佛罗里达州、加勒比海、中美洲和南美洲北部
栖息地	耕地、松林地和沿海地区
寄主植物	欧洲夹竹桃 *Nerium oleander*、炮弹果 *Echites umbellata*、桉叶藤 *Cryptostegia grandiflora* 和箭毒胶 *Adenium obesum*
特色之处	在低龄期和蛹期群集在一起
保护现状	没有评估，但常见

成虫翅展
1¹¹⁄₁₆ in (43 mm)

幼虫长度
1⁹⁄₁₆ in (40 mm)

581

波尔卡点鹿蛾
Syntomeida epilais
Polka-Dot Wasp Moth
(Walker, 1854)

波尔卡点鹿蛾的卵被12～75粒为一组产下，通常产在欧洲夹竹桃叶子的背面，幼虫从球形的浅色卵中孵化出来。它们的本土寄主植物是炮弹果或桉叶藤，但现在这些植物相对地方化而且稀少；从地中海引进的欧洲夹竹桃已经成为本种主要的食物资源，本种毛虫现在已经被认为是这种观赏植物的害虫。低龄毛虫群集取食，能将其寄主植物的叶子全部吃光。较高龄的毛虫独自取食，但会群集在一起化蛹；毛虫将其刚毛与丝共同编织成一个薄茧在其中化蛹。

本种毛虫通过它们的刚毛、警戒色和身体中的有毒化学物质来保护自己不受鸟类的捕食。捕食性的蝽象、寄生蝇、寄生蜂和红火蚁是它们的主要天敌。波尔卡点鹿蛾在佛罗里达州南部和加勒比海终年可以繁殖，但在其分布范围的北部会在春寒期被冻死，不过第二年春季它们又会重新迁移过来。本种隶属于裳蛾科中迷人的拟蜂一族，该族包括很多白天活动的颜色鲜艳的蛾类，由于模拟马蜂的外形，有时简直无法将它们与真正的马蜂区分开来。

实际大小的幼虫

波尔卡点鹿蛾 幼虫身体底色为橙色，背面的黑色疣突上具有黑色的毛束。第一胸节和最后一腹节的毛长于身体中部。胸足和腹足为黑色，头部为橙色。

科名	裳蛾科 Erebidae
地理分布	北美洲西部、欧洲、中东和中亚地区，东到中国北部；也分布在新西兰
栖息地	灌木林、草地和荒地
寄主植物	新疆千里光 *Senecio jacobaea* 和欧洲千里光 *Senecio vulgaris*
特色之处	醒目，从其寄主植物中获得毒素
保护现状	没有评估，但相当常见

582

成虫翅展
1⅜~1¼ in (35~45 mm)

幼虫长度
1³⁄₁₆ in (30 mm)

红棒球灯蛾
Tyria jacobaeae
Cinnabar
(Linnaeus, 1758)

红棒球灯蛾 幼虫色彩鲜艳，具有橙色和黑色的横带。身体上散布有白色的长毛和暗色的短毛。头部、胸足和腹足为黑色。

红棒球灯蛾将卵多达 40 粒一组地产在叶子的背面，幼虫从卵中孵化出来。幼虫最初为黄色，但不久就会出现其特有的条纹。幼虫群集生活，很快就能将寄主植物的叶子吃光，因此被利用来控制有害的杂草 —— 新疆千里光。为此，红棒球灯蛾被引进到新西兰和塔斯马尼亚。在幼虫完成发育后，它们到地面的落叶层中化蛹，以蛹在一个疏松的茧内越冬。红色的成虫白天飞行，出现在 5~7 月。

本种毛虫是世界上最毒的幼虫之一，它从寄主植物新疆千里光中获得毒素，这种植物含有丰富的类生物碱类。幼虫本身不受其体内积累的毒素的影响，但对任何捕食者都有毒。毒素从幼虫传递到成虫。红棒球灯蛾的英文俗名"朱砂"（cinnabar）源自成虫鲜艳的颜色；朱砂是一种绯红色到砖红色的矿物，曾被用作一种人工色素。

实际大小的幼虫

科名	裳蛾科 Erebidae
地理分布	北美洲和南美洲，从新斯科舍向南到阿根廷，包括加勒比海
栖息地	牧场和森林边缘，与寄主植物密切相关
寄主植物	猪屎豆属 *Crotalaria*（蝶形花科 Fabaceae）的植物
特色之处	具有鲜艳条纹，其警戒色表明它们不好吃
保护现状	没有评估，但常见

橙色星灯蛾
Utetheisa ornatrix
Ornate Bella Moth
(Linnaeus, 1758)

成虫翅展
1³⁄₁₆~1¾ in（30~45 mm）

幼虫长度
1³⁄₁₆~1⁹⁄₁₆ in（30~40 mm）

583

　　橙色星灯蛾的幼虫最初群集在叶子的背面取食，但随后的龄期则独自生活，它们寻找并钻入猪屎豆的种荚内，在里面取食营养与富含生物碱的种子。它们从种子中不仅获得营养成分，还得到被称为"吡咯里西啶类生物碱"（pyrrolizidine alkaloids）的有毒化学物质，这些有毒物质被传递到成虫体内，并在其所有发育阶段保护它们免遭捕食者的伤害。幼虫生长迅速，在3星期内就能达到最后一龄，然后吐丝结一个蜘蛛网状的茧，在其中化蛹。

　　雄蛾也会将有毒的类生物碱传递到信息素中，由于它对毒素特殊的处理方式，橙色星灯蛾被当作研究化学生态学的一种模型。星灯蛾属 *Utetheisa* 已知大约有40个近缘的物种，它们形成几个不同的亚属，主要发生在热带地区。成虫色彩鲜艳，白天飞行。

橙色星灯蛾　幼虫具有由橙色与黑色条纹形成的警戒色，头部为红色，这是一种令潜在的捕食者难以忘记的斑纹。橙色条纹的宽度可变，有些个体有较多的橙色，有些具有白色的斑点，而另一些则几乎完全为黑色。原生刚毛为黑色，身体前端和后端有较长的白色刚毛。

实际大小的幼虫

科名	裳蛾科 Erebidae
地理分布	北美洲，从安大略到新斯科舍，向南到佛罗里达州，西到得克萨斯州
栖息地	荒野、浅沼泽、林地和森林
寄主植物	栎属 *Quercus* spp.、越橘属 *Vaccinium* spp. 和云杉属 *Picea* spp.
特色之处	受到干扰时会从其寄主植物上坠落
保护现状	没有评估，但不常见

成虫翅展
1⅜~1¹¹⁄₁₆ in (35~43 mm)

幼虫长度
2 in (50 mm)

584

绿尘札裳蛾
Zale aeruginosa
Green-Dusted Zale Moth
(Guenée, 1852)

低龄阶段的绿尘札裳蛾的幼虫非常活跃，在取食之前需要爬行一段距离，通常以嫩叶为食。在较高龄阶段，它们取食老叶和云杉的针叶。幼虫取食无毒的植物，这使它们成为鸟类和其他天敌的猎物。它们具有隐蔽色，休息时贴伏在寄主植物的茎上；当受到干扰时，它们会"跳"离其栖息处，这为它们防御捕食者和寄生者提供了进一步的帮助。本种以蛹在落叶层中越冬。在其分布范围的南部一年发生2代，但在北部只有1代。成虫出现在1~10月。

札裳蛾属 *Zale* 的毛虫与裳夜蛾属 *Catocala* 的种类相似。然而，札裳蛾属的成虫没有裳夜蛾属的成虫那么醒目，颜色也比较温和。本种的种名"aeruginosa"源自拉丁语中意思是"铜锈色"的词，对应于成虫黑色的前翅上散布的蓝绿色。最近列出的札裳蛾属有39种，分布在墨西哥以北的北美洲，大多数种类在大树上取食。

绿尘札裳蛾 幼虫身体细长，向前后两端变尖。第一对腹足变小，最后1对腹足向身体后方延伸。棕色、米黄色、浅白色和奶油色混合一起的洗染色的身体与树皮融为一体。有1条模糊的暗棕色的气门线。腹面底色为浅白色，头部为白色，具有细小的棕色斑点和条纹。第八腹节呈方形，生有扁平的皮瓣，看起来像叶子的疤痕。少量的原生刚毛细而短，除其白色的基部外几乎看不见。

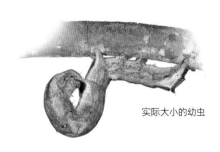

实际大小的幼虫

科名	廉蛾科 Euteliidae
地理分布	日本，泰国北部和中国东南部
栖息地	森林和花园
寄主植物	槟榔青属 *Spondias* spp.
特色之处	具有条纹图案，胸部明显膨大
保护现状	没有评估，相对未知，但在局部地区并非不常见

成虫翅展
1¹⁄₁₆~1⅜ in (30~35 mm)

幼虫长度
1⅜ in (35 mm)

清波尾夜蛾
Phalga clarirena
Phalga Clarirena
(Sugi, 1982)

585

第一次碰到清波尾夜蛾的幼虫时，人们经常会因为其前端膨大而将它描述为长了一个瘤或被寄生了。然而，这是来自亚洲的尾夜蛾类的几个属的幼虫的基本特征。清波尾夜蛾的幼年阶段在外形和行为方面都没有证据说明它利用隐蔽作为防御策略，而其黄色和橙色的颜色是典型的警戒色，可以驱离自然界的捕食者。几只幼虫就能将在它们之间的枝条上的叶子全部吃光。幼虫在化蛹之前转变为深蓝色，将头钻入土壤中化蛹。

本种在夏季的几个月当中可以发生 2~3 代，在本种的次热带分布范围内，以成虫越冬。其斑纹和行为与幼虫不同，成虫是伪装的高手，它们悬挂在植物和蜘蛛网上，非常像在空中被风吹而飘摆的枯叶。

实际大小的幼虫

清波尾夜蛾　幼虫具有尾夜蛾类特有的身体形态和颜色设计，胸部膨大如球，在浅蓝色的底色上具有明显而呈虎纹状的黑色斑纹。蓝色从最上层向下延伸到后部，臀节上有 1 个深蓝色的斑。身体侧面呈鲜黄色。头部为鲜橙色，但在不取食时通常会隐藏起来。

科名	瘤蛾科 Nolidae
地理分布	穿过欧洲进入亚洲西部和伊朗北部
栖息地	林地和公园
寄主植物	栎属 *Quercus* spp.
特色之处	鲜绿色,隐藏在叶子当中
保护现状	没有评估,但地区性常见

成虫翅展
1¹⁄₁₆~1¹⁵⁄₁₆ in (40~50 mm)

幼虫长度
⁹⁄₁₆ in (15 mm)

586

银线毕瘤蛾
Bena prasinana
Scarce Silver-Lines
(Linnaeus, 1758)

实际大小的幼虫

银线毕瘤蛾将卵产在寄主植物叶子上,幼虫从中孵化出来。低龄幼虫为恰当的红褐色,有助于它们隐藏在枝条上越冬,它们在春季恢复活动。较高龄的幼虫为绿色,于5月和6月出现在叶子的背面。成熟的幼虫在枝条上和叶子的背面吐丝结茧,在其中化蛹。

成虫在夜晚飞行,一年发生1代,于5月底到8月之间出现在灯光下。很少在开阔的空间里看见它们,其种群数量在原始橡树林和其他有成熟橡树的林地中最多。在欧洲,由于橡树被速生树种所替代,银线毕瘤蛾的数量已经下降。毕瘤蛾属 *Bena* 包含8种,隶属于瘤蛾科 Nolidae。

银线毕瘤蛾 幼虫外形肥胖,向腹部末端逐渐变细。高龄幼虫身体底色为鲜绿色,散布有白色的斑点和稀疏的细刚毛。背面有2条淡黄色的纵线,侧面有1列浅色的斜线。头部和足的颜色要浅很多。

科名	瘤蛾科 Nolidae
地理分布	喜马拉雅山脉、南亚和东南亚、中国南部和中国台北
栖息地	低地和山地森林
寄主植物	桃金娘科 Myrtaceae, 包括番樱桃属 *Eugenia* spp.、桃金娘 *Rhodomyrtus tomentosa*、黄桃金娘 *Campomanesia xanthocarpa*、水翁 *Cleistocalyx operculatus* 和海南蒲桃 *Syzygium cumini*
特色之处	拟态不可食的浆果
保护现状	没有评估，但常见

成虫翅展
1⁹⁄₁₆~1¼ in (40~45 mm)

幼虫长度
1 in (25 mm)

587

赭瘤蛾
Carea varipes
Carea Varipes
Walker, 1856

像东洋区中赭瘤蛾族 Careini 的很多种类一样，赭瘤蛾的幼虫有一个非常膨大的胸部，这个特征存在于各个龄期，但在最后一龄特别夸张。这个特征被认为是专门为了拟态不可食的浆果，可用于防御捕食者，尤其是鸟类的捕食。毛虫胸部是否充盈光滑，或许能表明毛虫的营养状态。当受到干扰时，毛虫抬起尾部和头部，并可能从肠道内反刍出绿色的小液滴。

不像其他近缘种的幼虫，会大量发生并吃掉大量的叶子，赭瘤蛾的幼虫单独生活并广泛地分散在各个地点，通常在寄主植物叶子的最上层休息。幼虫在寄主植物的卷叶中或缀叶之间化蛹。成虫在 9 天后羽化，出现在整个春季和夏季。

实际大小的幼虫

赭瘤蛾 幼虫因其膨大如球的胸部而著称。幼虫的颜色在不同深浅的有光泽的绿色之间变化，具有疏松的原生刚毛。有 1 条斑驳的白条带从胸部向后延伸，在尾部到达浅绿色的宽角突处。在角突与臀足之间有 1 个相似的白斑。腹足及其趾钩明显。头部为红色。

科名	瘤蛾科 Nolidae
地理分布	欧洲南部、中欧、俄罗斯南部、斯堪的纳维亚南部和土耳其
栖息地	温暖和湿润的河岸森林
寄主植物	白杨 *Populus alba*
特色之处	浅灰色，身体上覆盖着细毛
保护现状	没有评估

成虫翅展
¾~1 in (20~25 mm)

幼虫长度
⁹⁄₁₆~¾ in (15~20 mm)

588

银杨钻瘤蛾
Earias vernana
Silver Poplar Spinner
(Fabricius, 1787)

银杨钻瘤蛾将卵产在寄主植物叶子上，幼虫从卵中孵化出来。幼虫在树枝的顶端取食叶子，并在那里吐丝将叶子编织成居所在里面生活。成熟的幼虫在茎或枝条上吐丝结一个淡棕色的茧化蛹，以蛹越冬。

成虫夜晚飞行，出现在4~8月，一年通常发生2代，分别为4~6月和7~8月。在其分布范围的南部甚至可能发生第三代，而在远北部更多的只有1代。本种在北部并不多见，那里的种群数量由于河岸森林的丧失而越来越稀少。银杨钻瘤蛾经常被误认为白缘钻瘤蛾 *Earias clorana*，它们生活在相似的栖息地中。

实际大小的幼虫

银杨钻瘤蛾 幼虫具有肥胖而呈蛞蝓状的身体，上面覆盖着浅色的长刚毛。身体底色为淡灰色，具有暗灰色的斑纹和暗色的气门。有1条微弱的背线。

科名	瘤蛾科 Nolidae
地理分布	欧洲、非洲北部、中东，穿过亚洲北部到俄罗斯远东地区；还有加拿大（不列颠哥伦比亚）
栖息地	林地、灌木篱墙和花园
寄主植物	蔷薇科 Rosaceae, 包括枸子属 Cotoneaster spp.、苹果属 Malus spp.、李属 Prunus spp. 和花楸属 Sorbus spp.
特色之处	体型小，多毛，生活在林地和灌木篱墙中
保护现状	没有评估，但不被认为有风险

成虫翅展
⁹⁄₁₆~¾ in (15~20 mm)

幼虫长度
¾ in (20 mm)

短衣瘤蛾
Nola cucullatella
Short-Cloaked Moth
(Linnaeus, 1758)

589

短衣瘤蛾将球形而具脊纹的卵产在寄主植物的叶子上，幼虫从卵中孵化出来。幼虫孵化后经过短暂的取食，然后爬到树皮的小裂缝中越冬。第二年春末幼虫恢复活动。幼虫在枝条上吐丝将刚毛和木屑编织成一个淡棕色的茧，在其中化蛹。

成虫夜晚活动，具有趋光性，出现在6月和7月，一年发生1代。短衣瘤蛾广泛分布在欧洲和亚洲北部，最近又在加拿大不列颠哥伦比亚省的温哥华发现了它们，很可能是通过货物运输到达那里的。本种的英文俗名源自成虫暗色的翅基部，成虫在休息时翅折叠形成一件短衣的形状。本种的学名来自拉丁词"*cuculla*"，意思是"头巾"。

短衣瘤蛾 幼虫体型小而多毛，底色为栗棕色，有1条白色的背线，该线在第四腹节上中断。每一节都有1圈疣突，上面生有白色的长毛簇。头部为暗棕色。

实际大小的幼虫

科名	瘤蛾科 Nolidae
地理分布	穿过欧洲到俄罗斯的西部；也包括日本
栖息地	林地、灌木林、公园和花园
寄主植物	各种落叶树，包括桤木属 *Alnus* spp.、桦属 *Betula* spp. 和栎属 *Quercus* spp.
特色之处	肥胖，绿色，结一个小船形的茧化蛹
保护现状	没有评估

590

成虫翅展
1³⁄₁₆~1¾ in (30~45 mm)

幼虫长度
1⅜ in (35 mm)

绿银线瘤蛾
Pseudoips prasinanus
Green Silver-Lines
(Linnaeus, 1758)

　　绿银线瘤蛾的雌蛾将多达 250 粒的红褐色扁平卵集中产在叶子的背面，幼虫从卵中孵化出来。幼虫于白天在叶子的背面休息，在夜晚活动。它们爬到树皮缝中或落叶层中吐丝结一个小船形的棕色茧，在其中化蛹。以蛹越冬，成虫于第二年春季羽化。

　　成虫为鲜绿色，出现在 6 月和 7 月。一年发生 1 代，但偶尔在夏末会出现第二代。成虫白天在树干上休息，于夜晚飞行，并被灯光吸引。本种的英文俗名源自其绿色的前翅上有明显的银白色斜线。幼虫也是绿色的，出现在 7 月中旬到 10 月下旬。

绿银线瘤蛾　幼虫短而粗壮。身体底色为绿色，背面有 1 条由黄绿色的十字纹和斑点组成的纵带，其两侧衬有黄色的线。侧面也有类似的斑纹。腹部末端有分叉的臀足，其边缘镶红色。头部底色为暗绿色，边缘有 1 条黄色带。

实际大小的幼虫

科名	夜蛾科 Noctuidae
地理分布	从欧洲进入中亚和非洲北部[①]
栖息地	林地、公园和花园
寄主植物	各种树木，例如欧亚槭 *Acer pseudoplatanus*、欧洲七叶树 *Aesculus hippocastanum*、椴属 *Tilia* spp.、杨属 *Populus* spp. 和栎属 *Quercus* spp.
特色之处	容易识别，仿佛是黄地毯的一丛毛
保护现状	没有评估

锐剑纹夜蛾
Acronicta aceris
Sycamore

Linnaeus, 1758

成虫翅展
1⅜~1¾ in (35~45 mm)

幼虫长度
1⁹⁄₁₆ in (40 mm)

591

　　锐剑纹夜蛾将具有黑色与白色方格图案的卵产下，幼虫从中孵化出来。低龄幼虫覆盖着长的刚毛，最初为姜黄色，但随着龄期的增长而向黄色转变。本种的一个显著特征是具有浓密的毛簇，这些毛簇能产生轻微的蜇刺效果，并能驱离捕食者。虽然具有鲜艳的颜色，但毛虫本身无毒。当受到干扰时，毛虫蜷曲成明显的"U"字形。

　　本种以蛹在树皮下，特别喜在老杨树的树皮下越冬。每年发生1代，成虫出现在春末到仲夏。锐剑纹夜蛾受到其林木栖息地丧失带来的威胁。尤其是过去在道路两侧及农田中常见的杂交老杨树被砍伐，已经影响了锐剑纹夜蛾的数量。剑纹夜蛾属 *Acronicta* 已知约150种，其中大多数种类的幼虫都具有鲜艳夺目的颜色和浓密的刚毛。

锐剑纹夜蛾　幼虫身体上覆盖着浓密的黄色长毛簇，另外有4对橙红色的毛簇。背面有1条明显的纵线，由白色围黑边框的斑纹组成。

实际大小的幼虫

---

① 中国的西北部也有分布。——译者注

科名	夜蛾科 Noctuidae
地理分布	北美洲，落基山脉以东
栖息地	落叶树组成的林地和森林
寄主植物	木本植物，包括槭属 *Acer* spp.、桤木属 *Alnus* spp.、桦属 *Betula* spp.、榆属 *Ulmus* spp.、柳属 *Salix* spp. 和梣属 *Fraxinus* spp.
特色之处	鲁莽地用手去抓会引起严重的皮疹
保护现状	没有评估，但通常常见

成虫翅展
2~2⁹⁄₁₆ in (50~65 mm)

幼虫长度
2~2⅛ in (50~55 mm)

592

北美剑纹夜蛾
Acronicta americana
American Dagger
Harris, 1841

北美剑纹夜蛾 幼虫体型较大，浓密地覆盖着白色或淡黄色的长刚毛，在第一和第三腹节除具有密集的长刚毛外还有分支的黑色毛簇。第八腹节还有1束很长的黑色刚毛。

北美剑纹夜蛾的雌蛾将绿色的卵单个产在寄主植物的叶子上，幼虫从卵中孵化出来，并独自生活。低龄的毛虫啃食叶肉，留下叶子下层不规则的斑块，而较高龄期的毛虫取食整片叶子。毛虫休息时将头部弯曲到一侧。毛虫在化蛹之前四处漫游，会在软木或树皮中挖一个洞穴隐藏起来。幼虫在挖出的洞穴中结一个粗糙的茧化蛹。在其分布范围的北部一年发生1代，很可能以蛹越冬；但在南部每年可能发生2代或3代。尽管触碰一下本种毛虫不会带来什么伤害，但鲁莽地用手去抓它会引起严重的皮疹。

幼虫出现在7～10月之间，而成虫出现在4～9月之间。本种毛虫频繁地遭受寄生蜂的攻击，寄生蜂在每只毛虫身上产下大量的卵。在消耗完毛虫内部的养分后，寄生蜂的幼虫在毛虫的尸体上化蛹，随后就羽化出寄生蜂的成虫。

实际大小的幼虫

科名	夜蛾科 Noctuidae
地理分布	欧洲（英国除外）到亚洲，东到西伯利亚的西部①
栖息地	灌木草地、森林中的空地、干燥的森林边缘
寄主植物	各种植物，包括帚石楠 *Calluna vulgaris*、悬钩子属 *Rubus* spp.、栎属 *Quercus* spp. 和越橘属 *Vaccinium* spp.
特色之处	黑色，具有色彩鲜艳的毛簇
保护现状	没有评估，但地区性稀少

成虫翅展
1⅟₁₆~1⅝ in (36~42 mm)

幼虫长度
1⅟₁₆ in (40 mm)

华剑纹夜蛾
Acronicta auricoma
Scarce Dagger
(Dennis & Schiffermüller, 1775)

593

华剑纹夜蛾是一种有特色的毛虫，可于春季和夏季在其广泛分布的有林栖息地中发现它们，但由于很多地区城市化面积的增加导致本种的数量正在下降。每年发生2代，成虫出现在4~6月，然后于7~8月再次出现。以第二代的蛹在寄主植物上或者落叶层下面越冬。

像剑纹夜蛾属 *Acronicta* 大多数种类的毛虫一样，华剑纹夜蛾的幼虫具有颜色鲜艳的刚毛，用于驱离捕食者。在其分布范围的一部分地区，本种毛虫被认为是一种害虫，因为它取食具有经济价值的植物，例如欧洲越橘的叶子。英国曾经是本种的定居地，但现在鲜有成虫迁入。本种是剑纹夜蛾属内众多被称为"剑纹蛾"（dagger moths）的种类之一，因为其成虫在前翅的正面有剑形的斑纹。

华剑纹夜蛾 幼虫具有黑色的头部和暗棕色到黑色的身体底色。每节都有1圈明显的疣突，所有疣突上都生有长的毛簇；一些毛簇为黑色，另一些则为橙色。

实际大小的幼虫

① 中国黑龙江和河北也有分布。——译者注

科名	夜蛾科 Noctuidae
地理分布	从摩洛哥和西班牙北部经过欧洲中部和东部（地中海盆地除外）进入小亚细亚和高加索；斯堪的纳维亚南部向东穿过俄罗斯和西伯利亚南部到达中国、朝鲜、日本和俄罗斯远东地区
栖息地	潮湿的林地、湿地、沼泽和其他潮湿的栖息地
寄主植物	桤木属 Alnus spp. 和桦属 Betula spp.；还有欧洲花楸 Sorbus aucuparia
特色之处	生活在潮湿环境中，身体上具有 1 条宽阔的黄色条纹
保护现状	没有评估，但在西欧的一些地区因为排水而使其栖息地丧失

成虫翅展
1¹¹⁄₁₆ in (43 mm)

幼虫长度
1⁹⁄₁₆~1⅝ in (40~42 mm)

594

尖剑纹夜蛾
Acronicta cuspis
Large Dagger
(Hübner, [1813])

尖剑纹夜蛾将单个卵产在寄主植物叶子背面，幼虫从卵中孵化出来。幼虫在发育过程中暴露在叶上取食。当最后一龄幼虫将背面特有的黄色条纹褪为白色时，它们向下爬到朽木或树皮之下结茧化蛹。每年 6～10 月可发生 1 代或 2 代。本种及剑纹夜蛾属 *Acronicta* 的其他种类的俗名源自其成虫前翅上的剑形斑纹。

尖剑纹夜蛾的幼虫与赛剑纹夜蛾 *Acronicta psi* 的幼虫在低龄阶段非常难以区分，它们有相似的地理分布范围。当其较成熟时，两种幼虫的背面都有 1 条宽阔的黄色纵条纹，但尖剑纹夜蛾的幼虫第四腹节上的疣突要小许多，从上面伸出黑色的毛笔状的长刚毛束，末端呈白色。尖剑纹夜蛾的寄主植物范围和栖息地都比其近缘种要狭窄一些。

实际大小的幼虫

尖剑纹夜蛾 幼虫为灰色，具有中等程度的刚毛，背面有 1 条宽阔的黄色条纹，该条纹在化蛹之前变为白色。侧面有橙红色的斑纹和不规则的黑色斑块。第四节有 1 个低矮的淡黑色的峰状突起，上面生有黑色而呈毛笔状的长刚毛束，其末端呈白色。靠近尾端有 1 个灰色的峰状突起。

科名	夜蛾科 Noctuidae
地理分布	欧洲（斯堪的纳维亚的远北地区除外）；小亚细亚、高加索、叙利亚、伊朗北部和俄罗斯西部[①]
栖息地	林地、灌木篱墙及有杨树生长的开阔地区
寄主植物	杨属 *Populus* spp.，包括欧洲山杨 *Populus tremula* 和黑杨 *Populus nigra*；偶尔也包括柳属 *Salix* spp.
特色之处	因头部大而得其种的学名
保护现状	没有评估

首剑纹夜蛾

Acronicta megacephala

Poplar Grey

([Denis & Schiffermüller], 1775)

成虫翅展
1½~1¾ in (38~44 mm)

幼虫长度
1¼~1⅜ in (32~35 mm)

595

　　首剑纹夜蛾将扁球形且部分半透明卵单个地产在叶子上，幼虫从卵中孵化出来。幼虫暴露在叶子上取食，在一片叶子的上方或下方休息，采取将其前后两端蜷曲成几乎相连的独特姿势，形似一坨鸟粪。6~9 月可以发生 1 代或 2 代。本种毛虫结一个坚固的茧化蛹，茧附着在树干疏松的树皮下、裂缝中或朽木内，也可能在地下；以蛹越冬。

　　具有大型的头部和蓬乱的白色长缨毛，首剑纹夜蛾的幼虫不可能与其他任何取食杨树和柳树的幼虫相混淆。首剑纹夜蛾的种名 *megacephala* 源自古拉丁词 *megas*（意为"大的"或"强大的"）和 *cephala*（意为"头部"）。

实际大小的幼虫

首剑纹夜蛾　幼虫的身体稍扁，底色为棕色、灰色或淡绿色，头部大而具有明显的条纹。身体侧面和头部具有浅白色的长毛簇。背面具有疏松而较短的黑色刚毛、暗色的波状带和棕色的小疣突，还散布着一些细小的白色斑点，在第十节有 1 个乳白色面罩状的大斑。

科名	夜蛾科 Noctuidae
地理分布	欧洲，包括斯堪的纳维亚的南部和东部，向东穿过俄罗斯和中亚到马加丹、蒙古、中国和朝鲜
栖息地	林地、灌木林及公园用地和花园
寄主植物	各种阔叶乔木和灌木，包括柳属 *Salix* spp.、椴属 *Tilia* spp.、栎属 *Quercus* spp.、山楂属 *Crataegus* spp. 和蔷薇属 *Rosa* spp.
特色之处	毛茸茸，具有 1 条白色（有时为黄色）的背线和灰色的峰突
保护现状	没有评估

成虫翅展
1⅜~1¾ in (33~45 mm)

幼虫长度
1⁷⁄₁₆~1⁹⁄₁₆ in (36~40 mm)

596

赛剑纹夜蛾
Acronicta psi
Grey Dagger
(Linnaeus, 1758)

赛剑纹夜蛾将淡白色穹顶形的卵单个地产在叶子上，幼虫从卵中孵化出来。幼虫暴露在寄主植物上取食和休息，6~10 月发生 1 代或 2 代。当幼虫结束取食时，其背面的纵纹便由黄色转变为白色，然后爬下树在疏松的树皮下、朽木内或者地面寻找一个空穴，结一个粗糙的茧在其中化蛹，蛹为棕色具光泽。以蛹越冬，成虫在第二年夏季羽化。

夜蛾科的幼虫很少会显著地多毛，但剑纹夜蛾亚科 Acronictinae（因前翅的剑形斑纹而得名）是一个例外。赛剑纹夜蛾与三齿剑纹夜蛾 *Acronicta tridens* 的成虫几乎完全相同，但它们的幼虫却容易区分。三齿剑纹夜蛾的幼虫在第四腹节上的突起要小且短很多，背面的纵纹为橙红色和黄色（或者为白色与黄色），纵纹的中央有 1 条暗色的细线；身体上还有一些白色的斑点。

实际大小的幼虫

赛剑纹夜蛾 幼虫在背面具有疏松的长刚毛，侧面有较短而密集的刚毛。身体的底色为灰色，背面具有 1 条明显而宽阔的黄色纵纹。侧面有橙红色的竖条纹、不规则的斑块和黑色的斑点，下方有 1 条白色（有时为淡黄色）的条纹。第四节有 1 个淡黑色的肉质的长突起，靠近尾端有 1 个灰色的峰突。

科名	夜蛾科 Noctuidae
地理分布	从西班牙的东部、法国西部、不列颠群岛和斯堪的纳维亚南部向东到土耳其西部和俄罗斯西部
栖息地	生境广泛，包括林地、高沼地、沼泽、灌木篱墙、荒地和花园
寄主植物	很多种的草本植物，包括酸模 *Rumex acetosa*、旋果蚊子草 *Filipendula ulmaria* 和禾本科 Poaceae 的杂草；也包括阔叶树，例如柳属 *Salix* spp. 和山楂属 *Crataegus* spp.
特色之处	在化蛹之前需要在茧内休眠一段时间
保护现状	没有评估，但分布广泛

成虫翅展
1³⁄₁₆~1⁹⁄₁₆ in (30~40 mm)

幼虫长度
1⅜~1⁹⁄₁₆ in (35~40 mm)

褐斑翼夜蛾
Agrochola litura
Brown-Spot Pinion
(Linnaeus, 1761)

597

褐斑翼夜蛾将淡褐色的卵少量成群地产在枯死的植物枝条或树皮上，幼虫从卵中孵化出来。以卵越冬。幼虫最初取食草本植物和杂草的叶子，在较大一些后可能爬到灌木和树木上取食。一年发生1代，幼虫的发育从4月开始持续到6月。当结束取食时，幼虫在地下结一个茧，在茧内休眠数星期后才化蛹。成虫出现在8月底至11月。

褐斑翼夜蛾的幼虫在长大一些后主要在夜晚取食，所以不太容易看见它们。本种与同样广泛分布的珠栗翼夜蛾 *Agrochola lychnidis* 类似，具有相似的颜色变化。在其棕色型中，褐斑翼夜蛾的幼虫可以通过每个气门上方和后方的淡黑色斑（绿色型中没有）与珠栗翼夜蛾的幼虫区分开来。相似的棕栗翼夜蛾 *Agrochola helvola* 幼虫沿侧面有1条较粗的白色条纹。

褐斑翼夜蛾 幼虫身体光滑，底色为亮绿色、黄绿色、棕色或砖红色，散布有细微的白色花纹（绿色型中有）或淡棕色的斑纹。沿背面有3条浅色的细线，散布有白色的圆形斑点。沿侧面有1条相当阔的白色、黄色或白色与黄色的条带，其上缘镶暗棕色或绿色的窄边。

实际大小的幼虫

科名	夜蛾科 Noctuidae
地理分布	欧洲西部，包括伊比利亚半岛和不列颠群岛的大部分地区，向东穿过欧洲中部和南部到巴尔干岛和克里米亚半岛
栖息地	生境广泛，包括草地、荒地、林地、农田和花园
寄主植物	各种草本植物，包括酸模属 *Rumex* spp.、扁蓄蓼 *Polygonum aviculare*、莴苣属 *Lactuca* spp. 和禾本科 Poaceae 的杂草
特色之处	体型小，棕色，也被称为"切根虫"，但不是害虫
保护现状	没有评估

成虫翅展
1³⁄₁₆~1¹⁄₄ in (30~32 mm)

幼虫长度
1³⁄₁₆~1⁵⁄₁₆ in (30~33 mm)

梭形地夜蛾
Agrotis puta
Shuttle-Shaped Dart
(Hübner, [1803])

梭形地夜蛾 幼虫身体稍扁，底色为斑驳的污棕色。沿背腹面有 1 条相当弱的浅色的细中线和 2 条浅色的宽而呈波状的松散条纹，有时形成模糊的"V"字形斑纹。暗色的短刚毛成对而稀疏地排列在背面的黑色小骨片上。身体的侧面和下面颜色较浅，气门为黑色。

实际大小的幼虫

梭形地夜蛾将淡褐色的球形卵成群地产在寄主植物上，幼虫从卵中孵化出来。幼虫于夜晚在靠近地面的地方取食，白天躲藏起来，通常躲在浅地表之下。随气候条件的不同，一年发生 2 代或 3 代，世代重叠，从 5 月开始的整个夏季和秋季都能发现幼虫，通常以完熟的幼虫在地下越冬，于第二年 3 月或 4 月化蛹。成虫出现在 4~6 月、7~8 月，在有些地方还出现在秋季，但数量较少。

梭形地夜蛾的幼虫是地夜蛾属 *Agrotis* 幼虫的典型代表，该属的种类也被称为"切根虫"（cutworms），因为它们在茎的基部（通常靠近地面）和根部取食。在世界各地，本属的其他一些种类（不包括梭形地夜蛾）是农业害虫。地夜蛾属的各种的幼虫相互之间看起来十分相似，非常近缘的加泰地夜蛾 *Agrotis catalaunensis* 与梭形地夜蛾的幼虫几乎无法区别开来，成虫也是如此。结果导致在一些地方无法确定梭形地夜蛾的具体分布情况。

科名	夜蛾科 Noctuidae
地理分布	欧洲，从比利牛斯山脉以东和意大利北部、不列颠群岛和斯堪的纳维亚南部向东到乌拉尔南部、里海和俄罗斯西部
栖息地	林地、高沼地、荒野、灌木林、灌木篱墙、公园用地和花园
寄主植物	山楂属 Crataegus spp.、黑刺李 Prunus spinosa、李属 Prunus spp.、苹果属 Malus spp.，在不列颠群岛的北部取食欧洲花楸 Sorbus aucuparia
特色之处	枝条状外形，取食蔷薇科的植物
保护现状	没有评估

绿棕贫冬夜蛾
Allophyes oxyacanthae
Green-Brindled Crescent
(Linnaeus, 1758)

成虫翅展
1⅜~2 in (35~50 mm)

幼虫长度
1¼~2 in (45~50 mm)

599

绿棕贫冬夜蛾将浅白色而具脊纹的卵产在小枝条或枝干上，以卵越冬，幼虫从卵中孵化出来。幼虫4～6月取食，沿枝条休息，它们利用其枝条状的外形巧妙地伪装自己。当取食结束时，它们在土壤中结一个坚实的茧化蛹，蛹光滑呈棕色。成虫于秋季羽化，一年发生1代。绿棕贫冬夜蛾是在其生命的所有阶段看起来都十分相似的几个近缘物种之一。其他几种贫冬夜蛾，包括克里贫冬夜蛾 *Allophyes cretica*、亚洲贫冬夜蛾 *Allophyes asiatica*、阿佛贫冬夜蛾 *Allophyes alfaroi* 和克斯贫冬夜蛾 *Allophyes corsica*，都只在地中海附近的温暖干燥的灌木栖息地里，而绿棕贫冬夜蛾的分布更加广泛，生活在比较凉爽且湿润的气候条件中。

近缘的双斑巨冬夜蛾 *Meganephria bimaculosa* 的幼虫与本种相似，但身体上的棕色要深很多。绿棕贫冬夜蛾的幼虫整体上看也与裳夜蛾属 *Catocala*（裳蛾科 Erebidae）的一些种类相似，但后者的幼虫具有侧缨毛，通常体型较大，很少取食蔷薇科的植物。

绿棕贫冬夜蛾 幼虫几乎为圆筒形，稍有一些疣突，整体呈枝条状，头部为棕色，大而有斑。身体底色为浅到深的灰褐色，具有不规则的棕色细条纹，在地衣生长丰富的栖息地中也经常变为绿白色。第四节有1个橙棕色或淡白色镶暗边的"V"字形斑，在尾端有1个双峰突。

实际大小的幼虫

科名	夜蛾科 Noctuidae
地理分布	中东、印度北部、俄罗斯、蒙古、中国北部、朝鲜和日本
栖息地	落叶树林地、公园和花园
寄主植物	落叶树和灌木，特别是栎属 *Quercus* spp.
特色之处	绿色，背面有 1 个金字塔形的峰突
保护现状	没有评估，但相对常见

600

成虫翅展
1¹⁵⁄₁₆~2¹⁄₁₆ in (40~52 mm)

幼虫长度
1⅜~1⅝ in (35~42 mm)

果红裙杂夜蛾
Amphipyra pyramidea
Copper Underwing
(Linnaeus, 1758)

果红裙杂夜蛾 幼虫在第八腹节背面有 1 个明显的峰状突起，其末端为黄色。身体底色为苹果绿色，散布有白色的斑点。侧面有 1 条黄色与白色的纵纹，但在两个体节上消失。气门围有黑色的边框。

　　果红裙杂夜蛾的雌蛾将卵单个或少量成群地产在寄主树或灌木的树皮上。以卵越冬，幼虫于春季孵化，最早出现在 4 月，最晚出现在 6 月。幼虫取食寄主植物的叶子，在成熟后它们将一片叶子卷起来并用丝捆牢形成一个叶巢，在其中化蛹。

　　一年发生 1 代，成虫出现在 8~10 月，于夜晚飞行。本种的种名源自幼虫的腹部末端有 1 个金字塔形的峰突，这个特征也反映在一些蛾子的俗名当中，例如塔形绿蛀果蛾（Pyramidal Green Fruitworm）和峰形绿蛀果蛾（Humped Green Fruitworm）。虽然果红裙杂夜蛾的英文俗名为"裳夜蛾"（underwing），但不是真正的裳夜蛾属 *Catocala* 的种类，因为本种成虫的后翅没有带纹，也不是完全呈黑色。

实际大小的幼虫

科名	夜蛾科 Noctuidae
地理分布	欧洲，斯堪的纳维亚最北端除外；小亚细亚、中东、中亚西部向东到中国（新疆），西伯利亚南部到贝加尔湖；库页岛（俄罗斯远东地区）
栖息地	草地，从花园到耕地、荒地、森林旅游地、海岸沙丘和高沼地；主要生活在较高纬度而较温暖的气候条件下
寄主植物	各种草，包括鸭茅 *Dactylis glomerata*、羊茅属 *Festuca* spp.、拂子茅属 *Calamagrostis* spp. 和发草属 *Deschampsia* spp.
特色之处	生活在一片草丛窝中
保护现状	没有评估，但分布广泛而常见

单齿秀夜蛾

Apamea monoglypha

Dark Arches

(Hufnagel, 1766)

成虫翅展
1¼~2⅛ in (45~55 mm)

幼虫长度
1⁹⁄₁₆~2⅛ in (40~45 mm)

601

单齿秀夜蛾将淡白色而呈椭圆形的卵少量成群地产在草的叶鞘或种穗上，幼虫从卵中孵化出来，叶鞘或种穗就成为它们的第一餐美食。毛虫不久后就爬到植物下方，在根和茎的下部做一个丝巢，在其中生活到成熟为止。一年主要发生1代；以幼虫越冬，当气温变暖时恢复取食，然后离开其丝巢于4月或5月在地面化蛹。主要一代的成虫出现在6~8月，少量的第二代成虫出现在秋季。

虽然单齿秀夜蛾在其整个分布范围内是个数量丰富的物种，栖息地也很多，但在其幼虫离开巢穴化蛹之前很难看见它们，除非它们生活的巢穴受到了干扰，幼虫通常在夜晚出来化蛹。本种的生活方式与近缘的亮弧秀夜蛾 *Apamea lithoxylaea* 和淡红秀夜蛾 *Apamea sublustris* 几乎完全相同。

单齿秀夜蛾 幼虫身体底色为灰棕色，身体粗壮，光滑而有光泽。在大多数体节上有4块淡黑色的硬骨片，呈梯形状排列在背面，另有一组骨片位于侧面。在前三节上，一些骨片较长而横置。头部为淡黑色或棕色，第一节和最后一节各有1块大的黑色骨片。

实际大小的幼虫

科名	夜蛾科 Noctuidae
地理分布	印度、东南亚、日本、斐济、新几内亚岛和诺福克岛（澳大利亚）
栖息地	林地、森林和城区
寄主植物	中国苎麻 *Boehmeria nipononivea* 和澳大利亚苎麻 *Boehmeria australis*
特色之处	具警戒色，成虫刺吸果实
保护现状	没有评估，但在局部地区常见

成虫翅展
3⅜~3½ in (85~90 mm)

幼虫长度
2⅜~2⁹⁄₁₆ in (60~65 mm)

苎麻封夜蛾
Arcte coerulea
Ramie Moth
Guenée, 1852

602

苎麻封夜蛾 幼虫身体底色为乳白色，背面有黑色的横带。每侧有 1 条黑色的纵纹，气门具有黑色的边框和明亮的红斑。腹足和头部为黑色。

苎麻封夜蛾的幼虫孵化后主要在寄主植物顶冠的梢上取食，在此取食的幼虫比在下层梢上取食的幼虫发育得更好。幼虫能够抵御寄主植物的化学防御，并喜欢将有毒物质消化吸收，成为它们驱离脊椎动物类捕食者的有效武器。本种毛虫通过警戒色来警告捕食者自己不可食，经过 6 个龄期的发育后，它们将叶子用丝缀在一起，然后在其中结一个薄茧化蛹。

本种一年发生 2~3 代，幼虫出现在春季到秋季之间，有时会在 8~9 月之间爆发，对寄主植物苎麻造成严重的危害。人们种植苎麻是用来生产植物纤维的。毛虫频繁地聚集在一起，并根据虫口密度改变它们的颜色。在拥挤的情况下，胸部和腹部上的黑色横带在随后的龄期中会变宽。孤立生活的毛虫，其头部为黑色；而拥挤情况下头部则为棕色。

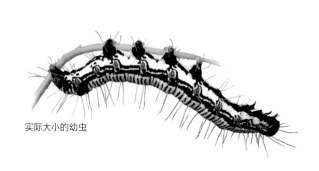

实际大小的幼虫

科名	夜蛾科 Noctuidae
地理分布	欧洲的地中海地区、整个非洲和中东、亚洲南部和东南部、日本及澳大利亚北部[①]
栖息地	沿海的沙丘
寄主植物	百合花，包括孤挺花属 Amaryllis spp.、文珠兰属 Crinum spp.、水仙花属 Narcissus spp. 和海水仙 Pancratium maritimum
特色之处	黑色与白色，以百合花类植物为食
保护现状	没有评估，但在欧洲濒危

成虫翅展
1%₆ in (40 mm)

幼虫长度
1%₆~2 in (40~50 mm)

毛健夜蛾
Brithys crini
Lily Borer

Fabricius, 1775

603

毛健夜蛾也称为"丘弓虫"（Kew Arches），其将淡黄色的卵少量成群地产在寄主植物的叶子上，幼虫从卵中孵化出来。幼虫最初潜入新鲜的叶子内取食，后来则在外部取食，从叶子向下移动到球茎处。幼虫鲜艳的颜色警告捕食者自己不可食，其毒素来自寄主植物的叶子。成熟的幼虫爬到地面，在沙土地表下化蛹。

成虫出现在3～9月，每年发生2代，也可能有第三代，以最后一代的幼虫越冬。在欧洲，由于沿海沙丘的丧失导致本种的数量急剧下降；而在世界的其他地区，毛健夜蛾被认为是一种害虫，因为其幼虫危害公园和花园中的观赏百合花。

毛健夜蛾 幼虫具有肥胖身体，底色为黑色，白色的斑点在各节排列成环。头部、腹足和腹部的后节为红褐色，而胸足呈黑色。身体上散布有黑色的直立刚毛。

实际大小的幼虫

① 中国广西也有分布。——译者注

科名	夜蛾科 Noctuidae
地理分布	欧洲，穿过中亚经过西伯利亚到达朝鲜①；也包括北美洲的东部和西部，在那里属于引进种
栖息地	鹅卵石的大堤、荒地和边缘
寄主植物	柳穿鱼 *Linaria vulgaris* 和姐柳穿鱼 *Linaria dalmatica*
特色之处	色彩鲜艳，有时被作为防治杂草的天敌昆虫
保护现状	没有评估，但在局部地区稀少

成虫翅展
1~1¼ in (25~32 mm)

幼虫长度
1⁹⁄₁₆ in (40 mm)

604

标冬夜蛾
Calophasia lunula
Toadflax Brocade
[Hufnagel, 1766]

标冬夜蛾的雌蛾将高达 80 粒的卵集中产在寄主植物上，幼虫从卵中孵化出来。幼虫的食欲极其旺盛，生长速度很快，它们首先取食嫩叶和花芽，然后取食茎和老叶。每年通常发生 2 代，它们可能在夏季发生世代重叠，成虫出现在 5~8 月（越冬代）及 7 月和 8 月（下一代）。以第二代的蛹越冬，红褐色的蛹既可以在土壤中，也可以在寄主植物的下茎上或其内越冬。

本种的分布范围仅限于其寄主植物的发生区，主要取食柳穿鱼，但也发现取食柳穿鱼的变种及其近缘种。在世界上的一些地区，其寄主植物被认为是有毒的杂草，因此本种被用作生物防治杂草的天敌昆虫，例如在欧洲南部的一些地区，而且本种于 1960 年代还被引入了北美洲。

标冬夜蛾 幼虫身体底色为黄色与黑色，具有不规则的斑纹。侧面为灰白色，具有黄色、黑色和灰色的线纹及黑色和白色的斑点。身体覆盖着短的刚毛。

实际大小的幼虫

---

① 在中国北方也有分布。——译者注

科名	夜蛾科 Noctuidae
地理分布	从西班牙北部经过欧洲的大部分地区（极南部除外），向北到冰岛和斯堪的纳维亚，穿过俄罗斯和西伯利亚到达俄罗斯远东地区
栖息地	凉爽开阔的栖息地，例如高海拔的沼泽地及成熟的海岸沙丘；少数生活在较温暖而开阔的灌木林地里
寄主植物	寄主范围广泛，包括石楠 Calluna vulgaris、金雀儿 Cytisus scoparius、蕨菜 Pteridium aquilinum、树莓 Rubus fruticosus、柳属 Salix spp.、沙棘 Hippophae rhamnoides 和款冬 Tussilago farfara
特色之处	具有条纹，外表漂亮，很容易在白天看见它们
保护现状	没有评估

成虫翅展
1¼～1⅝ in (32～42 mm)

幼虫长度
1⁹⁄₁₆～1¾ in (40～45 mm)

石楠线夜蛾
Ceramica pisi
Broom Moth
(Linnaeus, 1758)

605

　　石楠线夜蛾将黄灰色的卵成群地产在寄主植物上，幼虫从卵中孵化出来。幼虫在低龄时并不显眼，但在较高龄时，则经常能在白天看见它们暴露地休息和取食，尽管它们在夜晚更活跃。在最后一龄时，本种毛虫在地下结一个脆弱的茧，在其中化蛹并度过冬天。从7月到秋季都能发现本种毛虫；一年仅有1代。成虫出现在6～8月。

　　石楠线夜蛾几乎能在任何相对不受干扰的灌木林地内生活。它耐寒，在北部地区最丰富，特别是在酸性的高沼地，这种环境在低地花园中并不常见。石楠线夜蛾的幼虫具有4条鲜黄色的纵纹，这个性状相当独特，几乎不会与其他毛虫混淆。木冬夜蛾 *Xylena exsoleta* 的中龄期幼虫也是绿色而具有黄色条纹的，但其条纹较窄，不像石楠线夜蛾，背面和侧面的颜色相同。

石楠线夜蛾　幼虫光滑，向两端稍变细。身体底色为绿色或棕色，总是具有4条粗的鲜黄色纵纹，纵纹镶白边和细的黑边，每侧各分布有2条。背面为朴素的暗褐色或绿色，侧面的颜色通常较浅，具有细小的亮绿色或棕色斑点。

实际大小的幼虫

科名	夜蛾科 Noctuidae
地理分布	欧洲的西部和中部、冰岛、斯堪的纳维亚，向东穿过俄罗斯和西伯利亚到达库页岛与马加丹[1]；引进到纽芬兰（加拿大的东北部）
栖息地	开阔的草地，特别是酸性的高地和具有凉爽气候的地区；也生活在较温暖而排水性好的低地当中
寄主植物	草本植物，特别是硬叶的种类，例如干沼草 Nardus stricta、蓝沼草 Molinia caerulea 和羊茅 Festuca ovina；也取食莎草科 Cyperaceae 的植物
特色之处	通常不显眼的毛虫，有时会如军队般地大量出现
保护现状	没有评估

成虫翅展
1⁵⁄₁₆~1⁹⁄₁₆ in (24~39 mm)

幼虫长度
1³⁄₁₆~1³⁄₈ in (30~35 mm)

606

翎夜蛾
Cerapteryx graminis
Antler Moth
(Linnaeus, 1758)

翎夜蛾的幼虫于 3 月或 4 月孵化并开始发育，主要在夜晚取食，一直持续到 6 月。在较高龄期，幼虫的身体已经较大，它们于白天深藏在草丛中。尽管幼虫难以被发现，但一些小鸟，例如草原石䳑 *Saxicola rubetra* 经常能够找到并捕食它们。在幼虫完成发育后，它们在地下的草根之间做一个土室，在其中化蛹。一年发生 1 代，成虫出现在 7~9 月，成虫具有独特的棕色与奶油色的斑纹，它们在白天和夜晚都能飞行。雌蛾在草的上方低空飞舞，并将卵产下，卵为球形，呈淡灰色，以卵越冬。

本种毛虫的数量有时会达到很高的水平，它们不分白天和黑夜以行军般的速度猛吃，会吃光山坡上大面积的草丛。十分近缘的芸浊夜蛾 *Tholera decimalis* 和浊夜蛾 *Tholera cespitis* 的较高龄幼虫与本种外形相似，它们具有非常相似的生活习性。

实际大小的幼虫

翎夜蛾 幼虫身体底色为灰棕色，光滑而有光泽，向尾端变细。沿背面有 3 条明显分离的淡白色或亮棕色的纵条纹，侧面有 1 条较模糊的浅色条纹，侧下方有 1 条宽阔的浅色条纹。头部为棕色，气门为黑色。

---

① 本种在中国的新疆和西藏也有分布。——译者注

科名	夜蛾科 Noctuidae
地理分布	加拿大和美国
栖息地	落叶森林
寄主植物	主要为山毛榉属 *Fagus* spp.，但也取食其他树种，包括桦属 *Betula* spp.、槭属 *Acer* spp. 和栎属 *Quercus* spp.
特色之处	多毛，在其黑色的头部上具有特别的黄色斑纹
保护现状	没有评估

成虫翅展
1½~1⅞ in (38~48 mm)

幼虫长度
1³⁄₁₆~1⁹⁄₁₆ in (30~40 mm)

笑脸夜蛾
Charadra deridens
Laugher
(Guenée, 1852)

607

笑脸夜蛾幼虫的特点是头部具有大而明显的斑纹，这种斑纹可能被用来恫吓企图攻击其叶巢的鸟类。幼虫取食各种阔叶树的叶子，特别是山毛榉树的叶子，并能消化老叶，而其他种类的毛虫则经常避免取食老叶。它们在一对叶子之间织一个丝巢来保护自己，在其中休息，有时它们也会利用其他毛虫的居所。

本种毛虫在寄主植物上结一个薄的丝茧，在其中越冬，于第二年春季化蛹。一年发生2代。在其分布范围的北部，成虫出现在5~8月，但在较远的南部，成虫的发生期会更长。本种也被称为"大理石小土墩"（Marbled Tuffet），是一种典型的鹰夜蛾。本种被称为"笑脸"（Laugher）是因为成虫前翅的斑纹像一张笑脸。

笑脸夜蛾 幼虫具有乳白色到黄色的身体，上面覆盖着灰白色的长毛簇。幼虫的头部低龄时为黄色，但在最后一龄时头部变为闪亮的黑色，具有1个三角形的黄色斑纹，其两侧还有2个新月形的黄斑。

实际大小的幼虫

科名	夜蛾科 Noctuidae
地理分布	澳大利亚，包括塔斯马尼亚
栖息地	农地、公园和花园
寄主植物	蝶形花科 Fabaceae、芸薹属 Brassica spp.、甜菜 Beta vulgaris、向日葵属 Helianthus spp.、番茄 Solanum lycopersicum 和烟草 Nicotiana spp.
特色之处	半尺蠖状，绿色，在很多作物上都能发现它
保护现状	没有评估

成虫翅展
1³⁄₁₆ in (30 mm)

成虫翅展
1³⁄₁₆ in (30 mm)

幼虫长度
1⁹⁄₁₆ in (40 mm)

608

烟草金夜蛾
Chrysodeixis argentifera
Tobacco Looper
(Guenée, 1852)

　　烟草金夜蛾将白色的球形卵分散产在叶子的背面，幼虫从卵中孵化出来。幼虫被描述为"半尺蠖"，只有2对腹足而不是4对，所以有时进行丈量式运动，类似于尺蛾科 Geometridae 真正尺蠖的运动方式。每只幼虫在叶子的背面吐丝结一个白色的茧，并用碎叶甚至粪便将茧伪装起来。成虫大约在化蛹3星期后羽化。

　　本种是农业害虫，危害很多种作物。低龄幼虫取食叶子的一面，在叶子上形成明显的"取食窗"，但随着其蜕皮和长大，幼虫在叶子上咬出许多小洞。成熟的幼虫沿叶子的边缘取食，有时能吃光整株植物。毛虫也会因取食未成熟的果实而对作物造成危害，例如咀嚼番茄的青果，它们还会钻入大豆和豌豆的种荚内取食其中的种子。

实际大小的幼虫

烟草金夜蛾 幼虫身体底色为绿色，背面具有1条暗绿色的纵线，纵线两侧有镶白色的边纹。侧面有几条白色的细线和1列黑色的斑点。身体向头部方向逐渐变细。

科名	夜蛾科 Noctuidae
地理分布	欧洲南部（从西班牙到巴尔干），北到英国和丹麦，东到里海、中东、大加那利岛（Macaronesia）、非洲和马达加斯加
栖息地	农地、公园和其他生有草本植物的开阔地区
寄主植物	十字花科（芸薹属 *Brassica* spp.）的蔬菜及蝶形花科的植物、大荨麻 *Urtica dioica*、大豆属 *Phaseolus* spp.、天竺葵属 *Pelargonium* spp.、番茄 *Solanum lycopersicum* 和茼蒿属 *Chrysanthemum* spp.
特色之处	分布广泛，半尺蠖状，是热带作物的一种害虫
保护现状	没有评估，但在其分布范围的大部分地区常见或丰富

双斑金夜蛾
Chrysodeixis chalcites
Golden Twin-Spot
(Esper, 1789)

成虫翅展
1¼~1¾ in（32~44 mm）

幼虫长度
1⁵⁄₁₆~1½ in（34~38 mm）

609

双斑金夜蛾将绿白色的半球形卵单个地产在一片叶子上，幼虫从卵中孵化出来。在非常小的时候，幼虫为绿色，散布有黑色的斑点，每个黑斑上生有 1 根短的暗色刚毛。幼虫最初在叶子的背面啃食，形成半透明的窗孔，如果受到干扰它会吐 1 根丝向下坠落。当幼虫长大一些后，它会挖食果实和未成熟的种荚，但不会钻入其中。成熟的幼虫吐丝结一个白色的茧化蛹，它们经常将茧结在一片叶子之下，蛹为黑绿色。本种一年可以连续繁殖达 9 代之多。

像金翅夜蛾亚科 Plusiinae 的其他成员一样，双斑金夜蛾的幼虫的步行方式颇像一只尺蠖（尺蛾科 Geometridae 的幼虫）。身体的形态从后向前逐渐变细，这也是本类群共享的一个特征。本种毛虫在非洲、中东和欧洲南部是农作物的主要害虫。成虫向远北迁飞，有时和进口的货物一起传播，成为温室中的害虫。

实际大小的幼虫

双斑金夜蛾 幼虫身体底色为绿色或黄绿色，沿背面有 6 条不规则的淡白色条纹，每侧有 1 条较宽的白色条纹和 1 列黑色的小斑点。具有 3 对腹足，身体向头部方向逐渐变细。

科名	夜蛾科 Noctuidae
地理分布	欧洲南部和东部进入俄罗斯南部、土耳其和中东
栖息地	炎热、干燥且经常为岩石的山坡，从海平面到海拔 2000 m 的高度
寄主植物	玄参属 Scrophularia spp.
特色之处	色彩鲜艳，转变成单调的成虫
保护现状	没有评估

成虫翅展
1%₁₆ in (40 mm)

幼虫长度
1⅜~2 in (35~50 mm)

610

玄参冬夜蛾
Cucullia blattariae
Cucullia Blattariae
(Esper, 1790)

玄参冬夜蛾将球形而表面具脊纹的小型卵单个或少量成群地产在寄主植物靠近花芽的地方，幼虫从卵中孵化出来。幼虫取食花芽和叶子。成熟的幼虫爬到地面，在落叶层中结一个疏松的茧化蛹。

成虫出现在 3 月底到 5 月，在较高海拔的地区可能出现在 8 月初，成虫夜晚飞行，一年发生 1 代。有些学者将本种的学名引证为 *Shargacucullia blattariae*（Esper，1790），但其实 *Shargacucullia* 是一个亚属。尽管本种毛虫不同寻常，而且在欧洲广泛分布，但对其的了解却非常少，这可能部分是由于成虫的颜色过于单调而容易与外形相似的种类相混淆。例如，较多报道的水玄参沙冬夜蛾 *Shargacucullia scrophulariae* 与本种具有几乎相同的分布范围，而且也以玄参科的植物为食。

玄参冬夜蛾 幼虫色彩鲜艳。身体底色为白色，背面有 1 条由大的黑色十字纹组成的纵带，沿侧面有很多较小的黑色斑点。侧面还有 2 条淡黄色的条纹。头部和胸足为棕色。身体上散布有黑色的刚毛。

实际大小的幼虫

科名	夜蛾科 Noctuidae
地理分布	欧洲的山区，包括比利牛斯山脉、阿尔卑斯山脉、亚平宁山脉、喀尔巴阡山脉和高加索山脉
栖息地	干燥而阳光充足的岩石山坡、岩屑堆和露出地面的岩层，可达海拔1800 m
寄主植物	风铃草属 *Campanula* spp.
特色之处	生活在高山上，可以在岩石山坡上找到它们
保护现状	没有评估，但在其分布范围的部分地区被归入濒危级别

风铃草冬夜蛾
Cucullia campanulae
Cucullia Campanulae
Freyer, 1831

成虫翅展
1½~1⅝ in (38~42 mm)

幼虫长度
1⅜~2 in (35~50 mm)

611

　　风铃草冬夜蛾将卵产在寄主植物叶子上，幼虫从卵中孵化出来，本种的种名源自其寄主植物的属名。幼虫在夏季的几个月当中活跃，取食生长在岩石之间的风铃草。在较高海拔的地区，主要是阿尔卑斯山脉，仅能在8月看见幼虫。本种毛虫经常被寄生蜂寄生，未被寄生的健康毛虫于白天躲藏在地上或植物下，只有夜晚才出来取食。本种毛虫在岩石下越冬，并在此化蛹。

　　这种高山蛾的成虫出现在5月底到7月，一年发生1代。本种的生存由于栖息地的丧失而受到了威胁，栖息地丧失的原因包括森林的恢复、农业管理从传统方式转向更集约化的耕作、过度的放牧及在山区新建旅游地的发展。

风铃草冬夜蛾　幼虫身体底色为白色，具有黑色的斑点，侧面在气门下有1条断续的淡黄色的纵线。身体上散布有短的刚毛。足为黑色。

实际大小的幼虫

科名	夜蛾科 Noctuidae
地理分布	中亚的阿尔泰山脉
栖息地	背阴的栖息地，例如森林和林地的边缘、林中空地和小道，可达2000 m 的海拔高度
寄主植物	菊科 Compositae，包括莴苣 *Lactuca sativa* 和苦苣菜属 *Sonchus* spp.
特色之处	引人瞩目，喜欢生活在背阴的地方
保护现状	没有评估

成虫翅展
1¹⁵⁄₁₆~2 in (40~50 mm)

幼虫长度
2 in (50 mm)

612

莴笋冬夜蛾
Cucullia lactucae
Lettuce Shark
(Denis & Schiffermüller, 1775)

莴笋冬夜蛾圆锥形而具脊纹的卵被产在寄主植物叶子的背面，幼虫从卵中孵化出来。幼虫取食芽、花和幼果，如果没有别的食物它们会移动到叶子上取食。其鲜艳的颜色是在警告潜在的捕食者：它们并不美味。成熟的幼虫爬到地上，在土壤表面之下结茧化蛹。蛹为橙棕色，以蛹越冬。

成虫出现在 5~7 月，夜晚飞行，但很少被灯光吸引。它们白天在树干上休息。在其分布范围的北部地区一年发生 1 代，但在南部可能会有在 8 月和 9 月出现的第二代成虫。成虫与冬夜蛾 *Cucullia umbratica* 和甘菊冬夜蛾 *Cucullia chamomillae* 在外形上非常相似。

莴笋冬夜蛾 幼虫身体底色为白色，背面中央有 1 条黄色或橙色的条纹，其两侧各有 1 列黑色大斑点。侧面也有 1 条黄色或橙色的条纹，其两侧伴有较小的黑色列斑。头部、胸足和腹足为黑色。

实际大小的幼虫

科名	夜蛾科 Noctuidae
地理分布	北美洲，从加拿大的东南部到佛罗里达州，西到得克萨斯州
栖息地	林地和森林的边缘
寄主植物	蛇葡萄属 *Ampelopsis* spp.、五叶地锦 *Parthenocissus quinquefolia* 和葡萄属 *Vitis* spp.
特色之处	暴露取食和休息，通常生活在嫩叶之中
保护现状	没有评估，但相对不常见

成虫翅展
1⅜~1¹³⁄₁₆ in (35~46 mm)

幼虫长度
1⁹⁄₁₆ in (40 mm)

丽木蛱夜蛾
Eudryas grata
Beautiful Wood Nymph
(Fabricius, 1793)

613

丽木蛱夜蛾的幼虫在众目睽睽之下取食和休息，说明它们可能对捕食者有毒。在北部地区一年通常发生1代，再向南有2代或更多代。幼虫偶尔会在木质的结构上休息，例如在篱笆桩或公园的木凳上，因此获得其俗名。幼虫挖洞进入树皮或茎干中化蛹，其中挖出的一部分碎屑被织入它的茧中。以蛹越冬，成虫于第二年初夏羽化。

幼虫在其整个分布范围内都相对不常见，它们通常是在寻找别的东西时被偶然发现的。乍一看，丽木蛱夜蛾的幼虫与十分近缘的珠木蛱夜蛾 *Eudryas unio* 幼虫几乎无法区分。但它们的腹足有微妙的差异，丽木蛱夜蛾的腹足基部只有1个黑色的斑点，而珠木蛱夜蛾的腹足基部有2个黑色的斑点。这两种的成虫看起来也非常相似，它们在众目睽睽之下休息的时候都极像一坨鸟粪。

丽木蛱夜蛾 幼虫具有橙色、黑色和白色相间的环状横带，其中镶嵌有黑色的斑点，扩展到整个腹部和足区。头部和前胸盾的底色为橙色，具有黑色的斑点。几乎看不到刚毛。

实际大小的幼虫

科名	夜蛾科 Noctuidae
地理分布	加拿大东南的部分地区、美国、加勒比海和整个中美洲；巴西的部分地区、阿根廷和巴拉圭；西班牙、加那利群岛和马德拉群岛
栖息地	森林、沿海雨林和针叶林
寄主植物	酢浆草属 Oxalis spp.
特色之处	外表奇怪，蛞蝓形，有棕色的条纹
保护现状	没有评估，但在其分布范围的大部分地区都很稀少

成虫翅展
¾~1 in (20~25 mm)

幼虫长度
1³⁄₁₆ in (30 mm)

614

楔形皋夜蛾
Galgula partita
Wedgling Moth
Guenée, 1852

楔形皋夜蛾将单个或少量圆锥形而具脊纹的卵成群地产在叶子的背面，幼虫从卵中孵化出来。幼虫取食酢浆草，这是一种不同寻常的植物，含有较高浓度的草酸盐，使它们相对难以下咽，所以只有很少的动物会食用它们。事实上，在北美洲，本种是唯一取食酢浆草的种类。

依据地区的不同，成虫在一年中出现的时间也不同，成虫于夜晚飞行。在其分布范围的南部，3~11月都能看见成虫；而在北部地区，成虫出现在5~9月。一年可发生数代。由于本种仅取食单一的寄主植物，所以任何使寄主植物栖息地丧失的因素都将导致本种的数量下降。因此，楔形皋夜蛾在一些地区正在变得越来越稀少。

楔形皋夜蛾 幼虫具有一个异常膨大的部分，形成蛞蝓形的外表。背面为暗棕色，侧面为镶有斑点的淡棕色，其边缘衬有白边。较宽部分具有白色斑点组成的环，背面有几条浅色的纵线。头部为棕色，具有白色的条纹。

实际大小的幼虫

科名	夜蛾科 Noctuidae
地理分布	欧洲，从伊比利亚、英格兰南部和斯堪的纳维亚南部穿过俄罗斯和西伯利亚南部到库页岛；摩洛哥和阿尔及利亚、中东，穿过亚洲西部和中部到中国北部和日本
栖息地	温暖、开阔、干燥的栖息地，包括花园
寄主植物	麝香石竹 *Dianthus caryophyllus*、须苞石竹 *Dianthus barbatus* 和石竹属 *Dianthus* spp.；还有麦瓶草属 *Silene* spp.，包括狗筋麦瓶草 *Silene vulgaris*
特色之处	在种荚中孵化，长大后则躲藏在其他地方
保护现状	没有评估

宝冠盗夜蛾
Hadena compta
Varied Coronet
([Denis & Schiffermüller], 1775)

成虫翅展
⅞～1³⁄₁₆ in (22～30 mm)

幼虫长度
1³⁄₁₆～1⁵⁄₁₆ in (30～34 mm)

615

宝冠盗夜蛾将淡棕色的卵单个产在寄主植物的花内，幼虫从卵中孵化出来。幼虫最初在种荚内生活，取食未成熟的种子。当长大到种荚无法容纳时，幼虫在白天躲藏在地上，夜晚再爬到树上取食。成熟的幼虫在土中结茧化蛹，以蛹越冬。在北部地区一年发生1代，在南部有2代，幼虫出现在6月到9月初。

尽管宝冠盗夜蛾的幼虫经常取食栽培的石竹，但它似乎并没有被当作一种害虫，也许是因为它主要取食花朵凋谢之后的花头。宝冠盗夜蛾的幼虫与盗夜蛾属 *Hadena* 的其他几个种的幼虫相似，它还经常与剪秋罗盗夜蛾 *Hadena bicruris* 共享寄主植物。这两种盗夜蛾的最后一龄幼虫背面都有1条棕色的纵纹，但剪秋罗盗夜蛾幼虫的这条纵纹通常形成较大而明显的"人"字形纹。

宝冠盗夜蛾 幼虫身体底色为淡灰棕色或黄褐色，具有明显而不规则的暗棕色斑点。沿背面有1条稍模糊的暗棕色的宽条纹，有时形成一系列的斑块或小的"人"字形纹。每一节都有1对暗色的斑点。侧面有斑点，在暗环状的气门之下的身体颜色要浅很多。

实际大小的幼虫

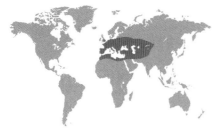

科名	夜蛾科 Noctuidae
地理分布	欧洲，从英国南部和丹麦到俄罗斯西部、小亚细亚和高加索；非洲北部穿过中东、伊拉克和伊朗及阿富汗到喜马拉雅山脉[1]
栖息地	温暖、干燥、受干扰的开阔地，包括耕地、采石场、边界和堤防
寄主植物	刺莴苣 *Lactuca serriola*、大莴苣 *Lactuca virosa*、鼠莴苣 *Lactuca muralis* 和莴苣 *Lactuca sativa*
特色之处	只取食莴苣的花朵和种荚
保护现状	没有评估

成虫翅展
1~1⅜ in (25~35 mm)

幼虫长度
1³⁄₁₆~1⅜ in (30~35 mm)

延夜蛾
Hecatera dysodea
Small Ranunculus
([Denis & Schiffermüller], 1775)

延夜蛾将淡褐色的卵单个或少量成群地产在花芽上，幼虫从卵中孵化出来。幼虫取食花朵和未成熟的种荚。在小的时候，幼虫暴露在花序上休息，但长大一些后它们会在白天向下爬一些，躲藏起来。幼虫出现在从6月和7月到初秋，依据气候条件的不同，一年发生1代到2代。幼虫在地下做一个土室化蛹，以蛹越冬，成虫出现在6~8月。

由于黯淡的体色提供了极佳的伪装，延夜蛾的幼虫在沿寄主植物的茎干伸展开来休息的时候很难被发现。一株植物上可能会有众多的幼虫个体，如果正常的食物已经被吃光，它们会取食茎和下部的叶子。只有当栽培的莴苣开花时，延夜蛾的雌蛾才会将卵产在其上，但是，在需要收获莴苣种子的时候，延夜蛾就会成为一种害虫。

实际大小的幼虫

延夜蛾 幼虫的背面为淡绿色、棕绿色或淡棕色，侧面为绿色，经常具有1条浅白色的条纹。每一节沿背面可能有1条双股暗色的细线和其他的暗色线纹及成对的暗色斑点，但这些斑纹经常较弱而不明显，黑色的气门明显可见。

---

① 中国新疆也有分布。——译者注

科名	夜蛾科 Noctuidae
地理分布	非洲北部、中东和亚洲南部的大部分地区；向北迁飞到达不列颠群岛、斯堪的纳维亚南部、乌拉尔南部和中国北部
栖息地	干燥而通常温暖的开阔地，包括半沙漠和耕地及花园；也包括作为迁徙地的开阔栖息地
寄主植物	很多种植物，包括菊科 Asteraceae，例如金盏花 *Calendula officinalis*；牻牛儿苗科 Geraniaceae，例如天竺葵属 *Pelargonium* spp.；茄科 Solanaceae，例如颠茄 *Atropa belladonna*；还有一些作物，例如鹰嘴豆 *Cicer arietinum* 和大豆 *Glycine max*
特色之处	在亚热带气候条件下能成为作物的一种害虫
保护现状	没有评估

成虫翅展
1¼~1⅝ in (32~42 mm)

幼虫长度
1¼~1½ in (32~38 mm)

点实夜蛾
Heliothis peltigera
Bordered Straw
([Denis & Schiffermüller], 1775)

617

点实夜蛾将白色与紫色而具脊纹的卵产在寄主植物上，幼虫从卵中孵化出来。低龄幼虫经常生活在靠近嫩梢端部的一个脆弱的网内，但较高龄的幼虫则暴露在外部取食。成熟的幼虫在地下结一个脆弱的茧化蛹。在温暖的气候条件下，本种可以连续繁殖。在远北地区，一年发生1~3代，它们在5月以后从南方迁飞过来。本种在温带地区的冬季不能存活下来。

在亚热带地区，点实夜蛾经常被报道为很多农作物的一种害虫，虽然有时也可能系错误鉴定。在偏北的温带地区，例如不列颠群岛，点实夜蛾没有被记录为作物的害虫，这些地区更可能在园林植物，例如金盏花 *Calendula* 和天竺葵 *Pelargonium* 上发现本种的幼虫。棉铃虫 *Helicoverpa armigera* 幼虫的颜色变化极大，其中的一些绿色型与点实夜蛾的幼虫非常相似。

点实夜蛾 幼虫在所有的体节上都稀疏地分布有相对短但非常明显的浅白色刚毛，它们着生在浅色或暗色的小疣突上。身体底色为亮或暗的绿色，具有绿色与粉红色或暗紫灰色染绿色调的条纹。大多数色型都有明显的或亮或暗的条纹，包括侧面的1条亮白色或亮黄色的线纹。

实际大小的幼虫

科名	夜蛾科 Noctuidae
地理分布	美国五大湖以南的大部分地区；墨西哥、中美洲和加勒比海
栖息地	草地和森林的边缘以及受干扰的栖息地
寄主植物	大酸浆 *Physalis peruviana*、酸浆 *Physalis alkekengi* 及酸浆属 *Physalis* spp. 的其他种类的果实
特色之处	具有独特食物，取食这些食物能够避免寄生蜂的寄生
保护现状	没有评估，但常见

成虫翅展

1¹⁄₁₆~1¼ in (27~31 mm)

幼虫长度

1½ in (38 mm)

618

酸浆实夜蛾
Heliothis subflexa
Subflexus Straw Moth
(Guenée, 1852)

酸浆实夜蛾的幼虫经常隐居在灯笼状的酸浆果实内取食，酸浆果实专门为本种毛虫提供食物资源，因为本种具有独特的能力，可以利用缺乏亚麻酸的食物来完成发育。在其他毛虫当中，亚麻酸是其唾液中产生化合物 volicitin[①]的必需成分。然而，毛虫取食的植物产生的亚麻酸挥发物也会被寄生蜂侦查到，从而找到毛虫进行寄生。酸浆实夜蛾的幼虫能够避免受到寄生蜂的攻击，因为它们的食物中没有亚麻酸。

酸浆实夜蛾的成虫和幼虫都与近缘的烟芽实夜蛾 *Heliothis virescens* 非常相似。然而，烟芽实夜蛾是很多种作物的重要害虫，从大豆到棉花都受到它的危害，而酸浆实夜蛾则对作物没有危害。貌似微小的适应就能够迅速地改变一种昆虫的经济价值，这两种蛾是这方面的典范。酸浆实夜蛾几乎没有人知道，而烟芽实夜蛾每年吃掉的作物价值数百万美元。

酸浆实夜蛾 幼虫身体底色为隐藏性的绿色，具有暗色的纵条纹、暗色的气门及黑色而骨化的背疣突。身体上只有非常少的短刚毛。

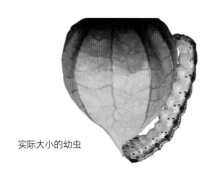

实际大小的幼虫

① *N*-（17-羟基亚麻基）-L-谷氨酰胺。——译者注

科名	夜蛾科 Noctuidae
地理分布	主要在美国南部，每年向北扩散到加拿大；广泛分布在加勒比海；零星地分散在中美洲和南美洲
栖息地	受干扰的农业栖息地
寄主植物	很多种类，包括烟草 Nicotiana spp.、金钱草属 Desmodium spp.、忍冬 Lonicera japonica；羽扇豆属 Lupinus spp.、向日葵属 Helianthus spp. 和青麻 Abutilon theophrasti
特色之处	是很多种作物的害虫
保护现状	没有评估，但常见

成虫翅展
1⅛~1⅜ in (28~35 mm)

幼虫长度
1~1⁷⁄₁₆ in (25~36 mm)

烟芽实夜蛾
Heliothis virescens
Tobacco Budworm
(Fabricius, 1777)

619

烟芽实夜蛾将球形的卵产在花簇、果实和新梢上，幼虫从卵中孵化出来，仅需要 17 天的时间就能迅速地完成所有龄期的发育。幼虫是凶猛的取食者，甚至会自相残杀。低龄幼虫钻入芽和花簇中取食，但当这些食物被吃光后，幼虫会移动到叶子上取食。幼虫最多有 7 龄，但通常为 5 龄或 6 龄。幼虫在土壤中化蛹，但蛹通常只有在美国南部或温室及其他庇护场所内越冬才能存活下来。羽化后的成虫可以在夏末向北扩散到新英格兰，甚至到加拿大南部。

本种的俗名源自其烟草寄主植物，但它也是从苜蓿 *Medicago sativa* 到大豆 *Glycine max* 等很多其他作物的重要害虫。本种毛虫的天敌包括蜘蛛、鸟类，以及如赤眼蜂属 *Trichogramma*、折脉茧蜂属 *Cardiochiles*、绒茧蜂属 *Cotesia* 和侧沟茧蜂属 *Microplitis* 等寄生蜂。这些天敌能用来防治本种毛虫，而且已经被很多相关的害虫综合管理项目作为研究对象，替代农药以保护环境。

烟芽实夜蛾 幼虫身体底色可变，从淡黄绿色到暗棕色，身体的背面有许多白色的细条纹，侧面气门下有 1 条宽而明显的纵带，使本种毛虫的隐藏色伪装更加完善。其他的带纹可能狭窄或不完整。头部的颜色从橙色到棕色或绿色不一，胸足为暗棕色，腹足和腹面为深绿色到半透明绿色。众多黑色的刺突着生在骨化的黑色基底上，刺突相对较短。

实际大小的幼虫

科名	夜蛾科 Noctuidae
地理分布	欧洲，从伊比利亚和英格兰南部向北到斯堪的纳维亚的南部和东部沿海，向东穿过西伯利亚的南部到贝加尔湖；加那利群岛；非洲北部；中东、伊朗、土库曼斯坦、塔吉克斯坦和哈萨克斯坦东部[①]
栖息地	干燥开阔的栖息地，特别是钙质土壤，还有海岸戈壁、岩石区、灌木林、农田、草原和花园
寄主植物	很多种类，包括石竹科 Caryophyllaceae，例如麦瓶草属 Silene spp.；蝶形花科 Fabaceae，例如芒柄花属 Ononis spp. 和双补骨脂 Psoralea bituminosa；菊科 Asteraceae，例如还阳参 Crepis capillaris；锦葵科 Malvaceae，例如棉属 Gossypium spp.；及茄科 Solanaceae，例如番茄 Solanum lycopersicum
特色之处	取食花朵和种子，有时是作物的一种害虫
保护现状	没有评估

成虫翅展
1¼~1⁷⁄₁₆ in (32~37 mm)

幼虫长度
1³⁄₁₆~1⁷⁄₁₆ in (30~35 mm)

实夜蛾
Heliothis viriplaca
Marbled Clover
(Hufnagel, 1766)

实夜蛾将单个淡白色而具脊纹的半球形卵被产在寄主植物的一朵花上，幼虫从卵中孵化出来。幼虫取食花朵和未成熟的种荚，在地下结一个薄的茧化蛹，以蛹越冬。每年发生1代或2代，第二代有时仅部分发生，出现在7月和8月及秋季。

本种毛虫被记载为大豆和棉花等作物的害虫，但其实大豆和棉花上的害虫是本种的近缘物种，而非本种毛虫。实夜蛾属 *Heliothis* 的幼虫形态多变，一些近缘种之间的差异微乎其微，所以个体的斑纹会导致错误鉴定。苇实夜蛾 *Heliothis maritima* 分布在欧洲的西部，高度集中在荒野、海岸沙丘和盐沼地中，其与本种毛虫相似，但其条纹的对比更明显，与分布在更东部的阿实夜蛾 *Heliothis adaucta* 相同。

实际大小的幼虫

实夜蛾 幼虫身体细长，向两端逐渐变细。身体底色为绿色或浅棕色，具有暗棕色的斑纹，背面有不规则的浅色细纹，背中央有1条黯淡的纵纹，每侧各有1条白色或黄色的条纹。沿侧面下方有1~2条黄色或白色的宽条纹。

---

① 中国也有分布。——译者注

科名	夜蛾科 Noctuidae
地理分布	加拿大南部和美国（南部和中部地区除外）
栖息地	潮湿的草地、林地、河岸和葎草种植地
寄主植物	葎草属 *Humulus* spp.、荨麻属 *Urtica* spp. 和艾麻属 *Laportea* spp.
特色之处	尺蠖状，能够成为葎草的一种严重的害虫
保护现状	没有评估，但通常常见

成虫翅展
1～1¼ in (25～32 mm)

幼虫长度
1～1³⁄₁₆ in (25～30 mm)

葎草髯须夜蛾
Hypena humuli
Hop Looper

Harris, 1841

621

葎草髯须夜蛾的雌蛾于春季将卵单个地产在寄主植物，例如葎草上，大约 3 天后幼虫从卵中孵化出来。在产卵之前，雌蛾在洞穴或老旧的建筑物中越冬。孵化后的幼虫生长迅速，在 26℃的气温条件下只需要 14 天的时间就能发育成熟。幼虫以特别的丈量方式步行，主要在夜晚取食。成熟的幼虫在叶子之间或在土壤表面结一个薄的丝巢在其中化蛹，9～10 天之后成虫羽化。每年发生 2～3 代。

葎草髯须夜蛾有时在美国西北部的葎草园中大量出现，能够将葎草藤吃光。然而，葎草髯须夜蛾种群中约 70% 的个体会遭到很多种寄生蜂和寄生蝇的寄生。成虫有时会从一个地方突然消失，有人怀疑它们迁飞走了。成虫能够被醋酸和 3- 甲基 -1- 丁醇的混合物所引诱，含有这种混合物的引诱剂能够为本种的监测提供有效的工具。

葎草髯须夜蛾 幼虫身体底色为淡绿色，具有细的白色的亚背线和气门线。刚毛细小，为浅金橙色到棕色，气门小。头部为绿色具光泽，通常散布有黑色小斑点，这样的斑点也出现在身体上。

实际大小的幼虫

科名	夜蛾科 Noctuidae
地理分布	非洲北部、欧洲（斯堪的纳维亚北部除外），向东穿过俄罗斯南部；中东到阿富汗、印度北部及中国到太平洋沿岸
栖息地	很多类型的栖息地，但特别喜欢花园和其他耕地、杂草丛生的荒野及盐沼地的边缘
寄主植物	很多种类的草本植物与木本植物，但经常为白藜 *Chenopodium album* 和藜科 Chenopodiaceae 的其他种类；还有柳叶菜属 *Epilobium* spp.、烟草属 *Nicotiana* spp.、番茄 *Solanum lycopersicum*、柽柳属 *Tamarix* spp. 和榆属 *Ulmus* spp.
特色之处	食叶，也会取食番茄
保护现状	没有评估，但十分常见

成虫翅展
1⅜~1¾ in (35~45 mm)

幼虫长度
1⁹⁄₁₆~1¾ in (40~45 mm)

622

草安夜蛾
Lacanobia oleracea
Bright-Line Brown-Eye
(Linnaeus, 1758)

草安夜蛾 幼虫身体为光滑的圆筒形，其底色可能是亮绿色、暗绿色、棕色或粉棕色。身体上密布白色小斑点，还较稀疏地散布有一些黑色而围白环的斑点。背面有时具有 3 条模糊的暗色条纹，其中外侧的 2 条断裂成稍弯曲的短条纹。沿每侧有 1 条鲜黄色的纵纹，其上缘经常衬有 1 条模糊的暗色条纹。

草安夜蛾的幼虫从黄绿色的卵中孵化出来，其整个发育过程通常都是夜晚在寄主植物的叶子上取食，白天躲藏在叶子背面休息。成熟的幼虫在地下做一个脆弱的土室化蛹，以蛹越冬。随气候条件的不同，每年发生 1 代或 2 代。成虫也被称为"番茄夜蛾"（Tomato Moths），成虫首次出现在 5 月，从 6 月到晚秋季节都能找到幼虫。

本种毛虫的数量在肥沃的土地上最丰富，因为其寄主植物在那里繁殖得最茂盛。对花园员工和园艺师来说，草安夜蛾是著名的番茄害虫，因为它不仅取食叶子，还会钻入果实中危害番茄。非常近缘的俗安夜蛾 *Lacanobia suasa*，其幼虫与本种十分相似，但其身体背面外侧的 2 条线纹是斜的而不是弯曲的短条纹，并可能在每节向中线扩展，形成一个"W"字形的斑纹。绿色型的毛虫可能缺乏这种斑纹，使两种的幼虫无法相互区分开来。

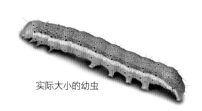

实际大小的幼虫

科名	夜蛾科 Noctuidae
地理分布	从葡萄牙北部、西班牙中部、法国西部、不列颠群岛和斯堪的纳维亚南部穿过欧洲到小亚细亚、高加索和西伯利亚西部
栖息地	林地、木绿篱及其他具有大型橡树的开阔地区、公园和成熟的花园
寄主植物	主要是栎属 *Quercus* spp. 的各种橡树；此外，杨属 *Populus* spp.、柳属 *Salix* spp.、李属 *Prunus* spp. 和榆属 *Ulmus* spp. 的种类也有记录
特色之处	身体底色为亮蓝绿色，具有白色的刚毛和白色的疣突
保护现状	没有评估

成虫翅展
1⁹⁄₁₆～1⅝ in (34～42 mm)

幼虫长度
1½～1⅝ in (38～42 mm)

灰石冬夜蛾
Lithophane ornitopus
Grey Shoulder-Knot
(Hufnagel, 1766)

623

灰石冬夜蛾将淡白色且具脊纹的卵单个或少量成群地产在枝条或枝干上，幼虫从卵中孵化出来。幼虫单独在寄主植物的叶子上取食和休息，4～6 月完成其所有龄期的发育。然后，成熟的幼虫爬到树下的地面结一个坚实的茧，在其中休眠数星期后再化蛹。成虫从 9 月开始羽化，一直持续到 11 月，以成虫越冬，在第二年春季进行交配。每年只发生 1 代。

夜蛾科的幼虫有大量的种类在春季取食橡树及其他树种，它们的体色也经常为绿色或蓝绿色，具有白色的斑纹和线纹。然而，不像灰石冬夜蛾的幼虫，其他毛虫大多数在侧面或背面中央，或者两个位置都具有 1 条明显的白色纵纹，还有一些短而不明显的刚毛。灰石冬夜蛾的幼虫缺少这样的纵线，且具有较长的白色刚毛，使它与其他种类明显地区分开来。

灰石冬夜蛾 幼虫为相当粗壮的圆筒形，具有大型的头部，身体底色为亮蓝绿色。早期的幼虫相对朴素，但在后期身体上密布白色的小斑点和不规则的斑纹。沿背面有 3 条稍不规则的断续的白色细线，身体上散布有白色的疣突，其上着生有相当短的白色细刚毛。

实际大小的幼虫

科名	夜蛾科 Noctuidae
地理分布	欧洲（斯堪的纳维亚的北部除外）；小亚细亚；中东；穿过亚洲南部经过伊朗、阿富汗和印度北部到中国东南部；穿过俄罗斯和西伯利亚到日本和俄罗斯远东地区
栖息地	耕地，但还有很多其他类型的栖息地，主要是开阔的地区
寄主植物	很多野生与栽培的植物种类，特别是甘蓝 Brassica oleracea 和其他芸薹属 Brassica 的作物、铁线莲属 Clematis spp.、苹果 Malus pumila 和茄科 Solanaceae、蝶形花科 Fabaceae 及菊科 Asteraceae 的植物
特色之处	高度多食性，因危害芸薹属的作物而臭名昭著
保护现状	没有评估，但广泛分布而常见

成虫翅展
1⅜~2 in (35~50 mm)

幼虫长度
1¼~2 in (45~50 mm)

甘蓝夜蛾
Mamestra brassicae
Cabbage Moth
(Linnaeus, 1758)

624

甘蓝夜蛾将淡褐色的卵 20~100 粒为一群地大量产在一片叶子的背面，幼虫从卵中孵化出来。幼虫主要于夜间在叶子上取食，白天则躲藏在植物基部附近的地面上。成熟的幼虫钻入地下 50~100 mm 的深度结一个薄茧，在其中化蛹。每年发生数个世代，幼虫的数量在夏末和秋季最丰富。成虫出现在 5~10 月，夜晚飞行。

本种毛虫在很多国家都是各种草本作物的害虫，但它们最喜欢危害的作物是甘蓝，幼虫钻到菜心内取食，导致甘蓝失去食用价值。本种毛虫外形与其他夜蛾种类相似，斑纹完善的棕色型幼虫背面具有暗色的短棒纹，在尾端附近最明显，与夜蛾亚科 Noctuinae 的其他种类并没有什么不同。然而，本种的棕色型和绿色型都有大型的头部和模糊的斑纹，加上其生活习性，都有助于识别本种。

实际大小的幼虫

甘蓝夜蛾 幼虫粗壮，具有大型的头部。其身体呈典型的圆筒形，但其尾端稍隆起。身体上部的底色为污灰棕色、绿色或（稀有）淡黑色，但气门之下的颜色要浅很多，气门为白色，具黑色的边环。整个身体的表面为斑驳状，所以全身的斑纹通常模糊不清。有些个体具有淡粉红色或淡黄色的环纹。

科名	夜蛾科 Noctuidae
地理分布	从西班牙北部穿过欧洲的大部分地区（斯堪的纳维亚北部除外）、小亚细亚、中东的部分地区，向东穿过亚洲到俄罗斯远东地区、日本和中国
栖息地	荫蔽而较开阔的地区——林地、灌木林、灌木篱墙和花园
寄主植物	很多草本和木本植物，包括酸模属 *Rumex* spp.、荨麻 *Urtica dioica*、车前属 *Plantago* spp.、接骨木属 *Sambucus* spp.、欧洲小檗 *Berberis vulgaris* 和山茱萸属 *Cornus* spp.
特色之处	不同寻常，具有"人"字形背纹和一个峰突
保护现状	没有评估

成虫翅展
1⅜~2 in (35~50 mm)

幼虫长度
1⅝~1¼ in (42~45 mm)

乌夜蛾
Melanchra persicariae
Dot Moth
(Linnaeus, 1761)

625

乌夜蛾将粉棕色的卵单个或成群地产在寄主植物上，幼虫从卵中孵化出来。幼虫在叶子上取食，长得较大一些后通常在寄主植物的下部休息，但可能夜晚和白天都能活动。它们从 7 月到秋季缓慢发育，然后在地下结茧化蛹，以蛹越冬。一年发生 1 代。成虫出现在 6 月和 7 月，其暗棕色的前翅上具有一个明显的白斑，因此获得其英文俗名。

幼虫不同寻常的斑纹使它几乎不会被错误识别。然而，由于它在休息时经常采取伏首前倾的姿势，与金翅夜蛾亚科 Plusiinae 的幼虫（这些幼虫不那么光滑）相似，所以会与隐金夜蛾 *Abrostola tripartita* 和暗金夜蛾 *Abrostola triplasia* 混淆。后两种金夜蛾的幼虫也有"人"字形的背纹和一个尾峰突，但较小，而且它们的头部也较小，白色的斑纹更明显。乌夜蛾的中龄幼虫有峰突，但缺乏暗色的"人"字形纹，它可能会被误认为是金翅夜蛾 *Diachrysia chrysitis* 的幼虫，但后者具有 3 对而不是 4 对腹足。

实际大小的幼虫

乌夜蛾 幼虫身体底色为绿色、亮棕绿色或暗棕绿色，染有粉红色的大理石般的纹理。身体光滑，在尾端具有一个明显的峰突，在幼虫成熟时最显著，头部大。背面中央有 1 条白色的细纹和一系列暗色的"人"字形纹，在第三和第四节及峰突上最明显。

科名	夜蛾科 Noctuidae
地理分布	欧洲（斯堪的纳维亚北部除外）、小亚细亚、俄罗斯西南部、高加索和土库曼斯坦
栖息地	林地、灌木篱墙、生有灌木的开阔地区及花园
寄主植物	草本植物，包括酸模属 *Rumex* spp.、欧樱草 *Primula vulgaris*、荨麻 *Urtica dioica* 和紫花洋地黄 *Digitalis purpurea*；木本植物和灌木，包括树莓 *Rubus fruticosus* 和柳属 *Salix* spp.
特色之处	肥胖，淡棕色，侧面有明显的黑色斑点
保护现状	没有评估

成虫翅展
1¾～2 in (45～50 mm)

幼虫长度
2～2⅛ in (50～55 mm)

626

宽边模夜蛾
Noctua fimbriata
Broad-Bordered Yellow Underwing
(Schreber, 1759)

　　宽边模夜蛾的雌蛾在初秋时将淡绿色的卵成群地产在寄主植物上，幼虫从卵中孵化出来。幼虫在夜晚取食，经过整个秋季的发育后进入越冬状态。第二年4月或5月毛虫恢复活动并完成发育，它们在夜晚取食，白天躲藏在寄主植物靠近地面的部位休息。幼虫在地下化蛹。一年发生1代，成虫在7月羽化，在繁殖之前需要夏眠几个星期的时间。

　　宽边模夜蛾的最后一龄幼虫具有淡黄棕色的体色和粗大的黑色侧斑，使它在天色暗下之后显得格外醒目，这时用手电一照就很容易发现出来取食的幼虫。低龄幼虫没有黑色的斑点，特点不太明显。缇模夜蛾 *Noctua tirrenica* 在1983年才被描述为一个独立的物种，发现于欧洲南部、非洲北部、土耳其和高加索，与宽边模夜蛾具有十分相似的习性和非常相似的幼虫。它的成虫与宽边模夜蛾的浅色型相似。

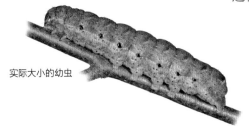

实际大小的幼虫

宽边模夜蛾　幼虫的身体肥胖，底色为淡黄棕色，具有微弱的暗棕色斑纹，气门之下的颜色较淡，气门为白色而围有黑色的边框。背面中央有1条非常细的淡白色纵线及一些具暗边的浅色斑纹，尾端略呈方形。在最后一龄，大多数气门的旁边都紧靠有1个显著的圆形黑色斑。

科名	夜蛾科 Noctuidae
地理分布	加拿大和美国、欧洲、非洲北部及亚洲西部进入印度北部[①]
栖息地	草地、边界地区、公园及花园
寄主植物	广泛的草本植物和作物，包括草莓属 *Fragaria* spp.、小苍兰属 *Freesia* spp.、葱属 *Allium* spp.、番茄 *Solanum lycopersicum* 和土豆属 *Solanum* spp.
特色之处	被广泛地认为是一种园林害虫
保护现状	没有评估，但常见

成虫翅展
2~2⅜ in (50~60 mm)

幼虫长度
1³⁄₁₆~1⁹⁄₁₆ in (30~40 mm)

模夜蛾
Noctua pronuba
Large Yellow Underwing
(Linnaeus, 1758)

627

模夜蛾的雌蛾将大量的卵，最高可达 1000 粒，产在寄主植物叶子的背面。卵需要 5 星期的时间才能孵化。孵化后的幼虫开始越冬，在温暖的冬季可以取食，但要在翌年春季才能完全恢复活动。毛虫也被称为"切根虫"（cutworm），是一种臭名昭著的园林害虫。它们夜晚出来取食矮生的植物，啃断地面刚长出的新枝梢。白天它们在植物丛中寻找庇护所，在那里它们可以继续取食，当受到干扰时会蜷曲成切根虫特有的"C"字形姿态。

当幼虫完成生长发育时，它们在地下做一个小的土室化蛹。成虫从栗棕色的蛹中羽化出来，在夏季到初秋之间出现。它们是强大的飞行者，能够长距离地迁飞。该种在 1979 年被偶然引入加拿大，目前已经向西扩散到整个北美洲。

模夜蛾 幼虫身体底色为棕色或橄榄绿色。每节的背面都生有 1 条黑色与奶油色的短条纹，每侧的中部有 1 条暗棕色的纵线。头部为棕色，具有 2 条黑色的粗线。

实际大小的幼虫

---

① 中国新疆也有分布。——译者注

科名	夜蛾科 Noctuidae
地理分布	从欧洲中部进入俄罗斯西南部、格鲁吉亚和土耳其
栖息地	干燥而开阔的干草原、草地及耕地附近的未受干扰的地区
寄主植物	大戟属 *Euphorbia* spp.
特色之处	来自欧洲干草原，能够有效地吃光大戟属植物的叶子
保护现状	没有评估，但常见

成虫翅展
1⁵⁄₁₆~1¹⁄₁₆ in (24~27 mm)

幼虫长度
1~1³⁄₁₆ in (25~30 mm)

628

大戟地理夜蛾
Oxicesta geographica
Geographical Moth
(Fabricius, 1787)

大戟地理夜蛾将每群 300 粒左右的卵大量产在寄主植物叶子的背面，幼虫从卵中孵化出来。低龄幼虫群集生活，每群最多包含 30 只幼虫。它们在寄主植物上吐丝织一个丝网，首先取食其花芽和嫩叶，然后移动到老叶上取食，能够吃光整株植物。五龄幼虫独自生活，成熟后在茎上结一个淡黄色的茧化蛹，以蛹越冬。

成虫出现在 4~5 月，每年通常只有 1 代。已经对利用大戟地理夜蛾生物防治猫眼草 *Euphorbia esula* 进行了多次试验，后者在北美洲是一种侵略性的多年生杂草，已经对除草剂产生了抗药性，对其防治已成为一个主要难题。

实际大小的幼虫

大戟地理夜蛾 幼虫身体底色为暗棕色，侧面具有 2 条白色的纵纹及一系列横置的橙色的棒纹。气门围有白色的边框。身体上具有白色与棕色的毛簇，头部为暗棕色。

科名	夜蛾科 Noctuidae
地理分布	欧洲北部和南部，向东穿过亚洲到朝鲜和日本[①]
栖息地	针叶林，特别是凉爽而湿润的类型
寄主植物	各种针叶树，特别是云杉属 *Picea* spp.；还有松属 *Pinus* spp. 和欧洲落叶松 *Larix decidua*
特色之处	多毛，生活在针叶树的树冠上
保护现状	没有评估，但在局部地区稀少

成虫翅展
1%₁₆~2 in (40~50 mm)

幼虫长度
1¾~2⅛ in (45~55 mm)

松毛夜蛾
Panthea coenobita
Pine Arches
(Esper, 1785)

629

　　松毛夜蛾的雌蛾于夏末将黄色的卵成群地产在针叶树的针叶上，幼虫从卵中孵化出来。幼虫生活在树冠上，取食针叶供自身生长发育。它们的颜色和形状为其提供了极佳的伪装，所以它们能够暴露在外，沿狭窄的树枝休息。本种毛虫的刚毛也有蜇刺作用，能够在一定程度上避免捕食者的伤害。成熟的幼虫向下爬到地上，将刚毛编织到它们的茧中，进一步为蛹提供的保护和伪装。

　　本种毛虫以栗棕色的蛹越冬，成虫在翌年春季羽化。成虫具有明显的黑白色的锯齿形的斑纹，出现在5~8月，一年发生1代。由于针叶树，特别是云杉树种植区的扩大，本种的分布范围在最近几十年也不断地扩展。

松毛夜蛾　幼虫身体底色为红褐色，覆盖着毛簇。背面有一系列乳白色的斑纹，侧面有数条琥珀色的线纹。第二、三、四和十一节上有明显的黄色毛簇。头部为棕色，中央有1条红褐色的亮斑。

实际大小的幼虫

[①] 在中国黑龙江也有分布。——译者注

科名	夜蛾科 Noctuidae
地理分布	穿过欧洲进入俄罗斯，最远到乌拉尔、土耳其、亚美尼亚、叙利亚和非洲北部的部分地区
栖息地	林地、灌木林、草地、公园和花园
寄主植物	范围广泛的矮生植物，特别是短柄野芝麻 *Lamium album*
特色之处	肥胖，绿色，在欧洲的几乎任何类型的环境中都能发现这种毛虫
保护现状	没有评估，但常见

成虫翅展
1¾~2 in (45~50 mm)

幼虫长度
1¾ in (45 mm)

630

角纹衫夜蛾
Phlogophora meticulosa
Angle Shades
(Linnaeus, 1758)

角纹衫夜蛾将稍扁而具脊纹的淡褐色卵成群地产在各种寄主植物的叶子上，幼虫从卵中孵化出来。幼虫主要取食叶子，以第二代的幼虫越冬，在翌年春季恢复活动。成熟的幼虫坠落到地面，在落叶层或土壤中结一个薄的丝茧化蛹。蛹为栗棕色。

角纹衫夜蛾的成虫夜间活动，会被灯光吸引，5～10月都能看见成虫，一年发生2代或更多代。它们于白天在篱笆、乔木和灌木上休息，其混隐色和翅形使它们像一片枯叶，将自己完美地伪装起来。本种是一种迁飞昆虫，能够长距离飞行。在沿海地带经常能够看见大量的本种个体。

角纹衫夜蛾 幼虫身体底色为黄绿色，具有很多小斑点，虫体的外表显得斑斑点点。身体的背面有1条断续的白色纵线，侧面有1条宽的白色纵带，身体上散布有短的刚毛。头部为暗绿色。也存在一些粉棕色的变异个体。

实际大小的幼虫

科名	夜蛾科 Noctuidae
地理分布	美国，从缅因州南部向南到佛罗里达州，向西到得克萨斯州和伊利诺伊州
栖息地	林地和森林边缘
寄主植物	菝葜属 *Smilax* spp.
特色之处	群集取食，能将植株的叶子吃光
保护现状	没有评估，但野外生存情况无威胁

成虫翅展
1¾₆ in (30 mm)

幼虫长度
Up to 1⅜ in (35 mm)

菝葜磷夜蛾
Phosphila turbulenta
Turbulent Phosphila

Hübner, 1818

631

菝葜磷夜蛾的幼虫是一个常见种，其早期的幼虫通常在菝葜叶子的背面，密集地聚在一起取食。低龄幼虫为淡绿色或棕黄色，头部和前胸盾为乌黑色，身体上有数条模糊的纵线。成熟的毛虫会展示出明显的"裁判员衬衫"状的黑白细条纹。高龄幼虫可能会分散开来独自生活，但喜欢重新组成层状的群落，在休息时前后交替排列。

菝葜磷夜蛾的幼虫在后端有一个膨大的假"脸"，用来欺骗捕食者。当受到威胁时，幼虫将头蜷曲在身体内，将假"脸"暴露在外。它也可能松开藤条，坠落到落叶层下面去。在其分布范围的大部分地区一年通常发生2代，幼虫出现在5～11月。成熟的幼虫吐丝将自己包裹在一片叶子中化蛹，以蛹越冬。

实际大小的幼虫

菝葜磷夜蛾 幼虫除具有一个正常的头部之外，后端还有一个假"脸"，二者都为黑色，具有白色的眼斑和其他斑纹。身体的上部具有黑色与白色的细条纹，下部为橙黄色。

科名	夜蛾科 Noctuidae
地理分布	北美洲东部，安大略省到佛罗里达州，向西到蒙大拿州和得克萨斯州
栖息地	林地和森林边缘
寄主植物	菝葜属 Smilax spp.
特色之处	被描述为"稀奇古怪"
保护现状	没有评估，但有时常见

成虫翅展
1⅛~1⅜ in (28~35 mm)

幼虫长度
1³⁄₁₆~1⅜ in (30~35 mm)

632

曲线鹰夜蛾
Phyprosopus callitrichoides
Curve-Lined Owlet Moth
Grote, 1872

曲线鹰夜蛾的幼虫利用其离奇的外貌来保护自己。幼虫的第三和第四腹节上的腹足退化，它们通常几乎以双拱状的姿势待在寄主植物的叶子或茎上，类似枯叶，而且还通过向两侧摆动身体来进一步模拟一片被微风吹动的叶子。从6月以后就可以找到幼虫。当其发育成熟后，最后一龄幼虫在寄主植物的茎上结茧化蛹。

本种以蛹越冬。在其分布范围的北部一年也许发生2代，在南部地区可能有3代。与幼虫不同，成虫相当黯淡而不显眼，但其外形也类似一片枯叶。成虫在南部地区终年可见，在北部出现于3~9月。本属在北美洲有两种。

曲线鹰夜蛾 幼虫身体底色为红褐色，具有较暗的斑纹，侧面着生腹足的区域为白色。前面1个角突为黑色，具有白色区域；胸足为红色或黑色。头部为红色，具有黑色的斑纹。

实际大小的幼虫

科名	夜蛾科 Noctuidae
地理分布	从西班牙和不列颠群岛穿过欧洲，包括地中海和斯堪的纳维亚的南半部；小亚细亚、高加索、西伯利亚南部，向东到俄罗斯远东地区和日本；穿过中亚的西部和南部到中国的东部
栖息地	钙质的草地、高沼地、开阔的林地、低洼潮湿的草地、海岸的沙丘和戈壁；也生活在城市中，包括花园
寄主植物	很多种类，包括芒柄花属 *Ononis* spp.、红豆草属 *Onobrychis* spp.、莨菪 *Hyoscyamus niger* 和柄沙繁缕 *Honkenya peploides*
特色之处	体色多变，以花朵和未成熟的种子为食
保护现状	没有评估，但分布广泛

成虫翅展
1⁵⁄₁₆~1⁵⁄₈ in (33~41 mm)

幼虫长度
1⁵⁄₁₆~1⁷⁄₁₆ in (33~37 mm)

焰夜蛾
Pyrrhia umbra
Bordered Sallow
(Hufnagel, 1766)

焰夜蛾将淡白色且具脊纹的卵产在叶上或花上，幼虫从卵中孵化出来。幼虫暴露在寄主植物上取食花朵和未成熟的种子，并从其喜爱的众多寄主植物种类中吸收不同的色素。这也许就能解释本种毛虫的颜色为什么会有如此巨大的变化了。当幼虫完成发育后，它们在地下化蛹，并以蛹越冬。从夏末到初秋通常只发生1代；在较温暖的气候条件下，可能部分地产生第二代。

成虫在5~9月羽化，外形上与近缘的伊焰夜蛾 *Pyrrhia exprimens* 相似，但后者幼虫的斑纹更为显著。在本属中，焰夜蛾的分布范围最广，曾经认为美国也包含在其分布范围之内。然而，美国的相似种在1996年被描述为一个新种——阿德焰夜蛾 *Pyrrhia adela*，但仍然被俗称为"焰夜蛾"（Bordered Sallow）或者"美国焰夜蛾"（American Bordered Sallow）。

焰夜蛾 幼虫身体底色可能为亮绿色、暗绿色、粉棕色、灰色或淡黑色。沿背面有4条白色或黄色的纵纹，侧面沿中央有1条较暗的纵纹及1条较宽的白色或黄色纵纹，其上缘经常镶暗色的边。浅色型的幼虫身体上经常散布有白色的斑点；深色型则常常具有明显的黑色疣突。头部为简单的棕色或绿色。

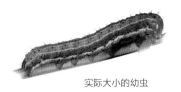

实际大小的幼虫

科名	夜蛾科 Noctuidae
地理分布	美国南部，从加利福尼亚州向东到肯塔基州和马里兰州，向西到俄克拉荷马州和得克萨斯州，向南到加勒比海、中美洲和南美洲的阿根廷
栖息地	多种多样，包括农地、林地、草地和湿地
寄主植物	种类繁多的野生与栽培植物，例如，红薯 *Ipomoea batatas*，甚至还包括一些具有化学防御机制的植物，例如，猪屎豆属 *Crotalaria* spp.、菝葜属 *Smilax* spp.、茄属 *Solanum* spp.；在佛罗里达州，还记录了一种半水生的植物——点斑春蓼 *Persicaria punctata*
特色之处	来自一个对作物具有高度破坏性的属，是作物的害虫
保护现状	没有评估，但常见

成虫翅展
1⁹⁄₁₆ in (40 mm)

幼虫长度
1⁹⁄₁₆~2³⁄₈ in (40~60 mm)

634

红薯灰翅夜蛾
Spodoptera dolichos
Sweet Potato Armyworm
(Fabricius, 1794)

红薯灰翅夜蛾 幼虫具有香肠形的外貌，身体光滑而粗壮，分节明显。身体底色为棕色，背面具有黑色的斑纹，气门处有 1 条较暗的纵线，尽管气门可能具有较亮的斑纹。第一胸节和最后几个腹节上的斑纹向前后两端变尖，呈眼睛状，其眼斑的效果由于各节后缘的其他斑纹及亚背白斑的存在而得到加强。

红薯灰翅夜蛾的一只雌蛾能够产下高达 4000 粒的卵，幼虫孵化后可以取食 40 多个科的植物，说明它们具有爆发成灾的可能性。然而，与本属的其他一些种相比，它作为害虫的危害很小或可以忽略不计。幼虫遭到寄生蝇的广泛寄生，而它们身体上的眼斑则可能吓跑一些捕食者，它们唯一的主动防御措施就是在受到干扰时坠落到地上。低龄幼虫群集生活，但在高龄时则分散开来独自生活。从孵化到化蛹大约需要 23 天，雌性幼虫比雄性幼虫的发育历期要长，需要经过 6 个或 7 个龄期。幼虫在土壤中做一个内衬丝层的土室化蛹。

灰翅夜蛾属起源于 500~1100 万年之前，包括 30 多种。其中许多种类，例如秋灰翅夜蛾 *Spodoptera frugiperda* 和甜菜灰翅夜蛾 *Spodoptera exigua*，具有高度的破坏性。这个属的成虫和幼虫都难以识别，只能利用一些微小的特征，例如红薯灰翅夜蛾的胸部有横带，所以它又被称为"带纹灰翅夜蛾"（Banded Armyworm）。

实际大小的幼虫

科名	夜蛾科 Noctuidae
地理分布	整个非洲、大加那利岛、欧洲的最南部（稀有，向北迁飞到不列颠群岛）、马达加斯加、中东和亚洲西部
栖息地	雨林、潮湿的热带森林和很多开阔而温暖的栖息地，包括农地、荒地和公园
寄主植物	超过40科的植物，包括十字花科 Brassicaceae，例如芸薹属 *Brassica* spp；菊科 Asteraceae，例如莴苣 *Lactuca sativa*；蝶形花科 Fabaceae；禾本科 Poaceae 和大戟科 Euphorbiaceae
特色之处	重要的害虫，主要在非洲危害严重，其形态有变异，但其特征相当明显而容易区别
保护现状	没有评估，但分布广泛而常见

成虫翅展
1⅜~1⁹⁄₁₆ in (35~40 mm)

幼虫长度
1⁹⁄₁₆~1¾ in (40~45 mm)

非洲灰翅夜蛾
Spodoptera littoralis
African Cotton Leafworm
(Boisduval, 1833)

635

非洲灰翅夜蛾也被称为"地中海织锦夜蛾"（Mediterranean Brocade），雌蛾将数百粒卵集中产在一起，并用腹部末端的淡棕色毛覆盖卵堆。幼虫在低龄期时会躲藏在一片叶子之下，但较高龄时则于白天离开寄主植物躲藏起来。幼虫暴露在外取食叶子，但也会钻入某些寄主植物的茎内取食，例如玉米 *Zea mays*；或者蛀入果实内取食，例如番茄 *Solanum lycopersicum*。本种大肆取食会毁坏全部的作物。发育成熟的幼虫在地表下的土壤中化蛹。

在羽化后的2~4天之内，一只雌蛾能产下高达2000粒的卵。生命周期的历时19~144天不等，一年最多发生过7代。本种属于适应能力强而数量多的物种，在其所有分布区都是作物的一种重要害虫，经常还会与产品一起被偶然携带到世界的其他地区。斜纹灰翅夜蛾 *Spodoptera litura* 的分布范围更偏东，其所有的生命阶段都与非洲灰翅夜蛾几乎完全相同。

非洲灰翅夜蛾 幼虫身体肥胖，头部相当小，略呈缩头弓身的姿势。身体底色为灰色、棕色或灰绿色。斑纹有一定的变异，但经常包括第四节的1对明显的黑色斑，有时形成1条断续的条带，沿背面经常有成对的黑色或黄色斑，或者两种颜色的斑都有，有时还有黄色的条纹。

实际大小的幼虫

科名	夜蛾科 Noctuidae
地理分布	欧洲，包括葡萄牙和西班牙北部、斯堪的纳维亚南部和地中海的大部分地区；小亚细亚、高加索，穿过中亚到朝鲜和日本[①]
栖息地	开阔而具有野生植被的湿润栖息地，例如草地、耕地的边缘，林地的边缘及河岸
寄主植物	草本植物，主要为滨藜属 *Atriplex* spp.、藜属 *Chenopodium* spp.、蓼属 *Polygonum* spp. 和酸模属 *Rumex* spp.
特色之处	具条纹，具有 2 个黄色的斑点是本种的识别特征
保护现状	没有评估

成虫翅展
1⁹⁄₁₆~2 in (40~50 mm)

幼虫长度
1¹¹⁄₁₆~1⅞ in (43~48 mm)

636

陌夜蛾
Trachea atriplicis
Orache Moth
(Linnaeus, 1758)

陌夜蛾将穹顶形而具脊纹的浅色卵产下，幼虫从卵中孵化出来，取食叶子，一年发生 1 代。7～9 月，幼虫完成所有龄期的发育。低龄幼虫在寄主植物的一片叶子下休息；较高龄期的幼虫白天躲藏在靠近地面的地方休息，夜间出来取食。当其成熟后，幼虫在地下结茧化蛹，以蛹越冬。

其他一些夜蛾的幼虫也具有与陌夜蛾幼虫大体相似的斑纹。这些种类包括草安夜蛾 *Lacanobia oleracea* 和俗安夜蛾 *Lacanobia suasa*，它们也能在相似环境中的藜科 Chenopodiaceae 植物上被找到。然而，尽管陌夜蛾的颜色多种多样，但其幼虫很容易通过位于背侧面尾端附近的 1 对黄斑和侧面靠近头部的黄斑识别出来。安夜蛾属 *Lacanobia* 的种类则没有这些成对的斑点。

陌夜蛾 幼虫身体底色为绿色、绿灰色、棕色或淡黑色，散布有白色的小斑点，在深色型的幼虫中最明显。头部通常为棕色。所有色型的幼虫在靠近尾端的背面都有 2 个鲜黄色的斑。沿侧面有 1 条黄色、淡白色或淡粉色的宽条纹，第二节和第三节的部分为黄色。

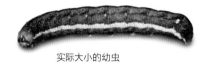

实际大小的幼虫

---

① 在中国黑龙江、湖南、江西和福建也有分布。——译者注

科名	夜蛾科 Noctuidae
地理分布	北美洲、南美洲、欧洲（斯堪的纳维亚北部除外）、非洲的大部分，穿过亚洲到中国、日本、东南亚和马来群岛
栖息地	多种多样，包括热带、亚热带和温带的农地
寄主植物	十字花科植物，例如甘蓝 Brassica oleracea 及其近缘种；甜菜 Beta vulgaris；瓜类蔬菜，例如西瓜 Citrullus lanatus；还有茄科植物，例如土豆 Solanum tuberosum、番茄 Solanum lycopersicum 和烟草 Nicotiana tabacum
特色之处	尺蠖状，有两个腹节上的腹足明显退化
保护现状	没有评估，但常见

成虫翅展
1⁵⁄₁₆~1½ in (33~38 mm)

幼虫长度
1³⁄₁₆~1⁹⁄₁₆ in (30~40 mm)

粉斑夜蛾
Trichoplusia ni
Cabbage Looper
(Hübner, [1803])

637

粉斑夜蛾将黄白色或淡绿色的卵单个或少量成群地产在叶子的正面或背面，幼虫从卵中孵化出来。在低龄期，它们在叶子下面取食，但在四龄和五龄时，它们在寄主植物叶子的中心吃出大的孔洞。它们还能够钻入甘蓝正在发育的头状花序内，危害籽苗，或者取食包叶。它们每天能消耗掉其体重 3 倍的食物，从卵到蛹只需要 20 天；在有些地区，每年可发生 7 代。可在叶子下、落叶层中或土壤内发现其脆弱的白色茧。

成虫可以迁飞到离其繁殖地 200 km 以外的地方。这个特点再加上其多食的习性，就是本种分布如此广泛的原因。幼虫危害十字花科的作物，偶尔也会攻击其他作物。除农药外，本种的扩散还会受到其天敌的控制，包括寄生蜂，例如银纹夜蛾多胚跳小蜂 *Copidosoma truncatellus*，以及寄生蝇，例如茹莴寄蝇 *Voria ruralis*。一种核型多角体病毒也能杀死粉斑夜蛾种群 40% 以上的个体。

实际大小的幼虫

粉斑夜蛾 幼虫身体底色为绿色，但通常在侧面有 1 条明显的白色纵纹。在整个发育过程中，幼虫都呈细长形，但在接近化蛹时则变得相当粗壮，不过还保留了后端向前端逐渐变细的外貌。本种与其他尺蠖形的幼虫的区别在于其退化的腹足位于第三和第四腹节腹面，而健全的腹足在第五、第六和最后一腹节上。

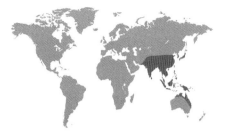

科名	夜蛾科 Noctuidae
地理分布	巴基斯坦喜马拉雅山脉、印度、斯里兰卡、东南亚、中国、日本、澳大利亚北部和美拉尼西亚
栖息地	低到中等海拔的山区
寄主植物	锦葵科 Malvaceae，包括木槿属 *Hibiscus* spp.、秋葵 *Abelmoschus esculentus*、地桃花 *Urena lobata* 和蜀葵 *Alcea rosea*
特色之处	半尺蠖状，是局部区域的农业害虫
保护现状	没有评估，但分布广泛而常见

成虫翅展
1⅜~1⁹⁄₁₆ in (35~40 mm)

幼虫长度
1⁹⁄₁₆~1¾ in (40~45 mm)

638

犁纹黄夜蛾
Xanthodes transversa
Transverse Moth
Guenée, 1852

犁纹黄夜蛾的幼虫为绿色，巧妙地伪装在寄主植物的叶子之中，大部分时间在叶子的背面度过。斑纹和颜色随其发育而改变，每次蜕皮都会使其警戒色（绿色、黑色、黄色和红色）变得更加明显，在最后一龄（六龄），幼虫所有的时间都在叶子表面度过。最后一龄幼虫的腹部后端还有 1 条鲜红色的斑纹，或许试图用它来将潜在捕食者的注意力引离其头部。

成熟的毛虫在地下化蛹，在北部地区毛虫以预蛹期滞育越冬。另外，犁纹黄夜蛾为多化性的种类（一年发生 2 代或更多代），在 4~6 星期的时间内完成毛虫的发育。本种在其广大的分布范围内被认为是秋葵的一种商业性害虫。犁纹黄夜蛾的成虫为黄色，在其前翅上有棕色线组成的几何形角状纹。

实际大小的幼虫

犁纹黄夜蛾 幼虫为半尺蠖状，具有 2 对腹足和 1 对臀足。身体底色为绿色，具有黄色的背线和侧线，后者将气门纳入其中。所有腹节上都有 3 个黑色的斑点，位于中线及其两侧，每个黑斑上都生有 1 根黑色的长刚毛，它们之间有黑色的短条纹。侧面的刚毛为白色。头颅为绿色，具有黑色的斑点和 1 条黄色的眉状纹，臀节的背面为鲜红色。

科名	夜蛾科 Noctuidae
地理分布	欧洲（包括冰岛、苏格兰和斯堪的纳维亚南部），向东穿过俄罗斯南部到俄罗斯远东地区；加那利群岛、非洲西北部、小亚细亚、高加索、中东、穿过中亚到朝鲜和日本[①]
栖息地	北部的高沼地、沼泽和高山草地；也包括温暖的岩石山坡、开阔的林地、低地欧石楠灌丛及灌木草地
寄主植物	很多种植物，包括毛茛属 *Ranunculus* spp.、还阳参属 *Crepis* spp.、酸模属 *Rumex* spp.、矢车菊属 *Centaurea* spp.、树莓 *Rubus fruticosus* 和香杨梅 *Myrica gale*
特色之处	斑纹美丽，能在白天找到
保护现状	没有评估

成虫翅展
2¹⁄₁₆~2½ in (52~64 mm)

幼虫长度
2⅜~2⁹⁄₁₆ in (60~65 mm)

木冬夜蛾
Xylena exsoleta
Sword-Grass
(Linnaeus, 1758)

639

木冬夜蛾将棕黄色的卵成群地产在低矮的植物上，幼虫于5月从卵中孵化出来，于7月完成发育，然后在地下结一个纤弱的茧化蛹。幼虫并非总是在白天躲藏起来，甚至较高龄的幼虫也是如此，它们在白天和黑夜都能暴露在外取食。一年发生1代，成虫在秋季羽化，在越冬后交配，一直存活到5月。

木冬夜蛾的最后一龄幼虫具有醒目的斑纹，斑纹的颜色由明显的黑色、橙色、黄色和白色组成，这些斑纹在背面经常呈自行车链条状，通常不会被误认。然而，由于其黑色与橙色的斑纹会有变化，而且直到最后一龄才会出现，所以本种幼虫也会与其他的夜蛾幼虫相似，例如近缘的老木冬夜蛾 *Xylena vetusta*，但老木冬夜蛾的气门为红色或黄色，而本种的气门为淡白色。木冬夜蛾的英文俗名源自莎草（莎草科）的旧称，在木冬夜蛾被首次描述时，莎草被认为是该种毛虫的寄主植物。

木冬夜蛾 幼虫身体光滑，明显呈圆筒形，具有大型头部，身体底色为鲜绿色或蓝绿色。在最后一龄，背面有2条由黑色斑组成的纵线，每个黑斑各包含2个白色的斑点，在黑线之下还有1条黄色的纵纹。侧面有1条白色的纵线，紧靠白线之上有1组白色的斑点和鲜橙色的短纹。

实际大小的幼虫

———————————

① 中国云南也有分布。——译者注

附 录

Appendices

词汇表

群集（Aggregation）大量的个体集中在一起，通常是为了防御。

臀栉（Anal comb）幼虫肛门之上的骨化结构，向腹面突出，主要出现在弄蝶科中，用以弹去粪便。

前的（Anterior）前面的。

顶端（Apex）最高点；末端。

警戒色的（地）（Aposematic, aposematically）鲜艳的颜色，通常被有毒的生物作为一种警告的防御策略。

蓑蛾幼虫（Bagworm）蓑蛾科的幼虫，利用其栖息地中的材料编织成一个袋囊将自己包裹在里面。

荒原（Barren）灌木林的一种类型，通常有一种或两种树木占优势。

贝氏拟态（Batesian mimicry）拟态的一种形式，无毒的种类为了避免被捕食，将其形态进化为与有毒种类相似的外形。

两年生的（Biennial）两年完成一个生命周期的。

二分的（Bifid）划分或分支为两个部分的。

鸟翼凤蝶（Birdwing）凤蝶科中隶属于红颈凤蝶属 Trogonoptera、裳凤蝶属 Troides 和鸟翼凤蝶属 Ornithoptera 的蝴蝶。

悬崖（Bluff）陡峭的岬、海角、河岸或峭壁。

北方的（Boreal）北方寒冷气候的。

一窝（Brood）同一个母亲在同一时间段孵化出的一群幼崽（幼虫）。

蛱蝶（Brushfoot）蛱蝶科 Nymphalidae 的蝴蝶。

尾部（Cauda, pl. caudae）尾或任何尾状的突起。

尾的（Caudal）尾部的，或属于尾部或尾状突起的。

毛突（Chalaza）毛虫身体上的硬化肿块，上面生有 1 根以上的刚毛。

蝶蛹（Chrysalis, pl. chrysalids or chrysalides）在成虫之前的蛹期（休止阶段）。

《濒危野生动植物物种国际贸易公约》（CITES）一个多边公约，于 1975 年实施，其目的是要确保野生动植物物种的生存不会因其标本的国际贸易而受到威胁。

臀足（Claspers）最后一对腹足，也称臀腹足。

云雾林（Cloud forest）热带或亚热带山地的湿润的常绿森林，特点就是其天空长期乌云密布。

唇基（Clypeus）头部前面位于上唇和额之间的盾状骨片。

茧（Cocoon）包裹在蛹体外的丝质护套或外壳。

臀棘（Cremaster）位于蛹末端的支撑钩或小钩群。

趾钩（Crochets）腹足上的钩状结构。

隐蔽术（Crypsis）一种为了躲避侦察而将自己隐藏或伪装起来的能力。

隐蔽的（Cryptic）隐藏的、伪装的或不易被识别的。

表皮（Cuticle）昆虫体壁的最外层，包含几丁质和蜡。

表皮的（Cuticular）表皮的，或属于表皮的。

生氰的（Cyanogenic）能产生氢氰酸的；一些毛虫从植物获得有毒的生氰化合物，使捕食者对毛虫难以下咽，有些种类的毛虫自身也能产生这样的化合物。

滞育（Diapause）生理控制的休眠期，此期间的发育或活动停滞，对于正常的有利刺激，例如较温暖的气温，机体不会发生响应。

二型的（Dimorphic）产生两种不同的型；尤其指一个物种内的性别差异。

破坏性颜色（Disruptive coloration）有助于机体融入背景的斑纹和颜色。

受干扰的（Disturbed）描述人为改变的栖息地或环境。

白天的（Diurnal）在白天活动的。

背面的（Dorsal）属于背面的，或背部的。

背侧面的（Dorsolateral）位于侧面和背面之间的。

背面（Dorsum）在背部和靠近背部。

蜕裂线（Ecdysial suture）表皮中的薄弱区，在蜕皮时从这里破裂，新一龄幼虫或新一个虫态由此脱离旧的体壁。

蜕皮（Ecdysis）生长受限的旧外骨骼剥离，较高一个阶段出现并生长的过程。

羽化或孵化（Eclosion）成虫从蛹中出来（羽化），或者幼虫从卵中出来（孵化）。

内食性的（Endophagous）在寄主内部取食的。

头盖（Epicranium）头壳的上部。

真皮（Epidermis）体壁的细胞层，位于表皮下，并且分泌表皮。

夏眠（Estivation）夏天的休眠期，以此避免酷热或极度干燥的环境带来的伤害。

可外翻的（Eversible）外翻或由内向外翻转的能力；用于描述臭丫腺。

渗出物（Exudate）由细胞、器官或机体排出的任何物质。

长丝（Filament）直径相同而又呈线状的细长突起。

鞭突（Flagellum, pl. flagella）鞭子或鞭子状的附肢。

毛状的（Flocculent）覆盖在幼虫身体上的羊毛状的软薄片。

虫粪（Frass）幼虫的粪便。

虫粪港湾（Frass pier）一根叶脉或小枝的狭窄的扩展区，由虫粪和幼虫产生的丝组成，特别是蛱蝶科的一些蝴蝶的幼虫，它们在此休息。

额（Frons）头部的前部，位于唇基之上及两复眼之间。

虫瘿（Gall）由昆虫、螨、细菌、真菌或疾病引起的植物组织的异常生长或肿大。

绿灰色的（Glaucous）覆盖有细小的粉末状或蜡滴状的颗粒，使表面出现淡白色或淡蓝色。

群居的（Gregarious）成群地聚集在一起，通常是为了防御。

毛笔（Hair pencil）毛状的香鳞簇，一些蝴蝶和蛾子在交配期间翻出来，可以释放出性信息素。

树林高地（Hammock）佛罗里达高山岩石上的丰富的热带硬木森林。

领地行为（Hilltopping）雄蝶在高处（山头）集结，寻找雌蝶进行交配的行为。

角突（Horn）一些毛虫在前端或后端长出的钉状或刺状的突起物。

龄（Instar）幼虫在两次蜕皮之间的生长阶段，或者是幼虫在蜕皮之前的生长阶段。

体壁（Integument）幼虫身体的外层或外皮，也称为外骨骼。

环烯醚萜苷（Iridoid glycoside）幼虫从植物中消化吸收的有毒化合物，使捕食者对毛虫难以下咽。

下唇（Labium）昆虫口器下部的骨化"盖"。

上唇（Labrum）昆虫口器上部的骨化"盖"。

潜叶者（Leafminer）在叶子的上下表皮之间取食并形成蛀道的毛虫。

透光地带（Light gap）森林树冠中留出的空隙地，使幼小的植物和灌木能够生长。

海岸雨林（Littoral rain forest）澳大利亚东部沿海的雨林，能够适应含盐和干燥的风。

尺蠖（Looper）尺蛾或其他毛虫的俗名，这类毛虫腹部的中部缺少部分或全部的腹足，运动时形似"丈量"。

上颚（Mandibles）幼虫两齿的颚之一，用于咬断和咀嚼食物。

黑色的（Melanic）暗的颜色，褐色到黑色，经常与较少黑化的组织对比。

黑化（Melanization）黑色素（褐黑色素）的增加，导致一些个体的颜色暗化。

分生组织（Meristem）包含有非特化细胞的植物组织，这些细胞可以持续分裂，使植物生长。

栖于湿地的（Mesic）栖息地具有中等的湿度，既不明显地湿润也不明显地干燥。

叶肉（Mesophyll）叶子的内部，含有叶绿素，位于上、下真皮之间。

中胸（Mesothorax）胸部的第二节（中节）。

后胸（Metathorax）胸部的第三节（后节）。

潜道（Mine）幼虫在植物的叶子内或其他部位内取食形成的通道。

蜕皮（Molt）生长受限的旧外骨骼剥离，较高一个阶段出现并生长的过程。

单子叶植物（Monocot）由仅有单枚子叶的种子发芽长出的植物（例如禾草和莎草）。

山区的（Montane）高海拔的或高山的栖息地。

形态（Morph）外形。

缪氏拟态（Müllerian mimicry）拟态的一种形式，两个享有一种或多种相同捕食者的有毒物种进化出相互类似的外形，以避免遭到捕食（参看贝氏拟态）。

蚂蚁陪伴型（Myrmecophilous）与蚂蚁共生的（密切相关）。

赭色的（Ocherous）赭土的颜色，一种泥土的自然色素（淡褐黄色）。

寡食性的（Oligophagous）利用几种亲缘关系紧密的寄主植物。

个体发育（Ontogeny）个体发育过程中集合特征出现的顺序。

臭丫腺（Osmeterium）凤蝶科幼虫头部后方的 Y 字形腺体，可以外翻出来，并释放一种令潜在的捕食者不快的化学物质。

产卵（Oviposition）将卵产下的行为。

夜蛾（Owlet）夜蛾科 Noctuidae 蛾类的俗名，有些专家也用于瘤蛾科 Nolidae、裳蛾科 Erebidae 和廉蛾科 Eutellidae 的蛾类。

桨状突（Paddle）扁平的桨状毛或刚毛。

白千层树林（Paperbark woodland）由白千层属 Melaleuca 的树木组成的林地。

寄生物（Parasitoid）在寄主内部发育的生物，最终将寄主杀死。

梗（Peduncle）支撑一个器官或其他结构的柄。

蠕动的（Peristaltic）与蠕动相关联的，在食物被消化的过程中沿肠道和身体的其他管道发生的波状收缩活动。

叶柄（Petiole）将一片叶子附着在茎上的柄。

信息素（Pheromone）一只昆虫产生的化学物质，用于调控同种的其他个体的行为。

港湾（Pier）见虫粪港湾（Frass pier）。

羽片（Pinna, pl. pinnae）植物的一片羽状叶上的小叶或初级分裂，例如欧洲蕨的小叶（羽片）相对地排在叶轴的两侧。

羽毛状的（Plumose）羽毛状或多倍的分支或分裂。

浅沼泽（Pocosin）美国南部的内陆湿地。

多型的（Polymorphic）存在于同一物种中的不同类型，与性别差异无关。

多食性的（Polyphagous）取食的寄主植物范围广泛，包括不同科的植物种类。

喙（Proboscis）蝴蝶和蛾子的成虫用于取食的细长的管状器官。

突起（Process）来自表面、边缘或附肢上的突出物。

列队行进的（Processional）一些蛾类的幼虫首尾相连的队列运动。

腹足（Prolegs）幼虫腹部腹面的多关节的肉质结构；用于幼虫的运动，但通常缺乏肌肉组织。

前胸背板的（Pronotal）前胸（胸部第一节）背板上的，或属于前胸背板的。

前胸背板（Pronotum）前胸背面的骨片。

前胸（Prothorax）胸部的第一节（前节）。

被短茸毛的（Pubescent）覆盖有毛或绒毛的。

吸水（Puddling）蝴蝶和蛾子在潮湿的泥土或沙子上吸食盐分和矿物质的行为。

蛹（Pupa, pl. pupae）蝴蝶和蛾子介于幼虫和成虫之间的一个通常不活动的阶段，当幼虫化蛹或进入蛹期时，其细胞在此期间重新组织成为成虫的形态。

牧场（Rangeland）用于放牧家畜或野生动物的草原、灌木地、湿地和沙漠。

避难所（Refugium, pl. refugia）提供来保护或庇护的地区。

残余的（Relict）过去占据着大范围的区域，但现在仅限于狭窄的范围内的生物或生态系统。

河岸的（Riparian）靠近溪流和河流的陆地范围。

粗糙的（Rugose）具有褶皱的。

眼蝶（Satyrid, satyrine）蛱蝶科 Nymphalidae 中的眼蝶亚科 Satyrinae 的蝴蝶名称。

鳞片（Scale）覆盖在蝴蝶和蛾子翅上的很多扁平的刚毛，其形状和颜色多种多样。

粪便（Scat）动物的粪便。

骨化的（Sclerotized）身体上被壳硬蛋白硬化了的部位。

枝刺（Scolus, pl. scoli）体壁上的刺状突起的一种类型。

衰老（Senesce）随着成熟而衰退，经常由于环境的压力而加速；季节性的干枯（植物）。

感器（Sensilla）昆虫身体上的简单感觉器官或感觉接收器。

积累（Sequester）幼虫吸收植物的毒素，然后用作其成虫期的防御措施的能力。

刚毛（Seta, pl. setae）鬃或毛。

雕叶（Skeletonize）毛虫仅取食叶肉，留下叶脉形成的"骨骼"图案。

弄蝶（Skipper）弄蝶科 Hesperiidae 的蝴蝶，源自它们"跳跃"的飞行方式。

刺蛾幼虫（Slug caterpillar）刺蛾科 Limacodidae 的幼虫，形似蛞蝓。

多种的（Speciose）物种丰富的。

针突（Spicule）狭窄、尖锐、坚硬的刺状突起。

气门（Spiracle）昆虫胸部和腹部侧面的气管开口，在呼吸时作为空气的进出口。

气门的（Spiracular）气门的或属于气门的。

侧单眼（Stemmata）毛虫侧面的单眼，排列成半环形。

托叶（Stipule）叶柄基部的小柄状的外长物。

凤蝶（Swallowtails）凤蝶科 Papilionidae 的蝴蝶，因其每只后翅都有短尾或尾突而得此名。

同步的（Synchronous）同时发生的，例如，一窝卵的孵化。

胸部的（Thoracic）胸部或属于胸部的。

胸部（Thorax）身体位于头部和腹部之间的部位。

微气管（Tracheole）从气门向四周辐射分布的细小管道。

林中空地（Treefall gap）森林垂直面中的明显空洞，通常由倒伏的树或大枝干引起。

毛状体（Trichome）非常细的鬃或毛状结构。

真足（True leg）昆虫幼虫和成虫胸部的分节的步行结构，也称胸足。

瘤突（Tubercle）幼虫或蛹身体上的瘤状突起。

蜇刺的（Urticating）能蜇人的。

植被演替（Vegetative succession）在一个栖息地中植物区系从草到灌木再到树木的自然时间顺序。

腹（Venter）下部表面的中线。

腹面的（Ventral）属于下部表面或腹面的。

腹侧的（Ventrolateral）位于侧面和下部表面之间的。

腹面（Ventrum）下部表面。

蠕虫形（Vermiform）像蠕虫样的。

疣突（Verrucae）体壁上突起的几丁质骨片，经常生有一束放射状的刚毛。

网幕（Webbing）毛虫编织的丝网，用于支撑或防御，或者两者兼顾。

干旱的（Xeric）适应或能忍受干旱的条件。

分类学术语

目（Order）生物分类中的主要分类阶元。

亚目（Suborder）一个目中比科高级的分类阶元。

总科（Superfamily）在目之下和科之上的阶元，包括一系列亲缘关系密切的科。

科（Family）在目之下和属之上的分类阶元。

属（Genus）共享一个特征或一系列特征的物种的集合；属名是物种的拉丁学名的第一部分，例如，君主斑蝶的学名 *Danaus plexippus* 中的"*Danaus*"是属名。

种（Species）基本的生物学单元；个体之间的外形和结构相似，能够自由交配和繁殖，且后代也能自由交配和生殖，生出的子代与其父母相似并具有生殖能力。种名组成拉丁学名的第二部分，例如，君主斑蝶的学名 *Danaus plexippus* 中"*plexippus*"是斑蝶属 *Danaus* 的一个物种。

亚种（Subspecies）一个物种的地理或寄主变异，被赋予一个添加的学名，例如在 *Apodemia mormo langei* 中的"*langei*"。

未定的（Unassigned）当一个物种、科或总科的形态学和分类学特征太混乱或不充分时，无法确定其完整的分类地位。

推荐读物

下面选择了一些有用的书籍、科学杂志和当前可用的网站，供对毛虫和鳞翅目感兴趣的普通读者参考。

书籍

Allen, T. J., Brock, J. P., and J. Glassberg. *Caterpillars in the Field and Garden: A Field Guide to the Butterfly Caterpillars of North America*【野外与花园中的毛虫：北美洲的蝴蝶幼虫野外指南】OXFORD UNIVERSITY PRESS, 2005

Carter, D. and B. Hargreaves. *Caterpillars of Britain and Europe*【不列颠与欧洲的毛虫】COLLINS FIELD GUIDE, 1986

Crafer T. *Foodplant List for the Caterpillars of Britain's Butterflies and Larger Moths*【不列颠的蝴蝶与大蛾类幼虫的寄主植物名录】ATROPOS PUBLISHING, 2005

James, D. G. and D. Nunnallee. *Life Histories of Cascadia Butterflies*【卡斯凯迪亚蝴蝶的生活史】OREGON STATE UNIVERSITY PRESS, 2011

Miller, J. C. and P. C. Hammond. *Lepidoptera of the Pacific Northwest: Caterpillars and Adults*【西北太平洋地区的鳞翅目：幼虫和成虫】USDA, 2003

Miller, J. C., Janzen, D. H., and W. Hallwachs. *100 Caterpillars: Portraits from the Tropical Forests of Costa Rica*【100种毛虫：来自哥斯达黎加的热带森林的肖像】HARVARD UNIVERSITY PRESS, 2006

Minno, M. C., Butler, J. F., and D. W. Hall. *Florida Butterfly Caterpillars and their Host Plants*【佛罗里达的蝴蝶幼虫及其寄主植物】UNIVERSITY PRESS OF FLORIDA, 2005

Porter J. *The Colour Identification Guide to Caterpillars of the British Isles*【不列颠群岛的毛虫的彩色鉴定指南】BRILL, 2010

Scott, J. A. *The Butterflies of North America: A Natural History and Field Guide*【北美洲的蝴蝶：自然历史及野外指南】STANFORD UNIVERSITY PRESS, 1986

Wagner, D. L. *Caterpillars of Eastern North America: A Guide to Identification and Natural History*【北美洲东部的毛虫：野外鉴别指南及自然历史】PRINCETON UNIVERSITY PRESS, 2005

Wagner, D. L., Schweitzer, D. F., Bolling Sullivan, J., and R. C. Reardon. *Owlet Caterpillars of Eastern North America*【北美洲东部的夜蛾幼虫】PRINCETON UNIVERSITY PRESS, 2011

Waring, P. and M. Townsend. *Field Guide to the Moths of Great Britain and Ireland* (3rd edition)【大不列颠与爱尔兰的蛾类野外指南（第3版）】BLOOMSBURY, 2017

科学杂志中的文章

Greeney, H. F., Dyer, L. A., and A. M. Smilanich. Feeding by lepidopteran larvae is dangerous: A review of caterpillars' chemical, physiological, morphological, and behavioral defenses against natural enemies. *Invertebrate Survival Journal* 9: 7–34 (2012)

James D. G., Seymour, L., Lauby, G., and K. Buckley. Beauty with benefits: Butterfly conservation in Washington State, USA, wine grape vineyards. *Journal of Insect Conservation* 19: 341–348 (2015)

Stireman, J. O., Dyer, L. A., Janzen, D. H., Singer, M. S., Lill, J. T., Marquis, R. J., Ricklefs, R. E., Gentry, G. L., Hallwachs, W., Coley, P. D., Barone, J. A., Greeney, H. F., Connahs, H., Barbosa, P., Morais, H. C., and R. Diniz. Climatic unpredictability and parasitism of caterpillars: Implications of global warming. Proceedings of the National Academy of Sciences of the United States of America 102: 17384–17387 (2005)

Van Ash, M. and M. E. Visser. Phenology of forest caterpillars and their host trees: The importance of synchrony. Annual Review of Entomology 52: 37–55 (2007)

从事鳞翅目和其他昆虫研究和保护的国家机构和国际组织

业余昆虫学家协会【英国】
https://www.amentsoc.org

澳大利亚国家昆虫标本馆
http://www.csiro.au/en/Research/Collections/ANIC

无脊椎动物保护信托公司【英国】
https://www.buglife.org.uk

欧洲蝴蝶保护
http://www.bc-europe.eu

蝴蝶保护【英国】
http://butterfly-conservation.org

法国鳞翅目学家
https://www.lepido-france.fr

非洲鳞翅目学家协会
http://www.lepsoc.org.za

鳞翅目学家协会【美国】
https://www.lepsoc.org

麦奎尔鳞翅目与生物多样性中心【美国】
https://www.flmnh.ufl.edu/index.php/mcguire/home

薛西斯戈蝴蝶协会【美国】
http://www.xerces.org

可利用的网站

澳大利亚毛虫及其蝴蝶与蛾子
http://lepidoptera.butterflyhouse.com.au

臭虫指南
http://www.bugguide.net

北美洲蝴蝶与蛾子
http://www.butterfliesandmoths.org

美洲蝴蝶
http://butterfliesofamerica.com

蝴蝶和蛾子的卵、幼虫、蛹和成虫【英国】
http://www.ukleps.org/index.html

寄主——世界鳞翅目昆虫寄主植物数据库
http://www.nhm.ac.uk/our-science/data/hostplants

柯比·沃尔夫蚕蛾科收藏
http://www.silkmoths.bizland.com/kirbywolfe.htm

北欧鳞翅目幼虫
http://www.kolumbus.fi/silvonen/lnel/species.htm

学习蝴蝶
http://www.learnaboutbutterflies.com

鳞翅目及其生态学
http://www.pyrgus.de/index.php?lang=en

君主斑蝶幼虫监测项目
http://monarchlab.org/mlmp

君主斑蝶观察
http://www.monarchwatch.org

古北区西部天蛾科昆虫
http://tpittaway.tripod.com/sphinx/list.htm

鳞翅目分类系统

当瑞典博物学家卡尔·林奈在他的《自然系统》（1758）中对鳞翅目首次进行分类时，他只将鳞翅目分为 3 个属。他的凤蝶属 Papilio 包括了所有已知的蝴蝶种类，而大型的天蛾被归入天蛾属 Sphinx，其余的蛾类被归入泛蛾属 Phalaena，林奈将它进一步划分为 7 个亚属。

相比之下，这里采用的分类系统（基于 van Nieukerken et al., 2011）列出了 45 总科和 137 科，包含大约 16,000 属的 160,000 种（每个科的物种数出现在方括号内）。其中标有星号 * 的 37 科在本书中都有代表种介绍；其余的科大多由晦暗和微小的种类组成，其幼虫的生活史通常未知。

科学家们不断地对林奈创立的系统进行修订，试图建立一个能够反映鳞翅目的进化历史的分类系统，鳞翅目的进化历史大约始于 2 亿年以前，并持续到今天。只有极少的鳞翅目化石可用来推断鳞翅目早期的一些形态特征。例如，一些现存的原始蛾类具有可咀嚼的上颚而不是喙管，取食蕨类的孢子这样的固体食物，与已知最早的化石小蛾的口器一样，这种化石的历史可以追溯到 1.9 亿年之前。从寄主植物叶子的化石来看，也可以提出这样的假说：很多鳞翅目昆虫最初都是"潜叶者"，它们的幼虫钻入一片叶子的叶肉层取食，并形成蛀道，例如刺桐白潜蛾 Leucoptera erythrinella 及很多其他种类的幼虫现在仍然这样生活。已知最古老的弄蝶科 Hesperiidae 的化石来自 5600 万年以前，还有一些来自 3000 万年～4000 万年以前的蝴蝶化石，它们代表已经绝灭的种类，与现存的亲缘种类有很多共享的特征。

分类学家利用各种方法来定义物种，例如形态学（内部和外部的结构特征）、DNA 系列和生态学（一个物种如何与其周围的环境相互作用）。每一个新种都应用"双名法"命名，例如，君主斑蝶的学名"Danaus plexippus"，第一个是它的属名 Danaus，第二个是它在这个属中的种名 plexippus。原始描述的作者和年代也可以出现，例如"(Linnaeus, 1758)"，在括号内是因为林奈最初将这个种放置在凤蝶属 Papilio 中，后来的作者将它移到了斑蝶属 Danaus 中。作者被引证在方括号内说明原始描述的作者或年代不确定。

鳞翅目的分类还有大量的工作要做，成千上万的物种还需要进行描述。詹姆斯·马里特（James Mallet）教授因在进化生物学中的重大成就获得了尊贵的达尔文 – 华莱士勋章，他指出："尽管科学总体在进步，但仍然不能轻易地告诉你近缘的地理型或空间型是相同的物种还是不同的物种。"他的感悟源自他对袖蝶属 Heliconius 蝴蝶的进化研究，与达尔文本人的思想产生了共鸣，他对分类学家的艰巨任务比大多数人理解得更好。

鳞翅目 LEPIDOPTERA

地位未定的原始蛾类
原鳞蛾科 Archaeolepidae [1种]
中克蛾科 Mesokristenseniidae [3种]
黎蛾科 Eolepidopterigidae [1种]
波翅蛾科 Undopterigidae [1种]

轭翅亚目 Zeugloptera
小翅蛾总科 Micropterigoidea
小翅蛾科 Micropterigidae [160种]

无喙亚目 Aglossata
颚蛾总科 Agathiphagoidea
颚蛾科 Agathiphagidae [2种]

异蛾亚目 Heterobathmiina
异蛾总科 Heterobathmioidea
异蛾科 Heterobathmiidae [3种]

有喙亚目 Glossata
毛顶蛾总科 Eriocranioidea
毛顶蛾科 Eriocraniidae [29种]

棘蛾总科 Acanthopteroctetoidea
棘蛾科 Acanthopteroctetidae [5种]

冠顶蛾总科 Lophocoronoidea
冠顶蛾科 Lophocoronidae [6种]

蛉蛾总科 Neopseustoidea
蛉蛾科 Neopseustidae [14种]

扇鳞蛾总科 Mnesarchaeoidea
扇鳞蛾科 Mnesarchaeidae [7种]

蝙蝠蛾总科 Hepialoidea
古蝠蛾科 Palaeosetidae [9种]
原蝠蛾科 Prototheoridae [12种]
新蝠蛾科 Neotheoridae [1种]
拟蝠蛾科 Anomosetidae [1种]
蝙蝠蛾科 Hepialidae [606种]

微蛾总科 Nepticuloidea
微蛾科 Nepticulidae [819种]
茎潜蛾科 Opostegidae [192种]

安蛾总科 Andesianoidea
安蛾科 Andesianidae [3种]

长角蛾总科 Adeloidea
日蛾科 Heliozelidae [123种]
长角蛾科 Adelidae [294种]
长角蛾科 Incurvariidae [51种]
瘿蛾科 Cecidosidae [16种]
丝兰蛾科 Prodoxidae [98种]

古发蛾总科 Palaephatoidea
古发蛾科 Palaephatidae [57种]

冠潜蛾总科 Tischerioidea
冠潜蛾科 Tischeriidae [110种]

谷蛾总科 Tineoidea
绵蛾科 Eriocottidae [80种]
蓑蛾科 Psychidae* [1,350种]
谷蛾科 Tineidae* [2,393种]

细蛾总科 Gracillarioidea
玫蛾科 Roeslerstammiidae [53种]
颊蛾科 Bucculatricidae [297种]
细蛾科 Gracillariidae [1,866种]

巢蛾总科 Yponomeutoidea
巢蛾科 Yponomeutidae* [363种]
银蛾科 Argyresthiidae [157种]
菜蛾科 Plutellidae [150种]
雕蛾科 Glyphipterigidae [535种]
仲蛾科 Ypsolophidae [163种]
点蛾科 Attevidae [52种]
祈蛾科 Praydidae [47种]
举肢蛾科 Heliodinidae [69种]
花潜蛾科 Bedelliidae [16种]
潜蛾科 Lyonetiidae* [204种]

扁蛾总科 Simaethistoidea
扁蛾科 Simaethistidae [4种]

麦蛾总科 Gelechioidea
列蛾科 Autostichidae [638种]
祝蛾科 Lecithoceridae [1,200种]
木蛾科 Xyloryctidae [524种]
遮颜蛾科 Blastobasidae [377种]
织蛾科 Oecophoridae [3,308种]
岩蛾科 Schistonoeidae [1 种]
怜蛾科 Lypusidae [21种]
冬蛾科 Chimabachidae [6种]
鸠蛾科 Peleopodidae [28种]
小潜蛾科 Elachistidae* [3,201种]①
管蛾科 Syringopaidae [1种]
腔蛾科 Coelopoetidae [3种]
展足蛾科 Stathmopodidae [408种]
玛蛾科 Epimarptidae [4种]
蛙蛾科 Batrachedridae [99种]
鞘蛾科 Coleophoridae [1,386种]
髓蛾科 Momphidae [115种]
针翅蛾科 Pterolonchidae [8种]
绢蛾科 Scythrididae [669种]
尖蛾科 Cosmopterigidae [1,792种]
麦蛾科 Gelechiidae [4,700种]

翼蛾总科 Alucitoidea
窄翅蛾科 Tineodidae [19种]
翼蛾科 Alucitidae [216种]

羽蛾总科 Pterophoroidea
羽蛾科 Pterophoridae* [1,318种]

蛀果蛾总科 Carposinoidea
粪蛾科 Copromorphidae [43种]
蛀果蛾科 Carposinidae [283种]

谢蛾总科 Schreckensteinioidea
谢蛾科 Schreckensteiniidae [8种]

邻蛾总科 Epermenioidea
邻蛾科 Epermeniidae [126种]

尾蛾总科 Urodoidea
尾蛾科 Urodidae [66种]

伊蛾总科 Immoidea
伊蛾科 Immidae [245种]

舞蛾总科 Choreutoidea
舞蛾科 Choreutidae [406种]

罗蛾总科 Galacticoidea
罗蛾科 Galacticidae [19种]

卷蛾总科 Tortricoidea
卷蛾科 Tortricidae* [10,387种]

木蠹蛾总科 Cossoidea
短透翅蛾科 Brachodidae [137种]
木蠹蛾科 Cossidae* [971种]
伪蠹蛾科 Dudgeoneidae [57种]
新蠹蛾科 Metarbelidae [196种]
缺缰蠹蛾科 Ratardidae [10种]
蝶蛾科 Castniidae* [113种]
透翅蛾科 Sesiidae [1,397种]

斑蛾总科 Zygaenoidea
寄蛾科 Epipyropidae [32种]
蚁蛾科 Cyclotornidae [5种]
丑蛾科 Heterogynidae [10种]
腊蛾科 Lacturidae [120种]
珐蛾科 Phaudidae [15种]
亮蛾科 Dalceridae [80种]
刺蛾科 Limacodidae* [1,672种]
绒蛾科 Megalopygidae [232种]
艾蛾科 Aididae [6种]
梭蛾科 Somabrachyidae [8种]
革蛾科 Himantopteridae [80种]
斑蛾科 Zygaenidae* [1,036种]

瓦蛾总科 Whalleyanoidea
瓦蛾科 Whalleyanidae [2种]

网蛾总科 Thyridoidea
网蛾科 Thyrididae* [940种]

驼蛾总科 Hyblaeoidea
驼蛾科 Hyblaeidae [18种]

锚纹蛾总科 Calliduloidea
锚纹蛾科 Callidulidae [49种]

凤蝶总科 Papilionoidea
凤蝶科 Papilionidae* [570 种]
广蝶科 Hedylidae [36种]
弄蝶科 Hesperiidae* [4,113种]
粉蝶科 Pieridae* [1,164种]
蚬蝶科 Riodinidae* [1,532种]
灰蝶科 Lycaenidae* [5,201种]
蛱蝶科 Nymphalidae* [6,152种]

螟蛾总科 Pyraloidea
螟蛾科 Pyralidae* [5,921种]
草螟科 Crambidae* [9,655种]

栎蛾总科 Mimallonoidea
栎蛾科 Mimallonidae [194种]

钩蛾总科 Drepanoidea
宝蛾科 Cimeliidae* [6种]
朵蛾科 Doidae [6种]
钩蛾科 Drepanidae* [660种]

枯叶蛾总科 Lasiocampoidea
枯叶蛾科 Lasiocampidae* [1,952种]

蚕蛾总科 Bombycoidea
窗蛾科 Apatelodidae* [145种]
带蛾科 Eupterotidae [339种]
箩纹蛾科 Brahmaeidae* [65种]
欢蛾科 Phiditiidae [23种]
澳蛾科 Anthelidae* [94种]
茂蛾科 Carthaeidae* [1种]
桦蛾科 Endromidae* [59种]
蚕蛾科 Bombycidae* [185种]
大蚕蛾科 Saturniidae* [2,349种]
天蛾科 Sphingidae* [1,463种]

尺蛾总科 Geometroidea
凤蛾科 Epicopeiidae* [20种]
伪燕蛾科 Sematuridae [40种]
燕蛾科 Uraniidae [686种]
尺蛾科 Geometridae* [23,002种]

夜蛾总科 Noctuoidea
桉舟蛾科 Oenosandridae [8种]
舟蛾科 Notodontidae* [3,800种]
裳蛾科 Erebidae* [24,569种]
廉蛾科 Euteliidae* [520种]
瘤蛾科 Nolidae* [1,738种]
夜蛾科 Noctuidae* [11,772种]

647

---

① 本书为 201 种，原始文章中为 3201 种。——译者注

英文名索引

648

学名索引

651

653

著、译者简介

本书作者

戴维·G. 詹姆斯（DAVID G. JAMES）是美国华盛顿州立大学的昆虫学副教授，他8岁时就对昆虫学产生了浓厚的兴趣，在英国家中的床上饲养毛虫。他在索尔福德大学学习动物学，然后移居澳大利亚，在新南威尔士农业局从事不使用杀虫剂的农业害虫防治工作。在完成了关于悉尼地区君主斑蝶的越冬生物学研究的博士论文后，他继续在园艺学中从事生物防治的职业生涯，开发出了大量生物防治系统的成功案例。大卫发表了近180篇论文，涉及昆虫学的各个领域，但主要集中在昆虫的生物学和管理方面。他最近与人合作发表了关于卡斯凯迪亚的蝴蝶生活史的论文，对太平洋西北部的蝴蝶的幼期进行了博大精深的研究。

撰写的页码： 46, 54, 56–57, 61, 64, 70, 78, 83–84, 87–91, 99, 102, 104–105, 113, 117–118, 122, 125, 129–130, 132–135, 137–138, 143, 145, 147–150, 153, 155, 164, 169, 170, 173–174, 179–181, 186, 189–193, 197, 199, 204, 210–211, 216, 218, 221, 225, 227–228, 241, 246, 259–260, 267, 269, 271, 280–282, 296, 326, 335, 350, 352, 370, 385, 396, 405, 413, 416–418, 435–437, 440–442, 444, 446–447, 449, 456, 459, 462–466, 468–469, 471, 475–476, 478, 539, 558, 592, 602, 621, 632

戴维·阿尔博（DAVID ALBAUGH）是一位兼职的教育家和全职的爱好者，他沉迷于蝴蝶和蛾子的地方种群的保护、饲养和放归野外工作。他在很多学校和图书馆中，利用保存的和活体的标本向人们宣传昆虫和蜘蛛的重要性。他还在美国罗得岛州普罗维登斯的威廉姆斯公园动物园饲养了很多外来物种，并管理那里的园艺部门。

撰写的页码： 44, 369, 374, 383, 386, 402

鲍勃·坎马拉塔（BOB CAMMARATA）是一位自由职业的摄影家和博物学家，他获奖的照片和文章已经发表在旅游小册子、日历和商业杂志上，并在众多的网站上展示野生生物和自然风光。鲍勃还组织大规模摄影技术的演讲和当地"捕虫之旅"的田野旅游。几十年来，他痴迷于研究鳞翅目的行为多样性和摄影技术，不断有新的发现。

撰写的页码： 60, 298, 301, 303, 305, 311, 504, 511–512, 515, 523–524, 527, 532, 543, 554, 613, 631

罗斯·菲尔德（ROSS FIELD）在澳大利亚墨尔本大学本科毕业后，于1981年在伯克利加州大学获得了昆虫学博士学位，他主攻害虫管理和生物防治专业。他在维多利亚的公共服务部门工作了45年，履职于研究和管理岗位，包括担任维多利亚博物馆的自然科学部主任。罗斯花费60多年的时间收集和研究澳大利亚蝴蝶的生活史，于2013年出版了关于维多利亚130种蝴蝶生物学指南的获奖图书，《蝴蝶：鉴别和生活史》。他已经发表了大量关于蝴蝶、害虫管理和自然保护方面的论文。

撰写的页码： 40, 42, 45, 47, 50, 72, 79, 85, 92, 94–95, 97, 100, 109, 114, 119, 121, 123–124, 151–152, 157–159, 162, 165–167, 176, 205, 207, 220, 234, 238–139, 242, 256, 265–266, 279, 283, 293, 295

哈罗德·格林尼（HAROLD GREENEY）是一位受过训练的博物学家，获得过生物学、昆虫学和鸟类学方面的学位。他在厄瓜多尔的安第斯山脉建立了亚纳亚库生物学工作站和创意研究中心，在那里工作了15年以上；研究安第斯山脉的毛虫及其寄生物是这个工作站的长期目标之一。哈罗德发表了250多篇科学论文，曾荣获亚历山大与帕梅拉·斯科奇奖（Alexander & Pamela Skutch Award），曾获古根海姆奖（Guggenheim Fellowship）资助。他居住在美国亚利桑那州图森。

撰写的页码： 66–67, 69, 73, 75–76, 80–82, 86, 98, 107, 110–111, 116, 128, 131, 139, 140–142, 184–185, 203, 212–213, 215, 219, 226, 231, 233, 235–237, 240, 244, 248, 252, 255, 262–264, 273, 275–277, 537, 551–553, 557, 559, 562, 565, 569, 571, 574, 576, 578, 580

约翰·霍斯特曼（JOHN HORSTMAN）是一位生活在中国云南的澳大利亚人。他是一位对生物科学、昆虫学和摄影痴迷的年轻人，几乎将全部业余时间都投入中国丰富的鳞翅目多样性研究中，特别是对其幼期阶段的研究。约翰在相对孤立但生物多样性丰富的地区活动，在itchydogimages和SINOBUG这样的社交媒体平台投放了大量异乎寻常的视频。这些视频包括了大量奇特多样的内容，主要是未鉴定出种类的刺蛾科幼虫的图像。

撰写的页码： 51, 58, 74, 178, 195–196, 209, 214, 222–223, 229, 243, 257, 272, 274, 278, 300, 306–307, 309, 310, 312, 314, 316–317, 319, 479, 505, 518, 521, 541, 550, 585, 587, 638

萨莉·摩根（SALLY MORGAN）是一位作家和摄影师。对大自然的迷恋使她选择了在英国剑桥大学学习生命科学。她已经写了250多本书，涵盖自然历史和环境科学的各个领域，她游遍世界各地，收集外来的和奇特的照片与故事。萨莉在英格兰萨默塞特郡拥有一个自己的有机农场，里面具有可观的鳞翅目物种，包括英国已经记载的全部蝴蝶种类的三分之一。

654

撰写的页码： 38, 43, 52–53, 55, 63, 65, 77, 96, 101, 106, 120, 126–127, 144, 146, 156, 160–161, 163, 171–172, 175, 177, 182, 187–188, 198, 200–202, 206, 208, 224, 245, 247, 250–251, 253, 258, 270, 288, 292, 294, 313, 315, 320–325, 329, 331, 339, 340–341, 345, 347–349, 351, 353–359, 362, 366, 373, 391, 398, 419, 428–430, 438, 443, 450, 453, 455, 457, 461, 467, 472, 480–487, 489–491, 493–494, 496–497, 500–503, 506–507, 509–510, 514, 516, 520, 522, 525–526, 531, 533–536, 538, 540, 542, 544, 555–556, 561, 564, 566–568, 572–573, 575, 577, 579, 582, 586, 588–591, 593, 600, 603–604, 607–608, 610–612, 614, 627–630

托尼·皮塔韦（TONY A. R. PITTAWAY） 在欧洲的几个国家长大，受益于这些国家丰富的昆虫多样性，很早就对蝴蝶和天蛾产生了兴趣，特别是它们的未成熟阶段。他在英国伦敦的帝国理工学院昆虫学系获得了硕士学位和博士学位。托尼作为一位昆虫学家在中东从事研究工作，撰写或共同撰写了3部书和大量的科学论文，涉及蝴蝶、天蛾和蜻蜓，包括阿拉伯东部的昆虫和古北区西部的天蛾。他忙于旅行采集标本和维护古北区蚕蛾科和天蛾科的网站，他是设在英国"国际农业与生物科学中心"（CABI）的数据库的建立者。

撰写的页码： 433–434, 439, 445, 448, 452, 454, 460, 470, 473, 477

詹姆士·A. 斯科特（JAMES A. SCOTT） 在美国伯克利加州大学获得昆虫学博士学位，他的学位论文研究蝴蝶的行为学。此后他出版了数本关于蝴蝶的书籍，包括《北美洲的蝴蝶：自然历史与野外指南》。詹姆斯在野外花费了大量时间，主要收集了落基山脉蝴蝶的几千种寄主植物及40000多条蝴蝶访花记录（最近已由科罗拉多州立大学的吉莱特博物馆出版）。他的收藏还包括了数千张关于卵、幼虫、蛹和成虫的照片。

撰写的页码： 59, 68, 71, 103, 108, 112, 136, 194, 217, 230, 261, 268

安德烈·索洛科夫（ANDREI SOURAKOV） 在十几岁的时候就对鳞翅目昆虫产生了浓厚的兴趣，后来在俄罗斯的莫斯科攻读本科。他于1997年在美国佛罗里达大学获得博士学位。他目前在佛罗里达自然历史博物馆的麦奎尔鳞翅目与生物多样性中心工作，这里是世界上最大的鳞翅目标本馆之一。安德烈是100多篇关于蝴蝶和蛾子分类学与生物学方面的科学和科普文章的作者或共同作者。他还讲授"昆虫与植物"课程，并研究毛虫与其寄主植物的相互作用。

撰写的页码： 39, 41, 48–49, 62, 93, 115, 154, 168, 183, 232, 249, 254, 286, 289, 297, 302, 304, 308, 318, 327, 330, 360, 365, 367, 378, 395, 451, 458, 488, 492, 495, 498–499, 508, 513, 547, 560, 570, 581, 583–584, 618–619, 634, 637

马丁·汤森（MARTIN TOWNSEND） 是一位自由职业的昆虫学家和无脊椎动物学家，他从十几岁开始就已经对蛾子和蝴蝶着迷。他在英国为保护部门、政府机构、研究机构、商业团体和机构进行了广泛的野外调查。他是下列几本书的共同作者：《大不列颠和爱尔兰蛾类野外指南》《大不列颠和爱尔兰蛾类简明指南》和《不列颠与爱尔兰的蛾类》。他还在杂志上发表了100多篇的文章和报告。

撰写的页码： 287, 290–291, 299, 328, 332–338, 342–344, 346, 474, 517, 519, 528–530, 545–546, 548–549, 563, 594–599, 601, 605–606, 609, 615–617, 620, 622–626, 633, 635–636, 639

柯比·沃尔夫（KIRBY WOLFE） 是美国加利福尼亚洛杉矶自然历史博物馆及佛罗里达自然历史博物馆的麦奎尔鳞翅目与生物多样性中心的副研究员。他花费了30多年的时间来拍摄蛾类及其幼期的照片，他是大量关于昆虫行为和发育的书籍和文章的作者或共同作者。

撰写的页码： 361, 363–364, 368, 371–372, 375–377, 379–382, 384, 387–390, 392–394, 397, 399–401, 403–404, 406–412, 414–415, 420–427, 431–432

本书译者

武春生，北京林业大学教授，中国昆虫学会理事兼副秘书长，《中国动物志》编辑委员会委员，中国昆虫学会蝴蝶分会理事，中国野生动物保护协会科学委员会委员，国家动物博物馆昆虫分馆专职馆员。目前从事鳞翅目昆虫的系统学研究。已在美国、德国、波兰、日本、韩国等国外学术期刊和国内核心期刊及文集中发表论文140余篇，出版著作6部，参编著作和研究生教材20余部。主编《中国科技博览》杂志的"昆虫博物馆"栏目。

致　谢

戴维·G. 詹姆斯（DAVID G. JAMES）

我对三雷德卡出版社（3REDCARS）的编辑与设计团队——瑞秋·华伦·查德（Rachel Warren Chadd）、简·麦肯纳（Jane McKenna）和约翰·安德鲁斯（John Andrews）对本书的指导、审稿表示衷心感谢！特别是，我必须由衷地感谢查德，他自始至终地关心我们的写作任务，为我们提供了众多的思路和建议，使本书的质量得到很大的提高。我还要感谢常春藤出版社（Ivy Press）的凯特·萨纳汉（Kate Shanahan）及其同事们，他们提出了本书的构思并启动了本书的出版工作。

没有其他毛虫专家的贡献，这本关于国际毛虫的图书不可能完成。我十分感激我的很多共同作者——来自美国的哈罗德·格林尼（Harold Greeney）、安德烈·索洛科夫（Andrei Sourakov）、鲍勃·坎马拉塔（Bob Cammarata）、詹姆斯·A. 斯科特（James A. Scott）、戴维·阿尔博（David Albaugh）；来自英国的萨莉·摩根（Sally Morgan）、马丁·汤森（Martin Townsend）和托尼·皮塔韦（Tony Pittaway）；来自哥斯达黎加的柯比·沃尔夫（Kirby Wolfe）；来自澳大利亚的罗斯·菲尔德（Ross Field），以及来自中国的约翰·霍斯特曼（John Horstman），他们对本书做出了卓越和实质性的贡献。这些区域专家的参与使本书的毛虫种类真正地覆盖了世界各地。本书包含的一些毛虫种类由于特别稀少而没有出现在任何其他的图书当中。一些毛虫是最近才被发现的种类。

我要感谢众多为本书提供照片和信息资料的鳞翅目学家。我特别要感谢鲍勃·派尔（Bob Pyle）、乔恩·佩勒姆（Jon Pelham）、大卫·纳娜里（David Nunnallee）和大卫·瓦格纳（David Wagner）对毛虫生物学和鳞翅目系统学提出的见解。最后，我要感谢从我8岁开始饲养灯蛾到今天饲养君主斑蝶的生命过程中所有鼓励和支持我研究与写作毛虫的人们。这些人当中最重要的人物是我的母亲多琳（Doreen）、继父艾伦（Alan），还有我的妻子坦尼娅（Tanya）及女儿贾思敏（Jasmine）、里安农（Rhiannon）和安娜贝拉（Annabella）。

还要感谢三雷德卡出版社（3REDCARS）的保罗·奥克利（Paul Oakley）和夏洛特·沃德（Charlotte Ward）对本书的出版做出的贡献，以及简·罗（Jane Roe）进行的校对工作。

656

译后记

毛虫是蛾类幼虫和蝴蝶幼虫的统称。蝶与蛾可称得上是鳞翅目中的一对孪生姐妹。蝴蝶是白天活动的昆虫，所以有"花为谁开，蝶为谁来，花引蝶吸蜜，蝶为花传粉，两相情愿，各受其益"的说法；蛾子大部分在夜间出来活动，所以有"飞蛾投火，自寻死路"的俗语。通常能够从触角的结构及其停歇的姿态将蝴蝶与蛾子相互区分开来，但没有任何一个简单的身体特征能够将蝴蝶的幼虫和蛾子的幼虫区分开来。

鳞翅目是昆虫纲中的第二大目，已经记载的种类约 15 万种，还有数以万计的新种有待人们去发现和命名。它们复杂的形态、有趣的习性和奇特的行为令人着迷。作为幼虫，它们是庞大的植食者，也是寄生性蝇类和蜂类的寄主，还是捕食性昆虫、蜘蛛、鸟类、两栖动物和哺乳动物潜在的食物源。作为成虫，它们是重要的传粉者。

即使是专业的昆虫学家也需要仔细观察，才能识破毛虫的惊人伪装。毛虫面临的敌人数不胜数，它柔软多汁，是许多动物渴望的美餐，这也正是毛虫成为伪装高手的原因。一些毛虫通过将自己伪装成鸟粪来避免成为捕食者的美食。一些毛虫擅长偷窃，它们从植物中窃取毒素，从而拥有了致命的毒刺。情况危急时，毛虫会做出凶恶无比的假象以阻止敌人的攻击。

然而，国内尚缺乏一部向广大读者介绍毛虫的形态、行为、习性和趣闻轶事，集趣味性和科学性于一体的图书。目前，国内关于毛虫的出版物，最全面的就是由朱弘复等（1979）编著的《蛾类幼虫图册》（一），共描述了 210 种毛虫，隶属 15 科，这是一本专业书籍，限于当时的条件，图版都是手绘的，不够精美。

当北京大学出版社邀请我翻译英国常春藤出版社这本 *The Book of Caterpillars* 时，个人感觉这确实是一部好书，有必要介绍给我国的读者。这部书由世界各地的昆虫学家、业余爱好者和著名的摄影师兼博物学家撰写，语言通畅，图片精美，是一部轻松可读的书。本书描述了世界各地的 600 种毛虫，展示了它们在体型、颜色和适应性方面巨大的多样性。书中介绍的一些毛虫种类由于特别稀少而没有出现在任何其他的图书当中。一些毛虫是近年才被发现的种类。每一种毛虫都以其成熟时的真实大小展示给读者，并配上其成虫（蛾子或蝴蝶）的黑白照片。有些种类还有重点部位的放大图，以突出其细微结构。每种都附有信息表，简要总结了该物种的关键信息，包括其隶属的科名、地理分布范围、栖息地、寄主植物或食物种类、一项显著的属性（特色之处）及其保护现状。

全书600种毛虫均给出了中文名。中国有分布的种类遵循《中国动物志》昆虫纲鳞翅目相关卷册给出的名称，蝴蝶的名称主要依据《世界蝴蝶分类名录》（寿建新等编著）。大部分种类在中国无分布，因而缺乏已有的中文名，因此很多种类的中文名为本人在本书中译本中首次拟定。在正文中还出现了一些仅用于比较的种类，也都给出了中文名。对于首次拟定的中文名称，主要依据其拉丁学名或英文俗名的含义，其次使用其寄主植物的名称或特定的地理分布地的名称，少部分采用音译，力求修饰词简短而顺口。原著还涉及了很多植物的学名，它们的中文名称主要依据《拉汉英种子植物名称》（关克俭等编）和《拉汉科技词典》（陆玲娣、朱家枬主编）。

在翻译过程中，译者尽量秉持原著的语义文风。有少量值得商榷或错误之处，译者在译文中给予标示和改正，以帮助读者正确理解原作者希望传递给读者的信息。另外，一些物种在中国有分布，但在原著的分布表里没有提及，译者也加以标注，供读者参考。遗憾的是，本书的成虫标本采用了黑白照片，可能是为了避免美丽的成虫喧宾夺主。然而，译者认为，如果采用彩色照片，更能使两者相得益彰，增加本书的魅力。北京大学出版社的唐知涵老师协调了本书的翻译工作，本书的责任编辑李淑方老师和刘清愔老师多次校对译稿。译者衷心感谢唐女士、李女士和刘女士及北京大学出版社其他工作人员在排版和校稿中对本书的帮助。

本书涉及的知识范围很广，包括历史、文学、艺术、神话、风土人情和传说，由于译者学识有限，译文中难免存在有疏漏和理解错误之处，还望读者批评指正。

武春生

2018 年 10 月于北京

◎　甲虫博物馆
◎　蘑菇博物馆
◎　贝壳博物馆
◎　树叶博物馆
◎　兰花博物馆
◎　青蛙博物馆
◎　病毒博物馆
◎　毛虫博物馆
◎　鸟卵博物馆
◎　种子博物馆
◎　蛇类博物馆

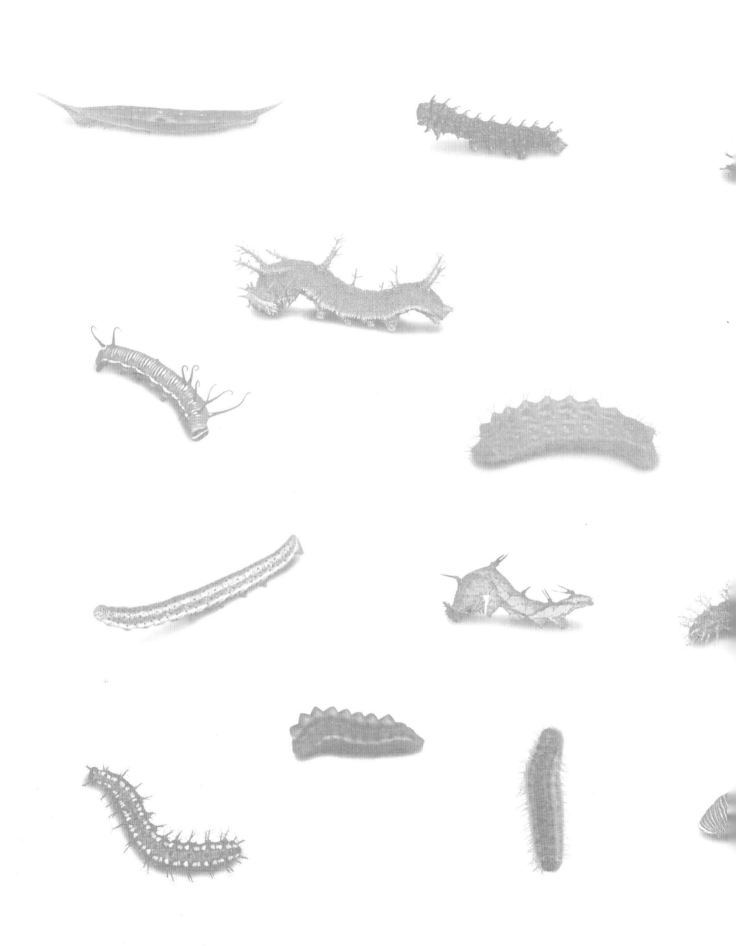